国防科技图书出版基金

天线罩理论与设计方法

Radome Theory and Design Methods

张　强　著

国防工業出版社

·北京·

图书在版编目(CIP)数据

天线罩理论与设计方法/张强著.—北京:国防工业出版社,2014.1

ISBN 978-7-118-09073-4

Ⅰ.①天... Ⅱ.①张... Ⅲ.①天线罩—设计 Ⅳ.①TN820.8

中国版本图书馆 CIP 数据核字(2014)第 019847 号

※

国防工业出版社出版发行

(北京市海淀区紫竹院南路 23 号 邮政编码 100048)

北京嘉恒彩色印刷有限责任公司

新华书店经售

*

开本 710×1000 1/16 **印张** 27 **字数** 499 千字

2014 年 1 月第 1 版第 1 次印刷 **印数** 1—3000 册 **定价** 128.00 元

国防书店:(010)88540777 发行邮购:(010)88540776

发行传真:(010)88540755 发行业务:(010)88540717

致 读 者

本书由国防科技图书出版基金资助出版。

国防科技图书出版工作是国防科技事业的一个重要方面。优秀的国防科技图书既是国防科技成果的一部分,又是国防科技水平的重要标志。为了促进国防科技和武器装备建设事业的发展,加强社会主义物质文明和精神文明建设,培养优秀科技人才,确保国防科技优秀图书的出版,原国防科工委于1988年初决定每年拨出专款,设立国防科技图书出版基金,成立评审委员会,扶持、审定出版国防科技优秀图书。

国防科技图书出版基金资助的对象是:

1. 在国防科学技术领域中,学术水平高,内容有创见,在学科上居领先地位的基础科学理论图书;在工程技术理论方面有突破的应用科学专著。

2. 学术思想新颖,内容具体、实用,对国防科技和武器装备发展具有较大推动作用的专著;密切结合国防现代化和武器装备现代化需要的高新技术内容的专著。

3. 有重要发展前景和有重大开拓使用价值,密切结合国防现代化和武器装备现代化需要的新工艺、新材料内容的专著。

4. 填补目前我国科技领域空白并具有军事应用前景的薄弱学科和边缘学科的科技图书。

国防科技图书出版基金评审委员会在总装备部的领导下开展工作,负责掌握出版基金的使用方向,评审受理的图书选题,决定资助的图书选题和资助金额,以及决定中断或取消资助等。经评审给予资助的图书,由总装备部国防工业出版社列选出版。

国防科技事业已经取得了举世瞩目的成就。国防科技图书承担着记载和弘扬这些成就,积累和传播科技知识的使命。在改革开放的新形势下,原国防科工委率先设立出版基金,扶持出版科技图书,这是一项具有深远意义的创举。此举势必促使国防科技图书的出版随着国防科技事业的发展更加兴旺。

设立出版基金是一件新生事物,是对出版工作的一项改革。因而,评审工作需要不断地摸索、认真地总结和及时地改进,这样,才能使有限的基金发挥出巨大的效能。评审工作更需要国防科技和武器装备建设战线广大科技工作者、专家、教授,以及社会各界朋友的热情支持。

让我们携起手来,为祖国昌盛、科技腾飞、出版繁荣而共同奋斗!

国防科技图书出版基金

评审委员会

序　言

近年来，随着国防建设与国民经济建设的发展，对雷达、通信、电子对抗提出了越来越高的要求，特别是在机载雷达平台，包括机载火控雷达及机载预警雷达平台的设计中，天线罩已成为一个重要的环节，不仅要满足一系列电信要求，而且还要满足平台隐身等新要求；为实现雷达成像及综合电子系统，要求天线罩具有很大的工作带宽，这些都对天线罩提出了新的挑战。

本书是一部总结了近 20 年来天线罩技术发展的专著，反映了近 20 年来国内外天线罩技术的发展动态，充分展示了该技术领域的前沿成果。全书理论联系实际，体系清晰，内容阐述严谨、全面，对天线罩电信、结构、仿真设计、测试验证、材料、工艺制造等方面均有论述，对于天线罩设计和工程实践中迫切需要解决的问题具有很强的指导性，目前国内外尚未见类似专著。因此，本书对工程技术人员、高校教师和研究生会提供更大的帮助。

本书作者张强博士参加和主持研制过多项国家重点项目，目前仍在从事多项前沿技术研究。针对工作需要，认真学习，钻研有关天线罩的理论设计与分析技术，取得了重要成果，在国内外重要期刊发表过多篇论文，为本书的写作打下了坚实的理论基础。相信本书的出版会对我国的天线罩技术及有关雷达、通信、电子对抗平台的发展做出重要贡献。

中国工程院院士

2013 年 10 月 28 日

前 言

天线罩诞生于第二次世界大战时期,几十年来历史证明现代高技术武器越来越离不开天线罩技术。最早的天线罩解决了雷达在飞机上工作的问题,有了天线罩,机载雷达便能在飞机上对地面、海上目标进行侦察和定位,提高攻击的命中率;20 世纪 50 年代,天线罩技术开始用于导弹领域,通过天线罩,导弹头部的微波毫米波寻的器能够搜索和跟踪目标,如果没有天线罩,则无法取得精确打击的效果;70 年代,大型机载旋罩用于机载预警系统,位于高空的预警雷达有效地克服了地球曲率的影响,极大地提高了反低空突防能力,配以卫星通信设备(含天线罩)与地面雷达的联网,形成国土防空战区指挥中心,改变了战场指挥的格局;进入 21 世纪以后,宽带机载隐身天线罩与机载有源相控阵配合,降低了天线的散射截面,有效躲避地面和机载预警雷达网的截击,形成快速突防突然打击的威力,宽带隐身天线罩与矢量大推重比发动机并列为第四代战机的核心技术。由于天线罩技术的重要性,该技术一直是国际上的研究热点。美国十分重视天线罩技术,第二次世界大战以后,美国每两年召开一次国际电磁窗会议。自 1986 年开始为了保密,美国除了“国际电磁窗会议”外,另行举行美国国内的秘密级的国防部(Department of Defense,DoD)电磁窗会议,替代了“国际电磁窗会议”,DoD 电磁窗会议不再对外开放,也不公开发表论文,在其他国际会议关于天线罩的论文也大大减少,隐身天线罩技术被列为绝密。天线罩不仅有重要的军事价值,而且具有巨大的经济价值,以机载旋罩为标志的 E-3A 预警机被称为“美国的财富”。

多年来,我国天线罩技术工作者坚持独立自主、自力更生的方针,刻苦钻研、奋发图强,在大型地面雷达罩、机载雷达罩、舰载雷达罩、导弹天线罩等方面形成了研究开发、生产制造、修理维护的能力。尤其是 20 世纪 90 年代以后,我国科技人员历尽艰险,锐意进取,在天线罩技术的基础和前沿研究方面取得了多项重大突破,研制成功一批高技术天线罩产品,我国的天线罩技术开始在国际天线罩领域占有一席之地。

由于天线罩国际前沿技术研究难度迅速加大,天线罩高技术资料十分零散且匮乏,为弥补这一缺陷,迫切需要及时系统地总结提炼近 20 年来的研究成果,帮助引导年轻学者迅速进入国际技术前沿,促进天线罩领域的学术交流,激励天线罩技术再上新台阶,再作新贡献,加强自主创新能力,提高核心竞争力,为我国国防事业和国民经济发挥其独特的作用。

作者长期从事天线罩技术研究,在实际工程实践和基础研究中积累了一定的经验,也提出了一些新技术新方法,把多年的研究成果奉献给大家,希望本书的出版能对天线罩技术发展和技术进步起到推动作用。

本书得到了国防出版基金的赞助,承蒙王小谟院士在百忙中仔细审阅了全稿,提出了宝贵意见,对本书帮助很大。中国电子科技集团公司第 14 研究所副所长胡明春研究员,天线与微波技术国防科技重点实验室主任周志鹏研究员,办公室主任林有才高工十分关心本书的出版,在繁重的工作中多次给予热情的指导和帮助;张光义院士、贲德院士对书稿提出了指导性意见,使作者深受启发和鼓舞。多位学者、同事、学生也为本书提供了宝贵的帮助。对于这些宝贵的支持和帮助,作者在此谨表示深深的敬意和诚挚的感谢。

作 者

2013 年 12 月

目　录

Contents

第1章 引 论

雷达最早用于电离层的测距,后来用于军事如国土防空、空地攻击引导、弹道测量、导弹主动导引头等;天线罩是用于保护雷达天线的装置[1-3]。第二次世界大战爆发后,美国空军在夜间飞行时不能用光学瞄准器来发现地面军事设施和海上舰船,迫切需要一种夜间能指引目标的瞄准器,人们自然想到在飞机上安装一部雷达。把雷达安装到飞机上并不困难,困难的是如何在飞机上制作一个对雷达透波而又不改变飞机气动性能的窗口。人们对电磁窗口技术的急切需要,促使了天线罩技术的诞生和发展。第二次世界大战后,导弹的雷达导引头同样对高速运动的弹头提出了导弹天线罩的要求。20 世纪 60 年代,美苏冷战,相互之间军备竞赛十分激烈,同处于北半球的美国和苏联都想将导弹通过北极圈的最短距离打击对方,两国在接近北极圈的寒带布置远程警戒圈,以便在打击对方的同时也能保护自己。寒带天气恶劣,无论是大型远程警戒雷达还是精密弹道测量雷达,都需要一个能够保护它免受北极风雪低温侵袭的“罩子”,只是“罩子”对电磁波是透波的。与飞机导弹电磁窗相比,警戒雷达的波长比较长、口径比较大(十几米甚至几十米),因此透明的天线罩尺寸很大,甚至有人想制作一个直径 200m 的天线罩把大型天线阵罩起来。事实上,地面雷达都不能克服由于地球曲率而带来的盲区问题。如果飞机低空飞行,很容易闯过地面雷达网,就会出现飞机飞到眼前才发现的严重问题,也就是相当于越过了空中的“马奇诺防线”,使得北极防护网置于无用之地。因此,美国和苏联在 60 年代又开始发展空中预警计划,把尺寸庞大(如直径 10m 左右)的警戒雷达安装到飞机上,且必须安装到视角比较开阔的部位(如飞机背部),这就要为飞机背部的雷达制造一个飞行的安全稳定电磁窗。

诸如此类的问题说明,在许多情况下天线(不局限于雷达天线)需要天线罩,没有相应的天线罩,性能再优良的天线(雷达天线)也难以发挥作用。

天线罩同雷达一样,在技术上也存在着许多矛盾,张直中院士指出[4]:“目标参数多维是雷达发展的主要矛盾”; 对于天线罩(概念覆盖雷达天线罩),目标参数多维也是天线罩发展的主要矛盾;对于机载火控雷达的天线罩,要求传输效率高、对天线副瓣影响小、瞄准误差小、强度高、刚度好、可靠性高、质量轻等,主要矛盾是瞄准误差;对于机载预警雷达的天线罩,加罩后对天线的平均副瓣抬高是主要矛盾,对于机载宽带隐身天线罩,隐身是主要矛盾。

天线罩存在一些特有的矛盾,机载天线罩在外形上要保持载体气动性能,

(阻力小的)流线形的外形与电性能就是一对矛盾,长细比(天线罩的长度与根部直径之比)大有利于气动性能,而不利于电性能。对于大型机载旋罩,既要有足够的强度、足够的刚度,还要对天线的辐射性能影响小。大型地面雷达天线罩尺寸大,需要分解为若干单元,然后再把这些单元安装组成球壳。如果仅仅从结构上考虑,连接部位强度越强越好,然而,单纯高强度的连接方式对于电性能的影响非常可观。在工艺制造时,会遇到一些特殊问题:例如,损耗小、力学性能高且几何公差完全符合要求的天线罩也有可能不合格;又如,低副瓣天线罩,不仅要求其截面均匀,且还要求电厚度均匀,即插入相位移(IPD 天线罩引起的天线口径场相位的延迟)均匀[5]。

由此看来,天线罩的电性能、结构性能和工艺材料既相互联系又相互制约,需要统筹考虑、协同设计,找到一个可行的方案[6]。天线罩头绪较多,主要问题是如何优先满足天线罩的电性能。在电性能设计和分析之间,分析又占主要地位,充分透彻的分析是设计、验证(包括理论计算、试验)的基础。

本章将介绍天线罩的作用、分类和形式、性能要求、发展历程、技术现状、技术基础、各种技术之间的联系,使读者能够大体了解天线罩分析设计要素,了解电磁分析、力学分析、材料工艺三者之间的关系,了解研制天线罩的流程,加深对天线罩的全面系统的了解,为后续各章节奠定预备知识基础。

1.1 天线罩的基本概念

天线罩又称雷达天线罩,是保护天线免受自然环境影响的壳体结构。

天线罩是雷达系统的重要组成部分,其重要性在于为雷达天线提供了全天候的工作环境。对于地基、舰载雷达而言,天线罩使雷达能够在各种恶劣气候条件下高精度工作,极大地提高雷达的可靠性和使用寿命,减少维护和维修成本;对于机载预警雷达而言,天线罩使预警雷达能高空巡航,克服地面曲率效应,扩展监测空域,极大地提高对超低空目标的探测距离,使得提前发现、提前预警成为可能;机载宽带电子战系统的天线罩,为罩内各个天线提供全频段的电磁窗口,使电子战系统天线都能发射各种频率的有源干扰,接收各种频率的无线电信号,进行无源侦察、侦听和定位;各类微波、毫波制导导弹上的天线罩为空空、空地、地空、地地各类战术导弹的寻的器提供天线的电磁窗,使寻的器能进行制导。

天线罩对天线的保护体现在:天线罩将天线与外界环境物理上隔离,大大降低了天线承受的载荷,简化了天线结构、驱动、阵面的设计,罩内温度均匀适中,延长了天线的使用寿命,消除了因温差带来的结构变形;在各种气候环境下,都能保证雷达天线正常工作,提高了天线的平均无故障时间(MTBF),在特别恶劣情况下雷达天线不被破坏。使用天线罩保证天线能够全天候工作,增加天线系统的可靠性和可维护性,使天线系统 MTBF 成倍地增加。在恶劣天气条件下,一般来说,天线的 MTBF = 500h,使用天线罩后, MTBF = 2500h,大大延长了天线系统的使用寿命,天线罩的使用寿命一般可达 20 年;使用天线罩后,天线的风载趋于 0,天线的结构大大简化,质量降低显著,驱动功率降低为原来的 1/3 ~ 1/5,可节省大量能源。

如果没有天线罩,部署在沿海、高山、沙漠等气候严酷地区的雷达天线均面临着台风、盐雾、沙尘的侵袭,在台风来临时,不得不倒伏天线,中断探测和警戒,使得防空网出现危险盲区; 没有天线罩保护,舰载雷达以及沿海阵地的地面雷达天线表面长期遭受盐雾腐蚀,天线的机械型面精度被破坏,先进有源相控阵组件在长期高/低温、强紫外辐照下,元器件快速老化,单元损坏,造成天线性能(如低副瓣和指向精度)下降。

天线罩的作用不仅在于保护天线的结构不受环境的损害,还能解决许多特殊的问题,为抗干扰和对付反辐射导弹的威胁,天线的副瓣要求控制在很低的水平(- 35dB ~ - 40dB)。在微波频段,低副瓣和极低副瓣天线对装配加工公差要求甚严,配备天线罩后能够很好地保护天线的高精度型面,保持天线的低副瓣性能。在精密跟踪雷达天线系统中,阳光的照射使得天线、馈线和天线座中出现温差,以及风雨与冰雪影响天线口径几何位置的变化,也会引起天线的瞄准误差,使用天线罩后消除了这类瞄准误差。

现代天线罩在天线工作带宽内具有良好的性能,且在天线工作频带之外呈现隐身性能。平面阵列天线的雷达散射截面(RCS)一般为几百平方米到几千平方米, 极易被远处的敌方雷达发现并受到攻击。在天线外加装工作频带外反射的天线罩后,会将入射平面波扩散到非来波方向或其他方向,降低来波方向的回波。实验表明, 机载隐身雷达天线罩的隐身效果十分显著,加罩后飞机前舱的 RCS 能下降 20dB ~ 30dB。

在人类不宜生活的气候极端恶劣又需要布置雷达的一些地区, 可以用天线罩构建无人值守雷达阵地,人们可在一定距离外操控雷达天线,同时减少了因敌方反辐射导弹攻击造成的人员伤亡。

1.2 天线罩的分类

天线罩主要有介质壳体天线罩、介质骨架天线罩(又称介质桁架天线罩)、金属骨架天线罩(又称金属桁架天线罩)、充气天线罩四大类。介质骨架天线罩和金属骨架天线罩主要用于地面和舰载。相对于充气天线罩,介质壳体天线罩是刚性罩,飞机机头天线罩、导弹头天线罩、预警机雷达天线罩、微波透波墙等均为刚性罩,充气天线罩常与机动性雷达配套使用。

(1) 根据使用场合,可分为[7]1 级天线罩(飞行器天线罩)、2 级天线罩(地面车船罩)、3 级天线罩(固定地面罩)。

(2) 根据带宽,可分为多频段天线罩、窄带天线罩、宽带天线罩、超宽带天线罩。

(3) 根据罩壁结构,分为单层(半波长实芯壁、薄壁)天线罩、A 夹层天线罩、B 夹层天线罩、C 夹层天线罩、多夹层结构天线罩,如图 1.1 所示。其中:

① 半波长实芯壁是指单层壁厚 $d=\dfrac{\lambda}{2\sqrt{\varepsilon-\sin^2\theta}}$,$\lambda$ 为自由空间的波长,θ 为入射角。

② 薄壁是指壁厚远小于介质波长,小于或等于$\dfrac{\lambda}{20\sqrt{\varepsilon}}$,这类天线罩适于工作波长较长频段的雷达。

③ A 夹层由两层高密度蒙皮和低密度的中间芯层组成。

④ B 夹层与 A 夹层相似,区别在于,B 夹层为内外两层低密度蒙皮和一层高密度芯层。

⑤ C 夹层是由两个 A 夹层组成的夹层结构,具有强度高工作频带宽等特点。

天线罩壁可采用等厚度或变厚度设计。根据环境需要,天线罩外表面有时要涂覆防雨蚀涂层、抗静电涂层或贴防紫外线辐射薄膜,有时还要安装防雷击系统[3,5]。

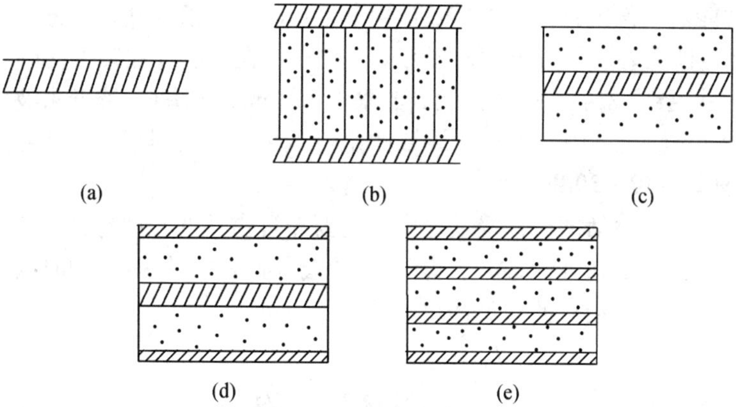

图 1.1 基本罩壁形式

(a) 单层;(b) A 夹层;(c) B 夹层;(d) C 夹层;(e) 多夹层。

1.3 天线罩技术发展简史

20 世纪,人类进入无线电时代,雷达无线电测量定位(RADAR)、导弹、射电天文、卫星通信等技术先后出现,迅速发展,与之相关的天线罩技术也几乎同步发展起来。1940 年,英国在世界上首次研制了对水面搜索雷达和 AI 型空空截击雷达，这两部雷达率先装备用有机玻璃制造的机载雷达天线罩；1941 年，美国在 B－18A 轰炸机上安装半球形用胶合板材料制成的雷达天线罩，罩内配备了 S 波段机载雷达；1944 年，麻省理工学院辐射实验室研制出一种 A 夹层的天线罩，替代了易吸潮的胶合板材料。到第二次世界大战结束时，大批机载雷达天线罩被装备到军用飞机上，在 B－29 轰炸机吊舱罩内安装了 AN/APQ－7、AN/APQ－13 系列 X 波段的轰炸瞄准雷达，在 P－61 战斗机雷达天线罩内配备了 AN/APS－2 、AN/APS－3、AN/APS－4，AN/APS－6 系列 10cm 波段的搜索瞄准雷达，这些雷达天线罩为搜索轰炸海上舰船和地面军事目标发挥了重要的作用[6]。

20 世纪 50 年代，由于航空、港口管理的需要，开始研制地面雷达天线罩，1948 年，由美国康耐尔公司研制的直径为 16.8m 的充气天线罩安装在纽约州的港口，天线罩靠内部充气压力维持形状。地面雷达的工作频率提高到微波频段，保护天线结构精度也需要天线罩，特别是远程警戒雷达，精密跟踪雷达结构尺寸大，阳光照射引起的大型天线温度不均匀会产生严重的指向误差。1954 年，麻省理工学院林肯实验室用玻璃钢复合材料制造了直径 9.45m 的介质骨架天线罩。1956 年，美国在北美大陆的北极圈内建造了一座远程预警雷达站，雷达安装在直径 16.8m 的介质骨架天线罩内，曾经经受了 200 英里/h（1 英里 = 1.60934km）的风速，随后又建造了几百座雷达天线罩用于远程预警。1960 年，古德义耳公司制造了直径 42.7m（高 35.38m）的介质骨架天线罩，用于弹道导弹预警雷达系统。

1950 年，雷神公司为“银雀”导弹研制了无线电导引头及其天线罩，天线罩截为层压蒙皮和泡沫芯组成的 A 夹层结构，是历史上第一部空空导弹天线罩，如图 1.2 所示。

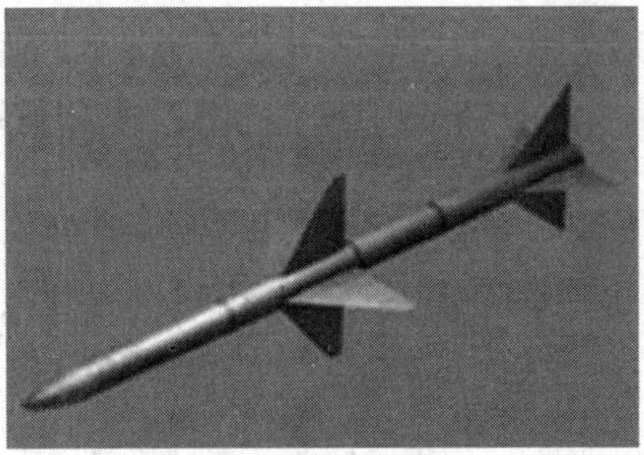

图 1.2　导弹天线罩

20 世纪 60—70 年代，是天线罩快速发展的时期，1962 年法国在不来梅建造了直径 64m、截高 49m 的大型卫星通信充气天线罩（图 1.3）。1964 年，美国麻省理工学院亥斯达克天文台建成了一座大型射电天文望远镜，主反射面天线为

36.6m，用直径45.75m的球形金属骨架天线罩保护，工作频率为8～35GHz，天线罩在35GHz频率的传输效率大于78%。出于反地杂波和抗干扰的要求，地面预警雷达、机载预警雷达、机载脉冲多普勒(PD)火控雷达和PD气象雷达都对天线罩提出了低副瓣要求。1963年，美国波音公司联合西屋公司开始研制大型机载预警机E－3A的雷达天线罩(图1.4)，雷达天线罩为扁平椭球旋罩，直径达9.1m，安装在波音707飞机机背上方3.35m处。该雷达天线罩的特点是极力控制天线罩对机载预警和控制系统(AWACS)超低副瓣天线的副瓣影响，于1978年交付并服役。与此同时，美国通用公司开展了第三代超声速战斗机的低副瓣火控雷达的天线罩研究，1976年F－16战斗机开始装备低副瓣火控雷达天线罩。另外，还研制了多种空间骨架结构的地面低副瓣雷达天线罩用于地面防空警戒。值得注意的是，1970年美国俄亥俄州立大学发表了基于频率选择表面(FSS)技术的金属化天线罩的论文，隐身天线罩技术开始萌芽。

图1.3　世界上第一座卫星地面站的天线罩(直径64m，高49m)

图1.4　E－3A预警机雷达天线罩(直径9.1m)

20世纪80—90年代，研究的领域更加宽阔、更加深入，首先是在反导反卫方面，1983年，美国在马绍尔群岛的夸贾林环岛建立了靶场测量雷达系统，用于弹道导弹防御试验，建造了直径为20.5m的金属骨架薄膜天线罩(图1.5)，在35GHz天线罩传输损耗小于0.8dB，在95GHz天线罩传输系数仍能保持87%。2005年，美国雷神公司在海基移动的X波段SBX系统安装了直径36m的大型充气天线罩，它是当时尺寸最大的充气天线罩，能够承受130英里/h的风速，SBX系统用于对远程洲际弹道导弹上升末段弹头识别弹道的监视，可以移动布置在公海上，天线罩为导弹防御雷达提供了可靠性保护。在隐身天线罩方面，美国投巨资研究集隐身、高机动、超声速巡航和先进航空电子系统为一体的第四代超声速战斗机，进气道、座舱和雷达舱是飞机的三大散射源，其中雷达舱的散射截面高达数千平方米，地空雷达、空空雷达能轻而易举地捕捉到飞机的踪迹，威胁巨大，所以隐身是四代机的关键。美国F－22战斗机能够实现隐身很大程度上得益于隐身天线罩，隐身天线罩有效地降低了雷达天线的散射截面。在导弹天线罩研究方面，导弹的速度越来越快，耐高温材料的研制进展迅速，多模(覆盖微波、光波和红外波谱的透明材料)导弹天线罩的研究十分活跃。在电子战方面，宽带天线罩已广泛用于电子无源定位情报侦听系统中。

图1.5 靶场测量雷达天线罩

我国的天线罩技术起步于20世纪60年代，60—70年代研制了当时世界上尺寸最大(直径44m)的地面介质骨架天线罩；70—90年代，国内有关研究所设计制造了多种型号的地面天线罩、机载天线罩和导弹天线罩；在90年代后期，我国天线罩的自主创新能力明显增强，一批天线罩技术接近国际先进水平，先后独立成功研制了机载大型预警雷达天线罩(图1.6)、大型地面低副瓣天线罩(图1.7)、机载超宽带天线罩、直径56m的大型金属骨架天线罩，在隐身天线罩技术方面也取得了重要进展。

图1.6 空警2000预警机天线罩

图 1.7 地面雷达天线罩

1.4 天线罩的性能要求

天线罩在保护天线的同时,给天线的电性能也带来了一定的影响,例如,加天线罩后,天线的方向性变化、增益降低、波瓣展宽、副瓣退化、产生镜像瓣、均方根(RMS)副瓣抬高、差波瓣出现不对称、指向出现非线性误差、产生交叉极化分量等。

天线罩对天线电性能的影响可用下列技术参数来表达:

(1) 功率传输系数又称传输效率:天线罩损耗引起的主瓣峰值电平的变化。

(2) 瞄准误差:又称指向误差、波束偏转,是指主瓣峰值指向角的变化,在单脉冲 PD 雷达体制中定义为差瓣零深指向角的变化。

(3) 波瓣宽度变化:是指加天线罩时与不加天线罩时 3dB 主瓣宽度变化的百分比。

(4) 副瓣抬高:是指天线罩引起的天线副瓣抬高。

(5) 反射瓣:是由天线罩罩壁反射而产生的波瓣。反射瓣方向与主瓣方向是关于天线罩镜像对称的,所以又称镜像瓣。反射瓣在雷达显示屏出现闪烁的假目标,所以又称闪烁瓣。

(6) 交叉极化电平:是指天线罩产生的与天线主极化正交的极化分量电平。

(7) 瞄准误差率:又称波束偏转率,是指天线在天线罩内扫描角变化对应的瞄准误差(或称指向误差、波束偏转)的变化。火控雷达天线罩瞄准误差率小于 1mrad/(°),即扫描角变化 1°时,瞄准误差的变化小于 1mrad。过大的瞄准误差会造成跟踪失稳,导致脱靶。

1.4.1 基本要求

不同类型的天线罩,其设计要求各不相同,但都应满足电信、结构、环境三大基本要求[6,7]。

（1）通用微波雷达天线罩：着重点在于高的功率传输系数（或功率传输效率），对带宽和反射要求一般，常用于搜索雷达天线。

（2）引导雷达天线罩：强调低的瞄准误差或小的波束偏移，根据实际情况可适度降低传输效率的要求，对带宽和反射系数要求不严格，如导弹天线罩。

（3）宽带雷达天线罩：设计要点在于保证足够带宽的前提下有适中的传输效率、低反射及足够的指向精度。最常见的就是电子支援侦察（ESM）天线罩、干扰机天线罩。

（4）低副瓣天线罩：强调维持原天线的极低副瓣性能指标，对传输效率、带宽要求适中，如机载 PD 雷达天线罩、机载预警和控制系统（AWACS）的雷达天线罩。

1.4.2 环境适应性要求

雷达天线罩工作在不同的环境下的要求不同，一般分为以下 4 种情况：

（1）地面雷达天线罩的环境要求。贮存和工作温度 -50 ~ 70℃，湿度（0 ~ 100）%。在风速 55m/s 下正常工作，在风速 67m/s 下不破坏，冰雪载荷承受能力不小于 2940N/m^2，耐腐蚀（盐雾、酸雨）、耐沙石和冰雹冲击，防雷击。

（2）机载火控雷达天线罩的环境要求。工作温度 -50 ~ 180℃，湿度（0 ~ 100）%，高度 0 ~ 15000m，耐雨蚀、耐鸟撞、耐沙石和冰雹冲击，防雷击。

（3）机背式雷达天线罩的环境要求。存放和工作温度 -50 ~ 70℃，湿度（0 ~ 100）%，高度 0 ~ 12000m，耐雨蚀、耐鸟撞、耐沙石和冰雹冲击，防雷击。

（4）导弹头天线罩的环境要求。工作温度 300 ~ 1700℃，湿度（0 ~ 100）%，飞行马赫数 2 ~ 5。根据环境要求，在设计天线罩时应根据工作温度选择合适的材料。一般有机材料耐高温能力差，高温情况下材料的物理性能迅速下降，如环氧玻璃复合材料只能耐低于 200℃ 高温；而无机材料如陶瓷能承受的温度超过 500℃。

不同类型的天线罩的耐环境的特殊性如表 1.1 所列。针对这些特殊要求，采取不同的技术手段，例如，高速飞行器的天线罩要求有防雨蚀功能，雨滴对高速飞行器的相对运动速度大，天线罩外表面易损伤、剥落甚至损坏，有机材料表面硬度高耐雨冲击性能较差，需要在天线罩的外表面涂覆抗雨蚀的弹性涂层，降低高速雨滴带来的冲击影响（目前常用以聚胺酯材料为载体的防雨蚀材料）。在设计中还要考虑环境温度、湿度对增强塑料介电常数的影响，有些材料吸潮后介电常数变化很大，应避免使用。

表 1.1　不同类型天线罩的特殊性

类型		特殊性
按载体分类	机载	防雨蚀、防静电、防雷击等
	弹载	耐高温等
	舰载	耐盐雾腐蚀、抗海浪冲击等
	地面	防紫外辐射、防台风等
按性能分类	低副瓣	对天线副瓣抬高值小
	宽带	频带宽
	精密测量	瞄准误差小
	隐身	平均单站 RCS 低

1.4.3　典型指标

1. 功率传输系数

功率传输系数典型值如表 1.2 所列。

表 1.2　功率传输系数典型值

种类	波段	最小值/%	平均值/%
充气罩	L,S	95	97
介质桁架罩	C	90	94
金属桁架罩	S	75	80
鼻锥机头罩	X	75	85
蛋卵机头罩	X	85	90
导弹天线罩	X	85	90

2. 波瓣宽度变化

波瓣宽度变化典型值如表 1.3 所列。

表 1.3　波瓣宽度变化典型值

种类	波段	最大值/%	种类	波段	最大值/%
充气罩	L,S	≤10	鼻锥机头罩	X	≤10
介质桁架罩	C	≤10	蛋卵机头罩	X	≤5
金属桁架罩	S	≤10	导弹天线罩	X	≤10

3. 瞄准误差(或指向误差)

瞄准误差典型值如表 1.4 所列。

表 1.4　瞄准误差(或指向误差)典型值

种类	波段	瞄准误差 (或指向误差)/mrad	瞄准误差(或指向误差) 变化率/(mrad·(°)$^{-1}$)
充气罩	L,S	0.02～0.005	0.03
介质桁架罩	C	0.05～0.5	0.4
金属桁架罩	S	0.6	0.6
鼻锥机头罩	X	2～5	0.5～1
蛋卵机头罩	X	2～5	0.5～1
导弹天线罩	X	2～5	0.4～1

天线罩的瞄准误差与天线罩的几何形状有关,球形的地面雷达天线罩对雷达天线的指向影响很小。机载或弹载雷达天线罩的外形必须满足空气动力学要求。机头罩和导弹天线罩的瞄准误差与天线罩长细比(L/D)密切相关,瞄准误差率与天线罩的长细比成正比,图 1.8 给出了瞄准误差率与长细比的关系曲线。以旋转对称天线罩为例,天线罩瞄准误差随天线扫描角的关系如图 1.9 所示,图中,扫描角定义为天线指向与天线罩旋转对称轴的夹角。显然,在天线扫描角为 0°时,瞄准误差最小;在 ±10°左右的位置,瞄准误差最大。另外,瞄准误差还与天线的扫描面有关。

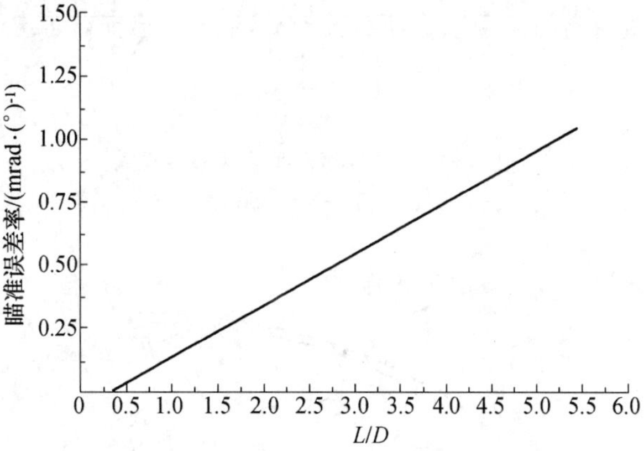

图 1.8　瞄准误差率与天线罩长细比关系曲线

4. 反射瓣(或闪烁瓣、镜像瓣)

球形罩的反射能量较小(平均入射角小,相干性弱),所以一般地面雷达天线罩的反射瓣很低,可以忽略不计。在机载雷达天线罩中,由于入射角大,反射能量大,反射线指向天线的前半空间,而且相干性强,如图 1.10 所示。反射瓣是机载雷达天线罩设计中必须控制的一项重要指标。

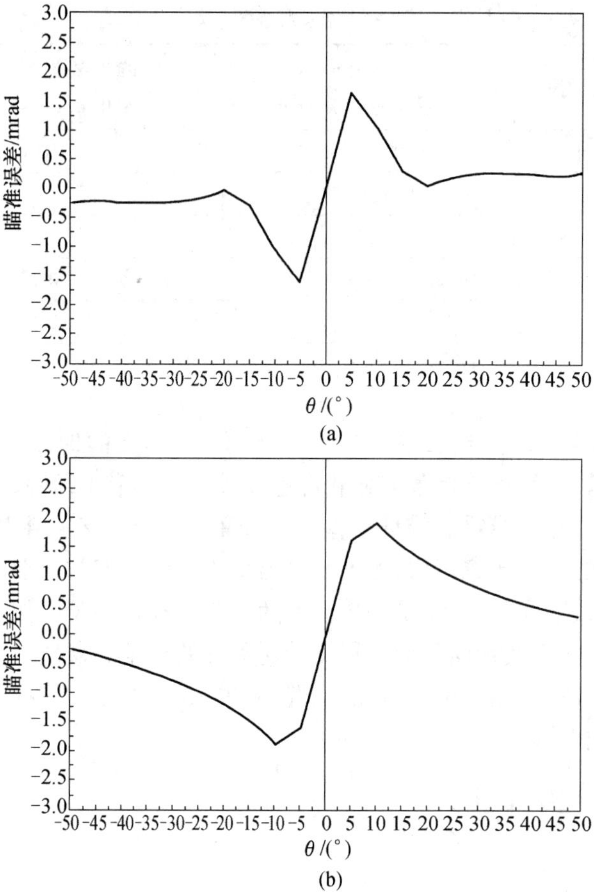

图 1.9　旋转对称天线罩的瞄准误差

(a) 方位面扫描；(b) 俯仰面扫描。

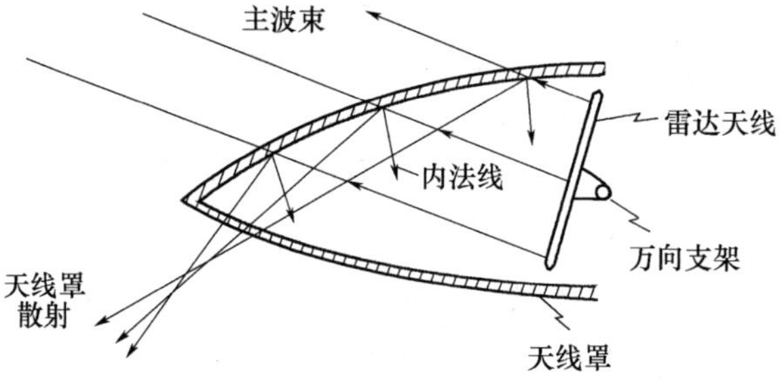

图 1.10　机载雷达天线罩中的反射瓣

天线罩的反射瓣与天线的扫描角有关。一般而言，在天线扫描角为 0°时，反射瓣最大，位置在关于罩壁等效平面的镜像位置；当天线扫描角偏离 0°时，反射瓣电平值变小。反射瓣电平典型值如表 1.5 所列。

表 1.5　反射瓣典型值

种类	波段	反射瓣电平/dB
充气罩	L	< -40
介质骨架罩	C	< -40
金属骨架罩	S	< -40
鼻锥机头罩	X	< -28
蛋卵机头罩	X	< -32
导弹天线罩	X	< -25

机载雷达罩的气动阻力取决于天线罩的外形,超声速飞机上的机头罩采用流线形,如圆锥形、拱形、卡尔曼形,阻力小的外形的天线罩往往对天线辐射波的入射角都很大,大入射角的电磁波相当部分能量被罩壁反射,在天线前半空间产生较大的反射瓣。在机载雷达天线罩的设计中,气动设计和电信设计存在着尖锐的矛盾,目前天线罩的长细比选择 2 ~ 3,兼顾了气动设计和电信设计两个方面的要求。

降低机载雷达天线罩的反射瓣十分重要。由于反射瓣位置一般为 30° ~ 60°,因此削弱了天线的探测能力,通常采用变厚度设计。根据入射角的分布在各个区域利用反射最优化进行设计,一般变厚度设计要比等厚度设计降低反射瓣电平 3dB ~ 5dB。

5. 副瓣抬高

抗各种积极干扰、对付反辐射导弹、降低环境噪声及在强地杂波中检测目标都要求雷达天线具有低副瓣或超低副瓣的性能。低副瓣天线要求最大副瓣电平低于 -30dB,宽角副瓣电平低于 -45dB;超低副瓣天线要求最大副瓣电平低于 -35dB,宽角副瓣电平低于 -50dB。

低副瓣天线和极低副瓣天线罩的主要指标就是要求尽可能地降低天线罩对天线副瓣的抬高,对给定的天线罩,天线副瓣越低,天线罩对雷达天线副瓣的影响相对越大。从远区看,天线罩改变了天线的口径辐射幅度和相位分布,天线罩的反射瓣改变了天线的波瓣结构,天线的骨架扩散瓣使宽角副瓣的 RMS 抬高。在地面雷达天线罩设计时,重点控制骨架散射,采用低感应电流率的连接形式,降低副瓣抬高。在机载雷达天线罩设计时,要控制天线罩对天线等效口径幅度和相位的影响,采用变厚度技术降低反射瓣,使天线罩对天线的副瓣特性影响最小;在低副瓣天线罩设计中,需要控制天线罩的制造公差,天线和天线罩的随机公差同等地影响天线的副瓣。副瓣抬高统计值如表 1.6 所列。

表 1.6 副瓣抬高统计值

天线罩	波段	天线的副瓣电平/dB	加罩后副瓣抬高/dB
充气罩	L,S	-25	0.5
		-30	1.0
		-35	1.5
介质骨架罩	L	-30	2.0
		-35	3
		-38	3.5
金属骨架罩	L	-30	3.0
		-35	3.0
		-38	4.0
鼻锥机头罩（不含附件）	X	-30	3.5
		-35	4.5
		-38	5
蛋卵机头罩（不含附件）	X	-30	2.5
		-35	3.5
		-38	4
扁平椭球罩	L	-30	2
		-35	2.5
		-38	3

6. 交叉极化

单极化天线经过天线罩产生的与天线极化正交的极化分量，一般用交叉极化瓣最大值相对于主极化主瓣峰值的相对值来表示。例如，垂直极化天线加罩后产生了水平极化分量，右旋极化天线加罩后出现了左旋极化分量。交叉极化电平统计值如表 1.7 所列。

表 1.7 交叉极化电平统计值

种类	波段	交叉极化电平/dB	种类	波段	交叉极化电平/dB
充气罩	L,S	< -30	鼻锥机头罩	X	< -25
介质骨架罩	C	< -30	蛋卵机头罩	X	< -25
金属骨架罩	S	< -30	导弹天线罩	X	< -25

1.5 天线罩技术的特点

天线罩的设计要求来源于电、结构、环境、载体等方面。一般根据空气动力学的要求，确定天线罩的外形和尺寸；依照电性能指标、载荷分布、载体和环境条件(温度、湿度、高度等),选择天线罩的类型,分析天线罩对天线主要电性能的影响,进行强度和结构稳定性分析,制定设计方案。电信设计与结构设计密切相关,要反复优化。为满足环境使用要求,一般要对地面天线罩增加防雨蚀、防雷击措施,对机载天线罩除防雨蚀、防雷击外还要防静电。高速导弹天线罩由于气动加热使其头部温度瞬时达到1000℃以上;对于对空拦截导弹的指向精度要求更高,陶瓷类导弹天线罩温度范围变化达到上千摄氏度。导弹天线罩指向误差在高温与常温情况下有明显的差别,导弹天线罩不仅要求在常温下的指向误差小,而且在高温时还要求指向误差小。

由于天线罩技术的需要多学科专门知识,早在第二次世界大战期间,美国军方在麻省理工学院辐射实验室组织了雷达、飞机设计、力学、材料、工艺等方面的专家开展天线罩技术研究。自1956年开始每两年在佐治亚州立大学召开一次国际电磁窗会议,以加强各个技术领域的交流,推动天线罩技术的发展。1986年美国军方在阿拉巴马州立大学组织不定期的国防部(DOD)电磁窗会议,到2008年已经举办了12届,会议文集被列为内部文件,许多新技术研究情况不再公开。

天线罩设计的确需要多学科知识[8-10],例如,火控雷达天线的机头罩既是飞机的头部整流罩,也是雷达天线罩,在研制总要求中,要求满足电性能指标(如传输效率、工作频率范围、瞄准误差、副瓣抬高等),要求满足结构性能指标(如载荷作用下的安全性、稳定性、最大变形、外形公差等),要求满足耐环境的性能(耐高温、湿热、太阳辐射、盐雾、霉菌等),还有防雷电防静电,可靠性、可维护性寿命等要求。

以机载雷达天线罩为例,要按照如下过程进行协同设计:

(1) 按照总要求,电信设计师要进行详细的分析,既合乎电性能要求,又能大概满足力学性能要求,同时考虑工作环境,再选择适当的材料,给出一个初步的设计方案,这是一个非常重要的过程,需要经过严密的分析和大量的计算后,制定一个能够满足性能的初步设计方案。

(2) 结构设计师按照电设计方案和材料的力学参数,建立静力分析模型,进行应力分析(即载荷作用下单位面积上内力的分布),按照安全系数(一般机载天线罩1.5~2.0),检验材料是否会破坏,变形是否在容许的范围内,是否会出现有害变形。如果不满足,则与电信设计师协同研究改进方案;如果满足,则可进行接口设计,再做固有振动频率模态分析、稳定性分析、疲劳分析、损伤容限等分析。如果不满足,还要修改设计;如果满足,则给出材料力学性能要求、铺层要求,为工艺设计师提出研究任务。

(3) 工艺设计师按照电信和结构设计方案,选择最接近电信、结构以及环境要求,并具有良好工艺性的材料体系。如果没有这种材料体系,还要设法研究解决方案,按照电信设计师和结构设计师提出的工艺样件(如等效平板、力学构件)进行工艺论证,制定工艺路线。如果等效平板、力学构件不能满足设计要求,则要分析原因,研究解决方案。复合材料工艺方案中还应该包括天线罩过程质量控制的各种检查验证,如厚度检测、缺陷检测,尤其是无损检测(NDT)。

可见天线罩的设计具有多学科性、技术复杂性和风险性,解决的途径是有效扎实科学的多学科协同设计,研究天线罩的内在规律,学习并掌握多学科的知识,学习世界最先进的科学知识,灵活应用于天线罩产品的研制,降低研制风险。

在多学科协同范围内,存在多种制约,如高强度与高传输效率的矛盾、强度与重量的矛盾、气动外形与副瓣抬高瞄准误差的矛盾等。天线罩几十年的发展历史,充分证明了电设计分析是起主导作用的,结构和材料工艺则是重要的技术支撑,人们应该抓住电设计这个顶层设计龙头,充分学习并运用力学和材料工艺技术。

关于力学和材料工艺已有不少专著,本书将在第10章介绍一些与天线罩有关的力学和材料工艺基础知识,目的是为顶层设计提供必要的技术基础,使得在顶层设计时不犯低级错误,不造成颠覆性失误。

1.6 天线罩技术简介

1.6.1 电信设计分析技术

天线罩的设计技术一直依赖于分析技术,在不能定量计算天线罩的性能情况下是无法设计优良天线罩的,几十年来,电磁计算技术快速发展为天线罩提供了有力的分析手段。天线罩的分析方法见表1.8,FSS(频率选择表面)分析方法及特点见表1.9。

表1.8 天线罩分析方法

天线罩尺度	天线尺度	罩体分析	散射体或附件分析
$D\geq 20\lambda$,曲率半径远大于波长	$D\geq 20\lambda$	几何光学(GO)方法	感应电流率(ICR)理论
	$3\lambda\leq D\leq 5\lambda$	物理光学(PO)方法	
$D\geq 3\lambda$,曲率半径与波长相近	$3\lambda\leq D\leq 5\lambda$	PO方法	MoM,FEM,IEFD-TD
		全波方法如:矩量法(MoM) 有限元法(FEM) 时域有限积分(IEFD-TD)等	
$D<3\lambda$,曲率半径与波长相近	$D\leq 3\lambda$	全波方法	MoM,FEM,IEFD-TD

表 1.9　FSS 分析方法及特点

分析方法		特点
全波方法	周期矩量法(PMM)	利用 Floquet 定理,在频域内分析
	谱域法	利用 Floquet 定理,在谱域内分析
	IEFD - TD	设置周期边界,在时域内分析
	有限元法	设置周期边界,在频域内分析
	互导纳法(栅瓣级数法)	结合 PMM 在谱域内分析
近似方法	等效电路法	采用传输线等效理论,在频域内定性分析

在设计技术方面,对于机载火控雷达天线罩,早期都采用等厚度壁厚设计;20 世纪 70 年代以后,开始采用变厚度设计;1970 年前后,为了适应国际航空界对机载雷达天线罩的雷电防护要求,提出了多种雷电防护设计技术。对于大型地面骨架雷达天线罩,在 80 年代以前,多采取均匀分块,后来大多数低副瓣大型地面骨架雷达天线罩分块都采取随机分块方法,介质骨架地面罩的介质加强肋也开始采用电调谐设计;近年来值得重视的还在深入研究的新技术如频率选择天线罩、电控频率选择天线罩、频率选择吸收表面等专门的设计技术,以及为适应宽带要求的宽带天线罩设计技术。

1.6.2　电性能测试技术

天线罩的测试包括过程测试和性能测试。过程测试技术有:①验证设计检验工艺均匀性的等效平板测试技术及背景对消的时域门技术;②控制低副瓣天线罩罩壁电性能均匀性的插入相位移(IPD)检测技术;③检测大型机载低副瓣天线罩涂层厚度公差的双探头电磁测厚技术和单探头电磁测厚技术。性能测试技术有:①远场测试;②平面近场测试;③球面近场测试;④柱面近场测试;⑤压缩场测试等。对于天线罩特有的瞄准误差指标的测试方法有寻零法。

介电常数和损耗角正切是材料的基本特性,对于低耗材料可以采用谐振腔法,在毫米波段可用开腔法,对于高耗材料可以采用波导法。

1.6.3　结构设计分析技术

对应天线罩的力学问题及分析技术列于表 1.10。

表 1.10　天线罩力学问题及分析技术

力学问题	分析技术
在载荷作用下是否被破坏	静强度分析(或称静力分析)
是否失稳	稳定性分析
在载荷作用下是否变形	刚度分析(或称变形位移分析)
固有振动频率是否与载体发生共振	振动模态分析
寿命和可靠性	疲劳分析,损伤容限分析

天线罩结构设计的几大要素是载荷、稳定性、安全系数、(考虑湿热效应和离散性等在内的)基准值等,其将在第10章详细介绍。

1.6.4 材料和制造方法

材料是天线罩的基础,天线罩的透波率要高,能在各种环境下工作,需要采用非金属复合材料结构,适于天线罩的材料有树脂基复合材料和陶瓷基复合材料两大类。树脂基复合材料的工作温度一般在350℃以下;陶瓷基复合材料能够在高温下工作,短时(几分钟)使用温度可以在1200℃以上,目前已有可瞬时用于2500℃的高温环境的天线罩材料。

玻璃纤维增强树脂复合材料是最常用天线罩材料,它属于聚合物树脂基复合材料,玻璃纤维和树脂复合与未复合的单质材料相比,其强度和刚度都有明显提高。根据电性能要求以及树脂基的性质,除传统的手糊工艺外,可以采用不同的成形方法,即真空袋烘箱模压法、压机固化、缠绕、预浸料热压罐、树脂传递模塑(Resin Transfer Molding,RTM)、树脂膜熔(Resin Film Infusion,RFI)等方法。

陶瓷基复合材料(Ceramic Matrix Composite,CMC)可分成非连续增强的和连续纤维增强的两类。陶瓷复合材料具有独特性能(高温强度、低密度、化学稳定性、抗磨蚀性),用于天线罩的陶瓷基复合材料有氧化铝陶瓷、氮化硼和氮化硅陶瓷、石英陶瓷等。主要工艺有固相烧结、化学气相浸渗成形、化学气相沉积成形等。

材料工艺的几大要素如工艺性、基体、增强材料、固化等内容将在第10章介绍。

1.7 本书各章内容简介

第1章介绍天线罩的基本概念、发展简史、性能要求、技术特点。

在第2章阐述天线罩的电磁理论,从电磁场的基本规律推导天线罩多层平板传输和反射的计算方法,介绍三维射线跟踪技术,从格林定理和麦克斯韦方程推导由天线罩外表面场曲面积分计算罩外辐射场的公式,介绍精度更高的物理光学方法;以电小尺寸天线罩为例,证明物理光学方法的实用性和精确性。运用矩量法分析三维介质物体的散射问题,为计算天线罩的散射截面奠定技术基础;对于长度远大于波长的肋条近似为无限长物体,引入感应电流率概念,给出计算任意形状介质肋的感应电流率的计算方法和金属肋的感应电流率的简便计算方法,为地面刚性雷达天线罩提供分析基础,也可用于机载雷达天线罩的防雷击分流条的影响的分析。

运用第2章的基础理论和方法,在第3章论述地面刚性雷达天线罩的分析设计方法、球面单元分块方法、天线罩指标计算方法、天线罩对接收通道的噪声计算以及连接调谐技术等,并给出设计举例。

第4章论述机载火控雷达天线罩的设计和分析方法、截面变厚度设计方法、机载雷达天线罩特有的雷电防护设计和空速管对天线罩的影响分析方法,并给出多种实例。

在第5章论述机载预警雷达天线罩的设计和分析方法,分析大型扁平形椭球天线罩(包括维修孔等)对雷达天线、二次雷达(Secondary Surveliiance Radar,SSR)天线的影响,介绍变厚度设计方法和效果。

第6章论述地面和机载宽带天线罩的设计技术和分析技术,介绍宽带天线罩自适应网格的口径积分－表面积分技术在多种宽带天线罩的设计中的运用情况。

第7章重点讲述隐身天线罩的理论和技术,介绍Floquet模式场,模式匹配法、边界积分－谐振模展开法(BI－RME)、多层级联广义散射矩阵、互导纳法(栅瓣级数法)、谱域法、等效电路法等频率选择表面天线罩的分析方法,给出多种单元形式的FSS的基本特性,对天线罩的RCS进行深入研究,给出天线和天线罩的RCS曲线。

第8章论述电控频率吸收表面技术,给出宽频带可调的轻型薄型吸收表面的设计计算方法,介绍用于宽带可调的吸收型电控频率选择表面以及透过型电控频率选择表面的研究情况。

第9章介绍天线罩性能测试方法,包括天线罩的材料介电常数、等效平板、感应电流率、电厚度的测试方法,给出天线罩的远场、近场、紧缩场的测试系统框图和基本测试方法,专门研究相控阵天线罩近场测试技术、大型地面天线罩远场测试技术等。

第10章综合介绍天线罩结构材料和工艺的必备知识,供电磁设计参考,包括:各类天线罩的主要材料和工艺特点;有机材料和无机材料两大体系天线罩的基本工艺知识;适合天线罩电信和结构要求的材料体系;大型钢膜结构的典型材料和参数以及天线罩的外层防护方法。

参考文献

[1] Walto J D. Radome Engineering Handbook[M]. New York:Macer Dekker Inc,1976.

[2] Hansen R C. Microwave Scanning Antenna[M]. NewYork and London:Academeic Press Inc,1966:339－415.

[3] Skolnik M I. 雷达手册[M]. 第六分册. 谢卓,译. 北京:国防工业出版社,1974.

[4] 张直中. 雷达信号的选择与处理[M]. 北京:国防工业出版社,1979.

[5] Rudge A W,et al. The handbook of Antenna Design[M]. London:Peter Pergrinus Ltd,1983.

[6] Cady W, Karelity M,Turner L. Radar Scanners and Radomes[M]. New York:MicGraw－Hill Book Compa-

ny,1948.
[7] MIL－R－7705B. Military Specification:General Specification for Radomes. January 12,1975.
[8] Torani O. Radomes, Advanced Design[R]. NATO AGARD Advisory Report 53. France: Neuilly Sur Seine,1973.
[9] Rudge A W, Crone G A E,Summers J. Radome design and performance:A review[C]. Conference of Military Microwave. 1980:555－574.
[10] Crone G A E, Rudge A W,Taylor G N. Design and performance of airborne Radomes:A review[J]. IEE Proceeding. Pt. F. 1981,12(7): 451－464.

第 2 章　天线罩理论分析基础

天线罩的形式多种多样，罩内天线也不尽相同，天线罩电性能理论分析比较复杂，在 1.6.1 节已介绍了一般天线罩的电性能往往需要采用多种方法分析，例如，机载天线罩要分别计算均匀介质壳体和金属附件对天线辐射性能的影响，地面天线罩也要分别计算均匀介质单元和空间骨架的影响，如果要分析雷达散射截面，则还要计算散射方向图。

为了简化问题，把问题分为四种类型（图 2.1），分别用不同的方法解决：

（1）电尺寸大于 20λ 的均匀多层介质天线罩，如图 2.1.（a）所示。当天线的电尺寸（与天线辐射电磁波的波长相比）大于 20λ 时采用 GO 射线跟踪方法分析，如无雷击分流条、无空速管等附件的机载火控雷达天线罩。

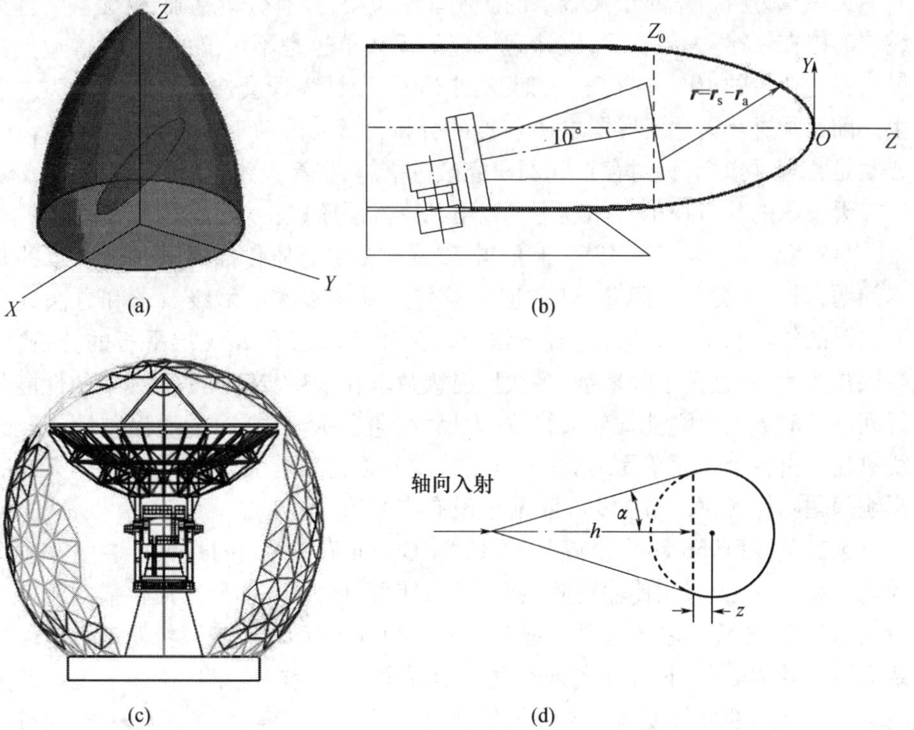

图 2.1　四种类型的问题

(2) 任意电尺寸的均匀多层介质天线罩,如图2.1(b)所示。天线的电尺寸仅为1λ ~10λ 时,采用PO方法分析。例如,天线罩对无附件的机载火控雷达天线罩中的连续波照射天线的影响,以及电尺寸较小的天线罩对罩内天线电性能的影响分析。

(3) 存在空间骨架或长条形金属附件的电尺寸大于20λ 的天线罩,如图2.1(c)所示。采用几何光学射线跟踪和感应电流率(ICR)理论混合分析,例如,地面雷达天线罩单元之间连接部位的加强肋条,以及有雷击分流条的机载火控雷达天线罩。

(4) 电尺寸与波长相近的天线罩, 如图2.1(d)所示。采用全波分析方法,天线罩的RCS,需要用全波分析方法。

这四种类型问题是机载、地面雷达天线罩、导弹天线罩的共性问题。本章前半部分主要论述GO方法、PO方法;后半部分论述MoM及ICR的计算、天线罩散射的全波分析方法。

2.1 天线罩电信分析技术概貌

天线罩分析技术对于天线罩的研制非常重要,没有分析基础,就无法掌握天线罩的内在规律、关键要素,设计高性能的天线罩也是不可能的;天线罩造价一般为雷达造价的10% ~20%,有时达到30%,设计失误会造成重大的损失。在生产前必须进行雷达天线罩电磁特性的分析计算 ,借助于分析技术,评估设计方案是否满足指标,针对存在问题研究改进措施,提高天线罩的性能。

天线罩的分析技术大体经历了以下几个发展阶段:

第一阶段(1941年—1956年), 电磁波在多层介质传播问题是天线罩的基本问题,对于这类基本问题,麻省理工学院[1]采用多次反射级数求和方法计算天线罩的传输和反射系数,这种方法比较适用于单层和A夹层平板的分析,随着层数的增加,过程十分复杂,多次反射级数求和法初步解决了天线罩的性能分析问题。对于地面刚性骨架天线罩,大尺寸(直径大于10m)的地面刚性骨架天线罩通常由各个球面单元组成一个球壳,单元之间的连接部分的散射对天线的影响问题亟待解决,但在1956年前还没有有效的分析办法。

第二阶段(1956年—1966年), C. W. Gwinn 和 P. G. Bolds[2]将多层介质等效为二端口网络,采用传输矩阵级联方法,使得电磁波在多层介质传播问题的分析大为简化,矩阵级联方法是天线罩罩壁结构分析的基本方法;针对地面刚性骨架天线罩骨架散射问题,俄亥俄州立大学提出了感应电流率理论[3], 在骨架天线罩单元连接部分长度远大于波长的情况下,可以把骨架等效为无限长二维柱,将骨架二维散射场用等宽度无限长的感应面电流的散射场等效,等效的感应面电流与等宽度单位平面波激励面电流之比定义为感应电流率,这样将骨架的散射场与激励平面波联系起来,感应电流率理论为分析地面刚性骨架天线罩单元连接部分的散射和阻挡效应提供了一种分析方法。从二维金属柱、二维介质柱的散射场可以推得感应电流率。感应电流率为地面刚性骨架天线罩的传输效率、指向误差、波瓣宽度变化、副瓣抬高等提供了一种近似的评估手段,是地面刚性骨架天线罩性能分析的主要工具。

1960 年左右,提出了 FSS 的天线罩概念,即在双曲的金属表面(如圆锥面)开有周期性的缝隙阵列,当缝隙谐振时,可以传输电磁波,这种天线罩兼有雷击防护功能,当时并没有意识到若干年后会成为隐身罩的前身。频率选择表面(FSS)周期阵列散射分析研究逐渐开展,数值计算处于萌芽阶段。

第三阶段(1966 年—1980 年),曲面天线罩的性能分析是这个时期的重点,美国大力研制机载火控雷达和机载预警雷达及其天线罩,带动了天线罩分析技术的研究,借助于电磁场计算机数值计算技术,先后开发了二维射线跟踪技术和三维射线跟踪技术[3,4]。以几何光学为基础的射线跟踪技术(也称几何光学方法)是一种高频近似方法,仅在光学极限情况下严格成立。基本要点是:将入射到天线罩的电磁波近似为平面波,天线罩表面近似为局部平面,用均匀无限大介质等效平板的传输系数和插入相移近似计算天线罩局部的传输和反射,用射线跟踪方法确定射线路径,用基尔霍夫口径积分公式计算透过瓣和反射瓣。当天线口径远大于波长,且天线罩曲率半径远大于波长时,几何光学方法计算功率传输系数、主瓣宽度的精度较高,对于指向误差、反射瓣存在一定的误差。如果天线罩电尺寸小于 20λ,则误差增大;如果天线罩电尺寸小于 5λ,则计算误差较大。美国在研制机载预警雷达天线罩时就发现,对于扁平的椭球罩,用几何光学方法计算俯仰面的方向图时误差较大,其原因是当天线口径或曲率半径与波长相近时,几何射线方法已不能成立,口径辐射场分布是连续的,而不是封闭的射线管场,次波源的辐射不能忽略,需要计入边缘效应(有限尺寸物理辐射口径)。20 世纪 70 年代先后提出了发射模式下的等效口径法、口径积分法、平面波谱法,以及接收模式下感应积分方程法等物理光学方法。等效口径法与口径积分法、平面波谱法[5]的区别是,前者需要在天线罩外建立一个透过场的等效平面口径,对此口径积分求得远场;而后两者先求天线罩外表面透过切向场,对表面积分求得远场,显然天线罩表面积分域边界场趋于零,而平面口径只有足够大,边界场才能趋于零,所以等效口径法没有得到推广。而平面波谱法在天线为圆口径旋转对称时,计算速度较高,对其他分布的口径,计算量较大;口径积分法[6]不受口径限制,利用对口径的直接积分,求得天线罩内表面入射近场的电场和磁场,在入射近场,口径场的辐射被等效为以能流方向传播的准平面波,仿照几何光学的射线原理计算在局部平面上的射线透过场和射线反射场,然后在内表面上对反射场积分,计算反射瓣,对外表面的切向场矢量积分(SI)获得罩外的辐射远场。由于采用表面积分,计入了曲率效应,所以计算精度较高,已广泛应用于机载火控雷达天线罩、中等电尺寸天线罩的精确计算。而接收模式下的感应积分方程法，计算量很大，对于每一个角度，平面波照射不仅要计算直接到达每个单元的场，而且还要计算经过罩内反射后到达单元的场，该方法一般用于电小尺寸的导弹天线罩。

射线跟踪方法也可以应用于地面刚性雷达天线罩，对于地面罩的介质骨架散射问题，提出了降低骨架的感应电流率的方法，并成功用于多种地面雷达天线罩。

与此同时，FSS 的研究进入快速发展时期[7]，模式匹配法、周期矩量法(PMM)[8]、互导纳法[8]先后应用于 FSS 夹层分析，这些研究工作为 FSS 天线罩奠定了重要的基础。

第四阶段(1981—1999 年)，天线罩分析技术一方面快速用于工程设计，如射线跟踪技术、口径积分法、平面波谱法 、接收模式下感应积分方程法已用于天线罩设计分析；另一方面致力于解决一些用光学方法难以分析的问题，如机载火控雷达天线罩头部影响分析、空速管影响分析。对于火控鼻锥罩，GTD 曾经用来估计圆锥顶部的绕射场，但效果不佳。因为 GTD 仅适于无限长介质实芯锥，Tricole 首先用标量格林函数公式建立了圆锥介质壳体的矩量法分析模型，将圆锥离散为若干个有台阶的圆环；其次在圆环内将介质分解为许多个圆球单元，以单位球内的场为变量建立了平面波入射情况下的积分方程；最后用矩量法求解此积分方程，得到了天线罩在平面均匀分布口径激励下罩外的场分布，使得天线罩全波分析前进了一步。但是，对于电大尺寸的天线罩全波分析，所需的计算机内存和花费的计算时间将会呈几何级数增长，将圆锥介质壳体用圆环来近似，又有台阶效应，所以迫切需要研究一种高效率的计算方法。

与此同时，飞机隐身被提到了重要的地位，对隐身天线罩需求迫切，天线罩的散射截面计算的研究，从电小尺寸的介质球散射到介质壳的散射，一步一步地向前推进，到 1999 年介质壳体的矩量法分析计算论文[9,10]逐年增多，真正用于机载天线罩分析的还很少。FSS 分析有了新的手段，一个是广义散射矩阵方法，采用广义散射矩阵级联技术，解决了多层 FSS 结构的分析问题；另一个是谱域矩量法，在谱域内分析 FSS 的性能。FSS 分析技术基本成熟，地面罩基本达到成熟的程度，未见新的重要文献。

第五阶段(1999 年至今)，伴随着计算电磁学的蓬勃发展，电磁计算快速分析、混合分析的技术开始应用于解决天线罩问题，由于一般机载火控雷达口径为数十个至数百个波长，空速管的长度也有数十个波长，射线跟踪、AI - SI、PWS - SI 的基础都是将天线罩壁处处等效为局部平面，这对机头罩、弹载天线罩的头部是不适用的。因为这类罩子头部曲率很大，而且头部还包括金属的空速管，光学(几何光学和物理光学)方法过于近似，计算误差太大，若要精确分析天线罩头部的场分布，还需要借助于矩量法、有限元法等全波分析方法。但是当天线罩尺度远大于波长时,矩量法、有限元法需要极大的内存,另外计算时间无法忍受。在这种情况下,矩量法和物理光学方法混合技术[11]2001 年被用于旋转对称体(BOR)天线罩的分析,计算原理是将物体分为矩量法区和物理光学区两个区域。矩量法区内界面曲率变化较为剧烈,部分区域曲率可能突变,物理光学区内曲率变化缓慢,一般矩量法区的尺度小于物理光学区。在矩量法区,采用矩量法求解积分方程;在物理光学区,采用物理光学方法计算等效面电流和面磁流。物理光学面电流和面磁流与矩量元素乘积的求和作为物理光学区对矩量法区的激励,与天线阵列激励叠加到矩量法区,在矩量法区求解积分方程。采用物理光学方法矩量法混合技术,大大减少了矩量方程的维数,降低了对计算机内存的需求,节省了矩阵方程迭代求解的计算时间;用物理光学计算物理光学区的面电流和面磁流,计入了物理光学区与矩量法区的相互耦合,提高了计算精度。文献[12]用物理光学方法/矩量法混合技术计算 BOR 电大尺寸天线罩内天线的辐射方向图。利用对称性,电流分布大大简化、复杂度大大降低,比体积分方程法效率要高得多,在平坦区采用 PO 方法比快速多极子(FMM)节省大量的时间。电流按照柱面模式展开,与有限元法相比,表面拟和度好,失真性小。

对于机载火控雷达天线罩的空速管分析,直到 2005 年相关文献从未见公开发表[13,14],采用物理光学方法/矩量法混合技术解决了空速管影响分析。

隐身天线罩研究正在抓紧进行,但是由于美欧自 20 世纪 80 年代以后的保密政策以及 FSS 与 F－22 的密切关系,与 FSS 天线罩有关的论文未见公开发表。

2.2 电磁场和电磁波的基本规律

很久以前,人类就知道摩擦生电、磁铁吸引等现象,1785 年库仑发现了静电荷之间相互作用的定律,即库仑定律,由库仑定律可以导出高斯定理,1829 年安培发现环路定律(简称安培定律),1820 年奥斯特发现电流的磁效应,1831 年法拉第发现电磁感应定律,开始形成电磁场的概念,1862 年麦克斯韦总结对比了电场和磁场的规律,提出了位移电流的概念,并将高斯定理、安培定律、电磁感应定律和位移电流方程总结归纳出关于电磁场的微分方程组(后来称为麦克斯韦方程组),根据电磁场的微分方程组,麦克斯韦预言存在电磁波,果然,1888 年赫兹用实验证实了电磁波的存在。

麦克斯韦方程组是电磁场的基本规律,也是分析天线罩的重要基础,麦克斯韦方程组为天线罩分析提供了如下三个方面的基础:

(1) 由麦克斯韦方程组的微分形式得到在自由空间的波动方程,其解为平面波函数,进而得到电磁波的传播方式、能流密度和波阻抗等参数;由麦克斯韦方程组的积分形式用于介质或导体边界得到边界条件,为分析天线罩的传输系数和反射系数提供了理论基础。

(2) 由麦克斯韦方程组的旋度方程引入磁矢位 $\boldsymbol{A}$、电矢位 $\boldsymbol{F}$,导出亥姆霍兹方程，得到磁矢位 $\boldsymbol{A}$、电矢位 $\boldsymbol{F}$ 解的积分形式，对磁矢位 $\boldsymbol{A}$、电矢位 $\boldsymbol{F}$ 进行旋度运算,推得电磁场与激励之间的关系(关系式称为口径积分公式),通过对激励源的口径积分计算天线对于天线罩的入射近场。

(3) 由麦克斯韦方程组(引入磁流)和格林恒等式推导得到斯特拉顿 - 朱兰成公式和表面积分公式给出了天线罩外辐射场与天线罩表面场的关系,是计算天线罩外表面切向场的辐射远场的必不可少的基本公式。

为系统理解天线罩分析理论,下面从电磁场规律的源头论述上述三个方面基础。

2.2.1 麦克斯韦方程组

麦克斯韦方程组的微分形式:

$$\nabla \times \boldsymbol{H} = \boldsymbol{J} + \frac{\partial \boldsymbol{D}}{\partial t} \tag{2.1}$$

$$\nabla \times \boldsymbol{E} = -\frac{\partial \boldsymbol{B}}{\partial t} \tag{2.2}$$

$$\nabla \cdot \boldsymbol{B} = 0 \tag{2.3}$$

$$\nabla \cdot \boldsymbol{D} = \rho \tag{2.4}$$

式中:$\boldsymbol{H}$ 为磁场强度(A/m);$\boldsymbol{J}$ 为电流密度(A/m^2),$\boldsymbol{J} = \sigma \boldsymbol{E}$,$\sigma$ 为介质的电导率(S/m),$\boldsymbol{E}$ 为电场强度(V/m);$\boldsymbol{D}$ 为电位移或电通密度(C/m^2),$\boldsymbol{D} = \varepsilon \boldsymbol{E}$,$\varepsilon$ 为介质的介电常数(F/m);$\boldsymbol{B}$ 为磁通密度(Wb/m^2),$\boldsymbol{B} = \mu \boldsymbol{H}$,$\mu$ 为介质的磁导率(H/m);ρ 为电荷密度(C/m^3)。

在真空或空气(称为自由空间)中,介电常数 $\varepsilon_0 \approx \frac{1}{36\pi} \times 10^{-9}$ F/m,磁导率 $\mu_0 = 4\pi \times 10^{-7}$ H/m,电导率为 0;介质的介电常数为复数,记为

$$\varepsilon = \varepsilon' - \mathrm{j}\varepsilon'' = \varepsilon'(1 - \mathrm{j}\frac{\varepsilon''}{\varepsilon'}) = \varepsilon'(1 - \mathrm{j}\tan\delta_{\varepsilon})$$

介质的磁导率也为复数,即

$$\mu = \mu' - \mathrm{j}\mu'' = \mu'(1 - \mathrm{j}\frac{\mu''}{\mu'}) = \mu'(1 - \mathrm{j}\tan\delta_{\mu})$$

不过大部分介质的磁导率为实数,等于自由空间的磁导率。

积分形式为

$$\oint_C \boldsymbol{H} \cdot \mathrm{d}\boldsymbol{l} = \int_S \boldsymbol{J} \cdot \mathrm{d}\boldsymbol{s} + \int_S \frac{\partial \boldsymbol{D}}{\partial t} \cdot \mathrm{d}\boldsymbol{s} \tag{2.5}$$

$$\oint_C \boldsymbol{E} \cdot \mathrm{d}\boldsymbol{l} = -\int_S \frac{\partial \boldsymbol{B}}{\partial t} \cdot \mathrm{d}\boldsymbol{s} \tag{2.6}$$

$$\int_S \boldsymbol{B} \cdot \mathrm{d}\boldsymbol{s} = 0 \tag{2.7}$$

$$\int_S \boldsymbol{D} \cdot \mathrm{d}\boldsymbol{s} = \int_V \rho \mathrm{d}v \tag{2.8}$$

将积分形式方程用于两种不同均匀介质的边界，可得到边界条件为

$$(\boldsymbol{D}_2 - \boldsymbol{D}_1) \cdot \hat{\boldsymbol{n}} = \rho_s \tag{2.9}$$

$$(\boldsymbol{B}_2 - \boldsymbol{B}_1) \cdot \hat{\boldsymbol{n}} = 0 \tag{2.10}$$

$$(\boldsymbol{E}_2 - \boldsymbol{E}_1) \times \hat{\boldsymbol{n}} = 0 \tag{2.11}$$

$$(\boldsymbol{H}_2 - \boldsymbol{H}_1) \times \hat{\boldsymbol{n}} = \boldsymbol{J}_s \tag{2.12}$$

式中 $\hat{\boldsymbol{n}}$ 为边界法向的单位矢量。对于理想导体边界，有

$$\boldsymbol{E} \times \hat{\boldsymbol{n}} = 0 \tag{2.13}$$

$$\boldsymbol{B} \cdot \hat{\boldsymbol{n}} = 0 \tag{2.14}$$

2.2.2 波动方程和电磁波

在不存在任何源的自由空间，对方程(2.1)两边求旋度并整理后，得波动方程为

$$\nabla \times \nabla \times \boldsymbol{H} = \nabla \times \frac{\partial \boldsymbol{D}}{\partial t} = \frac{\partial}{\partial t}(\nabla \times \varepsilon \boldsymbol{E}) = -\varepsilon \frac{\partial}{\partial t}(\mu \frac{\partial}{\partial t}\boldsymbol{H}) = -\varepsilon\mu \frac{\partial^2 \boldsymbol{H}}{\partial t^2}$$

$$\nabla \times \nabla \times \boldsymbol{H} = \nabla(\nabla \cdot \boldsymbol{H}) - \nabla^2 \boldsymbol{H}$$

移项，得

$$\nabla^2 \boldsymbol{H} - \varepsilon\mu \frac{\partial^2 \boldsymbol{H}}{\partial t^2} = 0 \tag{2.15}$$

同理，得

$$\nabla^2 \boldsymbol{E} - \varepsilon\mu \frac{\partial^2 \boldsymbol{E}}{\partial t^2} = 0 \tag{2.16}$$

对于正弦时谐电磁场[15]，将电场和磁场写成复数形式，有

$$\boldsymbol{E} = \dot{\boldsymbol{E}} \mathrm{e}^{\mathrm{j}\omega t}, \boldsymbol{H} = \dot{\boldsymbol{H}} \mathrm{e}^{\mathrm{j}\omega t}$$

$$\nabla^2 \dot{\boldsymbol{H}} + k^2 \dot{\boldsymbol{H}} = 0 \tag{2.17}$$

$$\nabla^2 \dot{\boldsymbol{E}} + k^2 \dot{\boldsymbol{E}} = 0 \tag{2.18}$$

上述方程称为波动方程。其解为

$$\dot{\boldsymbol{E}} = \boldsymbol{E}_{\mathrm{m}} \mathrm{e}^{-\mathrm{j}k\hat{\boldsymbol{k}} \cdot \boldsymbol{r}}, \dot{\boldsymbol{H}} = \boldsymbol{H}_{\mathrm{m}} \mathrm{e}^{-\mathrm{j}k\hat{\boldsymbol{k}} \cdot \boldsymbol{r}}$$

式中：$k = \omega\sqrt{\varepsilon\mu} = \dfrac{2\pi}{\lambda}$；$\hat{\boldsymbol{k}}$ 为传播的方向的单位矢量。

这是一个幅度均匀的沿 $\hat{\boldsymbol{k}}$ 方向传播的平面波，如图 2.2 所示。

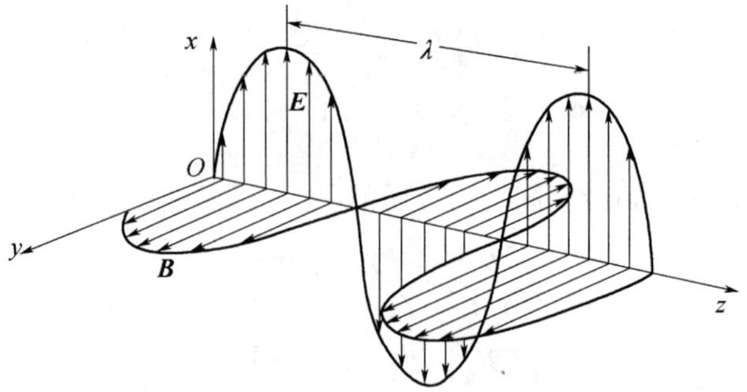

图 2.2　平面电磁波

不失一般性，设电场矢量方向为

$$\boldsymbol{E} = E_{\mathrm{m}}\mathrm{e}^{\mathrm{j}(\omega t - k\hat{\boldsymbol{k}}\cdot\boldsymbol{r})}\hat{\boldsymbol{x}}$$

代入方程(2.2)中，可得到电场幅度和磁场幅度的关系为

$$\boldsymbol{H} = \sqrt{\frac{\varepsilon}{\mu}}E_{\mathrm{m}}\mathrm{e}^{\mathrm{j}(\omega t - k\hat{\boldsymbol{k}}\cdot\boldsymbol{r})}\hat{\boldsymbol{y}} \tag{2.19}$$

式中

$$E_{\mathrm{m}} = \sqrt{\frac{\mu}{\varepsilon}}H_{\mathrm{m}} = \eta H_{\mathrm{m}}$$

其中：η 为波阻抗，在自由空间的波阻抗为

$$\eta_0 = \sqrt{\frac{\mu_0}{\varepsilon_0}} = 120\pi$$

我们要研究电磁波携带的能量与场能的关系，电磁场是携带能量的物质，存在场的地方就存在能量，将电场、磁场对时间做偏微分运算，并为了对称在电场旋度方程右边引入磁流 M，研究正弦时谐电磁场的麦克斯韦方程组的微分形式。

$$\nabla \times \boldsymbol{H} = \boldsymbol{J} + \mathrm{j}\omega\varepsilon\boldsymbol{E} \tag{2.20}$$

$$\nabla \times \boldsymbol{E} = -\mathrm{j}\omega\mu\boldsymbol{H} - \boldsymbol{M} \tag{2.21}$$

$$\nabla \cdot \boldsymbol{H} = 0 \tag{2.22}$$

$$\nabla \cdot \varepsilon\boldsymbol{E} = \rho \tag{2.23}$$

将方程(2.20)两边取共扼，并用 $\boldsymbol{E}$ 点乘方程的两边，得

$$\boldsymbol{E}\cdot\nabla\times\boldsymbol{H}^* = \boldsymbol{E}\cdot\boldsymbol{J}^* - \mathrm{j}\omega\varepsilon^*\boldsymbol{E}\cdot\boldsymbol{E}^*$$

用 $\boldsymbol{H}^*$ 点乘方程(2.21)两边，得

$$\boldsymbol{H}^*\cdot\nabla\times\boldsymbol{E} = -\mathrm{j}\omega\mu\boldsymbol{H}\cdot\boldsymbol{H}^* - \boldsymbol{H}^*\cdot\boldsymbol{M}$$

两式相减,并利用

$$\nabla \cdot (\boldsymbol{E} \times \boldsymbol{H}^*) = \boldsymbol{H}^* \cdot \nabla \times \boldsymbol{E} - \boldsymbol{E} \cdot \nabla \times \boldsymbol{H}^*$$

得

$$\boldsymbol{E} \cdot \nabla \times \boldsymbol{H}^* - \boldsymbol{H}^* \cdot \nabla \times \boldsymbol{E} = \boldsymbol{E} \cdot \boldsymbol{J}^* - \mathrm{j}\omega\varepsilon^* \boldsymbol{E} \cdot \boldsymbol{E}^* + \mathrm{j}\omega\mu \boldsymbol{H} \cdot \boldsymbol{H}^* + \boldsymbol{H}^* \cdot \boldsymbol{M}$$

$$\boldsymbol{E} \cdot \nabla \times \boldsymbol{H}^* - \boldsymbol{H}^* \cdot \nabla \times \boldsymbol{E} = \boldsymbol{E} \cdot \boldsymbol{J}^* - \mathrm{j}\omega\varepsilon' \boldsymbol{E} \cdot \boldsymbol{E}^* + \omega\varepsilon'' \boldsymbol{E} \cdot \boldsymbol{E}^* + \mathrm{j}\omega\mu \boldsymbol{H} \cdot \boldsymbol{H}^*$$

$$+ \boldsymbol{H}^* \cdot \boldsymbol{M} - \nabla \cdot (\boldsymbol{E} \times \boldsymbol{H}^*) = \boldsymbol{E} \cdot \boldsymbol{J}^* - \mathrm{j}\omega\varepsilon' \boldsymbol{E} \cdot \boldsymbol{E}^* + \omega\varepsilon'' \boldsymbol{E} \cdot \boldsymbol{E}^*$$

$$+ \mathrm{j}\omega\mu \boldsymbol{H} \cdot \boldsymbol{H}^* + \boldsymbol{H}^* \cdot \boldsymbol{M}$$

对所包围的闭合面做体积分,并利用散度定理,得

$$-\int_s \boldsymbol{E} \times \boldsymbol{H}^* \cdot \mathrm{d}\boldsymbol{s} = \int_v \boldsymbol{E} \cdot \boldsymbol{J}^* \mathrm{d}v + \int_v \boldsymbol{H}^* \cdot \boldsymbol{M} \mathrm{d}v$$

$$+ \int_v \omega\varepsilon'' \boldsymbol{E} \cdot \boldsymbol{E}^* \mathrm{d}v + \mathrm{j}\left[- \int_v \omega\varepsilon' \boldsymbol{E} \cdot \boldsymbol{E}^* \mathrm{d}v + \int_v \omega\mu \boldsymbol{H} \cdot \boldsymbol{H}^* \mathrm{d}v \right] \tag{2.24}$$

此式揭示了电磁场重要的能量关系,称为电磁波能量流动的表达式。其物理意义为:左边为流入闭合面的功率,右边为耗散功率,所以此式又称为复数功率恒等式。由此定义坡印廷矢量:$\boldsymbol{p} = \boldsymbol{E} \times \boldsymbol{H}^*$,物理含义是通过单位面积传输的复功率,而 $\mathrm{Re}(\boldsymbol{E} \times \boldsymbol{H}^*)$ 为实际功率能流和方向。

由麦克斯韦方程组的微分形式观察得到,通过电场方程变换可得到磁场方程:

$$\begin{cases} \boldsymbol{J} \Rightarrow \boldsymbol{M} \\ \boldsymbol{M} \Rightarrow -\boldsymbol{J} \\ \varepsilon \Rightarrow \mu \\ \boldsymbol{E} \Rightarrow \boldsymbol{H} \\ \boldsymbol{H} \Rightarrow -\boldsymbol{E} \\ \rho_E \Rightarrow \rho_M \end{cases} \tag{2.25}$$

例如

$$\nabla \times \boldsymbol{E} + \mathrm{j}\omega\mu \boldsymbol{H} = -\boldsymbol{M}, \nabla \cdot \boldsymbol{E} = \frac{\rho_E}{\varepsilon}$$

经过变换,得

$$\nabla \times \boldsymbol{H} - \mathrm{j}\omega\varepsilon \boldsymbol{E} = \boldsymbol{J}, \nabla \cdot \boldsymbol{H} = \frac{\rho_M}{\mu}$$

这种性质称为电磁二重性或对偶性。

麦克斯韦方程组中引入磁流和磁荷的意义在于,电场和磁场是电磁场的对立统一的两个方面。满足同样的方程,解具有同样的形式,存在"对偶"关系。

2.2.3 亥姆霍兹方程和口径积分

在麦克斯韦方程组和对电磁二重性基础上,结合矢量基本公式,本节推导在无源区域,如工作在天线口径附近的天线罩壁的入射时,场与天线激励源的关系。

因为

$$\nabla \cdot \boldsymbol{B} = 0, \nabla \times (\nabla \times \boldsymbol{A}) = 0$$

所以引入磁矢位 $\boldsymbol{A}$,$\boldsymbol{B}$ 用磁矢位表示:

$$\boldsymbol{B} = \nabla \times \boldsymbol{A} \tag{2.26}$$

$\boldsymbol{E}$ 也可以用磁矢位表示:

$$\nabla \times \boldsymbol{E} = -\frac{\partial \boldsymbol{B}}{\partial t}, \nabla \times \boldsymbol{E} = -\frac{\partial}{\partial t}\nabla \times \boldsymbol{A} = -\nabla \times \frac{\partial \boldsymbol{A}}{\partial t}, \nabla \times \left(\boldsymbol{E} + \frac{\partial \boldsymbol{A}}{\partial t}\right) = 0$$

考虑到$\nabla \times \nabla \Psi = 0$,$\boldsymbol{E}$ 可表示为

$$\boldsymbol{E} = -\frac{\partial \boldsymbol{A}}{\partial t} - \nabla \Psi$$

将 $\boldsymbol{E}$、$\boldsymbol{B}$ 代入方程(2.1),得

$$\nabla \times \frac{1}{\mu}\nabla \times \boldsymbol{A} = \boldsymbol{J} + \frac{\partial \boldsymbol{D}}{\partial t} = \boldsymbol{J} + \frac{\partial}{\partial t}\left(-\varepsilon\frac{\partial \boldsymbol{A}}{\partial t} - \varepsilon \nabla \Psi\right)$$

$$\nabla \times \nabla \times \boldsymbol{A} = \nabla\nabla \cdot \boldsymbol{A} - \nabla^2 \boldsymbol{A} = \mu \boldsymbol{J} - \mu\varepsilon\frac{\partial^2 \boldsymbol{A}}{\partial t^2} - \mu\varepsilon \nabla \frac{\partial \Psi}{\partial t}$$

对于时谐(随正弦变化的)电磁场,以及洛伦兹规范$\nabla \cdot \boldsymbol{A} = -\mathrm{j}\omega\mu\varepsilon\Psi$,得到关于磁矢位的亥姆霍兹方程为

$$\nabla^2 \boldsymbol{A} + k^2 \boldsymbol{A} = -\mu \boldsymbol{J}$$

其解为

$$\boldsymbol{A} = \frac{\mu}{4\pi}\int_v \frac{\boldsymbol{J}\mathrm{e}^{-\mathrm{j}k|\boldsymbol{r}-\boldsymbol{r}'|}}{|\boldsymbol{r}-\boldsymbol{r}'|}\mathrm{d}v' \tag{2.27}$$

此时有

$$\boldsymbol{E} = \frac{\boldsymbol{D}}{\varepsilon} = \frac{\nabla \times \boldsymbol{H}}{\mathrm{j}\omega\varepsilon} = \frac{\nabla \times \boldsymbol{B}}{\mathrm{j}\omega\varepsilon\mu} = \frac{\nabla \times \nabla \times \boldsymbol{A}}{\mathrm{j}\omega\varepsilon\mu}$$

$$\boldsymbol{H} = \frac{\boldsymbol{B}}{\mu} = \frac{\nabla \times \boldsymbol{A}}{\mu}$$

根据对耦原理:引入电矢位

$$\boldsymbol{D} = -\nabla \times \boldsymbol{F} \tag{2.28}$$

同理,得

$$\nabla^2 \boldsymbol{F} + k^2 \boldsymbol{F} = -\varepsilon \boldsymbol{M}$$

其解为

$$\boldsymbol{F} = \frac{\varepsilon}{4\pi}\int_v \frac{\boldsymbol{M}\mathrm{e}^{-\mathrm{j}k|\boldsymbol{r}-\boldsymbol{r}'|}}{|\boldsymbol{r}-\boldsymbol{r}'|}\mathrm{d}v' \tag{2.29}$$

此时有

$$\boldsymbol{E} = \frac{\boldsymbol{D}}{\varepsilon} = -\frac{\nabla \times \boldsymbol{F}}{\varepsilon}$$

$$\boldsymbol{H} = \frac{\boldsymbol{B}}{\mu} = -\frac{\nabla \times \boldsymbol{E}}{\mathrm{j}\omega\mu} = \frac{\nabla \times \nabla \times \boldsymbol{F}}{\mathrm{j}\omega\mu\varepsilon}$$

电流(线电流或面电流)或磁流(口径场辐射)是天线两种源,两者的矢量叠加得到总的辐射场,考虑到自然界没有磁荷,天线罩的激励场可表达为

$$\boldsymbol{E} = \frac{\nabla \times \nabla \times \boldsymbol{A}}{\mathrm{j}\omega\varepsilon\mu} - \frac{\nabla \times \boldsymbol{F}}{\varepsilon} \tag{2.30}$$

$$\boldsymbol{H} = \frac{\nabla \times \boldsymbol{A}}{\mu} + \frac{\nabla \times \nabla \times \boldsymbol{F}}{\mathrm{j}\omega\mu\varepsilon} \tag{2.31}$$

下面逐个求出 $\nabla \times \boldsymbol{F}, \nabla \times \boldsymbol{A}, \nabla \times \nabla \times \boldsymbol{F}, \nabla \times \nabla \times \boldsymbol{A}$。为简化,设 $\rho = |\boldsymbol{r}-\boldsymbol{r}'|$ 为源点到观察点的距离,$\hat{\boldsymbol{\rho}} = \frac{\boldsymbol{r}-\boldsymbol{r}'}{|\boldsymbol{r}-\boldsymbol{r}'|}$ 为单位矢量。

$$\nabla \frac{\mathrm{e}^{-\mathrm{j}k|\boldsymbol{r}-\boldsymbol{r}'|}}{|\boldsymbol{r}-\boldsymbol{r}'|} = \nabla \frac{\mathrm{e}^{-\mathrm{j}k\rho}}{\rho} = -\left(\mathrm{j}k + \frac{1}{\rho}\right)\frac{\mathrm{e}^{-\mathrm{j}k\rho}}{\rho}\hat{\boldsymbol{\rho}}$$

$$\nabla \frac{1}{|\boldsymbol{r}-\boldsymbol{r}'|} = \nabla \frac{1}{\rho} = -\frac{1}{\rho^2}\hat{\boldsymbol{\rho}}$$

$$\nabla \times \boldsymbol{F} = \nabla \times \frac{\varepsilon}{4\mu}\int_v \frac{\boldsymbol{M}\mathrm{e}^{-\mathrm{j}k|\boldsymbol{r}-\boldsymbol{r}'|}}{|\boldsymbol{r}-\boldsymbol{r}'|}\mathrm{d}v' = \frac{\varepsilon}{4\pi}\int_v\left[\frac{\mathrm{e}^{-\mathrm{j}k|\boldsymbol{r}-\boldsymbol{r}'|}}{|\boldsymbol{r}-\boldsymbol{r}'|}\nabla \times \boldsymbol{M} - \boldsymbol{M} \times \nabla \frac{\mathrm{e}^{-\mathrm{j}k|\boldsymbol{r}-\boldsymbol{r}'|}}{|\boldsymbol{r}-\boldsymbol{r}'|}\right]\mathrm{d}v'$$

$$= \frac{\varepsilon}{4\pi}\int_v\left[-\boldsymbol{M} \times \nabla \frac{\mathrm{e}^{-\mathrm{j}k|\boldsymbol{r}-\boldsymbol{r}'|}}{|\boldsymbol{r}-\boldsymbol{r}'|}\right]\mathrm{d}v' = \frac{\varepsilon}{4\pi}\int_v \boldsymbol{M} \times \hat{\boldsymbol{\rho}}\left(\mathrm{j}k + \frac{1}{\rho}\right)\frac{\mathrm{e}^{-\mathrm{j}k\rho}}{\rho}\mathrm{d}v'$$

同理:

$$\nabla \times \boldsymbol{A} = \nabla \times \frac{\mu}{4\pi}\int_v \boldsymbol{J}\frac{\mathrm{e}^{-\mathrm{j}k|\boldsymbol{r}-\boldsymbol{r}'|}}{|\boldsymbol{r}-\boldsymbol{r}'|}\mathrm{d}v' = \frac{\mu}{4\pi}\int_v \boldsymbol{J} \times \hat{\boldsymbol{\rho}}\left(\mathrm{j}k + \frac{1}{\rho}\right)\frac{\mathrm{e}^{-\mathrm{j}k\rho}}{\rho}\mathrm{d}v'$$

因为

$$\nabla \times \nabla \times \boldsymbol{F} = \nabla\nabla \cdot \boldsymbol{F} - \nabla^2 \boldsymbol{F}, \nabla^2 F + k^2 \boldsymbol{F} = 0$$

所以

$$\nabla \times \nabla \times \boldsymbol{F} = \nabla\nabla \cdot \boldsymbol{F} - \nabla^2 \boldsymbol{F} = \nabla\nabla \cdot \boldsymbol{F} + k^2 \boldsymbol{F}$$

于是

$$\nabla \times \nabla \times \boldsymbol{F} = \nabla\nabla \cdot \boldsymbol{F} + k^2\boldsymbol{F} = \frac{\varepsilon}{4\pi}\int_v \left[\nabla\nabla \cdot \left(\boldsymbol{M}\frac{\mathrm{e}^{-jk|\boldsymbol{r}-\boldsymbol{r}'|}}{|\boldsymbol{r}-\boldsymbol{r}'|}\right) + k^2\boldsymbol{M}\frac{\mathrm{e}^{-jk|\boldsymbol{r}-\boldsymbol{r}'|}}{|\boldsymbol{r}-\boldsymbol{r}'|}\right]\mathrm{d}v' =$$

式中

$$\nabla\nabla \cdot \left(\boldsymbol{M}\frac{\mathrm{e}^{-jk|\boldsymbol{r}-\boldsymbol{r}'|}}{|\boldsymbol{r}-\boldsymbol{r}'|}\right) = \nabla\nabla \cdot \left(\boldsymbol{M}\frac{\mathrm{e}^{-jk\rho}}{\rho}\right) = (\boldsymbol{M}\cdot\nabla)\,\nabla\left(\frac{\mathrm{e}^{-jk\rho}}{\rho}\right)$$

$$= -(\boldsymbol{M}\cdot\nabla)\left(jk + \frac{1}{\rho}\right)\frac{\mathrm{e}^{-jk\rho}}{\rho}\hat{\boldsymbol{\rho}}$$

其中

$$\hat{\boldsymbol{\rho}} = \frac{\boldsymbol{\rho}}{\rho}\frac{(x-x')\hat{\boldsymbol{x}} + (y-y')\hat{\boldsymbol{y}} + (z-z')\hat{\boldsymbol{z}}}{\rho}$$

$$\boldsymbol{M}\cdot\nabla = M_x\frac{\partial}{\partial x} + M_y\frac{\partial}{\partial y} + M_z\frac{\partial}{\partial z}$$

$$M_x\frac{\partial}{\partial x}\left[-\boldsymbol{\rho}\frac{1}{\rho}\left(jk+\frac{1}{\rho}\right)\frac{\mathrm{e}^{-jk\rho}}{\rho}\right] = -M_x\frac{\partial}{\partial x}\left[\boldsymbol{\rho}\frac{1}{\rho}\left(jk+\frac{1}{\rho}\right)\frac{\mathrm{e}^{-jk\rho}}{\rho}\right]$$

$$= -M_x\left\{\frac{1}{\rho}\left(jk+\frac{1}{\rho}\right)\frac{\mathrm{e}^{-jk\rho}}{\rho}\frac{\partial\boldsymbol{\rho}}{\partial x} + \boldsymbol{\rho}\frac{\partial}{\partial\rho}\left[\frac{1}{\rho}\left(jk+\frac{1}{\rho}\right)\frac{\mathrm{e}^{-jk\rho}}{\rho}\right]\frac{\partial\rho}{\partial x}\right\}$$

$$= -M_x\left\{\frac{1}{\rho}\left(jk+\frac{1}{\rho}\right)\hat{\boldsymbol{x}} + \boldsymbol{\rho}\left[\left(\frac{-1}{\rho^2}\right)\left(jk+\frac{1}{\rho}\right) + \frac{1}{\rho}\left(\frac{-1}{\rho^2}\right)\right.\right.$$

$$\left.\left. - \frac{1}{\rho}\left(jk+\frac{1}{\rho}\right)\left(jk+\frac{1}{\rho}\right)\right]\frac{x-x'}{\rho}\right\}\frac{\mathrm{e}^{-jk\rho}}{\rho}$$

$$= -M_x\left\{\frac{1}{\rho}\left(jk+\frac{1}{\rho}\right)\hat{\boldsymbol{x}} + \hat{\boldsymbol{\rho}}\left(k^2 - \frac{3jk}{\rho} - \frac{3}{\rho^2}\right)\frac{x-x'}{\rho}\right\}\frac{\mathrm{e}^{-jk\rho}}{\rho}$$

$$\nabla\nabla\cdot\left(\boldsymbol{M}\frac{\mathrm{e}^{-jk|\boldsymbol{r}-\boldsymbol{r}'|}}{|\boldsymbol{r}-\boldsymbol{r}'|}\right) = -\boldsymbol{M}\frac{1}{\rho}\left(jk+\frac{1}{\rho}\right)\frac{\mathrm{e}^{-jk\rho}}{\rho} - (\boldsymbol{M}\cdot\hat{\boldsymbol{\rho}})\hat{\boldsymbol{\rho}}\left[k^2 - \frac{3jk}{\rho} - \frac{3}{\rho^2}\right]\frac{\mathrm{e}^{-jk\rho}}{\rho}$$

$$\nabla\times\nabla\times\boldsymbol{F} = \frac{\varepsilon}{4\pi}\int_v\left[-\boldsymbol{M}\frac{1}{\rho}\left(jk+\frac{1}{\rho}\right) + (\boldsymbol{M}\cdot\hat{\boldsymbol{\rho}})\hat{\boldsymbol{\rho}}\left(-k^2 + \frac{3jk}{\rho} + \frac{3}{\rho^2}\right) + k^2\boldsymbol{M}\right]\frac{\mathrm{e}^{-jk\rho}}{\rho}\mathrm{d}v'$$

同理,有

$$\nabla\times\nabla\times\boldsymbol{A} = \frac{\mu}{4\pi}\int_v\left[-\boldsymbol{J}\frac{1}{\rho}\left(jk+\frac{1}{\rho}\right) + (\boldsymbol{J}\cdot\hat{\boldsymbol{\rho}})\hat{\boldsymbol{\rho}}\left(-k^2 + \frac{3jk}{\rho} + \frac{3}{\rho^2}\right) + k^2\boldsymbol{J}\right]\frac{\mathrm{e}^{-jk\rho}}{\rho}\mathrm{d}v'$$

最终获得入射到天线罩上的电场为

$$\boldsymbol{E} = \frac{1}{j4\pi\omega\varepsilon}\int_v\left[-\boldsymbol{J}\frac{1}{\rho}\left(jk+\frac{1}{\rho}\right) + (\boldsymbol{J}\cdot\hat{\boldsymbol{\rho}})\hat{\boldsymbol{\rho}}\left(-k^2 + \frac{3jk}{\rho} + \frac{3}{\rho^2}\right) + k^2\boldsymbol{J}\right]\frac{\mathrm{e}^{-jk\rho}}{\rho}\mathrm{d}v'$$
$$-\frac{1}{4\pi}\int_v\boldsymbol{M}\times\hat{\boldsymbol{\rho}}\left(jk+\frac{1}{\rho}\right)\frac{\mathrm{e}^{-jk\rho}}{\rho}\mathrm{d}v' \tag{2.32}$$

$$\boldsymbol{H} = \frac{1}{4\pi}\int_v\boldsymbol{J}\times\hat{\boldsymbol{\rho}}\left(jk+\frac{1}{\rho}\right)\frac{\mathrm{e}^{-jk\rho}}{\rho}\mathrm{d}v'$$
$$+\frac{1}{j4\pi\omega\mu}\int_v\left[-\boldsymbol{M}\frac{1}{\rho}\left(jk+\frac{1}{\rho}\right) + (\boldsymbol{M}\cdot\hat{\boldsymbol{\rho}})\hat{\boldsymbol{\rho}}\left(-k^2 + \frac{3jk}{\rho} + \frac{3}{\rho^2}\right) + k^2\boldsymbol{M}\right]\frac{\mathrm{e}^{-jk\rho}}{\rho}\mathrm{d}v' \tag{2.33}$$

对口径的电流和磁流进行积分就能得到天线罩的入射场。

讨论：

(1) 对于口径辐射天线，如喇叭天线，利用等效原理，$\boldsymbol{M}=\boldsymbol{E}\times\hat{\boldsymbol{n}}$，代入可求得口径对天线罩的辐射近场。

(2) 对于振子型天线，将已知电流密度分布代入也可以求得在天线罩区域的辐射近场。

2.2.4 斯特拉顿－朱兰成公式和表面积分

本节推导斯特拉顿－朱兰成公式，如果已知天线罩外表面的场分布，由斯特拉顿－朱兰成公式可以求得天线罩外表面场的辐射远场。斯特拉顿－朱兰成公式的基础是格林恒等式和麦克斯韦方程，推导过程是：由散度定理先推得格林恒等式，再将麦克斯韦方程代入格林恒等式，得到闭合面上分布的电流和磁流的辐射远场的计算公式。

在体积 v 和边界 s（s 面为正则闭合曲面）上，矢量函数 $\boldsymbol{A}(x,y,z)$ 及其一阶导数连续，依散度定理有

$$\int_s \boldsymbol{A}\cdot\hat{\boldsymbol{n}}\mathrm{d}s=\int_v \nabla\cdot\boldsymbol{A}\mathrm{d}v$$

令

$$\boldsymbol{A}=\boldsymbol{P}\times\nabla\times\boldsymbol{Q},\boldsymbol{B}=\boldsymbol{Q}\times\nabla\times\boldsymbol{P}$$

代入上式得

$$\begin{aligned}\int_s(\boldsymbol{P}\times\nabla\times\boldsymbol{Q})\cdot\hat{\boldsymbol{n}}\mathrm{d}s&=\int_v\nabla\cdot(\boldsymbol{P}\times\nabla\times\boldsymbol{Q})\mathrm{d}v\\&=\int_v[(\nabla\times\boldsymbol{Q})\cdot(\nabla\times\boldsymbol{P})-\boldsymbol{Q}\cdot\nabla\times\nabla\times\boldsymbol{P}]\mathrm{d}v\end{aligned}$$

$$\begin{aligned}\int_s(\boldsymbol{Q}\times\nabla\times\boldsymbol{P})\cdot\hat{\boldsymbol{n}}\mathrm{d}s&=\int_v\nabla\cdot(\boldsymbol{Q}\times\nabla\times\boldsymbol{P})\mathrm{d}v\\&=\int_v[(\nabla\times\boldsymbol{Q})\cdot(\nabla\times\boldsymbol{P})-\boldsymbol{P}\cdot\nabla\times\nabla\times\boldsymbol{Q}]\mathrm{d}v\end{aligned}$$

两式相减后，得格林恒等式为

$$\int_s[(\boldsymbol{P}\times\nabla\times\boldsymbol{Q})-(\boldsymbol{Q}\times\nabla\times\boldsymbol{P})]\cdot\hat{\boldsymbol{n}}\mathrm{d}s=\int_v[(\boldsymbol{P}\cdot\nabla\times\nabla\times\boldsymbol{Q})-(\boldsymbol{Q}\times\nabla\times\boldsymbol{P})]\mathrm{d}v \tag{2.34}$$

对于时谐电磁场

$$\boldsymbol{E}(t)=\boldsymbol{E}\mathrm{e}^{-\mathrm{j}\omega t},\boldsymbol{H}(t)=\boldsymbol{H}\mathrm{e}^{-\mathrm{j}\omega t}$$

由麦克斯韦方程

$$\begin{cases}\nabla\times\boldsymbol{E}(t)+\mu\dfrac{\partial\boldsymbol{H}(t)}{\partial t}=-\boldsymbol{M}\\ \nabla\times\boldsymbol{H}(t)-\varepsilon\dfrac{\partial\boldsymbol{E}(t)}{\partial t}=\boldsymbol{J}\\ \nabla\cdot\boldsymbol{E}(t)=\dfrac{\rho_E}{\varepsilon}\\ \nabla\cdot\boldsymbol{H}(t)=\dfrac{\rho_M}{\mu}\end{cases}$$

先得

$$\nabla\times\nabla\times\boldsymbol{E}-\mathrm{j}\omega\mu\,\nabla\times\boldsymbol{H}=-\nabla\times\boldsymbol{M}$$
$$\nabla\times\nabla\times\boldsymbol{E}-\mathrm{j}\omega\mu(\boldsymbol{J}-\mathrm{j}\omega\varepsilon\boldsymbol{E})=-\nabla\times\boldsymbol{M}$$

移项后,得

$$\nabla\times\nabla\times\boldsymbol{E}-k^2\boldsymbol{E}=-\nabla\times\boldsymbol{M}+\mathrm{j}\omega\mu\boldsymbol{J}$$

同理,得

$$\nabla\times\nabla\times\boldsymbol{H}-k^2\boldsymbol{H}=\nabla\times\boldsymbol{J}+\mathrm{j}\omega\varepsilon\boldsymbol{M}$$

式中:$k^2=\omega^2\mu\varepsilon$。

设 $\boldsymbol{P}=\boldsymbol{E}$,$\boldsymbol{Q}=\psi\boldsymbol{u}$,其中 $\boldsymbol{u}$ 为任意方向的单位矢量,$\psi=\dfrac{\mathrm{e}^{-\mathrm{j}k\rho}}{\rho}$($\rho$ 为源点到场点的距离)。注意到以下矢量运算关系式:

$$\nabla\times(\psi\boldsymbol{u})=\nabla\psi\boldsymbol{u}$$
$$\nabla\times\nabla\times\boldsymbol{E}=\nabla\nabla\cdot\boldsymbol{E}-\nabla^2\boldsymbol{E}$$
$$\nabla\cdot(\psi\boldsymbol{E})=\boldsymbol{E}\cdot\nabla\psi+\psi\nabla\cdot\boldsymbol{E}$$

所以

$$\begin{aligned}\nabla\times\nabla(\psi\boldsymbol{u})&=\nabla\nabla\cdot(\psi\boldsymbol{u})-\nabla^2(\psi\boldsymbol{u})\\&=\nabla(\boldsymbol{u}\cdot\nabla\psi)-\boldsymbol{u}\,\nabla^2\psi\\&=\nabla(\boldsymbol{u}\cdot\nabla\psi)+k^2\psi\boldsymbol{u}\end{aligned}$$

将

$$\nabla\times\nabla\times\boldsymbol{E}=k^2\boldsymbol{E}-\nabla\times\boldsymbol{M}+\mathrm{j}\omega\mu\boldsymbol{J}$$

代入式(2.34),得

$$\begin{aligned}&\int_v[\psi\boldsymbol{u}\cdot(k^2\boldsymbol{E}-\nabla\times\boldsymbol{M}+\mathrm{j}\omega\mu\boldsymbol{J})-\boldsymbol{E}\cdot(\nabla(\boldsymbol{u}\cdot\nabla\psi)+k^2\psi\boldsymbol{u})]\mathrm{d}v\\&=\int_s[\boldsymbol{E}\times\nabla\psi\times\boldsymbol{u}-\psi\boldsymbol{u}\times\nabla\times\boldsymbol{E}]\cdot\hat{\boldsymbol{n}}\mathrm{d}s\end{aligned}$$

将

$$\nabla\times\boldsymbol{E}=\mathrm{j}\omega\mu\boldsymbol{H}-\boldsymbol{M}$$

代入上式等号右边,注意到左边 $\boldsymbol{E}$ 的两项抵消,得

$$\begin{aligned}
&\int_v [\boldsymbol{u}\cdot(\mathrm{j}\omega\mu\boldsymbol{J}\psi - \nabla\times\boldsymbol{M}\psi) - \boldsymbol{E}\cdot\nabla(\boldsymbol{u}\cdot\nabla\psi)]\mathrm{d}v \\
&= \int_s [\boldsymbol{E}\times\nabla\psi\times\boldsymbol{u} - \psi\boldsymbol{u}\times(\mathrm{j}\omega\mu\boldsymbol{H} - \boldsymbol{M})]\cdot\hat{\boldsymbol{n}}\mathrm{d}s \\
&= \int_s (\boldsymbol{E}\times\nabla\psi\times\boldsymbol{u}\cdot\hat{\boldsymbol{n}} - \mathrm{j}\omega\mu\psi\boldsymbol{u}\times\boldsymbol{H}\cdot\hat{\boldsymbol{n}} + \psi\boldsymbol{u}\times\boldsymbol{M}\cdot\hat{\boldsymbol{n}})\mathrm{d}s \\
&= \int_s [-\boldsymbol{E}\times\hat{\boldsymbol{n}}\times\nabla\psi\cdot\boldsymbol{u} - \mathrm{j}\omega\mu\psi\boldsymbol{H}\times\hat{\boldsymbol{n}}\cdot\boldsymbol{u} + \psi\boldsymbol{M}\times\hat{\boldsymbol{n}}\cdot\boldsymbol{u}]\mathrm{d}s \\
&= \int_s [\hat{\boldsymbol{n}}\times\boldsymbol{E}\times\nabla\psi\cdot\boldsymbol{u} + \mathrm{j}\omega\mu\psi\hat{\boldsymbol{n}}\times\boldsymbol{H}\cdot\boldsymbol{u} + \psi\boldsymbol{M}\times\hat{\boldsymbol{n}}\cdot\boldsymbol{u}]\mathrm{d}s
\end{aligned}$$

上式左边中关于 $\boldsymbol{E}$ 项的体积分,利用矢量运算公式和散度定理进一步简化为

$$\begin{aligned}
\int_v \boldsymbol{E}\cdot\nabla(\boldsymbol{u}\cdot\nabla\psi)\mathrm{d}v &= \int_v [\nabla\cdot(\boldsymbol{E}\boldsymbol{u}\cdot\nabla\psi) - \boldsymbol{u}\cdot\nabla\psi\,\nabla\cdot\boldsymbol{E}]\mathrm{d}v \\
&= \int_v \nabla\cdot(\boldsymbol{E}\boldsymbol{u}\cdot\nabla\psi)\mathrm{d}v - \int_v \boldsymbol{u}\cdot\nabla\psi\,\nabla\cdot\boldsymbol{E}\mathrm{d}v \\
&= \int_s (\boldsymbol{E}\boldsymbol{u}\cdot\nabla\psi)\cdot\hat{\boldsymbol{n}}\mathrm{d}s - \int_v \boldsymbol{u}\cdot\nabla\psi\frac{\rho_E}{\varepsilon}\mathrm{d}v \\
&= \int_s (\boldsymbol{E}\cdot\boldsymbol{n})\boldsymbol{u}\cdot\nabla\psi\mathrm{d}s - \int_v \boldsymbol{u}\cdot\nabla\psi\frac{\rho_E}{\varepsilon}\mathrm{d}v
\end{aligned}$$

所以

$$\begin{aligned}
&\int_v \boldsymbol{u}\cdot\left[\mathrm{j}\omega\mu\psi\boldsymbol{J} - \nabla\times\boldsymbol{M}\psi + \nabla\psi\frac{\rho_E}{\varepsilon}\right]\mathrm{d}v - \int_s (\boldsymbol{E}\cdot\hat{\boldsymbol{n}})\boldsymbol{u}\cdot\nabla\psi\mathrm{d}s \\
&\qquad = \int_s [-\boldsymbol{E}\times\hat{\boldsymbol{n}}\times\nabla\psi - \mathrm{j}\omega\mu\psi H\times\hat{\boldsymbol{n}} + \psi\boldsymbol{M}\times\hat{\boldsymbol{n}}]\cdot\boldsymbol{u}\mathrm{d}s
\end{aligned}$$

上式中的 $\nabla\times\boldsymbol{M}$ 还需要进一步简化,根据旋度定理:

$$\int_v \nabla\times\boldsymbol{a}\mathrm{d}v = \int_s \hat{\boldsymbol{n}}\times\boldsymbol{a}\mathrm{d}s$$

将 $\boldsymbol{a}=\boldsymbol{M}\psi$ 代入旋度定理公式,得

$$\int_v \nabla\times(\boldsymbol{M}\psi)\mathrm{d}v = \int_s \hat{\boldsymbol{n}}\times\boldsymbol{M}\psi\mathrm{d}s$$

$$\int_v \psi\,\nabla\times\boldsymbol{M}\mathrm{d}v - \int_v \boldsymbol{M}\times\nabla\psi\mathrm{d}v = \int_s \hat{\boldsymbol{n}}\times\boldsymbol{M}\psi\mathrm{d}s$$

所以有

$$\int_v \psi\,\nabla\times\boldsymbol{M}\mathrm{d}v = \int_v \boldsymbol{M}\times\nabla\psi\mathrm{d}v + \int_s \hat{\boldsymbol{n}}\times\boldsymbol{M}\psi\mathrm{d}s$$

得到

$$\int_v \boldsymbol{u}\cdot\left[\mathrm{j}\omega\mu\psi\boldsymbol{J} - \boldsymbol{M}\times\nabla\psi + \nabla\psi\frac{\rho_E}{\varepsilon}\right]\mathrm{d}v + \int_s \boldsymbol{u}\cdot\boldsymbol{M}\times\hat{\boldsymbol{n}}\psi\mathrm{d}s - \int_s (\boldsymbol{E}\cdot\hat{\boldsymbol{n}})\boldsymbol{u}\cdot\nabla\psi\mathrm{d}s$$

$$= \int_s [\hat{\boldsymbol{n}} \times \boldsymbol{E} \times \nabla \psi + \mathrm{j}\omega\mu\psi\hat{\boldsymbol{n}} \times \boldsymbol{H} + \psi\boldsymbol{M} \times \hat{\boldsymbol{n}}] \cdot \boldsymbol{u}\mathrm{d}s$$

因为 $\boldsymbol{u}$ 为任意矢量,对任意矢量上式都成立,再移项合并,得

$$\int_v \left[\mathrm{j}\omega\mu\psi\boldsymbol{J} - \boldsymbol{M} \times \nabla \psi + \nabla \psi \frac{\rho_E}{\varepsilon} \right] \mathrm{d}v$$

$$= \int_s [\hat{\boldsymbol{n}} \times \boldsymbol{E} \times \nabla \psi + \mathrm{j}\omega\mu\psi\hat{\boldsymbol{n}} \times \boldsymbol{H} + (\boldsymbol{E} \cdot \hat{\boldsymbol{n}}) \nabla \psi] \mathrm{d}s$$

对内部任意一点作一个小球面 $\boldsymbol{s}'$,原面积分分成沿闭合面 s 的积分和沿小球面的积分, 即

$$\int_{s'} [\hat{\boldsymbol{n}} \times \boldsymbol{E} \times \nabla \psi + \mathrm{j}\omega\mu\psi\hat{\boldsymbol{n}} \times \boldsymbol{H} + (\boldsymbol{E} \cdot \hat{\boldsymbol{n}}) \nabla \psi] \mathrm{d}s = \int_v \left[\mathrm{j}\omega\mu\psi J - \boldsymbol{M} \times \nabla \psi + \nabla \psi \frac{\rho_E}{\varepsilon} \right] \mathrm{d}v$$

$$- \int_s [\hat{\boldsymbol{n}} \times \boldsymbol{E} \times \nabla \psi + \mathrm{j}\omega\mu\psi\hat{\boldsymbol{n}} \times \boldsymbol{H} + (\boldsymbol{E} \cdot \hat{\boldsymbol{n}}) \nabla \psi] \mathrm{d}s$$

根据

$$\nabla \psi = -\left(\mathrm{j}k + \frac{1}{\rho}\right) \frac{\mathrm{e}^{-\mathrm{j}k\rho}}{\rho} \hat{\boldsymbol{\rho}} = -\left(\mathrm{j}k + \frac{1}{\rho}\right) \frac{\mathrm{e}^{-\mathrm{j}k\rho}}{\rho} \hat{\boldsymbol{n}}$$

以及当 $\rho \to 0$ 时,上式左边为 $4\pi\boldsymbol{E}(\boldsymbol{x},\boldsymbol{y},z)$,

$$\begin{aligned} \boldsymbol{E}(\boldsymbol{x},\boldsymbol{y},z) &= \frac{1}{4\pi}\int_v \left[\mathrm{j}\omega\mu\psi\boldsymbol{J} - \boldsymbol{M} \times \nabla \psi + \nabla \psi \frac{\rho_E}{\varepsilon} \right] \mathrm{d}v \\ &\quad - \frac{1}{4\pi}\int_s [\mathrm{j}\omega\mu\psi\hat{\boldsymbol{n}} \times \boldsymbol{H} + \hat{\boldsymbol{n}} \times \boldsymbol{E} \times \nabla \psi + (\boldsymbol{E} \cdot \hat{\boldsymbol{n}}) \nabla \psi] \mathrm{d}s \end{aligned} \tag{2.35}$$

如果得到 $\boldsymbol{E}$ 的积分表达后,根据电磁二重性,得到 $\boldsymbol{H}$ 的积分表达式为

$$\begin{aligned} \boldsymbol{H}(\boldsymbol{x},\boldsymbol{y},z) &= \frac{1}{4\pi}\int_v \left[\mathrm{j}\omega\varepsilon\psi\boldsymbol{M} + \boldsymbol{J} \times \nabla \psi + \nabla \psi \frac{\rho_M}{\mu} \right] \mathrm{d}v \\ &\quad - \frac{1}{4\pi}\int_s [-\mathrm{j}\omega\varepsilon\psi(\hat{\boldsymbol{n}} \times \boldsymbol{E}) + (\hat{\boldsymbol{n}} \times \boldsymbol{H}) \times \nabla \psi + (\boldsymbol{H} \cdot \hat{\boldsymbol{n}}) \nabla \psi] \mathrm{d}s \end{aligned} \tag{2.36}$$

这就是斯特拉顿-朱兰成公式。

在无限大空间中,因为 $\boldsymbol{E} \propto \frac{1}{\rho^2}, \boldsymbol{H} \propto \frac{1}{\rho^2}, \psi \propto \frac{1}{\rho}$,所以当 $r \to \infty$ 时,s 上的面积分趋近于0。实际上,$\rho_M = 0$,仅有电流的辐射场的计算公式:

$$\boldsymbol{E} = \frac{1}{4\pi}\int_v \left[\mathrm{j}\omega\mu\boldsymbol{J} \frac{\mathrm{e}^{-\mathrm{j}k\rho}}{\rho} + \frac{\rho_E}{\varepsilon} \nabla\left(\frac{\mathrm{e}^{-\mathrm{j}k\rho}}{\rho}\right) \right] \mathrm{d}\boldsymbol{v}$$

$$\boldsymbol{H} = \frac{1}{4\pi}\int_v \boldsymbol{J} \times \nabla\left(\frac{\mathrm{e}^{-\mathrm{j}k\rho}}{\rho}\right) \mathrm{d}\boldsymbol{v}$$

如果已知天线罩表面上分布,建立以天线罩表面和无穷远球面组成的闭合体 v,v 中无体电流或体磁流分布,仿照推导斯特拉顿-朱兰成公式的过程,在 v

内作一个小球,无限小趋于零的小球(因为无穷远球面的场积分恒为0),由式(2.35)和(2.36)得到在小球中心点的电场和磁场为

$$\boldsymbol{E}(x,y,z) = -\frac{1}{4\pi}\int_s [\mathrm{j}\omega\mu\psi\hat{\boldsymbol{n}} \times \boldsymbol{H} + \hat{\boldsymbol{n}} \times \boldsymbol{E} \times \nabla\psi + (\hat{\boldsymbol{n}} \cdot \boldsymbol{E})\nabla\psi]\mathrm{d}s \tag{2.37}$$

$$\boldsymbol{H}(x,y,z) = -\frac{1}{4\pi}\int_s [-\mathrm{j}\omega\varepsilon\psi(\hat{\boldsymbol{n}} \times \boldsymbol{E}) + \hat{\boldsymbol{n}} \times \boldsymbol{H} \times \nabla\psi + (\hat{\boldsymbol{n}} \cdot \boldsymbol{H})\nabla\psi]\mathrm{d}s \tag{2.38}$$

式中:$\hat{\boldsymbol{n}}$ 为天线罩外表面的外法向单位矢量。

根据远场的 $\boldsymbol{E}$、$\boldsymbol{H}$ 的关系:

$$\hat{\boldsymbol{r}} \times \boldsymbol{H} + \sqrt{\frac{\varepsilon}{\mu}}\boldsymbol{E} = 0 \tag{2.39}$$

当场点充分远,$k\rho \gg 1$ 时,由(2.39)、式(2.38)推得表面积分公式:

$$\boldsymbol{E} = \frac{-\mathrm{j}k}{4\pi}\frac{\mathrm{e}^{-\mathrm{j}kr}}{r}\hat{\boldsymbol{r}} \times \int_s \left[(\hat{\boldsymbol{n}} \times \boldsymbol{E}) - \sqrt{\frac{\mu}{\varepsilon}}\hat{\boldsymbol{r}} \times (\hat{\boldsymbol{n}} \times \boldsymbol{H})\right]\mathrm{e}^{\mathrm{j}kr'}\mathrm{d}s \tag{2.40}$$

2.2.3 节给出了如何由罩内天线的场分布,通过天线口径积分求得天线罩表面的入射激励场,本节又推导了闭合面的电流和磁流辐射的远场的计算公式,对于天线罩,可以通过其外表面的电流和磁流分布(或切向电场和切向磁场)的积分求得天线加罩后的远场。需要说明的是时谐因子无论是取 $\mathrm{e}^{-\mathrm{j}\omega t}$ 还是 $\mathrm{e}^{\mathrm{j}\omega t}$,推得的表面积分公式都是一样的,远场表面积分公式与时谐因子无关。在自由空间中 $\varepsilon = \varepsilon_0$,$\mu = \mu_0$。

2.3 平面波在无限大多层介质中的传输和反射

设一平面波斜入射到无限大多层平面介质交界面上(图 2.3),空气和介质的分界面上应用由麦克斯韦方程组的积分形式推导出的电场和磁场的边界条件得到连续性方程,求解得到菲涅尔公式。对于多层介质情况,将界面的反射和透射等效为均匀传输线,运用微波网络级联矩阵 $\boldsymbol{A}$ 的理论,得到多层介质平板的总级联矩阵 $\boldsymbol{A}$,再由矩阵 $\boldsymbol{A}$ 求得矩阵 $\boldsymbol{S}$,从而得到多层无限大介质平板的功率传输系数反射系数和插入相位移。

2.3.1 平面波的反射与折射

平面波在均匀介质内传输不会发生反射和折射,只有遇到不同介质时才会发生反射和折射。设一平面波从均匀介质 1 入射到均匀介质 2 的无穷大平面界面上,介质 1 的介电常数为 ε_1、磁导率为 μ_1,介质 2 的介电常数为 ε_2、磁导率为

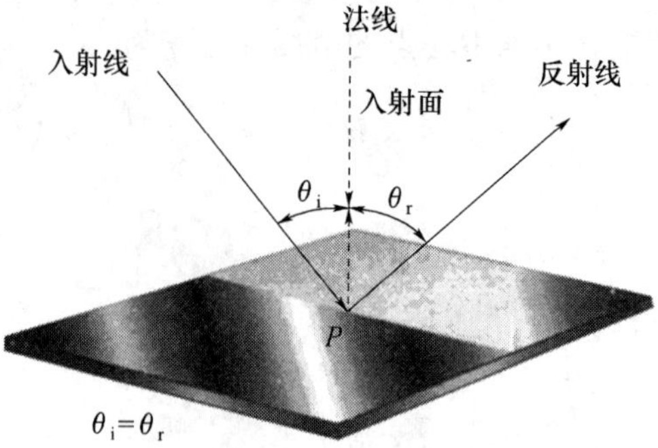

图 2.3　平面在分层界面的反射与折射

μ_2、建立如图 2.4 所示的坐标系,设入射波电磁场为 $\boldsymbol{E}^i$、$\boldsymbol{H}^i$,反射波为 $\boldsymbol{E}^r$、$\boldsymbol{H}^r$,折射波为 $\boldsymbol{E}^t$、$\boldsymbol{H}^t$,入射波矢量为 $\boldsymbol{k}$,入射波矢量与分界面法线组成的平面称为入射面,任意极化的电磁波按照电场矢量分解,可以分解为平行于入射面和垂直于入射面的分量。下面分两种情况讨论:

(1)当电场极化平行于入射平面(图 2.4),此时入射波称为平行极(TM)波(因为磁场垂直于入射面)。

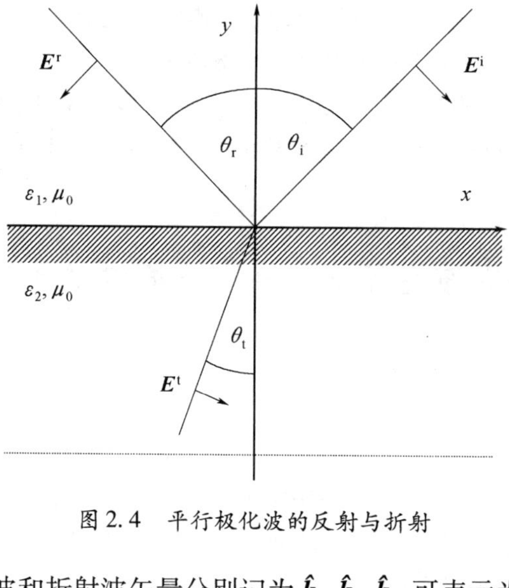

图 2.4　平行极化波的反射与折射

入射波、反射波和折射波矢量分别记为 $\hat{\boldsymbol{k}}_i$、$\hat{\boldsymbol{k}}_r$、$\hat{\boldsymbol{k}}_t$,可表示为

$$\hat{\boldsymbol{k}}_i = (-\sin\theta_i\hat{\boldsymbol{x}} - \cos\theta_i\hat{\boldsymbol{y}})$$
$$\hat{\boldsymbol{k}}_r = (-\sin\theta_r\hat{\boldsymbol{x}} + \cos\theta_r\hat{\boldsymbol{y}})$$
$$\hat{\boldsymbol{k}}_t = (-\sin\theta_t\hat{\boldsymbol{x}} - \cos\theta_t\hat{\boldsymbol{y}})$$

式中:θ_i、θ_r、θ_t 分别为入射角、反射角和折射角。

任意场点 $\boldsymbol{r}=x\hat{\boldsymbol{x}}+y\hat{\boldsymbol{y}}$ 处的入射场、反射场和折射电场可表示为

$$\boldsymbol{E}^{\mathrm{i}}=(\cos\theta_{\mathrm{i}}\hat{\boldsymbol{x}}-\sin\theta_{\mathrm{i}}\hat{\boldsymbol{y}})\mathrm{e}^{-\mathrm{j}k_1\hat{\boldsymbol{k}}_{\mathrm{i}}\cdot\boldsymbol{r}}=(\cos\theta_{\mathrm{i}}\hat{\boldsymbol{x}}-\sin\theta_{\mathrm{i}}\hat{\boldsymbol{y}})\mathrm{e}^{\mathrm{j}k_1(x\sin\theta_{\mathrm{i}}+y\cos\theta_{\mathrm{i}})}$$

$$\boldsymbol{E}^{\mathrm{r}}=R_{/\!/}(-\cos\theta_{\mathrm{r}}\hat{\boldsymbol{x}}-\sin\theta_{\mathrm{r}}\hat{\boldsymbol{y}})\mathrm{e}^{-\mathrm{j}k_1\hat{\boldsymbol{k}}_{\mathrm{r}}\cdot\boldsymbol{r}}=R_{/\!/}(-\cos\theta_{\mathrm{r}}\hat{\boldsymbol{x}}-\sin\theta_{\mathrm{r}}\hat{\boldsymbol{y}})\mathrm{e}^{\mathrm{j}k_1(x\sin\theta_{\mathrm{r}}-y\cos\theta_{\mathrm{r}})}$$

$$\boldsymbol{E}^{\mathrm{t}}=T_{/\!/}(\cos\theta_{\mathrm{t}}\hat{\boldsymbol{x}}-\sin\theta_{\mathrm{t}}\hat{\boldsymbol{y}})\mathrm{e}^{-\mathrm{j}k_2\hat{\boldsymbol{k}}_{\mathrm{t}}\cdot\boldsymbol{r}}=T_{/\!/}(\cos\theta_{\mathrm{t}}\hat{\boldsymbol{x}}-\sin\theta_{\mathrm{t}}\hat{\boldsymbol{y}})\mathrm{e}^{\mathrm{j}k_2(x\sin\theta_{\mathrm{t}}+y\cos\theta_{\mathrm{t}})}$$

根据平面波的性质，电场磁场及传输方向符合右手法则 $\hat{\boldsymbol{k}}=\hat{\boldsymbol{E}}\times\hat{\boldsymbol{H}}$ 及 $\boldsymbol{H}=\frac{1}{\eta}\hat{\boldsymbol{k}}\times\hat{\boldsymbol{E}}$，同时得到磁场的表达式为

$$\boldsymbol{H}^{\mathrm{i}}=\frac{1}{\eta_1}\hat{\boldsymbol{k}}_{\mathrm{i}}\times\boldsymbol{E}^{\mathrm{i}}=\frac{1}{\eta_1}(-\sin\theta_{\mathrm{i}}\hat{\boldsymbol{x}}-\cos\theta_{\mathrm{i}}\hat{\boldsymbol{y}})\times(\cos\theta_{\mathrm{i}}\hat{\boldsymbol{x}}-\sin\theta_{\mathrm{i}}\hat{\boldsymbol{y}})\mathrm{e}^{\mathrm{j}k_1(x\sin\theta_{\mathrm{i}}+y\cos\theta_{\mathrm{i}})}$$

$$\boldsymbol{H}^{\mathrm{r}}=\frac{1}{\eta_1}\hat{\boldsymbol{k}}_{\mathrm{r}}\times\boldsymbol{E}^{\mathrm{r}}=\frac{1}{\eta_1}(-\sin\theta_{\mathrm{r}}\hat{\boldsymbol{x}}+\cos\theta_{\mathrm{r}}\hat{\boldsymbol{y}})\times R_{/\!/}(-\cos\theta_{\mathrm{r}}\hat{\boldsymbol{x}}-\sin\theta_{\mathrm{r}}\hat{\boldsymbol{y}})\mathrm{e}^{\mathrm{j}k_1(x\sin\theta_{\mathrm{r}}-y\cos\theta_{\mathrm{r}})}$$

$$\boldsymbol{H}^{\mathrm{t}}=\frac{1}{\eta_2}\hat{\boldsymbol{k}}_{\mathrm{t}}\times\boldsymbol{E}^{\mathrm{t}}=\frac{1}{\eta_2}(-\sin\theta_{\mathrm{t}}\hat{\boldsymbol{x}}-\cos\theta_{\mathrm{t}}\hat{\boldsymbol{y}})\times T_{/\!/}(\cos\theta_{\mathrm{t}}\hat{\boldsymbol{x}}-\sin\theta_{\mathrm{t}}\hat{\boldsymbol{y}})\mathrm{e}^{\mathrm{j}k_2(x\sin\theta_{\mathrm{t}}+y\cos\theta_{\mathrm{t}})}$$

式中：$\eta_1=\sqrt{\frac{\mu_1}{\varepsilon_1}}$；$\eta_2=\sqrt{\frac{\mu_2}{\varepsilon_2}}$。

化简，得

$$\boldsymbol{H}^{\mathrm{i}}=\frac{1}{\eta_1}\hat{\boldsymbol{k}}_{\mathrm{i}}\times\boldsymbol{E}^{\mathrm{i}}=\frac{1}{\eta_1}\hat{\boldsymbol{z}}\mathrm{e}^{\mathrm{j}k_1(x\sin\theta_{\mathrm{i}}+y\cos\theta_{\mathrm{i}})}$$

$$\boldsymbol{H}^{\mathrm{r}}=\frac{1}{\eta_1}\hat{\boldsymbol{k}}_{\mathrm{r}}\times\boldsymbol{E}^{\mathrm{r}}=\frac{1}{\eta_1}R_{/\!/}\hat{\boldsymbol{z}}\mathrm{e}^{\mathrm{j}k_1(x\sin\theta_{\mathrm{r}}-y\cos\theta_{\mathrm{r}})}$$

$$\boldsymbol{H}^{\mathrm{t}}=\frac{1}{\eta_2}\hat{\boldsymbol{k}}_{\mathrm{t}}\times\boldsymbol{E}^{\mathrm{t}}=\frac{1}{\eta_2}T_{/\!/}\hat{\boldsymbol{z}}\mathrm{e}^{\mathrm{j}k_2(x\sin\theta_{\mathrm{t}}+y\cos\theta_{\mathrm{t}})}$$

在 1 区和 2 区边界上 $y=0$，电场和磁场的切向分量连续，即

$$(\boldsymbol{E}^{\mathrm{i}}+\boldsymbol{E}^{\mathrm{r}})_x=\boldsymbol{E}_x^{\mathrm{t}} \tag{2.41}$$

$$(\boldsymbol{H}^{\mathrm{i}}+\boldsymbol{H}^{\mathrm{r}})_z=\boldsymbol{H}_z^{\mathrm{t}} \tag{2.42}$$

得

$$\cos\theta_{\mathrm{i}}\mathrm{e}^{\mathrm{j}k_1(x\sin\theta_{\mathrm{i}}+y\cos\theta_{\mathrm{i}})}-R_{/\!/}\cos\theta_{\mathrm{r}}\mathrm{e}^{\mathrm{j}k_1(x\sin\theta_{\mathrm{r}}-y\cos\theta_{\mathrm{r}})}=T_{/\!/}\cos\theta_{\mathrm{t}}\mathrm{e}^{\mathrm{j}k_2(x\sin\theta_{\mathrm{t}}+y\cos\theta_{\mathrm{t}})}$$

$$\frac{1}{\eta_1}\mathrm{e}^{\mathrm{j}k_1(x\sin\theta_{\mathrm{i}}+y\cos\theta_{\mathrm{i}})}+\frac{1}{\eta_1}R_{/\!/}\mathrm{e}^{\mathrm{j}k_1(x\sin\theta_{\mathrm{r}}-y\cos\theta_{\mathrm{r}})}=\frac{1}{\eta_2}T_{/\!/}\mathrm{e}^{\mathrm{j}k_2(x\sin\theta_{\mathrm{t}}+y\cos\theta_{\mathrm{t}})}$$

对任意 x 都成立，要求

$$k_1\sin\theta_{\mathrm{i}}=k_1\sin\theta_{\mathrm{r}}=k_2\sin\theta_{\mathrm{t}}$$

$$\cos\theta_{\mathrm{t}}=\sqrt{1-\sin^2\theta_{\mathrm{t}}}=\sqrt{1-\frac{k_1^2}{k_2^2}\sin^2\theta_{\mathrm{i}}}=\sqrt{1-\frac{\varepsilon_1}{\varepsilon_2}\sin^2\theta_{\mathrm{i}}}=\sqrt{\frac{\varepsilon_1}{\varepsilon_2}}\sqrt{\frac{\varepsilon_2}{\varepsilon_1}-\sin^2\theta_{\mathrm{i}}}$$

代入方程，得

$$\cos\theta_{\mathrm{i}}-R_{/\!/}\cos\theta_{\mathrm{i}}=T_{/\!/}\sqrt{\frac{\varepsilon_1}{\varepsilon_2}}\sqrt{\frac{\varepsilon_2}{\varepsilon_1}-\sin^2\theta_{\mathrm{i}}}$$

$$\eta_2(1 + R_{/\!/}) = \eta_1 T_{/\!/}$$

化简,得

$$\cos\theta_i - R_{/\!/}\cos\theta_i = T_{/\!/}\sqrt{\frac{\varepsilon_1}{\varepsilon_2}}\sqrt{\frac{\varepsilon_2}{\varepsilon_1} - \sin^2\theta_i}$$

$$\sqrt{\varepsilon_1}(1 + R_{/\!/}) = \sqrt{\varepsilon_2}T_{/\!/}$$

解方程,得

$$R_{/\!/} = \frac{\frac{\varepsilon_2}{\varepsilon_1}\cos\theta_i - \sqrt{\frac{\varepsilon_2}{\varepsilon_1} - \sin^2\theta_i}}{\frac{\varepsilon_2}{\varepsilon_1}\cos\theta_i + \sqrt{\frac{\varepsilon_2}{\varepsilon_1} - \sin^2\theta_i}} \tag{2.43}$$

$$T_{/\!/} = \frac{2\sqrt{\frac{\varepsilon_2}{\varepsilon_1}}\cos\theta_i}{\frac{\varepsilon_2}{\varepsilon_1}\cos\theta_i + \sqrt{\frac{\varepsilon_2}{\varepsilon_1} - \sin^2\theta_i}} \tag{2.44}$$

(2)当电场极化垂直于入射平面(图 2.5),此时入射波称为垂直极化(TE)波(因为电场垂直于入射面)。

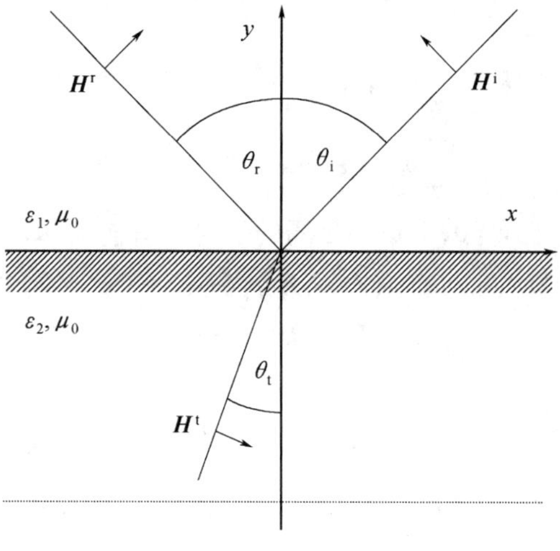

图 2.5 垂直极化波的反射与折射

此时有

$$\boldsymbol{E}^i = \hat{z}e^{jk_1(x\sin\theta_i + y\cos\theta_i)}$$

$$\boldsymbol{E}^r = R_\perp \hat{z}e^{jk_1(x\sin\theta_r - y\cos\theta_r)}$$

$$\boldsymbol{E}^t = T_\perp \hat{z}e^{-jk_2(x\sin\theta_t - y\cos\theta_t)}$$

$$\boldsymbol{H}^i = \frac{1}{\eta_1}\hat{\boldsymbol{k}}_i \times \boldsymbol{E}^i = \frac{1}{\eta_1}(-\sin\theta_i\hat{\boldsymbol{x}} - \cos\theta_i\hat{\boldsymbol{y}}) \times \hat{z}e^{jk_1(x\sin\theta_i + y\cos\theta_i)}$$

$$\boldsymbol{H}^{\mathrm{r}}=\frac{1}{\eta_1}\hat{\boldsymbol{k}}_{\mathrm{r}}\times\boldsymbol{E}^{\mathrm{r}}=\frac{1}{\eta_1}(-\sin\theta_{\mathrm{r}}\hat{\boldsymbol{x}}+\cos\theta_{\mathrm{r}}\hat{\boldsymbol{y}})\times\hat{\boldsymbol{z}}R_{\perp}\,\mathrm{e}^{\mathrm{j}k_1(x\sin\theta_{\mathrm{r}}-y\cos\theta_{\mathrm{r}})}$$

$$\boldsymbol{H}^{\mathrm{t}}=\frac{1}{\eta_2}\hat{\boldsymbol{k}}_{\mathrm{t}}\times\boldsymbol{E}^{\mathrm{t}}=\frac{1}{\eta_2}(-\sin\theta_{\mathrm{t}}\hat{\boldsymbol{x}}-\cos\theta_{\mathrm{t}}\hat{\boldsymbol{y}})\times\hat{\boldsymbol{z}}T_{\perp}\,\mathrm{e}^{\mathrm{j}k_2(x\sin\theta_{\mathrm{t}}+y\cos\theta_{\mathrm{t}})}$$

$$\boldsymbol{H}^{\mathrm{i}}=\frac{1}{\eta_1}\hat{\boldsymbol{k}}_{\mathrm{i}}\times\boldsymbol{E}^{\mathrm{i}}=\frac{1}{\eta_1}(\sin\theta_{\mathrm{i}}\hat{\boldsymbol{y}}-\cos\theta_{\mathrm{i}}\hat{\boldsymbol{x}})\mathrm{e}^{\mathrm{j}k_1(x\sin\theta_{\mathrm{i}}+y\cos\theta_{\mathrm{i}})}$$

$$\boldsymbol{H}^{\mathrm{r}}=\frac{1}{\eta_1}\hat{\boldsymbol{k}}_{\mathrm{r}}\times\boldsymbol{E}^{\mathrm{r}}=\frac{1}{\eta_1}(-\sin\theta_{\mathrm{r}}\hat{\boldsymbol{y}}+\cos\theta_{\mathrm{r}}\hat{\boldsymbol{x}})R_{\perp}\,\mathrm{e}^{\mathrm{j}k_1(x\sin\theta_{\mathrm{r}}-y\cos\theta_{\mathrm{r}})}$$

$$\boldsymbol{H}^{\mathrm{t}}=\frac{1}{\eta_2}\hat{\boldsymbol{k}}_{\mathrm{t}}\times\boldsymbol{E}^{\mathrm{t}}=\frac{1}{\eta_2}(\sin\theta_{\mathrm{t}}\hat{\boldsymbol{y}}-\cos\theta_{\mathrm{t}}\hat{\boldsymbol{x}})T_{\perp}\,\mathrm{e}^{\mathrm{j}k_2(x\sin\theta_{\mathrm{t}}+y\cos\theta_{\mathrm{t}})}$$

在 1 区和 2 区边界上 $y=0$,,电场和磁场的切向分量连续,即

$$(\boldsymbol{E}^{\mathrm{i}}+\boldsymbol{E}^{\mathrm{r}})_z=\boldsymbol{E}_z^{\mathrm{t}}\tag{2.45}$$

$$(\boldsymbol{H}^{\mathrm{i}}+\boldsymbol{H}^{\mathrm{r}})_x=\boldsymbol{H}_x^{\mathrm{t}}\tag{2.46}$$

$$\mathrm{e}^{\mathrm{j}k_1(x\sin\theta_{\mathrm{i}}+y\cos\theta_{\mathrm{i}})}+R_{\perp}\,\mathrm{e}^{\mathrm{j}k_1(x\sin\theta_{\mathrm{r}}-y\cos\theta_{\mathrm{r}})}=T_{\perp}\,\mathrm{e}^{\mathrm{j}k_2(x\sin\theta_{\mathrm{t}}+y\cos\theta_{\mathrm{t}})}$$

$$-\frac{\cos\theta_{\mathrm{i}}}{\eta_1}\mathrm{e}^{\mathrm{j}k_1(x\sin\theta_{\mathrm{i}}+y\cos\theta_{\mathrm{i}})}+\frac{\cos\theta_{\mathrm{r}}R_{\perp}}{\eta_1}\mathrm{e}^{\mathrm{j}k_1(x\sin\theta_{\mathrm{r}}-y\cos\theta_{\mathrm{r}})}=-\frac{\cos\theta_{\mathrm{t}}T_{\perp}}{\eta_2}\mathrm{e}^{\mathrm{j}k_2(x\sin\theta_{\mathrm{t}}+y\cos\theta_{\mathrm{t}})}$$

同理有

$$k_1\sin\theta_{\mathrm{i}}=k_1\sin\theta_{\mathrm{r}}=k_2\sin\theta_{\mathrm{t}}$$

$$\cos\theta_{\mathrm{t}}=\sqrt{\frac{\varepsilon_1}{\varepsilon_2}}\sqrt{\frac{\varepsilon_2}{\varepsilon_1}-\sin^2\theta_{\mathrm{i}}}$$

由上式得

$$1+R_{\perp}=T_{\perp}$$

$$-\sqrt{\varepsilon_1}\cos\theta_{\mathrm{i}}+\sqrt{\varepsilon_1}\cos\theta_{\mathrm{i}}R_{\perp}=-\sqrt{\varepsilon_2}T_{\perp}\sqrt{\frac{\varepsilon_1}{\varepsilon_2}}\sqrt{\frac{\varepsilon_2}{\varepsilon_1}-\sin^2\theta_{\mathrm{i}}}$$

可得

$$R_{\perp}=\frac{\cos\theta_{\mathrm{i}}-\sqrt{\dfrac{\varepsilon_2}{\varepsilon_1}-\sin^2\theta_{\mathrm{i}}}}{\cos\theta_{\mathrm{i}}+\sqrt{\dfrac{\varepsilon_2}{\varepsilon_1}-\sin^2\theta_{\mathrm{i}}}}\tag{2.47}$$

$$T_{\perp}=\frac{2\cos\theta_{\mathrm{i}}}{\cos\theta_{\mathrm{i}}+\sqrt{\dfrac{\varepsilon_2}{\varepsilon_1}-\sin^2\theta_{\mathrm{i}}}}\tag{2.48}$$

由上式可见,在介质 ε_1、ε_2 分界面上的反射系数与入射角、电波极化 $\varepsilon_2/\varepsilon_1$ 有关。后面在计算介质层性能时,ε 均指介质的相对介电常数,表示介质中介电常数与自由空间中介电常数的比值。如果是任意极化的平面波,则要将其分解为平行极化和垂直极化两个分量,分别计算传输和反射系数,然后再矢量叠加。

$R_{/\!/}$、$R_{\perp}$分别为界面对平行极化分量和垂直极化分量的电场反射系数，在平行极化状态时，当$\theta_r = \arctan\sqrt{\dfrac{\varepsilon_2}{\varepsilon_1}}$时，反射系数 =0，$\theta_r$ 称为布儒斯特角。在大多数情况下，介质平板对平行极化波的反射系数总是小于对垂直极化波的反射系数。

2.3.2 单层介质平板的传输和反射

在 2.3.1 节基础上，进一步研究单层均匀介质平板的传输和反射的解析表达式。如 2.3.1 节所述，在不同介质的界面上入射电磁波会发生反射和折射的情况，而且是不对称的，即从介质 1 入射到介质 2 的折射和反射系数与从介质 2 入射到介质 1 时是不同的，在介质平板内会出现无穷多次的反射和折射，如图 2.6 所示。

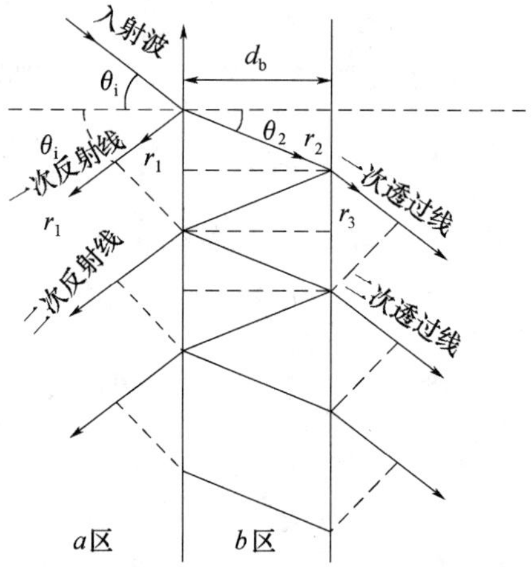

图 2.6 平面波在单层介质平板中的多次反射和折射

为了推得单层介质平板的传输和反射系数，设如下参量：

ε_1、ε_2 分别为介质 1（a 区）和介质平板 2（b 区）的介电常数，假设 $\mu_1 = \mu_2 = \mu_0$；

$k_1 = \dfrac{2\pi}{\lambda_1}$，$k_2\ \dfrac{2\pi}{\lambda_2}$分别为电磁波在介质 1（$a$ 区）和介质 2（b 区）内传播的波数，$\lambda_1 = \dfrac{\lambda_0}{\sqrt{\varepsilon_1}}$，$\lambda_2 = \dfrac{\lambda_0}{\sqrt{\varepsilon_2}}$分别为电磁波在介质 1 和介质 2 内传播的波长，λ_0 为在自由空间中的波长；

R_{12}为电磁波从介质 1（a 区）入射到介质 2（b 区）时界面的反射系数；

R_{21}为电磁波从介质 2 入射到介质 1 时界面的反射系数；

T_{12}为电磁波从介质 1 入射到介质 2 时界面的传输系数；

T_{21}为电磁波从介质 2 入射到介质 1 时界面的传输系数；

d 为平板的厚度,θ_t 为入射角,θ_t 为折射角。

如图 2.6 所示,介质平板置于介电常数为 ε_1 的介质中;单位幅度的电磁波以 θ_t 入射到平板上,介质平板的反射波和透过波是入射波经过无限多次反射折射后的矢量叠加。

对于反射场:

第一次反射线的电场为

$$E_0^r = R_{12}$$

第二次反射线的电场为

$$E_1^r = T_{12}(e^{-jk_2l}R_{21}e^{-jk_2l})T_{21}$$

第三次反射线的电场为

$$E_2^r = T_{12}(e^{-jk_2l}R_{21}e^{-jk_2l})R_{21}(e^{-jk_2l}R_{21}e^{-jk_2l})T_{21} = E_1^r(R_{21}e^{-jk_2l}R_{21}e^{-jk_2l})$$

第 n 次反射线的电场为

$$E_{n-1}^r = E_{n-2}^r(R_{21}e^{-jk_2l}R_{21}e^{-jk_2l})$$

则总反射场(单位幅度平面波入射时的反射系数)为

$$R = E^r = E_0^r + \sum_{n=1}^{\infty} E_n^r \tag{2.49}$$

$$\begin{aligned} R &= R_{12} + \sum_{n=1}^{\infty} E_n^r(e^{-2jk_2l}R_{21}^2)^{n-1} \\ &= R_{12} + \frac{T_{12}(e^{-jk_2l}R_{21}e^{-jk_2l})T_{21}\{1-(e^{-2jk_2l}R_{21}^2)^n\}}{1-e^{-jk_2l}R_{21}^2} \end{aligned} \tag{2.50}$$

当 $n\to\infty$ 时,有

$$R = R_{12} + \frac{T_{12}(e^{-jk_2l}R_{21}e^{-jk_2l})T_{21}}{1-e^{-2jk_2l}R_{21}^2} \tag{2.51}$$

或

$$R = R_{12} + \frac{T_{12}R_{21}T_{21}e^{-2jk_2l}}{1-R_{21}^2e^{-2jk_2l}} \tag{2.52}$$

对于透过射线的场:

第一次透过射线的电场为

$$E_0^t = T_{12}e^{-jk_2l}T_{21}$$

第二次透过射线的电场为

$$E_0^t = T_{12}e^{-jk_2l}(R_{21}e^{-jk_2l}R_{21}e^{-jk_2l})T_{21} = E_0^t(R_{21}^2e^{-2jk_2l})$$

第 n 次透过射线的电场为

$$E_{n-1}^t = E_0^t(R_{21}^2e^{-2jk_2l})^{n-1}$$

则所有透过射线场叠加,得到平面波入射时的传输系数为

$$T = E^t = E_0^t + \sum_{n=1}^{\infty} E_n^t \tag{2.53}$$

$$T = \sum_{n=1}^{\infty} E_{n-1}^{t} = E_0^{t} \sum_{n=1}^{\infty} (R_{21}^2 e^{-2jk_2 l})^{n-1}$$
$$= T_{12}(e^{-jk_2 l}) T_{21} \frac{1-(R_{21}^2 e^{-2jk_2 l})^n}{1-R_{12}^2 e^{-2jk_2 l}} \tag{2.54}$$

当 $n \to \infty$ 时，有

$$T = \frac{T_{12} T_{21} e^{-jk_2 l}}{1-R_{21}^2 e^{-2jk_2 l}} \tag{2.55}$$

式中：$k_2 l = \frac{2\pi}{\lambda}\sqrt{\frac{\varepsilon_2}{\varepsilon_1} - \sin^2\theta_i}\, d_b$，表示入射角为 θ_i 的平面波在厚度 d_b 介质中的相位延迟。

这是20世纪40年代初期单层介质传输系数的计算公式，层数越多，推导越繁琐，80年代以后基本不再用多次反射方法计算多层介质的传输系数。

2.3.3 多层介质平板的传输和反射

在多层介质情况下，每层界面均存在反射，因而多层介质的总反射系数和传输系数要经过几何级数叠加，介质层数越多，总反射系数和传输系数的公式就越繁琐，所以多次反射下几何级数叠加的方法不适于任意层数情况。电磁波在均匀介质中的传播可以用均匀传输线等效，将多层介质问题等效为级联网络，问题就会大大简化。

平面波在单层介质的反射场和透过场可以表示成为矩阵形式（将界面入射参考面定义为1口，透过参考面为2口，如图2.7所示）：

$$\begin{bmatrix} E_1^r \\ E_2^r \end{bmatrix} = \begin{bmatrix} R_{11} & T_{12} \\ T_{12} & R_{22} \end{bmatrix} \begin{bmatrix} E_1^i \\ E_2^i \end{bmatrix} \tag{2.56}$$

或

$$\begin{bmatrix} b_1 \\ b_2 \end{bmatrix} = \begin{bmatrix} S_{11} & S_{21} \\ S_{12} & S_{22} \end{bmatrix} \begin{bmatrix} a_1 \\ a_2 \end{bmatrix} \tag{2.57}$$

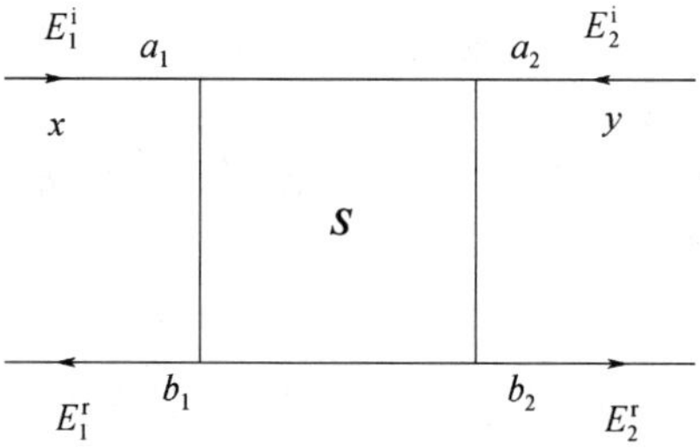

图2.7　二端口网络

这是一个散射矩阵（S 矩阵），对于多层级联情况，需要采用 A 矩阵形式，如图 2.8所示。设

$$V_1 = E_1^{\rm i} + E_1^{\rm r} \tag{2.58}$$

$$I_1 = H_1^{\rm i} + H_1^{\rm r} = \frac{1}{\eta_1}E_1^{\rm i} - \frac{1}{\eta_1}E_1^{\rm r} = \frac{1}{\eta_1}(E_1^{\rm i} - E_1^{\rm r}) \tag{2.59}$$

同理，有

$$V_2 = E_2^{\rm i} + E_2^{\rm r} \tag{2.60}$$

$$I_2 = H_2^{\rm i} + H_2^{\rm r} = \frac{1}{\eta_2}E_2^{\rm i} - \frac{1}{\eta_2}E_2^{\rm r} = \frac{1}{\eta_2}(E_2^{\rm i} - E_2^{\rm r}) \tag{2.61}$$

$$\begin{bmatrix} V_1 \\ I_2 \end{bmatrix} = \begin{bmatrix} A & B \\ C & D \end{bmatrix}\begin{bmatrix} V_2 \\ I_2 \end{bmatrix} \tag{2.62}$$

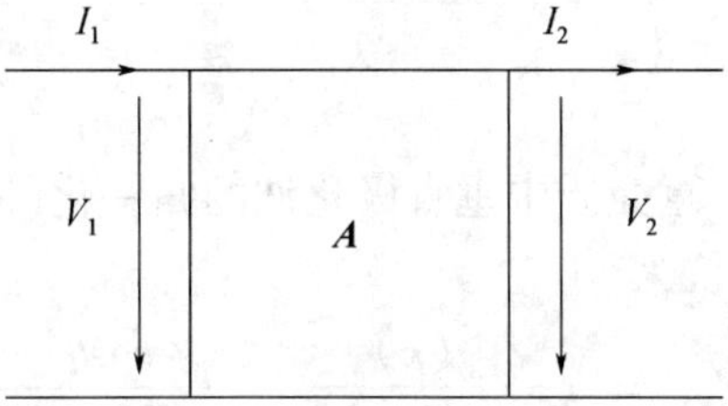

图 2.8　A 矩阵

A 矩阵有一个重要性质，即

$$\begin{bmatrix} V_1 \\ I_2 \end{bmatrix} = \boldsymbol{A}_1\begin{bmatrix} V_2 \\ I_2 \end{bmatrix} = \boldsymbol{A}_1\,\boldsymbol{A}_2\begin{bmatrix} V_3 \\ I_3 \end{bmatrix} = \boldsymbol{A}_1\,\boldsymbol{A}_2\cdots\boldsymbol{A}_{n-1}\begin{bmatrix} V_n \\ I_n \end{bmatrix} \tag{2.63}$$

总的 A 矩阵可以用级联 A 矩阵的连乘得到。求出总的 A 矩阵后，不能立刻得到传输和反射，还要转换到归一化的 A 矩阵，归一化 A 矩阵定义为

$$\boldsymbol{A} = \begin{bmatrix} \bar{A} & \bar{B} \\ \bar{C} & \bar{D} \end{bmatrix} = \begin{bmatrix} A\sqrt{\dfrac{Z_{c2}}{Z_{c1}}} & \dfrac{B}{\sqrt{Z_{c1}Z_{c2}}} \\ C\sqrt{Z_{c1}Z_{c2}} & D\sqrt{\dfrac{Z_{c1}}{Z_{c2}}} \end{bmatrix} \tag{2.64}$$

式中：Z_{c1}、Z_{c2}分别为在端口 1、端口 2 介质中的平面波的特性阻抗，在行波状态下，平面波的特性阻抗界面定义为切向电场与切向磁场的比。

由 2.3.1 节分析的结果可以得到，对于平行极化波，在介质 1 中，有

$$Z_{c1/\!/} = \frac{E_x^{\rm i}}{H_z^{\rm i}} = \frac{\eta_0}{\sqrt{\varepsilon_1}}\cos\theta_{\rm i}$$

在介质 2 中，有

$$Z_{c2//}=\frac{E_x^t}{H_z^t}=\frac{\eta_0}{\sqrt{\varepsilon_2}}\cos\theta_r=\frac{\eta_0}{\sqrt{\varepsilon_2}}\sqrt{\frac{\varepsilon_1}{\varepsilon_2}}\sqrt{\frac{\varepsilon_2}{\varepsilon_1}-\sin^2\theta_i}$$

令 $\varepsilon_1=\varepsilon_0=1$，得到在任意介质中平行极化波归一化（对自由空间平行极化波特性阻抗归一）特性阻抗为

$$\overline{Z}_{c//}=\frac{Z_{c//}}{Z_{c//}(\varepsilon_1=1)}=\frac{\sqrt{\varepsilon-\sin^2\theta_i}}{\varepsilon\cos\theta_i} \tag{2.65}$$

同理，由 2.3.1 节分析的结果还可以得到，对于垂直极化波，在介质 1 中，有

$$Z_{c1\perp}=\frac{E_z^i}{H_x^i}=\frac{\eta_0}{\sqrt{\varepsilon_1}\cos\theta_i} \tag{2.66}$$

在介质 2 中，有

$$Z_{c2\perp}=\frac{E_z^i}{H_x^i}=\frac{\eta_0}{\sqrt{\varepsilon_2}\cos\theta_r}=\frac{\eta_0}{\sqrt{\varepsilon_1}\sqrt{\frac{\varepsilon_2}{\varepsilon_1}-\sin^2\theta_i}} \tag{2.67}$$

令 $\varepsilon_1=\varepsilon_0=1$，得到在任意介质中垂直极化波的归一化（对自由空间垂直极化波特性阻抗归一）特性阻抗为

$$\overline{Z}_{c\perp}=\frac{Z_{c\perp}(\varepsilon)}{Z_{c\perp}(\varepsilon_1=1)}=\frac{\cos\theta_i}{\sqrt{\varepsilon-\sin^2\theta_i}} \tag{2.68}$$

由 $\overline{\boldsymbol{A}}$ 矩阵得到 $\boldsymbol{S}$ 矩阵：

$$\begin{cases}S_{11}=\dfrac{\overline{A}+\overline{B}-\overline{C}-\overline{D}}{\overline{A}+\overline{B}+\overline{C}+\overline{D}}\\ S_{12}=\dfrac{2\,|\overline{A}|}{\overline{A}+\overline{B}+\overline{C}+\overline{D}}\\ S_{21}=\dfrac{2}{\overline{A}+\overline{B}+\overline{C}+\overline{D}}\\ S_{22}=\dfrac{-\overline{A}+\overline{B}-\overline{C}+\overline{D}}{\overline{A}+\overline{B}+\overline{C}+\overline{D}}\end{cases} \tag{2.69}$$

反之，有

$$\begin{cases}\overline{A}=\dfrac{1}{2S_{21}}(1-|S|+S_{11}-S_{22})\\ \overline{B}=\dfrac{1}{2S_{21}}(1+|S|+S_{11}+S_{22})\\ \overline{C}=\dfrac{1}{2S_{21}}(1+|S|-S_{11}-S_{22})\\ \overline{D}=\dfrac{1}{2S_{21}}(1-|S|-S_{11}+S_{22})\end{cases} \tag{2.70}$$

对于厚度为 d 的介质平板,有

$$A = \begin{bmatrix} \mathrm{ch}(\mathrm{j}\gamma d) & Z_{ci}\mathrm{sh}(\mathrm{j}\gamma d) \\ \frac{1}{Z_{ci}}\mathrm{sh}(\mathrm{j}\gamma d) & \mathrm{ch}(\mathrm{j}\gamma d) \end{bmatrix} \tag{2.71}$$

传输线的相位延迟由 2.3.1 节分析结果得

$$\varphi = k_2\cos\theta_{\mathrm{r}}y = k_2\sqrt{1-\sin^2\theta_{\mathrm{r}}}d = k_2\sqrt{1-\left[\frac{\sin\theta_{\mathrm{i}}}{\varepsilon}\right]^2}d = \frac{2\pi}{\lambda_0}\sqrt{\varepsilon-\sin^2\theta_{\mathrm{i}}}d = \gamma d$$

$$\gamma = \frac{2\pi}{\lambda_0}\sqrt{\varepsilon-\sin^2\theta_{\mathrm{i}}} \tag{2.72}$$

式中:λ 为自由空间的波长。

图 2.9 所示 n 层介质板被等效为 n 级四端口网络,其网络总级联矩阵 $\boldsymbol{A}$ 为

$$\begin{bmatrix} A & B \\ C & D \end{bmatrix} = \prod_{i=1}^{n}\begin{bmatrix} A_i & B_i \\ C_i & D_i \end{bmatrix} \tag{2.73}$$

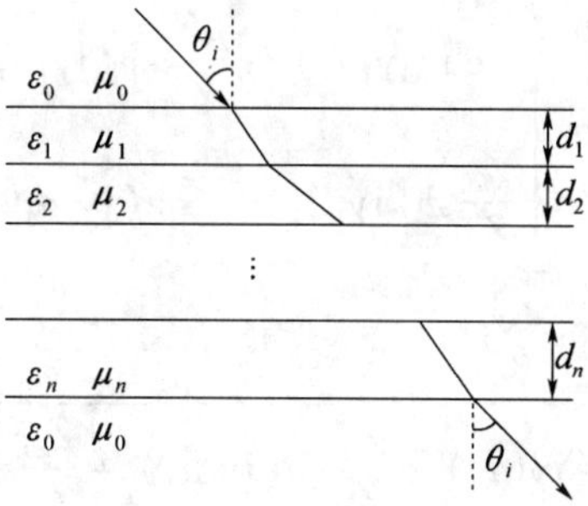

图 2.9　平面波在多层介质平板中的传输和反射

式中:$A_i = D_i = \mathrm{ch}(\mathrm{j}\gamma_i d_i)$,$B_i = Z_{ci}\mathrm{sh}(\mathrm{j}\gamma_i d_i)$,$C_i = \mathrm{sh}(\mathrm{j}\gamma_i d_i)/Z_{\mathrm{ci}}$,$\gamma_i = \frac{2\pi}{\lambda_0}\sqrt{\dot{\varepsilon}_i-\sin^2\theta}$

其中:d_i 为第 i 层的厚度;$\dot{\varepsilon}_i$ 为第 i 层的复相对介电常数;θ 为入射角满足 $\cos\theta = \hat{s}\cdot\hat{n}$($\hat{n}$ 为入射点处的单位外法向矢量,$\hat{s}$ 为入射点平面波的传播方向单位矢量);Z_{ci}为第 i 层对自由空间归一化特性阻抗,对平行极化,有

$$Z_{ci} = Z_{/\!/} = \frac{\sqrt{\dot{\varepsilon}_i-\sin^2\theta}}{\dot{\varepsilon}_i\cos\theta} \tag{2.74}$$

对垂直极化,有

$$Z_{ci} = Z_{\perp} = \frac{\cos\theta}{\sqrt{\dot{\varepsilon}_i-\sin^2\theta}} \tag{2.75}$$

罩壁对电波的传输系数和反射系数为

$$T=\frac{2}{\overline{A}+\overline{B}+\overline{C}+\overline{D}}=T_0\mathrm{e}^{-\mathrm{j}\varphi_t} \tag{2.76}$$

$$R=\frac{\overline{A}+\overline{B}-\overline{C}-\overline{D}}{\overline{A}+\overline{B}+\overline{C}+\overline{D}}=R_0\mathrm{e}^{-\mathrm{j}\varphi_r} \tag{2.77}$$

定义:插入相位移(Insertion Phase Delay,IPD) $\mathrm{IPD}=\varphi_t-\frac{2\pi d}{\lambda}\cos\theta$,$d$ 是总厚度。插入相位移是一项重要的指标,天线罩对平面波不仅产生损耗,而且还产生相位延迟,插入相位移与天线罩的结构、材料介电常数、平面波的入射角、极化、频率有关。

以单层介质板为例说明二端口网络计算电场传输系数和反射系数的方法,令 $n=1$,首先求出 $\boldsymbol{A}$ 矩阵,即

$$\boldsymbol{A}=\begin{bmatrix}\mathrm{ch}(\mathrm{j}\gamma_1 d_1) & Z_{c1}\mathrm{sh}(\mathrm{j}\gamma_1 d_1)\\ \frac{1}{Z_{c1}}\mathrm{sh}(\mathrm{j}\gamma_1 d_1) & \mathrm{ch}(\mathrm{j}\gamma_1 d_1)\end{bmatrix}$$

再求出归一化 $\boldsymbol{A}$ 矩阵,即

$$\overline{\boldsymbol{A}}=\begin{bmatrix}\mathrm{ch}(\mathrm{j}\gamma_1 d_1) & \frac{Z_{c1}}{Z_{c0}}\mathrm{sh}(\mathrm{j}\gamma_1 d_1)\\ \frac{Z_{c0}}{Z_{c1}}\mathrm{sh}(\mathrm{j}\gamma_1 d_1) & \mathrm{ch}(\mathrm{j}\gamma_1 d_1)\end{bmatrix}$$

代入式(2.69),得

$$T=\frac{2}{2\mathrm{ch}(\mathrm{j}\gamma_1 d_1)+\frac{Z_{c1}}{Z_{c0}}\mathrm{sh}(\mathrm{j}\gamma_1 d_1)+\frac{Z_{c0}}{Z_{c1}}\mathrm{sh}(\mathrm{j}\gamma_1 d_1)} \tag{2.78}$$

$$R=\frac{\left(\frac{Z_{c1}}{Z_{c0}}-\frac{Z_{c0}}{Z_{c1}}\right)\mathrm{sh}(\mathrm{j}\gamma_1 d_1)}{2\mathrm{ch}(\mathrm{j}\gamma_1 d_1)+\frac{Z_{c1}}{Z_{c0}}\mathrm{sh}(\mathrm{j}\gamma_1 d_1)+\frac{Z_{c0}}{Z_{c1}}\mathrm{sh}(\mathrm{j}\gamma_1 d_1)} \tag{2.79}$$

在无耗情况下,令 $R=0$,得

$$\left(\frac{Z_{c1}}{Z_{c0}}-\frac{Z_{c0}}{Z_{c1}}\right)\sin(\gamma_1 d_1)=0 \tag{2.80}$$

从上式解得

$$\gamma_1 d_1=n\pi$$

或

$$\frac{2\pi}{\lambda_0}\sqrt{\varepsilon_1-\sin^2\theta}\,d_1=n\pi$$

由此解得

$$d_1=\frac{n\lambda_0}{2\sqrt{\varepsilon_1-\sin^2\theta}} \tag{2.81}$$

可以验证,当 $\sin(\gamma_1 d_1)=0$ 时,$\cos(\gamma_1 d_1)=1$,$T=1$,此时透波率最大。

在无耗情况下,$\tan\delta=0$,当

$$d=\frac{n\lambda_0}{2\sqrt{\varepsilon-\sin^2\theta}}$$

时,传输系数最大,反射最小。无涂层单层平板截面单层介质参数见表2.1。无涂层单层平板的功率传输系数,功率反射系数、IPD随 d/λ 的变化曲线如图2.10所示。实际的单层平板表面涂覆抗静电涂层和防雨蚀涂层,各层介质参数见表2.2。图2.11给出了带涂层单层平板的功率传输系数、功率反射系数、IPD随 d/λ 的变化曲线,选取适当的 d/λ,可以得到高的传输效率和低的功率反射。

表2.1　无涂层单层平板截面单层介质参数

相对介电常数	损耗角正切	每层厚度/mm
6.7	0.35	0.05
3.4	0.03	0.2
4.2	0.02	(0~0.5)λ

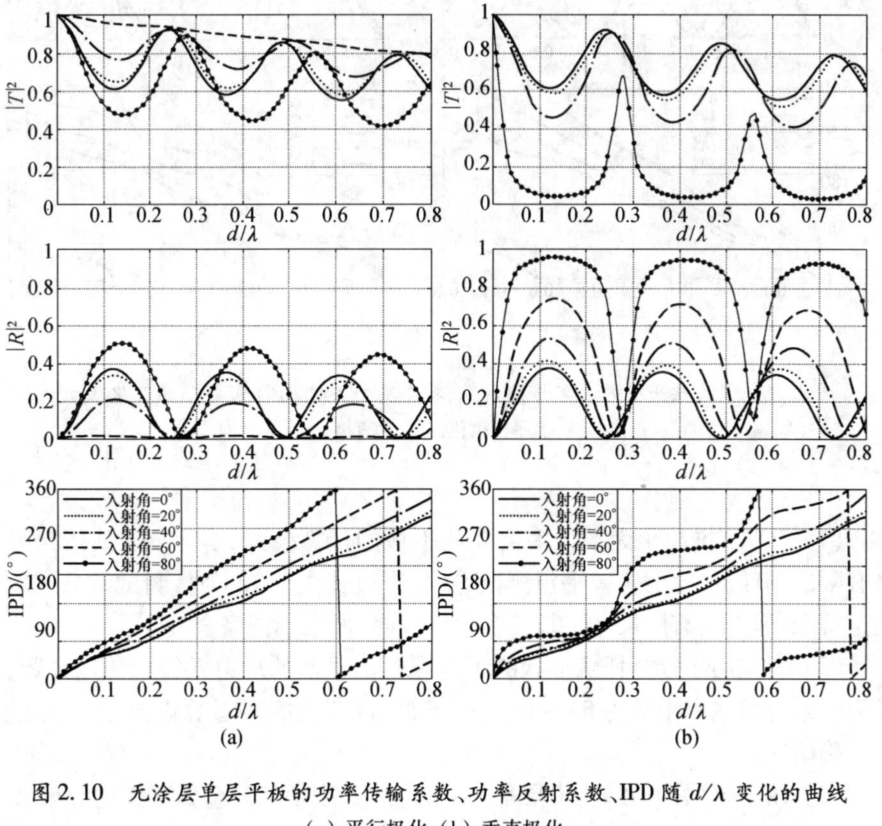

图2.10　无涂层单层平板的功率传输系数、功率反射系数、IPD随 d/λ 变化的曲线

(a) 平行极化;(b) 垂直极化。

表 2.2　带涂层单层平板截面各层介质参数

相对介电常数	损耗角正切	每层厚度/mm
6.7	0.35	0.05
3.4	0.03	0.2
4.2	0.02	(0～0.5)λ

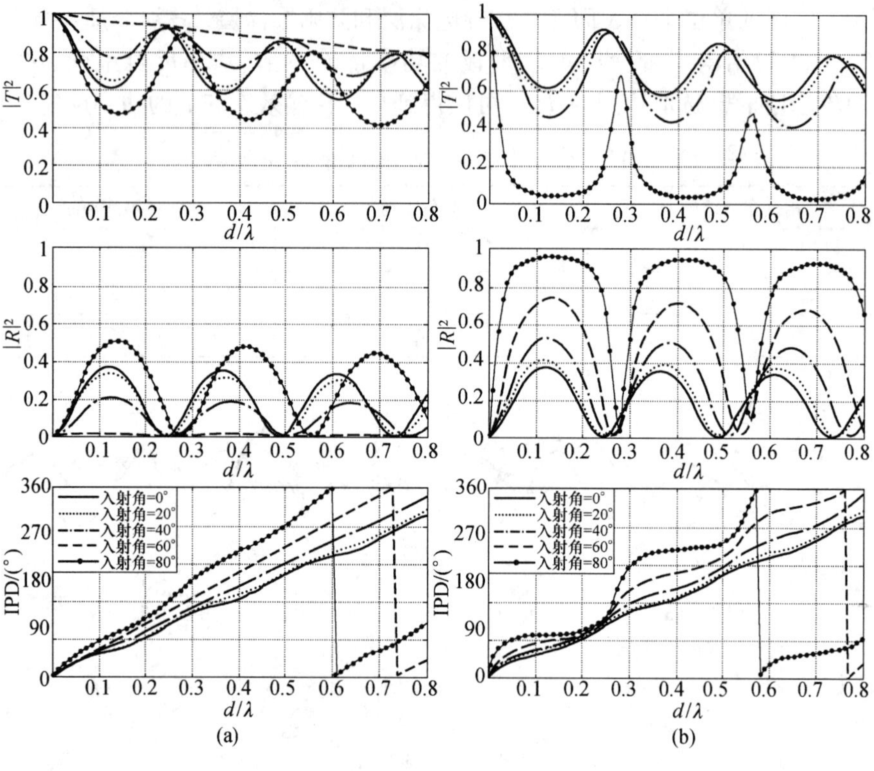

图 2.11　带涂层平板的功率传输系数、功率反射系数、IPD 随 d/λ 的变化的曲线
(a) 平行极化；(b) 垂直极化。

小结：

(1) 2.3 节推导了无限大多层介质平板的计算公式，实际上天线罩尺寸都是有限的，有限尺寸的等效平板测试表明，当边长大于 12λ 时，测试结果基本与理论符合，但由于有限尺寸平板存在边缘绕射，所以不能完全符合。

(2) 近似用于计算任意形状的天线罩局部平面的反射系数和传输系数，要求天线罩局部曲率半径为 5λ ～10λ，对于曲率突变的部位计算误差太大，不能给出正确结果。

(3) 用于金属网栅结构多层平板的计算，方法是确定金属网栅的等效 $\boldsymbol{A}$ 矩阵，将等效网络接入级联网络中进行级联计算，具体计算将在第 3 章介绍。

2.4 几何光学方法

2.4.1 射线跟踪方法

几何射线理论分析天线罩影响的原理是:当辐射口径远大于 λ 时,辐射线方向垂直于等相位面,来自辐射口径的各个射线管场,经过天线罩后,在天线罩外构成一等效的口径,计算该口径的幅度和相位分布,然后用基尔霍夫标量积分公式计算远区的辐射场,求得带罩天线的方向图。

几何射线方法假定了天线罩曲率半径远大于波长,在天线罩上每一点所在的局部曲面可等效为平面。在局部平面上,根据几何光学原理,光线的传输和反射遵从斯奈尔定律。从直观上看,可以想像光程和介质板插入相移改变了原天线口径的相位分布,光程衰减改变了幅度分布,电磁波在介质分界面上的反射和多层平板的传输系数和相移以及天线罩的外形决定了天线罩的电性能。

几何光学射线跟踪法从 20 世纪 60 年代就用于天线罩的性能分析,几何光学射线跟踪技术的适用范围是:天线的口径尺寸 $\geq 20\lambda$;天线罩的曲率半径远大于波长。天线尺寸一定,频率越高,精度越高,用几何光学方法计算的功率传输系数、主瓣宽度变化、反射瓣、瞄准误差、交叉极化等参数,与实测都比较吻合。

2.4.2 计算过程

计算过程如下:

(1) 根据天线的扫描体制和在天线罩中的位置,确定射线的源点和方向,如图 2.12 所示。

(2) 延伸射线直到与罩壁相交,求得交点,计算交点处射线与罩内表面法向的夹角 θ,入射线与罩内表面法向构成入射平面。

(3) 将电磁波在入射平面上分解为平行极化分量 $E_{/\!/}$ 和垂直极化分量 $E_{\perp}$。计算天线罩局部对平行极化分量和垂直极化分量的电场传输系数 $T_{/\!/(\theta)}$、$T_{\perp(\theta)}$ 和插入相移 $\mathrm{IPD}_{/\!/(\theta)}$、$\mathrm{IPD}_{\perp(\theta)}$,得到透过天线罩的射线管场的平行极化分量和垂直极化分量。

(4) 在交点处,将透过场的平行极化分量和垂直极化分量合成后投影到天线的主极化和交叉极化方向,分别求得透过场的主极化分量以及交叉极化分量,此时得到一个加罩后的等效辐射口径并投影到原天线口径上。

(5) 在原天线口径上用等效幅度、相位分布计算远场方向图。

在许多情况下,仅通过上述口径上的等效幅度相位分布来计算远场是不够的,因为反射射线也要参与辐射。

反射瓣的计算方法如下:

（1）计算天线罩局部平面的复反射系数 $\dot{R}_{/\!/}$ 和 $\dot{R}_{\perp}$，并求出入射点处反射线的方向，如图 2.12 所示。

（2）求反射线与天线罩的二次交点，计算反射线的复传输系数 $\dot{T}_{r/\!/}$ 和 $\dot{R}_{r\perp}$。

（3）二次交点构成反射口径的源点，计入累加的程差，在天线罩外表面上做子口径基尔霍夫标量积分，计算反射瓣。

为了清楚地分析天线加罩后的辐射方向图，把第一次通过天线罩的射线产生的波瓣称为直射瓣，经过罩壁反射再次通过天线罩的射线产生的波瓣称为反射瓣。

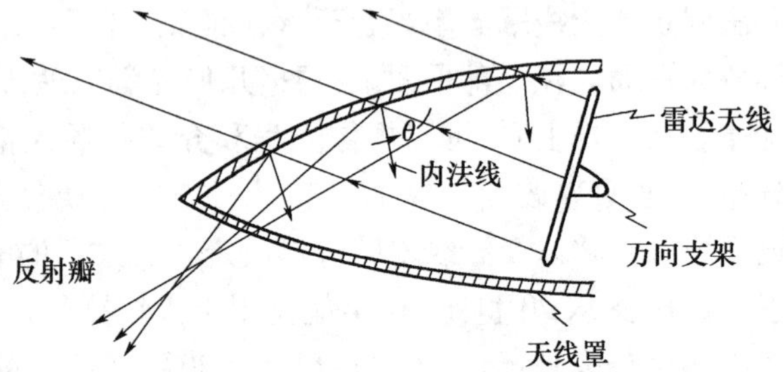

图 2.12　射线跟踪法

综上所述，首先确定入射线与天线罩内表面的交点，及其所在切平面的法线，求得入射角和极化角，如图 2.12 所示；利用等效多层介质平板模型计算透过场，将透过场投影到原天线口径处，得到带罩情况下的等效口径幅度和相位分布；然后分别计算带罩天线主极化分量和交叉极化分量远区辐射场；对反射线进行追踪求得反射线与天线罩壁的二次交点，在天线罩外表面上做子口径叠加，计算反射瓣。

下面介绍主极化及交叉极化远区辐射场 $\boldsymbol{E}_{Co}(\theta,\varphi)$、$\boldsymbol{E}_{Cr}(\theta,\varphi)$ 和反射瓣 $\boldsymbol{E}_{Re}(\theta,\varphi)$ 的计算公式。

设天线罩所在的坐标系为 $O-XYZ$，天线所在的坐标系为 $o-xyz$，天线为机械扫描，扫描角为 (AZ,EL)，AZ 为方位面上的扫描角，EL 为俯仰面上的扫描角，转动半径为 a_r；天线转动中心在天线罩坐标系中为 (X_0,Y_0,Z_0)，天线口径上的源点在天线坐标系中为 (x_i,y_i,z_i)，转换到天线罩坐标系中坐标为 (X_i,Y_i,Z_i)：

$$\begin{bmatrix} X_i \\ Y_i \\ Z_i \end{bmatrix} = \begin{bmatrix} \cos(\mathrm{AZ}) & 0 & \sin(\mathrm{AZ}) \\ -\sin(\mathrm{AZ})\sin(\mathrm{EL}) & \cos(\mathrm{EL}) & \cos(\mathrm{AZ})\sin(\mathrm{EL}) \\ -\sin(\mathrm{AZ})\cos(\mathrm{EL}) & -\sin(\mathrm{EL}) & \cos(\mathrm{AZ})\cos(\mathrm{EL}) \end{bmatrix} \begin{bmatrix} x_i \\ y_i \\ z_i + a_r \end{bmatrix} + \begin{bmatrix} X_0 \\ Y_0 \\ Z_0 \end{bmatrix} \tag{2.82}$$

天线口径上的源点发出射线沿直线传播，假定 $\boldsymbol{r}_i$ 为源点矢量，则射线方程为

$$\boldsymbol{r} = \boldsymbol{r}_i + \hat{\boldsymbol{k}}t \tag{2.83}$$

$$\begin{cases} X = X_i + k_x t \\ Y = Y_i + k_y t \\ Z = Z_i + k_z t \end{cases} \tag{2.84}$$

式中:$\hat{\boldsymbol{k}}$ 为平面波矢的单位矢量。

设天线罩曲面方程满足

$$F(X,Y,Z) = 0 \tag{2.85}$$

将式(2.84)代入式(2.85)求得 t,得到射线与罩壁的交点。假定罩内各点满足 $F(X,Y,Z) < 0$,则罩壁交点处的内法向单位矢量为

$$\hat{\boldsymbol{n}} = (F'_x, F'_y, F'_z) / \left| F'^2_x + F'^2_y + F'^2_z \right|$$

$$F'_x = -\frac{\partial F}{\partial \boldsymbol{x}}, F'_y = -\frac{\partial F}{\partial y}, \quad F'_z = -\frac{\partial F}{\partial z}$$

由 $\cos\theta_i = \hat{\boldsymbol{n}} \cdot \hat{\boldsymbol{k}}$ 可计算出入射角 θ_{i};为了计算透过场,需要计算极化角 β(β 为电场极化方向与入射平面之间的夹角),由 $\sin\beta = \hat{\boldsymbol{m}} \cdot \hat{\boldsymbol{e}}$ 确定(其中,$\hat{\boldsymbol{m}}$ 为入射面的法向单位矢量,$\hat{\boldsymbol{e}}$ 为电场极化方向的单位矢量)。入射场电场平行于入射面时,$\beta = 0$,称为平行极化波;入射场电场垂直于入射面时,$\beta = \pi/2$,称为垂直极化波。平行极化波的传输特性与垂直极化波是不同的,需要把入射场分解为平行于入射面极化分量和垂直于入射面极化分量(图 2.13),分别计算平行极化分量和垂直极化分量的复电场传输系数,得透过电场为

$$\boldsymbol{E}^{\mathrm{t}} = (\boldsymbol{E}^{\mathrm{i}} \cdot \hat{\boldsymbol{e}}_{/\!/})\dot{T}_{/\!/}\,\hat{\boldsymbol{e}}_{/\!/} + (\boldsymbol{E}^{\mathrm{i}} \cdot \hat{\boldsymbol{e}}_{\perp})\dot{T}_{\perp}\,\hat{\boldsymbol{e}}_{\perp} \tag{2.86}$$

式中:$\hat{\boldsymbol{e}}_{/\!/}$ 为平行极化分量的单位矢量;$\hat{\boldsymbol{e}}_{\perp}$ 为垂直极化分量的单位矢量。

$$\dot{T}_{/\!/} = T_{/\!/0}\mathrm{e}^{-\mathrm{jIPD}_{/\!/}}$$

$$\dot{T}_{\perp} = T_{\perp 0}\mathrm{e}^{-\mathrm{jIPD}_{\perp}}$$

反射场为

$$\boldsymbol{E}^{\mathrm{r}} = (\boldsymbol{E}^{\mathrm{i}} \cdot \hat{\boldsymbol{e}}_{/\!/})\dot{R}_{/\!/}\,\hat{\boldsymbol{e}}_{\perp} \times \hat{\boldsymbol{k}}_{\mathrm{r}} + (\boldsymbol{E}^{\mathrm{i}} \cdot \hat{\boldsymbol{e}}_{\perp})\dot{R}_{\perp}\,\hat{\boldsymbol{e}}_{\perp} \tag{2.87}$$

式中:$\hat{\boldsymbol{k}}_{\mathrm{r}}$ 为反射射线方向的单位矢量,可表示成

$$\dot{R}_{/\!/} = R_{/\!/0}\mathrm{e}^{\mathrm{j}\varphi r_{/\!/}}$$

$$\dot{R}_{\perp} = R_{\perp 0}\mathrm{e}^{\mathrm{j}\varphi r_{\perp}}$$

$$\hat{\boldsymbol{k}}^{\mathrm{r}} = \hat{\boldsymbol{k}} - 2(\hat{\boldsymbol{n}} \cdot \hat{\boldsymbol{k}})\hat{\boldsymbol{n}} \tag{2.88}$$

透过场被投影到原辐射场口径上,主极化分量口径分布变为

$$
\begin{aligned}
\boldsymbol{E}_{Co}^{\mathrm{e}}(x_i,y_i,z_i) &= E_i(x_i,y_i,z_i)[(\hat{\boldsymbol{e}}\cdot\hat{\boldsymbol{e}}_{/\!/})\dot{T}_{/\!/}(\hat{\boldsymbol{e}}_{/\!/}\cdot\hat{\boldsymbol{e}}) + (\hat{\boldsymbol{e}}\cdot\hat{\boldsymbol{e}}_{\perp})\dot{T}_{\perp}(\hat{\boldsymbol{e}}_{\perp}\cdot\hat{\boldsymbol{e}})]\hat{\boldsymbol{e}} \\
&= E^{\mathrm{i}}(x_i,y_i,z_i)[\cos^2\beta\dot{T}_{/\!/} + \sin^2\beta\dot{T}_{\perp}]\hat{\boldsymbol{e}}
\end{aligned} \tag{2.89}
$$

交叉极化分量为

$$
\begin{aligned}
\boldsymbol{E}_{Cr}^{\mathrm{e}}(x_i,y_i,z_i) &= \boldsymbol{E}^{\mathrm{i}}(x_i,y_i,z_i)[(\hat{\boldsymbol{e}}\cdot\hat{\boldsymbol{e}}_{/\!/})\dot{T}_{/\!/}(\hat{\boldsymbol{e}}_{/\!/}\cdot\hat{\boldsymbol{e}}_x) + (\hat{\boldsymbol{e}}\cdot\hat{\boldsymbol{e}}_{\perp})\dot{T}_{\perp}(\hat{\boldsymbol{e}}_{\perp}\cdot\hat{\boldsymbol{e}}_x)]\hat{\boldsymbol{e}}_x \\
&= \boldsymbol{E}^{\mathrm{i}}(x_i,y_i,z_i)\cos\beta\sin\beta(\dot{T}_{\perp} - \dot{T}_{/\!/})\hat{\boldsymbol{e}}_x
\end{aligned} \tag{2.90}
$$

式中：$\boldsymbol{E}^i(x_i,y_i,z_i)$为天线口径分布；$\hat{\boldsymbol{e}}$ 为天线口径的主极化单位矢量，如垂直极化天线，$\hat{\boldsymbol{e}}=\hat{\boldsymbol{y}}$；$\hat{\boldsymbol{e}}_x$ 为与主极化正交的单位矢量，如对垂直极化天线的交叉极化，$\hat{\boldsymbol{e}}_x=\hat{\boldsymbol{x}}$。

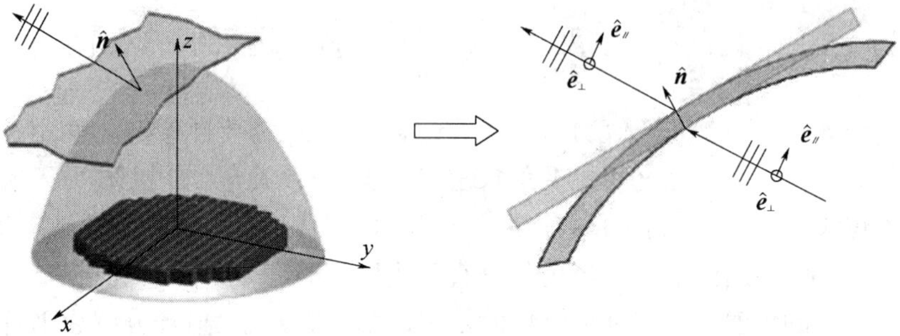

图 2.13　天线罩局部平面

等效口径在远区（略去与距离有关因子 $-\mathrm{j}k\mathrm{e}^{-\mathrm{j}kr}/(4\pi r)$）的辐射电场主极化分量的远区辐射场为

$$
\begin{aligned}
\boldsymbol{E}_{Co}(\theta,\varphi) &= \frac{1+\cos\theta}{2}\iint \boldsymbol{E}_{Co}^{\mathrm{e}}(x_i,y_i,z_i)\mathrm{e}^{\mathrm{j}\boldsymbol{k}\cdot\boldsymbol{r}_i}\mathrm{d}x\mathrm{d}y \\
&= \frac{1+\cos\theta}{2}\sum_i \boldsymbol{E}^{\mathrm{i}}(x_i,y_i,z_i)[\cos^2\beta\dot{T}_{/\!/} + \sin^2\beta\dot{T}_{\perp}]\mathrm{e}^{\mathrm{j}k(\sin\theta\cos\varphi x_i+\sin\theta\sin\varphi y_i+\cos\theta z_i)}\Delta x\Delta y\hat{\boldsymbol{e}}
\end{aligned} \tag{2.91}
$$

在远区（略去与距离有关因子）的交叉极化分量为

$$
\begin{aligned}
\boldsymbol{E}_{Cr}(\theta,\varphi) = \frac{1+\cos\theta}{2}\sum_i \boldsymbol{E}^{\mathrm{i}}(x_i,y_i,z_i)[(\dot{T}_{\perp} - \dot{T}_{/\!/})\cos\beta\sin\beta] \\
\mathrm{e}^{\mathrm{j}\boldsymbol{k}(\sin\theta\cos\varphi x_i+\sin\theta\sin\varphi y_i+\cos\theta z_i)}\Delta x\Delta y\hat{\boldsymbol{e}}_x
\end{aligned} \tag{2.92}
$$

注意，求和时位置变量需要用天线坐标系中的坐标，这样就能得到天线坐标系下的方向图。

反射射线再次向前传输，与天线罩的再次相交得到二次交点（忽略返回天线口径的射线），这些射线经透射后到达天线罩外表面，对各个射线的远场求和

(略去与距离有关因子)便得到因天线罩反射而产生的附加的辐射远场,即反射瓣。

设二次入射点坐标为 X_{ir}、Y_{ir}、Z_{ir},射线源点到第一次入射点的行程为 L_{i1},经过反射到第二次入射点的行程为 L_{i2},交点的累计程差等于 $k(L_{i1}+L_{i2})$。反射线经过天线罩壁后的电场为

$$
\begin{aligned}
\boldsymbol{E}'_{\mathrm{R}}(X_{\mathrm{ir}},Y_{\mathrm{ir}},Z_{\mathrm{ir}}) = & \left[(\boldsymbol{E}^{\mathrm{r}} \cdot \hat{\boldsymbol{e}}_{2\mathrm{r}/\!/})\hat{\boldsymbol{e}}_{2\mathrm{r}/\!/}\dot{T}_{/\!/}(\theta'_{\mathrm{i}})\right. \\
& \left.+(\boldsymbol{E}^{\mathrm{r}} \cdot \hat{\boldsymbol{e}}_{2\mathrm{r}\perp})\hat{\boldsymbol{e}}_{2\mathrm{r}\perp}\dot{T}_{\perp}(\theta'_{i})\right]\mathrm{e}^{-\mathrm{j}k(L_{\mathrm{i1}}+L_{\mathrm{i2}})}
\end{aligned}
\tag{2.93}
$$

式中:θ'_{i} 为反射线的入射角;$\hat{\boldsymbol{e}}_{2\mathrm{r}/\!/}$、$\hat{\boldsymbol{e}}_{2\mathrm{r}\perp}$ 分别为第二次入射点处关于入射面的平行极化分量和垂直极化分量的单位矢量;$\dot{T}_{/\!/}(\theta'_{i})$、$\dot{T}_{\perp}(\theta'_{i})$ 分别为第二次入射点处平行极化分量和垂直极化分量的复传输系数。

这些反射线在远区形成反射瓣,远场(略去与距离有关因子)表达式为

$$
\boldsymbol{E}_{\mathrm{Re}}(\theta,\varphi) = \sum_{i} \frac{1+\hat{\boldsymbol{k}} \cdot \hat{\boldsymbol{k}}_{\mathrm{ir}}}{2}\boldsymbol{E}'_{\mathrm{R}}(x_{ir},y_{ir},z_{ir})\mathrm{e}^{\mathrm{j}k(\sin\theta\cos\varphi x_{\mathrm{ir}}+\sin\theta\sin\varphi y_{\mathrm{ir}}+\cos\theta z_{\mathrm{ir}})}\Delta x\Delta y
\tag{2.94}
$$

式中:$\hat{\boldsymbol{k}}_{ir}$ 为第 i 根射线的反射线传输方向的单位矢量。

注意,远场求和公式中的位置变量的坐标都应该用天线坐标系中的坐标。要将天线罩坐标变换到天线坐标系中,反变换的转换矩阵为

$$
\begin{bmatrix} x_i \\ y_i \\ z_i + a_{\mathrm{r}} \end{bmatrix} = \begin{bmatrix} \cos(\mathrm{AZ}) & -\sin(\mathrm{AZ})\sin(\mathrm{EL}) & -\sin(\mathrm{AZ})\cos(\mathrm{EL}) \\ 0 & \cos(\mathrm{EL}) & -\sin(\mathrm{EL}) \\ \sin(\mathrm{AZ}) & \cos(\mathrm{AZ})\sin(\mathrm{EL}) & \cos(\mathrm{AZ})\cos(\mathrm{EL}) \end{bmatrix} \begin{bmatrix} X_i - X_0 \\ Y_i - Y_0 \\ Z_i - Z_0 \end{bmatrix}
\tag{2.95}
$$

有时天线罩曲面不能用解析式表示,只能用数模表示时,可以采用三角分块网格模型计算入射线与天线罩表面的交点,求解过程如下:

由射线方程

$$
\boldsymbol{r} = \boldsymbol{r}_i + \hat{\boldsymbol{k}}t \tag{2.96}
$$

设局部三角形平面方程为

$$
\hat{\boldsymbol{n}}_j \cdot (\boldsymbol{r} - \boldsymbol{r}_j) = n_{xj}(x - x_j) + n_{yj}(y - y_j) + n_{zj}(z - z_j) = 0 \tag{2.97}
$$

方程(2.96)与方程(2.97)联立求解可得

$$
t = \frac{(\boldsymbol{r}_j - \boldsymbol{r}_i) \cdot \hat{\boldsymbol{n}}_j}{\hat{\boldsymbol{k}} \cdot \hat{\boldsymbol{n}}_j} \tag{2.98}
$$

由式(2.98)求得直线与平面的交点的解,还要找出在三角形的内部解。一种判别方法是,求解与三角形三个顶点之间构成的三个三角形面积之和,如果等于三角形面积,解即为入射线与天线罩表面的交点。

2.4.3 分析实例

有一直升机雷达天线罩外形如图 2.14 所示,俯视图和侧视图如图 2.15 所示[16]。天线罩的外形复杂难以用解析式表示,按照 2.4.2 节介绍的方法,将天线罩的外形剖分为网格,如图 2.16 所示,用式(2.96)~式(2.98)计算射线对罩壁的入射角。

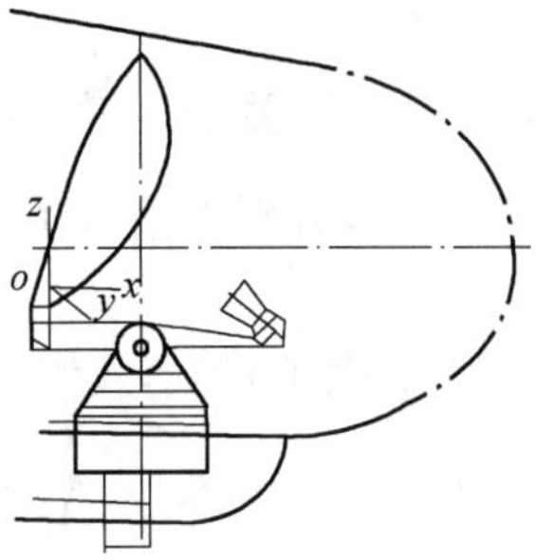

图 2.14 直升机天线罩

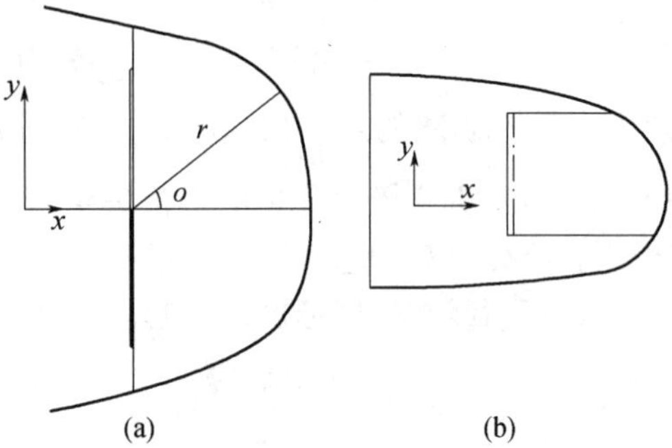

图 2.15 天线罩的俯视图和侧视图

(a) 天线罩的俯视图;(b) 天线罩的侧视图。

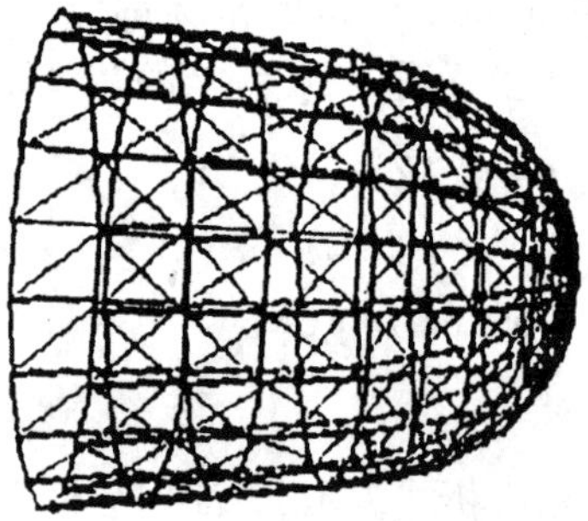

图 2.16 直升机天线罩的网格模型

图 2.17 为天线在罩内扫描时的入射角分布情况。根据入射角范围,天线罩

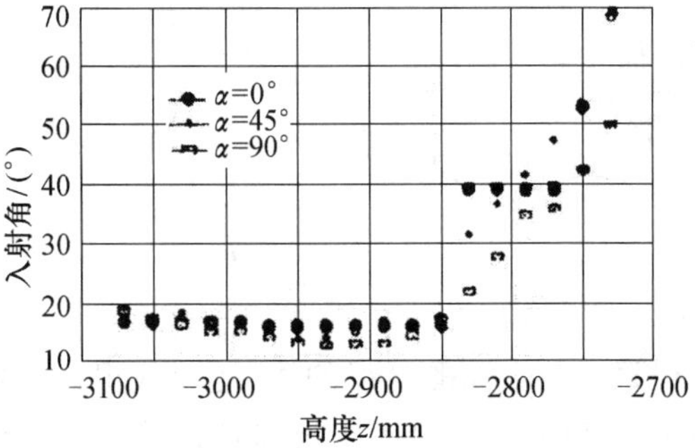

图 2.17 天线罩入射角的分布

采用了A夹层设计,截面参数见表2.3按照第2章的计算方法,得到平板的传输系数曲线,如图2.18所示。

表2.3 带涂层单层平板截面各层参数

相对介电常数	损耗角正切	厚度 / mm
6.7	0.35	0.05
3.4	0.03	0.2
4.2	0.02	0.5
1.1	0.005	8.2
4.2	0.02	0.5

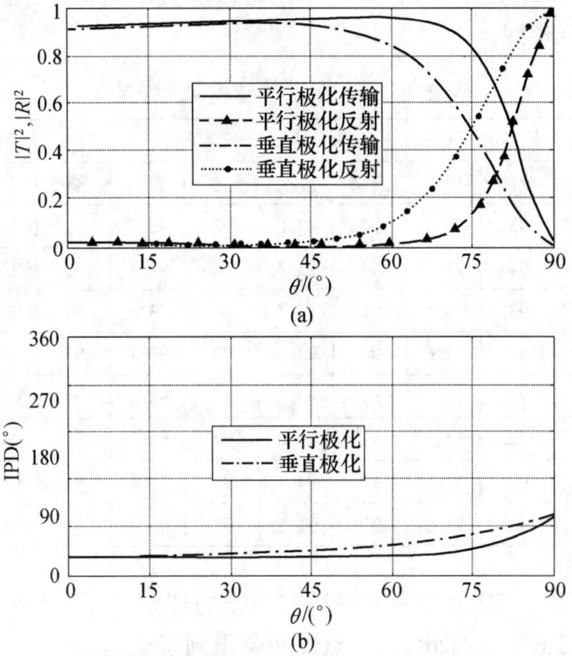

图2.18 等效平板的功率传输系数和插入相位移与入射角的关系

(a) 功率传输系数与入射角关系;(b) 插入相位移与入射角关系。

等效平板的功率传输系数和插入相位移的测试数据见表2.4和表2.5,A、B、C、D分别为平板上选定的四个点,测试数据与计算结果基本符合。

表2.4 平板功率传输系数(垂直极化)

入射角/(°)	测试值/%				计算值/%
	A	B	C	D	
0	93.3	94.4	92.2	94.4	91.0
30	93.6	94.3	93.2	94.2	91.2
40	92.5	93.2	92.1	93.1	93.6
50	90.1	90.8	90.1	90.4	91.0

表 2.5　平板插入相位移(垂直极化)

入射角/(°)	测试值/(°)				计算值/(°)
	A	*B*	*C*	*D*	
0	23.3	22.0	25.7	22.8	25.2
30	28.0	27.4	30.0	28.0	28.1
40	30.0	30.0	32.0	30.0	30.6
50	34.0	33.0	36.0	34.0	34.2

用三维射线跟踪方法计算了天线罩的功率传输系数,与天线罩测试数据同列于表 2.6,表中 F_0 是中心频率(光罩是指未加金属边框及分流条的天线罩),理论与测试符合较好。

表 2.6　光罩功率传输系数(%)

扫描角	F_0-600/MHz		F_0-200/MHz		F_0		F_0+200/MHz		F_0+600/MHz	
(方位,俯仰)/(°)	测试	理论	测试	理论	测试	理论	测试	理论	测试	理论
(0,0)	93	93.3	94	93.0	92	92.7	93	92.4	92	91.9
(−30,0)	94	93.6	94	93.3	94	93.1	93	92.9	93	92.4
(−60,0)	93	94.1	94	93.7	94	93.4	94	93.1	91	92.5
(+30,0)	93	93.6	94	93.3	93	93.1	93	92.9	93	90.4
(+60,0)	94	94.1	94	93.7	93	93.4	94	93.1	93	92.5
(0,−5)	92	94.4	92	94.0	92	93.7	93	93.4	92	92.8
(0,−15)	93	99.5	92	94.4	92	94.1	92	93.8	92	93.2
(0,15)	91	91.6	92	91.5	92	91.4	91	91.2	93	91.0

图 2.19 和图 2.20 为天线加罩后方向图的理论计算和测试结果的比较,理论上预计反射瓣低于 −33dB,这一点经实验得到了证实。

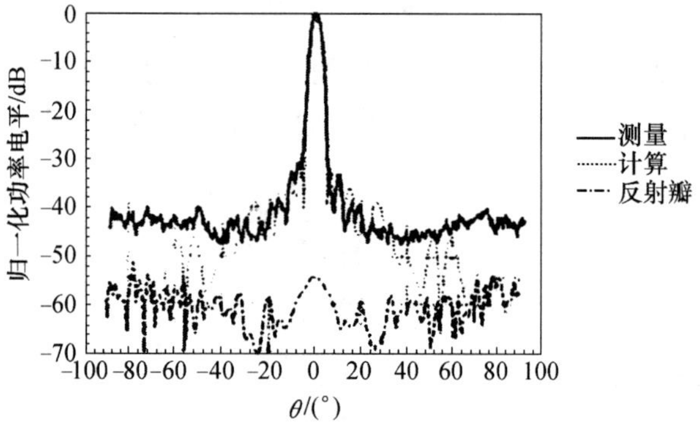

(a)

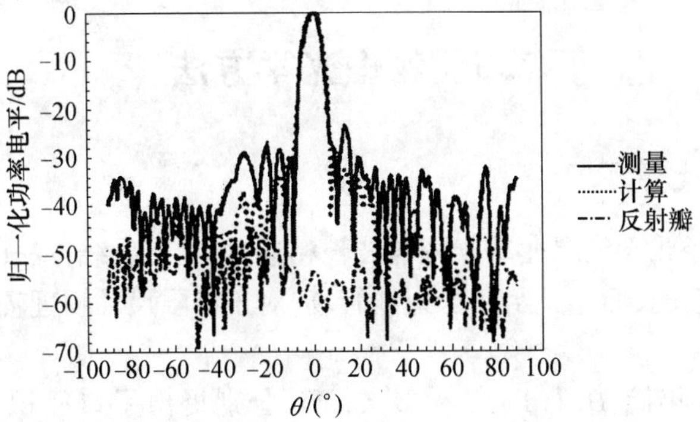

(b)

图 2.19　加天线罩后天线的方向图的理论和测试结果(扫描角为(0°,0°))

(a) E 平面;(b) H 平面。

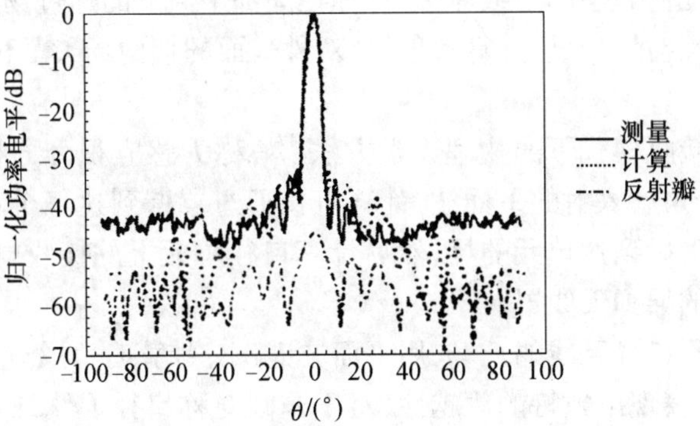

(a)

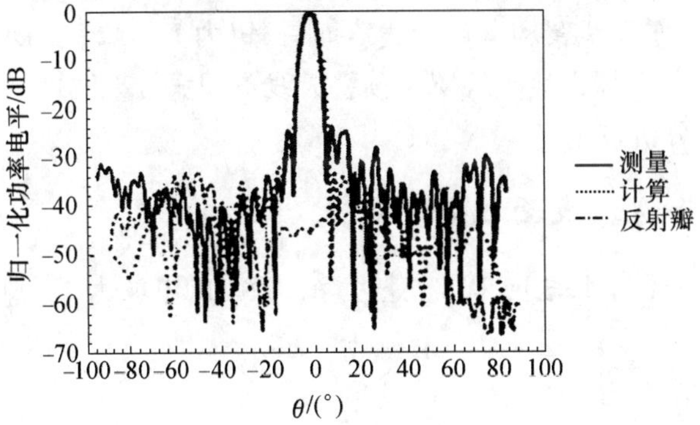

(b)

图 2.20　加天线罩后天线的方向图的理论和测试结果(扫描角为(0°,10°))

(a) E 平面;(b) H 平面。

2.5 物理光学方法

2.5.1 物理光学原理

当天线口径或天线罩曲率半径与波长相近时,几何射线方法已不能成立,口径辐射场是连续的,而不是封闭的射线管场,对于有限尺寸物理辐射口径需要计入边缘效应。

20 世纪 70 年代,D. T. Paris 和 D. C. Wu 分别提出了口径积分 – 表面积分(AI – SI)方法[5]和平面波谱 – 表面积分(PWS – SI)方法[6],统称为物理光学方法。分析过程是:根据口径分布或天线谱与天线口径之间存在的傅里叶变换(FT)关系,计算入射到天线罩壁上的近区场,求得天线罩内表面入射近场的 $\boldsymbol{E}$ 和 $\boldsymbol{H}$ 的切向分量。在天线罩壁上,口径场的辐射等效为以能流的方向传播的准平面波。仿照几何光学的射线原理,计算在局部平面上的透过场和反射场,然后在内表面上对反射场积分,计算反射瓣,对外表面的切向场矢量积分获得远场的直射瓣。

还有一种接收模式下的物理光学方法[17],称为感应积分方程法,计算原理是:对于每一个角度入射的平面波,计算直接通过罩壁到达每个单元的场,再计算经过罩内反射后到达单元的场,然后计算口径单元上的接收电压。该方法常用于电小尺寸的导弹天线罩。

对于圆对称口径天线的近场,用平面波谱积分计算时,计算量与口径尺寸成正比,PWS – SI 表现出独特的优越性,对于非圆对称口径天线,PWS – SI 的计算效率很低;而口径积分对于口径形式没有限制,可用于任意口径,对于机载火控雷达天线罩、预警天线罩和宽带天线罩而言,罩内天线口径均不是圆对称口径天线,所以在机载火控雷达天线罩、预警天线罩和宽带天线罩的特性计算时,大都采用 AI – SI 分析技术[18]。

2.5.2 口径积分 – 表面积分方法

假定天线口径为 A,法向单位矢量为 $\hat{\boldsymbol{n}}_a$,激励的电场为 $\boldsymbol{E}_a$,则等效面磁流为

$$\boldsymbol{M} = \boldsymbol{E}_a \times \hat{\boldsymbol{n}}_a \tag{2.99}$$

电矢位为

$$\boldsymbol{F} = \frac{\varepsilon}{4\pi}\int_s \frac{\boldsymbol{M}e^{-jk\,|\boldsymbol{r}-\boldsymbol{r}'|}}{|\boldsymbol{r}-\boldsymbol{r}'|}ds'$$

式中:$k=2\pi/\lambda_0$,λ_0 为自由空间波长;$\boldsymbol{r}$ 为天线罩上场点的位置矢量;$\boldsymbol{r}'$为天线口径源点的位置矢量。设$\rho=|\boldsymbol{r}-\boldsymbol{r}'|$为源点到观察点的距离,$\hat{\boldsymbol{\rho}}=\dfrac{\boldsymbol{r}-\boldsymbol{r}'}{|\boldsymbol{r}-\boldsymbol{r}'|}$为单

位矢量,由式(2.32)得

$$E = -\frac{1}{4\pi}\int_s M \times \hat{\rho}\left(jk + \frac{1}{\rho}\right)\frac{e^{-jk\rho}}{\rho}ds' \tag{2.100}$$

由(2.33)得到

$$H = \frac{1}{j4\pi\omega\mu}\int_s \left[-M\frac{1}{\rho}\left(jk + \frac{1}{\rho}\right) + (M \cdot \hat{\rho})\hat{\rho}\left(-k^2 + \frac{3jk}{\rho} + \frac{3}{\rho^2}\right) + k^2 M\right]\frac{e^{-jk\rho}}{\rho}ds' \tag{2.101}$$

入射到天线罩内表面上的能流密度为

$$S = \frac{1}{2}\mathrm{Re}(E \times H^*) + \frac{1}{2}\mathrm{Re}(E \times H^* e^{j2\omega t}) \tag{2.102}$$

第二项对时间的平均值为0,入射波的传播方向为

$$\hat{s} = \mathrm{Re}(E \times H^*)/|\mathrm{Re}(E \times H^*)| \tag{2.103}$$

透过场的切向场矢量为

$$E^t = E^i_{/\!/} T_{/\!/0} e^{-j\eta_{/\!/}}\hat{e}_{/\!/} + E^i_{\perp} T_{\perp 0} e^{-j\eta_{\perp}}\hat{e}_{\perp} \tag{2.104}$$

$$H^t = H^i_{/\!/} T_{\perp 0} e^{-j\eta_{\perp}}\hat{e}_{/\!/} + H^i_{\perp} T_{/\!/0} e^{-j\eta_{/\!/}}\hat{e}_{\perp} \tag{2.105}$$

式中:η 为插入相位移,可表示成

$$\eta = \mathrm{IPD} = \varphi_t - \frac{2\pi d}{\lambda_0}\cos\theta_i$$

其中:d 为罩壁的总厚度,$d = \sum_i d_i$。

在天线罩内表面上,得到反射场为

$$E^r = E^i_{/\!/} \dot{R}_{/\!/} \hat{e}'_{/\!/} + E^i_{\perp} \dot{R}_{\perp} \hat{e}_{\perp} \tag{2.106}$$

$$H^r = H^i_{/\!/} \dot{R}_{\perp} \hat{e}'_{/\!/} + H^i_{\perp} \dot{R}_{/\!/} \hat{e}_{\perp} \tag{2.107}$$

$$\hat{e}'_{/\!/} = \hat{e}_{\perp} \times \hat{k}_r = \hat{e}_{\perp} \times (\hat{s} - 2(\hat{s} \cdot \hat{n})\hat{n}) \tag{2.108}$$

式中:$E^i_{/\!/}$、$E^i_{\perp}$、$H^i_{/\!/}$、$H^i_{\perp}$ 分别为入射电场/磁场的平行和垂直分量;$\dot{R}_{/\!/}$、$\dot{R}_{\perp}$ 分别为罩壁对入射电场的平行和垂直分量的复反射系数;$\hat{e}_{/\!/}$、$\hat{e}_{\perp}$ 定义见2.4.2节,$\hat{e}_{/\!/}$、$\hat{e}_{\perp}$ 分别为反射场的平行和垂直两个极化分量的单位矢量。

按照式(2.40)沿天线罩表面对切向电场和磁场做矢量积分,可得远区的辐射场为

$$E(\theta,\varphi) = \frac{-jk}{4\pi}\frac{e^{-jkr}}{r}\hat{r} \times \int_s \left[(\hat{n} \times E_t) - \sqrt{\frac{\mu_0}{\varepsilon_0}}\hat{r} \times (\hat{n} \times H_t)\right] e^{jk \cdot r'} ds \tag{2.109}$$

式中:$\hat{r}$ 为远区观察点的单位位置矢量; $k = \frac{2\pi}{\lambda_0}[\sin\theta\cos\varphi\hat{x} + \sin\theta\sin\varphi\hat{y} + \cos\theta\hat{z}]$;

$\boldsymbol{E}^{\mathrm{t}}$、$\boldsymbol{H}^{\mathrm{t}}$ 分别为切向电场和切向磁场；$\boldsymbol{E}^{\mathrm{t}}$、$\boldsymbol{H}^{\mathrm{t}}$ 根据需要，可以是天线罩表面上的总切向电场和磁场矢量，也可以是反射场或透过场的切向矢量，分别用于分析计算天线罩直射瓣和反射瓣；$\hat{\boldsymbol{n}}$ 是天线罩的外法线矢量。

物理光学方法的实用意义：可用于电中尺寸天线罩，如导弹天线罩以及电大尺寸天线罩（但天线是电中小尺寸的情况）。

2.5.3 虚拟源曲面口径积分方法

除导弹天线罩外，物理光学方法还可以分析特殊的天线罩，即布置在飞机的凸出部位如机头、机尾、翼尖部分的为多种高频无线电设备的辐射天线配备的天线罩。为减少阻力，天线罩的形状采用流线形，常见有鼻锥形、蛋卵形和扁平形（机背、翼尖和垂尾部位的天线罩都属于扁平形罩）。这类天线罩的特点是双曲面，曲率变化较大，其中一维尺寸与波长相近。

与几何光学方法相似，物理光学方法也需要分析天线罩反射场，文献[5]最早采用 AI－SI 方法计算了鼻锥罩内喇叭天线的辐射问题，对传输至罩外表面切向场做表面积分，忽略了罩内反射场的贡献，给出了扫描角 38°情况下的计算结果，得到了与实测较为一致的结果。然而，如果在 0°扫描状态，反射场量就不可忽视，否则计算误差较大。Shifflett[11]在计算中保留了罩内表面一次反射场的表面积分项，把反射场的二次传输近似为法向入射而忽略天线罩的衰减和相移，当反射场能量远低于主瓣能量时，这一假设近似成立。

当需要计算电中小尺寸的天线罩的罩外辐射功率分布时，就要考虑天线罩内壁的反射场的贡献，及其与外表面的辐射场的相位关系，通过矢量相加得到罩外的辐射方向图。因为天线罩内天线与罩壁间隙很小，扁平天线罩的反射能量较大，足以与主瓣能量相干时，忽略天线罩对反射场的二次传输相移会产生很大的计算误差。

本节论述虚拟源曲面口径积分方法，解决发射模式下反射场量和直接传输场量的矢量合成问题。解决的思路是[19]：利用等效原理把天线罩内表面上的反射场等效为曲面电流和曲面磁流，对等效源做曲面口径积分得到二次入射场，把天线罩等效为局部平面的多层介质，用二端口网络理论计算传输到罩外壁的反射场量，在外表面上对一次传输场切向场和反射场切向场合成矢量积分，得到天线带罩后完整准确的远场方向图。

利用该方法，对某机载垂尾天线罩进行了仿真计算，发现天线带罩后增益增加、主瓣分裂，预测均为试验所证实。为消除主瓣分裂，对天线罩进行了修形。实践证明，该算法计算精度高，适用于扁平电小尺寸的天线罩和共形罩电信分析及设计。

根据等效原理，反射场的辐射远场是由分布在天线罩内表面的反射场等效电流和等效磁流构成的曲面辐射口径再次经过天线罩在远区形成的场，与计算直射瓣原理相同,需要计算曲面口径对天线罩壁的辐射近场。与通常的天线口径积分不同的是,反射场等效电流和等效磁流的口径积分是在天线罩内表面上进行的。

在天线罩内壁上,对应于反射场的等效电流 $\boldsymbol{J}^{\mathrm{r}}=\hat{\boldsymbol{n}}\times\boldsymbol{H}^{\mathrm{r}}$,等效磁流 $\boldsymbol{M}^{\mathrm{r}}=\boldsymbol{E}^{\mathrm{r}}\times\hat{\boldsymbol{n}}$。天线罩表面的等效面电流 $\boldsymbol{J}$ 和等效面磁流 $\boldsymbol{M}$ 的激励的电磁场可以表述为沿口径的面积分:

$$\boldsymbol{E}(\boldsymbol{r})=-\frac{\mathrm{j}}{4\pi\omega\varepsilon}\iint_s[\boldsymbol{U}(\boldsymbol{J}\cdot\hat{\boldsymbol{R}})+V\boldsymbol{J}-W(\varepsilon\boldsymbol{M}\times\hat{\boldsymbol{R}})]\frac{\exp(-\mathrm{j}k_0R)}{R}\mathrm{d}s'$$

$$\boldsymbol{H}(\boldsymbol{r})=-\frac{\mathrm{j}}{4\pi\omega\mu}\iint_s[\boldsymbol{U}(\boldsymbol{M}\cdot\hat{\boldsymbol{R}})+V\boldsymbol{M}+W(\mu\boldsymbol{J}\times\hat{\boldsymbol{R}})]\frac{\exp(-\mathrm{j}k_0R)}{R}\mathrm{d}s'$$

式中:$\boldsymbol{U}=(-k_0^2+\frac{3\mathrm{j}k_0}{\boldsymbol{R}}+\frac{3}{\boldsymbol{R}^2})\boldsymbol{R}$;$V=k_0^2-\frac{1}{\boldsymbol{R}}(\mathrm{j}k_0+\frac{1}{\boldsymbol{R}})$;$W=\mathrm{j}\omega(\mathrm{j}k_0+\frac{1}{\boldsymbol{R}})$;$\boldsymbol{R}=|\boldsymbol{r}-\boldsymbol{r}'|$,$\boldsymbol{r}$、$\boldsymbol{r}'$分别为场点的位置矢量和源点的位置矢量,$\boldsymbol{R}=\boldsymbol{r}-\boldsymbol{r}'$;$\hat{\boldsymbol{R}}$ 为其单位矢量;在自由空间中 $\varepsilon=\varepsilon_0=8.854\times10^{-12}\approx[1/36\pi]\times10^{-9}\mathrm{H/m}$,$\mu=\mu_0=4\pi\times10^{-7}\mathrm{F/m}$。

对天线罩内表面做曲面口径积分,以天线罩内表面作为积分场点,反射场对每一场点的二次反射传播场近似为平面波,天线罩入射点等效为局部平面,将反射近场分解为平行于入射面的分量和垂直于入射面的分量,依上述公式求得天线罩外表面上二次传输场量的切向场,以及一次传输场量矢量叠加得到天线罩外的总切向场。由此得到真正的罩外口径场,二次以上的反射场幅度急剧下降,可以忽略。

对任意形状的天线罩,采用数值积分技术计算反射场的曲面口径积分,计算时间与采样点数的平方成正比,需要根据计算结果确定采样点间隔,在计算曲面口径积分时,当场点与源点的间距小于 $\lambda/2\pi$,忽略消逝场的贡献。

为减少计算时间,采用了简化措施,将天线罩表面划分为 N 个面元,设 I、J 为曲面单元的序号,$\boldsymbol{E}^{\mathrm{r}}(I)$为反射场口径对 I 点(场点)积分,$\Delta\boldsymbol{E}^{\mathrm{r}}(I,J)$为 J 单元对 I 点场的贡献,$\Delta\boldsymbol{E}^{\mathrm{r}}(I,J)\neq\Delta\boldsymbol{E}^{\mathrm{r}}(J,I)$,则

$$\boldsymbol{E}^{\mathrm{r}}(I)=\sum_{J=1,I\neq J}^{N}\Delta\boldsymbol{E}^{\mathrm{r}}(I,J)$$

在计算 $\boldsymbol{E}^{\mathrm{r}}(I)$时,同时计算出 $\Delta\boldsymbol{E}^{\mathrm{r}}(j,i)$,$U$、$V$ 不变,节省了用于 U、V、W 的重复计算,使曲面口径的计算量减少了约40%。而且在计算模块中,无需增加数组的开销。

以流线形的小口径喇叭天线罩为例,喇叭天线放置在流线形薄壁天线罩内,如图2.21所示。罩壁厚度为0.025λ,喇叭天线为垂直极化。

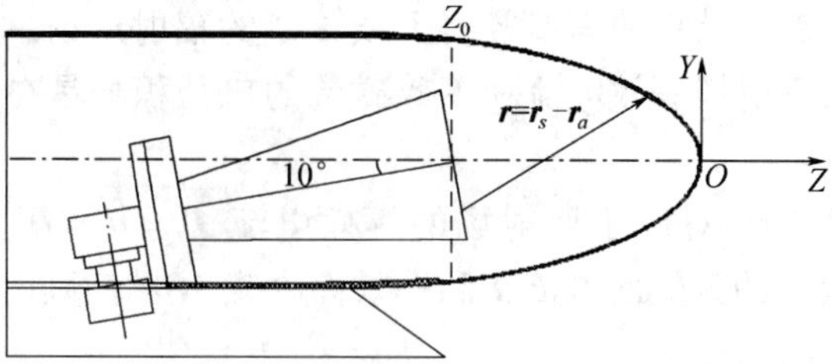

图 2.21　流线罩中的喇叭天线

(1) 天线罩对喇叭天线方向图的影响。喇叭天线加上天线罩后,远区辐射场由两部分组成:一部分是分布在天线罩外表面上一次传输场量的辐射场(即直射瓣);另一部分是天线罩内表面罩壁上反射场二次传输场量的辐射场(即反射瓣)。两者矢量的合成得到了喇叭天线加罩后的波瓣。图 2.22 和图 2.23 给出了直射瓣、反射瓣和矢量合成瓣。

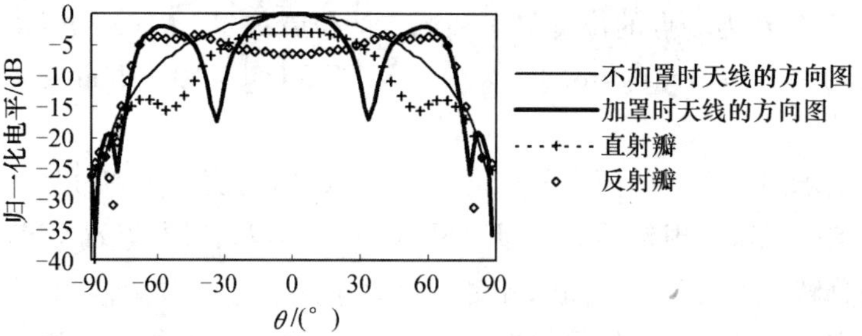

图 2.22　喇叭天线加罩后方位面方向图仿真结果

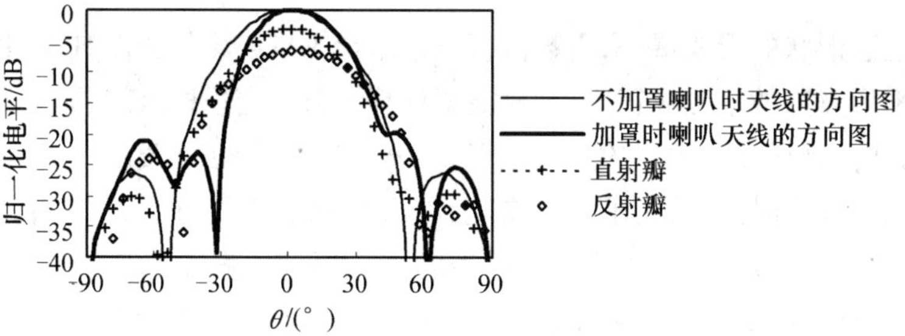

图 2.23　喇叭天线加罩后俯仰面方向图仿真结果

图 2.24 和图 2.25 给出了用平均加权法[20][21]和本章提出的曲面口径积分法的理论计算结果及试验结果,用平均加权方法计算的结果预示了天线加罩后,方位面波瓣发生 W 形起伏,但是主瓣宽度计算值与实测相比误差较大,而曲面口径积分方法计算结果与实测曲线符合很好,预测主瓣几乎与实测曲线一致。

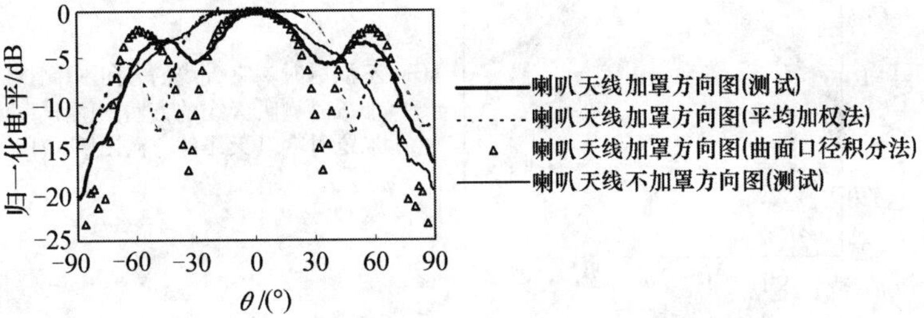

图 2.24 喇叭天线加罩后方位面方向图测试结果

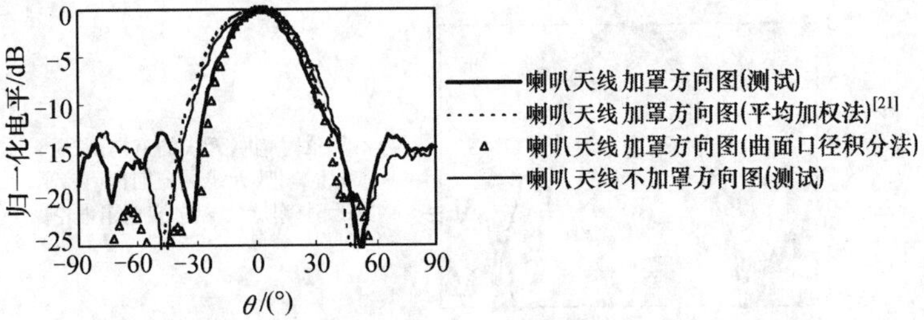

图 2.25 喇叭天线加罩后俯仰面方向图测试结果

注意到在宽角理论曲线与测试存在误差,原因是理论计算中忽略了喇叭天线与罩之间存在的多次反射,加罩以后由于罩壁离喇叭口径最短距离不到一个波长,天线罩对喇叭的口径分布也有一定的影响,这种影响使得理论计算结果与实测产生了一定的误差。

(2)天线罩对喇叭天线增益的影响。令 $T_{/\!/} = T_{\perp} = 1$,令 $\Gamma_{/\!/} = \Gamma_{\perp} = 0$,得到无罩情况下远区主瓣峰值功率 P_0(dB),然后计算有罩情况下远区主瓣峰值功率 P_1(dB),得到天线罩功率损耗 $\boldsymbol{P}_1 - \boldsymbol{P}_0$,列于表 2.7 中。

表 2.7 天线罩功率损耗

计算方法	损耗/dB
曲面口径积分方法	0.80
复反射系数平均加权法	0.20
实测	0.70

单层结构的天线罩使天线的波瓣宽度变窄,影响了天线的照射覆盖范围,根据需要对天线罩外形进行修改,修改后天线罩对天线主瓣宽度的影响明显减小,测试与理论符合较好(图 2.26 和图 2.27),基于曲面口径积分的天线罩曲面口径积分分析方法为设计这类天线罩提供了理论依据。

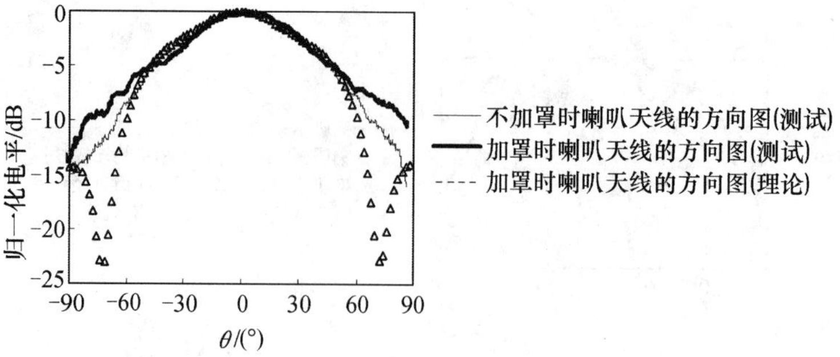

图 2.26 方位面加罩波瓣图

（优化设计仿真结果）

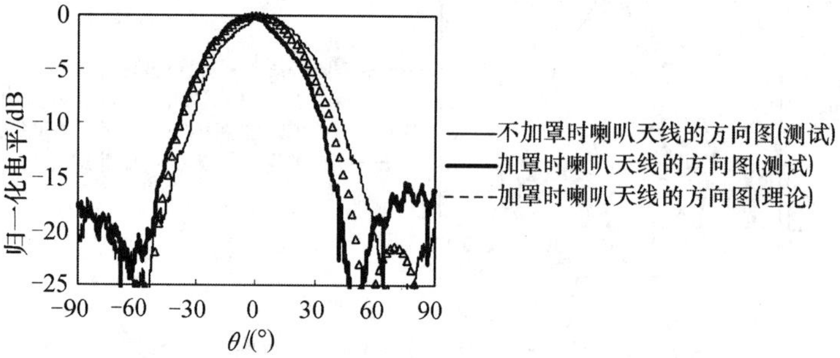

图 2.27 俯仰面加罩波瓣图

（优化设计仿真结果）

用基于曲面口径积分/几何光学的混合分析方法解决了发射模式下天线罩的反射场量与直接传输场量的矢量合成问题，该方法计算精度高，适于电小尺寸天线罩和共形罩的精确设计。

2.5.4 平面波谱－表面积分方法

口径积分的计算量与口径尺寸平方成正比，对于圆对称口径天线的近场，用平面波谱积分计算时，计算量与口径尺寸成正比。在计算圆口径天线带罩特性时，平面波谱表现了独特的优越性，波谱积分比单一平面波展开计算近场在计算精度上有很大提高，计算速度高于口径积分。

根据平面波谱的意义，对天线口径分布做傅里叶变换得到天线的平面波谱：

$$\boldsymbol{\Omega}(k_x,k_y) = \frac{1}{2\pi}\iint \boldsymbol{E}^{\mathrm{t}}(x,y,z)\,\mathrm{e}^{\mathrm{j}(k_x x+k_y y)}\,\mathrm{d}x\mathrm{d}y \tag{2.110}$$

对 $\boldsymbol{\Omega}(k_x,k_y)$ 做反变换可得到任意 (x,y,z) 的场分布，即

$$\boldsymbol{E}(x,y,z) = \frac{1}{2\pi}\iint \boldsymbol{\Omega}(k_x,k_y)\,\mathrm{e}^{-\mathrm{j}(k_x x+k_y y+k_z z)}\,\mathrm{d}k_x\mathrm{d}k_y \tag{2.111}$$

式中

$$k_z = \sqrt{k^2 - k_x^2 - k_y^2}$$

写成分量形式,有

$$\begin{cases} \boldsymbol{\Omega}_x(k_x,k_y) = \dfrac{1}{2\pi}\iint \boldsymbol{E}_x(x,y)\mathrm{e}^{\mathrm{j}(k_x x+k_y y)}\mathrm{d}x\mathrm{d}y \\ \boldsymbol{\Omega}_y(k_x,k_y) = \dfrac{1}{2\pi}\iint \boldsymbol{E}_y(x,y)\mathrm{e}^{\mathrm{j}(k_x x+k_y y)}\mathrm{d}x\mathrm{d}y \\ \boldsymbol{\Omega}_z(k_x,k_y) = \dfrac{1}{2\pi}\iint \boldsymbol{E}_z(x,y)\mathrm{e}^{\mathrm{j}(k_x x+k_y y)}\mathrm{d}x\mathrm{d}y \end{cases} \tag{2.112}$$

其中

$$\boldsymbol{\Omega}_z(k_x,k_y) = -\frac{1}{k_z}[\boldsymbol{\Omega}(k_x,k_y)k_x + \boldsymbol{\Omega}(k_x,k_y)k_y] \tag{2.113}$$

因为

$$\nabla \cdot \boldsymbol{E} = 0 \qquad \hat{\boldsymbol{k}} \cdot \boldsymbol{E} = 0$$

所示

$$k_x \cdot \Omega_x + k_y \cdot \Omega_y + k_z \cdot \Omega_z = 0$$

$$\boldsymbol{H} = -\frac{1}{\mathrm{j}\omega\mu_0}\nabla \times \boldsymbol{E} = -\frac{1}{\mathrm{j}\omega\mu_0}\iint \hat{\boldsymbol{k}} \times \boldsymbol{\Omega}\mathrm{e}^{-\mathrm{j}\boldsymbol{k}\cdot\boldsymbol{r}}\mathrm{d}k_x\mathrm{d}k_y \tag{2.114}$$

$$H_x = \frac{1}{\omega\mu_0}\iint(k_y\Omega_z - k_z\Omega_y)\mathrm{e}^{-\mathrm{j}(k_x x+k_y y)}\mathrm{d}k_x\mathrm{d}k_y \tag{2.115}$$

$$H_y = \frac{1}{\omega\mu_0}\iint(k_z\Omega_x - k_x\Omega_z)\mathrm{e}^{-\mathrm{j}(k_x x+k_y y)}\mathrm{d}k_x\mathrm{d}k_y \tag{2.116}$$

$$H_z = \frac{1}{\omega\mu_0}\iint(k_x\Omega_y - k_y\Omega_x)\mathrm{e}^{-\mathrm{j}(k_x x+k_y y)}\mathrm{d}k_x\mathrm{d}k_y \tag{2.117}$$

对于圆口径,设

$$\boldsymbol{\Omega}(k_x,k_y) = \boldsymbol{\Omega}(k_\rho) = F(k_\rho)\hat{\boldsymbol{y}}, k_\rho = \sqrt{k_x^2 + k_y^2}, \mathrm{d}k_x\mathrm{d}k_y = \rho\mathrm{d}k_\rho\mathrm{d}\alpha$$

所以

$$\boldsymbol{E}(x,y,z) = \frac{1}{2\pi}\iint(\Omega_x\hat{x} + \Omega_y\hat{y} + \Omega_z\hat{z})\mathrm{e}^{-\mathrm{j}(k_x x+k_y y+k_z z)}\mathrm{d}k_x\mathrm{d}k_y$$

由于 $\Omega_x = 0, \Omega_z = -\dfrac{k_y}{k_z}\Omega$,设 $k_x = k_\rho\cos\varphi'$;$k_y = k_\rho\sin\varphi'$,$x = \rho\cos\varphi$,$y = \rho\sin\varphi$

因此

$$\boldsymbol{E}(\rho,\varphi,z) = \frac{1}{2\pi}\int_0^{2\pi}\int_0^{\infty}\left(\hat{\boldsymbol{y}} - \frac{k_\rho\sin\varphi'}{k_z}\hat{z}\right)F(k_\rho)\mathrm{e}^{-\mathrm{j}(k_\rho\rho\cos(\varphi-\varphi')+k_z z)}k_\rho\mathrm{d}k_\rho\mathrm{d}\varphi' \tag{2.118}$$

式中：$k_z^2 = k^2 - k_\rho^2$。

对 φ' 积分，得

$$E_y(\rho,\varphi,z) = \frac{1}{2\pi}\int_0^\infty F(k_\rho)J_0(k_\rho\rho)\mathrm{e}^{-\mathrm{j}k_z z}k_\rho \mathrm{d}k_\rho \tag{2.119}$$

$$E_z(\rho,\varphi,z) = \frac{\mathrm{j}\sin\varphi}{2\pi}\int_0^\infty F(k_\rho)J_1(k_\rho\rho)\mathrm{e}^{-\mathrm{j}k_z z}\frac{k_\rho^2}{k_z}\mathrm{d}k_\rho \tag{2.120}$$

$$H_x = -\frac{1}{2\pi k\eta}\int_0^\infty F(k_\rho)\left[\left(k^2 - \frac{1}{2}k_\rho^2\right)J_0(k_\rho\rho) + \frac{1}{2}k_\rho^2\cos2\phi J_2(k_\rho\rho)\right]\mathrm{e}^{-\mathrm{j}k_z z}\frac{k_\rho}{k_z}\mathrm{d}k_\rho \tag{2.121}$$

$$H_y(\rho,\varphi,z) = -\frac{\sin2\varphi}{4\pi k\eta}\int_0^\infty F(k_\rho)J_2(k_\rho\rho)\mathrm{e}^{-\mathrm{j}k_z z}\frac{k_\rho^2}{k_z}\mathrm{d}k_\rho \tag{2.122}$$

$$H_z(\rho,\varphi,z) = -\frac{\mathrm{j}\cos\varphi}{2\pi k\eta}\int_0^\infty F(k_\rho)J_1(k_\rho\rho)\mathrm{e}^{-\mathrm{j}k_z z}k_\rho^2\mathrm{d}k_\rho \tag{2.123}$$

式中：η 为自由空间的波阻抗，当 $k_\rho > k$ 时，$\mathrm{e}^{-\mathrm{j}k_z z}$ 迅速衰减，一般地当 $z > \lambda$ 时，积分限取 $0 \leqslant k_\rho \leqslant k$。

用平面波谱(PWS)积分得到 E_i 和 H_i，仿口径积分的计算过程，先后计算能流密度的单位矢量、入射角、传输系数等，得到罩外电场磁场切向分量，最后计算远区辐射电场。用 PWS 方法在天线坐标系中求得的场要转换到天线罩坐标系中，以便进行表面积分。PWS 适于圆口径对称分布的天线罩问题，对任意的口径无法利用圆周对称性，PWS 的计算量很大。

在天线一维扫描情况下，如绕 Y 轴旋转 α，天线与天线罩坐标变换的转换矩阵简化为

$$\begin{bmatrix} X \\ Y \\ Z \end{bmatrix} = \begin{bmatrix} \cos\alpha & 0 & \sin\alpha \\ 0 & 1 & 0 \\ -\sin\alpha & 0 & \cos\alpha \end{bmatrix}\begin{bmatrix} x \\ y \\ z \end{bmatrix} \tag{2.124}$$

图 2.28 和图 2.29 给出了 AI－SI 和 PWS－SI 两种方法计算某一电小尺寸天线罩瞄准误差结果的比较，从图中看出，AI－SI 和 PWI－SI 预测的天线罩瞄准误差趋势是基本相近的。

2.5.5 光学方法的适用范围

(1) 对于电大尺寸的天线及其天线罩，并且天线罩的曲率半径大于波长，适宜用简洁、快速的几何光学方法分析，满足工程设计需要。要注意使用的条件，当天线口径远大于波长时，采取高频光学方法分析，天线口径辐射近场近似为射线管量场，计算误差较小；当天线口径与波长相近时，几何射线跟踪方法分析精度快速下降，就要采用物理光学方法。

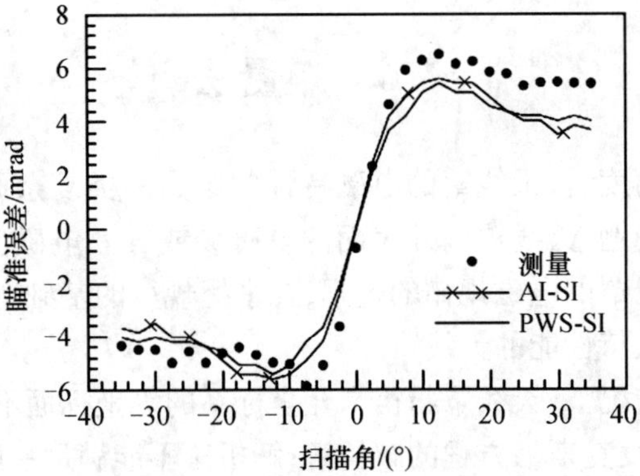

图 2.28　物理光学方法计算瞄准误差结果比较(H 面扫描)[22]

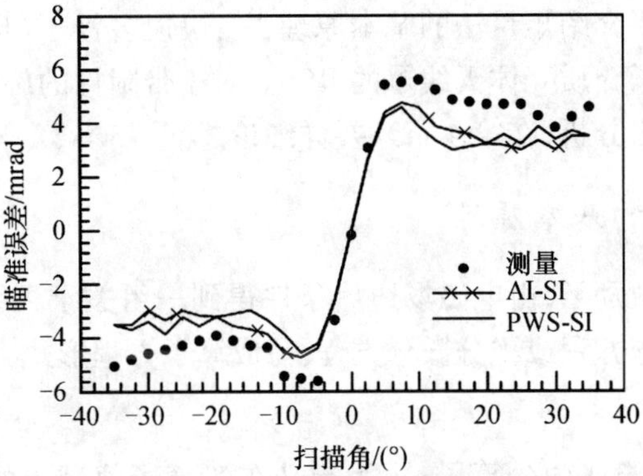

图 2.29　物理光学方法计算瞄准误差结果比较(E 面扫描)[22]

(2) 对于电中尺寸天线及其天线罩,天线罩的曲率半径大于 3λ,例如,导弹天线罩、电大尺寸天线罩内的电中小天线,适于用精度高的物理光学方法分析,物理光学方法可以用接收模式下的反应积分方程法,也可以用发射模式下的 AI－SI或 PWS－SI 法;在发射模式下,天线罩内外表面的场的二次辐射场分别计算,在某些情况下,要考虑二次辐射场相位的矢量叠加问题,解决的办法是利用虚拟源曲面口径积分技术。

(3) 当天线罩尺寸与波长相近时,例如 3λ ~5λ,理论上可以采用矩量法、有限元法或 FDTD 方法,分析天线罩的性能,但是矩量法、有限元法或 FDTD 方法在建立模型上需要进行大量的工作,基于积分方程的全波方法计算量很大,基于微分方程的 FDTD 效率低,一般全波方法还限于旋转对称的一类天线罩,所以工程上还经常采用物理光学方法进行分析。

(4) 在有些情况下,不能用光学方法,如刚性地面罩连接部位的散射、带空速管和基座的电大尺寸天线罩,因为在这些不连续的部分物体的场分布已经难以用平面波的模型模拟,需要精确计算。

2.6 矩量法

从电磁理论角度看,天线罩的电磁特性归结为一类复杂而又具有特别意义的电磁场边界值问题,天线罩内外表面的电磁场或等效电磁流的求解过程也是人们研究寻找天线罩的电磁规律的过程,在掌握规律的基础上,根据各种需要利用规律设计具有独特性能的天线罩。

在绝大多数情况下,天线罩与笛卡儿坐标系的等坐标面不重合,边界坐标不可分离,无法得到麦克斯韦方程的解析解;解析法不能满足一般天线罩问题的分析,矩量法是一种有效准确方便的数值方法,借助于计算机可以得到近似的数值解。

本节首先简要介绍矩量法的基本原理[15]、快速多极子(FMM)技术,并用面积分方程法计算了介质壳体天线罩的 RCS。对于带附件的旋转对称均匀介质壳体天线罩的矩量法分析,在第 4 章还要详细论述。

2.6.1 矩量法的基本原理

在天线辐射激励下,由电磁场边界条件得到一组关于天线罩表面等效电流或等效磁流的积分方程或积分微分方程,写成算子方程形式[15]:

$$Tx = y \tag{2.125}$$

式中:T 为积分算子或微分算子;x 为定义在 T 算子值域内的未知函数;y 为激励函数。

求解算子方程的矩量法原理是:在 T 算子值域内选定一组基函数或展开函数 $u_1, u_2, \cdots, u_N$,将 x 展开为 $x \approx \sum_{n=1}^{N} a_n u_n$,得到

$$\sum_{n=1}^{N} a_n T \quad u_n \approx y \tag{2.126}$$

方程中有 N 个未知系数 $a_1, a_2, \cdots, a_N$,在希尔伯特空间定义内积:

$$\langle \bar{f}, \bar{g} \rangle = \int_{\Omega} \bar{f} \cdot \bar{g}^* \mathrm{d}\Omega \tag{2.127}$$

式中:$*$ 为复数共轭。

选定一组加权函数(或称试验函数)$v_1, v_2, \cdots, v_M$,分别对方程两边求内积,得到一组线性代数方程为

$$\sum_{n=1}^{N} a_n \langle v_m, Tu_n \rangle = \langle v_m, y \rangle, m = 1, 2, \cdots, M \tag{2.128}$$

写成矩阵形式,有

$$\boldsymbol{SA} = \boldsymbol{B} \tag{2.129}$$

式中:$\boldsymbol{S}$ 为 $M \times N$ 矩阵,即

$$\boldsymbol{S} = \begin{bmatrix} s_{11} & s_{12} & \cdots & s_{1N} \\ s_{21} & s_{22} & \cdots & s_{2N} \\ \vdots & \vdots & & \vdots \\ s_{M1} & s_{M2} & \cdots & s_{MN} \end{bmatrix} \tag{2.130}$$

$$s_{mn} = \langle v_m, Tu_n \rangle (m = 1,2,\cdots,M; n = 1,2,\cdots,N) \tag{2.131}$$

而 $\boldsymbol{A}$、$\boldsymbol{B}$ 分别为展开系数矩阵和激励矩阵,即

$$\boldsymbol{A} = [a_1 \quad a_2 \quad \cdots \quad a_N]^{\mathrm{T}} \tag{2.132}$$

$$\boldsymbol{B} = [\langle v_1, y \rangle \quad \langle v_2, y \rangle \quad \cdots \quad \langle v_M, y \rangle]^{\mathrm{T}} \tag{2.133}$$

对矩阵方程求解,有

$$\boldsymbol{B} = \boldsymbol{S}^{\dagger} \boldsymbol{A} \tag{2.134}$$

式中:$[\boldsymbol{S}]^{\dagger}$为$[\boldsymbol{S}]$的伪逆,可表示成

$$[\boldsymbol{S}]^{\dagger} = \begin{cases} [S]^{-1}, & M = N \\ ([S^*]^{\mathrm{T}}[S])^{-1}[S^*]^{\mathrm{T}}, & M > N \end{cases} \tag{2.135}$$

最后得到算子方程的 MoM 解为

$$x = [U]^{\mathrm{T}}[A] = [U]^{\mathrm{T}}[S]^{\dagger}[B] \tag{2.136}$$

式中:$\boldsymbol{U}$ 是基函数的列矩阵,$\boldsymbol{U} = [u_1, u_2, \cdots, u_N]^{\mathrm{T}}$。

因为内积与力学中的矩相似,上述方法称为矩量法。矩量法是算子方程的近似解,设 R 是算子方程的残数:

$$R = y - \sum_{n=1}^{N} a_n Tu_n \tag{2.137}$$

$$\langle v_m, R \rangle = 0, m = 1,2,\cdots,M \tag{2.138}$$

$$\langle v_m, \sum_{n=1}^{N} a_n Tu_n \rangle = \langle v_m, y \rangle, m = 1,2,\cdots,M \tag{2.139}$$

算子方程的残数在加权函数的投影如图 2.30 所示。如果加权函数取狄拉克函数:

$$v_m = \delta(\boldsymbol{r} - \boldsymbol{r}_m), m = 1,2,\cdots,M \tag{2.140}$$

矩量方程为

$$\sum_{n=1}^{N} a_n Tu_n |_{\boldsymbol{r}=\boldsymbol{r}_m} = y|_{\boldsymbol{r}=\boldsymbol{r}_m}, m = 1,2,\cdots,M \tag{2.141}$$

这时称为点配法。

如果加权函数和基函数相同,即

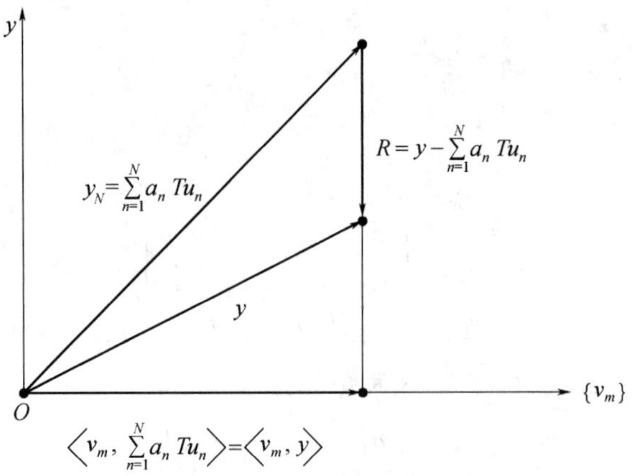

图 2.30　残数在加权函数的投影最小的近似解

$$v_m = u_m, m = 1,2,\cdots,N \tag{2.142}$$

便为伽略金(Galerkin's)法。

如果加权函数与基函数满足下列关系,则称为最小二乘法,解是单调收敛的。

$$v_m = Tu_m, m = 1,2,\cdots,N \tag{2.143}$$

矩量法是边界型的数值方法,不同于场域型的数值方法(如 FD－TD),在计算天线罩类的电磁问题时,不需要设置边界吸收条件以及计算空间场,只要计算出天线罩的表面的等效电流和等效磁流即可。方法简便,非常适于电中小尺寸的电磁问题分析。结合周期边界条件可用来计算 FSS 天线罩的传输性能,以及二维天线罩加强肋的感应电流率。采用 PO－MoM 混合方法还可以用于电大尺寸的天线罩中空速管、附件影响。矩量法计算精度高,在天线罩设计分析中具有广泛的应用。

借助于高速计算机和快速多极子技术,目前采用矩量法已能够对电大尺寸的天线罩进行精确的数值计算,只是计算时间达到几十个小时,基于体积分和 RWG 积分法矩量法也完成了对于电小尺寸的天线罩(导弹天线罩)全波分析。

但是,全波分析还是限于单层结构天线罩,对于常见的夹层结构,随着边界层数的增加,矩量矩阵的维数急剧增大,使得计算成本增大,在高频情况下,还是以几何光学方法为主。

2.6.2　快速多极子技术

在矩量法分析电尺寸较大介质体时,如果直接求矩阵的逆,所需的乘法比迭代法要多得多,在迭代法求解过程中,还需要进一步简化矩阵——矢量相乘的计算量,快速多极子方法(FMM)是一种有效的快速算法。

计算方法如下：

$$\sum_{j=1}^{N} A_{ij}x_j = V_{il}^{+}\sum_{l'=1}^{N/M}\bar{\alpha}_{ll'} \cdot \sum_{j\in l'} V_{l'j}x_j \qquad (i \in l; l = 1,2,\cdots,N/M) \quad (2.144)$$

将 N 个元素分为 N/M 组，每组有 M 个元素，一般 $M=\sqrt{N}$。l'是第 l'组的中心单元，利用加法定理：

$$A_{ij} = V_{il}^{+} \cdot \bar{\alpha}_{ll'} \cdot V_{l'j} \quad (2.145)$$

将基变换到平面波基，从而使 $\bar{\alpha}_{ll'}$矩阵对角化：

$$A_{ij} = \widetilde{V}_{ij}^{+} \cdot \tilde{\alpha}_{ll'} \cdot \widetilde{V}_{l'j} \quad (2.146)$$

这时 $\tilde{\alpha}_{ll'}$为对角矩阵，所以计算量为正比于 $M \cdot N = \sqrt{N} \cdot N = N^{1.5}$，而直接计算需 N^2 量级次乘法。

在 FMM 计算过程中，首先计算：

$$b_{l'} = \sum_{j\in g'} \widetilde{V}_{l'j}x_j \quad (2.147)$$

其物理意义是，x_j 源辐射的波数为 k 的指向 l'点的平面波。

然后计算：

$$c_l = \sum_{l'} \tilde{\alpha}_{ll'} \cdot b_{l'} \quad (2.148)$$

其物理意义是，所有位于 l'处的源，经过空间传播到第 l 组中心的平面波的和。

最后计算：

$$d_i = \widetilde{V}_{il} \cdot c_l \quad (2.149)$$

将第 l 组中心接收到的平面波分配到第 l 组的第 i 个单元。

显然，如果第 l 组与第 l'组相距很远，第 l'组中心辐射的平面波大部分不参加第 l 组的作用，只有一小部分平面波决定了两组之间的相互作用。所以计算量进一步减少，在这种情况下，选 M 正比于 $N^{1/3}$，那么矩阵矢量相乘进一步下降到 $O(N^{4/3})$。

FMM 的射线传输快速多极子技术（RPFMA），在计算过程中，用快速远场近似（FAFFA）大大简化了矩阵元素中相距较远元素之间的相互作用，这种算法使内存量需求进一步降至 $O(N)$。

在 FMM 中，如果引入多级分组概念，先分组再分级，假定每 M 个单元组成一组，每 M 个组组成一级，则

$$M^k = N$$

所以

$$k\log M = \log N$$

即

$$k \propto \log N \tag{2.150}$$

在这种情况下,分级数正比于 $\log N$,每级迭代需做 N 次运算,矩阵与矢量相乘就需要 $N\log N$ 次运算。多级快速多极子方法(MLFMM)适于求解大型矩阵方程组,节省了内存。因为相互作用的总元素是 $N\log N$ 个,所以可用小容量内存的计算机求解大型电磁问题。

2.6.3 介质壳体的 RCS 的矩量法分析

以介质单层壳体天线罩的散射问题说明矩量法的分析过程:

假设一个介质闭合壳体 V,介电常数为 ε,激励场为 $\boldsymbol{E}^{\mathrm{i}}$,计算在 $\boldsymbol{E}^{\mathrm{i}}$ 激励下介质体中的极化电流 $\boldsymbol{J}$ 和散射远场。天线罩壳体如图 2.31 所示,分为三个区域,假定($\boldsymbol{E}^{i}$,$\boldsymbol{H}^{i}$)表示第 i 个区的总场,(ε_i,μ_i)为该区的相对介电常数和相对磁导率、$\hat{\boldsymbol{n}}_i^{\pm}$ 为表面 S_i 的法向矢量。根据等效原理,介质壳体内外表面上的等效电流和磁流,应满足等效性条件。

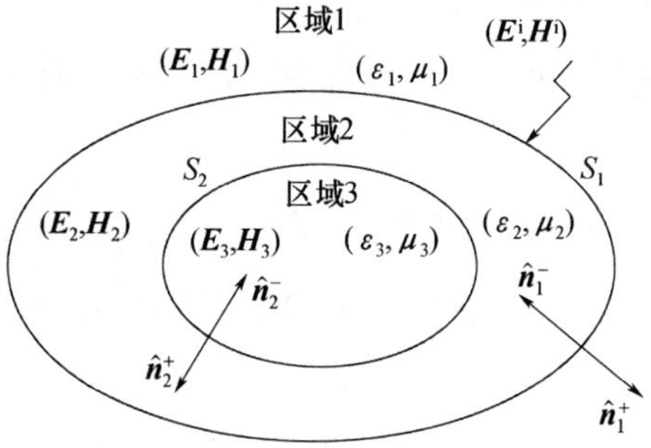

图 2.31 天线罩的等效问题

在 1 区,S_1^- 内部场为 0,即外表面 S_1^+ 上的电磁流产生的场在 S_1^-(S_1 的内推面)上满足:

$$\hat{\boldsymbol{n}}_1^+ \times \boldsymbol{E}^{\mathrm{i}}(\boldsymbol{r}) = \hat{\boldsymbol{n}}_1^+ \times \{L_{11}[\boldsymbol{J}_1^+(\boldsymbol{r})] - K_{11}[\boldsymbol{M}_1^+(\boldsymbol{r})]\} \tag{2.151}$$

$$\hat{\boldsymbol{n}}_1^+ \times \boldsymbol{H}^{\mathrm{i}}(\boldsymbol{r}) = \hat{\boldsymbol{n}}_1^+ \times \{K_{11}[\boldsymbol{J}_1^+(\boldsymbol{r})] + \frac{1}{\eta_1^2}L_{11}[\boldsymbol{M}_1^+(\boldsymbol{r})]\} \tag{2.152}$$

式中:场点 $\boldsymbol{r} \in S_1^-$;L_{11}、K_{11} 为定义在 1 区的线性算子[23,24]。

在 2 区,S_1^+ 的外部、S_2^- 的内部的场为 0, S_1^- 上的电磁流和 S_2^+ 上的电磁流产生的场在 S_1^+(S_1 的外移面)、S_2^-(S_2 的内推面)上分别满足:

$$\hat{\boldsymbol{n}}_1^- \times \{L_{21}[\boldsymbol{J}_1^-(\boldsymbol{r})] - K_{21}[\boldsymbol{M}_1^-(\boldsymbol{r})] + L_{22}[\boldsymbol{J}_2^+(\boldsymbol{r})] - K_{22}[\boldsymbol{M}_2^+(\boldsymbol{r})]\} = 0 \tag{2.153}$$

$$\hat{\boldsymbol{n}}_1^- \times \{-K_{21}[\boldsymbol{J}_1^-(\boldsymbol{r})] - \frac{1}{\eta_2^2}L_{21}[\boldsymbol{M}_1^-(\boldsymbol{r})] - K_{22}[\boldsymbol{J}_2^+(\boldsymbol{r})] - \frac{1}{\eta_2^2}L_{22}[\boldsymbol{M}_2^+(\boldsymbol{r})]\} = 0 \tag{2.154}$$

式中：场点 $\boldsymbol{r} \in S_1^-$；L_{22}、K_{22}为定义在 2 区的线性算子。

$$\hat{\boldsymbol{n}}_2^+ \times \{L_{21}[\boldsymbol{J}_1^-(\boldsymbol{r})] - K_{21}[\boldsymbol{M}_1^-(\boldsymbol{r})] + L_{22}[\boldsymbol{J}_2^+(\boldsymbol{r})] - K_{22}[\boldsymbol{M}_2^+(\boldsymbol{r})]\} = 0 \tag{2.155}$$

$$\hat{\boldsymbol{n}}_2^+ \times \{-K_{21}[\boldsymbol{J}_1^-(\boldsymbol{r})] - \frac{1}{\eta_2^2}L_{21}[\boldsymbol{M}_1^-(\boldsymbol{r})] - K_{22}[\boldsymbol{J}_2^+(\boldsymbol{r})] - \frac{1}{\eta_2^2}L_{22}[\boldsymbol{M}_2^+(\boldsymbol{r})]\} = 0 \tag{2.156}$$

式中：场点 $\boldsymbol{r} \in S_2^-$。

在 3 区，S_2^+ 外部的场为 0，S_2^- 上的电磁流产生的场与天线口径激励场在 S_2^+（S_2 的外移面）上满足：

$$\hat{\boldsymbol{n}}_2^- \times \{L_{32}[\boldsymbol{J}_2^-(\boldsymbol{r})] - K_{32}[\boldsymbol{M}_2^-(\boldsymbol{r})]\} = 0 \tag{2.157}$$

$$\hat{\boldsymbol{n}}_2^- \times \{-K_{32}[\boldsymbol{J}_2^-(\boldsymbol{r})] - \frac{1}{\eta_3^2}L_{32}[\boldsymbol{M}_2^-(\boldsymbol{r})]\} = 0 \tag{2.158}$$

式中：场点 $r \in S_2^+$。

将 $\boldsymbol{J}_1^- = -J_1^+$，$\boldsymbol{J}_2^+ = -\boldsymbol{J}_2^-$，$\boldsymbol{M}_1^- = -\boldsymbol{M}_1^+$，$\boldsymbol{M}_2^+ = -\boldsymbol{M}_2^-$，$\hat{\boldsymbol{n}}_1^- = -\hat{\boldsymbol{n}}_1^+$，$\hat{\boldsymbol{n}}_2^+ = -\hat{\boldsymbol{n}}_2^-$ 代入式(2.151)～式(2.158)，得到关于($\boldsymbol{J}_1^+$，$\boldsymbol{M}_1^+$，$\boldsymbol{J}_2^-$，$\boldsymbol{M}_2^-$)的矩阵方程。

对于旋转对称壳体(BOR)，由于对称性，表面上的电流可以用关于 ϕ 的傅里叶级数展开[23-25]，即

$$\boldsymbol{J}_1 = \sum_{m,j}(a_{1mj}^t\boldsymbol{J}_{1mj}^t + a_{1mj}^\phi\boldsymbol{J}_{1mj}^\phi) \tag{2.159}$$

$$\boldsymbol{M}_1 = \sum_{m,j}(b_{1mj}^t\boldsymbol{M}_{1mj}^t + b_{1mj}^\phi\boldsymbol{M}_{1mj}^\phi) \tag{2.160}$$

$$\boldsymbol{J}_{1mj}^\alpha = \hat{\boldsymbol{\alpha}}f_{1j}(t)\mathrm{e}^{\mathrm{j}m\phi} \tag{2.161}$$

$$\boldsymbol{M}_{1mj}^\alpha = \hat{\boldsymbol{\alpha}}\eta_0 f_{1j}(t)\mathrm{e}^{\mathrm{j}m\phi} \tag{2.162}$$

式中：$\hat{\boldsymbol{\alpha}}$ 为旋转对称体的局部坐标，代表 $\hat{\boldsymbol{t}}$ 或 $\hat{\boldsymbol{\phi}}$（图 2.32）；η_0 为自由空间中的波阻抗。

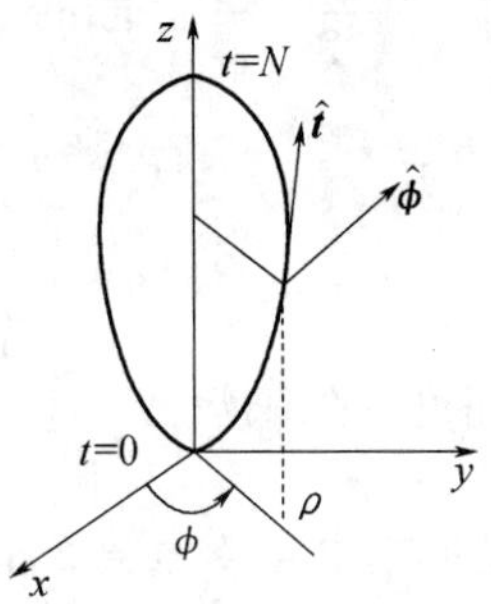

图 2.32　旋转体的局部坐标系

采用矩量法，关于 E、H 的算子方程能够简化为线性方程，即

$$AX = B$$

式中:B 为 $m\times1$ 矩阵;X 为 $n\times1$ 矩阵;A 为 $m\times n$ 矩阵(n 为未知数的数目, m 为方程数,它们的关系为 $m=2n$)。

对于这样的超定方程,存在一个残数最小的最小二乘解,设 X_0 为满足残差条件最小范数解:

$$\|AX_0 - B\|_2 = \min_{X\in C^n}\|AX - B\|_2 \tag{2.163}$$

式中:$\|Z\|_2 = \sqrt{\sum_{i=1}^{N}|z_i|^2}\,(Z\in \mathrm{C}^n)$ 。

最小二乘解可以通过下列方程得到,即

$$A^{\mathrm{H}}AX_0 = A^{\mathrm{H}}B \tag{2.164}$$

式中:A^{H} 为 A 的共扼转置矩阵。

应用诸如共扼梯度法(CGM)、共扼方向法(CDM)的迭代方法求解上述方程。

当模式展开系数求得后,远区散射场可以用下式求得[23]:

$$E\cdot\hat{\mu}_{\mathrm{r}} = \frac{-\mathrm{j}\omega\mu\mathrm{e}^{-\mathrm{j}kr}}{4\pi r}[R^{\mathrm{t}}\quad R^{\varphi}\quad S^{t}\quad S^{\varphi}]_n\begin{bmatrix}[a_1^t]\\ [a_1^{\varphi}]\\ [b_1^t]\\ [b_1^{\varphi}]\end{bmatrix}_n \tag{2.165}$$

$$[R_j^{\phi t}]_n = [S_j^{\theta t}]_n = 2\pi j^{n+1}\mathrm{e}^{\mathrm{j}n\phi_r}\sum_{q=1}^{4}T_q\mathrm{e}^{\mathrm{j}kz_{ljq}\cos\theta_r}\sin v_{ljq}\frac{J_{n+1}+J_{n-1}}{2j}\Delta t_{ljq} \tag{2.166}$$

$$[R_j^{\phi\varphi}]_n = [S_j^{\theta\varphi}]_n = 2\pi j^{n+1}\mathrm{e}^{\mathrm{j}n\phi_{\mathrm{r}}}\sum_{q=1}^{4}T_q\mathrm{e}^{\mathrm{j}kz_{ljq}\cos\theta_r}\frac{J_{n+1}-J_{n-1}}{2}\Delta t_{ljq} \tag{2.167}$$

$$\begin{aligned}[S_j^{\phi t}]_n &= -[R_j^{\theta t}]_n = -2\pi j^{n+1}\mathrm{e}^{\mathrm{j}n\phi_r}\sum_{q=1}^{4}T_q\mathrm{e}^{\mathrm{j}kz_{ljq}\cos\theta_{\mathrm{r}}}\\ &\times\left(\cos\theta_{\mathrm{r}}\sin v_{ljq}\frac{J_{n+1}-J_{n-1}}{2}+\mathrm{j}\sin\theta_{\mathrm{r}}\cos v_{ljq}J_n\right)\Delta t_{ljq}\end{aligned} \tag{2.168}$$

$$[S_j^{\phi\varphi}]_n = -[R_j^{\theta\varphi}]_n = 2\pi j^{n+1}\mathrm{e}^{\mathrm{j}n\phi_{\mathrm{r}}}\sum_{q=1}^{4}T_q\mathrm{e}^{\mathrm{j}kz_{ljq}\cos\theta_{\mathrm{r}}}\cos\theta_{\mathrm{r}}\frac{J_{n+1}+J_{n-1}}{2j}\Delta t_{ljq} \tag{2.169}$$

式中:$J_n = J_n(k\rho_{ljq}\sin\theta_{\mathrm{r}})$ 为柱面贝塞尔函数,T_{q} 是三角基函数的系数,分别为$\frac{1}{4}$、$\frac{3}{4}$、$\frac{3}{4}$、$\frac{1}{4}$。其他变量符号定义见本书第 4 章第 5 节。

$$[R_j^{\theta t}]_n = 2\pi j^{n+1}\mathrm{e}^{\mathrm{j}n\phi_{\mathrm{r}}}\sum_{q=1}^{4}T_q\mathrm{e}^{\mathrm{j}kz_{ljq}\cos\theta_{\mathrm{r}}}\left(\cos\theta_{\mathrm{r}}\sin v_{ljq}\frac{J_{n+1}-J_{n-1}}{2}+\mathrm{j}\sin\theta_{\mathrm{r}}\cos v_{ljq}J_n\right)\Delta t_{ljq} \tag{2.170}$$

$$[R_j^{\theta\varphi}]_n = -2\pi j^{n+1} e^{jn\phi_r} \sum_{q=1}^{4} T_q e^{jkz_{ljq}\cos\theta_r} \cos\theta_r \frac{J_{n+1} + J_{n-1}}{2j} \Delta t_{ljq} \quad (2.171)$$

$$[S_j^{\phi t}]_n = 2\pi j^{n+1} e^{jn\phi_r} \sum_{q=1}^{4} T_q e^{jkz_{ljq}\cos\theta_r} \sin v_{ljq} \frac{J_{n+1} + J_{n-1}}{2j} \Delta t_{ljq} \quad (2.172)$$

$$[S_j^{\phi\varphi}]_n = 2\pi j^{n+1} e^{jn\phi_r} \sum_{q=1}^{4} T_q e^{jkz_{ljq}\cos\theta_r} \frac{J_{n+1} - J_{n-1}}{2} \Delta t_{ljq} \quad (2.173)$$

再由下式求得散射截面：

$$\sigma^{pq} = 4\pi r^2 \left| \frac{E_p^s}{E_q^i} \right| \quad (2.174)$$

下面计算一个天线罩的 RCS，其长度为 1m，根部直径为 1m，壁厚0.0086m，外形满足标准蛋卵形方程，如图 2.33 所示。

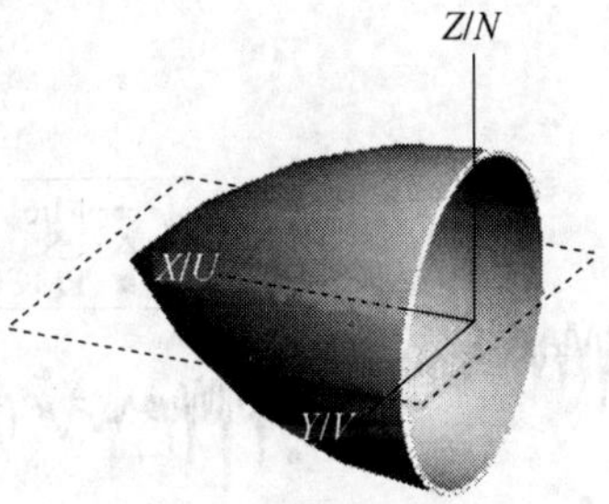

图 2.33　介质天线罩的散射

平面电磁波从 Z 方向入射，设入射方向与 Z 轴的夹角为 θ 。计算了0°~45°入射时的介质天线罩在 8300MHz 时的 RCS，计算结果如图 2.34 所示。

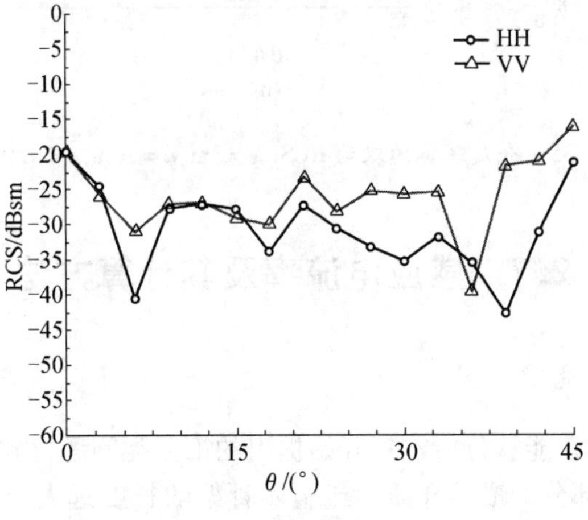

图 2.34　介质天线罩单站 RCS(F = 8300MHz)

关于用 MoM－LS 计算介质体的 RCS 的精度可参见文献[26]。

图2.35给出了MoM－LS计算介质球体的双站RCS与Mie级数解的比较。由图中可见，MoM－LS计算结果与精确解复合很好。

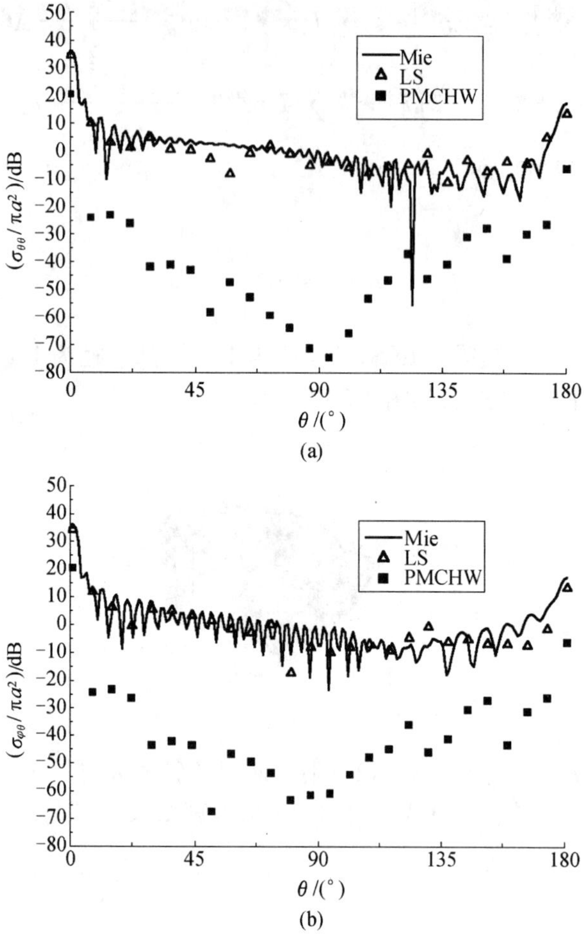

图2.35 介质球体的双站RCS($\lambda=3\text{m}, a=10\lambda, \varepsilon=4.0$)[25]

2.7 感应电流率及其计算方法

2.7.1 感应电流率定义

有了矩量法，就能够分析本章开始提出的第三类问题，当刚性地面雷达天线罩的各单元连接部分形成的介质肋或金属骨架的长度远大于波长时，可近似等效为二维无限长柱在均匀平面波入射下的扩散问题。对于二维任意截面的扩散场可以用矩量法计算得到。

感应电流率(ICR)定义：假设有一个幅度均匀的无穷长的窄条电流，其远区辐射方向图与肋的远区扩散方向图相等,肋上的总电流与同宽度无穷长窄条等值电流之比。其物理图像是:肋接收了雷达天线口径场的照射的能量,并不像介质壳体那样经过线性的衰减和相移在外表面上继续传输过去,而是变成一个新的有方向性的散射源,这个散射源辐射的能量与通过天线罩窗口部分的场在空间矢量叠加。显然这部分能量所占的投影面积比越大,散射就越强。感应电流率是单位宽度上的散射源产生的二次辐射场,具有方向性,是一个复数,有幅度、有相位。

2.7.2 感应电流率的矩量法分析

按照定义,先计算肋的远区扩散电场 $\boldsymbol{E}^{s}$,然后令它和一个幅度均匀的无穷长窄条电流远区辐射方向图相等,求得具有同样宽度的无穷长窄条等值电流 I_z^s[27]。在入射电场激励下,无穷长的窄条等值电流为

$$I_{z0} = 2|\hat{\boldsymbol{n}} \times \boldsymbol{H}| \cdot 2a = 4a\frac{E^{i}}{\eta_0} \tag{2.175}$$

式中:$\eta_0 = 120\pi$;$2a$ 为窄条在入射波方向的投影的宽度。

所以在入射电场激励下肋的感应电流率为

$$\text{ICR} = \frac{I_z^s}{I_{z0}} = \frac{\eta_0}{4a}\frac{I_z^s}{E^{i}} \tag{2.176}$$

介质肋在肋长远大于波长时,可近似等效为二维无限长柱,如 2.36 所示。对于二维任意截面的扩散场,其矩量法分析的数学模型在文献[28,29]中已有详细推导,给出了二维无限长介质柱的感应电流率计算公式,现将主要公式简述如下:

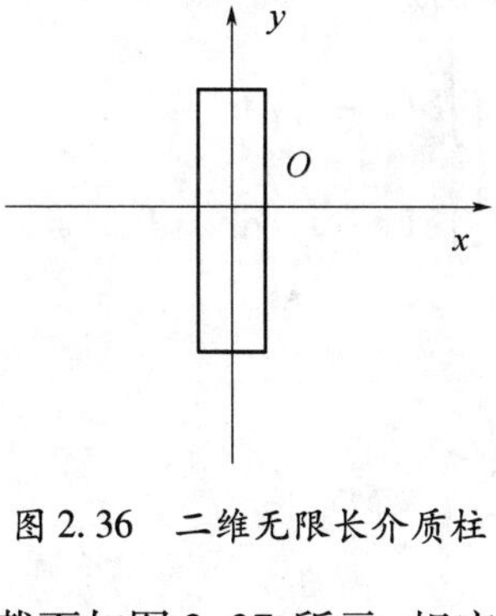

图 2.36 二维无限长介质柱

二维无限长介质柱的截面如图 2.37 所示,相应的坐标系为 $O-XYZ$,设入射场为 $\boldsymbol{E}^{i}$、$\boldsymbol{H}^{i}$,介质柱的扩散场为 $\boldsymbol{E}^{s}$、$\boldsymbol{H}^{s}$,介质柱内的总场 $\boldsymbol{E}^{t}$、$\boldsymbol{H}^{t}$ 为

$$\boldsymbol{E}^{t} = \boldsymbol{E}^{i} + \boldsymbol{E}^{s} \tag{2.177}$$

$$\boldsymbol{H}^{t} = \boldsymbol{H}^{i} + \boldsymbol{H}^{s} \tag{2.178}$$

根据感应定理,介质内的等效感应电流为

$$\boldsymbol{J}_{\mathrm{P}} = \mathrm{j}\omega(\varepsilon_{\mathrm{r}} - 1)\boldsymbol{E}^{\mathrm{t}} \tag{2.179}$$

式中:ε_r 为介质的相对介电常数。等效感应电流的磁矢位为

$$\boldsymbol{A} = \frac{\mu_0}{4\pi}\iint \boldsymbol{J}_{\mathrm{P}} H_0^{(2)}(k_0 r)\mathrm{d}x\mathrm{d}y = \frac{\mu_0}{4\pi}\iint \mathrm{j}\omega(\varepsilon_{\mathrm{r}} - 1)\boldsymbol{E}^{\mathrm{t}} H_0^{(2)}(k_0 r)\mathrm{d}x\mathrm{d}y \tag{2.180}$$

由此得到介质柱的扩散场为

$$\boldsymbol{E}^{\mathrm{s}} = \frac{k_0^2\boldsymbol{A} + \nabla\nabla\cdot\boldsymbol{A}}{\mathrm{j}\omega\varepsilon_0\mu_0} \tag{2.181}$$

$$\boldsymbol{H}^{\mathrm{s}} = \frac{1}{\mu_0}\nabla\times\boldsymbol{A} \tag{2.182}$$

令

$$\boldsymbol{E}^{\mathrm{t}} = E_x^{\mathrm{t}}\hat{x} + E_y^{\mathrm{t}}\hat{y} + E_z^{\mathrm{t}}\hat{z}$$
$$\boldsymbol{H}^{\mathrm{t}} = H_x^{\mathrm{t}}\hat{x} + H_y^{\mathrm{t}}\hat{y} + H_z^{\mathrm{t}}\hat{z}$$

并设

$$H'_x = \frac{1}{\eta_0}E_x^{\mathrm{t}}, H'_y = \frac{1}{\eta_0}E_y^{\mathrm{t}}$$

以下分两种情况讨论:

(1) 入射波为平行极化波(入射平面波电场矢量平行于 Z 轴)。将式(2.180)、式(2.181)代入式(2.177)得到一关于 E_z^{t} 的积分算子方程,用矩量法脉冲点配技术将柱截面划分为 n 个小矩量元(图 2.38),在每个矩量单元内 E_z^{t} 可近似为常量,于是将 E_z^{t} 用脉冲函数展开并代入方程,再对方程两边用如下的狄拉克函数作为测试函数求内积,即

$$\begin{cases}\int\delta(r - r_i)\mathrm{d}r = 1, r \in r_i \\ \int\delta(r - r_i)\mathrm{d}r = 0, r \notin r_i\end{cases}$$

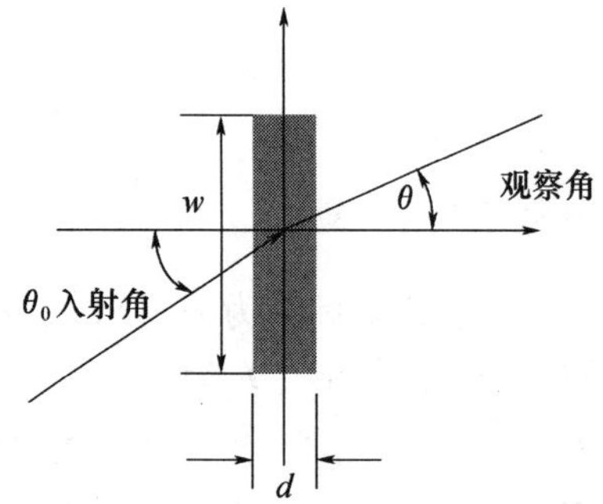

图 2.37 二维无限长介质条片

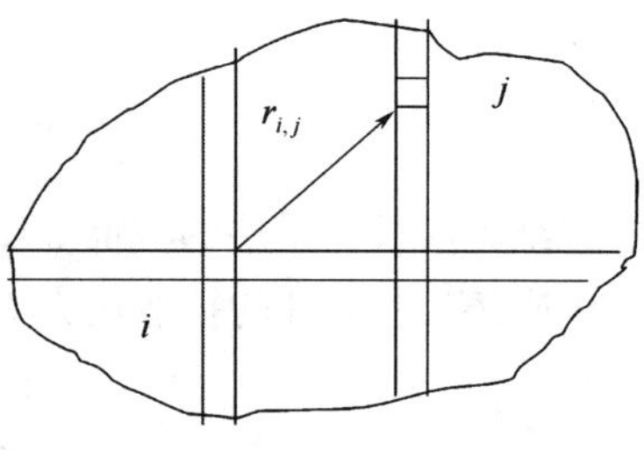

图 2.38 矩阵单元元素的计算

得到矩阵方程为

$$\boldsymbol{ZV}=\boldsymbol{I}$$

式中

$$\boldsymbol{Z}=\begin{bmatrix} Z_{1,1} & \cdots & \cdots & \cdots & Z_{N,1} \\ & \cdots & \cdots & \cdots & \\ \vdots & \cdots & Z_{i,j} & \cdots & \vdots \\ & \cdots & \cdots & \cdots & \\ Z_{N,1} & \cdots & \cdots & \cdots & Z_{N,N} \end{bmatrix},\boldsymbol{V}=\begin{bmatrix} E_z^{\mathrm{t}}(x_1,y_1) \\ \vdots \\ E_z^{\mathrm{t}}(x_i,y_i) \\ \vdots \\ E_z^{\mathrm{t}}(x_N,y_N) \end{bmatrix},\boldsymbol{I}=\begin{bmatrix} E_z^{\mathrm{i}}(x_1,y_1) \\ \vdots \\ E_z^{\mathrm{i}}(x_i,y_i) \\ \vdots \\ E_z^{\mathrm{i}}(x_N,y_N) \end{bmatrix}$$

$$Z_{i,j}=\begin{cases} \dfrac{\mathrm{j}\pi k_0 a_j}{2}(\varepsilon_{\mathrm{r}}-1)J_1(k_0 a_j)H_0^{(2)}(k_0 r_{i,j}),i\neq j \\ \varepsilon_{\mathrm{r}}+\dfrac{\mathrm{j}\pi k_0 a_j}{2}(\varepsilon_{\mathrm{r}}-1)H_1^{(2)}(k_0 a_j),i=j \end{cases}$$

从上述方程的解,可以推得介质肋的感应电流率为

$$\mathrm{ICR}_{/\!/}=-\frac{1}{k_0 a}\sum_{i=1}^{n}c_i E_z^{\mathrm{t}}(x_i,y_i)\mathrm{e}^{\mathrm{j}k_0(x_i\cos\theta+y_i\sin\theta)} \tag{2.183}$$

式中

$$c_i=-\frac{\mathrm{j}\pi k_0 a_i(\varepsilon_{\mathrm{r}}-1)J_1(k_0 a_i)}{2}$$

以上式中:a 为介质柱对入射平面波遮挡宽度的1/2;$a_i=\sqrt{\dfrac{s_i}{\pi}}$,$s_i$ 为第 i 个矩量元的面积;J_n 为贝赛尔函数;$H_n^{(2)}$ 为第二类汉克尔函数;k_0 为自由空间的波数;$r_{i,j}$为第 i 个矩量元与第 j 个矩量元之间的距离。

(2) 入射波为垂直极化波(入射平面波磁场矢量平行于 Z 轴)。将式(2.180)、式(2.182)代入式(2.178),得到一关于 $H_x^{\prime\mathrm{t}}$、$H_y^{\prime\mathrm{t}}$ 的积分算子方程,步骤同上,将柱截面划分为 n 个矩量元,将式中的 $H_x^{\prime\mathrm{t}}$、$H_y^{\prime\mathrm{t}}$,用脉冲函数展开代入积分算子方程,再对方程两边用冲击函数求内积,得到如下形式的矩阵方程:

$$\begin{bmatrix} \boldsymbol{A} & \boldsymbol{B} \\ \boldsymbol{C} & \boldsymbol{D} \end{bmatrix}\begin{bmatrix} \boldsymbol{V}_X \\ \boldsymbol{V}_Y \end{bmatrix}=\begin{bmatrix} \boldsymbol{I}_X \\ \boldsymbol{I}_Y \end{bmatrix}$$

式中

$$\boldsymbol{V}_X=\begin{bmatrix} H'^{\mathrm{t}}_x(x_1,y_1) \\ \cdots \\ H'^{\mathrm{t}}_x(x_i,y_i) \\ \cdots \\ H'^{\mathrm{t}}_x(x_n,y_n) \end{bmatrix}\boldsymbol{V}_Y=\begin{bmatrix} H'^{\mathrm{t}}_y(x_1,y_1) \\ \cdots \\ H'^{\mathrm{t}}_y(x_i,y_i) \\ \cdots \\ H'^{\mathrm{t}}_y(x_n,y_n) \end{bmatrix}$$

$$
\boldsymbol{I}_X = \begin{bmatrix} -\sin\theta_0 H_z^{\mathrm{i}}(x_1, y_1) \\ \cdots \\ -\sin\theta_0 H_z^{\mathrm{i}}(x_i, y_i) \\ \cdots \\ -\sin\theta_0 H_z^{\mathrm{i}}(x_n, y_n) \end{bmatrix}, \boldsymbol{I}_Y = \begin{bmatrix} \cos\theta_0 H_z^{\mathrm{i}}(x_1, y_1) \\ \cdots \\ \cos\theta_0 H_z^{\mathrm{i}}(x_i, y_i) \\ \cdots \\ \cos\theta_0 H_z^{\mathrm{i}}(x_n, y_n) \end{bmatrix}
$$

$\boldsymbol{A}$、$\boldsymbol{B}$、$\boldsymbol{C}$、$\boldsymbol{D}$ 为 $n \times n$ 的方阵,其元素由下式确定:

$$
A_{i,j} = \begin{cases} G_{i,j}[k_0 r_{i,j}(y_i - y_j)^2 H_0^{(2)}(k_0 r_{i,j}) + [(x_i - x_j)^2 - (y_i - y_j)^2] H_1^{(2)}(k_0 r_{i,j}), & i \neq j \\ 1 + (\varepsilon_r - 1)[\dfrac{\mathrm{j}\pi k_0 a_j}{4} H_1^{(2)}(k_0 a_j) + 1], & i = j \end{cases}
$$

$$
D_{i,j} = \begin{cases} G_{i,j}[k_0 r_{i,j}(x_i - x_j)^2 H_0^{(2)}(k_0 r_{i,j}) - [(x_i - x_j)^2 - (y_i - y_j)^2] H_1^{(2)}(k_0 r_{i,j}), & i \neq j \\ 1 + (\varepsilon_{\mathrm{r}} - 1)[\dfrac{\mathrm{j}\pi k_0 a_j}{4} H_1^{(2)}(k_0 a_j) + 1], & i = j \end{cases}
$$

$$
B_{i,j} = C_{i,j} = G_{i,j}[(x_i - x_j)(y_i - y_j)[2H_1^{(2)}(k_0 r_{i,j}) - k_0 r_{i,j} H_0^{(2)}(k_0 r_{i,j})]
$$

$$
G_{i,j} = \frac{\mathrm{j}\pi a_j J_1(k_0 a_j)(\varepsilon_{\mathrm{r}} - 1)}{2r_{i,j}^3}
$$

从上述方程的解可以推得介质肋的感应电流率为

$$
\mathrm{ICR}_{\perp} = -\frac{1}{k_0 a} \sum_{i=1}^{n} c_i[-\sin\theta \cdot H'^{\mathrm{t}}_{x}(x_i, y_i) + \cos\theta \cdot H'^{\mathrm{t}}_{y}(x_i, y_i)] \mathrm{e}^{\mathrm{j}k_0(x_i\cos\theta + y_i\sin\theta)} \tag{2.184}
$$

式中

$$
c_i = -\frac{\mathrm{j}\pi k_0 a_i(\varepsilon_{\mathrm{r}} - 1) J_1(k_0 a_i)}{2}
$$

a、a_i 定义同前;θ_0 为入射角;θ 为观察角。感应电流率是入射角和观察角的函数。

以平面波入射到介质条片情况为例,假设一无穷长介质条片,如图 2.37 所示,介质条片的参数为 $\varepsilon_r = 4.0$, $\mu = \mu_0$, $w = 2.5\lambda$, $d = 0.05\lambda$,计算结果与文献[29]符合,如图 2.39 和图 2.40 所示。

2.7.3 感应电流率的虚拟源法分析

对于金属柱的感应电流率的计算比较复杂,本书介绍一种比较简便的计算方法——虚拟源法。当截面为圆柱时,金属和介质二维柱体的散射场可以用柱面波函数展开,根据圆柱边界电磁场切向分量的连续性条件求解展开系数,得到圆柱的扩散场;在截面任意的情况下,由边界条件推导出关于导体表面的电流或介质柱体内的极化电流的积分方程,用正交完备基函数对未知电流展开,并对方

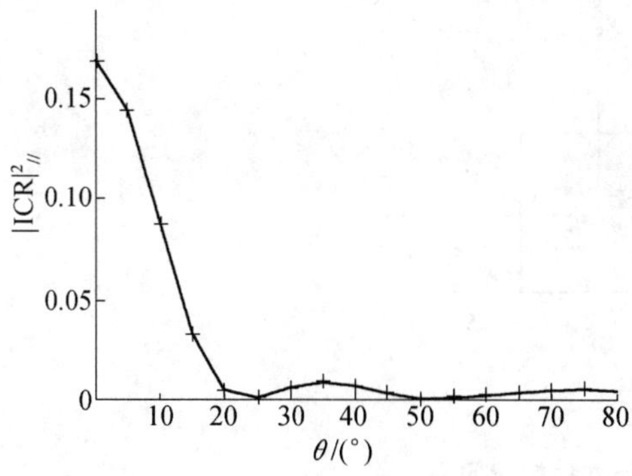

图 2.39　平行极化 0°入射

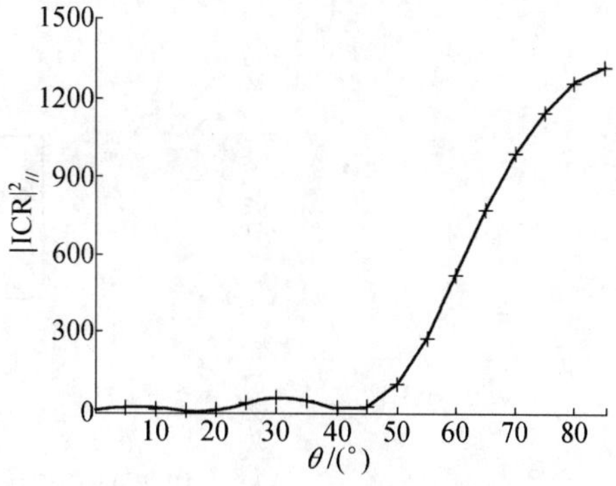

图 2.40　平行极化 90°入射

程两边求内积得到矩量矩阵方程,在 20 世纪 60 年代,用矩量法先后计算了二维柱体的散射,然而,在计算金属二维柱体的散射时,矩阵对角元素的积分项汉克函数有一个奇点,需要用汉克函数的小变量渐进式进行近似积分;对矩形截面柱体的 4 个角点法线方向的微商奇异,为避开奇异点用圆弧近似。

虚拟源法是一种引入等效源求解椭圆型边值问题的数值方法,由于等效原理和电磁场的唯一性定理,等效源并不需要与实际电流或磁流分布相同,使场点和边界匹配点的位置不必重合,克服了矩阵对角元素积分的奇异性,因而数值稳定性好,计算精度高,对于二维柱体散射问题,可以采用无限长电流或磁流作为等效源(它们的场均有简便解析表达式),分区计算散射场。实践证明:虚拟源法使二维柱体散射分析计算过程大大简化,尤其是简化了金属柱体的散射分析过程,具有重要的工程实用意义。

为了全面了解虚拟源法在计算二维柱体感应电流率中的应用,本节系统介绍介质柱和金属柱散射虚拟源法分析方法,首先研究介质柱散射的虚拟源法分析,而且很方便地推广到金属柱散射分析。设一无限长二维柱体,如图 2.41 所示,介质边界外称为 1 区,介质边界内称为 2 区,1 区中的介电常数为 ε_1、磁导率为 μ_1,2 区中的介电常数为 ε_2、磁导率为 μ_2,介质边界效应通过设置辅助源来等效,1 区的散射场用设置在 2 区的等效源的场来等效,在 2 区设 p 个平行于柱体方向的等效源(图 2.42),这些等效源在 1 区的场即为介质的散射场,此时空间只有 ε_1、μ_1 一种介质,2 区的场用设置在 1 区的等效源的场来等效,在 1 区内设有 q 个平行于柱体方向的等效源(图 2.43),这些等效源在 2 区的场即为介质的内部场,此时空间只有 ε_2、μ_2 一种介质,然后在边界两侧应用切向场分量的连续性条件建立求解等效源系数的方程。

无限长线电流的辐射电场为

$$E_z = -\frac{k^2 I}{4\omega\varepsilon} H_0^{(2)}(k|\boldsymbol{\rho} - \boldsymbol{\rho}'|) \tag{2.185}$$

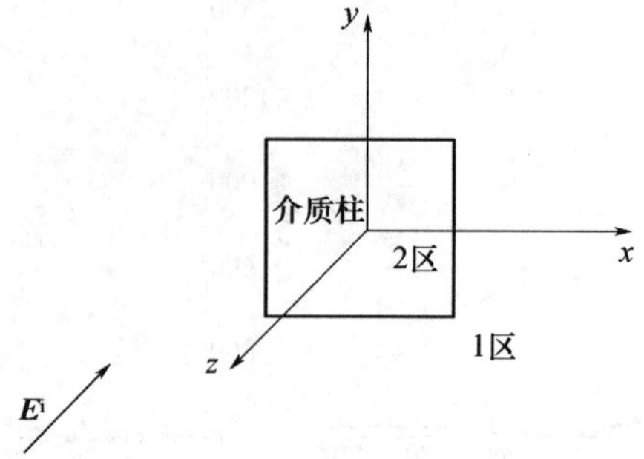

图 2.41　二维介质柱散射问题

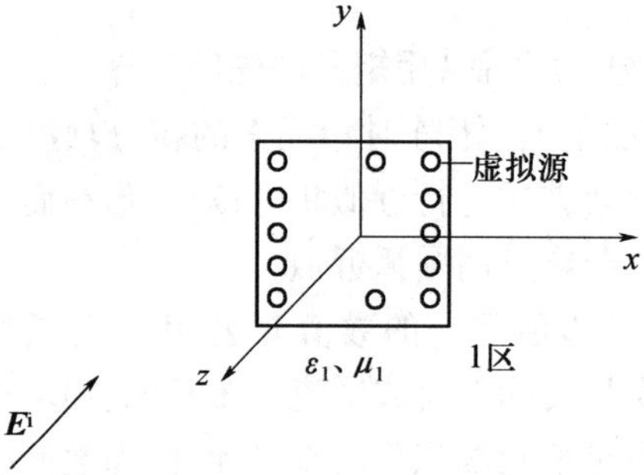

图 2.42　1 区的等效问题

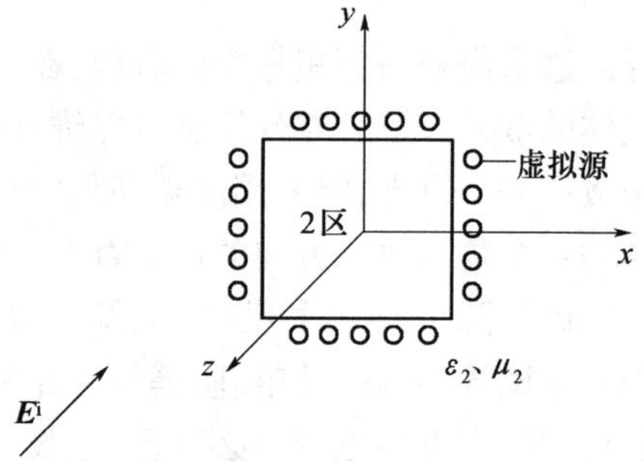

图 2.43　2 区的等效问题

无限长线电流的辐射磁场为

$$H_{\varphi} = \frac{1}{\mathrm{j}\omega\mu}\frac{\partial E_z}{\partial \rho} = -\frac{1}{\mathrm{j}\omega\mu}\frac{k^2 I}{4\omega\varepsilon}kH_0^{(2)'}(k|\boldsymbol{\rho}-\boldsymbol{\rho}'| = \frac{kI}{4\mathrm{j}}H_1^{(2)}(k|\boldsymbol{\rho}-\boldsymbol{\rho}'|) \tag{2.186}$$

分以下两种情况讨论：

(1) 平行极化波入射(电场平行于柱体)：

1 区内的电场表示为

$$\boldsymbol{E}_1(\boldsymbol{\rho}) = \boldsymbol{E}^{\mathrm{i}}(\boldsymbol{\rho}) + \sum_1^p a_n \boldsymbol{E}_{1A}(\boldsymbol{\rho})$$

2 区内的电场表示为

$$\boldsymbol{E}_2(\boldsymbol{\rho}) = \sum_1^q b_n \boldsymbol{E}_{2A}(\boldsymbol{\rho})$$

式中：$\boldsymbol{E}^{\mathrm{i}}(\boldsymbol{\rho})$为激励电场；$\sum_1^p a_n \boldsymbol{E}_{1A}(\boldsymbol{\rho})$ 为设置在 2 区的 p 个内置的等效源在 1 区的辐射电场；$\sum_1^q b_n \boldsymbol{E}_{2A}(\boldsymbol{\rho})$ 为设置在 1 区的 q 个外置的等效源在 2 区的辐射

电场。

根据电磁场边界条件，对于介质界面，在边界 S 上，有

$$\boldsymbol{n}\times\boldsymbol{E}_1=\boldsymbol{n}\times\boldsymbol{E}_2$$
$$\boldsymbol{n}\times\boldsymbol{H}_1=\boldsymbol{n}\times\boldsymbol{H}_2$$

对于介质边界，得到方程

$$\sum_1^p a_n\left(-\frac{k_1^2}{4\omega\varepsilon_1}\right)H_0^{(2)}(k_1|\boldsymbol{\rho}-\boldsymbol{\rho}'|)\hat{z}\cdot\hat{z}-\sum_1^q b_n\left(-\frac{k_2^2}{4\omega\varepsilon_2}\right)H_0^{(2)}(k_2|\boldsymbol{\rho}-\boldsymbol{\rho}'|)\hat{z}\cdot\hat{z}=-\boldsymbol{E}^{\mathrm{i}}\cdot\hat{z},\quad \boldsymbol{\rho}\in S$$

$$\sum_1^p a_n\frac{k_1}{4j}H_1^{(2)}(k_1|\boldsymbol{\rho}-\boldsymbol{\rho}'|)\hat{\boldsymbol{\varphi}}'\cdot\hat{\boldsymbol{t}}-\sum_1^q b_n\frac{k_2}{4j}H_1^{(2)}(k_2|\boldsymbol{\rho}-\boldsymbol{\rho}'|)\hat{\boldsymbol{\varphi}}'\cdot\hat{\boldsymbol{t}}=-\boldsymbol{H}^{\mathrm{i}}\cdot\hat{\boldsymbol{t}},\quad \boldsymbol{\rho}\in S$$

在边界 S 上设置 $(p+q)$ 个匹配点，共有 $(p+q)$ 个方程和 $(p+q)$ 个未知变量。上式中：k_1、k_2 分别为 1 区和 2 区媒质中的传播常数；$\boldsymbol{\rho}'$ 为等效源的位置矢量；$\boldsymbol{\rho}$ 为匹配点的位置矢量；$\hat{\boldsymbol{\varphi}}'$ 为各个等效源局部二维坐标系中圆周方向分量的单位矢量；$\hat{\boldsymbol{t}}$ 为匹配点处切向分量的单位矢量。

根据感应电流率的定义，假设有一个幅度均匀的无穷长窄条电流，其远区辐射方向图与柱体的远区扩散场方向图相同，则柱体上的总电流与同样宽度的无穷长的窄条电流之比称为柱体的感应电流率。在平行极化波入射电场场激励下肋的感应电流率为

$$\mathrm{ICR}_{/\!/}=\lim_{\rho\to\infty}\frac{E_z^s}{E_{I_{\mathrm{eq}}}^s}=\lim_{\rho\to\infty}\frac{\sum_1^p a_n\left(-\dfrac{k_1^2}{4\omega\varepsilon_1}\right)H_0^{(2)}(k_1|\boldsymbol{\rho}-\boldsymbol{\rho}'|)}{\left(-\dfrac{I_{\mathrm{eq}}k_1^2}{4\omega\varepsilon_1}\right)H_0^{(2)}(k_1|\boldsymbol{\rho}|)}$$

$$\mathrm{ICR}_{/\!/}=\lim_{\rho\to\infty}\frac{\sum_1^p a_n H_0^{(2)}(k_1|\boldsymbol{\rho}-\boldsymbol{\rho}'|)}{I_{\mathrm{eq}}H_0^{(2)}(k_1|\boldsymbol{\rho}|)}\tag{2.187}$$

对于单位幅度入射电场，宽度为 $2a$ 无限长条的等值电流密度为 $2|\boldsymbol{n}\times\boldsymbol{H}|$，所以电场为单位幅度入射电磁波在 $2a$ 长条上的等值电流为

$$I_{\mathrm{eq}}=2a\times 2J=2a\times 2\frac{1}{\eta_0}=\frac{4a}{\eta_0}$$

$\eta_0=120\pi$，$2a$ 为窄条在入射波方向的投影的宽度。1 区为自由空间，当 ρ 趋于无穷时，有

$$H_0^{(2)}(k_1|\rho-\boldsymbol{\rho}'|)\approx\sqrt{\frac{2}{\pi k_1\rho}}\mathrm{e}^{-\mathrm{j}(k_1(\rho-\hat{\rho}\cdot\boldsymbol{\rho}')-\pi/4)}=\sqrt{\frac{2}{\pi k_1\rho}}\mathrm{e}^{-\mathrm{j}k_1(\rho-\pi/4)}\mathrm{e}^{\mathrm{j}\hat{\boldsymbol{k}}\cdot\boldsymbol{\rho}'}$$

平行极化波入射时，柱体的感应电流率为

$$\mathrm{ICR}_{/\!/}=\frac{\eta_0}{4a}\sum_1^p a_n\mathrm{e}^{\mathrm{j}k_0(x'\cos\varphi+y'\sin\varphi)}\tag{2.188}$$

(2) 垂直极化波入射(磁场平行于柱体):

1 区内的磁场表示为

$$\boldsymbol{H}_1(\boldsymbol{\rho}) = \boldsymbol{H}^{\mathrm{i}}(\boldsymbol{\rho}) + \sum_1^p a_n \boldsymbol{H}_{1A}(\boldsymbol{\rho})$$

2 区内的磁场表示为

$$\boldsymbol{H}_2(\boldsymbol{\rho}) = \sum_1^q b_n \boldsymbol{H}_{2A}(\boldsymbol{\rho})$$

式中:$\boldsymbol{H}^{\mathrm{i}}(\boldsymbol{\rho})$为激励磁场;$\sum_1^p a_n \boldsymbol{H}_{1A}(\boldsymbol{\rho})$为设置在2区的$p$个内置的等效源在1区的辐射磁场;$\sum_1^q b_n \boldsymbol{H}_{2A}(\boldsymbol{\rho})$为设置在1区的$q$个外置的等效源在2区的辐射磁场。

根据对偶原理,无限长等效磁流源的磁场和电场分别为

$$H_z = -\frac{k^2 M}{4\omega\mu} H_0^{(2)}(k|\boldsymbol{\rho} - \boldsymbol{\rho}'|)$$

$$E_\varphi = -\frac{kM}{4\mathrm{j}} H_1^{(2)}(k|\boldsymbol{\rho} - \boldsymbol{\rho}'|)$$

介质界面切向电场和磁场满足连续性条件,得到方程

$$\sum_1^p a_n\left(-\frac{k_1^2}{4\omega\mu_1}\right) H_0^{(2)}(k_1|\boldsymbol{\rho} - \boldsymbol{\rho}'|)\hat{z}\cdot\hat{z} - \sum_1^q b_n\left(-\frac{k_2^2}{4\omega\mu_2}\right) H_0^{(2)}(k_2|\boldsymbol{\rho} - \boldsymbol{\rho}'|)\hat{z}\cdot\hat{z} = -\boldsymbol{H}^{\mathrm{i}}\cdot\hat{z}, \boldsymbol{\rho}\in S$$

$$\sum_1^p a_n\left(-\frac{k_1}{4\mathrm{j}}\right) H_1^{(2)}(k_1|\boldsymbol{\rho} - \boldsymbol{\rho}'|)\hat{\boldsymbol{\varphi}}'\cdot\hat{\boldsymbol{t}} - \sum_1^q b_n\left(-\frac{k_2}{4\mathrm{j}}\right) H_1^{(2)}(k_2|\boldsymbol{\rho} - \boldsymbol{\rho}'|)\hat{\boldsymbol{\varphi}}'\cdot\hat{\boldsymbol{t}} = -\boldsymbol{E}^{\mathrm{i}}\cdot\hat{\boldsymbol{t}}, \boldsymbol{\rho}\in S$$

与平行极化情况相似,在S上设置$(p+q)$个匹配点,对于磁场为单位幅度的电磁波入射时的感应电流率,等于扩散磁场与等值宽度磁流的扩散场之比,即

$$\mathrm{ICR}_\perp = \lim_{\rho\to\infty}\frac{H_z^{\mathrm{s}}}{H_{M_{\mathrm{eq}}}^{\mathrm{s}}} = \lim_{\rho\to\infty}\frac{\sum_1^p a_n\left(-\dfrac{k_1^2}{4\omega\mu_1}\right) H_0^{(2)}(k_1|\boldsymbol{\rho} - \boldsymbol{\rho}'|)}{\left(-\dfrac{M_{\mathrm{eq}} k_1^2}{4\omega\mu_1}\right) H_0^{(2)}(k_1|\boldsymbol{\rho}|)}$$

对于磁场为单位幅度的入射电磁波,宽度为$2a$无限长条上的等值磁流密度为$2|\boldsymbol{n}\times\boldsymbol{E}|$,所以等值磁流为

$$M_{\mathrm{eq}} = 2a\cdot 2\eta_0 = 4a\eta_0$$

垂直极化波入射时,柱体的感应电流率为

$$\mathrm{ICR}_\perp = \lim_{\rho\to\infty}\frac{\sum_1^p a_n H_0^{(2)}(k_1|\boldsymbol{\rho} - \boldsymbol{\rho}'|)}{M_{\mathrm{eq}} H_0^{(2)}(k_1|\boldsymbol{\rho}|)}$$

$$\mathrm{ICR}_{\perp} = \frac{1}{4a\eta_0}\sum_{1}^{p} a_n \mathrm{e}^{\mathrm{j}k_0(x'\cos\varphi + y'\sin\varphi)} \tag{2.189}$$

式中：φ 为观察方向，一般 $\varphi = 0°$，与入射方向相同，(x', y') 为等效源所在的位置坐标。本小节中 ε、μ 为介质的介电常数和磁导率。

对于金属柱体，只需在 2 区设置等效源，而不需要在 1 区设等效源，仿照计算介质柱体的感应电流率的等效源法，在边界 S 上运用金属边界条件，可以很方便地推得计算金属柱体感应电流率的数学模型。下面给出两个计算实例。

实例 1：二维金属柱体的等效源分析。

设正方形截面二维金属柱体边长与波长之比为 $\frac{w}{\lambda}$，0°入射时金属柱的感应电流率随边长变化的虚拟源法与矩量法计算数据列于表 2.8。由表可见，两者符合良好。

表 2.8　正方形金属柱体的感应电流率

极化方式 / 模/ 相位 / $\frac{w}{\lambda}$	平行极化		垂直极化	
	矩量法解	虚拟源法解	矩量法解	虚拟源法解
0.3	1.948/150°	1.951/150.4°	0.9375/−136.4°	0.9380/−136.2°
0.5	1.718/156°	1.716/156.3°	1.255/−160.6	1.257/−160.1°
1.0	1.505/163.2°	1.508/162.4°	0.978/−175.1°	0.974/−175.4°
1.2	1.450/163.4°	1.453/163°	0.975/−172.5°	0.972/−172.1°
2.0	1.371/166.1°	1.373/166.4°	0.992/−177.2°	0.991/−177.6°
3.0	1.311/167.4°	1.315/167.1°	0.996/−178.1°	0.994/−178.4°
4.0	1.091/168.1°	1.086/168.3°	0.998/−179.0°	0.997/−179.2°

实例 2：二维介质圆柱的等效源分析。

设介质圆柱的直径与波长之比为 $\frac{2a}{\lambda}$，介质的相对介电常数 $\varepsilon = 5.0$，用虚拟源法与精确计算的介质圆柱的感应电流率数据列于表 2.9。两者也符合很好。

表 2.9　介质圆柱的感应电流率

极化方式 / 模/ 相位 / $\frac{2a}{\lambda}$	平行极化		垂直极化	
	矩量法解	虚拟源法解	矩量法解	虚拟源法解
0.02	0.202/−91°	0.202/−90.7°	0.065/90.0°	0.066/89.9°
0.04	0.426/−93.1°	0.426/−93.1°	0.130/90.0°	0.134/89.5°
0.06	0.684/−97.3°	0.684/−97.3°	0.204/88.9°	0.204/88.9°

（续）

极化方式 模/相位 $\frac{2a}{\lambda}$	平行极化		垂直极化	
	矩量法解	虚拟源法解	矩量法解	虚拟源法解
0.08	0.975/−104.0°	0.975/−103.8°	0.277.88.1°	0.277/88.1°
0.10	1.274/−113.0°	1.274/−112.7°	0.354/87.1°	0.354/87.1°
0.20	1.619/−150.8°	1.619/−150.8°	0.815/79.7°	0.815/79.8°
0.30	2.366/−146.0°	2.366/−146.8°	1.650/59.7°	1.650/59.7°
0.40	2.257/−182.6°	2.257/−182.7°	1.653.30.5°	1.653/30.5°
0.50	2.698/−180.0°	2.698/−179.9°	2.025/12.5°	2.025/12.5°
0.60	1.872/145.9°	1.875/145.8°	1.589/−3.8°	1.588/−3.8°
0.70	2.154/147.1°	2.155/147.2°	1.403/−28.7°	1.403/−28.7°
0.80	0.772/132.8°	0.772/132.7°	0.904/−8.8°	0.903/−8.8°
0.90	0.871/143.5°	0.872/143.5°	0.381/−19.7°	0.382/−19.7°
1.00	0.923/−150.0°	0.923/−150.1°	1.059/21.2°	1.061/21.2°
1.1	1.132/−172.2°	1.132/−172.2°	1.007/35.7°	1.007/35.7°
1.2	1.825/−167.5°	1.825/−167.6°	1.493/14.7°	1.493/14.7°
1.3	1.514/−188.2°	1.514/−188.3°	1.46/9.4°	1.46/9.4°
1.4	1.847/−158°	1.847/−158°	1.55/−10.1°	1.55/−10.1°
1.5	1.142/−156°	1.142/−156.3°	1.169/−11.3°	1.169/−11.3°
1.6	1.149/−140°	1.149/−140.2°	0.936/−24.4°	0.936/−24.4°
1.7	0.880/−174.2°	0.880/−174.2°	0.660/−2.5°	0.660/−2.5°
1.8	0.680/−183.3°	0.680/−183.2°	0.772/17.9°	0.772/18.3°
1.9	1.392/−172.2°	1.392/−172.2°	1.087/24.2°	1.087/24.2°
2.0	1.218/−171°	1.218/−171.9°	1.385/15.0°	1.385/15.0°

2.8 复射线方法

复射线方法[30]是一种高频分析方法,以几何光学和几何绕射理论为基础将传统的射线技术由实空间解析延拓到复空间,延拓后，在实空间复射线场是一个幅度非均匀平面波,在近轴部分呈高斯分布,天线罩经过相应变换后成为一个六维空间物体,在复空间,射线场的轨迹遵守费马原理,天线远场观察点与口径场源点之间的复射线轨迹应该满足光程最小准则,以此计算天线罩对天线口径上复射线的入射角,利用斯奈尔定理计算天线罩对复射线的透过场和反射场,把每个源点对远场观察点的贡献叠加，确定观察点处复射线的场强振幅和相位。

复射线方法的物理基础在于变换后，与实射线相比，复射线在实空间为一个在传输方向幅度衰减、在垂直轴线剖面以高斯分布的射线场。复射线跟踪与实射线跟踪不同的是，实射线跟踪是求射线与天线罩的交点，一般是垂直于口径，交点与观察点无关；而复射线跟踪是求解光程最小方程来计算交点，交点与观察点有关。与实射线跟踪相比，复射线方法的主要计算量在于，将实数(x,y,z)做变换后，要在六维空间计算复射线与天线罩的交点，而且对于每个观察点都需要逐一计算，为节省时间，采用了复射线近轴近似和集合复射线法，提高了计算效率。

设一个 M 单元面阵，观察点为 P、天线罩表面剖分单元数为 $N(N \gg M)$，天线罩分析时，几何光学、物理光学和复射线的比较列于表2.10。

表2.10 几何光学、物理光学和复射线法的比较

分析方法	主要计算量	特点
实射线跟踪	求射线交点(M个)，计算传输场和反射场($2M$次)，远场计算可以用FFT	计算量很小，满足工程要求
复射线跟踪	求射线轨迹($M \times P$个)计算射线场量($2M \times P$次)射线叠加($M \times P$)	计算量很大，精度比实射线跟踪法高，但低于口径积分法
口径积分	口径积分($M \times N$)，计算传输场和反射场($2M$次)，表面积分($N \times P$)	计算量较大，精度很高

从数学上看，复射线理论比较严谨，考虑了非均匀的幅度分布和扩散效应，计算模型也十分简洁，但是，矛盾在于天线口径变大以后，几何射线跟踪计算精度增加，而相对计算量增加不大。复射线法则计算精度增加不明显，而计算量惊人，在口径较小情况下，口径积分/表面积分在计算量和计算精度方面都比较适中。复射线法尽管采用了近轴近似(将垂直传播方向的不均匀幅度场用高斯波束近似)、集合线(将无限次反射求和，即泊松求和公式用有限级数求和)来节省时间，但是在双曲三维的多层介质的无限次反射的级数求和使得过程十分繁琐，以扩散效应的精确为代价，牺牲了物理光学局部等效平面的模式解的高速度。因此，复射线法不是一种圆满地分析天线罩的解决办法，未能得到广泛应用。

参考文献

[1] Cady W, Karelity M, Turner L (eds). Radar Scanners and Radomes[M]. MIT Radiation Laboratory Series, Vol. 26, Chapter. 13, New York: MicGraw - Hill Book Company, 1948.

[2] Gwinn C W, Bolds PG. Application of The Matrix Method for Evaluating the Reflection and Transmission Propertied of Dielectric walls[C]. Proc. OSU - WADC Radome Symp, 957: 165 - 180.

[3] Kay A L. Electrical Design of Metal Space Frame Radomes[J]. IEEE Transactions on Antennas and Propagation,1965,13: 188 - 202.

[4] Taris M A. Three - Dimensional Ray Tracing Method for Calculation of Radome Boresight Error and Pattern Distortion[R]. TOR - 0059(56860),AD729811,Aerospace Corporation,May,1971.

[5] Deschamps G A. Ray Technique in Electromagnetics[J]. Proc. IEEE. 1972,60(9):1021 - 1035.

[6] Paris D T. Computer Aided Radome Analysis[J]. IEEE Transactions on Antennas and Propagation. 1970,18(1).

[7] Wu D C,et al. Application of Plan Wave Spectrum Representation to the Radome design[J]. IEEE Transactions on Antennas and Propagation,1974,22(3):497 - 500.

[8] Mitra R, Chan C H, Cwik T. Techniques for Analyzing Frequency Selective Surface - A review[J]. Proceedings of the IEEE,1988,76(12):1593 - 1615.

[9] Munk B A. Frequency Selective Surfaces Theory and Design[M]. John Wiley &Sons Inc,2000.

[10] Uno T,Sawaya Adachi S K. Three Dimensional Computational Analysis of Radomes[J]. Radio Science, 1987,22(6):913 -916.

[11] Shifflet Jame A. CADDRAD:A Physical Optics Radar /Radome Analysis Code for Arbitrary 3D Geometries [J]. IEEE A PMagzine,1997,39(6).

[12] Abdel Moneum MA . Hybrid PO - MoM Analysis of Large Axi - Symmetric Radome[J]. IEEE Transactions on Antennas and Propagation,2001,49(12).

[13] Zhang Qiang,etc. Accurate and Efficient Method for Analysis of Scattering From Dielectric Shell of Rotation By Least - square Algorithm[J]. IET Microwave Antenna& Propogation,2007,1(2): 328 -334.

[14] Zhang Qiang . Analysis of Effects of Pitot - tube on Performance of Airborne Nose Radome[C]. 3rd European Conference on Antennas and Propagation,2009: 3718 -3719.

[15] Lynch Jr D. Introduction to RF Stealth[M]. North Catolina:Science Technology Publishing Inc. 2004: 351 -457.

[16] Harrington R F. Field computation by moment methods[M]. New York:Macmillan,1968.

[17] 张强. 直升机机载雷达天线罩的电讯性能的设计[J]. 现代雷达,1996,18(4):57 -63.

[18] Kozakoff Dennis J. Analysis of Radome Enclosed Antennas[M]. Boston. London: Artech House,1997.

[19] 张强,杜耀惟,曹伟,等. 机载雷达天线罩电讯设计中的 AI - SI 仿真技术[J]. 电子学报,2001,29(7): 1006 -1008.

[20] 张强,曹伟. 基于曲面口径积分/几何光学的天线罩混合分析[J]. 电波科学学报,2003,19(4): 418 -422.

[21] Zhang Qiang,Cao Wei. A Hybrid Approach to Radome Effects on Point Source. 2002 IEEE Symposium on Antenna & Propagations, 2002,3:310 -313.

[22] Wan G B, Tang S J, Hou X Y. Plane Wave Spectrum and Boresight Error of Radome - Enclosed Antennas [J]. Chinese Journal of Aeronautics. 1999,12(2).

[23] Mautz J R,Harrington R F. Electromagnetic scattering from a homogeneous material body of revolution[J]. AEÜ,1979, 33:71 -80.

[24] Arvas E,Ponnnapalli S. Scattering Cross Section of A Radome of Arbitrary Shape[J]. IEEE Transactions on Antennas and Propagation,1989, 37: 655 -658.

[25] Kishk A A,Shafai L. On The Accuracy Limits of Different Integral - equation Formulations for Numerical Solution of Dielectric Bodies of Revolution[J]. Canada Journal on Physics,1985,63:1532.

[26] Zhang Qiang, Hu Mingchun , Cao Wei,etc. Fast Analysis of Scattering From Dielectric BOR With Medium Size[J]. Chinese Journal of Electronics,2006,16(2): 354 -358.

[27] Rusch W V T. Forward Scattering From Square Cylinders in the Resonant Region With Application to Aperture Blockage[J]. IEEE Transactions on Antennas and Propagation,1976,24(2):182 - 189.
[28] Richmond J H. TE - Wave Scattering by a Dielectric Cylinder of Arbitrary Cross Section Shape[J]. IEEE Transactions on Antennas and Propagation,1966,14(4):460 - 464.
[29] Richmond J H. Scattering by a Dielectric Cylinder of Arbitrary Cross Section Shape[J]. IEEE Transactions on Antennas and Propagation,1965,13(3):334 - 341.
[30] 阮颖铮.复射线理论及其应用[M].北京:电子工业出版社,1991.

第3章 地面雷达天线罩

地面雷达天线罩在射电天文、卫星通信、气象雷达、警戒雷达、靶场测控、反导反卫雷达系统中已经得到广泛的应用,天线罩消除了风、阳光等因素给天线指向带来的误差,使天线能够在各种复杂气候环境下保持精度工作;卫星地面站天线罩能够抵御强台风的冲击,保持通信畅通,为金融信息、海事通信提供可靠的服务;气象雷达常用于短期和局部的气象预报,天线罩在特大暴雨和狂风中为气象雷达正常工作提供了可靠的保障;军用雷达担负国土防空、远程警戒、反弹道导弹等重要使命,随着微电子技术及计算机技术的快速发展,大部分军用雷达都广泛采用相控阵体制,有源阵面大量使用 T/R 组件,雷达阵面的防护罩为相控阵面提供了有效的保护,保持组件的工作稳定性,大大提高 T/R 组件的寿命,降低故障率。地面雷达天线罩的需求一直比较旺盛,20 世纪 50—60 年代大量的截球型天线罩用于大型反射面机械扫描天线,70—80 年代开始用于卫星通信天线和超低副瓣天线,70 年代以后平板型天线罩用于相控阵体制的天线。

本章分三部分,第一部分介绍地面截球型刚性雷达天线罩的电性能近似分析方法,重点叙述骨架的扩散和阻挡效应对天线性能的影响的估算公式及其应用。

第二部分介绍大型地面截球型天线罩球面的分块方法和连接技术,重点介绍随机化分块技术和连接部位的补偿技术,给出了计算方法。

第三部分给出了地面介质骨架罩、金属骨架罩和毫米波罩的设计和应用实例,分析了介质骨架罩、金属骨架罩的特点和使用范围。

3.1 概 述

地面雷达天线罩一般分为截球型和平板型。截球型天线罩用于大型反射面天线和机械扫描阵列天线,空间骨架天线罩是截球型天线罩的主要形式,球形的风阻系数小、结构稳定,截球型天线罩的直径一般为天线直径的 2 ~ 3 倍。截球型天线罩的造价与直径的平方成正比,直径增加 1 倍,造价至少增加 4 倍。截球高度选取原则是,保证天线阵面中心与球心重合,这时天线罩引起的系统指向误差最小。

截球型天线罩按照结构分为空间骨架天线罩和充气天线罩。空间骨架天线罩又分为金属骨架天线罩和介质骨架天线罩,金属骨架天线罩用织物型的蒙皮包封在金属三角形单元上,介质骨架天线罩将介质板块单元通过边框(强度加强的肋)连接,与壳体罩重要区别在于,要考虑空间骨架(也称桁架)肋阵的扩散效应,并设法降低肋阵的扩散效应。典型的截球型天线罩如图 3.1 所示。

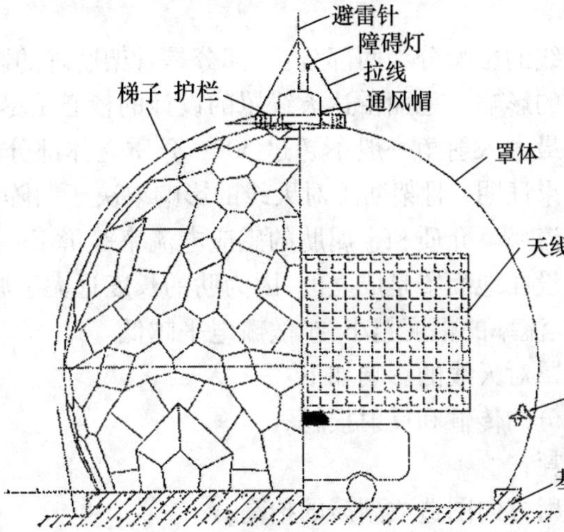

图 3.1 地面雷达天线罩及其附件

平板型天线罩常用于大型相控阵列,相控阵列扫描范围一般不超过 ±60°,如果采用截球型天线罩必然尺寸很大,而且还有 1/2 以上球面处于闲置状态,所以一般不采用截球型天线罩。平板型天线罩一般按照阵面子阵单元分块,每块安装在阵面的框架上。

不同的地面雷达天线罩设计的侧重点不同,一般的精密跟踪雷达天线罩的指向误差要小于 1′或更低[1],极低副瓣雷达天线罩要求对副瓣(副瓣电平 -30dB时)抬高小于 2dB,平均副瓣(副瓣电平 -45dB 时)抬高小于 3dB,某些地面天线罩工作带宽要求很高,要求覆盖到毫米波波段。卫星通信天线罩需要满足双频段工作要求,对极化隔离度要求很高,加罩后的交叉极化电平要求低于 -30dB[1]。

地面空间骨架天线罩的设计分为三部分:

(1) 罩壁设计。根据天线罩的工作频带、电性能和结构要求,选择适当的罩壁形式,如单层、A 夹层,构成天线罩壳体部分。

(2) 分块设计。根据天线罩表面的尺寸和生产、运输与安装等因素,设计分块方案,在低副瓣天线罩设计中要采用随机化分块,尽可能使肋阵取向随机化。

(3) 连接方式设计。选择合适的连接方式,优化连接部位(常称为接头)参数,控制阻挡比,使得空间骨架对天线的方向图、增益、指向影响控制在指定的范围内。

对于相控阵平板天线罩,天线罩处于辐射单元近场,天线与天线罩需进行一体化设计。

3.2 空间骨架天线罩对天线性能的影响

骨架天线罩对天线的影响分为两部分:一部分是骨架肋阵的影响;另一部分是天线罩的介质壳体的影响。地面雷达天线罩的设计的核心是尽可能降低空间肋阵的影响。地面罩最大入射角一般不超过50°,介质壳体部分能保证足够高的传输效率。研究结果证明,骨架肋阵对天线的影响取决于肋阵对天线口径的阻挡比和肋的感应电流率。介质和金属肋的感应电流率等价于一个二维柱体的扩散问题。这样的假设在地面罩是成立的,因为肋的长度远大于波长,在阻挡比一定的情况下,感应电流率的幅度越小,扩散瓣电平越低。

截球形空间骨架罩对天线的影响如下:

(1) 介质壳体部分的传输和反射损耗;

(2) 骨架阻挡损耗;

(3) 骨架肋阵散射方向图造成副瓣的抬高;

(4) 对单脉冲天线引起的指向变化。

A. L. Kay 给出了金属骨架天线罩性能近似估算方法[2],适用于骨架天线罩分析,这里给出一些重要且实用的公式。

设天线加壳体罩(不含肋阵)后的远区辐射电场为 $\boldsymbol{E}_{\mathrm{R}}(\theta,\phi)$,空间骨架肋阵(不含壳体)的远区散射场为 $\boldsymbol{E}_{\mathrm{S}}(\theta,\phi)$,天线加天线罩后的远区辐射电场为 $\boldsymbol{E}_{\mathrm{T}}(\theta,\phi)$,则

$$\boldsymbol{E}_{\mathrm{T}}(\theta,\phi) = \boldsymbol{E}_{\mathrm{R}}(\theta,\phi) + \boldsymbol{E}_{\mathrm{S}}(\theta,\phi) \tag{3.1}$$

$$\boldsymbol{E}_{\mathrm{R}}(\theta,\phi) = \iint F(x,y,z)\mathrm{e}^{\mathrm{j}\boldsymbol{k}\cdot\boldsymbol{r}'}\hat{\boldsymbol{e}}\mathrm{d}x\mathrm{d}y \tag{3.2}$$

式中:$\boldsymbol{F}(x,y,z)$ 为用几何光学射线跟踪方法得到的等效口径分布。

空间骨架肋阵扩散方向图可表示为

$$\boldsymbol{E}^{\mathrm{s}}(\theta,\phi) \approx \sum_{i=1}^{N}\int_i \frac{\rho_i}{L_i}[\mathrm{ICR}_{/\!/}(\boldsymbol{E}^{\mathrm{i}}_{/\!/}\cdot\hat{\boldsymbol{l}})\hat{\boldsymbol{e}}_{/\!/} + \mathrm{ICR}_{\perp}(\boldsymbol{E}^{\mathrm{i}}_{\perp}\cdot\hat{\boldsymbol{l}}_{\perp})\hat{\boldsymbol{e}}_{\perp}]\mathrm{e}^{\mathrm{j}\boldsymbol{k}\cdot\boldsymbol{r}'}\mathrm{d}l_i \tag{3.3}$$

式中:N 为投影在天线口径上肋的总数;i 为肋的序号;ρ_i 第 i 根肋在天线口径上的投影阻挡比(投影面积与天线口径面积之比);L_i 为第 i 根肋的长度;$\mathrm{ICR}_{/\!/}$、$\mathrm{ICR}_{\perp}$ 分别为肋对平行极化、垂直极化的感应电流率,$\boldsymbol{E}^{\mathrm{i}}$ 为天线口径对第 i 根肋的激励场,一般取第 i 根肋长度中心处的激励场;$\hat{\boldsymbol{l}}_{/\!/}$、$\hat{\boldsymbol{l}}_{\perp}$ 分别为肋天线口径上投影的平行和垂直方向的单位矢量;$\hat{\boldsymbol{e}}_{/\!/}$、$\hat{\boldsymbol{e}}_{\perp}$ 分别为肋在空间的平行和垂直方向的单位矢量;$\hat{\boldsymbol{e}}_{\perp}$ 垂直于电场入射线方向 $\boldsymbol{k}$ 与 $\hat{\boldsymbol{e}}_{/\!/}$ 组成的平面;$\boldsymbol{k} = \frac{2\pi}{\lambda_0}[\sin\theta\cos\varphi\hat{\boldsymbol{x}} +$

$\sin\theta\cos\varphi\hat{\boldsymbol{y}}+\cos\theta\hat{\boldsymbol{z}}]$;$\boldsymbol{r}'$为肋的位置矢量。

骨架天线罩主要性能指标的估算:

(1) 功率传输系数:对于骨架天线罩(包括介质骨架和金属骨架天线罩),可利用下式估计天线罩的功率传输系数,即

$$|T_{\mathrm{P}}|^2 = |T|^2[1+2\rho\mathrm{Re}(\overline{\mathrm{ICR}})k(r)] \tag{3.4}$$

式中:ρ 为肋阵投影对天线口径的阻挡比;$\overline{\mathrm{ICR}}=\dfrac{1}{2}[\mathrm{ICR}_{/\!/}+\mathrm{ICR}_{\perp}]$为肋的(平行极化和垂直极化)平均值,感应电流率的计算方法见[3-5];$|T|^2$ 为壳体罩的功率传输系数。

$k(r)$用下式计算:

$$k(r)=\frac{\int_0^a f(r)\cos\theta_0 r\mathrm{d}r+\int_0^a f(r)\dfrac{\left(\cos\theta_0+\dfrac{d}{w}\sin\theta_0\right)^n}{\cos\theta_0}r\mathrm{d}r}{2\int_0^a f(r)r\mathrm{d}r} \tag{3.5}$$

式中:$k(r)$为曲率校正因子,与入射角 θ_0、d/w、n 有关,n 为与肋的截面周长和波长比有关修正系数[2,4],在光学极限情况下取 1,在低频极限情况下取 0;$f(r)$为天线口径幅度分布;d/w 取 2 时,$k(r)$一般为 1.5~2,d/w 越大,$k(r)$越大,对于平板 $k(r)=1$;θ_0 为平均入射角。

对于球形金属桁架天线罩,忽略窗口薄膜的损耗,在桁架肋长度 $L\gg\lambda_0$ 时,肋的传输损耗(dB)有经验公式:

$$10\lg|T_{\mathrm{P}}|^2=-\frac{1}{L}\left[39.5w+3.5d+0.147\frac{d\lambda_0}{w}+c\frac{w(d-w)}{\lambda_0}\right](\mathrm{dB}) \tag{3.6}$$

式中:w 为肋的宽度;d 为肋的厚度;λ_0 为自由空间的工作波长;c 为与平均入射角 $\bar{\theta}_0$ 有关的函数,$c=0.27905\bar{\theta}_0+0.007718\bar{\theta}_0^2$,$\theta_0$ 单位为度(°)。

介质骨架罩和金属骨架罩功率传输系数曲线如图 3.2 所示。

(2) 近轴副瓣电平:加罩后近轴副瓣电平抬高可以按下式近似估算,即

$$\mathrm{SL_R}=\mathrm{SL_A}+10\lg[1+10^{-\frac{\mathrm{SL_A}}{10}c'}]+10\lg\frac{1}{|T_{\mathrm{P}}|^2} \tag{3.7}$$

式中:$\mathrm{SL_R}$ 为加罩后天线的副瓣;$\mathrm{SL_A}$ 为无罩时天线的副瓣,单位 dB;$|T_{\mathrm{P}}|^2$ 为功率传输系数;

$$c'=\rho_m\frac{wl}{S}k^2(r)|\overline{\mathrm{ICR}}|^2+\rho_n\frac{\pi r_n^2}{S} \tag{3.8}$$

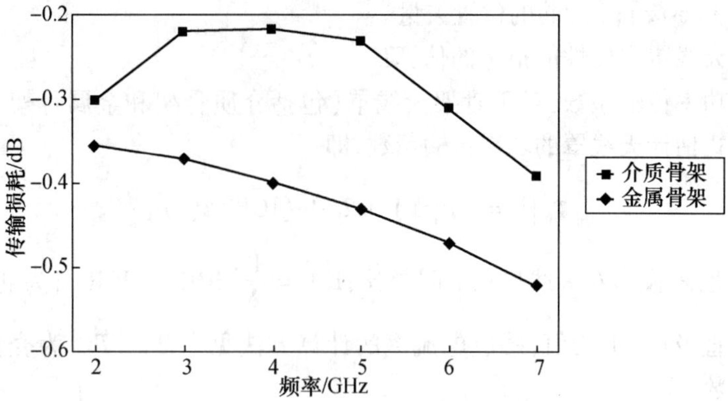

图 3.2　介质骨架罩和金属骨架罩功率传输系数曲线

其中：S 为天线口径面积；ρ_m 为肋条对板块的阻挡比；ρ_n 为结点对板块的阻挡比，一般 ρ_n 仅为 ρ_m 的 20%；l 为肋的平均长度；w 为肋的宽度；$k(r)$ 为曲率校正因子；r_n 为结点半径。

（3）宽角副瓣：在有罩情况下，天线的宽角副瓣等于无罩时天线的副瓣与肋阵扩散场的平均副瓣之和，即

$$\overline{\mathrm{SL_R}} = 10\lg\left[10^{\mathrm{SL_A}} + \frac{1 - |T_\mathrm{P}|^2}{G_0}\right] \tag{3.9}$$

式中：G_0 为天线的增益的绝对值。

介质骨架天线罩的绕射瓣的估计为

$$\mathrm{SL_s} = 10\lg\left[\frac{16\lambda_0 R}{\pi D^2}\rho\,|\overline{\mathrm{ICR}}|^2 Q\right] \tag{3.10}$$

式中：$\mathrm{SL_s}$ 为绕射瓣，单位 dB；D 为天线罩直径；R 为天线的半径；ρ 为阻挡比；Q 为与骨架随机化程度有关的因子，对于规则六边形分法 $Q = 0.6$，骨架随机化越高，Q 越低。

（4）瞄准误差：空间桁架天线罩引起的瞄准误差。主要原因是天线加罩后等效口径面上出现了奇对称的相位分布。以圆口径为例，比较直接的方法是在式(3.2)中的“和”口径分布换成“差”口径分布，计算带罩的差方向图，比较零点位置的偏移量求得瞄准误差。设 $f(r)$ 为天线口径分布，$E_\Delta(\theta,\varphi)$ 为差通道辐射远区电场，则：

$$E_\Delta(\theta,\varphi) = \int_0^{2\pi}\int_0^a f_\Delta(r)(1 + \alpha_\mathrm{r} + \mathrm{j}\beta_\mathrm{r})\mathrm{e}^{\mathrm{j}kr\sin\theta\cos(\varphi-\phi)} r\cos\phi\,\mathrm{d}r\,\mathrm{d}\phi \tag{3.11}$$

式中：$(\alpha_\mathrm{r} + \mathrm{j}\beta_\mathrm{r})$ 为介质壳体窗口和骨架对天线口径产生的幅度及相位的变化。

$$\alpha_\mathrm{r} = \mathrm{Re}[\rho_m \overline{\mathrm{ICR}} + \rho_w g_w + \rho_n g_n] \tag{3.12}$$

$$\beta_\mathrm{r} = \mathrm{Im}[\rho_m \overline{\mathrm{ICR}} + \rho_w g_w + \rho_n g_n] \tag{3.13}$$

$$E_\Delta(\theta,\varphi) = \int_0^{2\pi}\int_0^a f_\Delta(r)\left(T\mathrm{e}^{-\mathrm{j}\eta_\mathrm{T}} + \overline{\mathrm{ICR}}\rho_m - \rho_n\right)\mathrm{e}^{\mathrm{j}kr\sin\theta\cos(\varphi-\phi)} r\cos\phi\,\mathrm{d}r\mathrm{d}\phi \tag{3.14}$$

式中:ρ_m 为肋条阻挡比;ρ_n 为结点阻挡比;$\rho_w = 1-\rho_m-\rho_n, g_n = -1; g_w \approx T-1, T$ 为窗口区的电场传输系数,注意不是功率传输系数;η_T 为窗口区的插入相位移。

瞄准误差与 ICR、ρ_w、η_T 的关系为

$$\theta = \frac{\lambda_0}{2\pi^2}\frac{\int_0^{2\pi}\int_0^a f(r)\cos\varphi'\psi_\mathrm{r} r\mathrm{d}r\mathrm{d}\varphi'}{\int_0^a f(r)r^2\mathrm{d}r} \tag{3.15}$$

$$\psi_\mathrm{r} = -\rho_m\mathrm{Im}(\overline{\mathrm{ICR}}) - \rho_w\sin\eta_\mathrm{T} \tag{3.16}$$

此式说明了瞄准误差与肋的平均感应电流率的虚部及窗口壳体的插入相移有关,而与传输系数无关。由于 ψ_r 的分布非常复杂,所以一般分如下几种情况进行估算:

① 在天线口径一半是正公差 $\psi_{\max}$(rad),另一半是负公差 $-\psi_{\max}$(rad)的情况下,最大可能的瞄准误差(单位弧度,余同)为

$$\theta_{\max} = \frac{2\lambda_0\psi_{\max}\int_0^a f(r)r\mathrm{d}r}{\pi^2\int_0^a f(r)r^2\mathrm{d}r} = \begin{cases}\dfrac{2.14}{a}\dfrac{\lambda_0\psi_{\max}}{2\pi}, \text{天线边缘电平为 } -10\mathrm{dB}\\[2ex] \dfrac{2.34}{a}\dfrac{\lambda_0\psi_{\max}}{2\pi}, \text{天线边缘电平为 } -20\mathrm{dB}\end{cases} \tag{3.17}$$

② 随机肋阵可能的瞄准误差均方根为

$$\theta_{\mathrm{rms}} = \lambda_0 w\mathrm{Im}(\overline{\mathrm{ICR}})L\sqrt{Pc'_1} \tag{3.18}$$

式中

$$c'_1 = \frac{\sqrt{\int_0^a f^2(r)r\mathrm{d}r}}{2\pi^2 a\int_0^a f(r)r^2\mathrm{d}r} = \begin{cases}0.13/a^3, \text{边缘照射 } -10\mathrm{dB}\\ 0.15/a^3, \text{边缘照射 } -20\mathrm{dB}\end{cases} \tag{3.19}$$

$$P = \frac{\pi a^2\rho_m}{wL} \tag{3.20}$$

③ 局部少数附加的加强肋(避雷针),当这 n 根附加肋位于差波束的幅度峰值位置时,引起的瞄准误差最大值为

$$\theta_{\max} = \lambda_0 nLw\mathrm{Im}(\overline{\mathrm{ICR}})c_0 \tag{3.21}$$

$$c_0 = \frac{\max\{f(r)\}}{2\pi^2\int_0^a f(r)r^2\mathrm{d}r} \approx \begin{cases}0.27/a^3, \text{边缘照射电平为 } -10\mathrm{dB}\\ 0.37/a^3, \text{边缘照射电平为 } -20\mathrm{dB}\end{cases} \tag{3.22}$$

对于矩形口径天线，可以用将公式中的 $2\pi\int f(r)r^2\mathrm{d}r$ 用 $\iint f(x,y)\sqrt{x^2+y^2}\mathrm{d}x\mathrm{d}y$ 代替，$2\pi\int f(r)r\mathrm{d}r$ 用 $\iint f(x,y)\mathrm{d}x\mathrm{d}y$ 代替。

3.3 空间骨架天线罩设计技术

3.3.1 球面分块技术

1. 介质骨架罩的分块方法

截球型天线罩需要将球面分块(图 3.3)，才能进行生产、运输。这样，当罩体的某一部分出现故障时，只需要更换损坏的单元即可，不必更换整个天线罩。

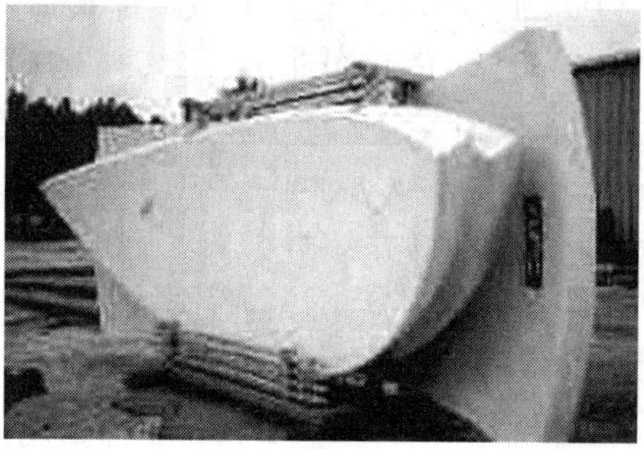

图 3.3 天线罩单元

根据天线罩电性能、直径、工作带宽等因素，决定分块方案。常规小型天线罩可以采用经纬分块，将球面剖分为等四面体、六面体、八面体、正十二面体(12个正球面五边形，如图 3.4(a)所示)、正二十面体(20 个正球面三角形，如图 3.4(b)所示)。对于大型天线罩，先分为基本正多边形，如 12 个正球面五边形或 20

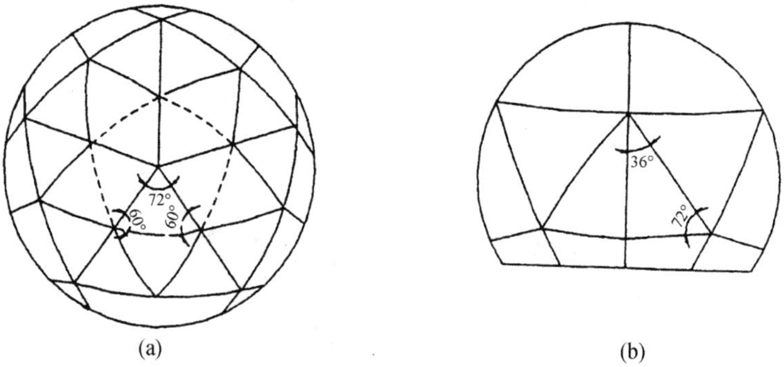

图 3.4 球面正五边形与正三角形分法
(a) 球面正五边形分法；(b) 球面正三角形分法。

个球面正球面三角形，这些基本多边形尺寸仍然超长，还要进行二次剖分。常用的方法有等高线等分法。对于极低副瓣天线罩的剖分特别要求肋条取向全随机化。全随机化是指从远处看只有不超过两条的平行边。随机块划分是低副瓣雷达天线罩设计必须采用的分块方式。

分块时还需要注意尽量减少单元品种和数量，一方面降低生产成本，另一方面降低肋对天线口径的阻挡比。

基本分块原理如下：

第一种分块：将全球面分为 12 个球面正五边形，球面正五边形分为 5 个等腰球面三角形。

第二种分块：将全球面分成 20 个等边球面三角形。

采用球面三角的知识[6]计算基本单元几何边长、夹角。先求全球表面积$S=4\pi R^2$，全球表面积被等分为 12 个球面正五边形，每个正五边形又被分为 5 个球面等腰三角形，那么第一种分块中每个基本三角形单元面积为

$$S_\triangle = \frac{S}{60} \tag{3.23}$$

再求出三角形角超，即

$$\delta_\triangle = \frac{S_\triangle}{R^2} = \frac{\pi}{15} = 12^\circ \tag{3.24}$$

$$\angle B = \angle C = 60^\circ, \angle A = 72^\circ$$

第二种分块中 20 个等边三角形的角超，即

$$S_\triangle = \frac{S}{20} \tag{3.25}$$

$$\delta_\triangle = \frac{S_\triangle}{R^2} = \frac{\pi}{5} = 36^\circ \tag{3.26}$$

$$\angle A = \angle B = \angle C = 72^\circ \tag{3.27}$$

对应的球心角，可用式(3.28)～式(3.31)求得：

$$\rho' = \frac{1}{2}(\angle A + \angle B + \angle C) = \frac{1}{2}(\pi + \delta_\triangle) \tag{3.28}$$

$$M = \frac{\cos(\rho' - \angle A)\cos(\rho' - \angle B)\cos(\rho' - \angle C)}{\cos\rho'} \tag{3.29}$$

$$\tan\frac{\alpha}{2} = \frac{\cos(\rho' - \angle A)}{M} \tag{3.30}$$

$$\tan\frac{\beta}{2} = \tan\frac{\gamma}{2} = \frac{\cos(\rho' - \angle B)}{M} \tag{3.31}$$

式中：α、β、γ 为三角形$\triangle ABC$ 三边 a、b、c 对应的球心角，且 $a=R\alpha$，$b=R\beta$，$c=$

$R\gamma$,如图 3.5 所示。

对于第一种分法:α、β、γ 是常数,$\alpha = 0.729727656(\text{rad})$,$\beta = \gamma = 0.652358139(\text{rad})$。对于第二种方法,$\alpha = \beta = \gamma = 1.107148717(\text{rad})$。

球面三角形的正弦定理:

$$\frac{\sin\alpha}{\sin\angle A} = \frac{\sin\beta}{\sin\angle B} = \frac{\sin\gamma}{\sin\angle C}$$

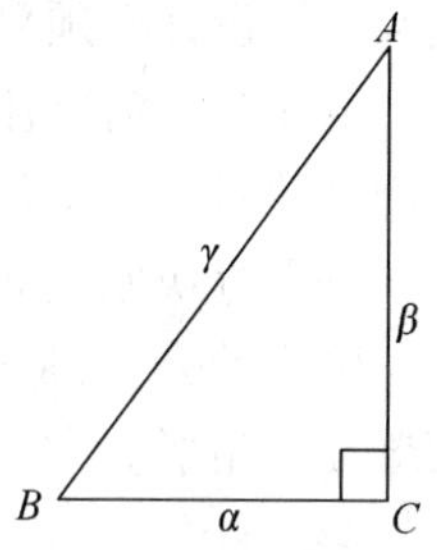

图 3.5 球面三角形

$\angle C = 90°$时,有

$$\sin\beta = \sin\angle B \cdot \sin\gamma$$

$$\sin\alpha = \sin\angle A \cdot \sin\gamma$$

球面三角形的余弦定理,两边夹一角,求对边:

$$\cos\alpha = \cos\beta \cdot \cos\gamma + \sin\beta \cdot \sin\gamma \cdot \cos\angle A$$

两角夹一边,求边对应的角:

$$\cos\angle A = -\cos\angle B \cdot \cos\angle C + \sin\angle B \cdot \sin\angle C \cdot \cos\alpha \tag{3.32}$$

一般常用公式:

(1) 已知$\angle A$,$\angle C = 90°$,β(高),求$\angle B$。

由余弦定理:

$$\cos\angle B = -\cos\angle A \cdot \cos\angle C + \sin\angle A \cdot \sin\angle C \cdot \cos\beta$$

所以

$$\cos\angle B = \sin A \cdot \cos\beta \tag{3.33}$$

(2) 已知$\angle A$,$\angle C = 90°$,β,求 α。

由余弦定理:

$$\cos\angle A = -\cos\angle B \cdot \cos\angle C + \sin\angle B \cdot \sin\angle C \cdot \cos\alpha$$

所以

$$\cos\angle A = \sin\angle B \cdot \cos\alpha$$

由正弦定理:

$$\frac{\sin\alpha}{\sin\angle A} = \frac{\sin\beta}{\sin\angle B} = \frac{\sin\beta \cdot \cos\alpha}{\cos\angle A}$$

得

$$\tan\alpha = \tan\angle A \cdot \sin\beta \tag{3.34}$$

(3) 已知$\angle A$,$\angle C = 90°$,β,求 γ。

由余弦定理:

$$\cos\gamma = \cos\alpha \cdot \cos\beta + \sin\alpha \cdot \sin\beta \cdot \cos\angle C = \cos\alpha\cos\beta$$

$$\frac{\sin\gamma}{\sin\angle C} = \frac{\sin\beta}{\sin\angle B}$$

所以

$$\sin\gamma = \sin\angle C \frac{\sin\beta}{\sin\angle B}$$

由以上两式得

$$\cot\gamma = \frac{\cos\alpha \cdot \cos\beta}{\sin\beta}\sin\angle B = \cot\beta \cdot \cos\alpha \cdot \sin\angle B = \cot\beta \cdot \cos\angle A$$

即

$$\cot\gamma = \cot\beta \cdot \cos\angle A \tag{3.35}$$

基本球面三角形的一种分法是对球面三角形的等高线分法,如图 3.6 所示。图 3.7 为经过分割后的球面五边形。

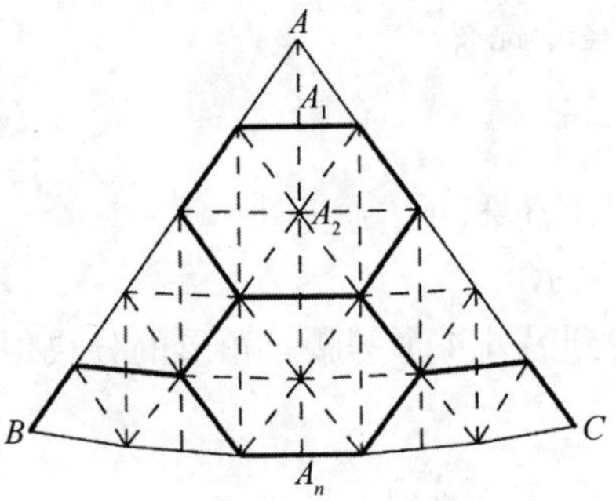

图 3.6　球面三角形的等高线分法

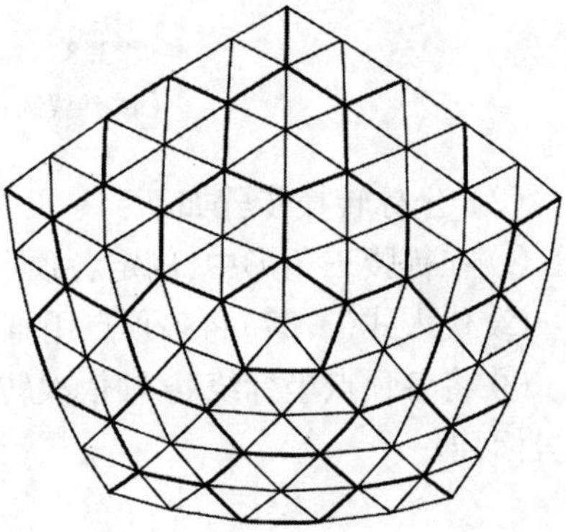

图 3.7　球面五边形的单元

在有些情况下要知道球面上各板块顶点的坐标,下面介绍求单元顶点的直角坐标求法。

(1) 设球面等腰三角形的顶点坐标位于$(0,0,-R)$,

过等腰 ΔABC 的高线,等分 n,如图 3.6,并过等分点 $A_1, A_2, \cdots, A_n$ 作大圆线,以 oy 为极轴的 n 条子午线。

等分点$(X_{A_i}, Y_{A_i}, Z_{A_i})$坐标为

$$\begin{cases} X_{A_i} = R\sin\angle AA_i \\ Y_{A_i} = 0 \\ Z_{A_i} = R\cos\angle AA_i \end{cases} \tag{3.36}$$

对于任意顶点,设顶点与原点 O 的连线与 z 轴的夹角为 β,即纬线的球心角,如图 3.8(a)所示,顶点所在经线在 XOY 面的投影与 x 轴的夹角为 α,即经线的球心角,如图 3.8(b)所示。则:

$$\begin{cases} X_{A_i} = R\sin\beta\cos\alpha \\ Y_{A_i} = R\sin\beta\sin\alpha \\ Z_{A_i} = R\cos\beta \end{cases} \tag{3.37}$$

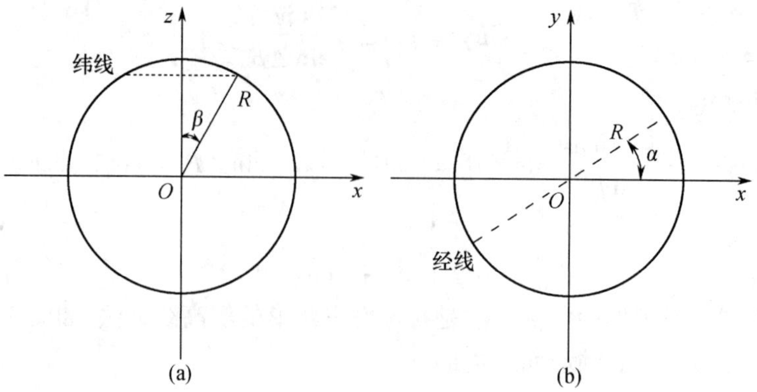

图 3.8　纬线与经线的圆心角
(a) 纬线圆心角;(b) 经线圆心角。

(2) 坐标转换步骤如下:

① 在等腰三角形中,确定各顶点的圆心角 β_i 和 α_i。

② 代入式(3.37)将各顶点用直角坐标表示。

③ 将各顶点坐标绕 oz 轴依次转 72°,得到另外 4 个等腰三角形的分块顶点的坐标,即

$$\begin{bmatrix} X_B \\ Y_B \\ Z_B \end{bmatrix} = \begin{bmatrix} \sin\gamma & \cos\gamma & 0 \\ \cos\gamma & -\sin\gamma & 0 \\ 0 & 0 & 1 \end{bmatrix} \begin{bmatrix} X_A \\ Y_A \\ Z_A \end{bmatrix} \tag{3.38}$$

式中:$\gamma = k \cdot 72°$。

④ 设天线罩高度为 H,令 $H = \eta \cdot 2R\eta$ 为截高。被截部分块顶点的 Z 坐标为

$$Z = -(H - R) = R - \eta \cdot 2R \tag{3.39}$$

2. 金属骨架罩分块方法

金属骨架罩大多采用三角形分块,三角形桁架是最稳定的结构形式,如图 3.9(a)所示,它能将薄膜内力均匀地传递到支撑杆件上。金属骨架罩分块首先将球面分为 20 个正三角形,在每个正三角形中采用等边长均分方法二次剖分为小球面三角形,如需要随机化分块,则将球面三角形边长分为非等边和非等腰三角形。

金属骨架罩分块方法主要特点如下:

(1) 与介质加强肋相同的是,按照球面三角形在球面上划分基本单元,然后继续细分单元,这些细分的单元结点都分布在球面上;为了克服金属骨架的散射瓣构成栅瓣,剖分单元要满足杆件取向随机性要求。

(2) 与介质加强肋不同的是,金属支撑骨架的杆件是平直的杆件;结点处介

质骨架天线罩一般3块单元连接，单元的夹角多为钝角，而金属骨架杆件拼成单元的夹角都为锐角。如图3.9(b)所示，每个结点连接6到9个杆件。

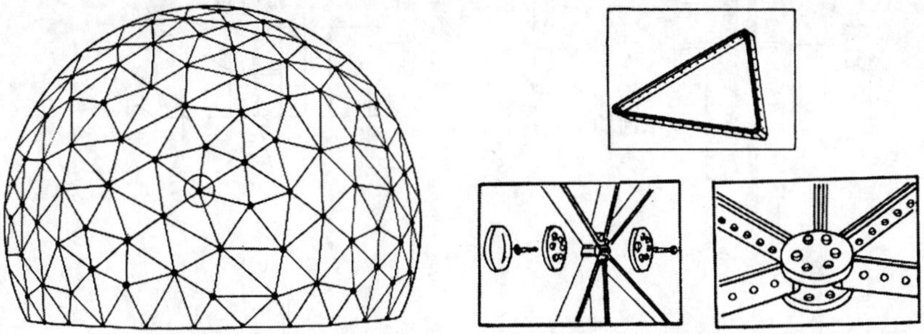

(a) (b)

图3.9　金属骨架天线罩的三角形分块连接

3.3.2　板块连接技术

地面天线罩分块以后产生了连接的问题，连接的骨架是承受载荷的主体，与窗体部分的截面和材料是不连续的。3.2节已经给出了骨架对天线罩的性能影响分析，得到的结论是，要优化设计连接方式，尽可能地降低连接部分的感应电流率，减小骨架对天线口径投影的阻挡比。

连接技术在刚性地面雷达天线罩设计中十分重要，一般的接头设计准则如下：

(1) 通过协同设计控制连接部分的平均感应电流率，对于低副瓣天线罩要控制平均感应电流率的模，对于精密跟踪天线罩要控制平均感应电流率的虚部。

(2) 连接部分对天线口径的投影阻挡比一般小于5%。

(3) 保证足够的结构强度。一般整体天线罩的安全系数要求大于2。

下面以介质骨架天线罩连接形式设计为例，研究几种典型的连接方式，如图3.10所示。假设天线工作在S波段，天线罩直径约为17m，这些连接方式都具有足够的强度。它们的感应电流率不同，对天线性能的影响差别很大。

为方便叙述，定义垂直于天线罩表面的方向为纵向，平行于天线罩表面的方向为横向，即图3.10(a)中，既有纵向的加强肋，又有横向的加强肋，分别称之为纵向肋和横向肋。假设电磁波如图3.11入射，研究 φ 角度入射时，在 φ 角度观察角的感应电流率。设 $g_{/\!/}(w)$、$q_{/\!/}(w)$、$|\mathrm{ICR}|_{/\!/}$ 分别为平行极化感应电流率的实部，虚部和模，$g_{\perp}(w)$、$q_{\perp}(w)$、$|\mathrm{ICR}|_{\perp}$ 分别为垂直极化感应电流率的实部，虚部和模，$\overline{g(w)}$、$\overline{q(w)}$、$|\overline{\mathrm{ICR}}|$ 分别为平均感应电流率的实部、虚部和模，即

$$\overline{g(w)} = \frac{1}{2}(g_{/\!/}(w) + g_{\perp}(w))$$

$$\overline{q(w)} = \frac{1}{2}(q_{/\!/}(w) + q_{\perp}(w))$$

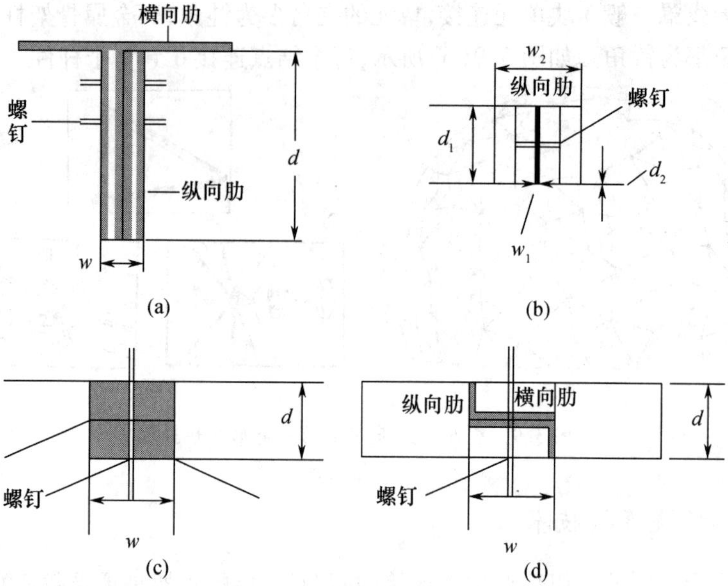

图 3.10 介质骨架天线罩的基本连接形式

(a) 连接形式 1;(b) 连接形式 2;(c) 连接形式 3;(d) 连接形式 4。

$$|\overline{\mathrm{ICR}}| = \sqrt{\overline{g(w)}^2 + \overline{q(w)}^2}$$

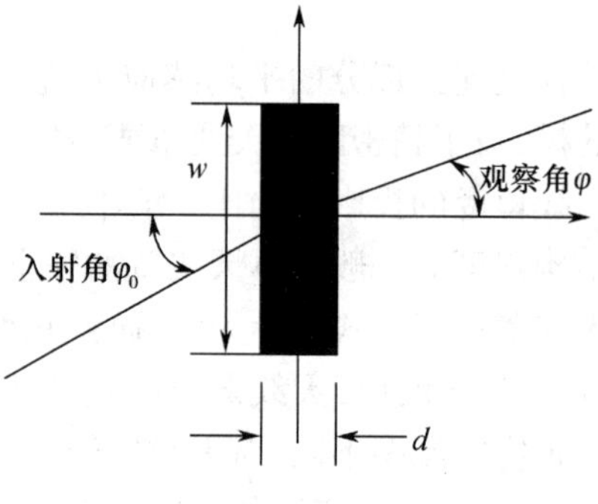

图 3.11 介质加强肋的感应电流率

设 $F_0 = 2.8\text{GHz}(\lambda = 0.107\text{m}$,介质的相对介电常数取 4.2。按照 2.7.2 节方法,计算各种连接形式的感应电流率。

连接形式 1 是玻璃钢实心翻边对接方式,其中 $d = 80\text{mm}$, $w = 10\text{mm}$,由表 3.1计算结果可见:

(1) 当电磁波以 0°入射时,介质肋散射感应电流率很大,感应电流率的模达到 10.9,而 90°入射时介质肋散射感应电流率的模仅为 1.4,两者相差很大;

(2) 无论以何角度入射,平行极化的感应电流率的模总是大于垂直极化的感应电流率的模。

表 3.1　连接形式 1 的感应电流率

$\varphi/(°)$	$g(w)_{//}$	$q(w)_{//}$	$\|ICR\|_{//}$	$g(w)_{\perp}$	$q(w)_{\perp}$	$\|ICR\|_{\perp}$
0	-9.909	4.526	10.893	-0.172	-1.582	1.591
10	-4.143	1.861	4.542	-0.079	-0.601	0.606
20	-2.594	1.111	2.822	-0.063	-0.265	0.273
30	-1.82	0.711	1.954	-0.065	-0.055	0.086
40	-1.323	0.405	1.384	-0.075	0.106	0.129
50	-1.011	0.109	1.017	-0.086	0.231	0.247
60	-0.894	-0.194	0.915	-0.096	0.311	0.326
70	-0.96	-0.475	1.071	-0.102	0.34	0.355
80	-1.111	-0.684	1.305	-0.104	0.334	0.35
90	-1.203	-0.772	1.429	-0.106	0.33	0.346

连接方式 2 是将夹层边框内置螺钉的连接方式，每块单元之间的侧边加强，在侧边开螺栓孔，加强的部分形式成工字形介质肋。为分析透彻，把介质肋分为两部分：一部分为横向加强肋（垂直于入射方向）；另一部分为纵向加强肋（沿入射方向）。纵向加强肋 $d=40\text{mm}$，$w=12\text{mm}$，其感应电流率见表 3.2；横向加强肋 $d=2.5\text{mm}$，$w=80\text{mm}$；其感应电流率见表 3.3。

由表 3.2 和表 3.3 可见：

（1）0°入射时，纵向肋的感应电流率远大于横向肋的感应电流率，纵向肋的平行极化感应电流率的虚部也比较大，对于线口径相位扰动大；而横向肋的虚部较小，对于线口径相位扰动小。

（2）加强肋的影响取决于感应电流率和阻挡比的乘积，虽然纵向肋的阻挡比小于横向肋的阻挡比，但是对副瓣影响正比于感应电流率模的平方，所以总体上看，纵向肋对天线性能的影响比横向肋大得多。

（3）因为地面天线罩的入射角较小，所以大部分电磁波沿纵向肋入射。纵向肋的感应电流率大是天线副瓣的抬高主要原因。

表 3.2　连接形式 2 纵向肋的感应电流率

$\varphi/(°)$	$g(w)_{//}$	$q(w)_{//}$	$\|ICR\|_{//}$	$g(w)_{\perp}$	$q(w)_{\perp}$	$\|ICR\|_{\perp}$
0	-2.705	2.305	3.554	-0.007	0.244	0.245
10	-1.823	1.414	2.307	-0.004	0.146	0.146
20	-1.58	0.938	1.837	-0.004	0.087	0.087
30	-1.578	0.628	1.699	-0.003	-0.043	0.043
40	-1.702	0.418	1.753	-0.004	0.006	0.007
50	-1.898	0.282	1.919	-0.004	-0.026	0.027
60	-2.131	0.204	2.141	-0.004	-0.053	0.054
70	-2.369	0.167	2.375	-0.005	-0.075	0.075
80	-2.583	0.157	2.588	-0.005	-0.091	0.091
90	-2.754	0.16	2.758	-0.005	0.1	0.1

表 3.3　连接形式 2 的横向肋的感应电流率

$\varphi/(°)$	$g(w)_{//}$	$q(w)_{//}$	$\|ICR\|_{//}$	$g(w)_{\perp}$	$q(w)_{\perp}$	$\|ICR\|_{\perp}$
0	-0.429	-0.608	0.745	-0.036	-0.207	0.21
10	-0.452	-0.557	0.717	-0.034	-0.205	0.208
20	-0.537	-0.437	0.692	-0.03	-0.203	0.205
30	-0.174	-0.314	0.78	-0.026	-0.202	-0.204
40	-1.018	-0.258	1.05	-0.021	-0.204	0.205
50	-1.492	-0.32	1.526	-0.018	-0.213	0.214
60	-2.233	-0.543	2.298	-0.017	-0.24	0.24
70	-3.551	-1.02	3.694	-0.019	-0.307	0.308
80	-6.876	-2.206	7.221	-0.031	-0.521	0.522
90	-45.909	-15.288	48.388	-0.191	-3.325	3.33

连接形式 3：天线罩夹层单元通过一段玻璃钢实心边相互搭接，加强肋 $d=14$mm，$w=30$mm，感应电流率的计算结果见表 3.4。

表 3.4　连接形式 3 的感应电流率

$\varphi/(°)$	$g(w)_{//}$	$q(w)_{//}$	$\|ICR\|_{//}$	$g(w)_{\perp}$	$q(w)_{\perp}$	$\|ICR\|_{\perp}$
0	-1.618	-0.868	1.836	-0.313	0.742	0.805
10	-1.515	-0.737	1.684	-0.333	0.566	0.656
20	-1.46	-0.504	1.545	-0.417	0.22	0.472
30	-1.451	-0.195	1.464	-0.513	-0.183	0.544
40	-1.493	0.167	1.502	-0.569	-0.531	0.778
50	-1.595	0.567	1.693	-0.551	-0.745	0.927
60	-1.777	1.003	2.04	-0.452	-0.799	0.918
70	-2.077	1.493	2.557	-0.296	-0.731	0.789
80	-2.579	2.092	3.321	-0.135	-0.646	0.66
90	-3.509	2.955	4.587	-0.064	-0.732	0.735

表 3.4 中垂直极化的感应电流率明显小于平行极化的感应电流率，宽而薄的介质肋的感应电流率远小于窄和深的介质肋的感应电流率，考虑到阻挡比，总体上，宽而薄的介质肋对天线副瓣影响小得多。所以目前低副瓣雷达天线罩大多数采用这种形式。

连接形式 4：天线罩夹层单元通过一段玻璃钢实心边相互搭接，将介质肋分为纵向肋和横向肋两部分分别研究。对于纵向肋 $d=33$mm，$w=2.5$mm，感应电流率的计算结果见表 3.5。对于横向肋 $d=5$mm，$w=50$mm，感应电流率的计算结果见表3.6。从表中可以得到类似的结论。

表3.5 连接形式4纵向肋的感应电流率

$\varphi/(°)$	$g(w)_{//}$	$q(w)_{//}$	$\|ICR\|_{//}$	$g(w)_{\perp}$	$q(w)_{\perp}$	$\|ICR\|_{\perp}$
0	-10.698	-11.824	15.945	-0.106	-2.258	2.261
10	-3.273	-3.568	4.842	-0.032	-0.681	0.682
20	-1.88	-2.037	2.867	-0.019	-0.395	0.395
30	-1.462	-1.433	2.047	-0.013	-0.273	0.274
40	-1.195	-1.072	1.605	-0.01	-0.207	0.207
50	-1.041	-0.842	1.339	-0.008	-0.166	0.166
60	-0.949	-0.687	1.172	-0.007	-0.14	0.141
70	-0.897	-0.586	1.071	-0.006	-0.125	0.125
80	-0.873	-0.529	1.021	-0.006	-0.117	0.117
90	-0.873	-0.515	1.014	-0.006	-0.116	0.116

表3.6 连接形式4横向肋的感应电流率

$\varphi/(°)$	$g(w)_{//}$	$q(w)_{//}$	$\|ICR\|_{//}$	$g(w)_{\perp}$	$q(w)_{\perp}$	$\|ICR\|_{\perp}$
0	-0.568	-0.22	0.61	-0.637	-0.788	1.013
10	-0.609	-0.166	0.632	-0.607	-0.765	0.977
20	-0.75	-0.026	0.75	-0.544	-0.725	0.907
30	-0.989	0.166	1.003	-0.46	-0.673	0.815
40	-1.339	0.375	1.39	-0.366	0.615	0.716
50	-1.83	0.579	1.92	-0.275	-0.561	0.625
60	-2.553	0.788	2.672	-0.194	-0.524	0.559
70	-3.753	1.066	3.902	-0.126	-0.534	0.548
80	-6.33	1.659	6.544	-0.077	-0.682	0.686
90	-17.519	4.443	18.073	-0.1	-1.694	1.697

将不同连接形式的感应电流率列于表3.7。

表3.7 不同连接形式介质加强肋的感应电流率比较

连接形式		d/m	w/m	ρ	$\overline{g(w)_{//}}$	$\overline{q(w)_{//}}$
1		0.08	0.01	0.0142	-5.0405	1.472
2	纵向肋	0.04	0.012	0.017	-1.3795	0.03
	横向肋	0.0025	0.08	0.1136	-0.2325	-0.45075
3		0.014	0.03	0.0426	-0.9655	-0.063
4	纵向肋	0.033	0.0025	0.0036	-5.402	-7.041
	横向肋	0.005	0.05	0.071	-0.6025	-0.504

不同连接形式的功率传输系数比较见表3.8。为简化计算,设天线口径为均匀分布,当肋的周长与波长相近时,$n(\lambda)=0.6$,远远大于波长时取0.8,这里$n(\lambda)=0.6$,θ_0 取平均入射角20°,代入式(3.5)求得曲率校正因子 $k(r)$。由式(3.5)可知,肋的 d/w(厚度与宽度比)越大,曲率校正因子 $k(r)$越大。设天线罩窗口区的功率传输系系数 $|T|^2=0.95$,由式(3.4)求得不同形式的介质骨架天线罩的功率传输系数 $|T_P|^2$。

表3.8　采用不同连接形式介质加强肋的天线罩功率传输系数比较

连接形式		d/m	w/m	d/w	$k(r)$	$\|T_P\|^2$
1		0.08	0.01	8.00	1.632	0.728
2	纵向肋	0.04	0.012	3.33	1.295	0.892
	横向肋	0.0025	0.08	0.03	0.986	0.901
3		0.014	0.03	0.47	1.033	0.869
4	纵向肋	0.033	0.0025	13.20	1.942	0.878
	横向肋	0.005	0.05	0.10	0.994	0.869

设天线罩的直径 $D=25$m,天线半径 $R=8.5$m,肋的平均边长 $l=4.0$m,天线的近角副瓣 SL_A 分别取-35dB、-40dB、-45dB、-50dB,将 w、$k(r)$、$|T_P|^2$ 一并代入式(3.8)和式(3.9),得到不同连接形式天线罩对于天线近角副瓣的影响估计结果,见表3.9。

表3.9　采用不同连接形式介质加强肋的天线罩对于天线近角副瓣的抬高

连接形式		天线副瓣-35dB	天线副瓣-40dB	天线副瓣-45dB	天线副瓣-50dB
1		9.63	14.2	19.05	24.01
2	纵向肋	1.01	2.28	4.83	8.64
	横向肋	0.26	0.32	0.52	1.08
3		0.66	1.19	2.54	5.21
4	纵向肋	5.15	9.03	13.61	18.47
	横向肋	0.48	0.7	1.32	2.85

取 $G_0=1000$(30dB),天线的远角副瓣 SL_A 分别取-35dB、-40dB、-45dB、-50dB 按照式(3.9)估算天线罩对远角副瓣抬高,按照式(3.10)估算天线罩产生的绕射瓣($Q=0.6$)列于表3.10。

表3.10　采用不同连接形式介质加强肋的天线罩后的天线的远角副瓣抬高和绕射瓣

连接形式		远角副瓣抬高/dB				绕射瓣/dB
		天线副瓣 -35dB	天线副瓣 -40dB	天线副瓣 -45dB	天线副瓣 -50dB	
1		2.70	5.70	9.82	14.50	-27.89
2	纵向肋	1.27	3.17	6.44	10.71	-38.72
	横向肋	1.19	3.00	6.18	10.39	-39.84
3		1.50	3.63	7.10	11.48	-37.79
4	纵向肋	1.41	3.46	6.86	11.20	-29.29
	横向肋	1.50	3.63	7.11	11.49	-37.40

结论：

(1) 若单层天线罩采用翻边连接(连接形式1)，则当纵向介质肋的深度介于(1/2 ~1)λ 时，感应电流率很大，虽然纵向肋的阻挡比小，但是进行曲率因子校正后，扩散阻挡效应增加了近1倍。这种方式对副瓣抬高最大，对于 -35dB 的副瓣的天线，副瓣抬高达到9.6dB；对 -40dB 的天线，副瓣抬高达到14.2dB。

(2) 若采用夹层罩单元的侧边加强，再通过侧边螺栓连接(连接方式2)，则侧边的加强肋和边框的介质加强边合计的影响使得 -35dB 的副瓣天线副瓣抬高约2dB。

(3) 采用夹层罩的单元用实心板过渡，实心板搭接再用螺栓连接(连接方式2)，与侧边螺栓连接相比有所降低，-35dB 的副瓣天线副瓣抬高约1.5dB。

(4) 现代低副瓣天线也需要远角低副瓣，要求在40°以外的角度范围迅速衰减，一般要求低于 -45dB，在50°以外一般要求低于 -50dB，天线副瓣越低，越凸现天线罩的影响。对于夹层罩搭接方式，还需要进一步降低横向肋的感应电流率，如金属网格加载等方法，3.3.3节将继续对比研究。

3.3.3　连接调谐技术

介质骨架天线罩的肋感应电流率是影响天线罩性能的重要因素，在设计低副瓣天线罩时，要尽可能降低肋的感应电流率。肋的感应电流率产生的原因是肋边界发生了阻抗的突变。板块部分的输入阻抗和肋部分的输入阻抗不同，厚度也不同，接头部位的相位延迟远大于天线罩板块单元部分的相移，肋的介电常数高，相移大。如果在介质肋中并联集中参数的电感，则有可能补偿相位的延迟。在接头部分埋入金属网格或金属栅证明是一种有效的技术，分两步说明其工作原理，第一步，采用等效电路模型，证明适当地加入感性元件能够补偿相位延迟；第二步，用全波分析方法计算金属加载介质肋的感应电流率，并进行实验验证[7-9]。

金属网格是一种极化选择表面，出于需要，有时要在多层介质平板中嵌入金属网格层（图 3.12）。首先求金属网栅的等效并联导纳，然后用网络级联方法推导含金属网格的多层介质板的传输和反射系数。

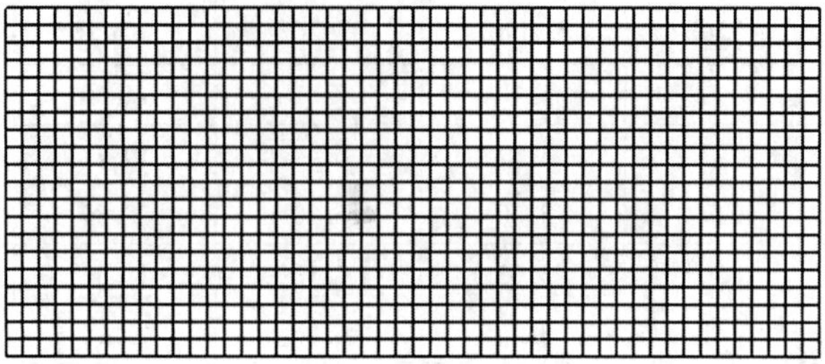

图 3.12　金属网格

假设无限大均匀介质内嵌入无限大金属栅，介质介电常数为 ε、金属栅间距为 d、导线半径 a 远远小于波长，坐标如图 3.13 所示。

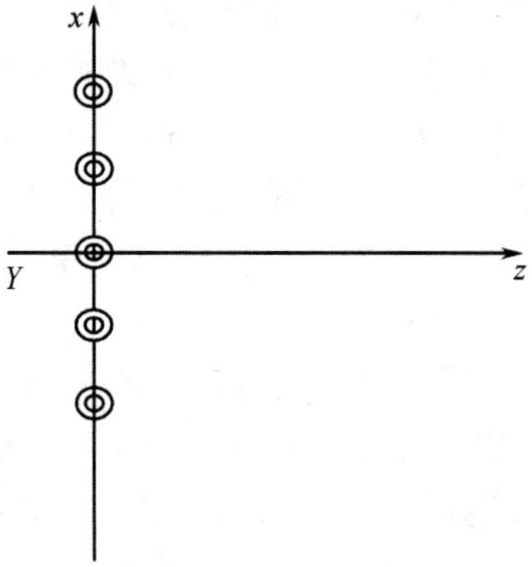

图 3.13　金属栅坐标

设电磁平面波入射，入射角为 θ，电场矢量平行于导线。入射场为

$$\boldsymbol{E}^{\mathrm{i}} = \mathrm{e}^{-\mathrm{j}(k_0\sin\theta x + k_0\sqrt{\varepsilon-\sin^2\theta}Z)}\hat{\boldsymbol{y}} \tag{3.40}$$

第 m 根导线在介质内所产生的场为

$$\boldsymbol{E}(x,z) = -\frac{\mathrm{j}\omega\mu I}{4\pi}\int_{-\infty}^{\infty}\frac{\mathrm{e}^{-\mathrm{j}kr}}{r}\mathrm{d}y\hat{\boldsymbol{y}} \tag{3.41}$$

$$r = \sqrt{(md-x)^2 + z^2 + y^2} \tag{3.42}$$

对 y 积分，有

$$\boldsymbol{E}(x,z) = -\frac{\omega\mu I}{4}H_0^{(2)}\left(k\sqrt{(md-x)^2+z^2}\right)\hat{\boldsymbol{y}} \tag{3.43}$$

式中：$k = \frac{2\pi}{\lambda_0}\sqrt{\varepsilon}$。

在入射平面波的激励下，所有导线电流产生的场为

$$\boldsymbol{E}^{\mathrm{s}} = \sum_{m=-\infty}^{\infty} E^{\mathrm{i}}\hat{\boldsymbol{y}} = -\frac{I\omega\mu}{4}\sum_{m=-\infty}^{m=\infty} \mathrm{e}^{-\mathrm{j}(mk_0 d\sin\theta)} H_0^{(2)}\left(k\sqrt{(x-md)^2+z^2}\right)\hat{\boldsymbol{y}}$$

$$= -\frac{I\omega\mu}{4}\sum_{m=-\infty}^{\infty} \mathrm{e}^{-\mathrm{j}(mk_0 d\sin\theta)} H_0^{(2)}\left(k\sqrt{(x-md)^2+z^2}\right)\hat{\boldsymbol{y}} \tag{3.44}$$

利用泊松求和公式可得

$$\sum_{m=-\infty}^{\infty} \mathrm{e}^{-\mathrm{j}(mk_0 d\sin\theta)} H_0^{(2)}\left(k\sqrt{(x-md)^2+z^2}\right)$$

$$= \sum_{m=-\infty}^{\infty} \mathrm{e}^{-\mathrm{j}(mkd\sin\theta/\sqrt{\varepsilon})} H_0^{(2)}\left(k\sqrt{(x-md)^2+z^2}\right)$$

$$= \sum_{m=-\infty}^{\infty} \frac{2\mathrm{j}}{d} \frac{\mathrm{e}^{-|z|\sqrt{(k\sin\theta/\sqrt{\varepsilon}+\frac{2m\pi}{d})^2-k^2}}}{\sqrt{(k\sin\theta/\sqrt{\varepsilon}+\frac{2m\pi}{d})^2-k^2}} \mathrm{e}^{-\mathrm{j}(k\sin\theta/\sqrt{\varepsilon}+\frac{2m\pi}{d})x}$$

$$= \sum_{m=-\infty}^{\infty} \frac{2\mathrm{j}}{d} \frac{\mathrm{e}^{-|z|\sqrt{(k_0\sin\theta+\frac{2m\pi}{d})^2-k^2}}}{\sqrt{(k_0\sin\theta+\frac{2m\pi}{d})^2-k^2}} \mathrm{e}^{-\mathrm{j}(k_0\sin\theta+\frac{2m\pi}{d})x} \tag{3.45}$$

$$\boldsymbol{E}^{\mathrm{s}} = -\frac{I\omega\mu}{4}\sum_{m=-\infty}^{\infty} \frac{2\mathrm{j}}{d} \frac{\mathrm{e}^{-|z|\sqrt{(k_0\sin\theta+\frac{2m\pi}{d})^2-k^2}}}{\sqrt{(k_0\sin\theta+\frac{2m\pi}{d})^2-k^2}} \mathrm{e}^{-\mathrm{j}(k_0\sin\theta+\frac{2m\pi}{d})x}\hat{\boldsymbol{y}}$$

$$= -\frac{I\omega\mu}{4} \frac{\lambda_0}{\pi d\sqrt{\varepsilon-\sin^2\theta}} \mathrm{e}^{-\mathrm{j}k_0|z|\sqrt{\varepsilon-\sin^2\theta}} \mathrm{e}^{-\mathrm{j}k_0\sin\theta x}\hat{\boldsymbol{y}}$$

$$-\frac{I\omega\mu}{4}2\sum_{m=1}^{\infty} \frac{\lambda_0\mathrm{j}}{\pi d} \frac{\mathrm{e}^{-|z|k_0\sqrt{(\sin\theta+\frac{m\lambda_0}{d})^2-\varepsilon}}}{\sqrt{(\sin\theta+\frac{m\lambda_0}{d})^2-\varepsilon}} \mathrm{e}^{-\mathrm{j}k_0(\sin\theta+\frac{m\lambda_0}{d})x}\hat{\boldsymbol{y}} \tag{3.46}$$

由导线产生的场包括一个平面波和无限个高次模，平面波的传播方向与入射波的传播方向一致。

$$\boldsymbol{E}^{\mathrm{s}}_{(1)} = -\frac{I\omega\mu}{4} \frac{\lambda_0}{\pi d\sqrt{\varepsilon-\sin^2\theta}} \mathrm{e}^{-\mathrm{j}k_0|z|\sqrt{\varepsilon-\sin^2\theta}} \mathrm{e}^{-\mathrm{j}k_0\sin\theta x}\hat{\boldsymbol{y}} \tag{3.47}$$

高次传输模为

$$\boldsymbol{E}^{\mathrm{s}}_{(2)} = -\frac{I\omega\mu}{4}2\sum_{m=1}^{\infty} \frac{\lambda_0\mathrm{j}}{\pi d} \frac{\mathrm{e}^{-|z|k_0\sqrt{(\sin\theta+\frac{m\lambda_0}{d})^2-\varepsilon}}}{\sqrt{(\sin\theta+\frac{m\lambda_0}{d})^2-\varepsilon}} \mathrm{e}^{-\mathrm{j}k_0(\sin\theta+\frac{m\lambda_0}{d})x}\hat{\boldsymbol{y}} \tag{3.48}$$

高次传输模的幅度按指数规律衰减,可以忽略不计;远区散射场由下式决定:

$$\boldsymbol{E}_{(1)}^{s} = -\frac{I\omega\mu}{4}\frac{\lambda_0}{\pi d\sqrt{\varepsilon-\sin^2\theta}}\mathrm{e}^{-\mathrm{j}k_0|z|\sqrt{\varepsilon-\sin^2\theta}}\mathrm{e}^{-\mathrm{j}k_0\sin\theta x}\hat{\boldsymbol{y}} \tag{3.49}$$

传输系数为

$$T = \frac{\boldsymbol{E}_{(1)}^{s}+\boldsymbol{E}^{i}}{\boldsymbol{E}^{i}} = 1-\frac{I\omega\mu}{4}\frac{\lambda_0}{\pi d\sqrt{\varepsilon-\sin^2\theta}} \tag{3.50}$$

在任意一根导线上,$\boldsymbol{E}^{i}+\boldsymbol{E}^{s}=0$,得

$$1-\frac{I\omega\mu}{4}\sum_{m\neq 0}^{\infty}\mathrm{e}^{-\mathrm{j}(mk_0 d\sin\theta)}H_0^{(2)}(k|m|d)-\frac{I\omega\mu}{4}H_0^{(2)}(ka)=0 \tag{3.51}$$

$$I\omega\mu = \frac{4}{H_0^{(2)}(ka)+2\sum_{m=1}^{\infty}\mathrm{e}^{-\mathrm{j}(mk_0 d\sin\theta)}H_0^{(2)}(k|m|d)} \tag{3.52}$$

$$\begin{aligned}T &= \frac{\boldsymbol{E}_{(1)}^{s}+\boldsymbol{E}^{i}}{\boldsymbol{E}^{i}} = 1-\frac{\lambda_0}{\pi d\sqrt{\varepsilon-\sin^2\theta}\left[H_0^{(2)}(ka)+2\sum_{m=1}^{\infty}\cos(mk_0 d\sin\theta)H_0^{(2)}(kmd)\right]}\\ &= 1-\frac{\lambda_0}{\pi d\sqrt{\varepsilon-\sin^2\theta}\left[H_0^{(2)}(ka)+2\sum_{m=1}^{\infty}\cos(mk_0 d\sin\theta)H_0^{(2)}(kmd)\right]} = 1-\frac{\lambda_0}{A}\end{aligned} \tag{3.53}$$

因为

$$H_0^{(2)}(ka)\approx 1-\mathrm{j}Y_0(ka)\approx 1+\mathrm{j}\frac{2}{\pi}\ln\frac{\lambda}{\pi\gamma a}$$

式中:$\gamma=1.7811$。

当 $d(1+\sin\theta)<\lambda$ 时,要引用以下两个公式:

$$\begin{aligned}&\sum_{m=1}^{\infty}\cos(mk_0 d\sin\theta)H_0^{(2)}(kmd) = \sum_{m=1}^{\infty}\cos(mkd\sin\theta/\sqrt{\varepsilon})H_0^{(2)}(kmd)\\ &= \frac{1}{kd\sqrt{1-\sin^2\theta/\varepsilon}}-\frac{1}{2}+\mathrm{j}\ln\frac{\gamma d}{2\lambda}\\ &+\frac{\mathrm{j}}{2\pi}\sum_{n=1}^{\infty}\left[\frac{1}{\sqrt{\left(n+\frac{d}{\lambda}\sin\theta/\sqrt{\varepsilon}\right)^2-\left(\frac{d}{\lambda}\right)^2}}+\frac{1}{\sqrt{\left(n-\frac{d}{\lambda}\sin\theta/\sqrt{\varepsilon}\right)^2-\left(\frac{d}{\lambda}\right)^2}}-\frac{2}{n}\right]\\ &= \frac{1}{k_0 d\sqrt{\varepsilon-\sin^2\theta}}-\frac{1}{2}+\mathrm{j}\ln\frac{\gamma d}{2\lambda}\\ &+\frac{\mathrm{j}}{2\pi}\sum_{n=1}^{\infty}\left[\frac{1}{\sqrt{\left(n+\frac{d}{\lambda}\sin\theta\right)^2-\left(\frac{d}{\lambda}\right)^2}}+\frac{1}{\sqrt{\left(n-\frac{d}{\lambda}\sin\theta\right)^2-\left(\frac{d}{\lambda}\right)^2}}-\frac{2}{n}\right]\end{aligned} \tag{3.54}$$

$$\sum_{m=1}^{\infty}\cos(mk_0 d\sin\theta)H_0^{(2)}(kmd)$$

$$=\sum_{m=1}^{\infty}\cos(mkd\sin\theta/\sqrt{\varepsilon})H_0^{(2)}(kmd)$$

$$=\frac{1}{kd\sqrt{1-\sin^2\theta/\varepsilon}}-\frac{1}{2}+\mathrm{j}\ln\frac{\gamma d}{2\lambda}$$

$$+\frac{\mathrm{j}}{2\pi}\sum_{n=1}^{\infty}\left[\frac{1}{\sqrt{\left(n+\frac{d}{\lambda}\sin\theta/\sqrt{\varepsilon}\right)^2-\left(\frac{d}{\lambda}\right)^2}}+\frac{1}{\sqrt{\left(n-\frac{d}{\lambda}\sin\theta/\sqrt{\varepsilon}\right)^2-\left(\frac{d}{\lambda}\right)^2}}-\frac{2}{n}\right]$$

$$=\frac{1}{k_0 d\sqrt{\varepsilon-\sin^2\theta}}-\frac{1}{2}+\mathrm{j}\ln\frac{\gamma d}{2\lambda}$$

$$+\frac{\mathrm{j}}{2\pi}\sum_{n=1}^{\infty}\left[\frac{1}{\sqrt{\left(n+\frac{d}{\lambda_0}\sin\theta\right)^2-\left(\frac{d}{\lambda}\right)^2}}+\frac{1}{\sqrt{\left(n-\frac{d}{\lambda_0}\sin\theta\right)^2-\left(\frac{d}{\lambda}\right)^2}}-\frac{2}{n}\right]\quad(3.55)$$

式中,级数求和部分可以近似计算如下:

$$S=\sum_{n=1}^{\infty}\left[\frac{1}{\sqrt{\left(n+\frac{d}{\lambda_0}\sin\theta\right)^2-\left(\frac{d}{\lambda}\right)^2}}+\frac{1}{\sqrt{\left(n-\frac{d}{\lambda_0}\sin\theta\right)^2-\left(\frac{d}{\lambda}\right)^2}}-\frac{2}{n}\right]$$

$$=\sum_{n=1}^{\infty}\left[\frac{1}{\sqrt{n^2+\frac{2nd}{\lambda_0}\sin\theta+\left(\frac{d}{\lambda_0}\sin\theta\right)^2-(\frac{d}{\lambda})^2}}\right.$$

$$\left.+\frac{1}{\sqrt{n^2-\frac{2nd}{\lambda_0}\sin\theta+\left(\frac{d}{\lambda_0}\sin\theta\right)^2-\left(\frac{d}{\lambda}\right)^2}}-\frac{2}{n}\right]$$

$$=\sum_{n=1}^{\infty}\left[\frac{1}{n\sqrt{1+\frac{u}{n^2}}}+\frac{1}{n\sqrt{1-\frac{v}{n^2}}}-\frac{2}{n}\right]$$

$$\approx\sum_{n=1}^{\infty}\left[\frac{1}{n}\left(1-\frac{1}{2}\frac{u}{n^2}+\frac{3}{8}(\frac{u}{n^2})^2+1+\frac{1}{2}\frac{v}{n^2}+\frac{3}{8}\left(\frac{v}{n^2}\right)^2\right)-\frac{2}{n}\right]$$

$$=\sum_{n=1}^{\infty}\left[\frac{1}{2}\frac{v-u}{n^3}+\frac{3}{8}\times\frac{1}{n^5}(u^2+v^2)\right]$$

式中

$$u=\frac{2nd}{\lambda_0}\sin\theta+\left(\frac{d}{\lambda_0}\sin\theta\right)^2-\left(\frac{d}{\lambda}\right)^2$$

$$v=\frac{2nd}{\lambda_0}\sin\theta-\left(\frac{d}{\lambda_0}\sin\theta\right)^2+\left(\frac{d}{\lambda}\right)^2$$

$$S = \sum_{n=1}^{\infty}\left(\frac{1}{2n^3}2\left[\left(\frac{d}{\lambda}\right)^2 - \left(\frac{d}{\lambda_0}\right)^2\sin^2\theta\right] + \frac{3}{8}\times\frac{1}{n^5}2\left(\frac{2nd\sin\theta}{\lambda_0}\right)^2\right)$$

$$= \sum_{n=1}^{\infty}\left[\frac{1}{n^3}\left(\frac{d}{\lambda_0}\right)^2(\varepsilon - \sin^2\theta) + \frac{3}{n^3}\left(\frac{d\sin\theta}{\lambda_0}\right)^2\right]$$

$$S = \left(\frac{d}{\lambda_0}\right)^2\sum_{n=1}^{\infty}\left[\frac{1}{n^3}(\varepsilon - \sin^2\theta) + \frac{3}{n^3}\sin^2\theta\right]$$

$$= \left(\frac{d}{\lambda_0}\right)^2(\varepsilon + 2\sin^2\theta)\sum_{n=1}^{\infty}\left[\frac{1}{n^3}\right]$$

$$= 2\cdot 0.601\left(\frac{d}{\lambda_0}\right)^2(\varepsilon + 2\sin^2\theta)$$

又因为

$$T = \frac{2}{2+Y}, T = 1 - \frac{\lambda_0}{A}$$

$$Z = \frac{1}{Y} = \frac{T}{-2(T-1)} = \frac{1 - \frac{\lambda_0}{A}}{-2\left(1 - \frac{\lambda_0}{A} - 1\right)} = \frac{-1}{2} + \frac{1}{2}\frac{A}{\lambda_0}$$

$$A = \pi d\sqrt{\varepsilon - \sin^2\theta}\left(H_0^{(2)}(ka) + 2\sum_{m=1}^{\infty}\cos(mk_0 d\sin\theta)H_0^{(2)}(kmd)\right)$$

$$\approx \pi d\sqrt{\varepsilon - \sin^2\theta}\left[1 + \mathrm{j}\frac{2}{\pi}\ln\frac{\lambda}{\pi\gamma a} + 2\left(\frac{1}{k_0 d\sqrt{\varepsilon - \sin^2\theta}} - \frac{1}{2}\right.\right.$$

$$\left.\left. + \frac{\mathrm{j}}{\pi}\ln\frac{\gamma d}{2\lambda} + \frac{\mathrm{j}}{2\pi}2\cdot 0.601\left(\frac{d}{\lambda_0}\right)^2(\varepsilon + 2\sin^2\theta)\right)\right]$$

$$= \pi d\sqrt{\varepsilon - \sin^2\theta}\left[1 + \mathrm{j}\frac{2}{\pi}\ln\frac{\lambda}{\pi\gamma a} + \frac{1}{k_0 d\sqrt{\varepsilon - \sin^2\theta}} - 1 + \frac{2\mathrm{j}}{\pi}\ln\frac{\gamma d}{2\lambda}\right.$$

$$\left. + \frac{2\mathrm{j}}{\pi}0.601\left(\frac{d}{\lambda_0}\right)^2(\varepsilon + 2\sin^2\theta)\right]$$

$$= \pi d\sqrt{\varepsilon - \sin^2\theta}\left[\mathrm{j}\frac{2}{\pi}\ln\frac{d}{2\pi a} + \frac{\lambda_0}{\pi d\sqrt{\varepsilon - \sin^2\theta}} + \frac{2\mathrm{j}}{\pi}0.601\left(\frac{d}{\lambda_0}\right)^2(\varepsilon + 2\sin^2\theta)\right]$$

$$= \mathrm{j}2d\sqrt{\varepsilon - \sin^2\theta}\left[\ln\frac{d}{2\pi a} + 0.601\left(\frac{d}{\lambda_0}\right)^2(\varepsilon + 2\sin^2\theta)\right] + \lambda_0$$

最后得到图 3.14 中金属栅的等效并联阻抗：

$$Z \approx \frac{-1}{2} + \frac{1}{2}\frac{A}{\lambda_0} = \frac{-1}{2} + \frac{1}{2}\frac{1}{\lambda_0}\mathrm{j}2d\sqrt{\varepsilon - \sin^2\theta}$$

$$\left[\ln\frac{d}{2\pi a} + 0.601\left(\frac{d}{\lambda_0}\right)^2(\varepsilon + 2\sin^2\theta)\right] + \frac{1}{2}$$

$$= \mathrm{j}\frac{d}{\lambda_0}\sqrt{\varepsilon - \sin^2\theta}\left[\ln\frac{d}{2\pi a} + 0.601\left(\frac{d}{\lambda_0}\right)^2(\varepsilon + 2\sin^2\theta)\right] \qquad (3.56a)$$

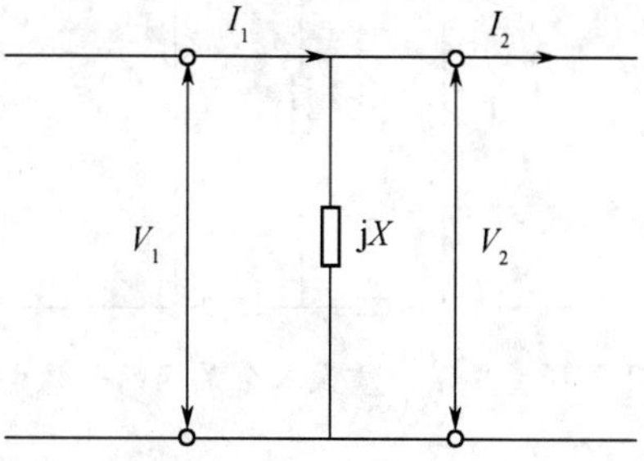

图 3.14　等效并联电感

上式为垂直极化波入射时金属网格的等效阻抗计算公式,对于平行极化波的等效阻抗也同理可推得,结果为

$$Z \approx \mathrm{j}\frac{d}{\lambda_0}\sqrt{\varepsilon - \sin^2\theta}\left[\ln\frac{d}{2\pi a} + 0.6\left(\frac{d}{\lambda_0}\right)^2(\varepsilon - \sin^2\theta)\right] \qquad (3.56b)$$

式(3.56)成立的条件是:

$$\frac{d(\sqrt{\varepsilon} + \sin\theta)}{\lambda_0} < 1 \text{ 或 } d < \frac{\lambda_0}{\sqrt{\varepsilon} + \sin\theta}$$

得到并联阻抗后,金属栅可以嵌入如图 3.15 所示的多层介质板中用式(2.73)~式(2.77)计算传输系数和反射系数。

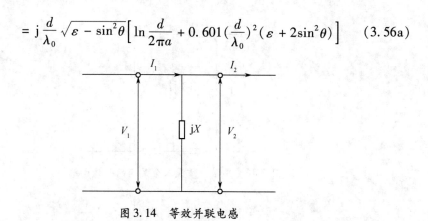

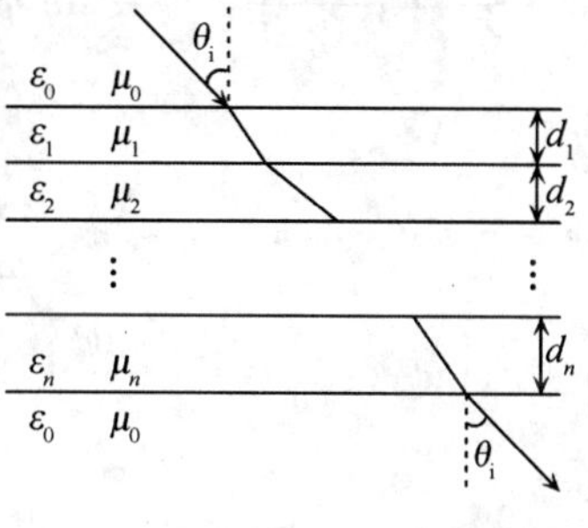

图 3.15　多层介质平板的级联

单层介质嵌入金属网的等效电路如图 3.16 所示,其传输系数公式推导如下:

已知:

$$\boldsymbol{A}_1 = \begin{bmatrix} \cos\phi & \mathrm{j}Z\sin\phi \\ \mathrm{j}\frac{1}{Z}\sin\phi & \cos\phi \end{bmatrix}, \boldsymbol{A}_0 = \begin{bmatrix} 1 & 0 \\ Y & 1 \end{bmatrix}$$

式中

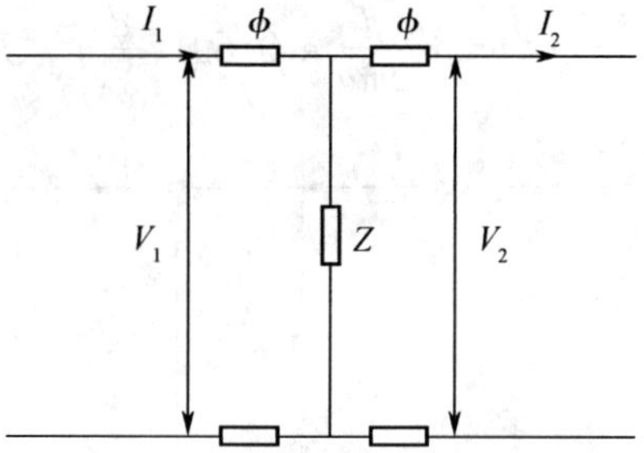

图 3.16 单层介质嵌入金属网的等效电路

$$Y = \mathrm{j}b = Z^{-1} = (\mathrm{j}X)^{-1} = -\mathrm{j}\frac{1}{X}$$

将 A_1、A_0、A_1 级联得到总等效二端网络矩阵：

$$\boldsymbol{A} = \begin{bmatrix} A & B \\ C & D \end{bmatrix} = \boldsymbol{A}_1\boldsymbol{A}_0\boldsymbol{A}_1 \begin{bmatrix} \cos\phi & \mathrm{j}Z\sin\phi \\ \mathrm{j}\frac{1}{Z}\sin\phi & \cos\phi \end{bmatrix} \begin{bmatrix} 1 & 0 \\ -\mathrm{j}\frac{1}{X} & 1 \end{bmatrix} \begin{bmatrix} \cos\phi & \mathrm{j}Z\sin\phi \\ \mathrm{j}\frac{1}{Z}\sin\phi & \cos\phi \end{bmatrix}$$

$$= \begin{bmatrix} \cos\phi & \mathrm{j}Z\sin\phi \\ \mathrm{j}\frac{1}{Z}\sin\phi & \cos\phi \end{bmatrix} \begin{bmatrix} \cos\phi & \mathrm{j}Z\sin\phi \\ -\frac{\mathrm{j}\cos\phi}{X} + \mathrm{j}\frac{\sin\phi}{Z} & \frac{Z\sin\phi}{X} + \cos\phi \end{bmatrix}$$

$$= \begin{bmatrix} \cos^2\phi + \mathrm{j}Z\sin\phi\left(-\frac{\mathrm{j}\cos\phi}{X} + \mathrm{j}\frac{\sin\phi}{Z}\right) & \mathrm{j}Z\sin\phi\cos\phi + \mathrm{j}Z\sin\phi\left(\frac{Z\sin\phi}{X} + \cos\phi\right) \\ \mathrm{j}\frac{\sin\phi\cos\phi}{Z} + \cos\phi\left(-\frac{\mathrm{j}\cos\phi}{X} + \mathrm{j}\frac{\sin\phi}{Z}\right) & -\sin^2\phi + \frac{Z}{X}\sin\phi\cos\phi + \cos^2\phi \end{bmatrix}$$

式中

$$A = D = \cos^2\phi - \sin^2\phi + \frac{Z}{X}\sin\phi\cos\phi = \cos 2\phi + \frac{Z}{2X}\sin 2\phi = \cos\psi + \frac{Z}{2X}\sin\psi$$

$$B = \mathrm{j}\left[\frac{Z\sin 2\phi}{2} + \frac{Z^2}{X}\sin^2\phi + Z\sin\phi\cos\phi\right] = \mathrm{j}\left[\frac{Z\sin\psi}{2} + \frac{Z^2}{X}\frac{1-\cos\psi}{2} + \frac{Z}{2}\sin\psi\right]$$

$$= \mathrm{j}\left[Z\sin\psi + \frac{Z^2}{X}\frac{1-\cos\psi}{2}\right]$$

$$C = \mathrm{j}\left[\frac{\sin\phi\cos\phi}{Z} - \frac{\cos^2\phi}{X} + \frac{\sin\phi\cos\phi}{Z}\right] = \mathrm{j}\left[\frac{\sin\psi}{2Z} - \frac{1}{X}\frac{1+\cos\psi}{2} + \frac{\sin\psi}{2Z}\right]$$

$$= \mathrm{j}\left[\frac{\sin\psi}{Z} - \frac{1}{X}\frac{1+\cos\psi}{2}\right]$$

传输系数为

$$T = \frac{2}{2\cos\psi + \frac{Z}{X}\sin\psi + \mathrm{j}\left[Z\sin\psi + \frac{1}{Z}\sin\psi + \frac{Z^2}{X}\frac{1-\cos\psi}{2} - \frac{1}{X}\frac{1+\cos\psi}{2}\right]}$$

反射系数为

$$R = \frac{-Z(Z^2+1)-(Z^2-1)(2X\sin\psi+\cos\psi)}{-Z(Z^2-1)+Z(Z^2-1)\cos\psi-2X(Z^2+1)\sin\psi+\mathrm{j}2Z(2X\cos\psi+Z\sin\psi)}$$

式中

$$Z = \begin{cases} \dfrac{\sqrt{\varepsilon-\sin^2\theta}}{\varepsilon\cos\theta}, \text{平行极化} \\ \dfrac{\cos\theta}{\sqrt{\varepsilon-\sin^2\theta}}, \text{垂直极化} \end{cases}$$

$$\psi = 2\phi = 2\gamma\frac{d}{2} = \sqrt{\varepsilon-\sin^2\theta}\,d$$

其中:d 为总厚度。

用以上模型,设计了一块等效平板,该平板为C夹层结构(图3.17),在C夹层的蒙皮中间插入一层金属栅网,孔格间距 $d_w=18.5\text{mm}$,导线半径 $r=0.1\text{mm}$。

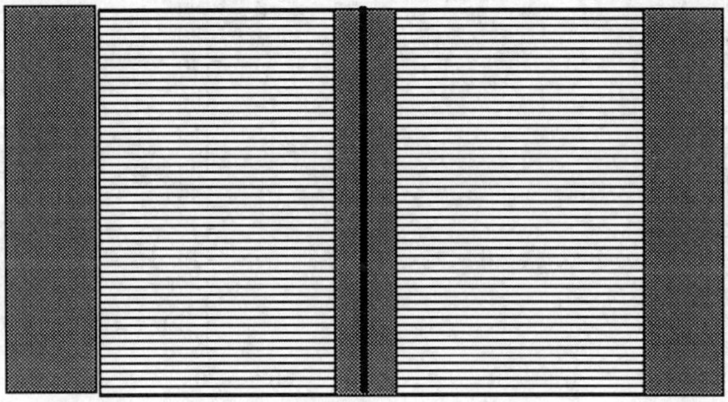

图3.17 C夹层中的金属栅网

测试了不同频率、不同极化等效平板的特性曲线,如图3.18~图3.21所示,由图可见,测试曲线与理论计算结果符合得较好。

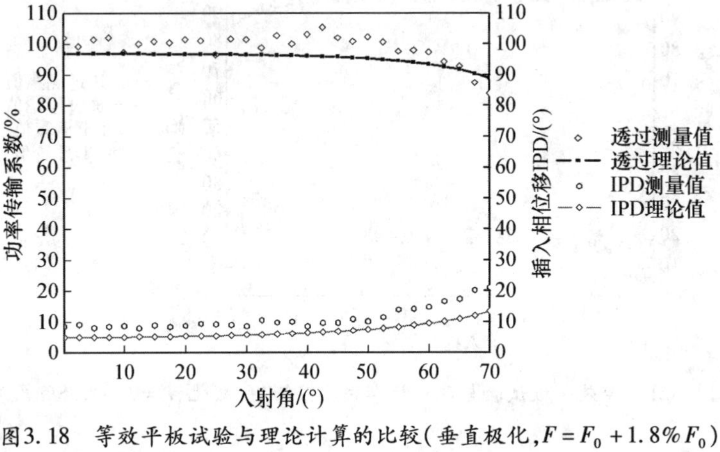

图3.18 等效平板试验与理论计算的比较(垂直极化,$F=F_0+1.8\%F_0$)

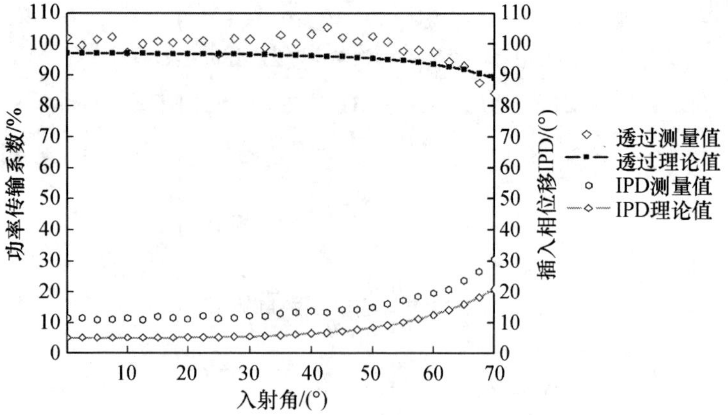

图3.19　等效平板试验与理论计算的比较(水平极化,$F=F_0+1.8\%F_0$)

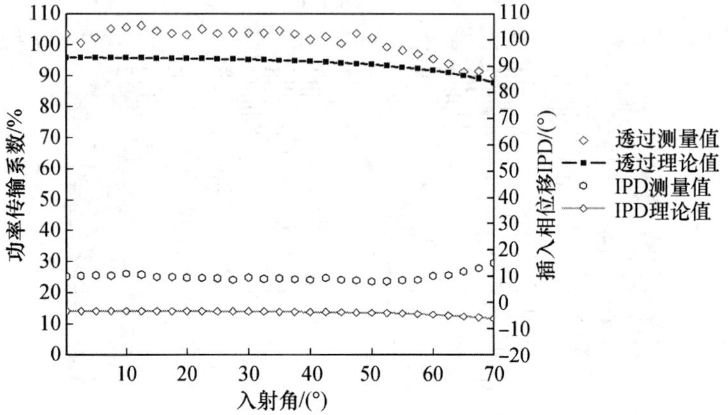

图3.20　等效平板试验与理论计算的比较(垂直极化,$F=F_0-1.8\%F_0$)

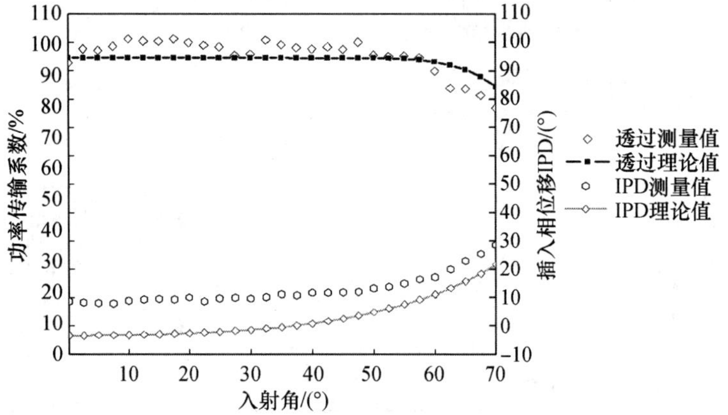

图3.21　等效平板试验与理论计算的比较(水平极化,$F=F_0-1.8\%F_0$)

从单层网格加载的C夹层等效平板的理论和试验研究中，金属栅网加载后等效平板的相位延迟被补偿，在谐振情况下的功率传输系数比较大且随入射角变化小。

回顾介质骨架天线罩单元之间的几种基本连接方式，比较它们不同特点和用途。

图3.22中，在微波波段，图(a)、(c)所示的接头ICR比图(b)、(c)所示的接头小得多，图(b)、(c)所示的接头一般用于米波通信天线罩。

图3.23中，图(a)所示的接头用于直径44m的天线罩的板块连接，图(e)所示的接头常用于低副瓣天线罩，对于－30dB副瓣天线加罩后，副瓣抬高可以低于1dB，对于更高的要求，则要考虑采用金属调谐手段。

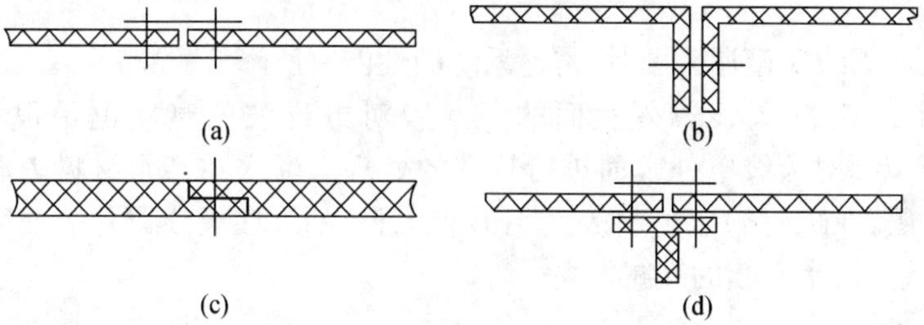

图3.22　单层天线罩单元之间的连接方式

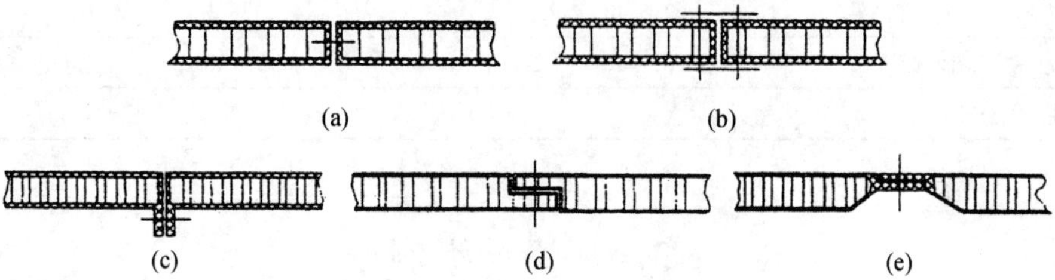

图3.23　A夹层天线罩单元之间的连接方式

天线罩接头的调谐，是指在图3.23(e)和图3.24(b)接头上的玻璃钢层板中埋入一定数量的金属丝或金属网，金属丝在介质中等效为并联电感，与介质配合后降低了接头的感应电流率。表3.11列出了中国恩瑞特公司提供的调谐前后接头的感应电流率幅度/相位对比。

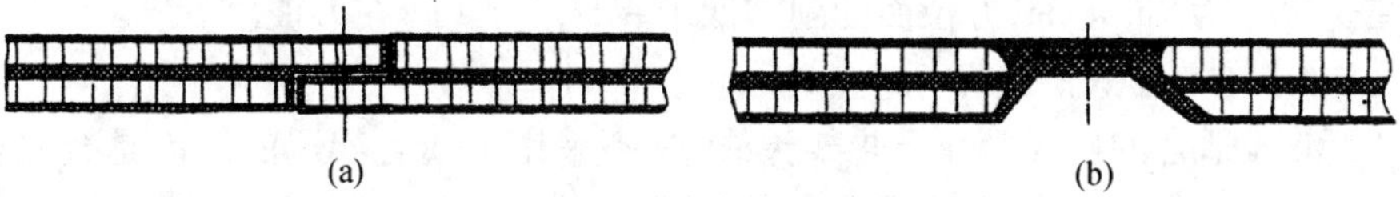

图3.24　C夹层天线罩单元之间的连接方式

表 3.11 调谐前后接头的感应电流率幅度/相位对比

频率/GHz	调谐前	调谐后
1.5	1.65∠-144°	0.64∠112°
1.6	1.65∠-143°	0.46∠108°
1.7	1.69∠-142°	0.26∠105°
1.8	1.77∠-140°	0.04∠113°
1.9	1.89∠-139°	0.20∠-93°
2.0	2.10∠-139°	0.45∠-98°

3.3.4 其他

当地面天线罩遭遇大雨时,雷达系统的性能有所降低,除路径衰减增大影响雷达作用距离外,天线罩外表面的积水膜对电磁波的衰减也是很大的(表3.12),所以要对天线罩外表面进行特殊的处理。雨水在亲水材料表面上会形成厚的水膜,在疏(憎)水材料表面不形成水膜,如果在天线罩外表面贴敷疏水膜,就能减少雨水水膜的衰减损失[11]。

表 3.12 不同类型的膜对卫星地面站天线接收电磁波的衰减

涂层	6GHz	4GHz
非疏水膜	2.5 dB	1.3dB
疏水膜	0.7 dB	0.5 dB
注:雨量 110mm/h		

3.4 设计举例

3.4.1 空间介质骨架天线罩设计

有一个两坐标雷达天线需要加设一部直径 25m 的天线罩,天线为线源馈电的单弯曲反射面天线,天线的尺寸为 16m×7m,水平极化,方位面的最大副瓣低于-32dB,宽角副瓣平均值低于-45dB,工作在 P 波段;寄生在雷达天线上的二次雷达尺寸为 8m×1m,方位面的副瓣低于-27dB, 工作在 L 波段。

3.4.1.1 形式的选择

L 波段适合的形式为介质骨架天线罩,不采用金属骨架罩的原因是金属杆宽度小于 1λ 时,平行极化的感应电流率很大(图 3.25),相对而言,垂直极化的感应电流率较小(图 3.26)。增加宽度,虽然平行极化的感应电流率变小,但阻挡比增大,所以在低频端不采用金属骨架结构;相对而言,介质骨架,在 L 波段的宽度小于 1/2λ，阻挡比小，而且感应电流率低（图 3.27）。

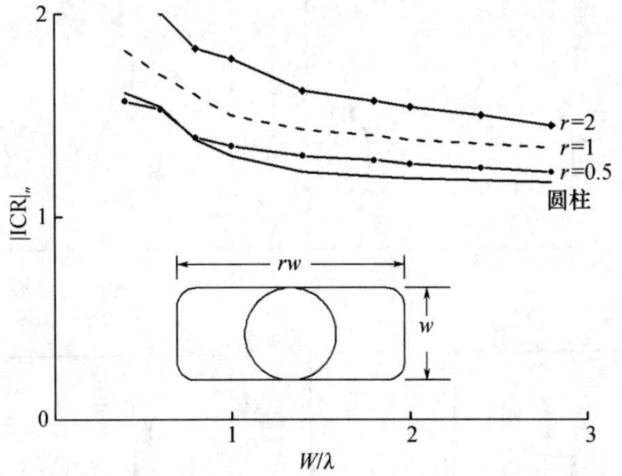

图 3.25　无限长金属矩形柱的感应电流率（平行极化）

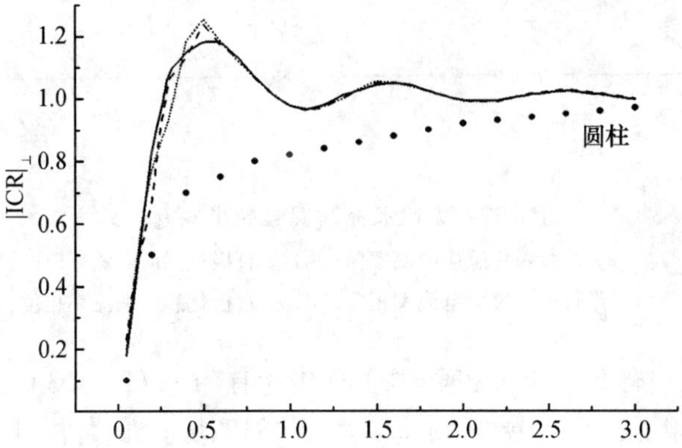

图 3.26　无限长金属圆柱的感应电流率（垂直极化）

3.4.1.2　单元分块

天线罩直径 25m，首先将球面划分为 20 个球面等边三角形，球面等边三角形边长为 13.83936m，三角形的三个角相等均为 72°（图 3.28），将球面等边三角形划分成 3 个球面三角形，以球面三角形 ABC 中心作一正球面六边形，边长为 1.957m，6 个顶点分别为 9、10、11、17、18、19。从 O 点通过六边形各顶点作辐射线，与球面三角形的边相交，得到 5、7 点，在球面三角形的顶点 A 作一边，与球面三角形 ABC 的 AC、BC 边相交，得到 1、2 点，以弧 12 为半径、1 点为圆心作圆，以 7 点为圆心、弧 12 为半径作弧，两弧交点为 3 点。同理，得到 6 点。以 9 点为圆心、98 为半径作弧，以 7 点为圆心、12 为半径作弧，两弧交点为 8 点。为简化起见，弧 23 等于弧 37 等于弧 78。

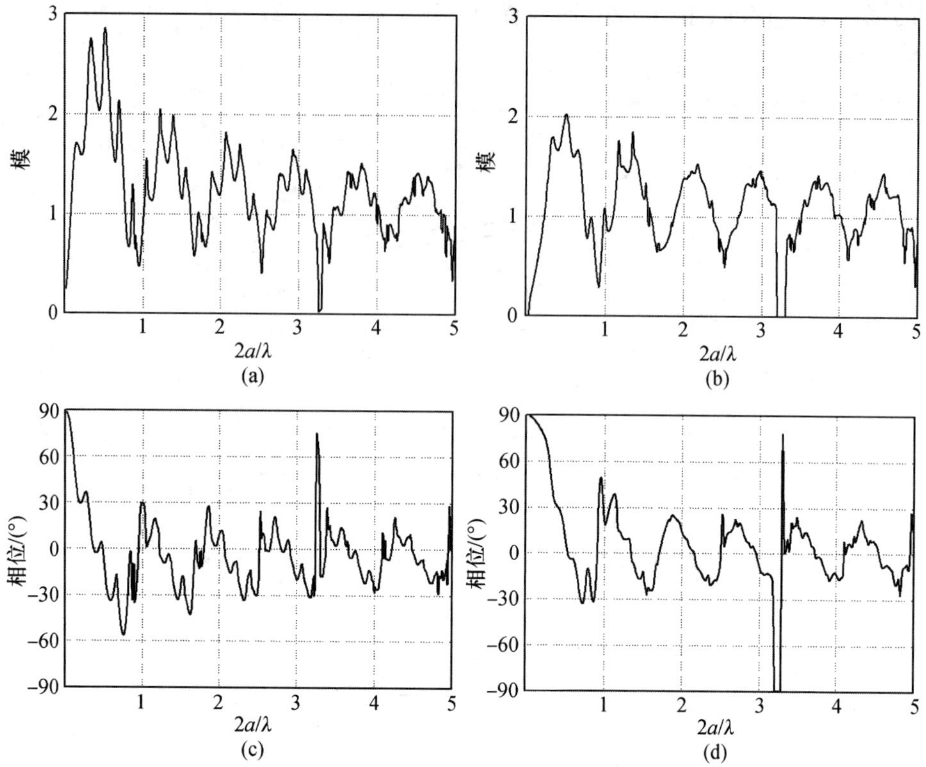

图 3.27　无限长介质圆柱的感应电流率

(a) 平行极化感应电流率模;(b) 垂直极化感应电流率模;

(c) 平行极化感应电流率相位;(d) 垂直极化感应电流率相位。

这种分法共有 5 种单元，全部球面共计有(1)、(2)、(3)号单元各 60 块，(5)号单元 20 块,(4)号单元 12 块,共 212 块。最大板块(3)号板面积 10.09018m^2,最小板块(4)号面积 5.726857m^2。

将这一分块方法定义为随机化分块方案 1,该方案的缺点是:(5)号板块为球面正六边形,有 3 对平行边,扩散场容易出现同相叠加,为降低介质肋阵的扩散场,需要将球面正六边形进一步随机化。

球面正六边形进一步随机化的方法是:将等边正六边形变成一等边但不等夹角的六边形,这一六边形的边长稍有缩短,10、17、19 点保持不变,移动 9、11、18 点,改变了球面正六边形各边彼此平行的状态。其他点,如 1、2、5、7 点位置保持不变,弧 12 边长不变，弧 12 等于 1.812,弧 23 等边长缩短,弧 23 等于弧 37 等于弧 78 等于弧 16 等于弧 65。

优化后的分块方案定义为随机化分块方案 2，随机化方案 2 中肋的方向分布更趋随机化,因而能有效地降低介质肋阵对天线的副瓣的影响。这种分法也有 5 种单元,全部球面共计有(1)、(2)、(3)号单元各 60 块,(5)号单元 20 块,

(4)号单元 12 块，共 212 块。最大板块(3)号板面积 10.19926m²，最小板块(4)号面积 5.726857m²。

组成球面后的单元分块分布如图 3.29 所示。

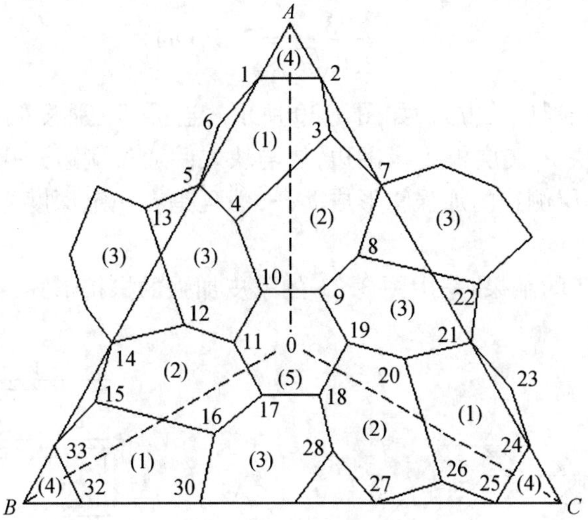

图 3.28 球面三角形分块方法

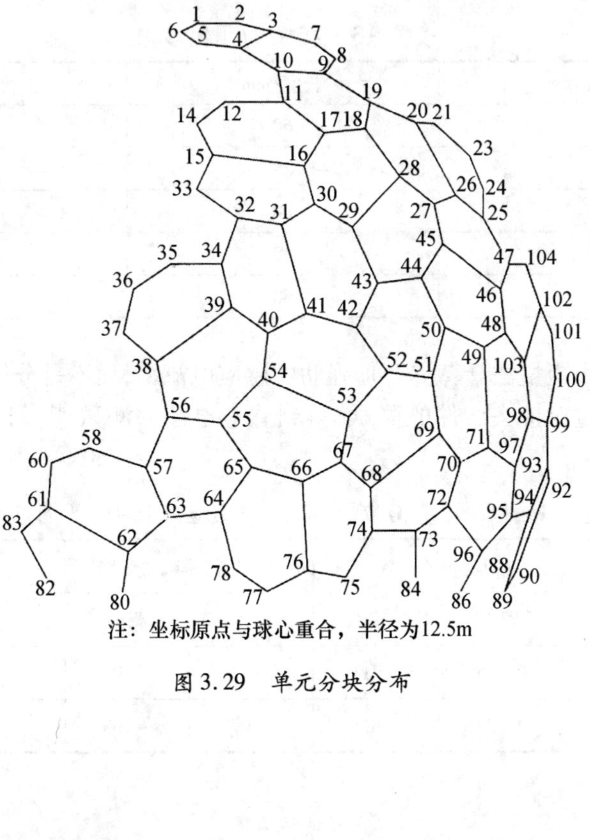

注：坐标原点与球心重合，半径为12.5m

图 3.29 单元分块分布

3.4.1.3 单元连接形式

天线罩罩壁采用 A 夹层，夹层高度 60mm，插入相位移仅 9°，对应于 L 波段的实芯玻璃钢的厚度为

$$d = \frac{9\lambda}{360\sqrt{\varepsilon}} = 2.5(\text{mm})$$

如果使用胶螺连接方式，如图 3.30 所示。连接部位强度低、刚性差。

如果将每块 A 夹层板边缘翻边，块与块之间通过侧边开孔，用螺栓孔将板连接在一起，夹层侧边的加强物形成肋条，而且是有一定深度的肋，感应电流率很大。

根据 3.3.2 的结果，采用图 3.31 的蒙皮加强的搭接形式，接头的几何参数见表 3.13。

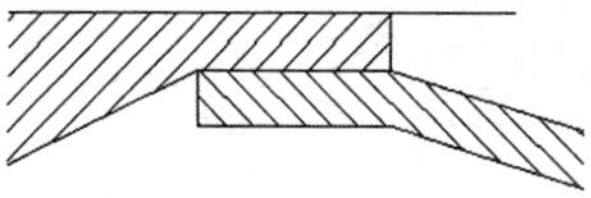

图3.30 相邻板块搭接方式 1

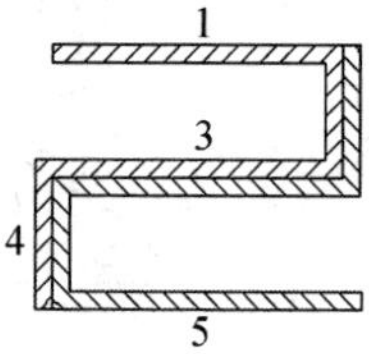

图 3.31 相邻板块搭接方式 2

表 3.13 接头的几何参数

分段号	长度/mm	宽度/mm
1	60	2.2
2	28	2.4
3	60	2.6
4	28	2.4
5	60	2.2

这时，采用矩量法计算混合加强肋的感应电流率，而不是分解为横向肋和纵向肋计算，通过对接头试件的测试，得到感应电流率测试值，列于表 3.14 和表 3.15。

表 3.14 0°入射、0°观察角上的感应电流率(平行极化)

频段	感应电流率模		感应电流率幅角/(°)		接头宽度/mm
	理论	测试	理论	测试	
P	0.185	0.211	-93	-95	60
L	0.382	0.618	-99	-105	60

表 3.15　0°入射、0°观察角上的感应电流率(垂直极化)

频段	感应电流率模		感应电流率幅角/(°)		接头宽度/mm
	理论	测试	理论	测试	
P	0.084	0.183	-90	-96	60
L	0.179	0.412	-92	-105	60

测试的感应电流率与理论值相当,由于试件加工误差以及测试误差,测试值大于理论值。在设计时,要考虑到加工公差问题,适当增加余量,以测试值估算介质接头构成的空间骨架阵列对天线辐射场的扩散方向图。

3.4.1.4　介质骨架罩的性能计算

1. 窗口壳体对天线电性能影响

由平板计算结果,在 P/L 波段,均匀壳体罩的传输系数大于 97%;应用三维射线跟踪方法,对于均匀介质壳体球罩,计算得到当天线最大副瓣电平为 -32dB时,副瓣抬高 0.5dB;当天线宽角平均副瓣为 -40dB 时,抬高 0.3dB;交叉极化电平低于 -40dB;对天线的主瓣宽度影响甚微。

2. 接头介质肋阵的影响

1)估计加强肋对功率传输系数的影响

每个球面三角形的面积为 98.17477m^2,肋所占的面积为 4.3196m^2,接头对天线口径的阻挡比 ρ 近似为 4.40%。

肋宽 w=60mm,厚度 d=60mm,肋感应电流率(L 波段)的测试结果:

$$\text{ICR} = g + \text{j}q, g_{/\!/} = -0.14, q_{/\!/} = -0.60, g_{\perp} = -0.10.0, q_{\perp} = -0.40$$

$$\bar{g} = \frac{1}{2}(g_{/\!/} + g_{\perp}) = -0.12, \bar{q} = \frac{1}{2}(q_{/\!/} + q_{\perp}) = -0.50$$

接头引起天线传输损耗为

$$|T_{\mathrm{P}}|^2 \approx 1 + 2\rho\bar{g} = 0.989$$

雷达天线罩总的传输损耗为

$$L_{\mathrm{B}} = 10\lg(0.965 \times 0.989) = -0.16(\mathrm{dB})$$

$|T_{\mathrm{P}}|^2$=0.96,单程衰减小于 0.20dB。在 P 波段,感应电流率较小,阻挡比不变,所以在 P 波段和 L 波段,单程传输损耗小于 0.3 dB 是可以达到的。

天线罩引起天线波瓣宽度增宽,主瓣宽度变化与天线增益下降有关,主瓣宽度变化近似 $\dfrac{1}{|T_{\mathrm{P}}|^2}$=1.042,即主瓣增宽为 4% ~5%。

2)估计加强肋对天线副瓣的影响

如果肋是规则排列,肋阵对天线的最大副瓣电平影响表现在肋阵有规则的分布引起了栅瓣,其幅度为

$$SLB = 20\lg(\rho|\overline{ICR}|) = 20\lg(0.044 \times 0.515) = -32.9(dB)$$

显然,在 L 波段这种栅瓣对低副瓣影响很大。

最坏情况下,扩散场对副瓣抬高的估计按下式:

$$SLL_R = 20\lg(10^{SLL_A/20} + 10^{SCATL/20})$$

式中:SLL_A 为天线的副瓣电平(dB);SCATL 为随机肋阵的扩散瓣电平(dB);SLL_R 为加肋阵后可能出现的副瓣电平(dB)。

用式(3.3)计算了两种方案的天线罩的远区扩散方向图,如图 3.32 ~ 图 3.34所示。两种方案的对天线副瓣抬高值见表 3.16。

表 3.16 P 波段天线副瓣抬高

随机化分块方案	天线副瓣电平/dB	肋阵扩散瓣电平/dB	加肋阵后天线副瓣电平/dB	副瓣抬高/dB	备注
方案 1	-27	-50	-26.41	0.594123	近区峰值副瓣
	-32	-50	-30.97	1.02	近区峰值副瓣
	-45	-55	-42.61	2.38	远区副瓣
	-50	-55	-46.12	3.87	远区副瓣
方案 2	-27	-55	-26.66	0.339086	近区峰值副瓣
	-32	-55	-31.41	0.59	近区峰值副瓣
	-45	-60	-43.57	1.42	远区副瓣
	-50	-60	-47.61	2.38	远区副瓣

表 3.17 L 波段天线副瓣抬高

随机化分块方案	天线副瓣电平/dB	肋阵扩散瓣电平/dB	加肋阵后天线副瓣电平/dB	副瓣抬高/dB	备注
方案 1	-27	-47	-26.17	0.827854	近区峰值副瓣
	-32	-47	-30.5784	1.421637	近区峰值副瓣
	-45	-52	-41.7925	3.207471	远区副瓣
	-50	-52	-44.922	5.078038	远区副瓣
方案 2	-27	-50	-26.41	0.594123	近区峰值副瓣
	-32	-50	-30.9701	1.029939	近区峰值副瓣
	-45	-55	-42.6134	2.386621	远区副瓣
	-50	-55	-46.1245	3.875518	远区副瓣

根据表 3.16 和表 3.17 数据,可以得到如下结论:

(1) 理论分析和仿真说明,肋阵是天线加罩后副瓣抬高的主要原因,应该采取措施降低肋阵的影响。

(2) 随机化分块方案 2 比方案 1 明显地降低了天线低副瓣抬高数值,说明经过优化后的随机化分块是有效的,证明了采用优化的分块必要性。

（3）在L波段，采取降低肋阵扩散瓣措施使得天线罩副瓣的抬高小于2dB，在生产中还要从严控制天线罩的制造公差。

（4）由肋阵引起的交叉极化电平低于 -35dB，如图3.32和图3.33所示。

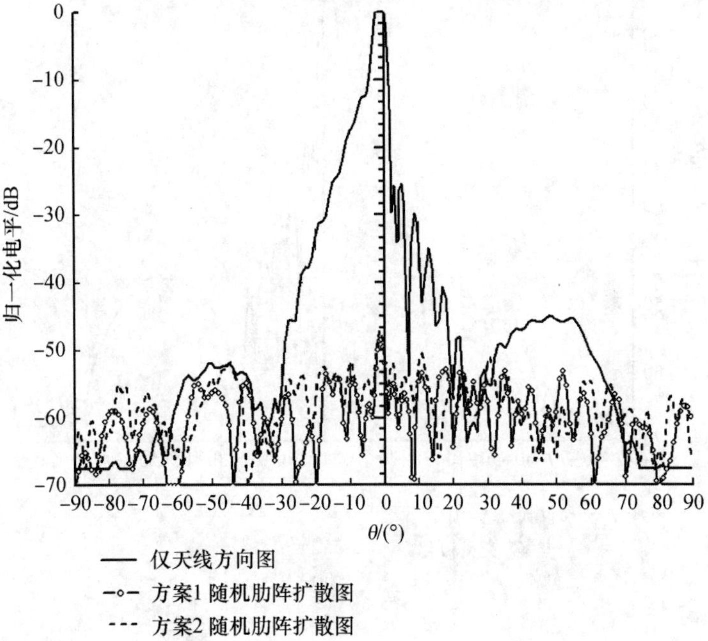

(a)

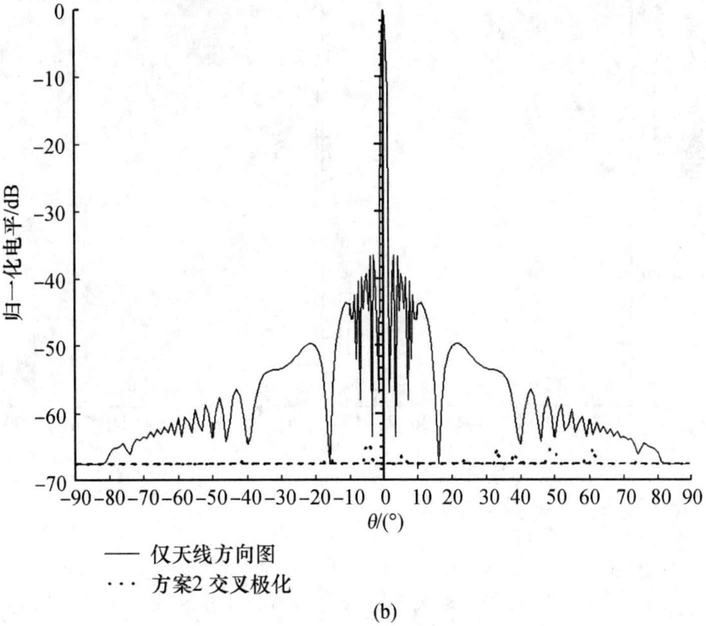

(b)

图3.32　对天线方向图影响的计算结果

(a) L波段天线加罩H面方向图(ICR取测试值)；(b) P波段天线加罩E面方向图(ICR取测试值)。

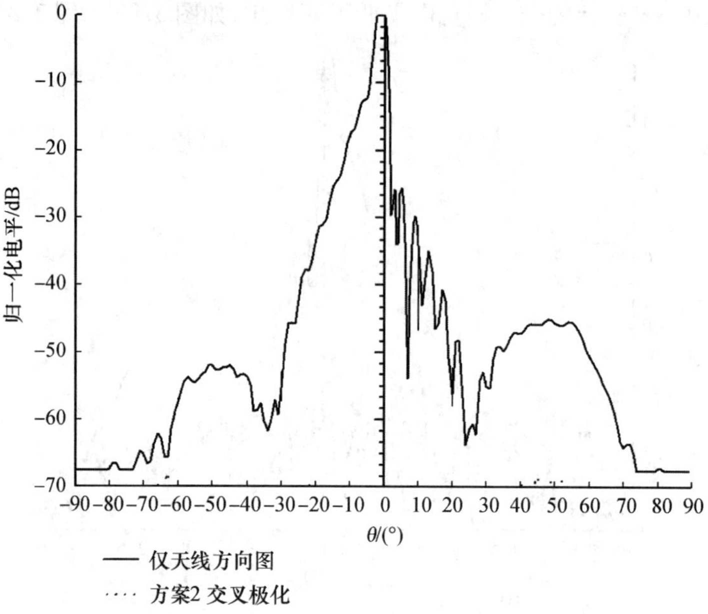

(a)

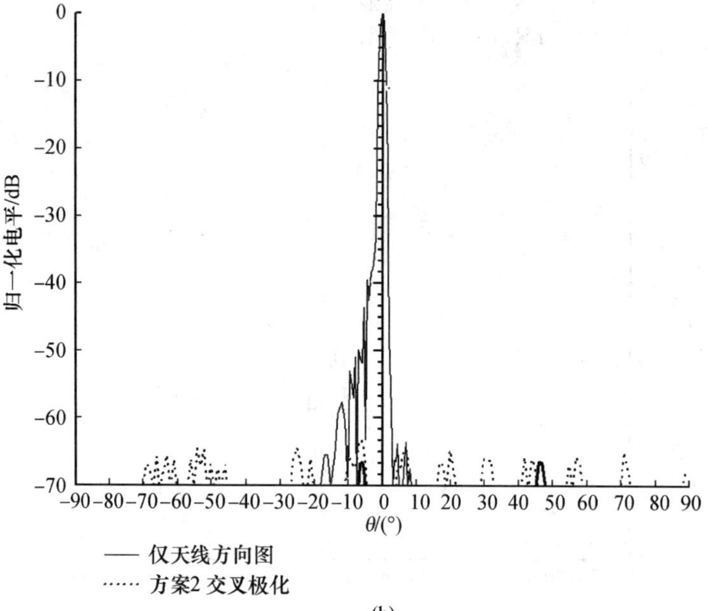

(b)

图 3.33　对天线方向图影响的计算结果

(a) L波段天线加罩H面方向图(ICR取测试值);(b) L波段天线加罩45°面方向图(ICR取测试值)。

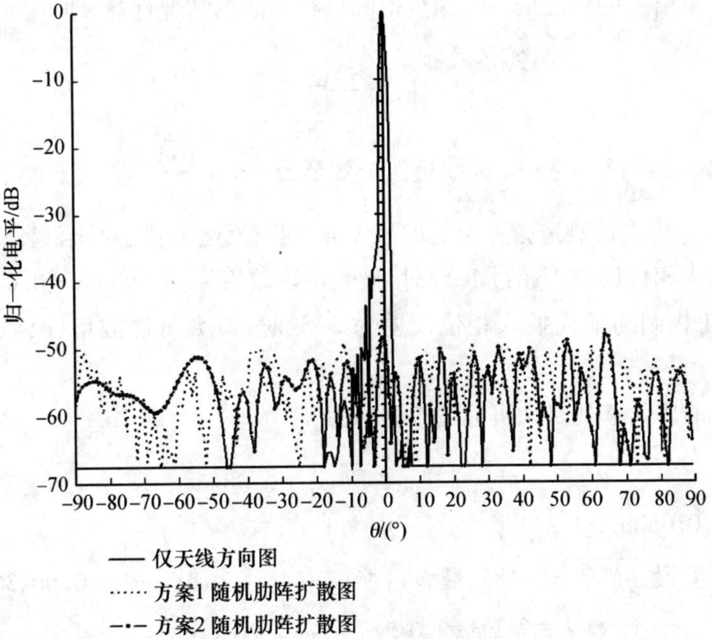

(a)

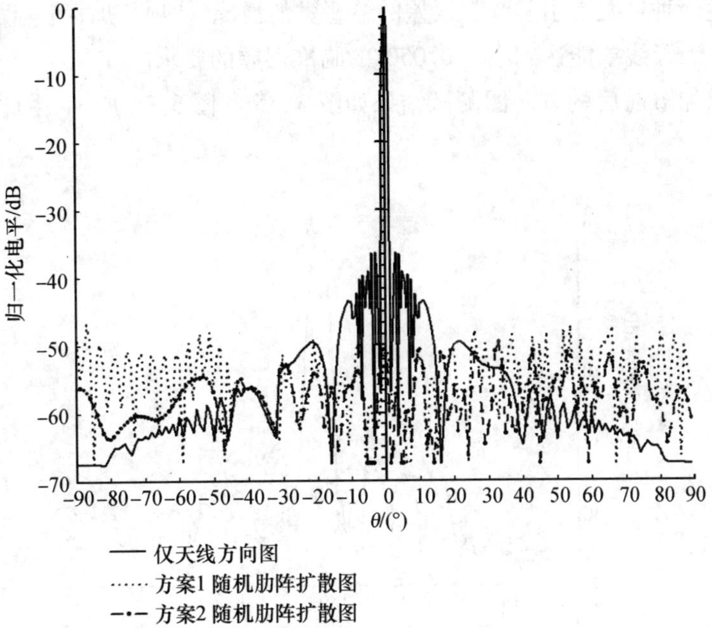

(b)

图 3.34 对天线方向图影响的计算结果

(a) L 波段天线加罩 45°面方向图(ICR 取测试值);(b) L 波段天线加罩 E 面方向图(ICR 取测试值)。

3）天线罩对波束偏移的影响

天线罩引起的瞄准误差可用近似圆口径天线的情况计算，即

$$\theta \approx \frac{2\lambda\psi_{\max}}{\pi^2} \cdot \frac{\pi}{4a} \times 2.34 = 0.372 \frac{\lambda}{a}\psi_{\max}$$

式中：a 为天线口径半径，主天线近似等效半径 $a = \sqrt{\frac{16 \times 7}{\pi}}$。

设 $\varphi'_{\max}$ 为壳体制造公差引起的最大插入相位误差，则：对 P 波段，手工糊制的最大插入相位误差不超过 1.5°时，最大可能波束偏移 $\Delta\theta'\max = 0.0475°$；对 L 波段，手工糊制的最大插入相位误差为 2.5°时，最大可能波束偏移 $\Delta\theta'\max = 0.0380°$。

随机肋阵引起的最大可能波束偏移为

$$\theta'_{n\max} = \lambda_0 W \overline{q(w)} \cdot 0.50/a^2$$

式中：$W = 0.060$m。

对 P 波段，$\overline{q(w)} = 0.18$，最大可能波束偏移为 $\Delta\theta'\max = 0.0043°$；对 L 波段，$\overline{q(w)} = 0.50$，最大可能波束偏移为 $\Delta\theta'\max = 0.0057°$。

上述两种情况是引起瞄准误差的最恶劣的情况，两项相加，瞄准误差不超过 0.050，实测天线罩能达到小于 0.050°的瞄准误差的要求。

天线加罩前后的方向图测试结果如图 3.35 和图 3.36 所示，由此可见满足设计要求。

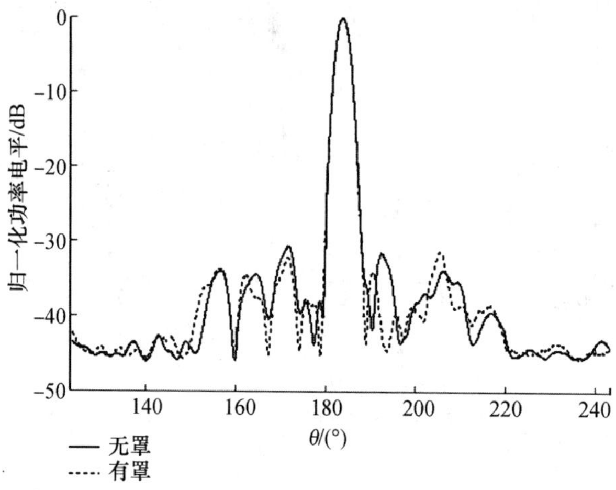

图 3.35　天线加罩后方向图的测试结果(位置 1)

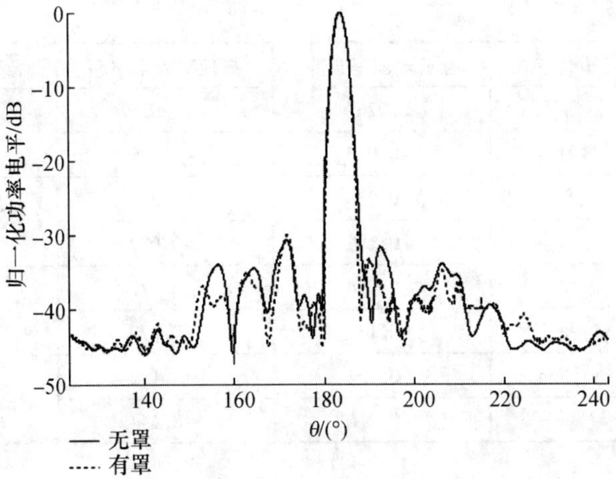

图 3.36　天线加罩后方向图的测试结果(位置 2)

小结:

(1) 介质骨架罩适用于 SSR 天线、航空管制雷达、气象雷达等多类地面雷达。因为雷达的增益与雷达口径电尺寸成正比,夹层罩的厚度与频率成反比,所以往往低频段的雷达口径大、天线罩截面厚、强度和刚度能够保证,对于 L 波段介质夹层罩直径最大可达 50m,S、C 波段介质夹层罩直径最大可达 20m,X 波段的最大直径一般不大于 10m。

(2) 与金属骨架罩相比,介质肋的感应电流率低,经过调谐后更低[10](表 3.18),在阻挡比相同的情况下,传输效率高 5% ~10%,数据见表 3.19。介质肋的散射小、散射副瓣低、宽角副瓣低,特别适用于低副瓣和超低副瓣的雷达系统。刚性好,隔热好,不需要鼓风,没有金属骨架罩蒙皮因风而产生的振动噪声。缺点是带宽较窄,约 10%。

表 3.18　应用调谐技术的单波段介质骨架天线罩的传输损耗[8]

波段	损耗/dB	波段	损耗/dB
L	0.1	C	0.2
S	0.15	X	0.3

表 3.19　应用调谐技术的双波段介质骨架天线罩的传输损耗[9]

频率/GHz	极化方式	感应电流率实部	感应电流率虚部	天线罩损耗/dB
1.03	平行	-0.075	0.304	0.07
	垂直	-0.064	-0.024	
1.09	平行	-0.075	0.281	0.11
	垂直	-0.127	0.065	

（续）

频率/GHz	极化方式	感应电流率实部	感应电流率虚部	天线罩损耗/dB
1.2	平行	0.026	0.202	0.05
	垂直	−0.073	−0.049	
1.4	平行	−0.038	0.163	0.15
	垂直	−0.253	−0.092	
2.7	平行	−0.094	−0.118	0.13
	垂直	−0.142	−0.070	
3.0	平行	−0.152	−0.142	0.18
	垂直	−0.216	−0.144	

3.4.2 空间金属骨架天线罩设计

结合美国亥斯达克天线罩说明金属骨架罩的设计方法。美国麻省理工学院亥斯达克(Haystack)天文台1964年建成了一座大型射电天文望远镜,主反射面天线的尺寸为36.6m,用一个直径45.75m的球形金属骨架天线罩来保护(图3.37),工作频率为8~35GHz,天线罩在35 GHz频率的功率传输系数大于78%,金属骨架蒙皮天线罩使天线不再受风载荷作用工作而影响指向,绝对指向误差均方根误差小于7″[12]。

选择金属骨架形式的原因是,天线罩尺寸大,工作频率高介质加强肋宽度在不大于1λ限制下,不能达到足够的结构强度,此时介质的感应电流率已经达到1.8,介质肋感应电流率随肋宽增加而增大。在同样阻挡比的情况下,金属骨架的感应电流率要小得多(−1左右)。如果采用满足强度介质夹层在高频端(如10GHz以上频率)功率传输系数很低,难以满足电性能要求,因此选用金属骨架形式。

图3.37 美国亥斯达克天线罩

分块方法：采用均匀分块，天线罩共划分为1385个三角形单元，平均边长3.58m，456个连接毂，天线在任何指向在天线口径上对应的天线罩有355个单元，杆件分布示意如图3.38所示。

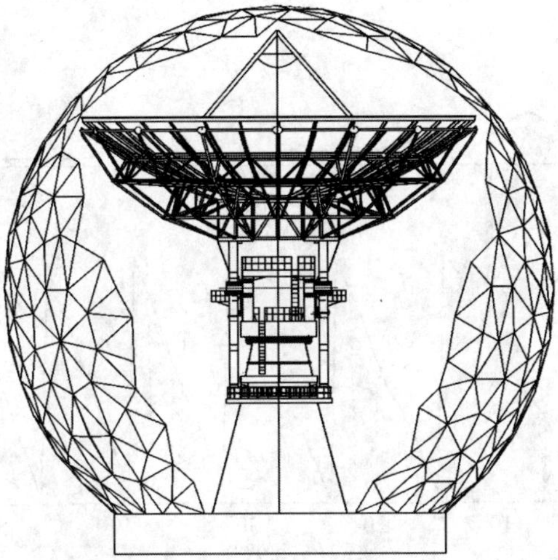

图3.38 金属骨架天线罩的分块图

金属骨架的设计：金属肋的宽度 $W=73.5\text{mm}$、深度 $D=122.5\text{mm}$；金属肋的平行极化和垂直极化感应电流率在8GHz、35GHz的0°入射（沿深度方向）时在前向观察方向（0°~60°）的感应电流率均比较小，最大不超过1.4，如图3.39和图3.40所示。

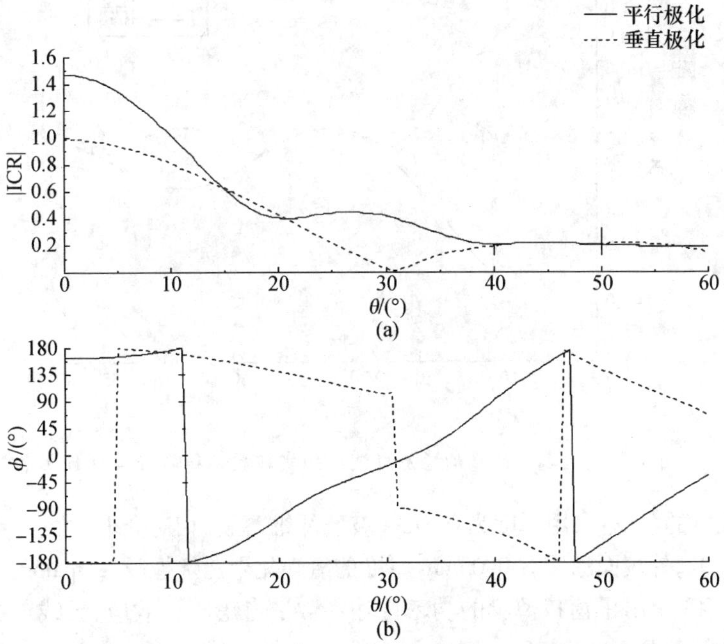

图3.39 金属肋的感应电流率的模和相位（$F=8\text{GHz}$）

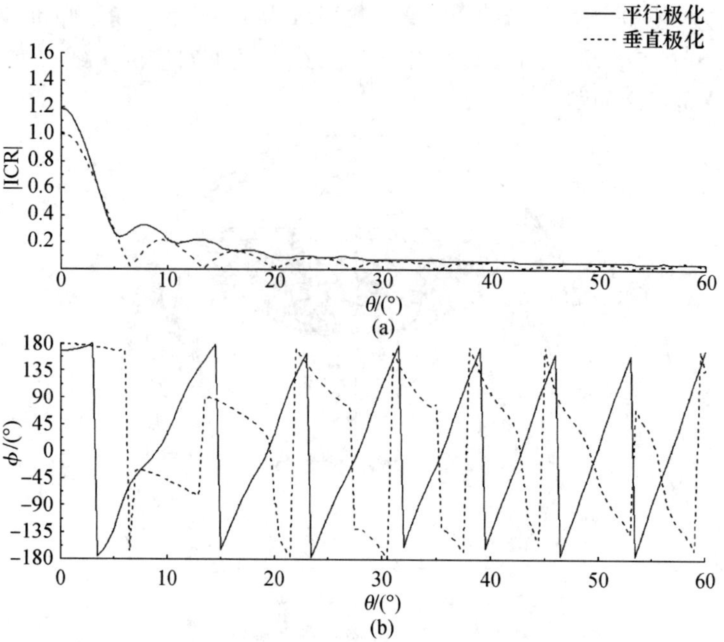

图 3.40　金属肋的感应电流率的模和相位($F=35\text{GHz}$)

金属肋的两个极化感应电流率之和的平均值如图 3.41 和图 3.42 所示。

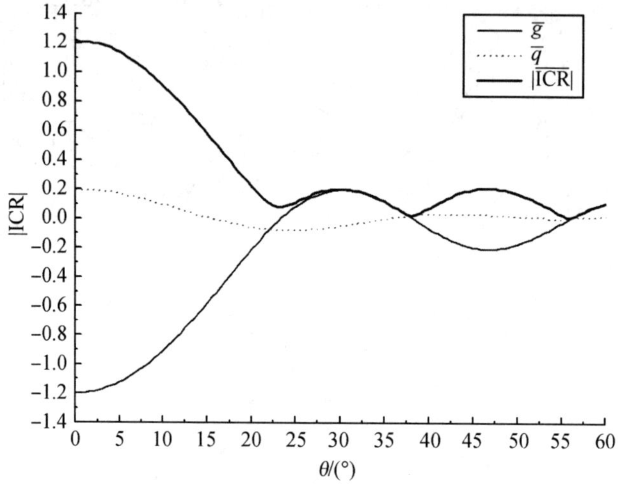

图 3.41　金属肋的平均感应电流率的实部虚部和模($F=8\text{GHz}$)

天线罩的蒙皮:采用厚度为 0.8mm 玻璃纤维薄膜,相对介电常数为 4,损耗角正切为 0.01,外表面涂覆有 0.05mm 厚度的氯磺化聚乙烯橡胶(Hypalon)涂层。

图 3.43 示出了窗口薄膜的功率传输系数。考虑阻挡效应,天线罩的功率传输系数估算值列于表 3.20。

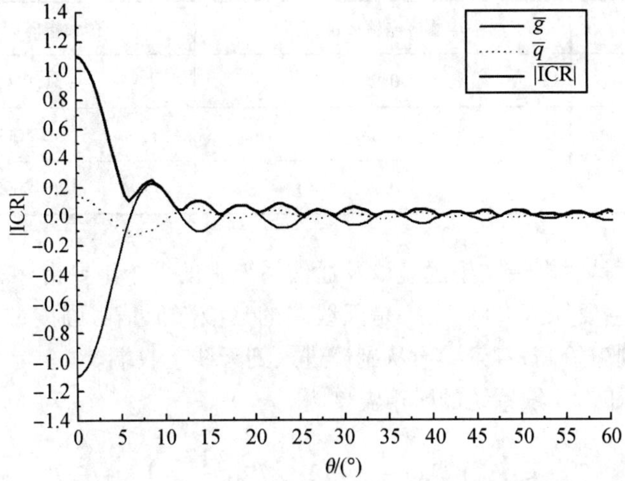

图 3.42 金属肋的平均感应电流率的实部虚部和模($F=35$GHz)

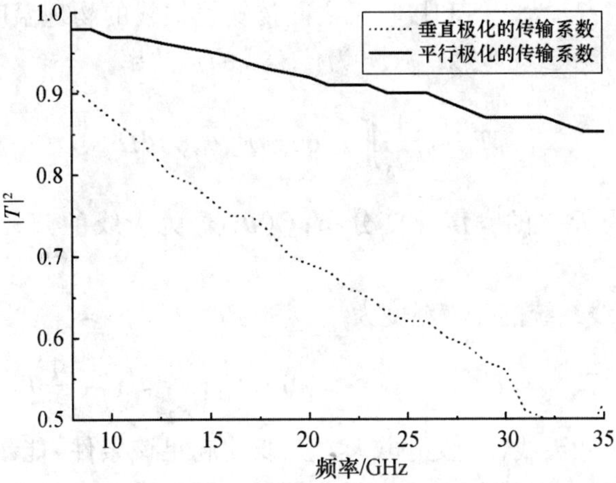

图 3.43 窗口薄膜的功率传输系数

表 3.20 天线罩的功率传输系数估算值

频率/GHz	功率传输系数/%	频率/GHz	功率传输系数/%
8	93	35	72
20	81		

天线的口径半径 $a=18.6$m、肋宽 $w=0.0735$m,随机肋阵引起的最大可能指向误差(列示表 3.21 中)

$$\theta'_{n\max} = \lambda_0 W \overline{q(w)} \cdot 0.50/a^2$$

表 3.21　金属骨架引起的指向误差估算

频率/GHz	平均感应电流率的虚部	最大指向误差/(″)
8	0.2	31.06655
20	0.1	6.21331
35	0.2	7.100926

噪声温度是射电天文望远镜以及通信系统中的一个重要指标。天线罩会增加噪声温度,主要原因有两个:一是天线罩的衰减降低信号强度;二是金属骨架的散射使得副瓣抬高,背景噪声从副瓣进入到天线接收端。

无天线罩时,天线系统的噪声温度为

$$T_{\text{sys}} = T_{\text{A}} + T_{\text{AP}}(\frac{1}{\varepsilon_1} - 1) + T_{\text{LP}}(\frac{1}{\varepsilon_2} - 1) + \frac{1}{\varepsilon_2}T_{\text{R}}$$

式中:T_{A} 为天线的噪声温度,温度单位均为绝对温度(K);T_{AP} 为天线的物理温度,一般取 290K;T_{LP} 为天线和接收机之间传输线馈线的物理温度;T_{R} 为接收机的噪声温度;ε_1 为天线的热效率;ε_2 为传输线的热效率。

$$T_{\text{A}} = \frac{1}{\Omega_{\text{A}}}\iint T(\theta,\varphi)P(\theta,\varphi)\,\mathrm{d}\Omega$$

式中:$T(\theta,\varphi)$ 为天空的噪声温度分布;$P(\theta,\varphi)$ 为天线的归一化功率方向性函数。

加罩后,天线系统的噪声温度为

$$T'_{\text{sys}} = T'_{\text{A}} + T_{\text{AP}}\left(\frac{1}{\varepsilon_1} - 1\right) + T_{\text{LP}}\left(\frac{1}{\varepsilon_2} - 1\right) + \frac{1}{\varepsilon_2}T_{\text{R}}$$

对于电大尺寸天线(一般射电天文天线均满足该条件)能量主要集中在主瓣内,加罩后天线主瓣展宽,近似估计加罩后天线的噪声温度,即

$$T'_{\text{A}} = \frac{1}{\Omega_{\text{A}}}\iint T(\theta,\varphi)P'_{\text{r}}(\theta,\varphi)\,\mathrm{d}\Omega \approx \frac{T(0,0)\,\Delta\theta'_{3\text{dB}}}{\Omega_{\text{A}}} \approx \frac{T(0,0)\,\Delta\theta_{3\text{dB}}}{\Omega_{\text{A}}\,|T|^2} \approx \frac{T_{\text{A}}}{|T|^2} \tag{3.57}$$

噪声温度变化为

$$T'_{\text{sys}} - T_{\text{sys}} \approx T'_{\text{A}} - T_{\text{A}} + T_{\text{AP}}\left(\frac{1}{\varepsilon_1 |T|^2} - \frac{1}{\varepsilon_1}\right) = \left[T_{\text{A}} + T_{\text{AP}}\left(\frac{1}{\varepsilon_1} - 1\right)\right]\frac{1 - |T|^2}{|T|^2}$$

取 $T_{\text{A}} = 20\text{K}$, $T_{\text{AP}} = 290\text{K}$, $\varepsilon_1 = 0.70 \sim 0.90$, $|T|^2 = 0.60 \sim 0.90$, 天线罩引起的噪声温度变化近似估算值见表 3.22。

表 3.22 天线罩引起的噪声温度变化近似估算值

估算值/K \ $\lvert T\rvert^2$	ε_1			估算值/K \ $\lvert T\rvert^2$	ε_1		
	0.7	0.8	0.9		0.7	0.8	0.9
0.90	15.1	9.7	5.6	0.70	58.1	37.5	21.5
0.80	33.9	21.9	12.5	0.60	90.5	58.3	33.3

实际测试结果是，亥斯达克天线罩在 10GHz，天线罩对天线噪声温度增加 9K，在 22GHz 对天线噪声温度增加 22K。

讨论：

(1) 亥斯达克天线罩效果显著。加罩后，罩内的温差可以控制在 3.6℃ 以内，天线罩蒙皮温度高于 0℃，使得外表面不会产生结冰和积雪。毫米波反射面的机械误差均方根值为 0.125mm，天线罩防止了腐蚀对天线型面精度的破坏。

(2) 金属骨架天线罩的应用比较广泛。1978—1983 年美国在马绍尔群岛全球最大的环礁——夸贾林环礁上安装了两部毫米波雷达天线罩，用于靶场目标精密跟踪，天线为卡塞格伦反射面天线，天线直径 13.7m，雷达频段在 Ka 波段(35GHz)、W 波段(95.4GHz)，天线罩直径 20.5m，薄膜厚度 0.2mm，金属骨架薄膜天线罩的功率传输系数大于 87%，薄膜材料在 1～120 GHz 范围内损耗很小。

(3) 金属骨架天线罩还可以用于 4/6GHz 卫星通信系统，在设计卫星通信地面站天线罩时，要满足除功率传输系数、副瓣抬高的指标外，还要求加罩后交叉极化的电平指标。1981 年，卫星通信 Intelsat V 系统采用了双极化的频率复用 4/6GHz 技术，在跟踪主瓣宽度内的交叉极化的低于 30.7dB，从理论上讲，控制空间骨架天线罩的交叉极化电平，取决于空间骨架的感应电流率，无论是金属骨架形式还是介质骨架形式都能用于卫星通信 4/6GHz 的天线罩，关键是设计好空间骨架。从理论上分析，单根介质肋或金属杆的产生交叉极化正比于 $[\mathrm{ICR}_{/\!/} - \mathrm{ICR}_{\perp}]\dfrac{2wl}{\pi D^2}$(其中，$w$ 为金属杆投影宽度；l 金属杆投影长度；D 为天线的直径 $\mathrm{ICR}_{/\!/}$、$\mathrm{ICR}_{\perp}$ 分别为肋对平行极化、垂直极化入射电场的感应电流率)。经验表明，矩形截面骨架产生的交叉极化比圆形截面小 4dB。

小结：

(1) 金属骨架天线罩适用于频率高的频段而且是电大尺寸的天线防护，结构简洁、经济适用，能满足超低副瓣天线以外的场合，如大型射电天文望远镜、大型卫星通信地面站、大型毫米波精密跟踪雷达[13]。

(2) 金属骨架天线罩工作频率高，可以满足特大尺寸需求;介质骨架天线罩难以同时满足尺寸大和在高频传输系数高的要求。

(3) 金属骨架天线罩结构强度高,金属骨架的模量大,强度好。

(4) 缺点是蒙皮颤动、噪声大,为了延长蒙皮的寿命,需要罩内充气保持一定的内压,外形面不光顺容易积雪结冰,需要内部加热热空气使之融化。

3.4.3 刚性壳体天线罩设计

并非所有情况下,毫米波天线罩都需要采用金属骨架形式,尺寸较小的毫米波雷达天线罩也可以用介质夹层天线罩,以某 9/35GHz 的双频段地面气象雷达天线罩(图 3.44)为例说明刚性壳体天线罩的设计。毫米波气象雷达天线为前馈旋转抛物面天线,口径直径 2.1m、天线罩直径 4m,将球面分成两块,为了保证分块后的接缝不引起大的副瓣和瞄准误差, 采用经纬分块,每一块球面的高为 3.6m。天线罩板块单元截面采用 A 夹层,内外蒙皮厚度为 0.45mm,材料的相对介电常数为 4.1,损耗角正切为 0.023,夹芯采用密度为 0.072g/cm^3 聚氨脂刚性泡沫,它的相对介电常数为 1.1,损耗角正切为 0.004,夹芯高度取 5.2mm,罩外表面加抗雨蚀抗候涂层,涂层为聚氨酯树脂,厚度为 0.2mm,相对介电常数为 2.0,损耗角正切为 0.03,它有一定的弹性,涂料中兑进 TiO_2 粉防紫外线辐射。块与块之间的连接方式为平接型胶结合法,将 A 夹层内外蒙皮在搭接的边预留空间,其宽度为 20mm,在安装时,再用湿法铺一宽度为 40mm 的内外蒙皮。A 夹层的等效平板的功率传输系数如图 3.45 和图 3.46 所示。测试结果:9.375GHz 频段损耗小于 0.5dB,34.86GHz 频段损耗小于 1.0dB;瞄准误差小于 0.01°(均方根值);波束宽度变化 $<10\%$。

图 3.44 刚性毫米波天线罩

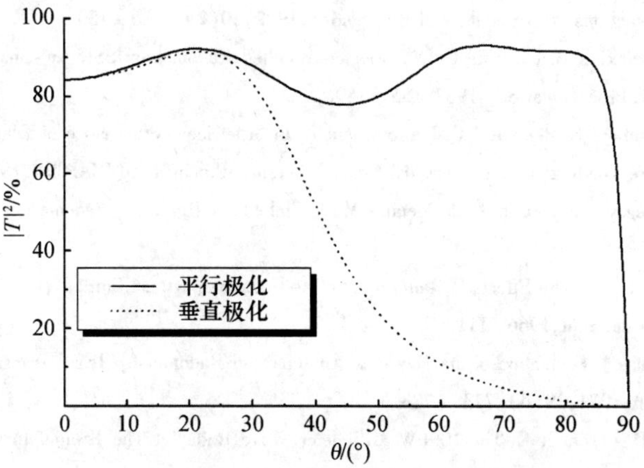

图 3.45 等效平板的功率传输系数(毫米波段)

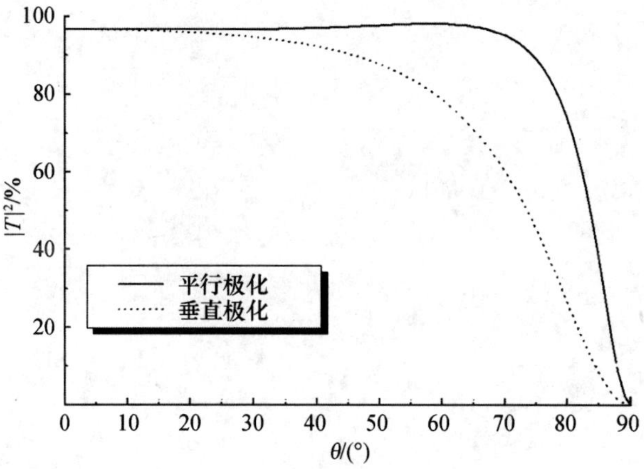

图 3.46 等效平板的功率传输系数(X 波段)

参考文献

[1] Curtis R, Vaccaro. Survey of Ground Radomes[R]. AD - 285776.

[2] Kay A L. Electrical Design of Metal Space Frame Radomes[J]. IEEE Transactions on Antennas and Propagation, 1965, 13(3): 188 - 202.

[3] Richmond. Scattering by a Dielectric Cylinder fo Arbitrary Cross Section Shape[J]. IEEE Transactions on Antennas and Propagation, 1965, 13(3): 334 - 341.

[4] 杜耀惟. 天线罩电信设计方法[M]. 北京:国防工业出版社,1993.

[5] 张强. 夹层雷达天线罩中典型的介质加强肋的感应电流率矩量法分析[J]. 现代雷达,2000, 22(6): 56 - 61.

[6] 数学手册编写组. 数学手册[M]. 北京:高等教育出版社,1979.

[7] Rshavit, Smolski P, Michielssen E, etc. Scattering Analysis of High Performance Large Sandwich Radomes

[J]. IEEE Transactions on Antennas and Propagation, 1992, 40(2): 126 – 133.

[8] Chang K C, Smolski A P. The Effect of Impedance Matched Radomes on SSR Antenna Systems[C]. London: IEEE Conf. Proc. Radar 87, 1987: 155 – 159.

[9] Snith F C, Chambers B, Bennett J C. Improvement in the Eletrical Performance of Dielectric Space Frame Radomes by Wire Loading[J]. Coventry: IEEE Conf. Antenna Propagation(ICAP89). 1989: 530 – 534.

[10] Takashi Kitsuregawa and Fujio Arita. Metal – Mesh Embedded Dielectric Radome[J]. Electronics, 1961. Oct. 20: 58 – 59.

[11] Cohen A, Smolski AP. The Effects of Rain on Sattellite Communicaytions Earth Terminal Rigid radome[J]. Microwave Journal. Sept, 1966: 111.

[12] Meeks M L, Ruse J. Evaluation of the Haystack Antenna and Radome[J]. IEEE Transactions on Antennas and Propagation, 1971, 29(6): 723 – 728.

[13] Abouzaltra M D, Avent R K. The 100kW Millimeter Wave Radar at The Kwajialein Atoll[J]. IEEE AP Magzine, 1994, 36(2): 7 – 12.

第4章　机载火控雷达天线罩

第二次世界大战中，雷达天线罩配合机载雷达用于搜索、跟踪目标，地形测绘，警戒等。第一代机载雷达天线多采用正馈的抛物面天线，雷达系统中大功率源采用磁控管发射机，当功率增大时，频率漂移大，要求雷达天线罩反射小，避免反射波引起磁控管的频率牵引；喷气式飞机和超声速飞机问世大大增加了飞机的速度，钝形的机头罩因阻力太大而被细长流线形的外形所代替，雷达的工作方式也从圆锥扫描进化为单脉冲测量，采用具有差通道的天线使接收波束锐化，雷达能在一个脉冲宽度内得到目标的角度信息，单脉冲雷达要求天线罩瞄准误差小；20 世纪 60 年代以后，基于 PD 体制的雷达利用飞机和目标之间的相对运动，目标回波产生多普勒频移的特点，通过频域滤波器鉴别目标和地物杂波，抛物面天线被具有单脉冲通道的低副瓣平板裂缝天线所代替，磁控管被相干性好的行波管（TWT）所代替，机载雷达开始具备下视能力，为了获得高重复频率（HPRF）的满意性能，必须降低旁瓣和远瓣，对天线罩提出了低副瓣的要求。上世纪 80 年代以后，超大规模集成（VLSI）技术、数字技术、微薄组件技术成熟，为研制第四代超声速飞机更为先进的电子系统提供了良好的基础，电扫描的相控阵雷达代替了机械扫描的平板裂缝阵列，相控阵天线有很多模块（如 1000 个），这些模块可以排列在一个平板或共形结构上或分开排列，每个模块都控制发射和接收时的相位和增益，相控阵能迅速、灵活而正确地进行波束控制，在指定空间中能同时搜索、跟踪多批目标并对目标分类、识别和辨认。宽带相控阵雷达对天线罩提出了宽频带要求，为了降低被发现的概率，还提出了隐身的要求，面对隐身目标和离散目标，共形或综合孔径天线以及智能蒙皮也对天线罩提出了超宽带低剖面的需求。

综上所述，机载雷达天线罩遇到的问题与地面雷达天线罩有很大的区别，雷达天线罩与雷达天线、载机平台密不可分，因此，雷达天线罩应该由飞机设计师、天线罩设计师、雷达设计师的互相协作联合研制。

预警雷达天线罩、机载火控雷达天线罩和机载宽带雷达天线罩是机载雷达天线罩的重要组成部分，机载雷达天线罩设计技术比较复杂，每种类型的天线罩设计的指标不同，要解决的问题不同，分析的方法也不同。为叙述清楚，将在第 4、5 章、6 章分别阐述机载火控雷达天线罩、机载雷达天线罩预警雷达天线罩和机载宽带雷达天线罩技术。借鉴这些技术也可以分析设计其他类型如机载合成孔径雷达天线罩、气象雷达天线罩、卫星通信天线罩 、无人机天线罩 、直升机雷达天线罩等。

本章从天线罩的性能要求、天线罩外形、天线罩夹层形式、天线罩头部空速管、雷电防护等几个方面，对机载火控雷达天线罩的特殊性进行详细的分析，用三维射线跟踪方法分析无附件天线罩的性能，用物理光学－矩量法（PO－MoM）分析空速管的影响，用感应电流率理论分析雷击分流条的影响，用实例说明机载火控雷达天线罩的设计方法。

4.1 概　述

机载火控雷达天线罩在第二次世界中发展很快，早期的天线罩大多采用单层结构，少数采用A夹层结构，米波雷达天线罩用过聚甲基丙烯酸甲酯（有机玻璃）材料，厘米波雷达天线罩常用玻璃纤维层压板、聚苯乙烯纤维层压板、玻璃纤维和聚酯－苯乙烯树脂复合体。对热塑性材料如玻璃纤维层压板、聚苯乙烯纤维层压板加热，在模具上弯曲成形。对热固性材料如玻璃纤维和聚酯－苯乙烯树脂复合体加热，在模具上弯曲固化成形。天线罩性能主要取决于材料的损耗和厚度的控制，玻璃纤维和聚酯－苯乙烯树脂复合体厚度控制方便，例如厚8mm的罩壁可以用多层纤维铺叠而成，且固化后比较均匀。

1948年，麻省理工学院辐射实验室主持编辑了一套雷达技术丛书，其中第22卷《雷达扫描天线和天线罩》比较完整地总结了雷达天线罩的技术发展，对小入射角入射的天线罩和流线形天线罩的设计进行了详细论述，基于菲涅耳定理和多次反射理论，给出了一套较为完整的计算天线罩传输和反射的方法，提出了最小反射设计原理，给出了最佳厚度设计准则，阐述了材料工艺和测试技术，提出了测试系统和测试方法。该书中给出了单层和A夹层的计算曲线和图表，基本满足了雷达天线罩设计的需要。

为降低空气阻力，天线罩外形趋于细长，此时天线罩对雷达天线的入射角达70°以上，天线罩外表面必须涂覆抗静电涂层和防雨蚀涂层。早期的雷达天线罩入射角范围小，传输系数反射曲线随入射角变化小，入射角增大后，传输系数曲线变化剧烈，涂层影响大，多次反射法的计算量大，另外由于单层罩壁带宽有限，质量大，需要采用夹层罩壁，所以急需一种快速的计算方法。1957年提出传输线等效矩阵级联方法，多层介质罩壁的计算大大简化，给设计带来很大便利。

第三代超声速飞机（F－16等）装备了低副瓣天线－平板裂缝阵列，PD多普勒雷达采用多普勒频移的信息，依赖于高纯度频率源、低副瓣天线和数字处理技术。加天线罩后，副瓣如何变化，如何降低天线罩对天线低副瓣的不利影响，迫切需要进行理论分析。1970年左右先后研究了机载火控天线罩二维射线跟踪技术和三维射线跟踪技术，借助于计算机技术，初步解决了机载火控天线罩性能计算问题[1]。采用三维射线跟踪技术,定量分析了天线罩对雷达天线的影响。分析结果表明,要实现低副瓣,一方面降低天线罩的反射瓣,另一方面严格控制天线罩的制造公差。早期的工艺技术制造公差较大,20 世纪 60—70 年代先后研究出低耗高温树脂材料技术、预浸料技术、RTM 生产技术、缠绕技术、电厚度控制技术等,这些技术提高了天线罩产品的性能。

与早期雷达天线罩相似的是,三代机火控低副瓣雷达天线罩的截面多采用单层结构,即采用实心半波壁或全波壁的结构,不同的是大部分采用变厚度设计,即罩壁的厚度呈渐变分布,一般是头部厚、根部薄;部分产品采用了夹层天线罩,其中的夹芯材料采用泡沫或蜂窝,有时采用人工材料,人工材料介电常数比泡沫和蜂窝材料高,有助于提高大入射角情况下的工作带宽,同时还能控制天线罩的重量。

20 世纪 80 年代开始研制第四代超声速飞机,机载电子系统开始研究采用多功能相控阵、综合电子孔径、隐身天线罩技术,关于隐身天线罩技术等将在第 7 章详述。

4.2 特点分析

4.2.1 雷达系统要求

在现代战争中,争夺制空权至关重要,雷达天线罩是机载火控雷达系统的重要组成部分,对雷达性能指标具有举足轻重的影响。为了保持火控雷达的性能,在天线大扫描范围内,对天线罩的天线峰值副瓣的抬高以及天线均方根副瓣抬高、天线罩的瞄准误差、瞄准误差变化率等,都有提出了很高的要求[1]。

1. 天线副瓣抬高

天线副瓣抬高是火控雷达天线罩的一项重要指标。机载雷达下视工作时,动目标的多普勒频移与地杂波重叠,为了提高信号与杂波比,要求天线的宽角副瓣尽量低。地杂波的谱密度与功率电平的平方成正比,与均方根副瓣电平关系很大,均方根副瓣电平是指取除主瓣和近角副瓣所占的立体角后的空间的均方根。以高脉冲重复频率工作模式(HPRF)为例,宽角副瓣电平要求满足:

$$\mathrm{SLL}^2 \leqslant \frac{\sigma_t}{\sigma_c}\frac{L_t}{L_c}\frac{1}{d_f(S/C)_{\min}}\left(\frac{R_c}{R_t}\right)^4 \tag{4.1}$$

式中:SLL 为归一化副瓣绝对值;σ_t、σ_c 分别为目标和杂波(来自地面的)散射截面;L_t、L_c 分别为对目标信号和杂波的系统损耗;$(S/C)_{\min}$ 为最小的信杂比;d_f 为脉冲占空比;R_t、R_c 分别为雷达到目标和杂波源的距离。

如果目标在200km，载机飞行高度为10km，$d_f=0.1$，$(S/C)_{min}=10$，$\sigma_t=5m^2$，$\sigma_c=10000m^2$，可以估算出SLL < -42.5dB。一般情况下，对宽角副瓣要求低于-45dB，均方根副瓣低于-43dB，对于近角副瓣的抬高可以适当放松。

2. 反射瓣电平

在机载火控雷达天线罩中，由于入射角大，反射能量大，反射线指向天线的前半空间，而且相干性强，要求控制反射瓣的电平。

3. 功率传输系数

天线罩的功率传输系数关系到机载火控雷达的探测距离，天线罩对雷达发射和接收时产生的损耗越小越好。50%的功率传输系数，将使检测距离下降30%。

4. 瞄准误差

机载火控雷达采用单脉冲体制测定目标的方向，根据天线方位差或俯仰差零深对应的方向探测目标的方位，天线罩过大的瞄准误差将严重影响雷达的定位精度，导致火控系统引导导弹偏离目标。

5. 瞄准误差变化率

雷达在跟踪时，瞄准误差变化率过大会对机载火控雷达实战性能有很大的影响，正误差会引起跟踪回路振荡不闭环丢失目标，负误差会引起跟踪不稳定也会失去跟踪的目标。

6. 主波瓣宽度

机载多普勒火控雷达主波瓣宽度较窄，角度分辨率较高，一般为波束宽度的1/10~1/6，加罩后应不过多展宽天线的主瓣宽度，以保持雷达在方位和高度方向的测角精度。

7. 对天线驻波影响

天线罩使天线辐射的部分功率直接返回到天线系统，改变天线的驻波，当驻波的波峰电压超过击穿电压时，会发生打火，损伤馈线波导。

4.2.2 雷达天线罩外形要求

雷达天线罩的外形要满足飞机的气动力学要求，外形一般为旋转对称的鼻锥状，常用的外形有圆锥形、正切蛋卵形、正割蛋卵形、冯·卡门形。设鼻锥罩的总长度为L，底部直径为D，定义L/D为天线罩的长细比。

1. 圆锥形及其演变型

设航向方向为z，水平向为x，垂直方向为y，顶点为原点，则外形方程为

$$y = R\left(\frac{Z}{L}\right)^n \tag{4.2}$$

式中：$0\leqslant n\leqslant 1$，对于圆锥$n=1$，对于3/4幂$n=3/4$，对于抛物线形$n=1/2$，相应的剖面曲线如图4.1所示。

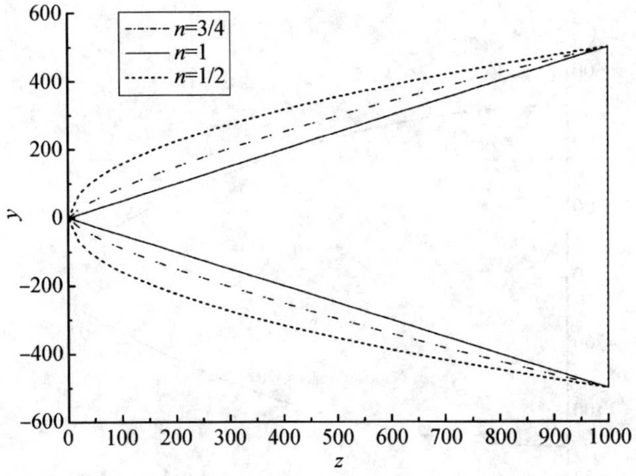

图 4.1　圆锥和指数型天线罩外形

2. 正切蛋卵形

正切蛋卵形天线罩外形参数如图 4.2 所示，正切卵形由圆弧线旋转而成（图 4.3），旋转半径为

$$\rho = \frac{R^2 + L^2}{2R} \tag{4.3}$$

式中：R 为天线罩底部的半径；L 为总长度。

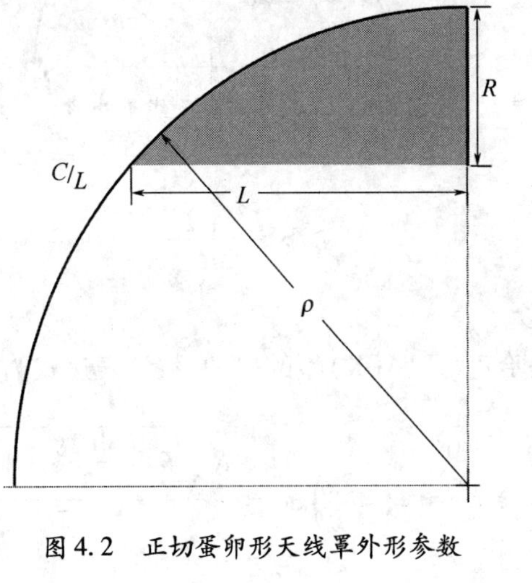

图 4.2　正切蛋卵形天线罩外形参数

3. 正割蛋卵形

正割蛋卵形也是由圆弧线旋转而成，旋转半径为

$$\rho \geqslant \frac{R^2 + L^2}{2R}$$

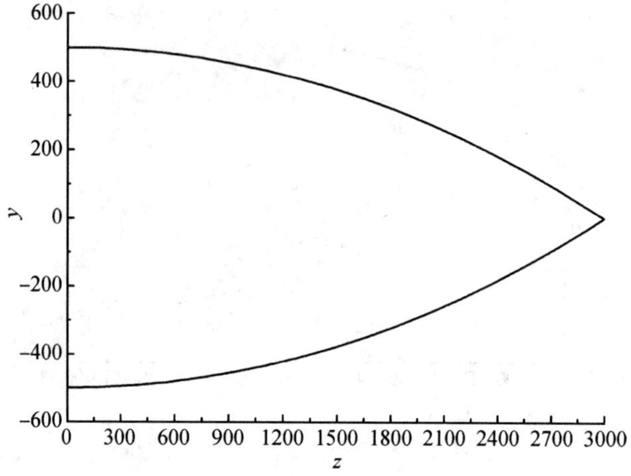

图 4.3 正切蛋卵形天线罩外形

式中:R 为天线罩底部的半径;L 为总长度,如图 4.4 所示。

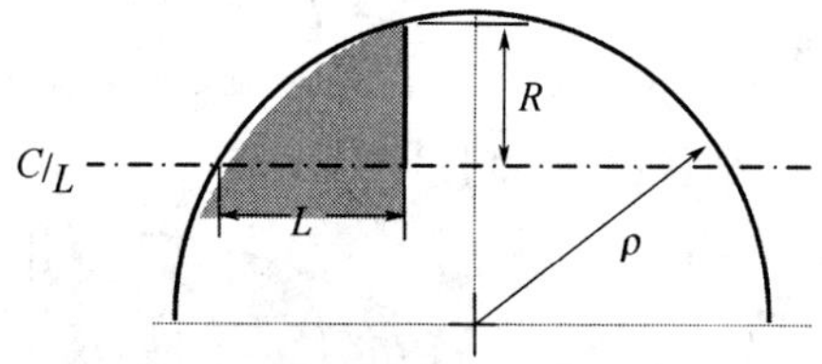

图 4.4 正割蛋卵形天线罩外形

特点是:

$$\rho > \frac{R^2 + L^2}{2R}$$

4. 冯 · 卡门形

冯 · 卡门形是哈克(HAACK)型的一种,数学表达式为

$$\theta = \arccos\left(1 - \frac{2x}{L}\right), y = \frac{R\sqrt{\theta - \frac{\sin 2\theta}{2} + C\sin^3\theta}}{\sqrt{\pi}} \tag{4.4}$$

当 $C = 1/3$ 时,称为 LV – HAACK 形,在给定长度和体积的条件下,LV – HAACK形阻力最小;$C = 0$ 时,称为 LD – HAACK 形也称冯 · 卡门形,在给定长度和直径的条件下,LD – HAACK 形阻力最小。哈克外形轮廓线如图 4.5 所示,外表面由轮廓线旋转而成。冯 · 卡门天线罩外形如图 4.6 所示。

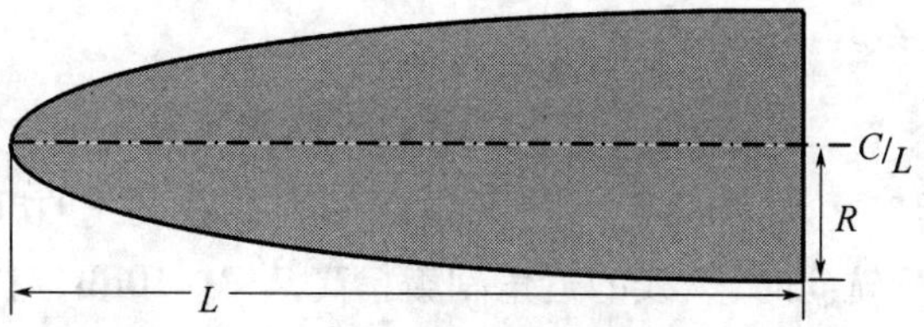

图 4.5 哈克形

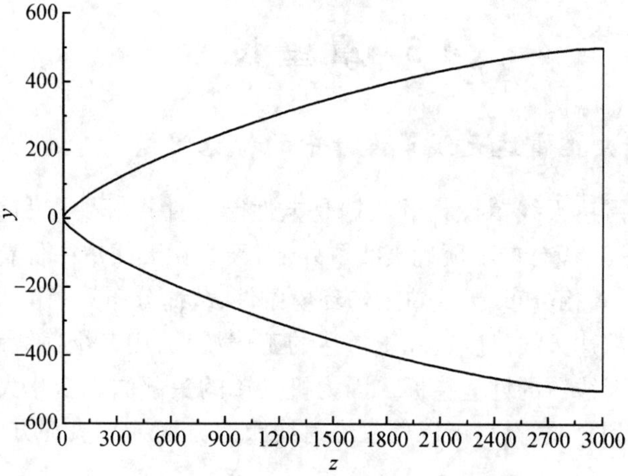

图 4.6 冯·卡门形天线罩外形

外形阻力特性比较如图 4.7 所示。

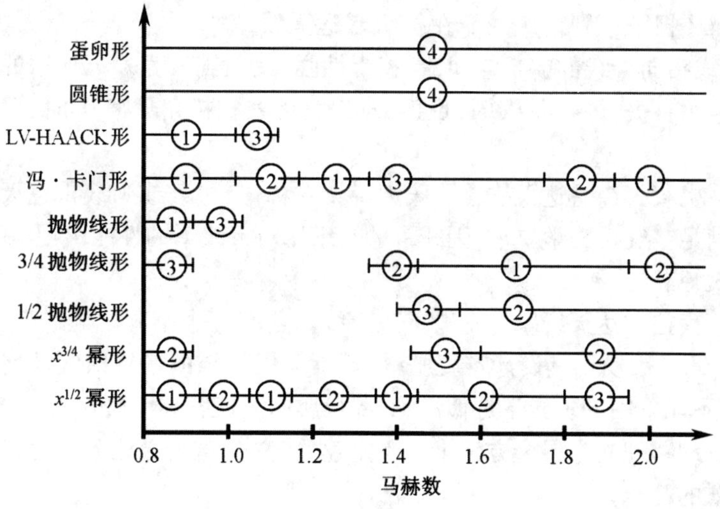

图 4.7 外形阻力特性比较

1—优；2—良；3—中；4—差。

4.2.3 雷达天线罩的空速管

火控雷达机头罩与一般雷达天线罩不同之处在于其头部区域有时存在空速管座和金属空速管(也称 Pitot 管),对低副瓣平板裂缝天线的副瓣影响很明显,在天线扫描到飞行航向时,天线的近角副瓣抬高 7dB ~ 10dB,对宽角副瓣抬高也达到 3dB ~ 4dB,在设计雷达天线罩时,要注意减小空速管的影响。

4.3 罩壁设计

4.3.1 机载火控雷达天线罩设计中的特殊问题

机载火控雷达天线罩设计的依据是电性能设计指标要求和结构设计要求(包括重量要求),设计前要明确天线罩外形、天线在天线罩中位置关系、天线极化、天线形式及幅相分布、天线罩工作环境条件、载荷分布等基本设计要素。

机载火控雷达天线尺度远大于雷达的工作波长,用三维射线跟踪方法可以部分预测雷达天线罩的性能指标。因为机头罩的头部曲率变化大,头部还存在金属的空速管和介质管座,所以用三维射线跟踪方法计算头部方向的性能时存在较大的误差。

与地面罩相比,火控雷达天线罩还存在如下一些特殊问题:

(1) 入射角范围大,天线罩的插入相位在投影到天线口径上呈现平方律相差,加罩后天线等效口径边缘的相移相对于口径中心滞后达 100°,结果展宽天线的主瓣还把第一副瓣包入。在机载雷达天线罩中,由于入射角大,反射能量大,反射线指向天线的前半空间,且相干性强、反射瓣较大。天线罩的反射瓣与天线扫描角有关:一般在 0°时,反射瓣最大;天线扫描角偏离 0°时,反射瓣逐渐变小。

(2) 机载火控雷达天线罩一般为旋转对称体,机载或弹载雷达天线罩的外形必须满足空气动力学要求,天线罩的长细比对天线罩的性能影响是明显的,长细比越大,瞄准误差越大。

(3) 火控雷达天线罩与一般雷达天线罩还有一个不同之处在于,其头部区域存在 Pitot 管,使得其设计难度剧增,既不能用传统的三维射线几何光学方法设计,也不能采用物理光学近似法,头部金属的空速管和介质管座的影响需要采用矩量法和物理光学混合方法[2]。除空速管外,防雷击分流条也会影响火控雷达天线罩的性能。

4.3.2 罩壁结构选择

在设计机载火控雷达天线罩时,需要进行入射角分析,采用三维射线跟踪方法计算射线与罩壁的交点及入射角和极化角的分布。

根据频带和入射角确定夹层结构。一般可选择的形式有单层实芯半波壁结构[3,4]、C 夹层。单层实芯半波壁结构,抗热冲击性能好,适于高速歼击机,缺点是质量大;C 夹层由 3 层密实的蒙皮之间夹入 2 层低密度的夹芯组成,C 夹层质量小、强度高,设计裕度大,工艺性好,产品的一致性容易得到控制,20 世纪 90 年代以来开始用于机载火控雷达天线罩。

由第 2 章分析结果,对于单层介质板的最小反射厚度为

$$d_1 = \frac{n\lambda_0}{2\sqrt{\varepsilon_1 - \sin^2\theta}} \tag{4.5}$$

单层的最佳厚度接近于介质中的$\frac{1}{2}\lambda$,一般称为实心半波壁。取最佳厚度时带涂层单层平板截面各层介质参数列于表 4.1,对应的功率传输系数、功率反射系数、相位移随角度变化的曲线如图 4.8 所示。

表 4.1 带涂层单层平板截面各层介质参数

相对介电常数	损耗角正切	每层厚度/mm
6.7	0.35	0.05
3.4	0.03	0.2
4.2	0.02	7.8

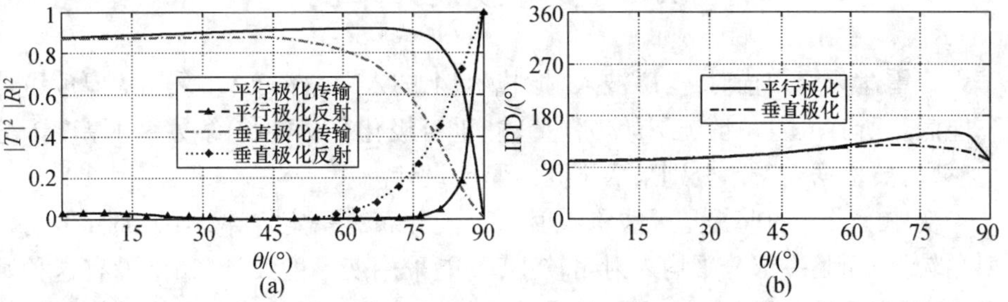

图 4.8 带涂层单层平板的功率传输系数、功率反射系数、相位移随入射角变化曲线
(a) 功率传输系数和反射系数; (b) IPD。

由图 4.8 可见,实心半波壁在很大入射角范围内,对于平行极化波的功率传输系数大于 80%,垂直极化波的只能在比较小的入射角范围内得到高传输系数,如果要提高垂直极化波在某些角度如 40°~60°入射角的传输系数,则可以采用改变厚度的办法,在指定的入射角范围内获得高传输系数、低反射。对于两种极化在 0°~70°入射角范围内,IPD 差别很小,有利于降低交叉极化。实心半波壁只宜用于微波波段和 8mm 波段,在短波波段,罩壁太厚,而在 3mm 波段,单层实心半波壁的强度太低。

多数战术飞机流线形机头雷达天线罩采用了实心半波壁,如美国的 F-16、F-18、F-20 及英国的"狂风"战斗机等。工作在 Ku 波段的 B-1 轰炸机机头罩的设计还采用了全波壁(即二阶最佳厚度,罩壁厚度接近波长)石英增强的复合材料结构,需要说明的是,实际上即使天线罩的机械厚度相等,但电厚度(插入相位移)是不等的。因为制造过程中复合材料的组分比例不是理想均匀的,所以还要进行电厚度的校准。经过磨削或喷涂校准后,B-1 轰炸机天线罩的电厚度不均匀性(均方根)小于 ±2°,采用半波壁 B-1 轰炸机天线罩电厚度不均匀性低于 ±1.6°。

实心半波壁雷达天线罩存在频带窄和质量大两个问题,为减低实心半波壁的质量,设计了一种"夹层半波壁",采用与蒙皮材料的介电常数相近的低耗低密度的夹芯材料。在理想情况下,夹层半波壁与实心半波壁具有相同的介电常数,由于使用了低密度的介质作夹芯,比实心半波壁在质量上约减轻 30%。例如,在树脂材料中填充短切玻璃纤维、金属粒子、空心玻璃微珠、增强剂作为芯层材料,金属粒子作用是增加介电常数,空心玻璃微珠的作用是降低密度。由于空心玻璃微珠和金属粒子密度不同,在固化时需要搅拌使得介电常数达到均匀。这种材料的相对介电常数为 2.8~4.1,损耗角正切小于或等于 0.013,密度小于或等于 $1.0g/cm^3$,弯曲强度大于 30MPa。美国 F-4"鬼怪"战斗机、F-5F"虎鲨"及以色列"狮"战斗机雷达天线罩采用了"人工介质"夹心半波壁。

4.4 变厚度设计举例

当雷达天线扫描时,电磁波入射到罩壁上的入射角在变化,采用等厚度设计不能满足所有入射角情况下的最佳传输,垂直极化分量的传输效率对厚度十分敏感,需要根据入射角分别采取不同的厚度设计。

变厚度设计的前提是天线罩入射角范围分布有一定规律,某一部分平均入射角较大,而某一部分平均入射角较小,方能采用变厚度设计,如果没有这种基础,变厚度设计适得其反。变厚度设计的目标函数是对功率反射系数和插入相位移的综合优化,在指定的极化和入射角范围内得到最小反射系数,并且尽量缩小相位移的差距。最小反射优化的目的是降低反射瓣,提高传输效率;插入相位移优化的目的是减小瞄准误差和主瓣宽度变化。对于 C 夹层,优化的变量为内、中、外蒙皮厚度和夹芯厚度,以功率反射系数最小化作为有约束优化,优化的目标是在垂直极化的 70°~80°入射角范围内功率反射系数小于 2%。内、中、外蒙皮厚度和夹芯厚度取值范围由材料的力学性能以及天线罩的重量决定。一般要求:如果载机的最大马赫数超过 2 时,外蒙皮的厚度不应低于 1.3mm;如果载机的最大马赫数不超过 1 时,外蒙皮的厚度不应低于 0.85mm。

例 1 某 X 波段天线罩设计,天线罩总长为 3056.6mm,根部直径为

1260mm[5]，采用实心半波壁设计，头部厚度为 9.4mm，根部为 8.6mm，壁厚沿 z 轴向一维变化；材料的相对介电常数为 3.5，损耗角正切为 0.015。

由图 4.9 可知，在 $y-z$ 坐标系中，天线罩母线半径 $\rho = \dfrac{R^2+L^2}{2R}$，圆心坐标 $(0, -(\rho-R))$，绕 z 轴旋转，得天线罩的外形方程为

$$\left(\sqrt{x^2+y^2}+(\rho-R)\right)^2+z^2=\rho^2 \tag{4.6}$$

经过化简后，得

$$x^2+y^2+z^2+\frac{L^2-R^2}{R}\sqrt{x^2+y^2}-L^2=0 \tag{4.7}$$

天线罩上任一点的法向 (n_x, n_y, n_z) 为

$$n_x = F'_x = 2x+\frac{L^2-R^2}{R}\frac{x}{\sqrt{x^2+y^2}} \tag{4.8}$$

$$n_y = F'_y = 2y+\frac{L^2-R^2}{R}\frac{y}{\sqrt{x^2+y^2}} \tag{4.9}$$

$$n_z = F'_z = 2z \tag{4.10}$$

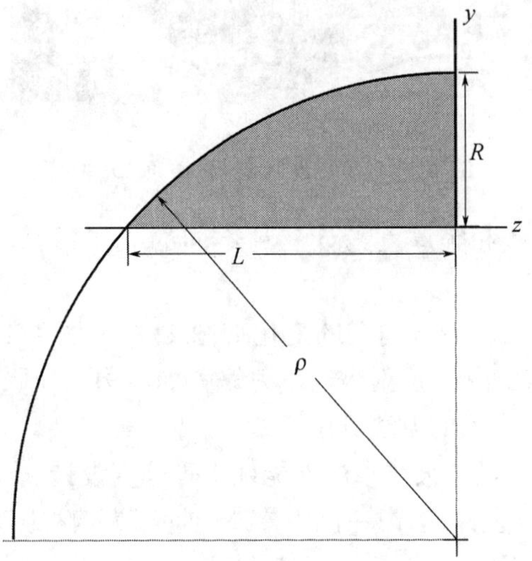

图 4.9 外形方程

由图 4.10 和图 4.11 看出，天线扫描角为 0°时，天线罩头部区域的入射角较小，中后部的入射角较大（达 80°），天线扫描后，入射角逐渐下降，天线口径中心部分的射线对天线罩壁的入射角为 30°～60°。天线扫描角为 15°时，入射角变化范围增大，为了均衡天线罩引入的相位变化，采用头部厚（9.4mm）、中后部稍薄（8.6mm）过渡区线性渐变的设计。

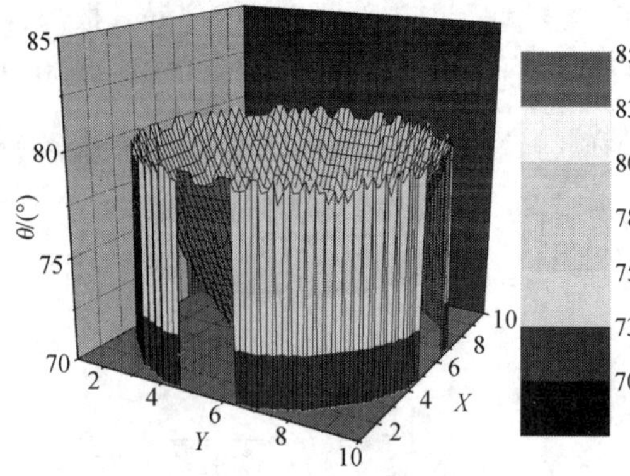

图 4.10 入射角分布(扫描角 0°,0°)

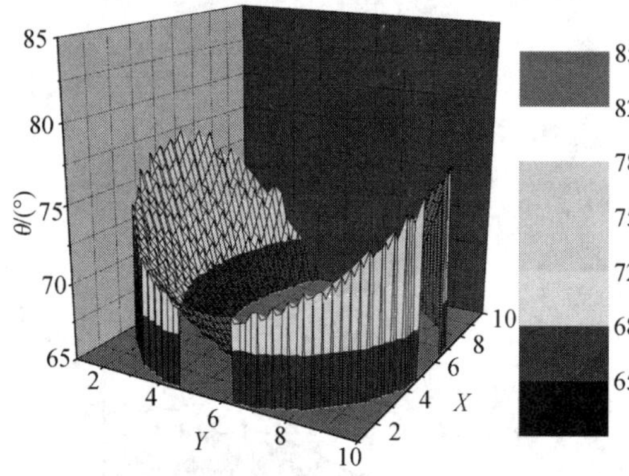

图 4.11 入射角分布(扫描角 15°,0°)

采用变厚度设计和等厚度设计三种不同的天线罩,其性能计算结果如图 4.12 ~ 图 4.15 所示。

变厚度设计的加罩后方向图的变化如图 4.16 ~ 图 4.19 所示,虚线是天线罩壳体的对直射瓣的影响,反射瓣与直射瓣叠加后构成加罩后的方向图,这两部分应该是矢量叠加,叠加的方法见第 5 章。

总体上看变厚度设计天线罩的性能优于等厚度设计。

例 2 某鼻锥罩设计,考虑一机头罩外形特征为俯视图呈抛物线形、侧视图呈圆锥形,其外形方程为

$$\left(\frac{x}{a}\right)^2 + \left|\frac{y}{b}\right| + \left(\frac{z}{c}\right) = 1$$

式中:$a = 330.2\text{mm}$, $b = 222.25\text{mm}$, $c = 1270\text{mm}$,天线罩的俯视图和侧视图如图 4.20所示,罩内天线为平板裂缝阵列,口径为切割椭圆,天线的中心频率为 9.30GHz,天线是垂直极化。

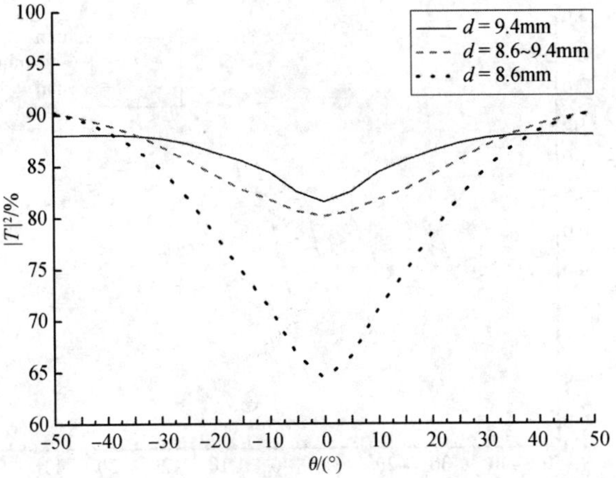

图 4.12　天线在方位面扫描时天线罩功率传输系数曲线

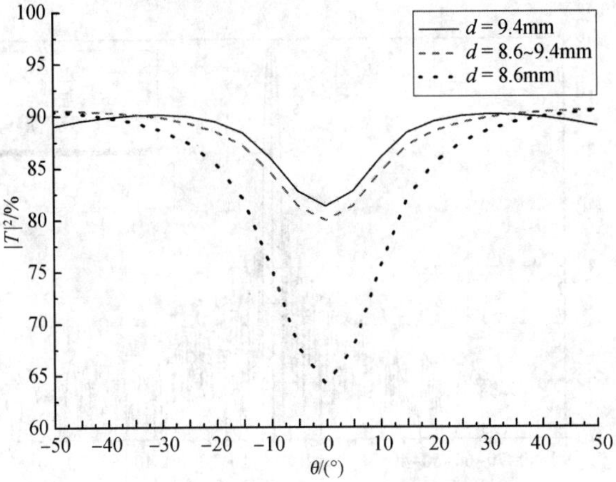

图 4.13　天线在俯仰面扫描时天线罩功率传输系数曲线

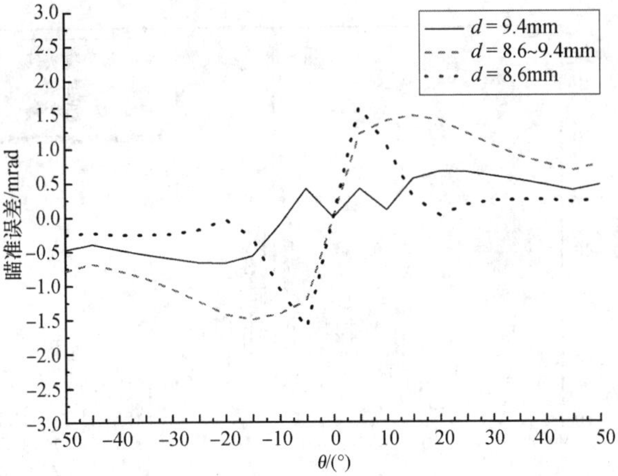

图 4.14　天线在方位面扫描时天线罩的瞄准误差曲线

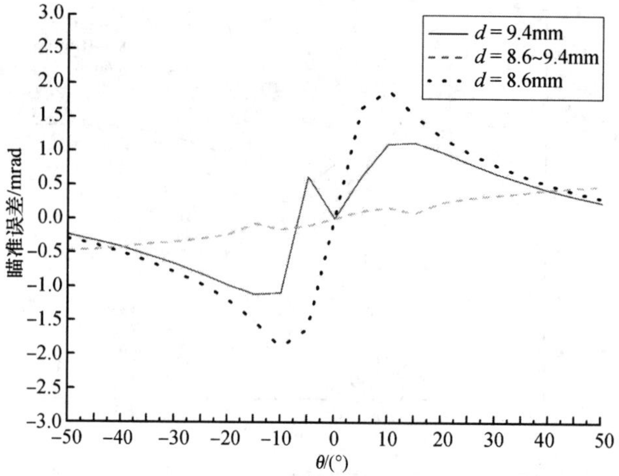

图 4.15　天线在俯仰面扫描时天线罩的瞄准误差曲线

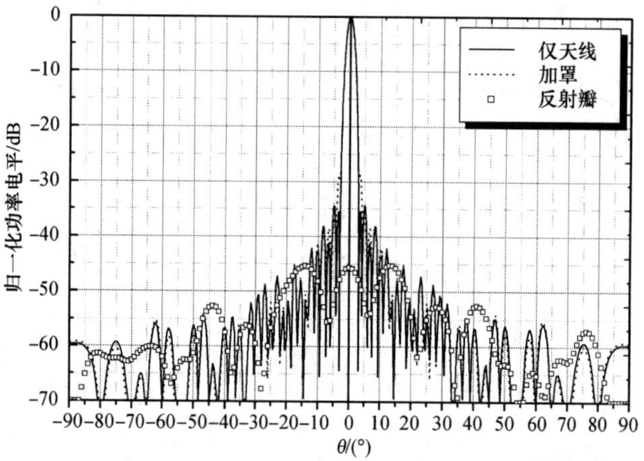

图 4.16　天线扫描 0°时俯仰面方向图

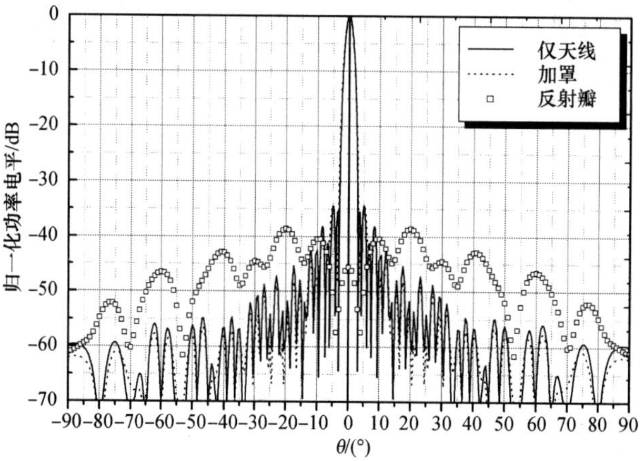

图 4.17　天线扫描 0°时方位面方向图

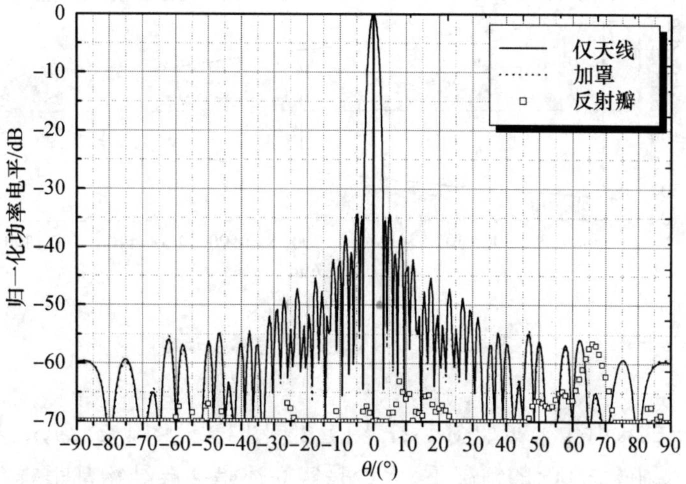

图 4.18　天线扫描45°时的俯仰面方向图

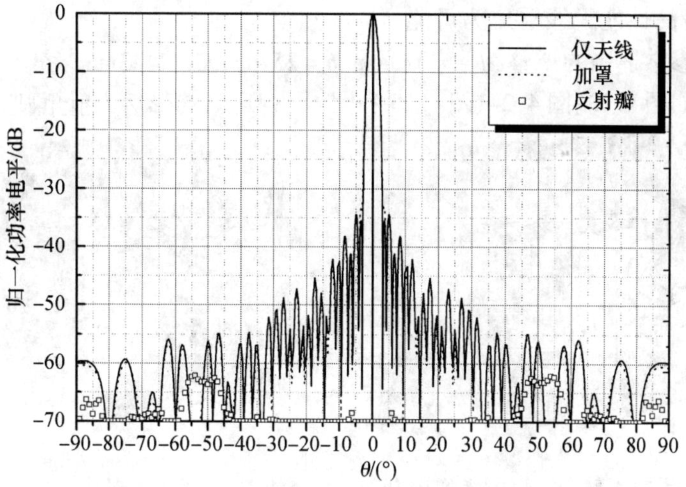

图 4.19　天线扫描45°时的方位面方向图

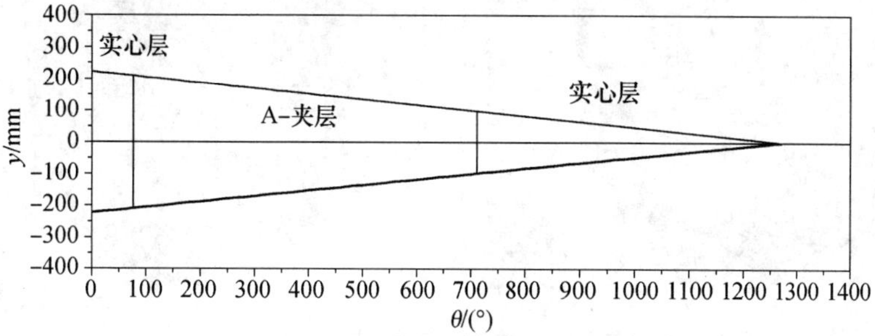

(a)

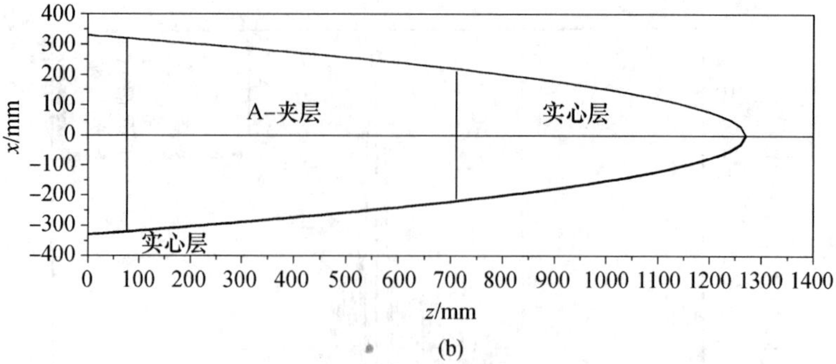

图 4.20 天线罩的俯视图和侧视图

(a) 俯视图;(b) 侧视图。

天线罩的入射角分布如图 4.21、图 4.23、图 4.25、图 4.27 所示,最大入射角达 85°,在入射角达 80°的情况下,无论是实心还是夹层结构都很难获得高大于 60% 的传输系数,大入射角给天线罩设计带来很大困难。如果适当改变天线罩的外形参数,降低天线罩对天线射线的入射角,再结合变厚度设计、低耗材料等技术,使得高性能天线罩成为可能。

外形参数适当的调整为 $a = 370\text{mm}$, $b = 254\text{mm}$, $c = 1143\text{mm}$,修改外形后的入射角分布如图 4.22、图 4.24、图 4.26 和图 4.28 所示,修形后入射角显著降低。

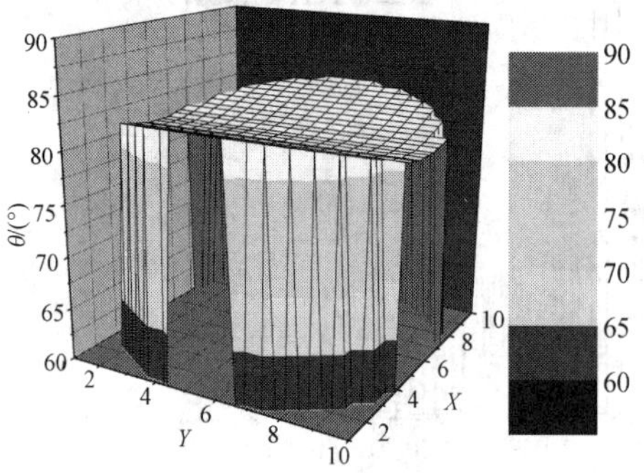

图 4.21 修形前入射角分布(扫描角 0°,0°)

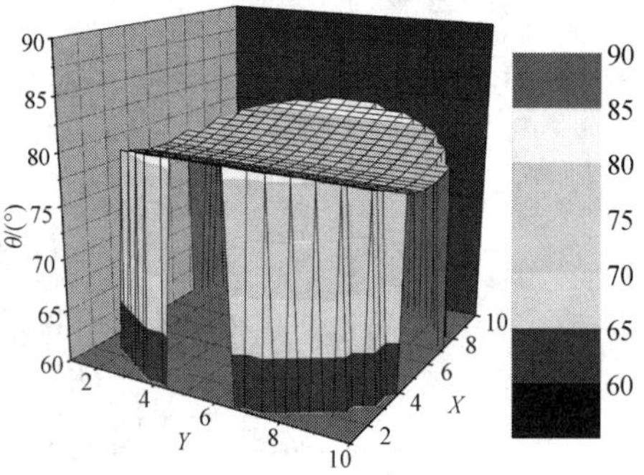

图 4.22 修形后入射角分布(扫描角 0°,0°)

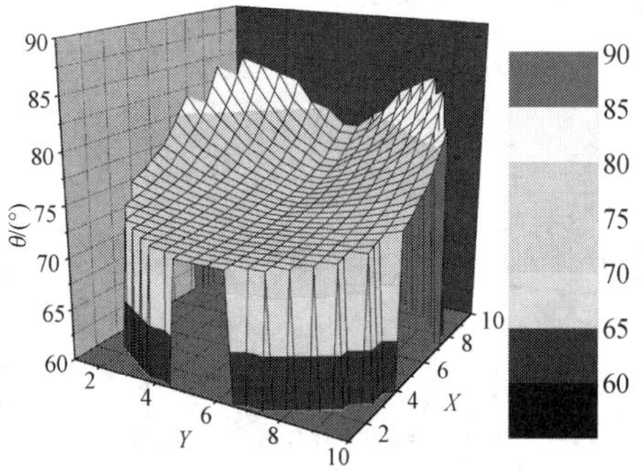

图 4.23 修形前入射角分布(扫描角 -15°,0°)

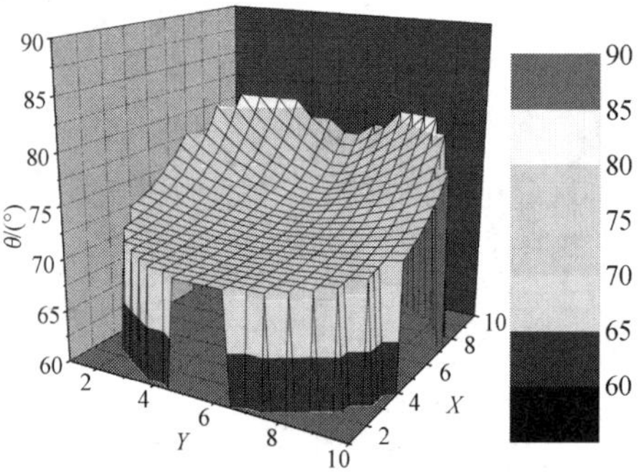

图 4.24 修形后入射角分布(扫描角 -15°,0°)

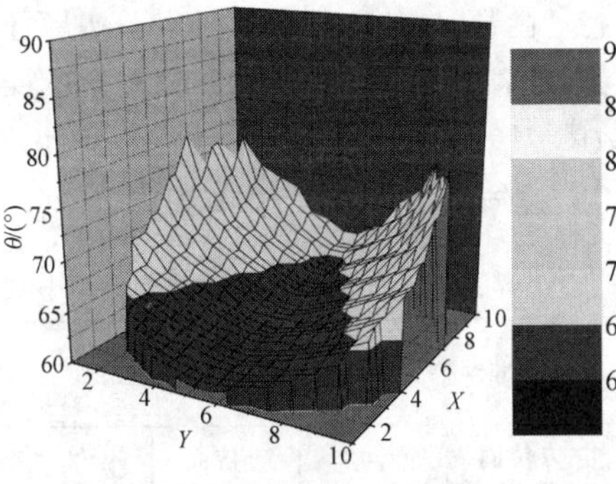

图 4.25　修形前入射角分布
（扫描角 -30°,0°）

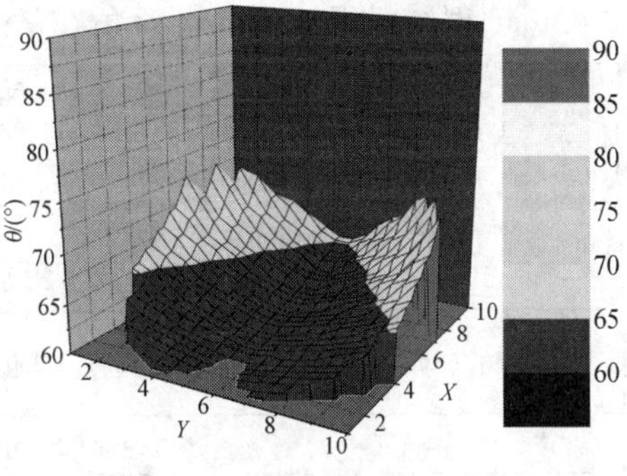

图 4.26　修形后入射角分布
（扫描角 -30°,0°）

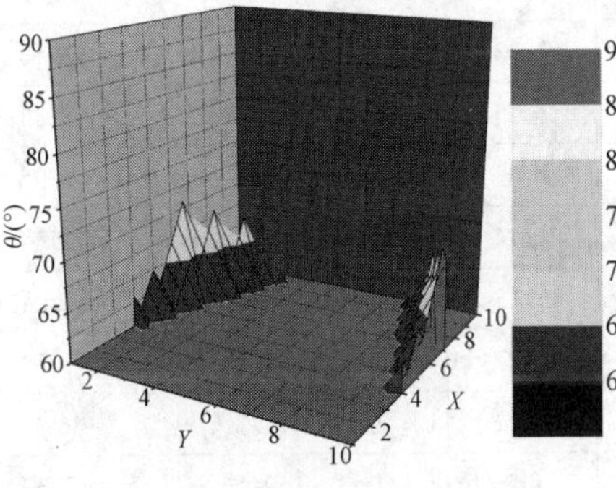

图 4.27　修形前入射角分布
（扫描角 -50°,0°）

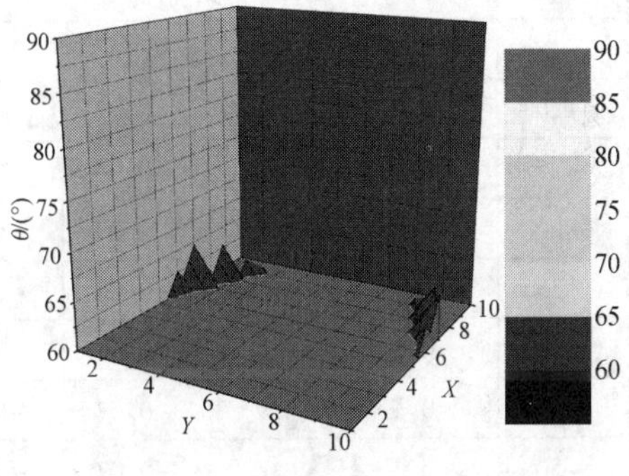

图 4.28　修形后入射角分布
（扫描角 -50°,0°）

天线罩结构选择：从结构强度上看，夹层的结构强度低于实心结构，安全裕度大，从单层平板传输性能看，在很大入射角范围内，对于平行极化波有较大的功率传输系数。如果改变厚度，则可以提高垂直极化波的功率传输系数。另外，对于两种极化在0°~70°入射角范围内，IPD差别很小，交叉极化低。考虑到罩内的天线采用的是窄带平板裂缝天线，频带要求不宽(2%~5%)，比较适合采用实心截面。

天线罩截面材料选择：S玻璃纤维增强树脂复合材料，相对介电常数为4.2，损耗角正切为0.02；外表面涂覆厚0.2mm的防雨蚀层，相对介电常数为6.5，损耗角正切为0.035；最外表面涂覆厚度0.05mm的抗静电层，相对介电常数为7.2，损耗角正切为0.2。

变厚度设计：根据图4.22、图4.26、图4.26和图4.28入射角分布，把天线罩分为前后两部分，分界为$z=712$mm，天线扫描角大于30°时天线口径的照射区在$z=0\sim712$mm，此时发自天线口径的中心（辐射能量集中的区域）射线对天线罩的入射角在 60°以下；在天线扫描角小于 30°时，照射区在 $z=712\sim1143$mm，射线对天线罩的入射角在 75°以上。由于入射角相差较大，需按照不同入射角设计不同的厚度。由最佳厚度公式，在顶部区域 $z=1050\sim1143$mm，采用 77°入射角的最佳厚度为 8.95mm；在 $z=0\sim712$mm，采用 55°入射角的最佳厚度为 8.60mm。中间部分采用渐变变厚度。天线罩性能计算结果列于表 4.2。

表 4.2 天线罩性能计算结果

扫描角/(°)		功率传输系数/%	波瓣宽度变化/%		瞄准误差 /mrad		反射瓣 /dB	
方位	俯仰		方位面	俯仰面	方位面	俯仰面	方位面	俯仰面
0	0	84.67	1.65	-0.36	0	0	-48.26	-45.37
-5	0	85.16	1.29	-0.38	2.28	0	-45.87	-44.05
-10	0	86.16	0.54	-0.39	3.19	0	-47.7	-40.6
-15	0	86.92	0.12	-0.36	2.73	0	-45.47	-42.13
-20	0	87.44	-0.03	-0.31	2.05	0	-46.75	-42.23
-25	0	87.88	-0.08	-0.25	1.63	0	-47.28	-42.96
-30	0	88.23	-0.09	-0.21	1.44	0	-49.44	-43.84
-35	0	88.5	-0.08	-0.18	1.33	0	-50.31	-45.04
-40	0	88.73	-0.07	-0.17	1.27	0	-54.29	-45.52
-45	0	88.9	-0.07	-0.15	1.22	0	-55.39	-46.9
-50	0	89.05	-0.07	-0.14	1.2	0	-56.62	-47.33

该罩引用了美国 Shark5 的天线罩外形。为比较，同时介绍美国的 Shark5 天线罩的变厚度设计方案。Shark5 天线罩采用了一种混合结构，在头部采用实心结构，实心结构区的长度为 558.8mm，后半部分为夹层。罩壁总厚度从头部到根部渐变，头部厚度为 8.38mm，根部厚度为 8.00mm。实心区和夹层的蒙皮材料为石英/环氧树脂复合材料，夹层的内蒙皮为 3 层，夹层部分夹芯为聚氨酯泡沫。泡沫中填充玻璃微珠/短纤维，提高其介电常数。泡沫部分的密度约为 $0.2g/cm^3$，比复合实心区的密度 $1.6g/cm^3$ 低很多，介电常数约为 3，从而减轻质量，改善电性能。

Shark5 的天线罩测试结果：传输效率（或传输系数）大于 74%，平均 80%，瞄准误差在机头 5°圆锥角内小于 8mrad，5°圆锥角外小于 10mrad，瞄准误差变化率小于 4 mrad/(°)。

需要说明的是，原型罩（Ⅰ型天线罩）头部有一个金属空速管，天线的尺寸为 543.6mm × 365.8mm；F-5E（Ⅱ型天线罩）的头部没有空速管，天线的尺寸为 480.1mm × 287.0mm。表 4.3 和表 4.4 是 F-5E（Ⅱ型天线罩）的测试结果。天线罩功率传输系数的测试的结果与计算结果在偏离机头方向大体吻合。

表 4.3 Shark5 的天线罩测试结果

参数	原型罩	F－5E	备注
传输效率/%	74(最小值) 80(平均值) 84(最小值)	75(最小值) 80(平均值) 83(最小值)	鼻锥处 扇形区 其他部位
瞄准误差/mrad	9	8	5°圆锥内面
	11	10	5°圆锥外面
瞄准误差变化率/(mrad·(°)$^{-1}$)	4	4	
功率反射/%	0.5	0.3	
	0.3	0.2	

表 4.4 不同批次天线罩测试数据统计(频率 9.30GHz)

电性能参数	技术要求	FJT－3	FJT－4	Q－2	P－1	P－2	P－3	P－4	备注
传输效率/%	74	75	75	73.4	80.2	74.8	76.4	78	俯仰角：－15°～＋15°
传输效率/%	83	83.5	80	85	88	81	81.8	88	其他俯仰角
瞄准误差的总值/mrad	9	8.5	5.4	5.4	8.1	5.1	9.3	6.2	方位角和俯仰角 ±2.5°内
剩余的扫描区域	11	9.7	9.8	10.3	10	8.9	12	7.4	
瞄准误差率/(mrad·(°)$^{-1}$)	4	2.1	2.7	2.8	3	3.1	2.8	2.6	

4.5 空速管影响分析

4.5.1 概述

火控雷达机头罩头部区域存在 Pitot 管(空速管座和金属空速管),如图4.29所示,空速管的影响不能用光学方法分析。20 世纪 70 年代以来,曾用多种数值方法(有限元、矩量法、边界元)研究过机头罩对天线口径幅相分布的影响机理[7-9],对于火控鼻锥罩,GTD 曾经用来估计圆锥顶部的绕射场,但效果不佳,因为 GTD 仅适于无限长介质实芯锥;Tricole 用标量格林函数公式建立了圆锥介质壳体的矩量法分析模型,它将圆锥离散为若干个有台阶的圆环,在圆环内将介质分解为许多个圆球单元,以单位球内的场为变量建立了平面波入射情况下的积分方程，用矩量法求解此积分方程，得到天线罩在平面均匀分布口径激励下罩外的场分布。实际天线罩的电尺寸很大，所需的计算机内存和花费的计算时间将会呈几何级数增长。另外，将圆锥介质壳体用圆环来近似，存在台阶效应。虽然物理光学方法矩量法混合技术 2001 年被用于 BOR 天线罩的分析[10]，但关于空速管的影响分析在 2005 年前未见公开发表。

图 4.29　歼击机天线罩及其空速管

本节首先分析空速管座、金属空速以及天线罩头部曲率效应对雷达天线罩性能的影响，关键问题是头部区域的数学建模；其次是 MoM 区尺寸对算法收敛性的影响，在空气与介质分界面上的数学公式的推导。本节的主要内容如下：

(1) 火控雷达机头罩外形一般为 BOR，利用 BOR 的旋转对称特点将三维电磁场问题简化为 2.5 维，这样大大节省了计算机内存和计算时间，在头部区域用矩量法求解电磁场混合积分方程，在平坦区域，用物理光学方法求解等效的表面电流和表面磁流。将表面电流和磁流分解为径向和圆周方向两个分量，然后用分段三角函数展开，最终求得天线罩外表面的切向电流和磁流，推算远区方向图。

(2) 研究计算电中小尺寸介质壳体散射矩量方程数值解的稳定性和收敛性，提出了快速的最小二乘方法，计算稳定，与介电常数无关，为分析电大尺寸的 BOR 天线罩提供了可靠的方法。[11]

(3) 建立包括空速管在内的火控鼻锥天线罩的分析模型，计算了锥高为 80λ 的鼻锥天线罩的性能，研究了不同长度、直径的空速管对雷达天线方向图的影响，为研究空速管影响提供了技术基础。[13]

4.5.2　MoM 和 PO 混合分析模型

1. 积分方程

雷达天线罩壳体在天线口径激励下分为 3 个区域(图 4.30)，假定$(\boldsymbol{E}_i,\boldsymbol{H}_i)$表示第 i 个区的总场，(ε_i,μ_i)为该区的相对介电常数和相对磁导率、$\hat{\boldsymbol{n}}_i^{\pm}$为表面

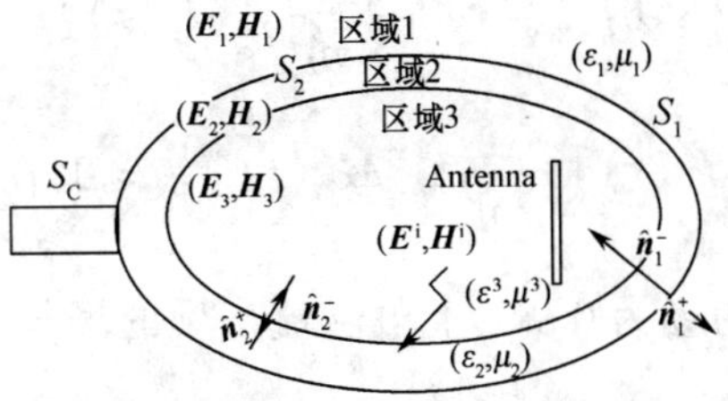

图 4.30 雷达天线罩及其空速管雷达天线罩壳体

S_i 的法向矢量。金属附件上的电流分布为 $\boldsymbol{J}_C,\boldsymbol{J}_C$,所在的表面为 S_C;根据等效原理,介质壳体内外表面上的等效电流和磁流应满足等效性条件;

在 1 区,S_1^- 内部场为 0,即外表面 S_1^+ 上的电磁流和金属管上电流产生的场在 S_1^-(S_1 的内推面)上满足:

$$\hat{\boldsymbol{n}}_1^+ \times \{L_1[\boldsymbol{J}_1^+(\boldsymbol{r})] - K_1[\boldsymbol{M}_1^+(\boldsymbol{r})] + L_1[\boldsymbol{J}_C(\boldsymbol{r})]\} = 0,\text{在 } S_1^- \text{ 面} \tag{4.11}$$

$$\hat{\boldsymbol{n}}_1^+ \times \left\{\boldsymbol{K}_1[\boldsymbol{J}_1^+(\boldsymbol{r})] + \frac{1}{\eta_1^2}L_1[\boldsymbol{M}_1^+(\boldsymbol{r})] + K_1[\boldsymbol{J}_C(\boldsymbol{r})]\right\} = 0,\text{在 } S_1^- \text{ 面} \tag{4.12}$$

在 S_C 上满足:

$$\hat{\boldsymbol{n}}_c \times \{L_1[\boldsymbol{J}_1^+(\boldsymbol{r})] - K_1[\boldsymbol{M}_1^+(\boldsymbol{r})] + L_1[\boldsymbol{J}_C(\boldsymbol{r})]\} = 0,\text{在 } S_C \text{ 面} \tag{4.13}$$

$$\hat{\boldsymbol{n}}_c^+ \times \left\{\boldsymbol{K}_1[\boldsymbol{J}_1^+(\boldsymbol{r})] + \frac{1}{\eta_1^2}L_1[\boldsymbol{M}_1^+(\boldsymbol{r})] + K_1[\boldsymbol{J}_C(\boldsymbol{r})]\right\} = -\frac{1}{2}\boldsymbol{J}_C(\boldsymbol{r}),\text{在 } S_C \text{ 面} \tag{4.14}$$

式中:场点位于 S_1^-,L_1、K_1 为定义在 1 区的线性算子[10]。

在 2 区,S_1^+ 的外部、S_2^- 的内部的场为 0,S_1^- 上的电磁流和 S_2^+ 上的电磁流产生的场在 S_1^+(S_1 的外移面)、S_2^-(S_2 的内推面)上分别满足:

$$\hat{\boldsymbol{n}}_1^- \times \{L_2[\boldsymbol{J}_1^-(\boldsymbol{r})] - K_2[\boldsymbol{M}_1^-(\boldsymbol{r})] + L_2[\boldsymbol{J}_2^+(\boldsymbol{r})] - K_2[\boldsymbol{M}_2^+(\boldsymbol{r})]\} = 0,\text{在 } S_1^+ \text{ 上} \tag{4.15}$$

$$\hat{\boldsymbol{n}}_1^- \times \left\{-K_2[\boldsymbol{J}_1^-(\boldsymbol{r})] - \frac{1}{\eta_2^2}L_2[\boldsymbol{M}_1^-(\boldsymbol{r})] - K_2[\boldsymbol{J}_2^+(\boldsymbol{r})] - \frac{1}{\eta_2^2}L_2[\boldsymbol{M}_2^+(\boldsymbol{r})]\right\} = 0,\text{在 } S_1^+ \text{ 上} \tag{4.16}$$

$$\hat{\boldsymbol{n}}_2^+ \times \{L_2[\boldsymbol{J}_1^-(\boldsymbol{r})] - K_2[\boldsymbol{M}_1^-(\boldsymbol{r})] + L_2[\boldsymbol{J}_2^+(\boldsymbol{r})] - K_2[\boldsymbol{M}_2^+(\boldsymbol{r})]\} = 0,\text{在 } S_2^- \text{ 上} \tag{4.17}$$

$$\hat{\boldsymbol{n}}_2^+ \times \left\{ -K_2[\boldsymbol{J}_1^-(\boldsymbol{r})] - \frac{1}{\eta_2^2}L_2[\boldsymbol{M}_1^-(\boldsymbol{r})] \right.$$

$$\left. -K_2[\boldsymbol{J}_2^+(\boldsymbol{r})] - \frac{1}{\eta_2^2}L_2[\boldsymbol{M}_2^+(\boldsymbol{r})] \right\} = 0, \text{在 } S_2^- \text{ 上} \tag{4.18}$$

在3区，S_2^+ 外部的场为0，S_2^- 上电磁流产生的场与天线口径激励场在 S_2^+（S_2 的外移面）上满足：

$$\hat{\boldsymbol{n}}_2^- \times \{L_3[\boldsymbol{J}_2^-(\boldsymbol{r})] - K_3[\boldsymbol{M}_2^-(\boldsymbol{r})]\} = \hat{\boldsymbol{n}}_2^- \times \boldsymbol{E}^{\mathrm{i}}(\boldsymbol{r}), \text{在 } S_2^+ \text{ 上} \tag{4.19}$$

$$\hat{\boldsymbol{n}}_2^- \times \left\{ -K_3[\boldsymbol{J}_2^-(\boldsymbol{r})] - \frac{1}{\eta_2^2}L_3[\boldsymbol{M}_2^-(\boldsymbol{r})] \right\} = \hat{\boldsymbol{n}}_2^- \times \overline{\boldsymbol{H}}^{\mathrm{i}}(\boldsymbol{r}), \text{在 } S_2^+ \text{ 上} \tag{4.20}$$

将

$$\boldsymbol{J}_1^- = -\boldsymbol{J}_1^+, \boldsymbol{J}_2^+ = -\boldsymbol{J}_2^-, \boldsymbol{M}_1^- = -\boldsymbol{M}_1^+, \boldsymbol{M}_2^+ = -\boldsymbol{M}_2^-, \hat{\boldsymbol{n}}_1^- = -\hat{\boldsymbol{n}}_1^+, \hat{\boldsymbol{n}}_2^+ = -\hat{\boldsymbol{n}}_2^-$$

代入上式，得到关于$(\boldsymbol{J}_1^+, \boldsymbol{M}_1^+, \boldsymbol{J}_2^-, \boldsymbol{M}_2^-)$的矩阵方程为

$$\begin{bmatrix} L_{11} & -K_{11} & 0 & 0 & L_{11} \\ K_{11} & \frac{1}{\eta_1^2}L_{11} & 0 & 0 & K_{11} \\ -L_{21} & K_{21} & -L_{22} & K_{22} & 0 \\ K_{21} & \frac{1}{\eta_2^2}L_{21} & K_{22} & \frac{1}{\eta_2^2}L_{22} & 0 \\ -L_{21} & K_{21} & -L_{22} & K_{22} & 0 \\ K_{21} & \frac{1}{\eta_2^2}L_{21} & K_{22} & \frac{1}{\eta_2^2}L_{22} & 0 \\ 0 & 0 & L_{32} & K_{32} & 0 \\ 0 & 0 & K_{32} & \frac{1}{\eta_3^2}L_{32} & 0 \\ L_{11} & -K_{11} & 0 & 0 & L_{11} \\ K_{11} & \frac{1}{\eta_1^2}L_{11} & 0 & 0 & K_{11}+\frac{1}{2} \end{bmatrix} \begin{bmatrix} \boldsymbol{J}_1^+ \\ \boldsymbol{M}_1^+ \\ \boldsymbol{J}_2^- \\ \boldsymbol{M}_2^- \\ \boldsymbol{J}_C \end{bmatrix} = \begin{bmatrix} 0 \\ 0 \\ 0 \\ 0 \\ 0 \\ 0 \\ \widetilde{\boldsymbol{E}}^{\mathrm{i}} \\ \widetilde{\boldsymbol{H}}^{\mathrm{i}} \\ 0 \\ 0 \end{bmatrix} \tag{4.21}$$

将 S_1、S_2 分为MoM区和PO区，并将PO区的表面电磁流记为 $\boldsymbol{J}_1^{\mathrm{PO}+}$、$\boldsymbol{M}_1^{\mathrm{PO}+}$、$\boldsymbol{J}_2^{\mathrm{PO}-}$、$\boldsymbol{M}_2^{\mathrm{PO}-}$，$\boldsymbol{J}_1^{\mathrm{PO}+}$、$\boldsymbol{M}_1^{\mathrm{PO}+}$、$\boldsymbol{J}_2^{\mathrm{PO}-}$、$\boldsymbol{M}_2^{\mathrm{PO}-}$ 有关的项移到方程的右边，得到

$$
\begin{bmatrix}
L_{11} & -K_{11} & 0 & 0 & L_{11} \\
K_{11} & \frac{1}{\eta_1^2}L_{11} & 0 & 0 & K_{11} \\
-L_{21} & K_{21} & -L_{22} & K_{22} & 0 \\
K_{21} & \frac{1}{\eta_2^2}L_{21} & K_{22} & \frac{1}{\eta_2^2}L_{22} & 0 \\
-L_{21} & K_{21} & -L_{22} & K_{22} & 0 \\
K_{21} & \frac{1}{\eta_2^2}L_{21} & K_{22} & \frac{1}{\eta_2^2}L_{22} & 0 \\
0 & 0 & L_{32} & K_{32} & 0 \\
0 & 0 & K_{32} & \frac{1}{\eta_3^2}L_{32} & 0 \\
L_{11} & -K_{11} & 0 & 0 & L_{11} \\
K_{11} & \frac{1}{\eta_1^2}L_{11} & 0 & 0 & K_{11}+\frac{1}{2}
\end{bmatrix}
\begin{bmatrix}
\boldsymbol{J}_1^+ \\ \boldsymbol{M}_1^+ \\ \boldsymbol{J}_2^- \\ \boldsymbol{M}_2^- \\ \boldsymbol{J}_C
\end{bmatrix}
=
\begin{bmatrix}
-(L_{11}\boldsymbol{J}_1^{PO+} - K_{11}\boldsymbol{M}_1^{PO+}) \\
-(K_{11}\boldsymbol{J}_1^{PO+} + \frac{1}{\eta_1^2}L_{11}\boldsymbol{M}_1^{PO+}) \\
-(-L_{21}\boldsymbol{J}_1^{PO+} + K_{21}\boldsymbol{M}_1^{PO+}) - (-L_{22}\boldsymbol{J}_2^{PO-} + K_{22}\boldsymbol{M}_2^{PO-}) \\
-\left(K_{21}\boldsymbol{J}_1^{PO+} + \frac{1}{\eta_2^2}L_{21}\boldsymbol{M}_1^{PO+}\right) - \left(K_{22}\boldsymbol{J}_2^{PO-} + \frac{1}{\eta_2^2}L_{21}\boldsymbol{M}_2^{PO-}\right) \\
-(-L_{21}\boldsymbol{J}_1^{PO+} + K_{21}\boldsymbol{M}_1^{PO+}) - (-L_{22}\boldsymbol{J}_2^{PO-} + K_{22}\boldsymbol{M}_2^{PO-}) \\
-\left(K_{21}\boldsymbol{J}_1^{PO+} + \frac{1}{\eta_2^2}L_{21}\boldsymbol{M}_1^{PO+}\right) - \left(K_{22}\boldsymbol{J}_2^{PO-} + \frac{1}{\eta_2^2}L_{21}\boldsymbol{M}_2^{PO-}\right) \\
\widetilde{\boldsymbol{E}}^{i} - (L_{32}\boldsymbol{J}_2^{PO-} + K_{32}\boldsymbol{M}_2^{PO-}) \\
\widetilde{\boldsymbol{H}}^{i} - \left(K_{32}\boldsymbol{J}_2^{PO-} + \frac{1}{\eta_3^2}L_{32}\boldsymbol{M}_2^{PO-}\right) \\
-(L_{11}\boldsymbol{J}_1^{PO+} - K_{11}\boldsymbol{M}_1^{PO+}) \\
-\left(K_{11}\boldsymbol{J}_1^{PO+} + \frac{1}{\eta_1^2}L_{11}\boldsymbol{M}_1^{PO+}\right)
\end{bmatrix}
\tag{4.22}
$$

方程(4.22)是带金属附件的天线罩 MoM/PO 混合分析的基础。对于旋转对称天线罩,利用天线罩的旋转对称特性,简化问题,节省计算时间。

2. 模式展开

对于旋转对称壳体,由于对称性,表面上的电流可以用关于 φ 的傅里叶级

数展开,即

$$\boldsymbol{J}_I = \sum_{m,j} (a_{Imj}^t \boldsymbol{J}_{Imj}^t + a_{Imj}^{\varphi} \boldsymbol{J}_{Imj}^{\varphi}) \tag{4.23}$$

$$\boldsymbol{M}_I = \sum_{m,j} (b_{Imj}^t \boldsymbol{M}_{Imj}^t + b_{Imj}^{\varphi} \boldsymbol{M}_{Imj}^{\varphi}) \tag{4.24}$$

式中:m 为第 m 次模。

选择如下的函数为电场积分方程和磁场积分方程的加权函数:

$$\boldsymbol{W}_{Ini}^{\alpha} = (\boldsymbol{J}_{Ini}^{\alpha})^* = \hat{\boldsymbol{\alpha}} \frac{1}{\rho} T(t - t_i) \mathrm{e}^{-\mathrm{j}n\varphi} \tag{4.25}$$

$$\boldsymbol{w}_{Ini}^{\alpha} = (\boldsymbol{M}_{Ini}^{\alpha})^* = \hat{\boldsymbol{\alpha}} \eta_0 \frac{1}{\rho} T(t - t_i) \mathrm{e}^{-\mathrm{j}n\varphi} \tag{4.26}$$

式中:$T(t)$ 为三角基函数。

线性算子 L_I、K_I 可通过求内积得到:

$$L_{ij}^{\alpha\beta}(k,l;h;n) = \langle \boldsymbol{W}_{kni}^{\alpha}, L_{hl}(\boldsymbol{J}_{lnj}^{\beta}) \rangle \tag{4.27}$$

$$K_{ij}^{\alpha\beta}(k,l;h;n) = \eta_0 \langle \boldsymbol{W}_{kni}^{\alpha}, K_{hl}(\boldsymbol{J}_{lnj}^{\beta}) \rangle \tag{4.28}$$

式中:α、β 分别为 t 或 φ;$L_{ij}^{\alpha\beta}$、$K_{ij}^{\alpha\beta}$ 算符的数值表式详见参考文献[12];n 为柱面模式的指数。

天线口径照射场为

$$\widetilde{E}_{ij}^{\alpha\beta}(k,l;h;n) = \langle \boldsymbol{W}_{kni}^{\alpha}, \boldsymbol{E}^{\mathrm{i}\beta} \rangle \tag{4.29}$$

$$\widetilde{H}_{ij}^{\alpha\beta}(k,l;h;n) = \eta_0 \langle \boldsymbol{W}_{kni}^{\alpha}, \boldsymbol{H}^{\mathrm{i}\beta} \rangle \tag{4.30}$$

激励场的模式展开由下式求得:

$$\boldsymbol{E}^{\mathrm{i}\beta} = \sum_{-N}^{N} \boldsymbol{e}_n \mathrm{e}^{\mathrm{j}n\varphi} = \sum_{-N}^{N} \frac{1}{2\pi} \int_0^{2\pi} E_{\beta}^{i} \mathrm{e}^{-\mathrm{j}n\varphi} \mathrm{d}\varphi \mathrm{e}^{\mathrm{j}n\varphi} \hat{\boldsymbol{\beta}} \tag{4.31}$$

$$\boldsymbol{H}^{\mathrm{i}\beta} = \sum_{-N}^{N} \boldsymbol{h}_n \mathrm{e}^{\mathrm{j}n\varphi} = \sum_{-N}^{N} \frac{1}{2\pi} \int_0^{2\pi} H_{\beta}^{i} \mathrm{e}^{-\mathrm{j}n\varphi} \mathrm{d}\varphi \mathrm{e}^{\mathrm{j}n\varphi} \hat{\boldsymbol{\beta}} \tag{4.32}$$

$\boldsymbol{E}^{\mathrm{i}\beta}$、$\boldsymbol{H}^{\mathrm{i}\beta}$ 为天线口径的近场:

$$E^i = -\iint \left(\mathrm{j}k + \frac{1}{\rho_a}\right) \boldsymbol{J}_m \times \hat{\boldsymbol{\rho}}_a \exp(-\mathrm{j}k\rho_a)/(4\pi\rho_a) \mathrm{d}s \tag{4.33}$$

$$\begin{aligned} H^i = \frac{1}{\mathrm{j}4\pi\omega\mu} \iint \frac{\exp(-\mathrm{j}k\rho_a)}{\rho_a} \Big[& -\boldsymbol{J}_m \frac{1}{\rho_a}\left(\mathrm{j}k + \frac{1}{\rho_a}\right) \\ & - (\boldsymbol{J}_m \cdot \hat{\boldsymbol{\rho}}_a)\hat{\boldsymbol{\rho}}_a \left(k^2 - \frac{\mathrm{j}3k}{\rho_a} - \frac{3}{\rho_a^2}\right) + k^2 \boldsymbol{J}_m \Big] \mathrm{d}s \end{aligned} \tag{4.34}$$

式中:ρ_a 为口径上源点到天线罩上场点的距离;$\hat{\boldsymbol{\rho}}_a$ 为单位矢量。

因为圆柱模式互相正交,所以可以分别求得每个模式下的表面电磁流,将每个模式的辐射场矢量叠加便得到远区的辐射场。

3. 远区的辐射场

由

$$\boldsymbol{E}(\theta,\varphi) = -\frac{\mathrm{j}k}{4\pi R}\exp(-\mathrm{j}kR)\hat{\boldsymbol{r}}$$

$$\times \iint\left[\hat{\boldsymbol{n}} \times \boldsymbol{E}^{\mathrm{t}} - \sqrt{\frac{\mu_0}{\varepsilon_0}}\hat{\boldsymbol{r}} \times \hat{\boldsymbol{n}} \times \boldsymbol{H}^{\mathrm{t}}\right]\exp(\mathrm{j}k\boldsymbol{r} \cdot \hat{\boldsymbol{r}})\mathrm{d}s \tag{4.35}$$

得

$$\boldsymbol{E}(\theta,\varphi) = -\frac{\mathrm{j}k}{4\pi R}\exp(-\mathrm{j}kR)\hat{\boldsymbol{r}} \times \iint\left[-\boldsymbol{M} - \sqrt{\frac{\mu_0}{\varepsilon_0}}\hat{\boldsymbol{r}} \times \boldsymbol{J}\right]\exp(\mathrm{j}k\boldsymbol{r} \cdot \hat{\boldsymbol{r}})\mathrm{d}s \tag{4.36}$$

式中:R 为天线到远区观察点的距离;$\hat{\boldsymbol{r}}$ 为观察点的单位矢量;$\boldsymbol{r}'$为曲面采样点位置矢量;$\boldsymbol{J}$、$\boldsymbol{M}$ 为天线罩外表面上的等效电磁流,展开为柱面模式,有

$$J = \sum_{-N}^{N}(a_n\hat{\boldsymbol{t}} + b_n\hat{\boldsymbol{\varphi}})\mathrm{e}^{\mathrm{j}n\varphi}\frac{1}{\rho}f(t)$$

$$M = \eta_0\sum_{-N}^{N}(c_n\hat{\boldsymbol{t}} + d_n\hat{\boldsymbol{\varphi}})\mathrm{e}^{\mathrm{j}n\varphi}\frac{1}{\rho}f(t) \tag{4.37}$$

式中:ρ 为柱坐标系中的 ρ 坐标,与(4.34)中 ρ_a 定义不同。$f(t)$为展开函数,本书采用三角基函数。

等效电磁流的柱面模式的展开系数为

$$\begin{cases} a_n = \dfrac{\rho}{2\pi}\displaystyle\int_{-\pi}^{\pi}J_t\mathrm{e}^{-\mathrm{j}n\varphi}\mathrm{d}\varphi \\ b_n = \dfrac{\rho}{2\pi}\displaystyle\int_{-\pi}^{\pi}J_\varphi\mathrm{e}^{-\mathrm{j}n\varphi}\mathrm{d}\varphi \\ c_n = \dfrac{\rho}{2\pi}\eta_0\displaystyle\int_{-\pi}^{\pi}M_t\mathrm{e}^{-\mathrm{j}n\varphi}\mathrm{d}\varphi \\ d_n = \dfrac{\rho}{2\pi}\eta_0\displaystyle\int_{-\pi}^{\pi}M_\varphi\mathrm{e}^{-\mathrm{j}n\varphi}\mathrm{d}\varphi \end{cases} \tag{4.38}$$

将式(4.37)、式(4.38)代入式(4.36),得

$$\boldsymbol{E}(\theta,\varphi) = -\frac{\mathrm{j}k}{4\pi R}\mathrm{e}^{-\mathrm{j}kR}\hat{\boldsymbol{r}} \times \iint\left[-\eta_0\sum_{-N}^{N}(c_n\hat{\boldsymbol{t}} + d_n\hat{\boldsymbol{\varphi}})\mathrm{e}^{\mathrm{j}n\varphi} - \eta_0\hat{\boldsymbol{r}} \times \right.$$

$$\left.\sum_{-N}^{N}(a_n\hat{\boldsymbol{t}} + b_n\hat{\boldsymbol{\varphi}})\mathrm{e}^{\mathrm{j}n\varphi}\right]\exp(\mathrm{j}k\boldsymbol{r}' \cdot \hat{\boldsymbol{r}})\frac{1}{\rho}f(t)\rho\mathrm{d}t\mathrm{d}\varphi = \sum_{-N}^{N}\frac{\mathrm{j}k}{4\pi R}\mathrm{e}^{-\mathrm{j}kR}\hat{\boldsymbol{r}} \times$$

$$\iint[\eta_0\hat{\boldsymbol{r}} \times (a_n\hat{\boldsymbol{t}} + b_n\hat{\boldsymbol{\varphi}}) + \eta_0(c_n\hat{\boldsymbol{t}} + d_n\hat{\boldsymbol{\varphi}})]\exp(\mathrm{j}k\boldsymbol{r}' \cdot \hat{\boldsymbol{r}})\mathrm{e}^{\mathrm{j}n\varphi}f(t)\mathrm{d}t\mathrm{d}\varphi$$

上式写成

$$\boldsymbol{E} = \boldsymbol{R}_{ut}^{n}\boldsymbol{a} + \boldsymbol{R}_{u\varphi}^{n}\boldsymbol{b} + \boldsymbol{S}_{ut}^{n}\boldsymbol{c} + \boldsymbol{S}_{u\varphi}^{n}\boldsymbol{d} \tag{4.39}$$

式中:$\boldsymbol{E}$ 为 $M\times 1$ 的矩阵;$\boldsymbol{R}_{ut}^{n}$、$\boldsymbol{R}_{u\varphi}^{n}$、$\boldsymbol{S}_{ut}^{n}$、$\boldsymbol{S}_{u\varphi}^{n}$ 为 $M\times K$ 的矩阵;$\boldsymbol{a}$、$\boldsymbol{b}$、$\boldsymbol{c}$、$\boldsymbol{d}$ 为 $K\times 1$ 的矩阵。

令

$$\begin{cases} R_{ut}^{n} = \dfrac{\mathrm{j}k\eta_0}{4\pi R}\mathrm{e}^{-\mathrm{j}kR}\hat{\boldsymbol{u}}\cdot\hat{\boldsymbol{r}}\times\iint\hat{\boldsymbol{r}}\times\hat{\boldsymbol{t}}\exp(\mathrm{j}k\boldsymbol{r}'\cdot\hat{\boldsymbol{r}})\,\mathrm{e}^{\mathrm{j}n\varphi}f(t)\,\mathrm{d}t\mathrm{d}\varphi \\ R_{u\varphi}^{n} = \dfrac{\mathrm{j}k\eta_0}{4\pi R}\mathrm{e}^{-\mathrm{j}kR}\hat{\boldsymbol{u}}\cdot\hat{\boldsymbol{r}}\times\iint\hat{\boldsymbol{r}}\times\hat{\boldsymbol{\varphi}}\exp(\mathrm{j}k\boldsymbol{r}'\cdot\hat{\boldsymbol{r}})\,\mathrm{e}^{\mathrm{j}n\varphi}f(t)\,\mathrm{d}t\mathrm{d}\varphi \\ S_{ut}^{n} = \dfrac{\mathrm{j}k\eta_0}{4\pi R}\mathrm{e}^{-\mathrm{j}kR}\hat{\boldsymbol{u}}\cdot\hat{\boldsymbol{r}}\times\iint\hat{\boldsymbol{t}}\exp(\mathrm{j}k\boldsymbol{r}'\cdot\hat{\boldsymbol{r}})\,\mathrm{e}^{\mathrm{j}n\varphi}f(t)\,\mathrm{d}t\mathrm{d}\varphi \\ S_{u\varphi}^{n} = \dfrac{\mathrm{j}k\eta_0}{4\pi R}\mathrm{e}^{-\mathrm{j}kR}\hat{\boldsymbol{u}}\cdot\hat{\boldsymbol{r}}\times\iint\hat{\boldsymbol{\varphi}}\exp(\mathrm{j}k\boldsymbol{r}'\cdot\hat{\boldsymbol{r}})\,\mathrm{e}^{\mathrm{j}n\varphi}f(t)\,\mathrm{d}t\mathrm{d}\varphi \end{cases} \tag{4.40}$$

由于远区辐射场均可分为球坐标$\hat{\theta}$、$\hat{\varphi}$两个分量,所以需要分别求解。当 $\hat{u}=\hat{\theta}$时,对应的是 θ 极化,即 $\boldsymbol{E}^{\mathrm{r}}=\boldsymbol{E}_{\theta}^{\mathrm{r}}$。在推导时,需要应用如下公式,即

$$\hat{\boldsymbol{r}} = (\sin\theta_0\cos\varphi_0, \sin\theta_0\sin\varphi_0, \cos\theta_0) \tag{4.41}$$

$$r' = (\rho\cos\varphi, \rho\sin\varphi, z) \tag{4.42}$$

$$\hat{\boldsymbol{u}}_{\theta} = (\cos\theta_0\cos\varphi_0, \cos\theta_0\sin\varphi_0, -\sin\theta_0) \tag{4.43}$$

$$\hat{\boldsymbol{u}}_{\phi} = (-\sin\varphi_0, \cos\varphi_0, 0) \tag{4.44}$$

$$\hat{\boldsymbol{t}} = (\sin\theta_v\cos\varphi, \sin\theta_v\sin\varphi, \cos\theta_v) \tag{4.45}$$

$$\hat{\boldsymbol{\varphi}} = (-\sin\varphi, \cos\varphi, 0), \hat{\boldsymbol{n}} = \hat{\boldsymbol{t}}\times\hat{\boldsymbol{\varphi}} \tag{4.46}$$

$$\hat{\boldsymbol{n}}\times\hat{\boldsymbol{t}} = \hat{\boldsymbol{\varphi}} \tag{4.47}$$

$$\hat{\boldsymbol{n}}\times\hat{\boldsymbol{\varphi}} = -\hat{\boldsymbol{t}} \tag{4.48}$$

$$\boldsymbol{A}\times(\boldsymbol{B}\times\boldsymbol{C}) = (\boldsymbol{A}\cdot\boldsymbol{C})\boldsymbol{B} - (\boldsymbol{A}\cdot\boldsymbol{B})\boldsymbol{C} \tag{4.49}$$

式中:(θ_0,φ_0)为场点的球坐标,(θ_v,φ)为源点的球坐标。

$$\begin{cases} \hat{\boldsymbol{u}}_{\theta}\cdot\hat{\boldsymbol{r}}\times(\hat{\boldsymbol{r}}\times\hat{\boldsymbol{t}}) = \hat{\boldsymbol{u}}_{\theta}\cdot[(\hat{\boldsymbol{r}}\cdot\hat{\boldsymbol{t}})\hat{\boldsymbol{r}} - (\hat{\boldsymbol{r}}\cdot\hat{\boldsymbol{r}})\hat{\boldsymbol{t}}] = -\hat{\boldsymbol{u}}_{\theta}\cdot\hat{\boldsymbol{t}} \\ \hat{\boldsymbol{u}}_{\theta}\cdot\hat{\boldsymbol{r}}\times(\hat{\boldsymbol{r}}\times\hat{\boldsymbol{\varphi}}) = \hat{\boldsymbol{u}}_{\theta}\cdot[(\hat{\boldsymbol{r}}\cdot\hat{\boldsymbol{\varphi}})\hat{\boldsymbol{r}} - (\hat{\boldsymbol{r}}\cdot\hat{\boldsymbol{r}})\hat{\boldsymbol{\varphi}}] = -\hat{\boldsymbol{u}}_{\theta}\cdot\hat{\boldsymbol{\varphi}} \\ \hat{\boldsymbol{u}}_{\theta}\cdot\hat{\boldsymbol{r}}\times\hat{\boldsymbol{t}} = \hat{\boldsymbol{u}}_{\theta}\times\hat{\boldsymbol{r}}\cdot\hat{\boldsymbol{t}} = -\hat{\boldsymbol{u}}_{\phi}\cdot\hat{\boldsymbol{t}} \\ \hat{\boldsymbol{u}}_{\theta}\cdot\hat{\boldsymbol{r}}\times\hat{\boldsymbol{\varphi}} = \hat{\boldsymbol{u}}_{\theta}\times\hat{\boldsymbol{r}}\cdot\hat{\boldsymbol{\varphi}} = -\hat{\boldsymbol{u}}_{\phi}\cdot\hat{\boldsymbol{\varphi}} \end{cases} \tag{4.50}$$

$$\begin{cases} \hat{\boldsymbol{u}}_{\phi}\cdot\hat{\boldsymbol{r}}\times(\hat{\boldsymbol{r}}\times\hat{\boldsymbol{t}}) = \hat{\boldsymbol{u}}_{\phi}\cdot[(\hat{\boldsymbol{r}}\cdot\hat{\boldsymbol{t}})\hat{\boldsymbol{r}} - (\hat{\boldsymbol{r}}\cdot\hat{\boldsymbol{r}})\hat{\boldsymbol{t}}] = -\hat{\boldsymbol{u}}_{\phi}\cdot\hat{\boldsymbol{t}} \\ \hat{\boldsymbol{u}}_{\phi}\cdot\hat{\boldsymbol{r}}\times(\hat{\boldsymbol{r}}\times\hat{\boldsymbol{\varphi}}) = \hat{\boldsymbol{u}}_{\phi}\cdot[(\hat{\boldsymbol{r}}\cdot\hat{\boldsymbol{\varphi}})\hat{\boldsymbol{r}} - (\hat{\boldsymbol{r}}\cdot\hat{\boldsymbol{r}})\hat{\boldsymbol{\varphi}}] = -\hat{\boldsymbol{u}}_{\phi}\cdot\hat{\boldsymbol{\varphi}} \\ \hat{\boldsymbol{u}}_{\phi}\cdot\hat{\boldsymbol{r}}\times\hat{\boldsymbol{t}} = \hat{\boldsymbol{u}}_{\phi}\times\hat{\boldsymbol{r}}\cdot\hat{\boldsymbol{t}} = \hat{\boldsymbol{u}}_{\theta}\cdot\hat{\boldsymbol{t}} \\ \hat{\boldsymbol{u}}_{\phi}\cdot\hat{\boldsymbol{r}}\times\hat{\boldsymbol{\varphi}} = \hat{\boldsymbol{u}}_{\phi}\times\hat{\boldsymbol{r}}\cdot\hat{\boldsymbol{\varphi}} = \hat{\boldsymbol{u}}_{\theta}\cdot\hat{\boldsymbol{\varphi}} \end{cases} \tag{4.51}$$

$$\hat{k} \cdot r' = \rho\sin\theta_0\cos(\varphi - \varphi_0) + z\cos\theta_0 \tag{4.52}$$

式(4.40)简化为

$$\begin{cases} R_{\theta t}^n = -\dfrac{\mathrm{j}k\eta_0}{4\pi R}\mathrm{e}^{-\mathrm{j}kR}\iint \hat{\boldsymbol{u}}_\theta \cdot \hat{\boldsymbol{t}}\exp(\mathrm{j}k\boldsymbol{r}' \cdot \hat{\boldsymbol{r}})\mathrm{e}^{\mathrm{j}n\varphi}f(t)\,\mathrm{d}t\mathrm{d}\varphi \\ R_{\theta\varphi}^n = -\dfrac{\mathrm{j}k\eta_0}{4\pi R}\mathrm{e}^{-\mathrm{j}kR}\iint \hat{\boldsymbol{u}}_\theta \cdot \hat{\boldsymbol{\varphi}}\exp(\mathrm{j}k\boldsymbol{r}' \cdot \hat{\boldsymbol{r}})\mathrm{e}^{\mathrm{j}n\varphi}f(t)\,\mathrm{d}t\mathrm{d}\varphi \\ S_{\theta t}^n = -\dfrac{\mathrm{j}k\eta_0}{4\pi R}\mathrm{e}^{-\mathrm{j}kR}\iint \hat{\boldsymbol{u}}_\varphi \cdot \hat{\boldsymbol{t}}\exp(\mathrm{j}k\boldsymbol{r}' \cdot \hat{\boldsymbol{r}})\mathrm{e}^{\mathrm{j}n\varphi}f(t)\,\mathrm{d}t\mathrm{d}\varphi \\ S_{\theta\varphi}^n = -\dfrac{\mathrm{j}k\eta_0}{4\pi R}\mathrm{e}^{-\mathrm{j}kR}\iint \hat{\boldsymbol{u}}_\varphi \cdot \hat{\boldsymbol{\varphi}}\exp(\mathrm{j}k\boldsymbol{r}' \cdot \hat{\boldsymbol{r}})\mathrm{e}^{\mathrm{j}n\varphi}f(t)\,\mathrm{d}t\mathrm{d}\varphi \end{cases} \tag{4.53}$$

$$\begin{cases} R_{\phi t}^n = -\dfrac{\mathrm{j}k\eta_0}{4\pi R}\mathrm{e}^{-\mathrm{j}kR}\iint \hat{\boldsymbol{u}}_\phi \cdot \hat{\boldsymbol{t}}\exp(\mathrm{j}k\boldsymbol{r}' \cdot \hat{\boldsymbol{r}})\mathrm{e}^{\mathrm{j}n\varphi}f(t)\,\mathrm{d}t\mathrm{d}\varphi \\ R_{\phi\varphi}^n = -\dfrac{\mathrm{j}k\eta_0}{4\pi R}\mathrm{e}^{-\mathrm{j}kR}\iint \hat{\boldsymbol{u}}_\phi \cdot \hat{\boldsymbol{\varphi}}\exp(\mathrm{j}k\boldsymbol{r}' \cdot \hat{\boldsymbol{r}})\mathrm{e}^{\mathrm{j}n\varphi}f(t)\,\mathrm{d}t\mathrm{d}\varphi \\ S_{\phi t}^n = \dfrac{\mathrm{j}k\eta_0}{4\pi R}\mathrm{e}^{-\mathrm{j}kR}\iint \hat{\boldsymbol{u}}_\theta \cdot \hat{\boldsymbol{t}}\exp(\mathrm{j}k\boldsymbol{r}' \cdot \hat{\boldsymbol{r}})\mathrm{e}^{\mathrm{j}n\varphi}f(t)\,\mathrm{d}t\mathrm{d}\varphi \\ S_{\phi\varphi}^n = \dfrac{\mathrm{j}k\eta_0}{4\pi R}\mathrm{e}^{-\mathrm{j}kR}\iint \hat{\boldsymbol{u}}_\theta \cdot \hat{\boldsymbol{\varphi}}\exp(\mathrm{j}k\boldsymbol{r}' \cdot \hat{\boldsymbol{r}})\mathrm{e}^{\mathrm{j}n\varphi}f(t)\,\mathrm{d}t\mathrm{d}\varphi \end{cases} \tag{4.54}$$

略去 $-\dfrac{\mathrm{j}k\eta_0}{4\pi R}\mathrm{e}^{-\mathrm{j}kR}$，利用

$$\begin{cases} \hat{\boldsymbol{u}}_\theta \cdot \hat{\boldsymbol{t}} = \cos\theta_0\cos\varphi_0\sin\theta_v\cos\varphi + \cos\theta_0\sin\varphi_0\sin\theta_v\sin\varphi - \sin\theta_0\cos\theta_v \\ \qquad = \cos\theta_0\sin\theta_v(\cos\varphi_0\cos\varphi + \sin\varphi_0\sin\varphi) - \sin\theta_0\cos\theta_v \\ \qquad = \cos\theta_0\sin\theta_v\cos(\varphi - \varphi_0) - \sin\theta_0\cos\theta_v \\ \hat{\boldsymbol{u}}_\varphi \cdot \hat{\boldsymbol{t}} = -\sin\varphi_0\cos\varphi\sin\theta_v + \sin\theta_v\sin\varphi\cos\varphi_0 \\ \qquad = -\sin\theta_v(\sin\varphi_0\cos\varphi - \sin\varphi\cos\varphi_0) \\ \qquad = \sin\theta_v\sin(\varphi - \varphi_0) \end{cases} \tag{4.55}$$

$$\begin{cases} \hat{\boldsymbol{u}}_\theta \cdot \hat{\boldsymbol{\varphi}} = -\cos\theta_0\cos\varphi_0\sin\varphi + \cos\theta_0\sin\varphi_0\cos\varphi \\ \qquad = -\cos\theta_0\sin(\varphi - \varphi_0) \\ \hat{\boldsymbol{u}}_\varphi \cdot \hat{\boldsymbol{\varphi}} = \sin\varphi_0\sin\varphi + \cos\varphi\cos\varphi_0 \\ \qquad = \cos(\varphi - \varphi_0) \end{cases} \tag{4.56}$$

进一步化简为

$$\begin{cases}R_{\theta t}^{n} = \iint [\cos\theta_0 \sin\theta_v \cos(\varphi - \varphi_0) - \sin\theta_0 \cos\theta_v] \exp(\mathrm{j}k\boldsymbol{r}' \cdot \hat{\boldsymbol{r}}) \mathrm{e}^{\mathrm{j}n\varphi} f(t) \mathrm{d}t\mathrm{d}\varphi \\ R_{\theta\varphi}^{n} = -\iint \cos\theta_0 \sin(\varphi - \varphi_0) \exp(\mathrm{j}k\boldsymbol{r}' \cdot \hat{\boldsymbol{r}}) \mathrm{e}^{\mathrm{j}n\varphi} f(t) \mathrm{d}t\mathrm{d}\varphi \\ S_{\theta t}^{n} = \iint \sin\theta_v \sin(\varphi - \varphi_0) \exp(\mathrm{j}k\boldsymbol{r}' \cdot \hat{\boldsymbol{r}}) \mathrm{e}^{\mathrm{j}n\varphi} f(t) \mathrm{d}t\mathrm{d}\varphi \\ S_{\theta\varphi}^{n} = \iint \cos(\varphi - \varphi_0) \exp(\mathrm{j}k\boldsymbol{r}' \cdot \hat{\boldsymbol{r}}) \mathrm{e}^{\mathrm{j}n\varphi} f(t) \mathrm{d}t\mathrm{d}\varphi \end{cases} \tag{4.57}$$

$$\begin{cases}R_{\phi t}^{n} = \iint \sin\theta_v \sin(\varphi - \varphi_0) \exp(\mathrm{j}k\boldsymbol{r}' \cdot \hat{\boldsymbol{r}}) \mathrm{e}^{\mathrm{j}n\varphi} f(t) \mathrm{d}t\mathrm{d}\varphi \\ R_{\phi\varphi}^{n} = \iint \cos(\varphi - \varphi_0) \exp(\mathrm{j}k\boldsymbol{r}' \cdot \hat{\boldsymbol{r}}) \mathrm{e}^{\mathrm{j}n\varphi} f(t) \mathrm{d}t\mathrm{d}\varphi \\ S_{\phi t}^{n} = -\iint [\cos\theta_0 \sin\theta_v \cos(\varphi - \varphi_0) - \sin\theta_0 \cos\theta_v] \exp(\mathrm{j}k\boldsymbol{r}' \cdot \hat{\boldsymbol{r}}) \mathrm{e}^{\mathrm{j}n\varphi} f(t) \mathrm{d}t\mathrm{d}\varphi \\ S_{\phi\varphi}^{n} = \iint \cos\theta_0 \sin(\varphi - \varphi_0) \exp(\mathrm{j}k\boldsymbol{r}' \cdot \hat{\boldsymbol{r}}) \mathrm{e}^{\mathrm{j}n\varphi} f(t) \mathrm{d}t\mathrm{d}\varphi \end{cases} \tag{4.58}$$

由上式可见

$$\begin{cases}R_{\phi t}^{n} = S_{\theta t}^{n} \\ R_{\phi\varphi}^{n} = S_{\theta\varphi}^{n} \\ S_{\phi t}^{n} = -R_{\theta t}^{n} \\ S_{\phi\varphi}^{n} = -R_{\theta\varphi}^{n}\end{cases} \tag{4.59}$$

继续化简可得

$$\begin{aligned} R_{\theta t}^{n} &= \iint [\cos\theta_0 \sin\theta_v \cos(\varphi - \varphi_0) - \sin\theta_0 \cos\theta_v] \exp(\mathrm{j}k\boldsymbol{r}' \cdot \hat{\boldsymbol{r}}) \mathrm{e}^{\mathrm{j}n\varphi} f(t) \mathrm{d}t\mathrm{d}\varphi \\ &= \mathrm{e}^{\mathrm{j}n\varphi_0} \sum_{1}^{4} \exp(\mathrm{j}kz\cos\theta_0) \int_0^{2\pi} \Big[\Big(\cos\theta_0 \sin\theta_v \frac{1}{2}(\mathrm{e}^{\mathrm{j}\phi} + \mathrm{e}^{-\mathrm{j}\phi}) - \sin\theta_0 \cos\theta_v \Big) \\ &\quad \exp(\mathrm{j}k\rho\sin\theta_0\cos\phi) \mathrm{e}^{\mathrm{j}n\phi} \mathrm{d}\phi \Big] f(t) \Delta t \\ &= \mathrm{e}^{\mathrm{j}n\varphi_0} \sum_{1}^{4} \exp(\mathrm{j}kz\cos\theta_0) \int_0^{2\pi} \Big[\Big(\frac{1}{2}\cos\theta_0 \sin\theta_v (\mathrm{e}^{\mathrm{j}\phi} + \mathrm{e}^{-\mathrm{j}\phi}) - \sin\theta_0 \cos\theta_v \Big) \\ &\quad \exp(\mathrm{j}k\rho\sin\theta_0\cos\phi) \mathrm{e}^{\mathrm{j}n\phi} \Big] \mathrm{d}\phi \cdot f(t) \Delta t = 2\pi \mathrm{e}^{\mathrm{j}n\varphi_0} \sum_{1}^{4} \exp(\mathrm{j}kz\cos\theta_0) \\ &\quad \Big[\cos\theta_0 \sin\theta_v \frac{j^{n+1} J_{-(n+1)}(-k\rho\sin\theta_0) + j^{n-1} J_{-(n-1)}(-k\rho\sin\theta_0)}{2} \\ &\quad - j^{n} \sin\theta_0 \cos\theta_v J_{-n}(-k\rho\sin\theta_0) \Big] f(t) \Delta t \end{aligned}$$

$$= 2\pi j^{n+1} e^{jn\varphi_0} \sum_1^4 \exp(jkz\cos\theta_0)\left[\cos\theta_0\sin\theta_v \frac{J_{(n+1)}(k\rho\sin\theta_0) - J_{(n-1)}(k\rho\sin\theta_0)}{2}\right.$$

$$\left. + j\sin\theta_0\cos\theta_v J_n(k\rho\sin\theta_0)\right] f(t)\Delta t$$

$$= 2\pi j^{n+1} e^{jn\varphi_0} \sum_1^4 \exp(jkz\cos\theta_0)\left[\cos\theta_0\sin\theta_v \frac{J_{(n+1)} - J_{(n-1)}}{2} + j\sin\theta_0\cos\theta_v J_n\right] f(t)\Delta t$$

式中：$\phi = \varphi - \varphi_0$。

利用贝塞尔函数的积分表示式：

$$J_n(\rho) = \frac{j^n}{2\pi}\int_0^{2\pi} e^{-j\rho\cos\phi} e^{-jn\phi} d\phi$$

$$J_{-n}(\rho) = \frac{j^{-n}}{2\pi}\int_0^{2\pi} e^{-j\rho\cos\phi} e^{-jn\phi} d\phi$$

$$J_{-n}(\rho) = (-1)^n J_n(\rho) = J_n(-\rho)$$

$$R_{\phi\varphi}^n = -\iint \cos\theta_0 \sin(\varphi - \varphi_0)\exp(jk\rho\sin\theta_0\cos(\varphi - \varphi_0) + jkz\cos\theta_0) e^{jn\varphi} f(t)\, dt d\varphi$$

$$= -\iint \cos\theta_0 \sin\phi \exp(jk\rho\sin\theta_0\cos\phi + jkz\cos\theta_0) e^{jn\phi} e^{jn\varphi_0} f(t)\, dt d\varphi$$

$$= -e^{jn\varphi_0}\sum_1^4 \cos\theta_0 \exp(jkz\cos\theta_0)\iint \sin\phi\exp(jk\rho\sin\theta_0\cos\phi) e^{jn\phi} d\varphi \cdot f(t)\Delta t$$

$$R_{\phi\varphi}^n = -e^{jn\varphi_0}\sum_1^4 \cos\theta_0\exp(jkz\cos\theta_0)\int_0^{2\pi}\frac{1}{2j}(e^{j\phi} - e^{-j\phi})$$

$$\exp(jk\rho\sin\theta_0\cos\phi) e^{jn\phi} d\varphi \cdot f(t)\Delta t$$

$$= -e^{jn\varphi_0}\sum_1^4 \exp(jkz\cos\theta_0)\cos\theta_0 \int_0^{2\pi}\frac{1}{2j}\exp(jk\rho\sin\theta_0\cos\phi)$$

$$(e^{j(n+1)\phi} - e^{j(n-1)\phi}) d\varphi \cdot f(t)\Delta t$$

$$= -e^{jn\varphi_0}\sum_1^4 \exp(jkz\cos\theta_0)$$

$$\cos\theta_0 \frac{1}{2j} 2\pi\left[j^{n+1} J_{-(n+1)}(-k\rho\sin\theta_0) - j^{n-1} J_{-(n-1)}(-k\rho\sin\theta_0)\right] f(t)\Delta t$$

$$= -2\pi j^{n+1} e^{jn\varphi_0}\sum_1^4 \exp(jkz\cos\theta_0)$$

$$\cos\theta_0\left[\frac{J_{-(n+1)}(-k\rho\sin\theta_0) + J_{-(n-1)}(-k\rho\sin\theta_0)}{2j}\right] f(t)\Delta t$$

$$= -2\pi j^{n+1} e^{jn\varphi_0}\sum_1^4 \exp(jkz\cos\theta_0)$$

$$\cos\theta_0\left[\frac{J_{(n+1)}(k\rho\sin\theta_0) + J_{(n-1)}(k\rho\sin\theta_0)}{2j}\right] f(t)\Delta t$$

$$= -2\pi j^{n+1} e^{jn\varphi_0} \sum_{1}^{4} \exp(jkz\cos\theta_0)\cos\theta_0 \left[\frac{J_{(n+1)} + J_{(n-1)}}{2j}\right] f(t)\Delta t$$

$$S_{\theta t}^{n} = e^{jn\varphi_0} \sum_{1}^{4} \exp(jkz\cos\theta_0) \int_0^{2\pi} \sin\theta_v \frac{1}{2j}(e^{j\phi} - e^{-j\phi})$$

$$\exp(jk\rho\sin\theta_0\cos\phi) e^{jn\phi} d\varphi \cdot f(t)\Delta t$$

$$= e^{jn\varphi_0} \sum_{1}^{4} \exp(jkz\cos\theta_0)\sin\theta_v \int_0^{2\pi} \frac{1}{2j}(e^{j\phi} - e^{-j\phi})$$

$$\exp(jk\rho\sin\theta_0\cos\phi) e^{jn\phi} d\varphi \cdot f(t)\Delta t$$

$$= 2\pi e^{jn\varphi_0} \sum_{1}^{4} \exp(jkz\cos\theta_0)\sin\theta_v \frac{1}{2j}$$

$$[j^{n+1} J_{-(n+1)}(-k\rho\sin\theta_0) - j^{n-1} J_{-(n-1)}(-k\rho\sin\theta_0)] f(t)\Delta t$$

$$= 2\pi j^{n+1} e^{jn\varphi_0} \sum_{1}^{4} \exp(jkz\cos\theta_0)$$

$$\sin\theta_v \left[\frac{J_{(n+1)}(k\rho\sin\theta_0) + J_{(n-1)}(k\rho\sin\theta_0)}{2j}\right] f(t)\Delta t$$

$$= 2\pi j^{n+1} e^{jn\varphi_0} \sum_{1}^{4} \exp(jkz\cos\theta_0)\sin\theta_v \left[\frac{J_{(n+1)} + J_{(n-1)}}{2j}\right] f(t)\Delta t$$

$$S_{\theta\varphi}^{n} = e^{jn\varphi_0} \sum_{1}^{4} \exp(jkz\cos\theta) \int_0^{2\pi} \cos\phi \exp(jk\rho\sin\theta_0\cos\phi) e^{jn\phi} d\varphi \cdot f(t)\Delta t$$

$$= e^{jn\varphi_0} \sum_{1}^{4} \exp(jkz\cos\theta) \int_0^{2\pi} \frac{1}{2}(e^{j\phi} + e^{-j\phi}) \exp(jk\rho\sin\theta_0\cos\phi) e^{jn\phi} d\varphi \cdot f(t)\Delta t$$

$$= e^{jn\varphi_0} \sum_{1}^{4} \exp(jkz\cos\theta) \int_0^{2\pi} \frac{1}{2}(e^{j\phi} + e^{-j\phi}) \exp(jk\rho\sin\theta_0\cos\phi) e^{jn\phi} d\varphi \cdot f(t)\Delta t$$

$$= 2\pi e^{jn\varphi_0} \sum_{1}^{4} \exp(jkz\cos\theta_0) \frac{1}{2}[j^{n+1} J_{-(n+1)}(-k\rho\sin\theta_0)$$

$$+ j^{n-1} J_{-(n-1)}(-k\rho\sin\theta_0)] f(t)\Delta t$$

$$= 2\pi j^{n+1} e^{jn\varphi_0} \sum_{1}^{4} \exp(jkz\cos\theta_0) \left[\frac{J_{(n+1)}(k\rho\sin\theta_0) - J_{(n-1)}(k\rho\sin(\theta_0))}{2}\right] f(t)\Delta t$$

$$= 2\pi j^{n+1} e^{jn\varphi_0} \sum_{1}^{4} \exp(jkz\cos\theta_0) \left[\frac{J_{(n+1)} - J_{(n-1)}}{2}\right] f(t)\Delta t$$

式中：$\phi = \varphi - \varphi_0$，$J_n = J_n(k\rho\sin\theta_0)$为柱面贝塞尔函数。

归纳得到：

$$\begin{cases} R_{\theta t}^{n} = 2\pi \mathrm{j}^{n+1}\mathrm{e}^{\mathrm{j}n\varphi_0}\sum_{1}^{4}\exp(\mathrm{j}kz\cos\theta_0)\left[\cos\theta_0\sin\theta_v\dfrac{J_{(n+1)}-J_{(n-1)}}{2}+\mathrm{j}\sin\theta_0\cos\theta_v J_n\right]f(t)\Delta t \\ R_{\theta\varphi}^{n} = -2\pi \mathrm{j}^{n+1}\mathrm{e}^{\mathrm{j}n\varphi_0}\sum_{1}^{4}\exp(\mathrm{j}kz\cos\theta_0)\cos\theta_0\left[\dfrac{J_{(n+1)}+J_{(n-1)}}{2\mathrm{j}}\right]f(t)\Delta t \\ S_{\theta t}^{n} = 2\pi \mathrm{j}^{n+1}\mathrm{e}^{\mathrm{j}n\varphi_0}\sum_{1}^{4}\exp(\mathrm{j}kz\cos\theta_0)\sin\theta_v\left[\dfrac{J_{(n+1)}+J_{(n-1)}}{2\mathrm{j}}\right]f(t)\Delta t \\ S_{\theta\varphi}^{n} = 2\pi \mathrm{j}^{n+1}\mathrm{e}^{\mathrm{j}n\varphi_0}\sum_{1}^{4}\exp(\mathrm{j}kz\cos\theta_0)\left[\dfrac{J_{(n+1)}-J_{(n-1)}}{2}\right]f(t)\Delta t \end{cases} \tag{4.60}$$

$$\begin{cases} R_{\phi t}^{n} = 2\pi \mathrm{j}^{n+1}\mathrm{e}^{\mathrm{j}n\varphi_0}\sum_{1}^{4}\exp(\mathrm{j}kz\cos\theta_0)\sin\theta_v\left[\dfrac{J_{(n+1)}+J_{(n-1)}}{2\mathrm{j}}\right]f(t)\Delta t \\ R_{\phi\varphi}^{n} = 2\pi \mathrm{j}^{n+1}\mathrm{e}^{\mathrm{j}n\varphi_0}\sum_{1}^{4}\exp(\mathrm{j}kz\cos\theta_0)\left[\dfrac{J_{(n+1)}-J_{(n-1)}}{2}\right]f(t)\Delta t \\ S_{\phi t}^{n} = -2\pi \mathrm{j}^{n+1}\mathrm{e}^{\mathrm{j}n\varphi_0}\sum_{1}^{4}\exp(\mathrm{j}kz\cos\theta_0)\left[\cos\theta_0\sin\theta_v\dfrac{J_{(n+1)}-J_{(n-1)}}{2}+\mathrm{j}\sin\theta_0\cos\theta_v J_n\right]f(t)\Delta t \\ S_{\phi t}^{n} = 2\pi \mathrm{j}^{n+1}\mathrm{e}^{\mathrm{j}n\varphi_0}\sum_{1}^{4}\exp(\mathrm{j}kz\cos\theta_0)\cos\theta_0\left[\dfrac{J_{(n+1)}+J_{(n-1)}}{2\mathrm{j}}\right]f(t)\Delta t \end{cases} \tag{4.61}$$

4.5.3 带空速管的天线罩的 MoM/PO 分析

根据第3章的研究结论,可把最小二乘方法[11]用于鼻锥火控天线罩的分析计算,进行电大尺寸旋转对称天线罩的 PO 分析、电大尺寸旋转对称天线罩的 MoM/PO 混合分析。

基于 LS 算法优良的特点,将该算法用于电大尺寸旋转对称天线罩的 MoM/PO 分析,按照前面叙述的方法,编制了 Fortran 计算程序,为了验证程序的计算精度,从四个方面进行:①以空气介质雷达天线罩为例,验证 MoM/PO 分析计算程序的合理性;②以一种机头雷达天线罩为例,验证对带有金属 Pitot 管雷达天线罩的计算精度,给出理论计算结果,并与实际测试数据进行了比较;③改变机头雷达天线罩现有参数,给出了不同 Pitot 管参数下天线罩的性能计算结果;④比较 MoM/PO 分析和 PO 算法的计算精度。

1. MoM/PO 分析计算程序的有效性验证

假设有一"空气"罩,其尺寸为 $L=80.2\lambda$,$D=80.4\lambda$,"空气"罩的相对介电常数为1.0、厚度为0.2λ,天线为圆口径天线,半径=40λ,口径幅度相位为幅度加权等相分布,天线极化为垂直极化。计算中,设定MoM区轴向长度为1λ,PO区轴向长度为79.2λ,MoM区分段数为10,PO区分段数为400,MoM区模式展开取 $n=-1,0,1$ 三个模式即 $N=3$。计算结果如图4.31和图4.32所示。由图可见,加罩后的天线的方向图与天线口径直接的标量积分结果符合较好。

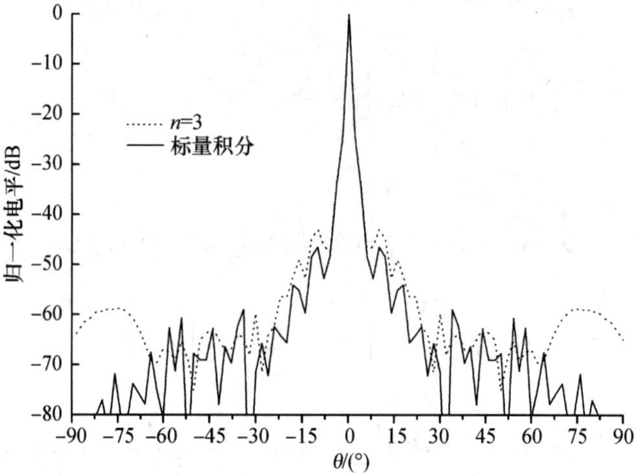

图4.31 "空气"罩内天线的辐射方向图(E面,$RA=40.0\lambda$)

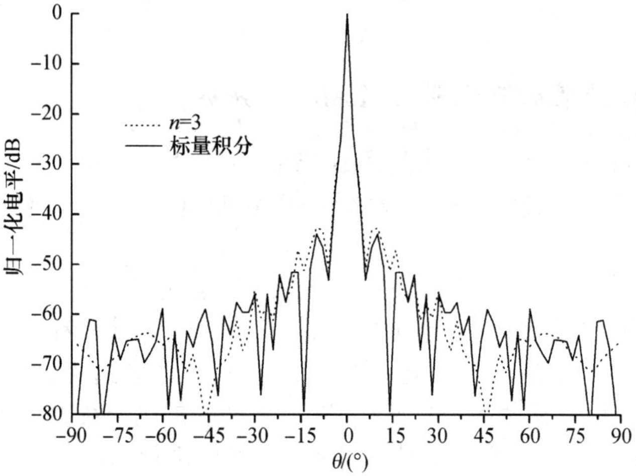

图4.32 "空气"罩内天线的辐射方向图(H面,$RA=40.0\lambda$)

令罩体的介电常数 $\varepsilon=4.0$,得到天线加罩后的方向图如图4.33和图4.34所示。

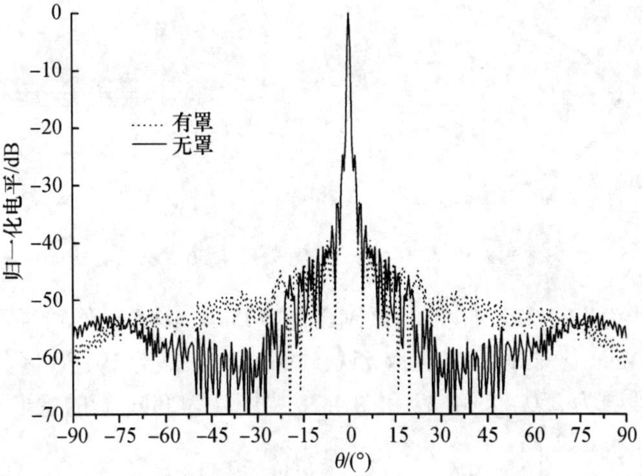

图 4.33 天线的辐射方向图(E 面,$RA=40.0\lambda$)

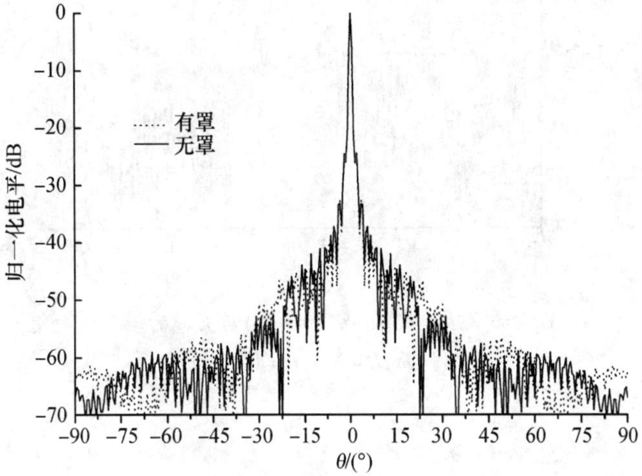

图 4.34 天线的辐射方向图(H 面,$RA=40.0\lambda$)

2. MoM/PO 分析计算程序的计算精度的验证

已知机头雷达天线尺寸参数:长度为 56λ,根部直径为 30λ,天线罩厚度为 0.283λ,相对介电常数为 4.0。天线罩和 Pitot 管如图 4.35 所示,Pitot 管部分放大图如图 4.36 所示,尺寸参数见表 4.5。

表 4.5 天线罩和 Pitot 管参数

天线罩长度	天线罩根部直径	Pitot 管长度
56λ	30λ	25λ

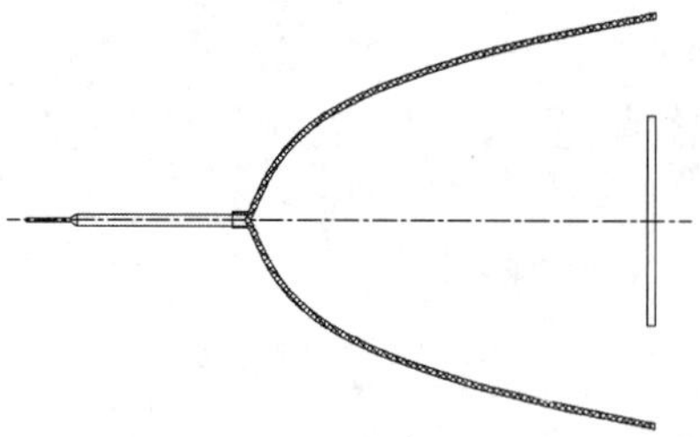

图 4.35　机头雷达天线罩

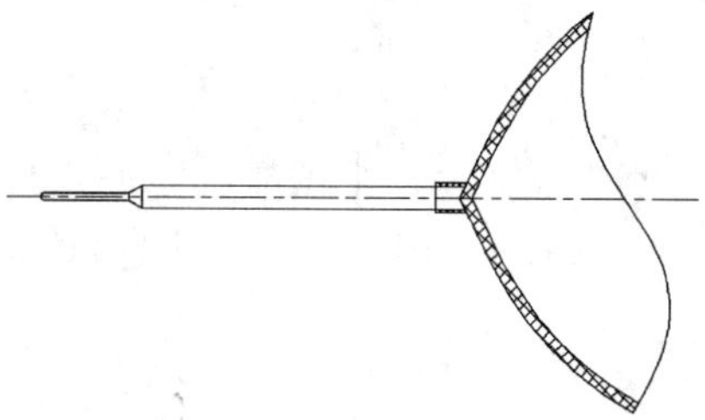

图 4.36　机头雷达天线罩的 Pitot 管

罩内天线为直径 23λ 的圆口径，副瓣为 -35dB，$\bar{n}=5$ 的圆口径泰勒分布。天线垂直极化；MoM 区取 1λ，PO 区取 55λ，MoM 区分段数为 10，PO 区分段数为 500，Pitot 管区分段数为 250。图 4.37 和图 4.38 中图 d 为 Pitot 管的主干部分的直径。

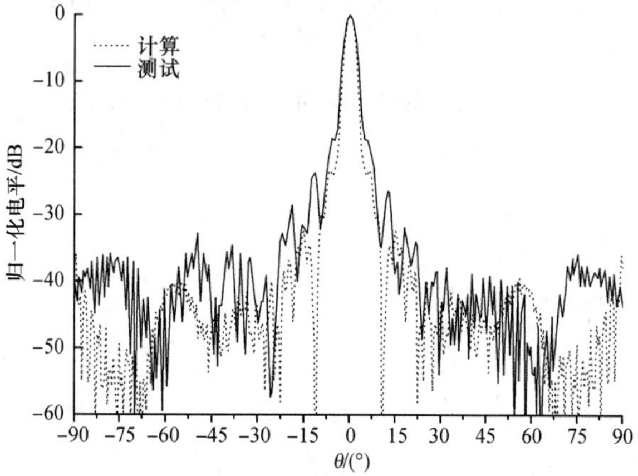

图 4.37　加雷达天线罩(带 Pitot 管)后天线的辐射方向图

(E 面，$L=25\lambda$，$d=1.25\lambda$)

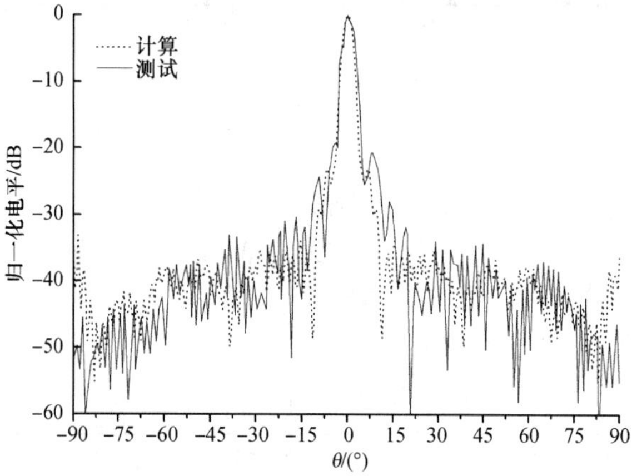

图 4.38　加雷达天线罩(带 Pitot 管)后天线的辐射方向图

(H 面，$L=25\lambda$，$d=1.25\lambda$)

由图 4.37 图 4.38 可见，理论计算与实际测试结果符合较好，实测的方向图与理论计算的包络线基本符合，考虑到实际测试存在场地及支架的杂散反射、罩内壁还有接地铜管、理论计算中假定罩体和天线的口径分布均为理想分布等因素，理论计算精度能够满足设计的要求。

计算时间统计列于表 4.6 和表 4.7。

表 4.6 计算时间

计算内容	计算时间
$n=-1$	39min51s
$n=0$	39min51s
$n=1$	39min51s
计算远场方向图	24s
合计	119min57s

表 4.7 每个模式需要的计算时间

计算内容	计算时间
计算矩量方程矩阵元素	13min54s
计算 PO 电流	6s
计算 PO 电流激励	25min41s
求解模式电流	10s
合计	39min51s

3. 空速管对天线加罩后方向图的影响分析

天线罩头部的空速管/空速管座对天线加罩后的方向图的影响是明显的，为了区分空速管和空速管座的影响，首先计算了无空速管仅有空速管座、带空速管和空速管座情况下，天线加罩后的方向图，比较了天线罩的功率传输系数。图 4.39和图 4.40 给出了仅有空速管座和与管座 + Pitot 管情况下天线加罩后方向图。功率传输系数列表 4.8。实际测试结果为 74%，考虑到实际罩内壁还有接地铜管、固定螺钉，理论计算与实际测试结果比较符合。

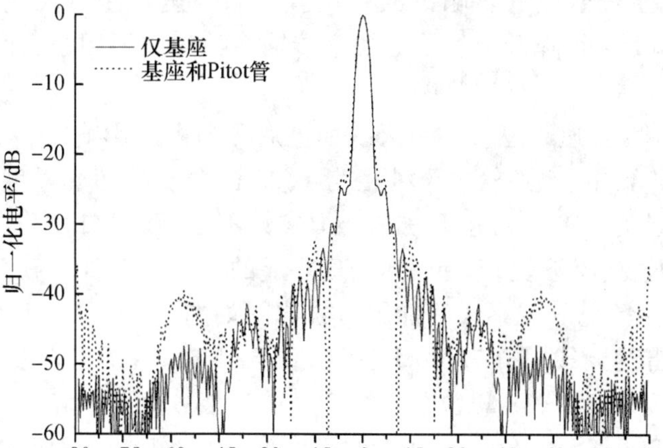

图 4.39 仅管座与管座 + Pitot 管加雷达天线罩后天线的辐射方向图的比较（E 面，$L=25\lambda$，$d=1.25\lambda$）

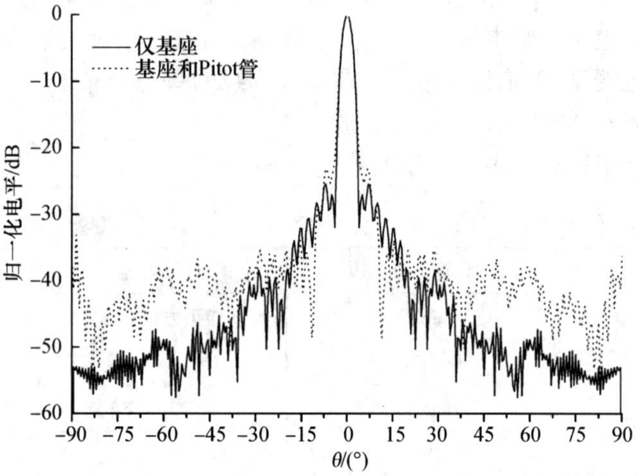

图 4.40 仅管座与管座 + Pitot 管加雷达天线罩后天线的辐射方向图的比较
(H 面, $L=25\lambda$, $d=1.25\lambda$)

表 4.8 功率传输系数

天线罩	单程衰减/dB	功率传输系数/%
带空速管座的天线罩	-0.9	81.3
带空速管座和空速管的天线罩	-1.0	79.4

由此得到推论:天线罩头部的空速管对天线加罩后的方向图的影响大,占主导地位;空速管座的影响占次要位置。而空速管座对天线罩的功率传输系数的影响大,是降低天线罩的功率传输系数的主要因素;而空速管则为次要因素。

4. 空速管/空速管座参数对天线加罩后方向图的影响

在上面计算中,空速管主干外径为 1.25λ,介质底座套厚度为 0.325λ,介质管座外径为 1.9λ,雷达天线罩结构参数不变,天线口径分布不变,现在保持介质管座外径不变,改变 Pitot 管主干的长度,分别计算总长为 20λ、25λ、30λ 三种情况。观察天线加罩后方向图如图 4.41 和图 4.42 所示。

同样将雷达天线罩分为 MoM 区和 PO 区,MoM 区沿航向长度取 1λ,PO 区沿航向长度取 55λ,MoM 区分段数为 10,PO 区分段数为 500,Pitot 管区分段数分别取 200、250、300; Pitot 管的长度增加后,矩量方程数增大,计算时间增加,大部分时间用于计算矩阵元素以及 PO 区对 MoM 区的激励。

不同长度 Pitot 管的雷达天线罩对天线 H 面的辐射方向图影响区别不大,对 E 面方向图影响区别比较明显。从计算结果看,可以判定 Pitot 管长度越长对天线方向图影响越大,缩短 Pitot 管长度会带来一定的好处。

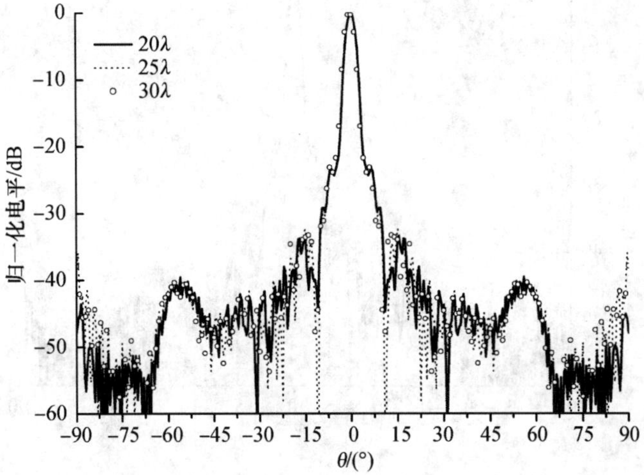

图 4.41　不同长度 Pitot 管的雷达天线罩对天线的辐射方向图影响的比较（E 面，$d = 1.25\lambda$）

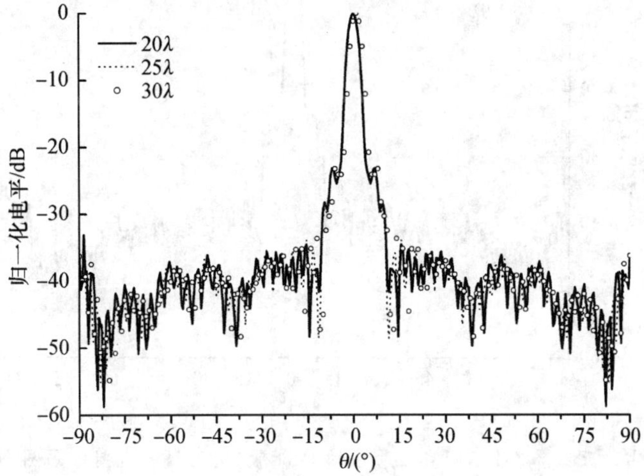

图 4.42　不同长度 Pitot 管的雷达天线罩对天线的辐射方向图影响的比较（H 面，$d = 1.25\lambda$）

图 4.43 和图 4.44 给出了管座直径为 1.6λ 和 1.9λ 两种情况下天线加罩方向图的变化。改变 Pitot 管座直径，雷达天线罩对天线 H 面的辐射方向图影响不太明显，对 E 面方向图影响区别比较大，管座直径减小，降低了天线的副瓣电平。表 4.9 列出了不同空速管/空速管座参数情况下天线罩的功率传输系数。

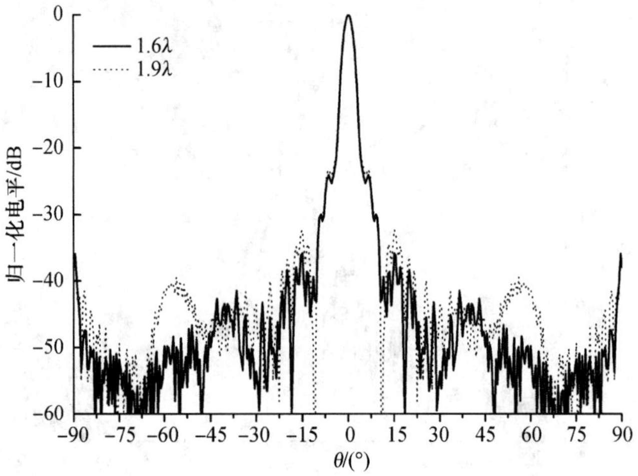

图 4.43　雷达天线罩(带不同直径管座的 Pitot 管)对天线的辐射方向图影响的比较
(E 面, $L = 25\lambda$)

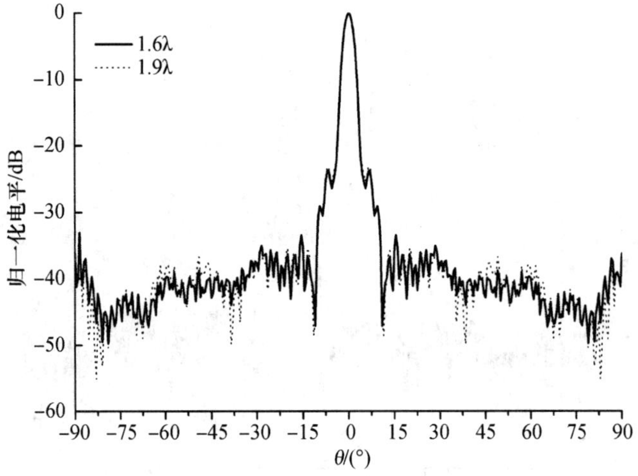

图 4.44　雷达天线罩(带不同直径管座的 Pitot 管)对天线的辐射方向图影响的比较
(H 面, $L = 25\lambda$)

表 4.9　不同空速管/空速管座参数情况下天线罩的功率传输系数

空速管长度	管座直径	单程衰减/dB	功率传输系数/%
20λ	1.9λ	-0.95	80.3
25λ	1.9λ	-1.0	79.4
30λ	1.9λ	-1.05	78.5
25λ	1.9λ	-1.0	79.4
25λ	1.6λ	-0.8	83.2

从以上研究可以发现，雷达天线罩（带 Pitot 管）对天线的辐射方向图的影响是比较复杂的，不同 Pitot 管的长度、管座、直径的影响是不同的，借助于 MoM/Po 混合分析，使设计师能够全面掌握 Pitot 管的长度、管座、直径对天线方向图和功率传输系数的影响，从而发现规律，找到改进措施，为提高天线 + 雷达天线罩系统低副瓣性能提供支持。

4.5.4 MoM/PO 分析与 PO 分析的比较

MoM/PO 分析能够给出带金属 Pitot 管雷达天线罩对天线方向图的影响，理论计算结果与实际测试相符合。在无 Pitot 管情况下，MoM/PO 分析与 PO 分析有何区别。为更加清楚 MoM/PO 分析的意义，需进行 PO 分析，比较 MoM/PO 分析结果与 PO 分析结果的区别。

去除天线罩头部的 Pitot 管及管座，仍以机头雷达天线罩为例，天线和天线罩的基本参数不变，天线罩的长度为 56λ，天线罩根部直径为 30λ；天线罩厚度为 0.283λ，介电常数为 4.0。

罩内天线为直径 23λ 的圆口径，副瓣为 -35dB，$\bar{n}=5$ 的圆口径泰勒分布。天线垂直极化；MoM 区取 1λ，PO 区取 55λ，MoM 区分段数为 10，PO 区分段数为 500。

图 4.45 和图 4.46 给出了理想均匀厚度的介质壳体罩的理论计算结果。虽然没有实测结果作为参考进行比较，但可以确信 PO 分析的计算没有计及雷达天线罩头部的曲率效应。PO 分析计算的结果对宽角方向副瓣的抬高效应不太可靠，相比之下，MoM/PO 分析近似为全波分析，比较可靠。另外，MoM/PO 分析计算精度高，由于利用了旋转对称的特性，计算时间并不长（表 4. 10），MoM/PO 分析计算时间需要 12min46s，PO 分析用了 1min28s。

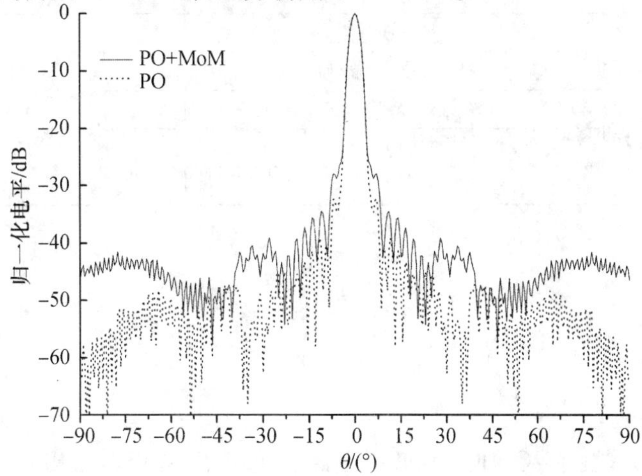

图 4.45 MoM/PO 分析与 PO 分析的比较（E 面）

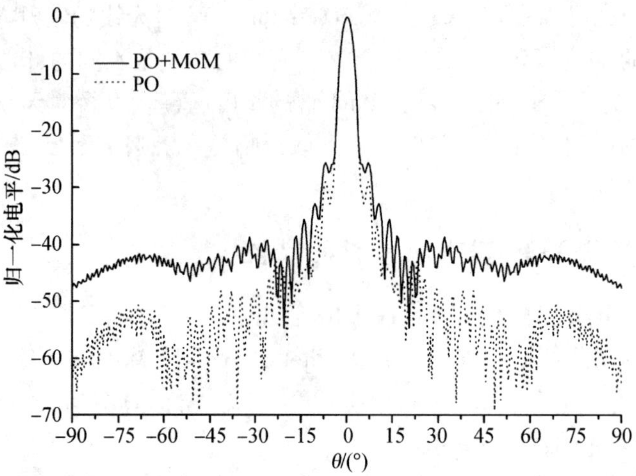

图 4.46　MoM/PO 分析与 PO 分析的比较(H 面)

表 4.10　MoM/PO 与 PO 计算时间比较

模式	计算内容	计算时间
$N=-1$	计算矩量方程矩阵元素	6s
	计算 PO 电流	51s
	计算 PO 电流激励	3min10s
	求解模式电流	1s
$N=0$	计算矩量方程矩阵元素	6s
	计算 PO 电流	51s
	计算 PO 电流激励	3min10s
	求解模式电流	1s
$N=1$	计算矩量方程矩阵元素	6s
	计算 PO 电流	51s
	计算 PO 电流激励	3min10s
	求解模式电流	1s
	计算远场方向图	22s
合计		12min46s

4.6　雷电防护

4.6.1　雷电基本知识

雷电一般发生在离地面 15km 以下高度范围内,雷电是带电云的放电现象,当云层之间或云层对地之间的电场强度达到约 1000kV/m 量级时,大气就会被电离,对地放电强度大于云间放电。飞机遇到的大多是云间放电,放电时,雷电电压可高达亿伏,瞬时电流几十万安,但是作用时间很短,一般几百微秒,放电强度还与云间的正、负极性有关。

对于机头罩的雷电防护,早期鼻锥罩上采用金属分流条或金属线圈,直到1970年,美国航空飞行协会(FAA)颁布了"FAR 25.581"文件 ,飞机必须采取雷电防护措施,1975 SAE AE-4 Special Task F releases"Lightning Effects Tests on Aerospace Vehicles and Hardware"规定了飞机雷电防护的试验标准,1980年MIL-STD-1757颁布,1983年进行了修订。

机载雷达天线罩的雷电防护与其在飞机的位置有关,目前,按照MIL-STD-1757将飞机表面划分为,雷击1区(雷电附着区)、雷击2区(雷电流扫掠区)、雷击3区(雷电流传导区)三个区,机头、翼尖、旋翼、垂尾、座舱、外挂物等凸出的部位还常安装有电子电气部件,如空速管、航行灯、天线等,是雷电易附着的部位,在雷击发生时所承受的雷击能量较大,为雷击1区。因此,设计要求较高,地面验证试验要通过雷电附着点试验和雷电压A波、C波和D波等波形的大电流试验。区域2为雷电等离子体弧的扫掠区,所承受的雷击能量相对1区弱些。区域3为传导区,一般不会直接遭到雷击,通常只考虑雷击电流的传导,雷电防护要求相对较低。

4.6.2 雷电分流条

机载火控雷达天线罩的雷电分区为1区,是最易发生雷击的部位,机头罩头部的空速管对雷击先导产生异性的感应电荷,电荷积聚使正、负电荷层之间的电压增大,击穿空气,发生雷电现象穿透天线罩,雷击到雷达天线上,造成接收机烧毁及爆炸。

天线罩雷电防护主要技术是:采取的金属分流条方法在机头罩均匀分布金属条,根部连接到机身,其中一根前端与空速管连接,在雷击先导接近空速管时空速管上感应的电荷通过金属条分散到机身上,降低电荷积累,如果发生空气击穿,雷电荷能通过机身和大气或地面的回路泄放,避免了对雷达天线和天线罩之间的放电。

雷达天线罩分流条的导流能力包括承受大电流冲击(电流峰值200kA)和大电荷量及作用积分的考验(在500μs内的作用积分为$2\times10^6 A\cdot s^2$)。雷电效应不仅取决于电流,还与作用时间有关,通常用电流积分来描述。实际雷击的99.5%的雷电流峰值小于20×10^5A。

分流条主要形式有金属分流条、纽扣式分流条、金属氧化物薄膜型分流条(介质分流条)。其特点如下:

(1) 金属分流条可靠性高、可维护性好、可反复使用,但对微波天线的辐射影响较大。

(2) 纽扣式分流条和金属氧化物薄膜型分流条均为电离型分流条,对微波天线的辐射影响较小,但价格昂贵;纽扣式分流条可以多次放电,薄膜型分流条能够承受有限次满负荷电流的放电。

金属分流条对低副瓣天线罩的影响较大,对副瓣抬高近 10dB,还降低传输系数,增加指向偏移。纽扣式分流条是一种电离式的分流条,是将金属分流条离散为一排金属圆片,并且增加一定厚度的直流高阻基底,这种分流条一般称为纽扣式分流条。在 X 波段的,圆片的直径为 1.5 ~ 3.2mm(小于 1/10λ),基底厚度为 0.15 ~ 0.3mm,间距为 0.25mm 左右 ,减小了阻挡比,降低了感应电流率,对雷达天线的副瓣影响抬高 1dB 左右。在雷电荷感应作用下,雷击先导与机身之间的电压分配到圆片间隙上,金属圆片的等电位使得圆片间隙的电场强度远大于空气路径的电场强度(单位长度的电压),圆片间隙的空气电离,形成一条雷电荷的泄放通道。这种分流条用于 F-16、F-15 飞机天线罩上。

4.6.3 分流条的布置

机载火控雷达天线罩的防雷击分流条分布应按照雷击 1 区设计,分流条布置在雷达天线罩的外表面。为了降低分流条对雷达天线副瓣的影响,通常采用纽扣式分流条,因为纽扣式分流条对天线口径的阻挡小、可靠性高、可反复使用。

通常设计为分流条沿航向方向布置、沿圆周方向均匀布置,对天线构成一个保护网,分流条周向最大间距应满足:

$$D_{\max} = \frac{136\sqrt{T}}{KS} \tag{4.62}$$

式中:T 为壁厚(mm);k 为与雷达天线罩表面粗糙度的关联因子;S 为与雷达天线罩厚度有关的安全因子。

按照最大过流能力选用金属分流条:铝条,分流条截面≥9mm(宽度) ×2.8(厚度)mm,铜条,分流条截面≥9(宽度)mm×2.0(厚度) mm。

要求分流条与机身接地良好,接触电阻小于 0.5mΩ。

4.6.4 分流条对天线罩电性能的影响分析

雷达天线罩上安装的附件如空速管、压力导管、接地线、防雷击分流条等,其阻挡和散射抬高了天线副瓣电平。分流条对天线性能的影响需要估计,可以按照以下近似公式估算。

1. 对功率传输系数的影响

增加分流条后,功率传输系数为

$$|T_P|^2 = |T|_0^2[1 + 2\rho\mathrm{Re}(\mathrm{ICR})] \tag{4.63}$$

式中:$|T|_0^2$ 为无分流条时雷达天线罩的传输系数;ρ 为分流条对天线口径投影的

阻挡比;Re(ICR)为分流条的平均感应电流率的实部。

2. 对波瓣宽度的影响

增加分流条后,主瓣宽度相对变化近似为

$$\frac{\Delta\theta}{\theta}=\frac{1}{|T|_P^2}-1 \tag{4.64}$$

3. 对最大副瓣和平均副瓣的影响

如果分流条规则排列且平行于天线的极化,可按下式估计扩散栅瓣电平,栅瓣电平幅度为

$$\mathrm{SL}=20\lg(\rho|\mathrm{ICR}|_{/\!/})\mathrm{dB} \tag{4.65}$$

式中$|\mathrm{ICR}_{/\!/}|$为分流条对平行极化波的感应电流率的模。

4. 对指向误差的影响

增加分流条后,分流条的感应电流率虚部会引起波束偏移,假定分流条为随机排列,对天线罩产生的波束指向误差的均方根(rad)为

$$\theta_{\mathrm{rms}}=\frac{\lambda_0 w|\mathrm{Im}(\overline{\mathrm{ICR}})|}{2a^2} \tag{4.66}$$

式中:$\mathrm{Im}(\overline{\mathrm{ICR}})$为分流条的平均感应电流率的虚部;$a$ 为天线口径的等效半径;λ_0 为天线口径的工作波长,w 是分流条的宽度。

5. 对差波瓣零深抬高影响

分流条对差波瓣零深的影响主要决定于分流条对天线口径投影的阻挡比和感应电流率的幅度乘积,增加分流条后,差波瓣零深用式(3.3)或式(3.14)估算,根据增加分流条后的差波瓣零深估算天线零深的抬高。

参考文献

[1] Benjamin Rulf. Problems of Radome Design for Modern Airborne Radar[J]. Microwave Jornal,1985,(1):265-271.

[2] Tricoles G. Wave Propagation through Axially-Symmetric Dielectric shell[R]. ADA106762,June. 1981.

[3] Scott G W. F-5 Shark Nose Radome:A Development Review[C]. Proceedings of The 11th Symposium on Electromagnetic Windows,Aug. 2-4. 1972:128-133.

[4] Styron J B. B-1 Forward radome fabrication[C]. Proceedings of the 11th symposium on electromagnetic windows,Aug. 2-4,1972:156-160.

[5] 杜耀惟.天线罩电信设计方法[M].北京:国防工业出版社,1993.

[6] Gupta G S. Scattering From the Tip Region of Airborne Radomes[C]. Proceedings of the 11th Symposium on Electromagnetic Windows,Aug. 2-4,1972:13-17.

[7] Lee Shung-wu,Mysore S Sheshadri,Vahraz Jamnejad and etc. Wave Transmission Through a Spherical Dielectric Shell[J]. IEEE Transactions on Antennas and Propagation,1982,30(5):373-380.

[8] Medgyesi – Mitschang L N. Combined Field integral Equation Formulation for Inhomogeneous Two – Three – Dimensional Bodies: The Junction Problem[J]. IEEE Transactions on Antennas and Propagation, 1991, 39 (5): 667 – 672.

[9] Aroas E. Scattering cross Section of A Radome of Arbitrary Shape[J]. IEEE Trans A P1989, 37(5): 655 – 608.

[10] Abdel Moneum M A, etc. Hybrid PO – MoM Analysis of Large Axi – Symmetric Radome[J]. IEEE Transactions on Antennas and Propagation, 2001, 49(12).

[11] Zhang Qiang, Hu mingchun, etc. Accurate and Efficient Method for Analysis of Scattering From Dielectric Shell of Rotation by Least – square Algorithm[J]. IET Microwave Antenna& Propogation, 2007, 1(2): 328 – 334.

[12] Mautz J R, Harrington R F. A combined – Source Solution for Radiation and Scattering From a Perfectly Conducting Body. IEEE Transactions on Antennas and Propagation. 1979, 27(7): 445 – 454.

[13] Zhang Qiang. Analysis of Effects of Pitot – tube on Performance of Airborne Nose Radome[C]. 3rd European Conference on Antennas and Propagation, 2009: 3718 – 3719.

第5章　机载预警雷达天线罩

由于地球曲率的缘故，地面警戒雷达仅限于观察高仰角目标，对于远距离的低仰角目标无法探测，机载警戒雷达提高了平台的高度，能够搜索远距离的低仰角目标。与机载火控雷达不同的是，机载预警雷达天线的口径电尺寸更大，天线的平均副瓣更低，天线罩的形状也有明显的区别，为得到360°的全方位覆盖，通常采用扁平式椭球形，在方位面尺寸远大于波长，有些情况下俯仰面上仅有几个波长，或者与飞机侧边机身共形，一般尺寸都比较大，天线罩的重量和安全性要求更为严格。

第2章介绍了发射模式下平面阵列天线口径积分-表面积分的分析方法，本章将该方法用于扁平椭球形天线罩的分析：首先分析扁平椭球天线罩对主雷达天线的方向图的影响[3]，与几何光学方法及实测结果进行了比较；然后分析扁平椭球天线罩对二次雷达天线线阵辐射的影响，提出直射瓣和反射瓣矢量叠加的近似公式[4,5]，对二次雷达天线线阵加罩后的方向图进行仿真计算，与测试数据进行比较；采用物理光学和矩量法分析天线罩上特殊的维修孔对天线性能的影响；最后以两个设计举例说明机载预警雷达天线罩的设计方法。

5.1　概　　述

机载预警雷达天线罩分机背式、吊挂式和共形式三种，机背式预警雷达天线罩目前以旋转对称扁椭球为主（如图5.1中的E-2、图5.2中的E-3A、图5.3中的A-50）、个别采用长条形外形（如瑞典的平衡木）以及美国开发的扁多面体形状的天线罩。这些形状的天线罩的一个共同点是：罩内天线在方位面上尺寸远大于雷达的工作波长，而天线的俯仰面尺寸相对较小，有时仅为数个波长。另外，雷达天线罩俯仰面曲率变化激烈，克服俯仰面的反射瓣是设计的一个主要目标[1,2]。

图5.1　E-3天线罩

图5.2　E-2天线罩

机械旋转扫描天线罩称为旋罩，有源相控阵天线罩依靠电控扫描，两者在设计上各有侧重，旋罩天线方位面扫描范围小，而相控阵天线罩天线扫描范围大，所以相控阵天线罩的设计更为复杂。

1963年美国开始论证机载预警雷达的可行性，在大型运输机的背部上方建造一个大型的旋转平台，对平台位置和高度、旋罩的形状和尺寸都进行了深入细致的研究，最终确定在波音707的飞机腹背部改造建设两个巨型的撑腿，在撑腿上安装一个扁平的椭球，椭球的中心条带称为DOME，在DOME的两侧分别安装预警雷达和航管二次雷达，预警雷达天线罩罩在预警雷达的前面。试验验证通过后，正式的E-3预警机开始研制。在E-3预警雷达天线罩研制过程中需要解决一系列关键问题，如电性能分析及设计技术、大型结构设计技术、生产工艺技术、涂层技术、电磁测厚技术、NDT技术等，迄今为止，E-3预警雷达天线罩（图5.1）的大部分技术资料还没有公开。随后开发了舰载预警机E-2（图5.2），采用了旋转天线罩，苏联也研制了A-50预警机，同样是采用了大型旋转天线罩（图5.3），20世纪90年代以来，新型的预警机如战场型的E-8（图5.4）、E-10（图5.5）采用了长吊舱形式的预警天线罩，以色列的Phailcon（图5.6）采用了与机身共形的天线罩，与扁平椭球罩相比，技术难度得到缓解。

图5.3 A-50天线罩

图5.4 E-8天线罩

图5.5 E-10天线罩

图5.6 Phailcon天线罩

根据有关资料，E-3A天线罩在电信设计上经历了等厚度设计、加介质透镜、变厚度设计三个阶段，用三维射线跟踪技术、物理光学方法进行了大量的仿真，多次改进的数学模型较好地模拟了天线罩的真实情况，指导电信设计，降低了杂波强度；在制造技术上，采用了预浸料热压罐 - 分步固化等技术，使用了复合材料模具，保证了罩壁电厚度均匀性，蒙皮和蜂窝粘接的可靠性，以及罩子外形的精确性；在结构设计技术，采取了损伤容限技术设计理念，进行大量有限元分析，大大提高了结构性能的仿真能力；开发了涂层自动精密涂覆系统，涂层厚度得到了精确控制，总厚度误差在 2 丝（1 丝 = 0.01mm）左右；提出了电磁测厚方法，采用了天线罩超声 C - 扫描 X 射线等先进的 NDT 技术。在 1977 年—1980 年，美国 E - 3A 和苏联的 A - 50 预警机先后投入使用，1992 年美国 E - 2C 舰载预警机交付服役。

5.2 天线罩对面阵天线影响分析

预警机雷达采用了相控阵体制，为满足雷达抗各种积极干扰、对付反辐射导弹、降低环境噪声及在强地杂波中检测目标的要求，阵面的天线一般为极低副瓣天线，要求天线罩与低副瓣天线相匹配，严格控制天线罩对天线副瓣的抬高。

扁平椭球罩在俯仰面上曲率半径变化很大，最小情况如 E - 2 旋罩尺度不到 1λ，仅仅用三维射线跟踪方法计算带罩的天线方向图会在俯仰面上造成很大误差，对于任意非圆对称口径，平面波谱积分计算效率很低，Kolosov[2] 提出射线跟踪和 Kirchoff 矢量积分的物理光学算法，分析此类天线罩的波瓣特性，算法十分复杂费时，所需时间与天线口径的单元数 m 和波瓣观察角采样点数 n 的乘积成正比，完成一个主面波瓣的计算，需做 $m \times n$ 次表面积分。根据扁平椭球天线罩的特点，比较实用的分析方法是矢量口径积分和表面积分方法（AI - SI 方法），用 AI - SI 方法分析天线罩的波瓣特性，仅需做 k 次（k 是天线罩表面采样点数）口径积分和 n 次表面积分，算法快捷，节省机时，同时保证较高的计算精度，与测试结果符合较好。

由于扁平椭球罩对天线水平面波瓣图影响较小，故本章着重分析雷达天线罩对天线垂直面波瓣的影响。

5.2.1 AI - SI 方法的收敛性

假定天线罩外形为旋转对称椭球，罩内天线为切割椭圆口径，天线的俯仰面最大尺寸为数个波长，天线为垂直极化，天线口径分布为相位加权和幅度加权，水平线度约为 40λ，俯仰线度约为 7λ，椭球罩长轴约为 27λ，短轴约为 5λ。天线和天线罩的位置关系如图 5.7 所示，天线罩为 C 夹层结构（图 5.8），内外蒙皮厚度为 0.007λ，中蒙皮厚度为 0.005λ，蜂窝高度采取优化的变厚度，变化范围为 $0.09\lambda \sim 0.16\lambda$。

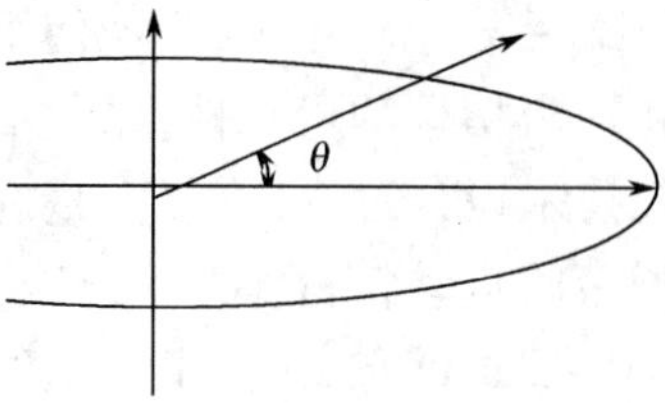

图 5.7　天线与天线罩的位置关系

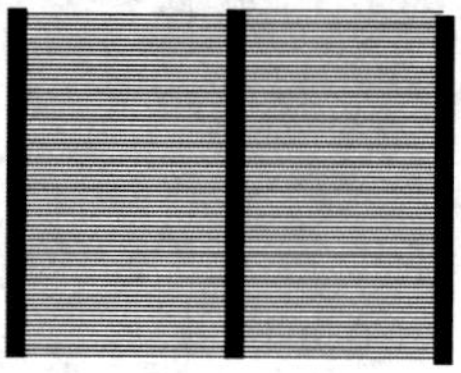

图 5.8　天线罩截面结构

为检验算法的收敛性,假定天线罩罩壁为自由空间,即 $N=1$,$\varepsilon_1=1$,$\tan\delta_1=0.0$,在扁平椭球罩曲率变化大的情况下,当采样间距足够小时,采用 AI-SI 计算的结果逼近标量积分的结果,根据仿真验算。由图 5.9 和图 5.10 可见,对于 $-20\sim-30$dB 的副瓣,采样间距 $\Delta\leqslant0.25\lambda$,对于 $-40\sim-50$dB 的极低副瓣,采样间距 $\Delta\leqslant0.15\lambda$,已能满足工程需要。

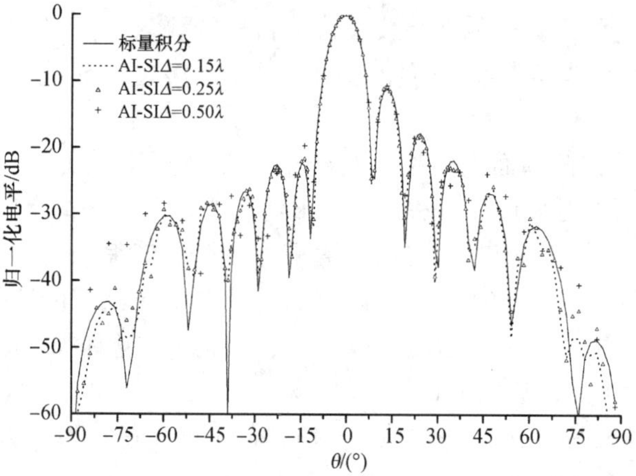

图 5.9　算法收敛性(相位加权分布,E 面)

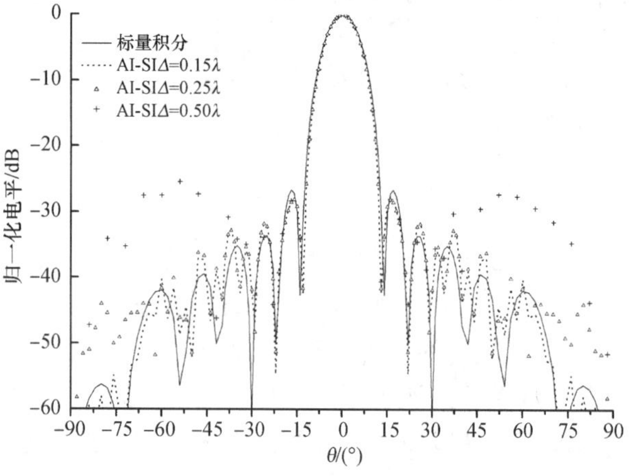

图 5.10　算法收敛性(幅度加权分布,E 面)

5.2.2 仿真与试验结果的比较

运用 AI－SI 方法定量分析扁平椭球天线罩对天线副瓣的影响，研究天线罩截面参数变化时天线罩反射瓣的变化趋势。从图 5.11～图 5.14 可以看到，在不考虑实际的天线罩制造存在着公差前提下，天线罩的反射瓣使天线副瓣结构发生了变化，对极低副瓣的天线（图 5.15 和图 5.16），在某些角度范围内使天线副瓣电平抬高，优化的变厚度截面的结构，比未优化的等厚度截面（蜂窝高度保持为 0.16λ）的结构，使天线罩的反射瓣电平下降了约 2dB。

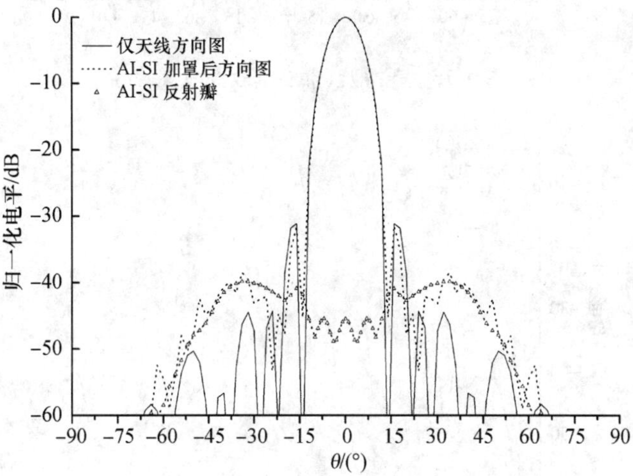

图 5.11　等厚度（幅度加权分布，E 面）

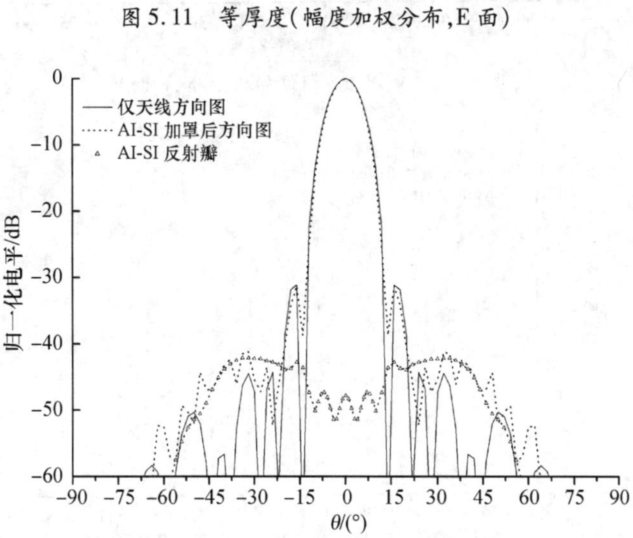

图 5.12　变厚度（幅度加权分布，E 面）

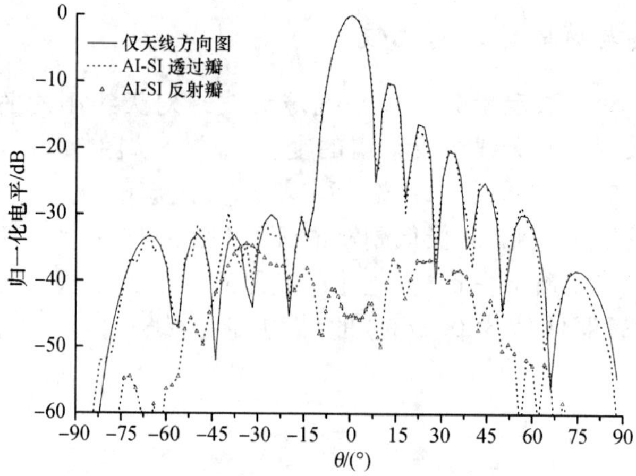

图 5.13　等厚度(相位加权分布,E 面)

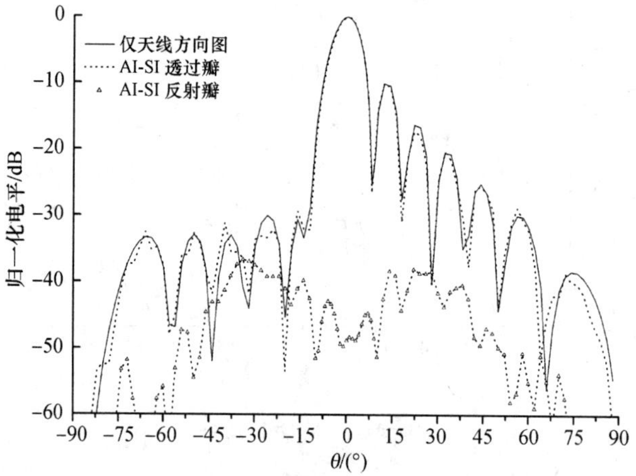

图 5.14　变厚度(相位加权分布,E 面)

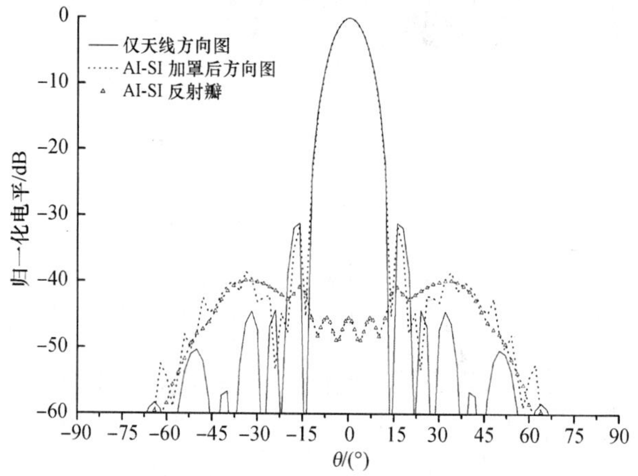

图 5.15　等厚度(幅度加权分布,E 面)

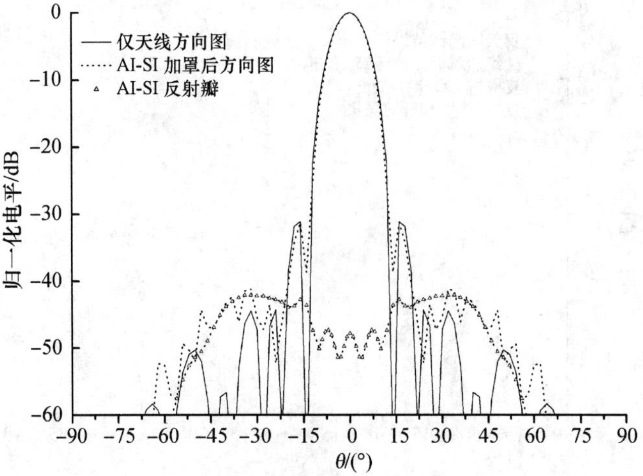

图 5.16 变厚度(幅度加权分布,E 面)

在仿真计算同时,进行 1∶4 缩尺试验,制作一个 1/4 的天线罩及其模拟天线阵,1∶4 缩尺天线由 10 排宽边纵向裂缝阵列组成,在俯仰面分别为幅度均匀分布和相位加权分布,缩尺试验结果与仿真计算比较如图 5.17 和图 5.18 所示。

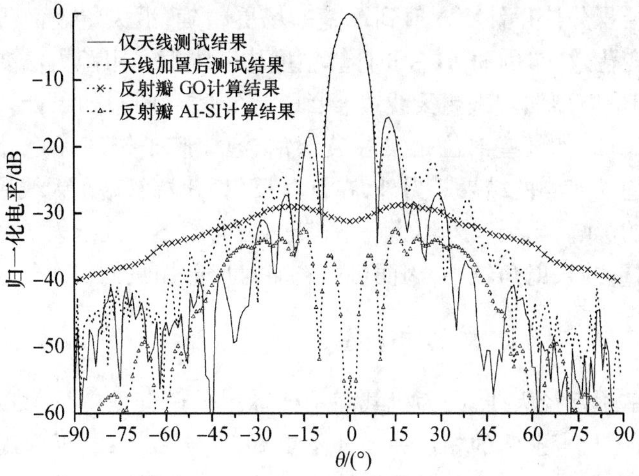

图 5.17 1∶4 缩尺天线俯仰面加罩方向图(幅度均匀分布,E 面)

图 5.17 和图 5.18 给出了 1∶4 缩尺试验和理论计算结果,从俯仰面的方向图中可见,加罩后,天线波瓣结构发生了变化,在 20°~60°范围内表现为副瓣包络整体抬高了 5~8dB,在 60°~90°范围内副瓣变化很小,这与 AI-SI 预计的反射瓣的分布是相符合的。反射瓣在前半空间中与主辐射能量相干的结果形成某些角度范围内副瓣包络的抬高,三维射线跟踪方法预测的反射瓣数值与实测相差较大,在宽角方向上也并未出现预计的反射瓣。在天线主瓣附近副瓣的抬高

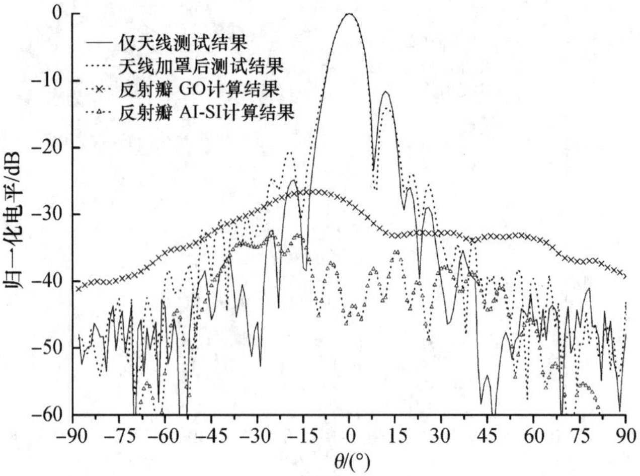

图 5.18　1∶4 缩尺天线俯仰面加罩方向图(相位加权分布,E 面)

的原因较为复杂,主要是天线口径上相位的分布经过天线罩壁后发生了变化,实际的缩尺罩存在的随机加工公差使得天线罩对奇对称的相位加权分布影响更为明显。

由于口径积分使得计算入射到罩壁的场更精确,沿矢量表面积分又计入了天线罩曲率变化效应,因而 AI－SI 计算精度比三维射线跟踪方法要高。需要说明,AI－SI 理论模型假定理想天线罩、天线口径理想分布,如果计入缩尺天线实际口径和缩尺罩(如某些部位是实芯玻璃钢、泡沫胶条扩展等)实际情况,预测的曲线将更趋于实测的结果。另外,在计算反射瓣时,忽略了天线罩对反射场量的二次传输的影响,当天线外形为扁平椭球时,向前半空间反射的场二次通过天线罩时,对罩壁的入射角较小,因而可以忽略对反射场量的二次传输的影响。

5.2.3　反射瓣与直射瓣的矢量叠加

对于主雷达口径天线,因为机载扁平椭球罩的俯仰面的反射瓣明显低于主瓣,所以反射瓣与直射瓣的相位关系并不重要;对于线天线,反射瓣和主波瓣相当,反射瓣与直射瓣的相位关系需要精确的计算。扁平椭球罩对 SSR 天线产生的反射瓣的计算不能直接对内壁的反射波切向场量做表面积分得到,原因是反射波将再次经过天线罩需要进行修正。为此,采用射线跟踪方法处理天线罩对反射场辐射的影响,假定入射到罩壁的场为准平面波,反射场近似为准平面波,对辐射单元和线阵反射波是发散的,当反射波二次传播至天线罩,采用平均传输系数来近似天线罩对反射场辐射的影响。对式(2.106)和式(2.107)中的罩内壁上反射场的电场切向分量 $\boldsymbol{E}_{\mathrm{t}}^{\mathrm{r}}$ 和磁场切向分量 $\boldsymbol{H}_{\mathrm{t}}^{\mathrm{r}}$ 做如下修正:

$$\boldsymbol{E}_{\mathrm{t}}^{\mathrm{r}} = (\overline{T}_{/\!/} \boldsymbol{E}_{\mathrm{t}/\!/}^{\mathrm{r}} + \overline{T}_{\perp} \boldsymbol{E}_{\mathrm{t}\perp}^{\mathrm{r}})$$

$$\boldsymbol{H}_{\mathrm{t}}^{\mathrm{r}'} = (\overline{T}_{\perp} \boldsymbol{H}_{t/\!/}^{\mathrm{r}} + \overline{T}_{/\!/} \boldsymbol{E}_{\mathrm{t}\perp}^{\mathrm{r}}) \tag{5.1}$$

将式(5.1)代入式(2.107)并进行表面积分便得到反射瓣。式(5.1)中：$\overline{T}_{/\!/}$、$\overline{T}_{\perp}$ 为天线罩对反射场的切向分量的平均传输系数，是发散的反射波照射分布和罩壁传输系数的函数，由下式估算：

$$\overline{T} = \iint FT(\theta,\beta)\,\mathrm{d}s \Big/ \iint F\mathrm{d}s \tag{5.2}$$

式中：F 为反射波的波束照射分布，对辐射单元反射波接近于球面波，对线阵反射波接近于柱面波，宽的发散波束以一定的照射强度、入射角 θ、极化角 β 照射到罩壁上，以局部平板的传输系数 $T(\theta,\beta)$ 对照射强度加权积分，得到平均传输系数；$\mathrm{d}s$ 为天线罩表面上曲面单元。

为了叙述方便，称该方法为平均加权法。

5.3 天线罩对线阵影响分析

在主雷达工作时，二次雷达（如 SSR 航管二次雷达、 IFF 敌我识别雷达）也在工作，SSR 航管二次雷达、 IFF 敌我识别雷达的用途是与飞机或机场控制台进行联络，特别是敌我识别雷达有敌我识别的功能，所以不仅要分析天线罩对主雷达天线波瓣的影响，而且还要分析天线罩对寄生在主天线的阵面上的 SSR 天线加罩后方向图的影响。

天线罩所在的坐标系 $O-xyz$ 如图 5.19 定义，线阵平行于 z 轴，线阵中心的坐标为(x_0,y_0,z_0)，辐射单元辐射到罩壁的电磁场覆盖菲涅尔区、夫琅和费区及远区，假定天线为线极化，已知线阵的口径电场分布为 $\boldsymbol{E}^{\mathrm{t}}(x)$，则等效磁流为

$$\boldsymbol{M} = \boldsymbol{E}^{\mathrm{t}}(x) \times \hat{\boldsymbol{n}}_{\mathrm{a}} \tag{5.3}$$

式中：$\hat{\boldsymbol{n}}_{\mathrm{a}}$ 为单元的单位法向矢量。

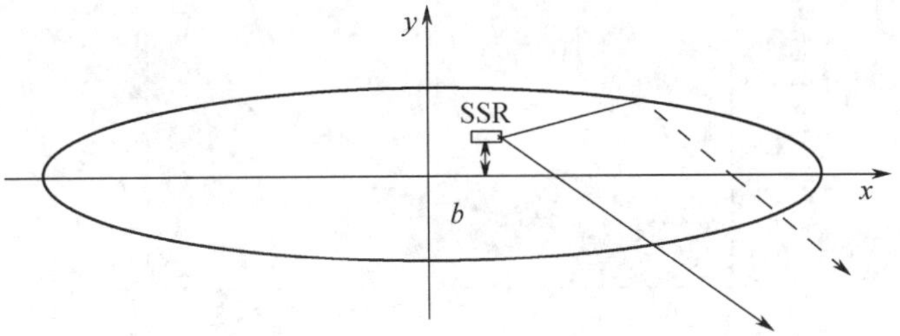

图 5.19 偏平椭球罩中的 SSR 天线

入射到天线罩壁上的近场由下式决定：

$$\boldsymbol{E} = -\frac{1}{4\pi}\int_{v} \boldsymbol{M} \times \hat{\boldsymbol{\rho}}\left(\mathrm{j}k + \frac{1}{\rho}\right)\frac{\mathrm{e}^{-\mathrm{j}k\rho}}{\rho}\mathrm{d}v' \tag{5.4}$$

$$\boldsymbol{H} = \frac{1}{\mathrm{j}4\pi\omega\mu}\int_v\left[-\boldsymbol{M}\frac{1}{\rho}\left(\mathrm{j}k+\frac{1}{\rho}\right)+(\boldsymbol{M}\cdot\hat{\boldsymbol{\rho}})\hat{\boldsymbol{\rho}}\left(-k^2+\frac{3\mathrm{j}k}{\rho}+\frac{3}{\rho^2}\right)+k^2\boldsymbol{M}\right]\frac{\mathrm{e}^{-\mathrm{j}k\rho}}{\rho}\mathrm{d}v' \tag{5.5}$$

按照 AI – SI 方法,天线带罩的远区波瓣由透过射线在表面的切向分量对远场的贡献和反射线在表面的切向分量对远场的贡献两部分组成,对透过切向场量按式(5.6)做表面积分得到的波瓣即为直射瓣,对反射切向场量按式(5.6)做表面积分得到的波瓣为反射瓣:

$$\boldsymbol{E}(\theta,\varphi) = \frac{-\mathrm{j}k}{4\pi}\frac{\mathrm{e}^{-\mathrm{j}kr}}{r}\hat{\boldsymbol{r}}\times\int_s\left[(\hat{\boldsymbol{n}}\times\boldsymbol{E}^{\mathrm{t}})-\sqrt{\frac{\mu_0}{\varepsilon_0}}\hat{\boldsymbol{r}}\times(\hat{\boldsymbol{n}}\times\boldsymbol{H}^{\mathrm{t}})\right]\mathrm{e}^{\mathrm{j}k\cdot\boldsymbol{r}'}\mathrm{d}s \tag{5.6}$$

式中:$\boldsymbol{r}$ 为远区观察点的矢径;$\hat{\boldsymbol{r}}$ 为单位矢量;$\hat{\boldsymbol{r}}'$为曲面采样点位置矢量;$\boldsymbol{E}^{\mathrm{t}}$、$\boldsymbol{H}^{\mathrm{t}}$ 分别为天线罩外表面上的切向电场和磁场矢量。

首先计算单元喇叭在罩中不同高度位置时带罩的辐射方向图[3],并与试验数据进行了比较;然后给出 SSR 线阵天线的带罩的辐射方向图,与测试结果进行比较[5]。

5.3.1 偏平椭球雷达天线罩对罩内单元的影响

天线和天线罩的位置关系如图 5.19 所示,偏平椭球罩为 C 夹层结构 。在计算中,考虑到实际天线罩的传输系数和 IPD 在相当大的入射角(0° ~60°)范围内近似为直线(图 5.20),在内表面对切向反射场计算表面积分时,式(5.2)中复平均传输系数近似处理为常数。

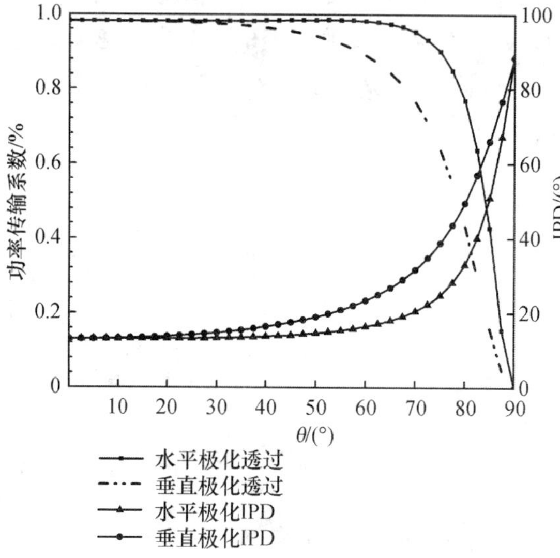

图 5.20 平板传输特性($f=f_0$)

在平面近场，对单元喇叭带罩方向图进行了测试，喇叭极化为垂直极化，单元的位置为(x_0,y_0,z_0)，x_0、z_0，保持不变，$x_0=0.0$，$z_0/a=0.58$，选择一组y_0值，$y_0/b=0.54$、0.63、0.73，研究喇叭位置高度变化时单元的带罩方向图的变化。从图5.21～图5.26可见，扁平天线罩对辐射单元的方位面波瓣影响很小，对俯仰面波瓣影响随单元在垂直面的位置变高而变大，在－20°～－30°之间出现了凹口，凹口深度为－5～－8dB。理论上分析，这是由于直射瓣与反射瓣在前半空间矢量叠加的结果，单元位置越高，反射瓣强度越强，因而对俯仰面波瓣影响就越大。理论计算曲线与实测较为符合。

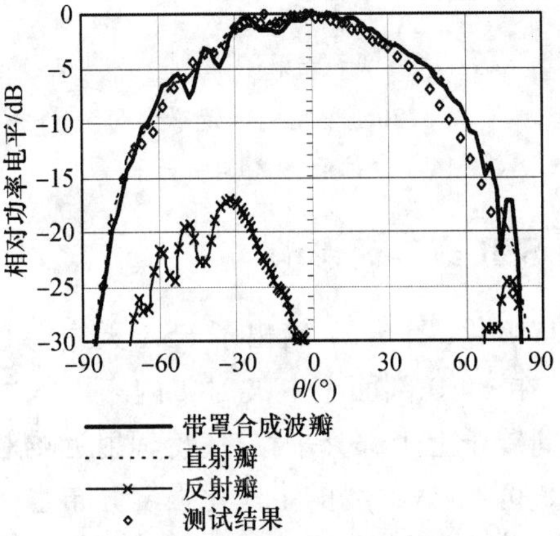

图5.21　单元喇叭带罩方向图
（俯仰面，$y_0/b=0.54$）

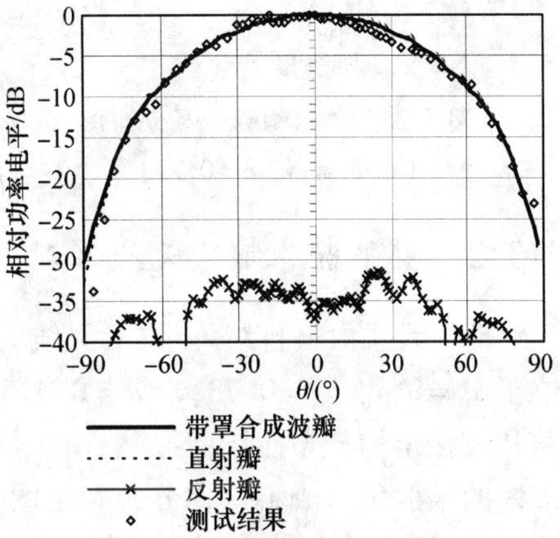

图5.22　单元喇叭带罩方向图
（方位面，$y_0/b=0.54$）

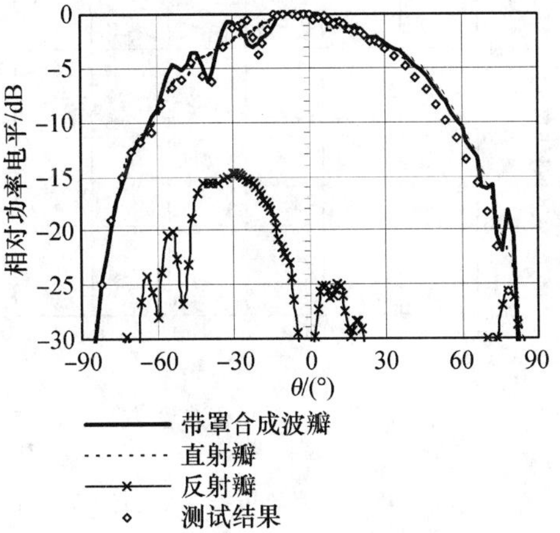

图5.23　单元喇叭带罩方向图
（俯仰面，$y_0/b=0.63$）

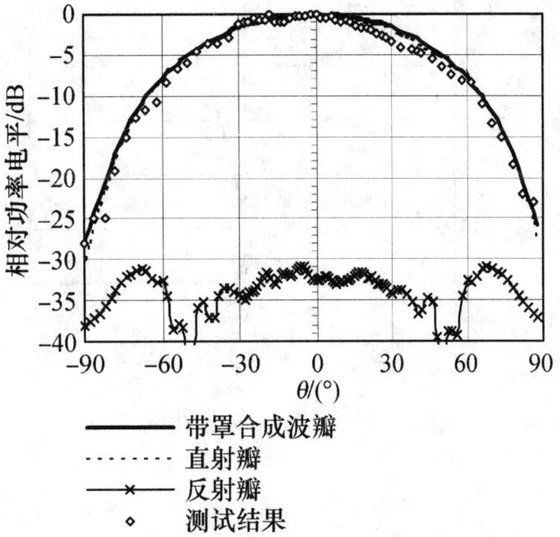

图5.24　单元喇叭带罩方向图
（方位面，$y_0/b=0.63$）

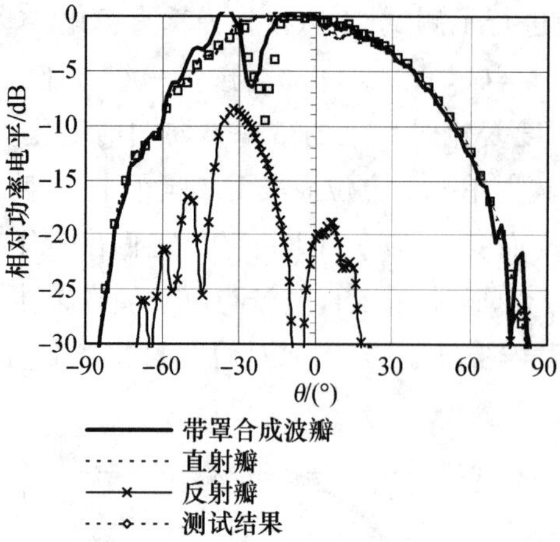

图 5.25 单元喇叭带罩方向图
（俯仰面，$y_0/b=0.73$）

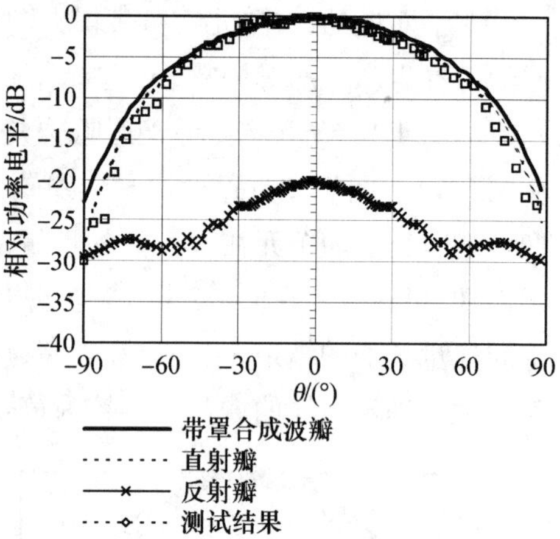

图 5.26 单元喇叭带罩方向图
（方位面，$y_0/b=0.73$）

5.3.2 偏平椭球雷达天线罩对罩内 SSR 线阵的影响

SSR 天线由三排线阵组成，天线为垂直极化，图 5.27 给出了 SSR 天线中心位于 $x_0=0,y_0/b_0=0.73,z_0/a=0.475$ 时，在 $x=0$ 剖面上电波对罩内表面入射角和极化角的分布曲线。显然，由于线阵向罩子上半部分平移，使得辐射近场对罩壁的入射角形成不对称分布。由图 5.28 可见，入射场的主极化强度分布也呈现出，$y>0$ 上半部分入射场较强，而下半部分入射场较弱。由于罩子反射的存在，加罩后天线俯仰面的波瓣将会发生变化。

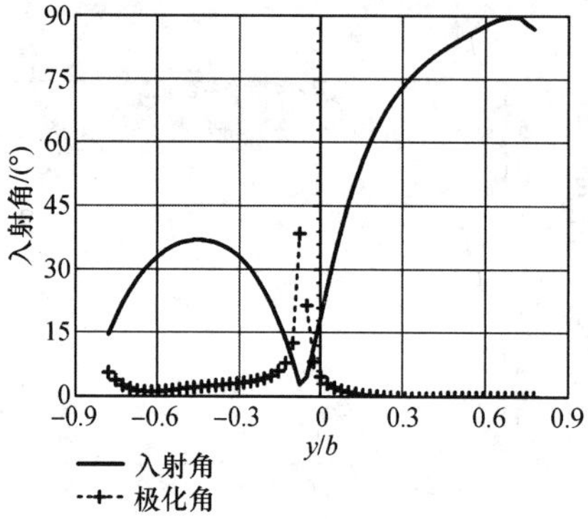

图 5.27 入射角和极化角分布

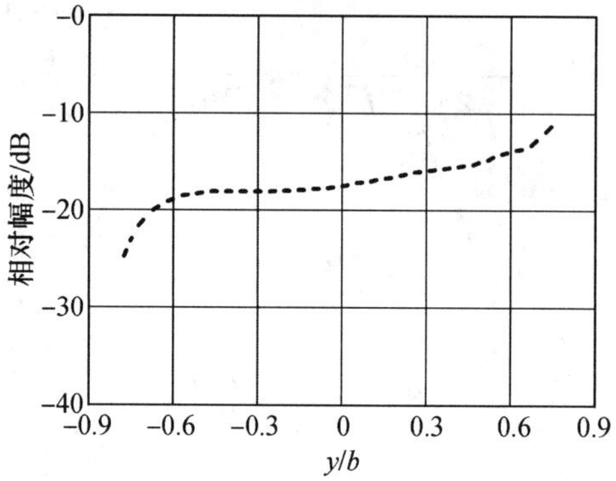

图 5.28 入射场幅度分布

图 5.29 ~ 图 5.30 给出了 SSR 天线带罩方向图理论计算曲线与实测结果的比较。加罩后，天线俯仰面的波瓣发生了变化，理论与实测符合较好。可以推断，线阵在罩内的 y_0/b 越大，反射瓣越强，波瓣变化越大。加罩后俯仰面的波瓣出现分裂，凹口出现在 −20° ~ −30°的位置，凹口深度为 −5 ~ −8dB。

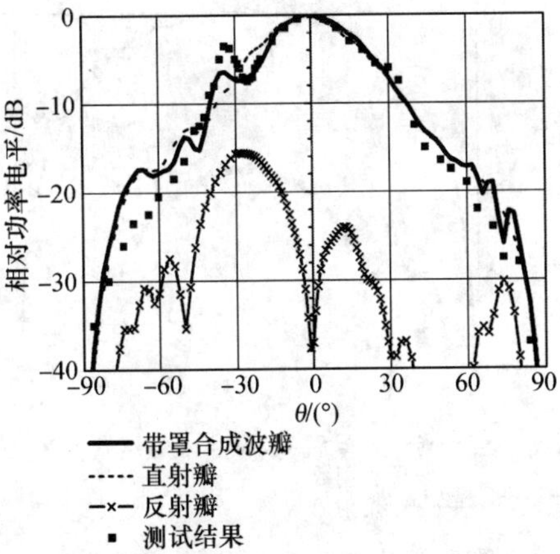

图 5.29　SSR 俯仰面带罩波瓣变化
($y_0/b = 0.73$)

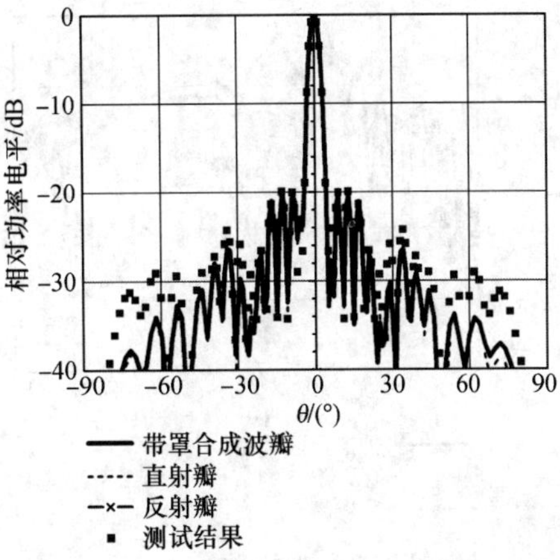

图 5.30　SSR 方位面带罩波瓣变化
($y_0/b = 0.73$)

表 5.1 给出了天线罩对 SSR 天线主要参数影响的理论结果，与测试结果符合较好。

表 5.1　加罩对线阵主要参数影响

参数	理论	测试
功率传输系数/%	81.5	------
波瓣宽度变化/%	-22.4	-24.5
凹口深度/dB	-7.2	-7.5
凹口位置/(°)	-25.0	-24.5
注：$y_0/b = 0.73$，天线为垂直极化		

5.3.3　天线极化改变后偏平椭球雷达天线罩对罩内 SSR 线阵的影响

图 5.31 和图 5.32 是水平极化的单元喇叭俯仰面加罩后的波瓣变化仿真的结果。图 5.33 和图 5.34 为水平极化的 SSR 天线俯仰面加罩后的波瓣，极化改变后，入射到罩壁上的入射角不变，而极化角变为 90°，此时，反射瓣强度接近于直射瓣的强度，天线接收或发射的波瓣在俯仰面出现更大的畸变。

本节运用口径积分－表面积分方法对大型偏平椭球天线罩进行了分析，研究了偏平椭球天线罩对罩内主雷达天线和二次雷达天线影响的计算方法，对主雷达天线加罩后的方向图进行了仿真计算，计算结果与测试符合较好；提出了口径积分－表面积分和射线跟踪混合方法，对线阵天线及单元在大型偏平椭球天线罩中的传播方式进行了研究，给出了带罩天线方向图中直射瓣和反射瓣的矢量合成的解法，加罩天线方向图的数值计算结果，与测试结果进行了比较[4,5]。

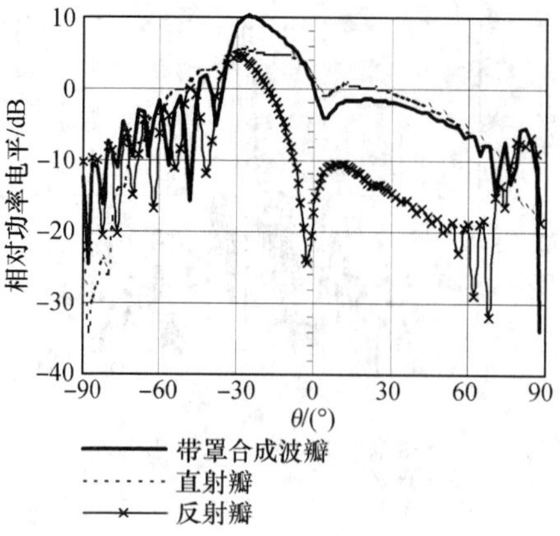

图 5.31 单元喇叭带罩波瓣变化
（俯仰面，$y_0/b=0.73$）

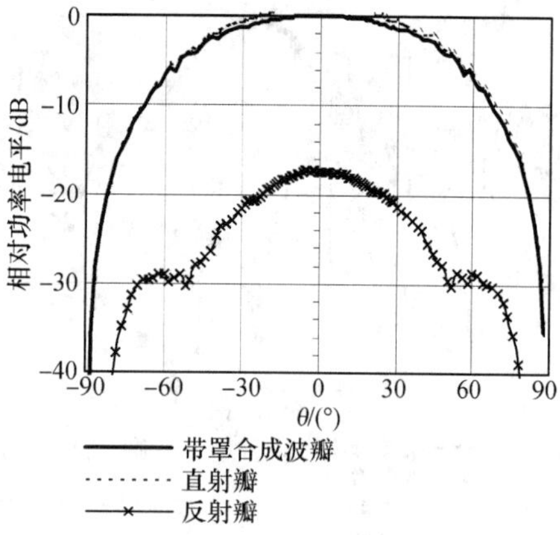

图 5.32 单元喇叭带罩波瓣变化
（方位面，$y_0/b=0.73$）

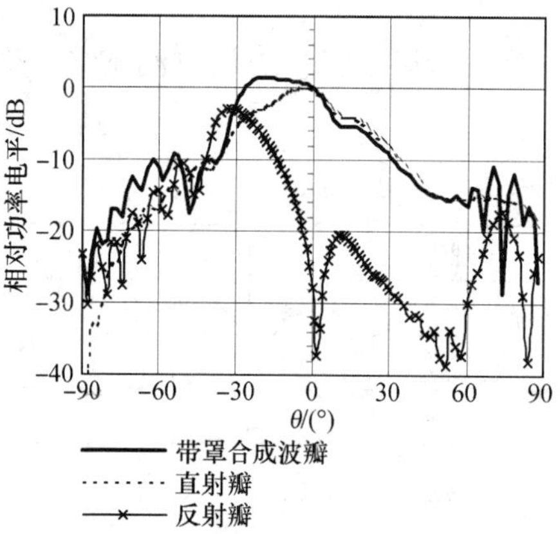

图 5.33 SSR 带罩波瓣变化
（俯仰面，$y_0/b=0.73$）

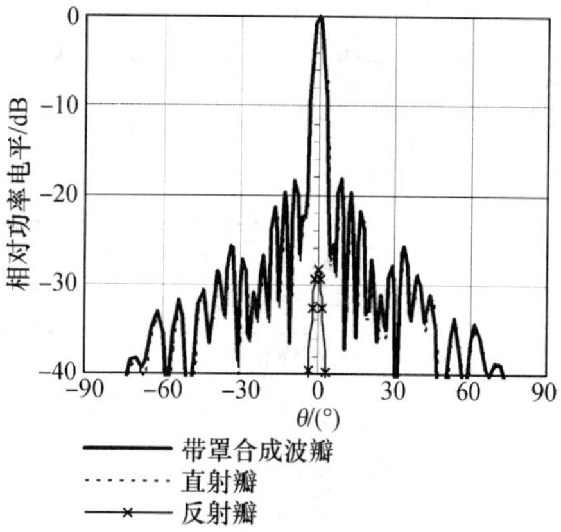

图 5.34 SSR 带罩波瓣变化
（方位面 $y_0/b=0.73$）

综上所述：

（1）扁平的椭球雷达天线罩对俯仰面的方向图影响较大，用三维射线跟踪方法不能保证计算精度，而采用口径积分－表面积分方法则能比较精确地计算扁平椭球雷达天线罩对俯仰面的方向图影响，为天线罩设计提供理论依据。

（2）扁平椭球雷达天线罩对罩中的寄生 SSR 线阵有影响，影响程度主要与线阵在罩中的高度 y_0/b 有关；其次与天线的极化有关，线阵为垂直极化时，入射场准平面波相对于天线罩局部平面的极化角较小；如为水平极化，则入射场准平面波相对于天线罩局部平面的极化角较大，因而反射瓣更为严重。

5.4 维修孔对低副瓣阵列影响分析

如果在大型机载雷达天线罩上增开用于人员进出的维修孔，在电磁窗口尤其是低副瓣天线罩上开进出孔，需要估计其对天线的副瓣电平的影响。设维修孔位于天线阵面前方，在天线口径辐射近场区域，从理论上分析，孔及孔盖所包含的金属螺钉、介质套筒和介质加强边会激励起感应电流，这些电流元的二次辐射与原天线（带罩）的辐射场相干使得天线副瓣抬高。为减小开孔对天线副瓣的影响，研究孔扩散场电平与孔的形状及位置的关系，建立维修孔的数学模型，估算孔盖的扩散场所的引起的天线副瓣的抬高，并与测试值进行比较。

维修孔为圆形，圆心坐标为（2600，-856，3305），孔盖直径为592mm，孔直径为490mm，孔盖圆周有均匀分布20个螺钉，另有5个螺钉分布在孔的圆周上。螺钉直径为6.2mm，螺钉周围用介质填充增强，简称为介质套筒，近似直径24mm的圆柱。介质圆柱高度为44mm，螺钉长度为60mm，孔盖侧边和孔侧边的蒙皮厚度分别为0.5mm和3.5mm。介质的相对介电常数为4.2。

采用矩量法和物理光学方法进行分析，在天线远区，加罩后（含附件）的电场矢量可表达为

$$\boldsymbol{E}^{\mathrm{T}}(\theta,\varphi) = \boldsymbol{E}^{\mathrm{R}}(\theta,\varphi) + \boldsymbol{E}^{\mathrm{S}}(\theta,\varphi) \tag{5.7}$$

式中：$\boldsymbol{E}^{R}(\theta,\varphi)$为天线加无附件壳体罩的辐射电场；$\boldsymbol{E}^{S}(\theta,\varphi)$为附件的扩散电场。

$\boldsymbol{E}^{R}(\theta,\varphi)$可由天线罩表面的切向场矢量经表面积分得到：

$$\boldsymbol{E}^{R}(\theta,\varphi) = \frac{-\mathrm{j}k_0}{4\pi}\frac{\mathrm{e}^{-\mathrm{j}k_0 r}}{r}\hat{\boldsymbol{r}} \times \int_s \left[(\hat{\boldsymbol{n}} \times \boldsymbol{E}^{\mathrm{t}}) - \sqrt{\frac{\mu}{\varepsilon}}\hat{\boldsymbol{r}} \times (\hat{\boldsymbol{n}} \times \boldsymbol{H}^{\mathrm{t}})\right]\mathrm{e}^{\mathrm{j}k_0\hat{\boldsymbol{r}}\cdot\boldsymbol{r}'}\mathrm{d}s \tag{5.8}$$

式中：$\boldsymbol{r}$为远区观察点的矢径；$\hat{\boldsymbol{r}}$为单位矢量；$\hat{\boldsymbol{r}}'$为曲面采样点位置矢量；$\boldsymbol{E}^{\mathrm{t}}$、$\boldsymbol{H}^{\mathrm{t}}$是天线罩外表面上的切向电场和磁场矢量。

$$\boldsymbol{E}^{\mathrm{S}}(\theta,\varphi) = \frac{-\mathrm{j}\omega\mu_0}{4\pi}\frac{\mathrm{e}^{-\mathrm{j}k_0 r}}{r}\int_s \boldsymbol{J}_S(\boldsymbol{r}')\mathrm{e}^{\mathrm{j}k_0\hat{\boldsymbol{r}}\cdot\boldsymbol{r}'}\mathrm{d}l \tag{5.9}$$

维修孔使雷达天线罩的截面出现不均匀的变化，在罩体截面上出现了金属螺钉、玻璃钢介质填充的套筒，在维修孔盖侧面部分蒙皮增厚。维修孔对雷达天线远区辐射场的影响分解为金属螺钉的表面电流的散射场与螺钉周围的填充介质和孔盖侧面介质圆环中的感应电流的散射场两部分。

由于螺钉和介质环的横截面的尺度远小于波长，因此，可以近似为线导体和线介质圆柱。介质圆环与金属螺钉平行，在雷达天线的主极化为垂直极化的情

况下，介质圆环中的感应电流和金属螺钉表面的电流只有平行于螺钉方向的分量。孔盖的内、外表面的增厚的蒙皮上的感应电流与主极化方向平行，由于感应电流元的长度远小于波长，对扩散场的贡献可以忽略。

对三维的线电流，设：①电流只沿导线轴向方向流动；②电流仅随轴线长度方向变化；③导线上的电流和电荷密度用线轴上的线电流和线电荷近似。则对线电流其辐射场为

$$\boldsymbol{E}_{\mathrm{c}}^{\mathrm{s}} = -\mathrm{j}\omega \boldsymbol{A} - \nabla \boldsymbol{\Phi} \tag{5.10}$$

$$\boldsymbol{A} = \int \mu \boldsymbol{I} G(|\boldsymbol{r} - \boldsymbol{r}'|)]\mathrm{d}l \tag{5.11}$$

$$\boldsymbol{\Phi} = \int \frac{\sigma}{\varepsilon} G(|\boldsymbol{r} - \boldsymbol{r}'|)]\mathrm{d}l \tag{5.12}$$

$$\sigma = -\frac{1}{\mathrm{j}w}\frac{\partial I}{\partial l} \tag{5.13}$$

式中：$G(|\boldsymbol{r}-\boldsymbol{r}'|) = \exp(-\mathrm{j}k_0|\boldsymbol{r}-\boldsymbol{r}'|)/(4\pi|\boldsymbol{r}-\boldsymbol{r}'|)$对导线电流 $\boldsymbol{I}=\boldsymbol{I}_{\mathrm{c}}$ 仅沿轴线流动；对线状介质感应电流 $\boldsymbol{I}=\boldsymbol{I}_{\mathrm{p}}=\mathrm{j}\omega\varepsilon(\varepsilon_{\mathrm{r}}-1)s\boldsymbol{E}^{\mathrm{t}}$（$s$ 为线状介质的横截面积），为沿介质柱截面均匀分布的面电流。

设相应的坐标系 $O-xyz$ 如图 5.35 所示，设 $\boldsymbol{r}_{\mathrm{p}}$ 为介质中的场点位置矢量，$\boldsymbol{r}_{\mathrm{c}}$ 为导线表面的场点的位置矢量，在介质中的入射场为 $\boldsymbol{E}^{\mathrm{i}}(\boldsymbol{r}_{\mathrm{p}})$，介质线柱的扩散场为 $\boldsymbol{E}_{\mathrm{p}}^{\mathrm{s}}(r_{\mathrm{p}})$，金属导线的扩散场为 $\boldsymbol{E}_{\mathrm{c}}^{\mathrm{s}}(r_{\mathrm{p}})$，介质柱内的总场为 $E^{\mathrm{t}}(r_{\mathrm{p}})$，得到两组积分方程。

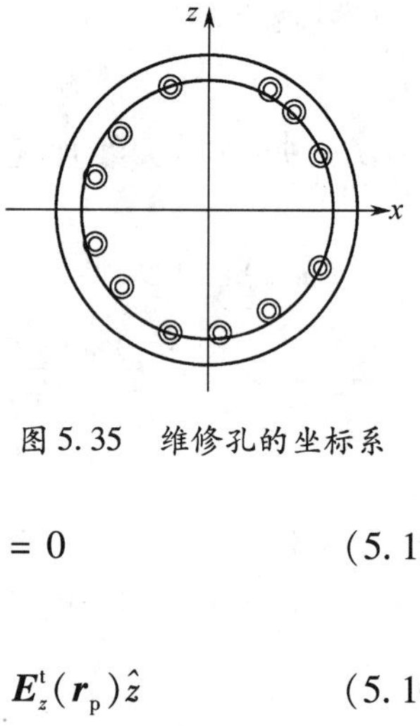

图 5.35　维修孔的坐标系

(1) 在介质线柱内满足：

$$\boldsymbol{E}^{\mathrm{i}}(r_{\mathrm{p}}) + \boldsymbol{E}_{\mathrm{p}}^{\mathrm{s}}(r_{\mathrm{p}}) + \boldsymbol{E}_{\mathrm{c}}^{s}(r_{\mathrm{p}}) = \boldsymbol{E}^{\mathrm{t}}(r_{\mathrm{p}}) \tag{5.14}$$

(2) 导线表面上满足：

$$\boldsymbol{E}^{\mathrm{i}}(\boldsymbol{r}_{\mathrm{c}}) + \boldsymbol{E}_{\mathrm{p}}^{\mathrm{s}}(\boldsymbol{r}_{\mathrm{c}}) + \boldsymbol{E}_{\mathrm{c}}^{\mathrm{s}}(\boldsymbol{r}_{\mathrm{c}}) = 0 \tag{5.15}$$

令

$$\boldsymbol{E}^{\mathrm{t}}(\boldsymbol{r}_{\mathrm{p}}) = \boldsymbol{E}_x^{\mathrm{t}}(\boldsymbol{r}_{\mathrm{p}})\hat{x} + \boldsymbol{E}_y^{\mathrm{t}}(\boldsymbol{r}_{\mathrm{p}})\hat{y} + \boldsymbol{E}_z^{\mathrm{t}}(\boldsymbol{r}_{\mathrm{p}})\hat{z} \tag{5.16}$$

为简化起见，只讨论入射波为垂直极化波（入射平面波电场矢量平行于 Y 轴，如图 5.35 垂直于纸面）。

$$\boldsymbol{E}^{\mathrm{t}}(\boldsymbol{r}_{\mathrm{p}}) = \boldsymbol{E}_y^{\mathrm{t}}(\boldsymbol{r}_{\mathrm{p}})\hat{y} \tag{5.17}$$

由式(5.14)和式(5.15)整理得

$$\boldsymbol{E}_y^{\mathrm{t}} - \boldsymbol{E}_{y\mathrm{p}}^{\mathrm{s}}(\boldsymbol{r}_{\mathrm{p}}) - E_{y\mathrm{c}}^{s}(\boldsymbol{r}_{\mathrm{p}}) = E_y^{\mathrm{i}}(\boldsymbol{r}_{\mathrm{p}}) \tag{5.18}$$

$$-\boldsymbol{E}_{y\mathrm{p}}^{\mathrm{s}}(\boldsymbol{r}_{\mathrm{c}}) - \boldsymbol{E}_{y\mathrm{c}}^{\mathrm{s}}(\boldsymbol{r}_{\mathrm{c}}) = \boldsymbol{E}_y^{\mathrm{i}}(\boldsymbol{r}_{\mathrm{c}}) \tag{5.19}$$

将介质柱沿长度方向划分为 n 个小矩量元,将导线分为 m 个小矩量元,如图 5.36 所示,在每个矩量单元内,$E_y^{\mathrm{t}}(\boldsymbol{r}_{pj})$、$I_y(\boldsymbol{r}_{cj})$ 可近似为常量,电荷密度用一阶差分近似为

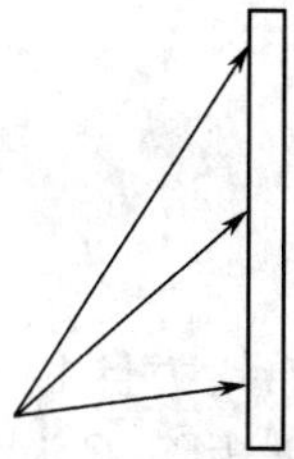

图 5.36 矩量元的坐标

$$\sigma_{\mathrm{c}} = -\frac{1}{\mathrm{j}\omega}\frac{\partial I}{\partial l} = \begin{cases} \dfrac{I_{\mathrm{c}}(r_i)}{\mathrm{j}\omega\Delta l_i}, & r = r_{i+\frac{1}{2}} \\ 0, & r = r_i \\ -\dfrac{I(r_i)}{\mathrm{j}\omega\Delta l_i}, & r = r_{i-\frac{1}{2}} \end{cases} \tag{5.20}$$

$$\sigma_{\mathrm{p}} = -\frac{I}{\mathrm{j}\omega}\frac{\partial I_{\mathrm{p}}}{\partial l} = \begin{cases} \dfrac{I_{\mathrm{p}}(r_i)}{\mathrm{j}\omega\Delta l_i}, & r = r_{i+\frac{1}{2}} \\ 0, & r = r_i \\ -\dfrac{I_{\mathrm{p}}(r_i)}{\mathrm{j}\omega\Delta l_i}, & r = r_{i-\frac{1}{2}} \end{cases} \tag{5.21}$$

将上式代入并整理,分别得到关于 $E_{y\mathrm{p}}^{\mathrm{t}}(\boldsymbol{r}_{\mathrm{p}})$、$I_{y\mathrm{c}}(\boldsymbol{r}_{\mathrm{p}})$ 的积分算子方程组:

$$\begin{aligned} &E_y^{\mathrm{t}} + \mathrm{j}\omega\int\mu I_{\mathrm{p}}(r_i)G(|\boldsymbol{r}_{\mathrm{p}} - \boldsymbol{r}'|)\mathrm{d}l - \nabla\frac{1}{\mathrm{j}\omega}\int\sigma_{\mathrm{p}}(r_i)G(|\boldsymbol{r}_{\mathrm{p}} - \boldsymbol{r}'|)\mathrm{d}l \\ &+ \mathrm{j}\omega\int\mu I_{\mathrm{c}}(r_i)G(|\boldsymbol{r}_{\mathrm{p}} - \boldsymbol{r}'|)\mathrm{d}l - \nabla\frac{1}{\mathrm{j}\omega}\int\sigma_{\mathrm{c}}(r_i)G(|\boldsymbol{r}_{\mathrm{p}} - \boldsymbol{r}'|)\mathrm{d}l = \boldsymbol{E}_y^{\mathrm{i}}(r_{\mathrm{p}}) \end{aligned} \tag{5.22}$$

$$\begin{aligned} &\mathrm{j}\omega\int\mu I_{\mathrm{p}}(r_i)G(|\boldsymbol{r}_{\mathrm{c}} - \boldsymbol{r}'|)\mathrm{d}l - \nabla\frac{1}{\mathrm{j}\omega}\int\sigma_{\mathrm{p}}(r_i)G(|\boldsymbol{r}_{\mathrm{c}} - \boldsymbol{r}'|)\mathrm{d}l \\ &+ \mathrm{j}\omega\int\mu I_{\mathrm{c}}(r_i)G(|\boldsymbol{r}_{\mathrm{c}} - \boldsymbol{r}'|)\mathrm{d}l - \nabla\frac{1}{\mathrm{j}\omega}\int\sigma_{\mathrm{c}}(r_i)G(|\boldsymbol{r}_{\mathrm{c}} - \boldsymbol{r}'|)\mathrm{d}l = E_y^{\mathrm{i}}(\boldsymbol{r}_{\mathrm{c}}) \end{aligned} \tag{5.23}$$

再将 $E_y^{\mathrm{t}}(\boldsymbol{r}_{\mathrm{p}j})$、$I_y(\boldsymbol{r}_{\mathrm{c}j})$ 用脉冲函数展开,采用脉冲点配技术,得到如下的矩阵方程:

$$\begin{aligned} \boldsymbol{A}_{n\times n}\boldsymbol{E}_y^{\mathrm{t}} + \boldsymbol{B}_{n\times m}\boldsymbol{I}_{\mathrm{c}} &= \boldsymbol{V}_{\mathrm{p}} \\ \boldsymbol{C}_{m\times n}\boldsymbol{E}_y^{\mathrm{t}} + \boldsymbol{D}_{m\times m}\boldsymbol{I}_{\mathrm{c}} &= \boldsymbol{V}_{\mathrm{c}} \end{aligned} \tag{5.24}$$

式中:$\boldsymbol{A}$ 为 $n\times n$ 的方阵,其元素由下式确定,即

$$A_{i,j} = \begin{cases} \mathrm{j}\omega\mu\Delta l_i\Delta l_j g(i,j) + \dfrac{1}{\mathrm{j}\omega\varepsilon}[g(i^+,j^+) + g(i^-,j^-) \\ - g(i^+,j^-) - g(i^-,j^+)],\ i \neq j \\ \dfrac{1}{\mathrm{j}\omega\varepsilon(\varepsilon_{\mathrm{r}} - 1)s}\Delta l_i + [\mathrm{j}\omega\mu\Delta l_i\Delta l_j g(i,i) + \dfrac{1}{\mathrm{j}\omega\varepsilon}(g(i^+,i^+) \\ + g(i^-,i^-) - g(i^+,i^-) - g(i^-,i^+))],\ i = j \end{cases} \tag{5.25}$$

$$g(i,j)=\begin{cases}\dfrac{1}{4\pi r_{i,j}}\exp(-\mathrm{j}k_0 r_{i,j}), & i\neq j\\ \dfrac{1}{2s}\left[\dfrac{1}{4}\Delta l_i+\dfrac{a_i^2}{\Delta l_i}\ln\dfrac{\Delta l_i}{a_i}-\dfrac{jk_0a_i^2}{2}\right], & i=j\end{cases} \tag{5.26}$$

式中：k_0 为自由空间的波数；$r_{i,j}$ 为第 i 个矩量元与第 j 个矩量元之间的距离 $\boldsymbol{B}$ 为 $n\times m$ 矩阵；$\boldsymbol{C}$ 为 $m\times n$ 矩阵。

$\boldsymbol{B}$、$\boldsymbol{C}$ 元素分别由以下两式确定：

$$\begin{aligned}B_{i,j}&=\mathrm{j}\omega\mu\Delta l_i\Delta l_j g(i,j)\\&+\frac{1}{\mathrm{j}\omega\varepsilon}[g(i^+,j^+)+g(i^-,j^-)-g(i^+,j^-)-g(i^-,j^+)]\end{aligned} \tag{5.27}$$

$$C_{i,j}=B_{i,j} \tag{5.28}$$

D 为 $m\times m$ 方阵，其元素由下式确定：

$$D_{i,j}=\begin{cases}\mathrm{j}\omega\mu\Delta l_i\Delta l_j g(i,j)+\dfrac{1}{\mathrm{j}\omega\varepsilon}[g(i^+,j^+)+g(i^-,j^-)-\\ \quad g(i^+,j^-)-g(i^-,j^+)],i\neq j\\ \mathrm{j}\omega\mu\Delta l_i\Delta l_j\left(\dfrac{\ln\dfrac{\Delta l_i}{a_i}}{2\pi\Delta l_j}-\dfrac{\mathrm{j}k_0}{4\pi}\right),i=j\end{cases} \tag{5.29}$$

式中：a_i 为导线或介质柱半径；

$$g(i,j)=\exp(-\mathrm{j}k_0|\boldsymbol{r}_i-\boldsymbol{r}_j|)/[4\pi|\boldsymbol{r}_i-\boldsymbol{r}_j|] \tag{5.30}$$

$$g(i^+,j^+)=\exp(-\mathrm{j}k_0|\boldsymbol{r}_{i+\frac{1}{2}}-\boldsymbol{r}_{j+\frac{1}{2}}|)/[4\pi|\boldsymbol{r}_{i+\frac{1}{2}}-\boldsymbol{r}_{j+\frac{1}{2}}|] \tag{5.31}$$

$$[\boldsymbol{V}_{\mathrm{p}}]=\begin{bmatrix}E_y^{\mathrm{i}}(x_1,y_1)\hat{\boldsymbol{y}}\cdot\Delta\boldsymbol{l}_1\\ \cdots\\ E_y^{\mathrm{i}}(x_i,y_i)\hat{\boldsymbol{y}}\cdot\Delta\boldsymbol{l}_i\\ \cdots\\ E_y^{\mathrm{i}}(x_n,y_n)\hat{\boldsymbol{y}}\cdot\Delta\boldsymbol{l}_n\end{bmatrix},\boldsymbol{V}_{\mathrm{c}}=\begin{bmatrix}E_y^{\mathrm{i}}(x_1,y_1)\hat{y}\cdot\Delta\boldsymbol{l}_1\\ \cdots\\ E_y^{\mathrm{i}}(x_i,y_i)\hat{y}\cdot\Delta\boldsymbol{l}_i\\ \cdots\\ E_y^{\mathrm{i}}(x_m,y_m)\hat{y}\cdot\Delta\boldsymbol{l}_m\end{bmatrix} \tag{5.32}$$

$$\boldsymbol{E}_y^{\mathrm{t}}=\begin{bmatrix}E_y^{\mathrm{t}}(x_1,y_1)\\ \cdots\\ E_y^{\mathrm{t}}(x_i,y_i)\\ \cdots\\ E_y^{\mathrm{t}}(x_n,y_n)\end{bmatrix},\boldsymbol{I}_{\mathrm{c}}=\begin{bmatrix}I_{\mathrm{c}}(x_1,y_1)\\ \cdots\\ I_{\mathrm{c}}(x_i,y_i)\\ \cdots\\ I_{\mathrm{c}}(x_m,y_m)\end{bmatrix} \tag{5.33}$$

从上述方程的解可以推得螺钉和介质柱扩散电流的磁矢位函数，在远区扩散场：

$$E^{s} \approx -j\omega A$$

$$A = \left[\sum_{i=1}^{n} \mu I_{p}(i) \exp(-jk_0 \mid \boldsymbol{r} - \boldsymbol{r}' \mid) / [4\pi \mid \boldsymbol{r} - \boldsymbol{r}' \mid] \Delta l_i + \sum_{i=1}^{m} \mu I_{c}(i) \exp(-jk_0 \mid \boldsymbol{r} - \boldsymbol{r}' \mid) / [4\pi \mid \boldsymbol{r} - \boldsymbol{r}' \mid] \Delta l_i \right] \tag{5.34}$$

$$\boldsymbol{E}^{s} = -\frac{j\omega\mu_0 \exp(-jk_0 r)}{4\pi r} \left[\sum_{i=1}^{n} j\omega\varepsilon(\varepsilon_r - 1) s \boldsymbol{E}_y^{t}(i) \Delta l_i \exp(jk_0(\cos\theta\cos\varphi x_i + \cos\theta\sin\varphi y_i + \sin\theta z_i) + \sum_{i=1}^{m} \boldsymbol{I}_c(i) \Delta l_i \exp(jk(\cos\theta\cos\varphi x_i + \cos\theta\sin\varphi y_i + \sin\theta z_i)) \right] \tag{5.35}$$

理论分析得到了介质孔盖可能引起天线副瓣电平的变化程度，从表5.2和表5.3可见，介质孔盖对-30dB的单程副瓣的抬高约为0.8dB，对方向图的影响如图5.37～图5.40所示。

表5.2　-45dB扩散场引起的天线副瓣抬高值

天线副瓣电平/dB	扩散场电平/dB	天线副瓣场强	扩散场场强	矢量叠加副瓣电平/dB	副瓣抬高值/dB
-30	-45	0.031622	0.0056	-28.6	1.4
-35	-45	0.01778	0.0056	-32.6	2.4
-40	-45	0.010	0.0056	-36.2	3.8
-45	-45	0.0056	0.0056	-38.0	6.0
注：场强为对主瓣归一化的绝对值					

表5.3　-50dB扩散场引起的天线副瓣抬高值

天线副瓣电平/dB	扩散场电平/dB	天线副瓣场强	扩散场场强	矢量叠加副瓣电平/dB	副瓣抬高值/dB
-30	-50	0.031622	0.00316	-28.2	0.8
-35	-50	0.01778	0.00316	-33.6	1.4
-40	-50	0.010	0.00316	-37.6	2.8
-45	-50	0.0056	0.00316	-41.4	3.6
注：场强为对主瓣归一化的绝对值					

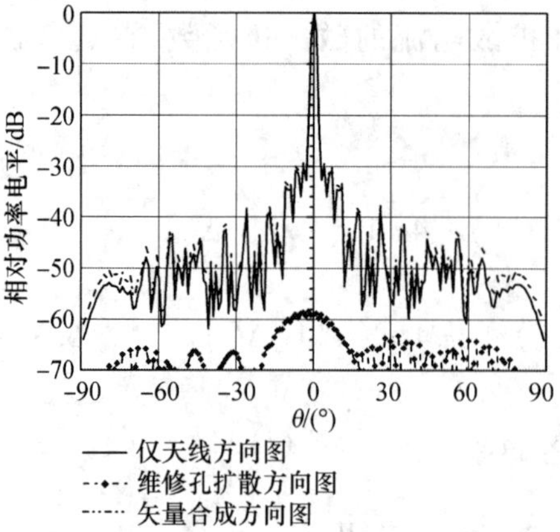

图 5.37　维修孔对天线方位面波瓣的影响

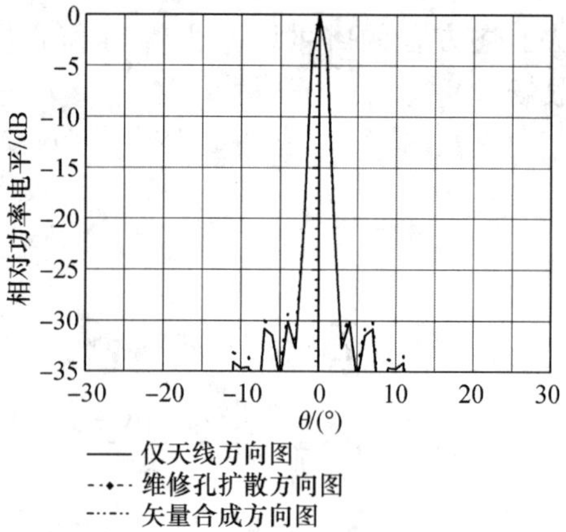

图 5.38　方位面峰值副瓣变化

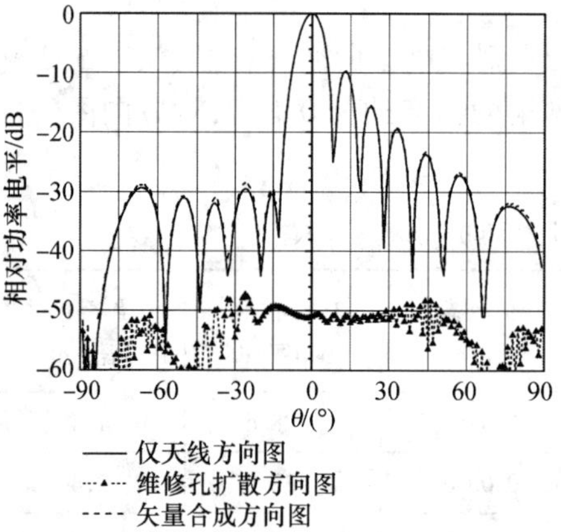

图 5.39　维修孔对天线俯仰面波瓣的影响

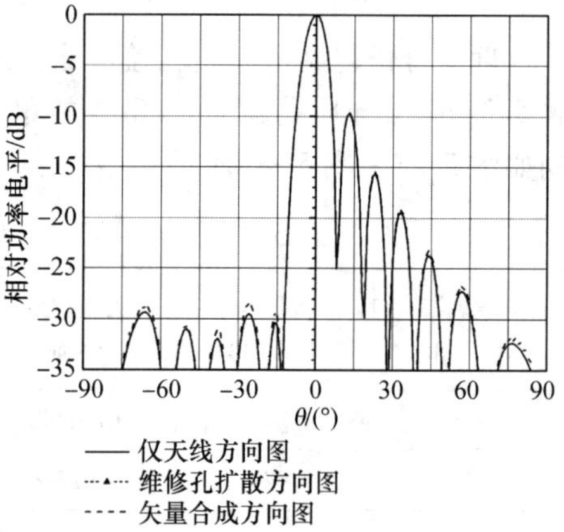

图 5.40　俯仰面峰值副瓣变化

5.5　变厚度夹层设计

实芯半波壁、A 夹层、C 夹层是机载雷达天线罩的主要三种结构。实芯半波壁不仅频带窄，而且机载预警雷达的工作波长较长，例如在 L 波段的最佳厚度约为 120mm，质量太大；与实心半波壁相比，A 夹层为轻质高强结构，它由低密度的夹芯和致密的蒙皮组成，蒙皮的厚度一般远小于波长，夹芯（蜂窝或泡沫）的介电常数接近于 1，因而损耗小，工作带宽较宽。夹芯的厚度使得蒙皮的反射相互抵消，所以 A 夹层在一定的带宽内能够获得良好的传输效率。A 夹层的缺点是在大入射角情况下，传输效率下降很快，一般不用于大入射角的场合。C 夹层是由两个 A 夹层组成的夹层结构，C 夹层能够将 A 夹层的剩余反射再次相消，得到更低的反射，特别适于需要极低反射的场合。另外，C 夹层的结构强度比 A 夹层高，结构稳定度好；大型机背天线罩位于机背上方，受到的气动载荷很大,工作环境复杂,温度湿度高度变化范围大,所以均使用强度更高的 C 夹层玻璃钢复合材料结构;对于侧边布置的扁平形罩,可以采用 A 夹层。

图 5.41 给出了有抗候涂层的 A 夹层平板功率传输系数、功率反射系数、IPD 随 d_c/λ(d_c 为夹芯厚度)变化的曲线。其中,各层介电常数、损耗角正切、每层厚度见表 5.4 所列。

表 5.4　带涂层 A 夹层平板截面各层参数

相对介电常数	损耗角正切	每层厚度/mm
6.7	0.35	0.05
3.4	0.03	0.2
4.2	0.02	1.0
1.1	0.005	(0 ~ 0.5)λ
4.2	0.02	1.0

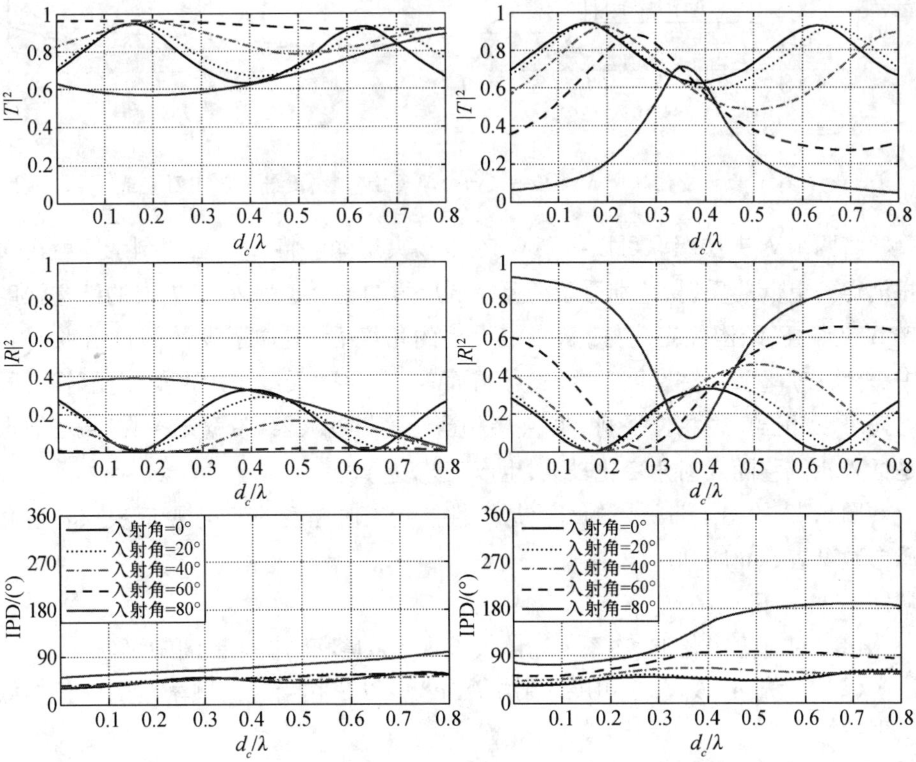

(a)　(b)

图 5.41　有涂层 A 夹层平板的功率传输系数、功率反射系数、IPD 曲线
(a) 平行极化; (b) 垂直极化。

选取适当的夹芯厚度,可以在最佳入射角上得到最大传输系数(图5.42)。带涂层A夹层平板截面各层介质参数见表5.5所列。

表5.5 带涂层A夹层平板截面各层介质参数

相对介电常数	损耗角正切	每层厚度/mm
6.7	0.35	0.05
3.4	0.03	0.2
4.2	0.02	1.0
1.1	0.005	7.5
4.2	0.02	1.0

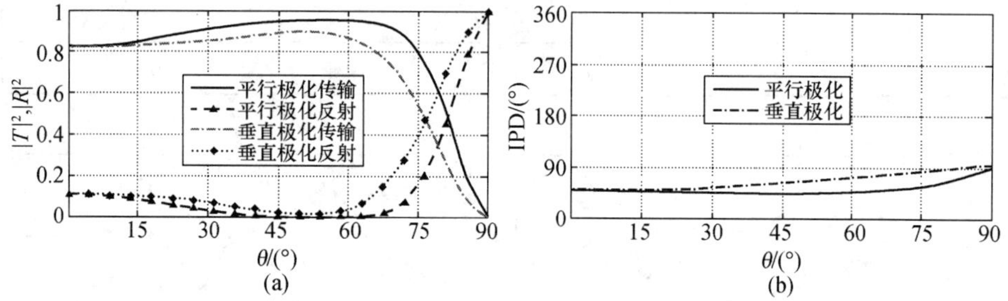

图5.42 最佳厚度A夹层平板的功率传输系数、反射系数、IPD曲线

将两个A夹层级联可以得到C夹层,C夹层能够将A夹层的剩余反射再次相消得到更低的反射,特别适于需要极低反射的场合。另外,C夹层的结构强度比A夹层高,结构稳定度好,从电信设计的角度看,增加了设计的自由度(内、中、外蒙皮厚度,夹芯厚度)。C夹层的AWACS雷达天线罩用来抑制反射瓣,同时还可以补偿口径相位平衡。C夹层相当于多级滤波器,带宽比A夹层宽,缺点是插入相位移随入射角变化较大,生产工艺复杂。

图5.43给出了带涂层的C夹层电性能随夹芯厚度的变化规律,夹层各层介质参数见表5.6所列。

从图5.43中可见:

(1) 对垂直极化波,功率传输曲线出现了双峰,工作频带范围增宽。

(2) 在法向入射和小角度入射情况下,可以在相当宽的频率范围内获得低反射特性。

(3) 当夹芯的厚度增加时,在大入射角情况下,C夹层对两种极化的插入相移差别增大,引起交叉极化电平分量,使雷达天线容易受到干扰,通信系统收发信道的隔离度下降。

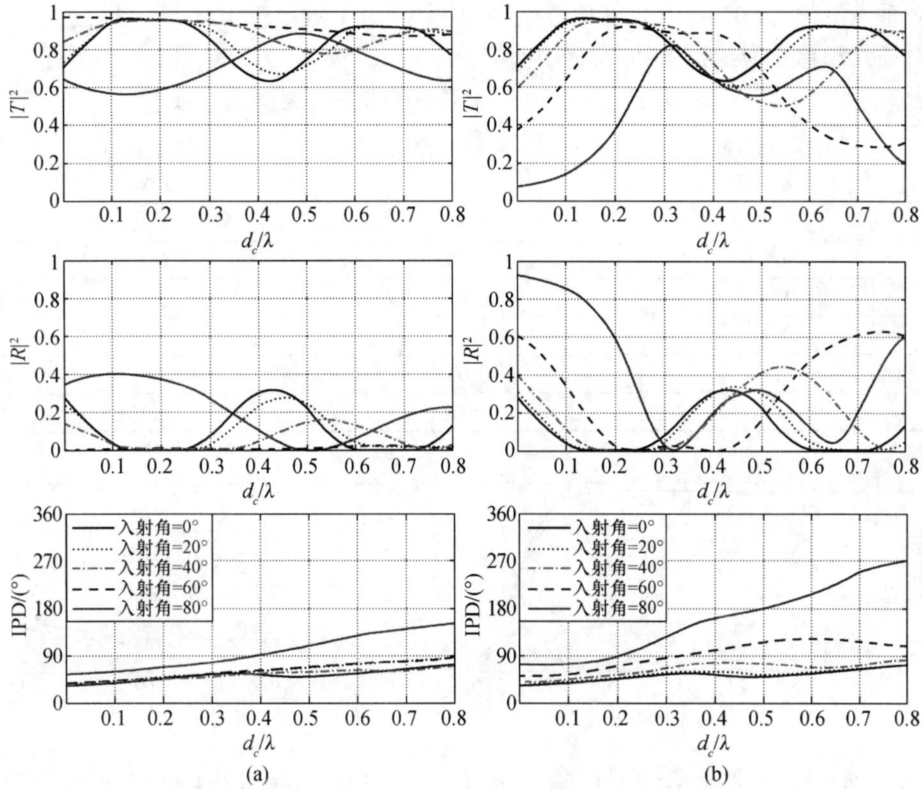

图 5.43　C 夹层平板的功率传输系数、反射系数、IPD 曲线
(a) 平行极化；(b) 垂直极化。

表 5.6　带涂层 C 夹层平板截面各层介质参数

相对介电常数	损耗角正切	每层厚度/mm
6.7	0.35	0.05
3.4	0.03	0.2
4.2	0.02	1.5
1.1	0.005	$(0\sim0.5)\lambda$
4.2	0.02	3.0
1.1	0.005	$(0\sim0.5)\lambda$
4.2	0.02	1.5

同样，选取适当的夹芯厚度，带涂层 C 夹层平板截面各层参数见表 5.7。从图 5.44 中可见，C 夹层可以在很大的入射角范围内得到高传输效率、低功率反射，而且变化平坦。如果对内外、中蒙皮厚度进行优化，以功率反射系数最小化作为目标函数，则可以在指定的极化和入射角范围内得到最小反射系数，例如，

对垂直极化的70°~80°入射角范围内,功率反射系数小于10%。另外,还可以对插入相移作为约束条件进行优化。

表5.7 带涂层C夹层平板截面各层参数

相对介电常数	损耗角正切	每层厚度/mm
6.7	0.35	0.05
3.4	0.03	0.2
4.2	0.02	1.5
1.1	0.005	21
4.2	0.02	3.0
1.1	0.005	21
4.2	0.02	1.5

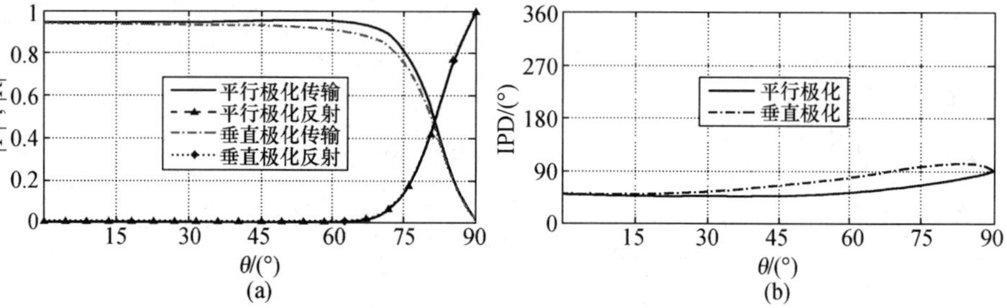

图5.44 C夹层平板的功率传输系数、功率反射系数、IPD随入射角变化的曲线

机背式扁平椭球罩俯仰面上的入射角变化很大,采用等厚度设计不能满足所有入射角情况下都能得到高传输效率。需要进行变厚度设计,优化的变量为内、中、外蒙皮厚度和夹芯厚度,以功率反射系数最小化作为有约束优化,在指定的极化和入射角范围内得到最小反射系数。例如,对垂直极化的70°~80°入射角范围内,功率反射系数小于10%,约束条件为内、中、外蒙皮厚度和夹芯厚度的最大、最小值,其范围由材料的力学性能及天线罩的重量决定。一般内、外蒙皮厚度不小于1mm。另外,还可以对插入相移作为约束条件进行优化。

对于侧边布置的扁平形罩,A夹层的优化函数也是要求在指定的极化和入射角范围内得到最小反射系数;内、中、外蒙皮厚度和夹芯厚度应能满足结构强度要求。

5.6 设计举例

5.6.1 口径天线偏平椭球雷达天线罩设计

首先介绍口径天线的偏平椭球雷达天线罩[6,7]的设计方法。E-3A天线罩是最典型的偏平椭球雷达天线罩,位于机背上方,每分钟旋转6转,故称为旋罩。

罩外形是扁平椭球，长轴约 9.15m、短轴 1.83m，罩内天线为低副瓣波导裂缝阵列，天线口径约长 7.32m、高 1.52m，方位面天线最大副瓣低于 -38dB，俯仰面最大副瓣低于 -38dB，方位面宽角副瓣低于 -55dB，天线罩要达到高传输效率，同时对副瓣抬高要小，保持天线加罩后合成方向图最大限度保持低副瓣的性能。

考虑到重量和安全性问题，宜采用 C 夹层。首先进行入射角分析。假设一平面波入射到雷达天线罩罩壁上，入射波对罩壁的入射角和极化角是位置坐标的函数，在天线口径尺寸未知的情况下，以归一化坐标为变量，计算得到在不同扫瞄状态下入射角和极化角的分布。当天线主波束在方位面扫瞄时，入射角在方位面的最大入射角随天线方位面口径尺寸增加而增大。方位面和俯仰面入射角分布见表 5.8 和表 5.9 所列。同样，当天线主波束在俯仰面扫瞄时，入射角在俯仰面的最大入射角随天线俯仰口径尺寸增加而增大。

表 5.8　方位面入射角分布

天线口径	主波束指向/(°)	最大入射角/(°)	平均极化角/(°)
$0.8\times2a$	(8,0)	60	50 ~ 70
$0.8\times2a$	(10,0)	58	50 ~ 70
$0.8\times2a$	(12,0)	55	45 ~ 65
$0.7\times2a$	(8,0)	50	50 ~ 70
$0.7\times2a$	(10,0)	47	50 ~ 70
$0.7\times2a$	(12,0)	46	45 ~ 65

表 5.9　俯仰面入射角分布

天线口径	主波束指向/(°)	最大入射角/(°)	平均极化角/(°)
$0.8\times2b$	(10,0)	83	60 ~ 70
$0.8\times2b$	(10,10)	72	60 ~ 70
$0.8\times2b$	(10,20)	63	60 ~ 70
$0.8\times2b$	(10,30)	55	60 ~ 70
$0.7\times2b$	(10,0)	79	60 ~ 70
$0.7\times2b$	(10,10)	68	60 ~ 70
$0.7\times2b$	(10,20)	60	60 ~ 70
$0.7\times2b$	(10,30)	50	60 ~ 70

如果采用等厚度方案，即用一种截面满足要求全部入射角范围内，使罩壁对入射波均能达到最佳。等厚度设计截面参数为：内外蒙皮厚 1.5mm，中蒙皮厚 3mm，夹芯厚 21.5mm，外表面涂覆厚 0.22 ~ 0.33mm 白色防雨蚀涂层，0.025 ~ 0.050mm 黑色抗静电涂层，材料聚氨酯甲酸酯。设内外蒙皮厚度为 d_b，蜂窝高度为 d_c，中蒙皮厚度为 d_m 令 $d_b=1.5\text{mm}$，$d_c=21.5\text{mm}$，$d_m=3.0\text{mm}$，相应的平板

传输特性如图 5.45 和图 5.46 所示。等厚度方案的问题是:主波瓣宽度变化较大,反射瓣电平较高理论计算达到 -38 dB (扫瞄角为 8°、0°时)。测试天线罩时发现:传输效率较低,天线罩单程损耗最大为 1.3dB,俯仰面的主瓣展宽 25%,俯仰面的副瓣抬高较大,反射瓣达 -27 dB。

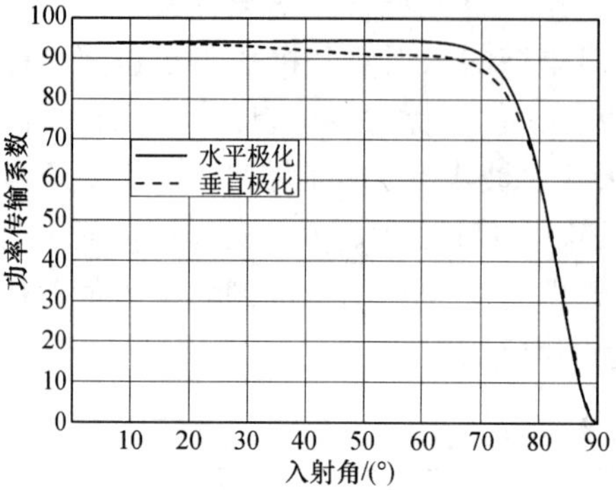

图 5.45 平板功率传输特性

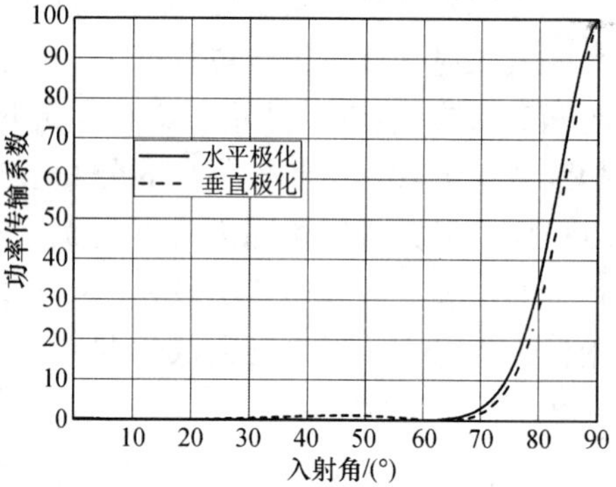

图 5.46 平板功率反射特性

该天线罩设计难点表现在,天线为水平极化,入射到罩壁上的电场矢量以垂直极化分量为主,即入射电场矢量垂直于入射平面。要使得天线罩壁对大入射角范围的垂直极化波反射小,只能采取变厚度截面,在不同的区采取不同的厚度参数。罩壁高传输和低反射只是设计的一个方面,另一方面要考虑到变厚度以后 IPD 的变化范围,尽量减小由于天线罩引起的对天线口径相位分布产生的影响。

参考文献[6]给出了该类天线罩变厚度优化的具体过程,优化结果列于表 5.10。

表 5.10 夹层厚度参数

	层号	头缘/mm	根部/mm
抗静电涂层	1	0.05	0.05
防雨蚀涂层	2	0.28	0.28
外蒙皮	3	2.37	0.86
胶膜	4	0.215	0.215
蜂窝	5	11.94	31.24
胶膜	6	0.215	0.215
中蒙皮	7	6.45	2.58
胶膜	8	0.215	0.215
蜂窝	9	11.94	31.24
胶膜	10	0.215	0.215
内蒙皮	11	2.15	1.08
罩壁总厚度		36.04	68.19

变厚度设计使得俯仰面的相位差缩小，单程的功率传输损耗从 1.3dB 下降到 0.8dB，俯仰面主瓣 3dB 宽度展宽从 25.4% 下降到 6.2%，方位面的副瓣平均抬高 5～8dB，俯仰面的副瓣平均抬高 5.33dB。

5.6.2 全辐射口径偏平椭球雷达天线罩设计

机载扁平椭球天线罩是机载预警和控制系统（AWACS）的重要组成部分，除 E－3 机载预警系统外，E－2 和苏联的 A－50 也都采用了这种形式。值得注意的是，E－2 采用了全口径辐射天线，天线为 2×8 阵列，在俯仰方向上只有两排，此时采用三维射线方法计算入射角分布误差很大，应该采用 AI－SI 技术分析。

某机背扁平天线罩外形方程为

$$\left(\frac{x}{a}\right)^2+\left(\frac{y}{b}\right)^2+\left(\frac{z}{a}\right)^2=1$$

天线罩的参数为 $a=5\lambda$，$b=0.6\lambda$，采用 A 夹层蒙皮的电厚度为 0.0021λ，蜂窝电厚度为 0.028λ，罩内天线为 8×2 的阵列，为八木天线，天线单元间距为 $d_x=0.61\lambda$，$d_y=0.57\lambda$，天线为水平极化。

分析：天线工作波长较长，与天线波长相比，天线罩的蒙皮和蜂窝厚度都远小于波长，两者都为薄壁结构，这种结构平板的传输特性如图 5.47 所示。从图中可见，只要入射角小于 70°，壳体对电波几乎显现透明的。另外，天线辐射波谱中以80°～85°范围的入射角入射的谱线（子波）到天线罩上，6%～21%的能量被反射，如图 5.48 所示。加罩后的天线的方向图如图 5.49 和图 5.50，天线罩的功率传输系数达 98%。

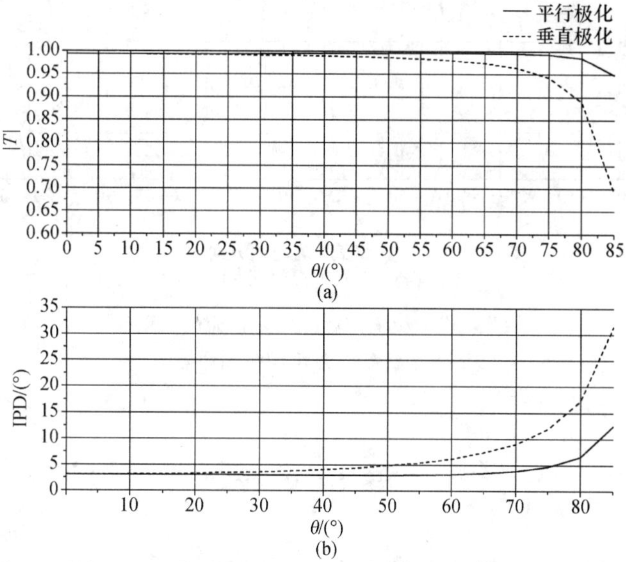

图 5.47 夹层等效平板的传输性能

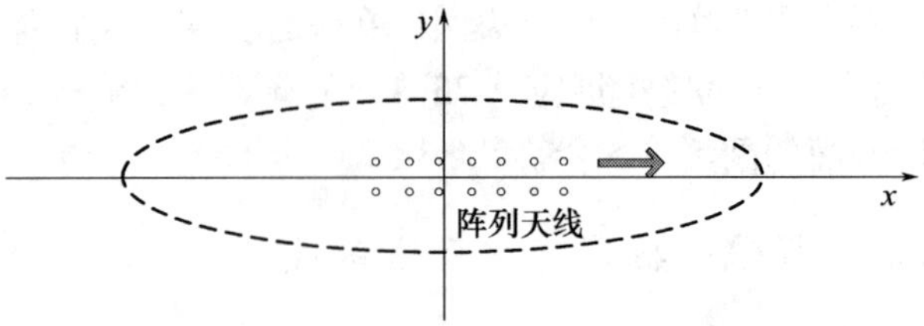

图 5.48　天线罩内的全口径辐射天线(主波束方向为 x 方向)

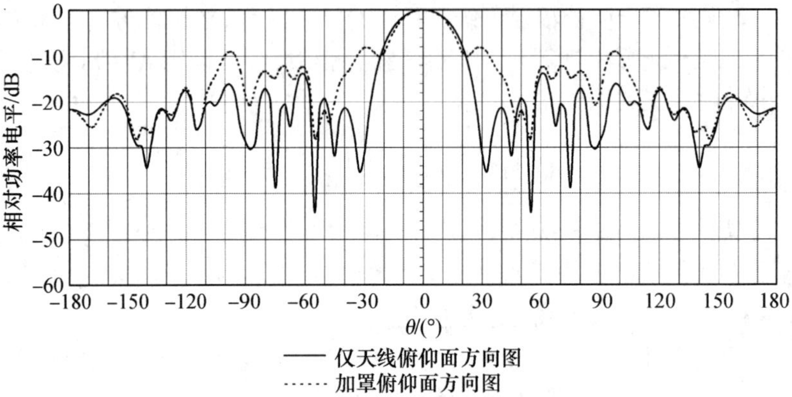

图 5.49　加罩前后天线俯仰面的方向图

(天线扫描状态:方位角 =0°,俯仰角 =0°)

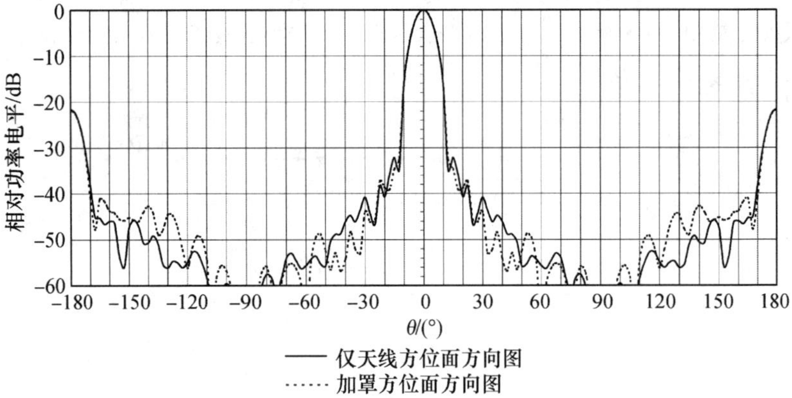

图 5.50　加罩前后天线方位面的方向图

(天线扫描状态:方位角 =0°,俯仰角 =0°)

参 考 文 献

[1] Benjamin Rulf. Problems of Radome Design for Modern Airborne Radar[J]. Microwave Jornal,1985 ,(1) : 265 -271.

[2] Kolosov. An Analysis of Atenna – Radome Directional Characteristics of an AWACS – Type System[C]. Paris :International Radar Conference,1995: 717 –720.
[3] 张强.低副瓣机载雷达天线罩维修孔影响的数值计算[J].现代雷达,2004,26(4):68 –70.
[4] Zhang Qiang,Cao Wei. A Hybrid Approach to Radome Effects on Point Source[C]. 2002 IEEE Symposium on Antenna & Propagations,2002,3: 310 –313.
[5] Zhang Qiang,Cao Wei. Radiation of SSR Antenna with Ellipsoid Radome[C]. The 3rd International Conference on Microwave and Millimeter Ware Technology (IcmmT2002),2002 : 456 –459.
[6] Feldman H,Rulf B. Design of Variable Thickness Sandwich Radome[C]. Proceedings of The 11th Symposium on Electromagnetic Windows,Aug. 2 –4,1972: 40 –43.
[7] Norin T L. AWACS Radar Radome Electrmagnetic Development[C]. Proceedings of The 11th Symposium on Electromagnetic Windows,Aug. 2 –4,1972:41 –46.

第6章　宽带天线罩

宽带天线罩技术的需求直接源于电子对抗的需要,现代战争的战场信息瞬息万变,以各类电子侦察、干扰系统为主体的电子对抗技术得到了迅速发展。以机载电子支援侦察(ESM)为例,在载机的不同部位装备超宽带的全向天线阵、定向天线阵,利用天线阵测量目标信号到达时间或幅度、相位等信息,在很宽的电磁频谱范围内确定各种辐射源方位,无论是地面宽带无源雷达探测还是机载无源定位,宽带无源系统不向空中辐射任何能量,通过接收目标辐射的电磁波对雷达辐射源探测、测量、识别、定位,引导反辐射导弹打击对方的雷达系统,具有很强的隐蔽性和反干扰能力。飞行机群配备随队干扰机,发射大功率宽带电磁波对对方的雷达辐射源实施阻塞干扰,掩护飞机编队的行动,机载 ESM 和干扰系统都对宽带天线罩提出了强烈的需求。出于抗干扰考虑,导弹的导引头工作在多个频段,在远离目标时采用低频段的天线无源接收跟踪,接近目标再开启高频段的雷达精密制导,覆盖多频段的宽带导弹天线罩应运而生。地面通信中常需要多部不同频段的天线在同一个室内平台上同时工作,需要设计能够耐气候的宽带微波透波墙,以满足宽频带高透过的需求。

本章论述宽带天线罩的常见结构和设计方法,重点介绍宽带天线罩的电性能分析方法,结合工程实例,对仿真和测试结果进行了比较。

6.1　概　述

最高频率超过最低频率2倍以上的频带称为宽带。

地面介质骨架雷达天线罩、火控雷达天线罩、机载预警雷达天线罩的频带都不宽,相比之下金属骨架雷达天线罩在高频相当宽的频带内能获得较高的透过(例如,在3~10GHz时传输效率大于80%),但是低频的性能很差(低于1GHz时传输效率不到50%),不能满足1~18GHz高透过要求。A夹层的频带比半波壁宽,C夹层的频带比A夹层宽,为了提高强度及带宽还可以考虑采用更多层如7夹层、9夹层[1,2]。

在天线罩早期,美军曾将大型运输机腹部改造成吊舱,在吊舱中安装宽带的天线和天线罩用于收集战场情报。20世纪70年代以后,在宽带设计技术方面提出了介电常数渐变的夹层结构、切比雪夫多层级联结构、Olessky夹层、B夹层,由于材料难以实现,没有得到真正的应用。在加拿大的电视塔上也曾经使用过金属骨架宽带天线罩,对于一般的通信天线 C 波段以上的频段,可以达到 80% 以上的传输效率;但相比之下,使用最广的是夹层宽带结构。

6.2 宽带夹层设计

宽带天线罩的一般要求如下:

(1) 电视中心的微波传输用的宽带透波墙,带宽一般要求 1 ~ 18GHz;入射角范围 0° ~ 60°。

(2) 机载宽带天线罩用于电子战的无源接收或积极有源干扰,带宽一般要求 1 ~ 18GHz;天线空域覆盖范围大,方位 ±120°、俯仰 ±55°。

对于宽带天线罩要求在比较大的角度范围内有宽带的传输效率,在没有特殊要求的情况下大都用等厚度设计。相应的宽带天线罩有如下四种形式:

(1) 低耗泡沫材料单层结构外表面喷涂一层几丝的抗候保护涂层(由使用环境需要决定)。这类天线罩可以工作到 18GHz。透波率在 2 ~ 8GHz 时大于 90%,在 8 ~ 12 GHz 时大于 85%,在 12 ~ 18 GHz 时大于 65%。

(2) 薄壁蒙皮 A 夹层结构,外表面喷涂一层几丝的抗候保护涂层(由使用环境需要决定),夹层厚度根据覆盖频率范围调整。这类天线罩传输效率比低耗泡沫材料薄壁单层结构稍低,但是耐气候性能和强度很好。一般常于有较大风载荷要求的地面透波墙。

(3) 薄壁蒙皮 C 夹层结构,外表面喷涂一层几丝的抗候保护涂层(由使用环境需要决定),夹层厚度根据覆盖频率范围调整。这类天线罩带宽比薄壁蒙皮 A 夹层结构宽,结构刚度更好,耐候性能很好。一般常于机载宽带天线罩。

(4) 薄壁蒙皮多 - 夹层结构,外表面喷涂一层几丝的抗侯保护涂层(由使用环境需要决定),这类天线罩带宽宽、强度高、变形小,一般用于有特殊要求的情况。

设计举例 1: 选用低耗蒙皮和夹芯材料组成 A 夹层平板截面各层参数见表 6.1。图 6.1 为宽带 A 夹层的传输特性。

表 6.1　宽带 A 夹层平板截面各层参数

相对介电常数	损耗角正切	每层厚度/mm
6.7	0.35	0.05
3.4	0.03	0.2
4.2	0.02	0.5
1.1	0.005	5.2
4.2	0.02	0.5

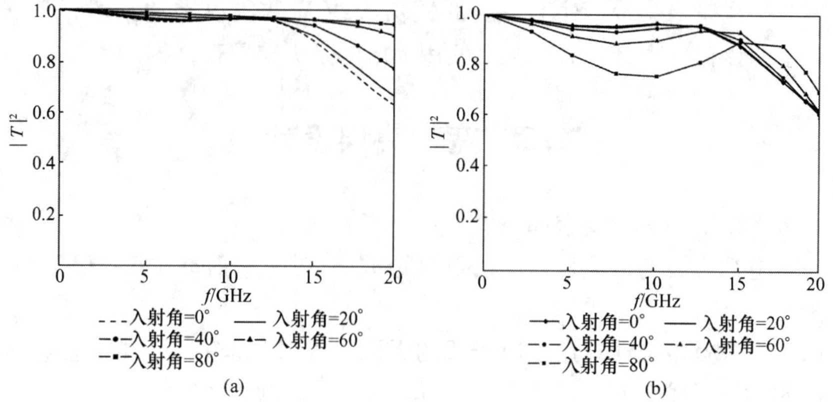

图 6.1　宽带 A 夹层功率传输系数随频率变化的曲线

(a) 平行极化；(b) 垂直极化。

设计举例 2：一宽带 C 夹层平板截面各层参数见表 6.2。其传输特性如图 6.2 所示。如果 C 夹层平板结构强度还不够，则还可以选择 7 夹层或 9 夹层结构，以增强结构的刚度。

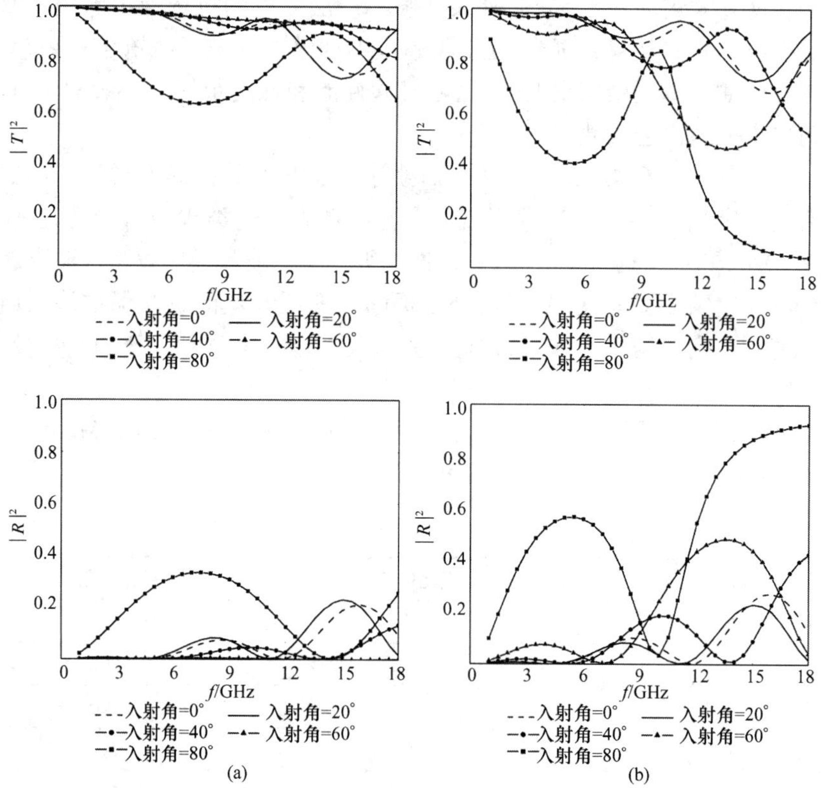

图 6.2　宽带 C 夹层功率传输系数和反射系数随频率变化曲线

(a) 平行极化；(b) 垂直极化。

表 6.2　宽带 C 夹层平板截面各层参数

相对介电常数	损耗角正切	每层厚度/mm
6.7	0.35	0.05
3.4	0.03	0.2
3.6	0.012	0.67
1.08	0.005	3.5
3.6	0.012	0.86
1.08	0.005	3.5
3.6	0.012	0.67

设计举例 3：增加芯层厚度提高刚度的宽带结构参数见表 6.3。其功率传输系数和反射系数随频率变化曲线图 6.3 所示。

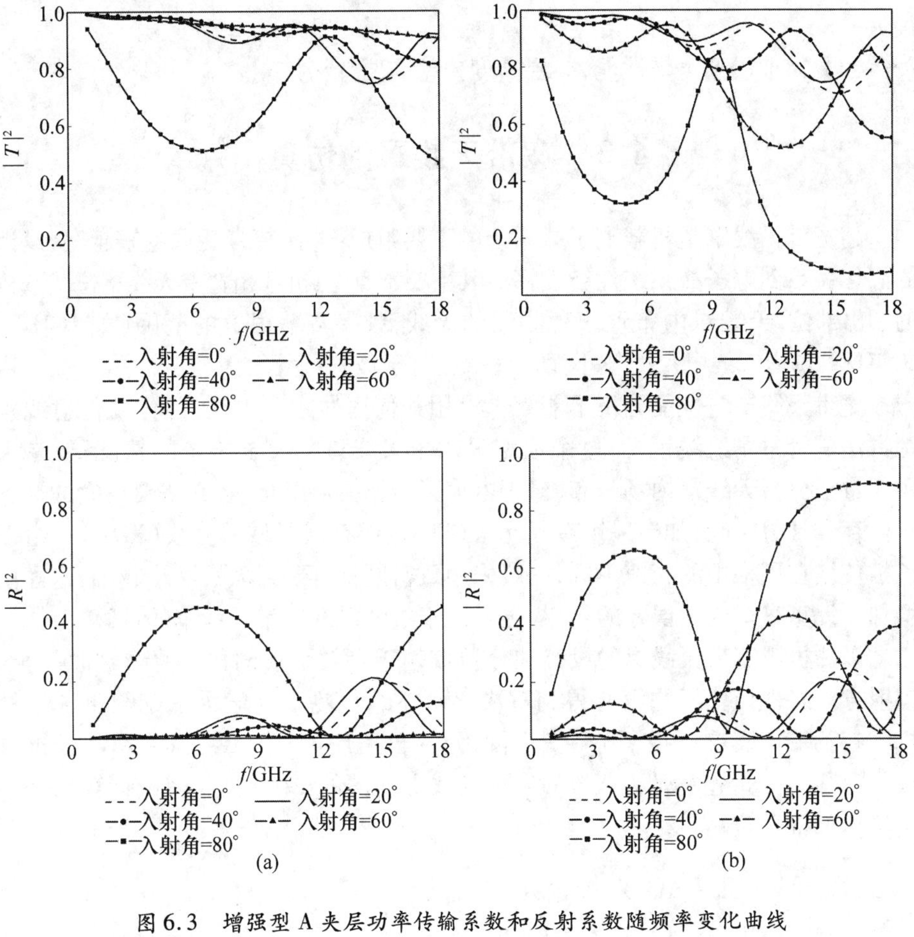

图 6.3　增强型 A 夹层功率传输系数和反射系数随频率变化曲线
(a) 平行极化；(b) 垂直极化。

表 6.3　A 夹层参数

相对介电常数	损耗角正切	每层厚度/mm
3.4	0.03	0.2
3.1	0.017	0.75
1.10	0.005	25.4
3.1	0.017	0.75
注:增加芯层厚度		

综合以上设计不难得到如下结论:

(1) 蒙皮的厚度对带宽影响很大,其次是夹层材料的损耗角正切,再次是蒙皮材料的介电常数和损耗角正切。

(2) 在上边频如 16 ~ 18GHz,涂层的厚度及其介电常数和损耗角正切影响很大。

(3) 为了得到宽带性能,夹层高度公差需要严格控制。

6.3　宽带天线罩的仿真

超宽带天线罩是机载电子战系统的重要组成部分,频带要求越来越宽,设计的好坏关系到电子战系统性能发挥。其主要特点是:机载超宽带天线罩位于载机的凹出部位,天线罩内布置多种频段的天线,频率覆盖很宽的范围(如 1GHz ~ 20GHz),罩内天线电尺寸较小而天线罩相对于波长尺寸较大。

宽带天线罩电性能分析不能简单沿用几何射线跟踪方法,因为几何射线跟踪方法是管量场射线模型,这个模型只用于天线口径大于 20λ 的情况;要是采用矩量法分析天线罩内场分布,对于电大天线罩夹层结构,势必需要巨大的计算机内存和计算时间;如果采用有限元法(FEM)或有限时域差分法(FDTD),由于色散使波在网格中的相速不同,一般采用致密网格,区域越大,网格越细,这样便增加了计算量。因为误差的积累,也不适于电大尺寸宽带天线罩的计算。

以往机载宽带天线罩的设计和分析依赖于等效平板的估算,天线加罩后的辐射方向特性计算问题没有得到解决[1,2],本章以物理光学为基础给出了一种机载超宽带天线罩口径积分 - 表面积分 - 自适应网格(AI - SI - AG)分析方法[3,4],用于分析超宽带天线罩对罩内天线方向图的影响问题,理论计算数据与实测结果符合较好。

6.3.1　AI - SI - AG 分析方法

机载宽带天线罩的 AI - SI - AG 分析方法分为三步:①采用口径矢量积分(AI)求得宽带天线的辐射近场,将天线罩表面近似为局部的平面,入射到内表面的场近似为平面波，其传播方向由入射电磁场的坡印廷矢量确定；②将入射场分解为平行和垂直两种极化波，用二端口网络理论计算多层平板介质结构的复传输系数和复反射系数，以确定罩表面的透射场和反射场量的切向分量；③采用一种自适应网格技术(AG)，沿天线罩外表面对电场和磁场的切向分量做表面积分(SI)求远区辐射场量得到带罩天线的辐射方向图。

AI－SI－AG 算法中网格大小是频变的，节省了计算时间，使用该技术可生成极细化网格，克服了固定尺寸网格在低频段浪费计算时间，而在高频端积分不收敛的弊病。

求得天线罩外表面所在曲面上的切向电场和磁场后，做如下矢量积分，便得到远区的辐射场量：

$$\boldsymbol{E}(\theta,\varphi) = \frac{-\mathrm{j}k}{4\pi}\frac{\mathrm{e}^{-\mathrm{j}kr}}{r}\hat{\boldsymbol{r}} \times \int_s \left[(\hat{\boldsymbol{n}} \times \boldsymbol{E}^{\mathrm{t}}) - \sqrt{\frac{\mu_{\mathrm{o}}}{\varepsilon_{\mathrm{o}}}}\hat{\boldsymbol{r}} \times (\hat{\boldsymbol{n}} \times \boldsymbol{H}^{\mathrm{t}}) \right] \mathrm{e}^{\mathrm{j}k\cdot\boldsymbol{r}'}\mathrm{d}s \quad (6.1)$$

式中：$\boldsymbol{r}$ 为远区观察点的矢径；$\hat{\boldsymbol{r}}$ 为其单位矢量；$\hat{\boldsymbol{r}}'$ 为曲面采样点位置矢量；$\boldsymbol{E}^{\mathrm{t}}$、$\boldsymbol{H}^{\mathrm{t}}$ 分别为天线罩外表面上的切向电场和磁场矢量。

对于任意曲面的天线罩的外形，表面积分是对数模网格的数值求和。一般地，表面矢量积分收敛的条件是：采样点间距小于 $1/4\lambda$，频率每增加 1 倍，网格的边长缩小 1/2，网格数量增加 4 倍，宽带天线罩表面积分的计算量随频率急剧增加。自适应网格技术以低频网格为基础，在不同频率点上对基本网格进行细化，以增加积分采样点，频率越高，采样点越密，使积分一致性收敛。

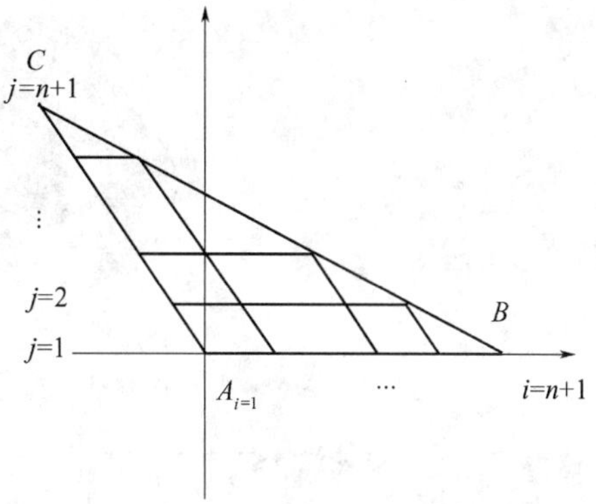

图 6.4　三角形单元中的亚网格剖分

不失一般性，以图 6.4 所示的三角形为例，设 A、B、C 分别为三角形的顶点，它们的坐标为 (x_a, y_a, z_a)、(x_b, y_b, z_b)、(x_c, y_c, z_c)。

设 BC 为最长边，在 BC 上作 n 等分，使 $BC/n < \lambda/4$，过各等分点作与边 AB 的平行线，与边 AC 相交得到线段(包括 AB)，记为 $j = 1, 2, \cdots, n+1$，再作与边 AC 的平行线，与边 AB 相交得到线段记为 $i = 1, 2, \cdots, n+1$，三角形亚网格的所有节点均由 i, j 唯一地确定。设 AB 两点之间构成一矢量，其单位矢量记为 $\hat{\boldsymbol{e}}_{ab}$，同理定义，单位矢量 $\hat{\boldsymbol{e}}_{ac}$。设 $\Delta l_{ab} = AB/n$，$\Delta l_{ac} = AC/n$，则亚网格的节点位置矢量可通过以下公式得到：

$$\begin{cases} \boldsymbol{r}_{i,1} = \boldsymbol{r}_{1,1} + \hat{\boldsymbol{e}}_{ab}\Delta l_{ab}(i-1) & i = 2, \cdots, n+1 \\ \boldsymbol{r}_{1,j} = \boldsymbol{r}_{1,1} + \hat{\boldsymbol{e}}_{ac}\Delta l_{ac}(j-1), & j = 2, \cdots, n+1 \end{cases} \quad (6.2)$$

$$\boldsymbol{r}_{i,j} = \boldsymbol{r}_{i,j-1} + \hat{\boldsymbol{e}}_{ac}\Delta l_{ac}(j-1), \qquad j = 2,\cdots,n+1 \tag{6.3}$$

得到$(n-1)n/2$个全等平行四边形,n个全等三角形,总亚网格数$=(n+1)n/2$,对所有亚网格求中心点坐标,和单元面积代入式(6.1)即可。

对平行四边形网格：

$$\boldsymbol{r}_{\mathrm{c}} = \frac{1}{4}(\boldsymbol{r}_{i,j} + \boldsymbol{r}_{i,j+1} + \boldsymbol{r}_{i+1,j} + \boldsymbol{r}_{i+1,j+1})$$

$$\Delta S = \Delta l_{AB} \cdot \Delta l_{AC} \tag{6.4}$$

对三角形网格：

$$\boldsymbol{r}_{\mathrm{c}} = \frac{1}{3}(\boldsymbol{r}_{i,i} + \boldsymbol{r}_{i,j+1} + \boldsymbol{r}_{i+1,j})$$

$$\Delta S = \frac{1}{2}\Delta l_{AB} \cdot \Delta l_{AC}\sin\angle BAC \tag{6.5}$$

6.3.2 算法收敛性

现研究一机载翼尖宽带天线罩,外形如图6.5所示,无法用解析式表示,图形文件为IGES格式,利用UG的剖分功能构造了一种固定网格模型,网格边长≤50mm,单元数为3344。首先研究"空气"透明罩情况下天线表面积分的收敛性[3],如图6.6~图6.15所示。

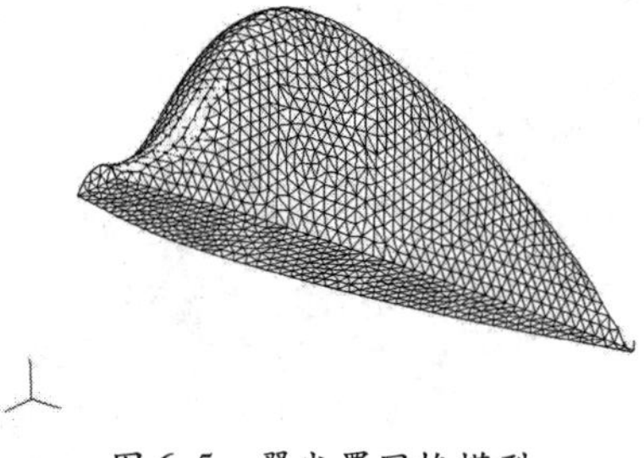

图6.5　翼尖罩网格模型

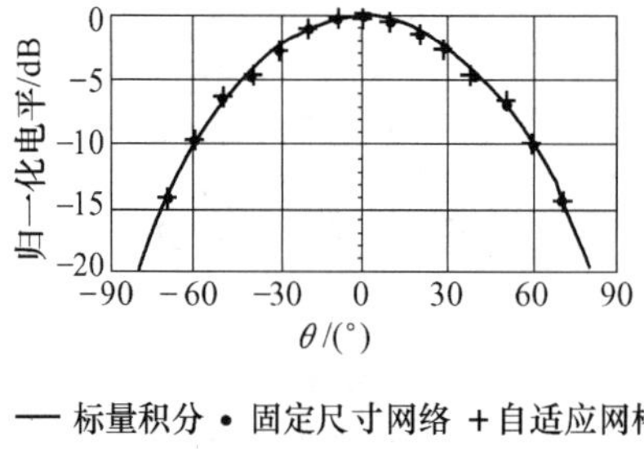

图6.6　自适应网格表面积分收敛性
(F=2.0GHz,方位面方向图,垂直极化)

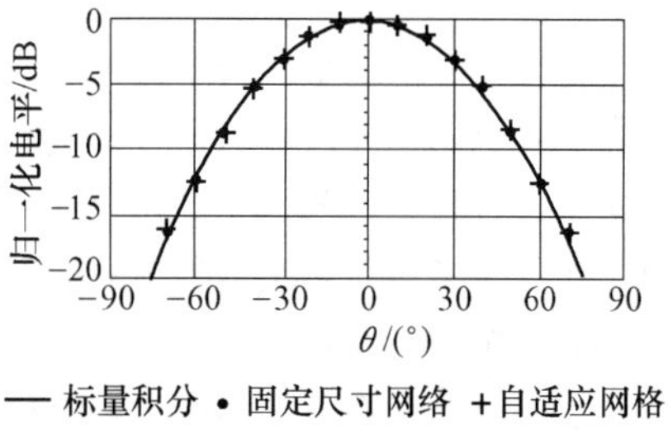

图6.7　自适应网格表面积分收敛性
(F=2.0GHz,俯仰面方向图,垂直极化)

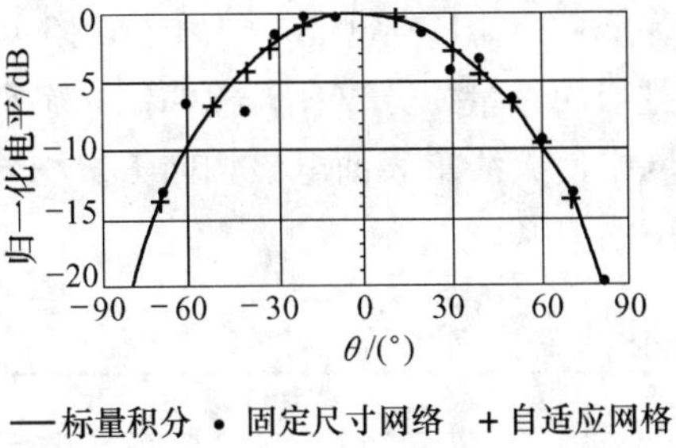

图 6.8 自适应网格表面积分收敛性
($F=4.0$GHz,方位面方向图,垂直极化)

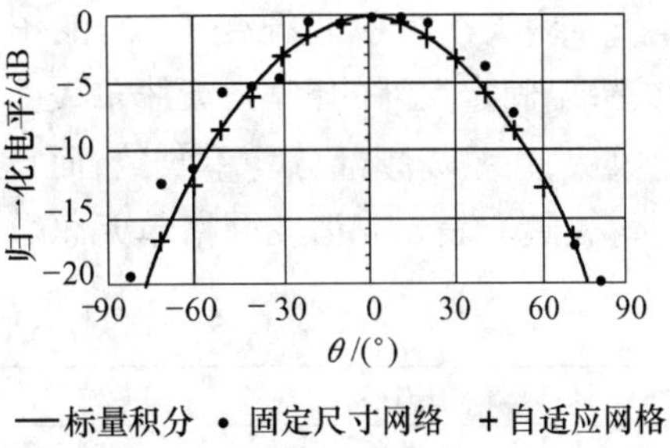

图 6.9 自适应网格表面积分收敛性
($F=4.0$GHz,俯仰面方向图,垂直极化)

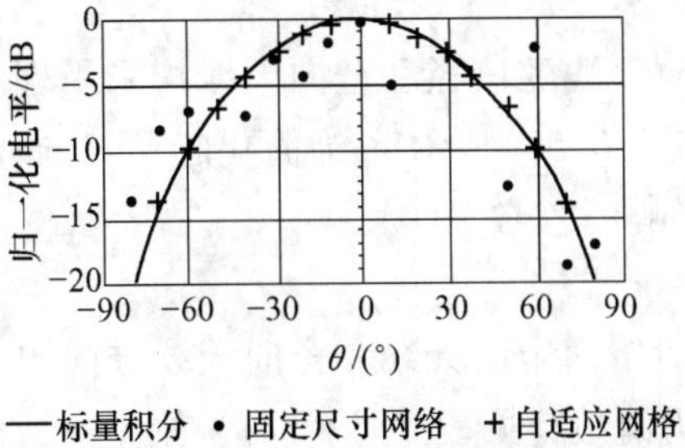

图 6.10 自适应网格表面积分收敛性
($F=8.0$GHz,方位面方向图,垂直极化)

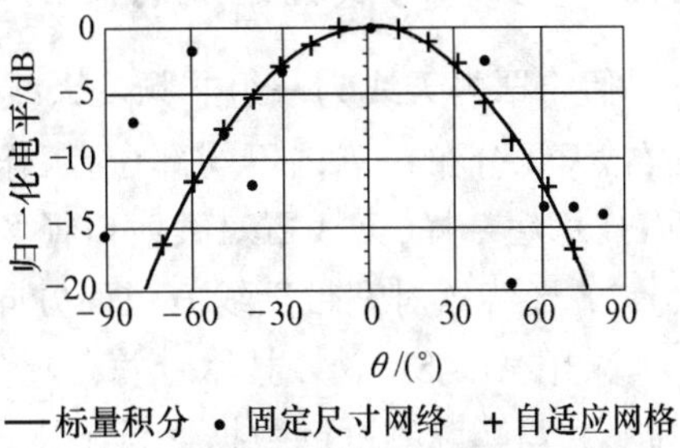

图 6.11 自适应网格表面积分收敛性
($F=8.0$GHz,俯仰面方向图,垂直极化)

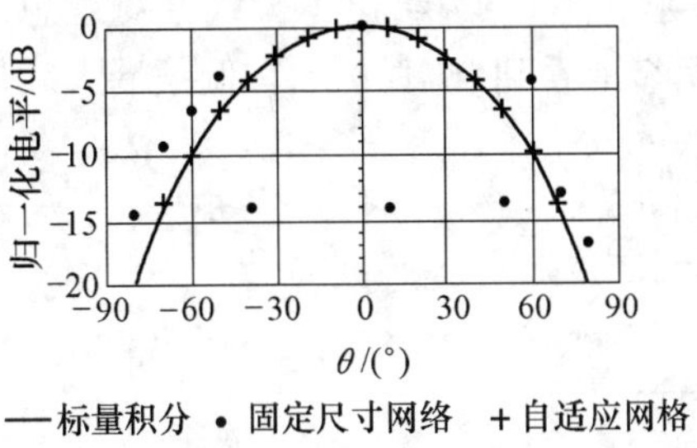

图 6.12 自适应网格表面积分收敛性
($F=14.0$GHz,方位面方向图,垂直极化)

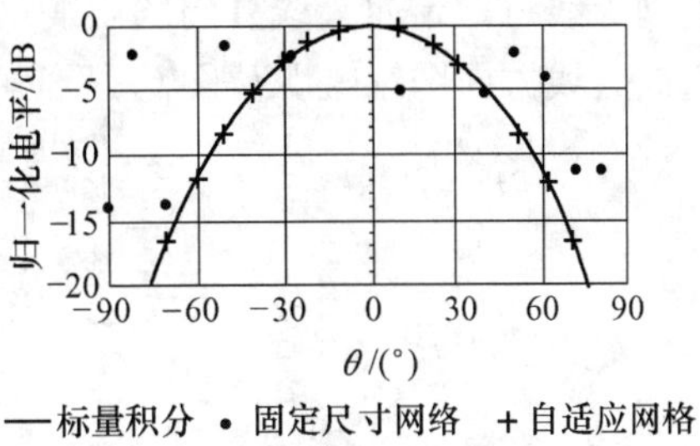

图 6.13 自适应网格表面积分收敛性
($F=14.0$GHz,俯仰面方向图,垂直极化)

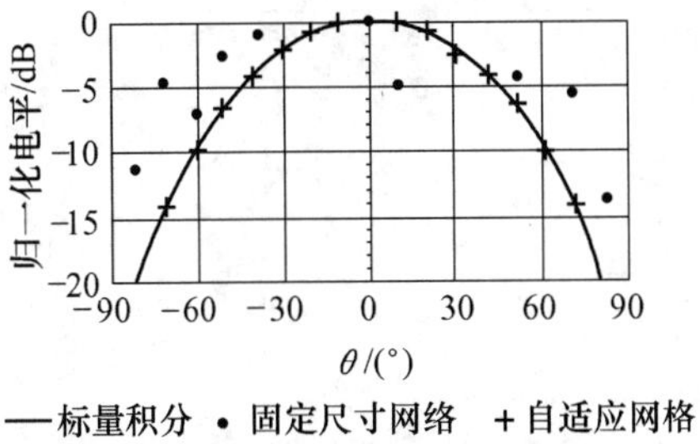

图 6.14 自适应网格表面积分收敛性
($F=18.0$GHz,方位面方向图,垂直极化)

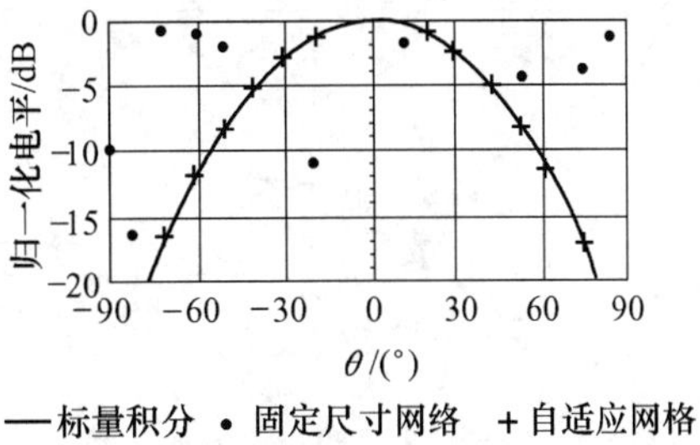

图 6.15 自适应网格表面积分收敛性
($F=18.0$GHz,俯仰面方向图,垂直极化)

罩内天线为一非频变天线,工作带宽为 2 ~ 18GHz,从图 6.6 ~ 图 6.15 可见,采用固定尺寸的网格,天线罩表面的电磁切向矢量积分仅在$f=2$GHz 频率点上收敛,在中高频部分均不收敛,而自适应网格使天线罩表面电磁切向矢量积分均匀收敛。表 6.4 为亚网格单元总数与频率的关系。

表 6.4 亚网格单元总数与频率的关系

频率/GHz	2	4	8	14	18
亚网格单元总数/个	5322	20916	66620	192403	315198

6.3.3 仿真与试验结果的比较

假定罩内天线为一组非频变天线,定向天线的口径和全向天线均采用理想分布,天线分布在罩内不同部位,工作带宽为 0.5 ~ 18GHz,为简化起见,与通常的 PO 算法一样,天线罩对天线口径场的影响可忽略不计。

1. 天线罩对宽带天线方位面方向图影响

采用 AI - SI - AG 技术计算了翼尖罩对罩内定向天线和全向天线方向图的影响,并与实际测试的数据进行了比较。为清楚起见,对理论计算采用了归一化处理,对测试结果给出了实测的方向图绝对电平值。

从图 6.16 可见,理论预测天线罩对定向天线方向图影响很小,实际测试也发现天线罩对定向天线方向图影响确实很小。图 6.17 给出了天线罩对理想的全向天线方向图影响。从图 6.17 上可以明显地看到,仿真预示在低频端天线加

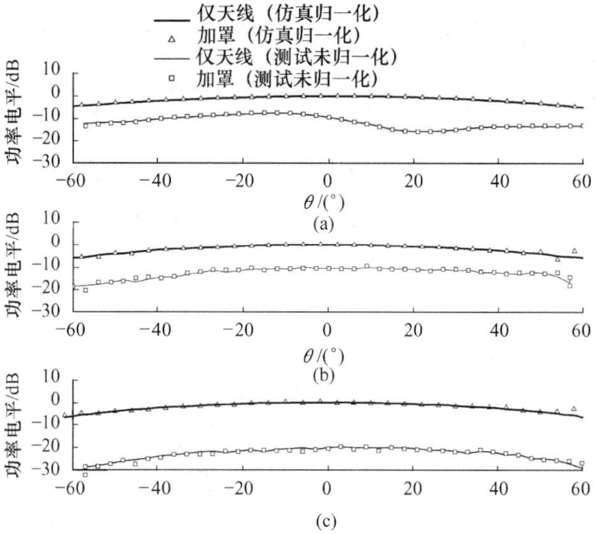

图 6.16 天线罩对宽带定向天线方向图影响(仿真与实测结果比较)

(a) $f=0.5$GHz; (b) $f=8$GHz; (c) $f=18$GHz。

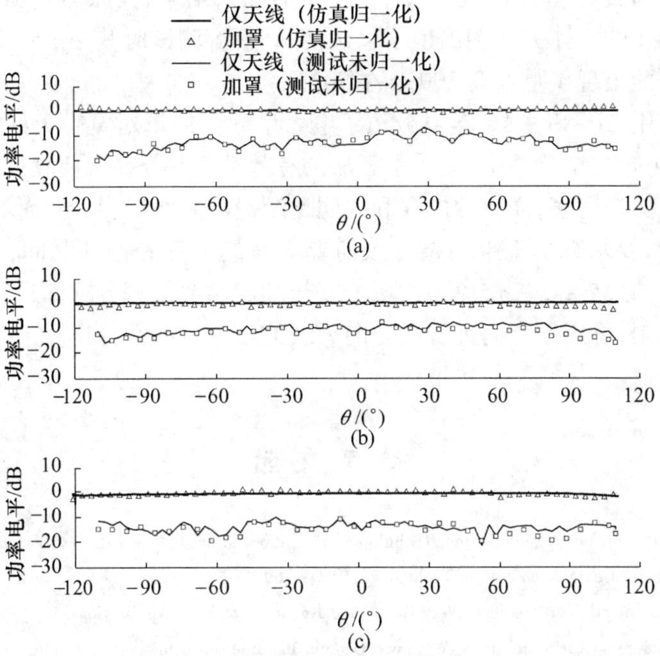

图 6.17　天线罩对宽带全向天线方向图影响(仿真与实测结果比较)

(a) f=2GHz；(b) f=6GHz；(c) f=18GHz。

罩后方向图基本保持不变,在中频和高频,60°以外的角度上加罩后方向图曲线有所下降,和测试结果都比较吻合。

2. 天线罩平均功率传输系数

天线罩在方位面上的平均功率传输系数计算值与实测数据列于表 6.5 和表 6.6,理论预测与实测符合较好。在某些频率点,由于空间方向图出现了起伏,部分频率点的平均功率传输系数大于 100%。

表 6.5　天线罩平均功率传输系数(定向天线)

频率/GHz	测试/%	仿真/%	频率/GHz	测试/%	仿真/%
0.5	104.6	100.7	8	84.4	83.49
1	108.4	102.42	12	88.7	91.1
2	98.1	104.8	16	78.0	84.6
4	80.9	85.06	18	77.5	85.7

表 6.6　天线罩平均功率传输系数(全向天线)

频率/GHz	测试/%	仿真/%	频率/GHz	测试/%	仿真/%
2	97.5	100.3	12	108.1	93.26
4	103.1	91.69	16	88.6	85.96
6	105.6	88.37	18	96.5	100.3

表6.5和表6.6中出现了大于100%的测试结果,其原因是加罩后弱方向性的宽带天线的立体方向图出现了起伏性的变化,测试时其中的一个剖面,有可能在某个剖面出现少量偏离100%的奇异现象。

本节采用AI-SI-AG定量分析了电大尺寸天线罩对宽带天线方向图的影响,比较了仿真与试验结果,证明了算法的有效性;AI-SI-AG算法的计算精度比三维射线法高得多,需要的内存和时间比矩量法要小得多,不会像有限时域差分法(FDTD)要求细小三维网格导致需要大量的内存和循环时间,也不需要建立完全吸收的边界条件,避免了谱域法冗长的波谱数值积分求和运算,对天线的口径没有限制,可用于定向天线和全向天线的带罩方向性分析。

参考文献

[1] Loyet D L. Broadband Radome Design Techniques[C]. Proceedings of The 13th Symposium on Electromagnetic Windows. Georgia Institute of Technology,1980: 169-173.

[2] Eckl W. Design and Test Results of Very Broadband Radomes for ECM Applications[C]. Proceedings of The 13th Symposium on Electromagnetic Windows,Georgia Institute of Technology,1980:143-148.

[3] Zhang Qiang,Cao Wei. A Uniform Convergence Technique in Surface Integration of Arbitrary Wide-Band Radome[C]. 2003 IEEE International Antenna and Propagation Symposium. 2003,4:420-423.

[4] 张强,曹伟. 宽带天线罩物理光学算法中的自适应网格技术[J]. 电波科学学报,2003,18(2): 127-131.

[5] Zhang Qiang,Cao Wei. The Analysis of Ultra-Wideband Airborne Radome[C]. Suzhou: Asia and Pacific Electromagnetics Conference,Oct. 2005:Vol3

[6] 张强,曹伟. 机载超宽带天线罩物理光学分析方法[J]. 电子信息学报,2006,28(1):100-102.

[7] Loyet D L. Multiple Frequency Radomes[C]. Proceedings of The 13th Symposium on Electromagnetic Windows,Georgia Institute of Technology,1980: 149-153.

[8] Cary R H J,Conti D A. The Protection of Aircraft Radomes Against Lightning Strike[C]. Proceedings of The 13th Symposium on Electromagnetic Windows,Georgia Institute of Technology,1980:67-69.

第 7 章　采用频率选择表面的隐身天线罩

现代战争进入信息化时代,在一定程度上雷达探测目标的信息决定了目标的命运,同理,雷达为了生存也要尽量避免被检测到自身的信息如位置和频率。早在 20 世纪 60 年代,美国高空侦察机 U－2 被击落以后,美国就开始下决心研究飞机的隐身技术,在目标散射计算方面投入大量的人力和物力,公开发表的论文数以千计,逐渐形成了低观察(Low Observable,LO)理论和技术。1981 年首先研制成功 F－117A 隐身攻击机,于 1982 年 8 月开始服役,雷达散射截面(RCS)只有 $0.001 \sim 0.01\mathrm{m}^2$。不过,F117 攻击机刻意降低 RCS 太注重隐身而牺牲了飞机的机动性。从 80 年代开始,美国加快了隐身研究的步伐,投巨资研究集隐身、高机动、超声速巡航和先进航空电子系统为一体的第四代超声速战斗机。飞机进气道、座舱和雷达舱是飞机的三大散射源,其中雷达舱的散射截面高达数千平方米,地空雷达、空空雷达轻而易举地就能捕捉到飞机的踪迹,威胁巨大,所以隐身是四代机的关键。第四代战斗机能够实现隐身,隐身天线罩发挥了重要的作用。

隐身天线罩可以追溯到 1961 年,当时美国军方白皮书提出频率选择技术降低雷达天线的散射截面,"金属雷达天线罩"开始萌芽。1970 年,俄亥俄州立大学的 B. Munk 教授,发表了"一种流线形金属雷达天线罩"的研究通信[1],2002 年左右美国基本完成 F－22 战斗机天线罩的研制。隐身天线罩是天线罩技术发展的新阶段,隐身天线罩既要保持带内雷达辐射性能,在带外获得隐身效果,又能保持天线罩自身的低散射特性,其应用前景十分广阔。

本章分三部分:

第一部分论述频率选择表面(FSS)隐身天线罩的基本原理,给出 FSS 隐身天线罩隐身效果的定性评估;

第二部分论述 FSS 的基本分析方法,Floquet 模式理论, FSS 的 PMM(周期矩量法)如基于脉冲基函数展开的模式匹配法和基于波导模式的模式匹配法以及任意孔径的边界积分－谐振模展开方法(BI－RME), 多层 FSS 级联的广义散射矩阵方法, FSS 的其他的分析方法如互导纳法、谱域矩量法、等效电路方法,利用数值方法计算了不同类型 FSS 的频选特性,为 FSS 天线罩设计奠定理论基础。

第三部分系统分析 FSS 隐身天线罩在不同状态下的 RCS,包括 FSS 隐身天线罩的带内带外性能的分析,研究影响 FSS 天线罩散射的基本要素。

7.1 引　言

7.1.1 隐身的意义

根据雷达方程,雷达最大作用距离与目标 RCS 的关系为[2]

$$R_{\max} = \left[\frac{P_t G A_e \sigma}{(4\pi)^2 S_{\min}} \right]^{\frac{1}{4}} \tag{7.1}$$

式中:P_t 为发射功率(W);G 为天线增益(绝对值);A_e 为天线有效口径(m^2);σ 为目标雷达散射截面(m^2);$S_{\min}$ 为最小可检测信号(W)。

目标雷达散射截面 σ 每降低 10dB,雷达作用距离下降至 56%,如果某雷达对 $5m^2$ 目标探测距离为 100km,对 $0.01m^2$ 探测距离仅为 31.6km。隐身除延缓对方雷达的发现时间,使其防空体系来不及作出有效反应外,还能带来以下效益:

(1) 缩小对方雷达的威力覆盖区域,使现有多基地雷达防空网出现盲区。

(2) 迫使对方雷达增大发射功率,从而增强电子侦察(ESM)系统的检测优势。

(3) 减少隐身飞机为掩护自身而需要的干扰功率。

(4) 加强诱饵干扰战术的效果。

7.1.2 天线罩的隐身作用

飞机的散射截面是机身、飞机进气道、座舱和雷达舱的多个散射源叠加矢量合成的结果,降低每个部分的散射截面且控制好散射相位中心,是缩减飞机散射截面的主要技术途径。飞机(不限于飞机,如军舰)平台的散射截面主要靠平台外形技术和隐身材料技术,而雷达舱的隐身则非常复杂,原因是雷达舱的前端要为天线辐射阵面保留射频的窗口,而雷达天线作用距离必须要有一定尺寸的口径,辐射口径的镜像反射使得雷达天线系统在飞机头部鼻锥方向产生很强的电磁散射。除了物理上结构性散射,还有天线受到电磁激励而产生的二次辐射,这个散射峰值很大,仅这一项就使得雷达辐射口径的反射截面达到几百平方米。文献上一般把天线结构性的散射称为天线散射的结构项,把二次辐射的散射称为天线散射的模式项。要使得飞机的有效雷达散射截面不大于 $0.01m^2$,必须首先降低天线的雷达散射截面。降低天线雷达散射截面主要的方法是斜置天线和设计低 RCS 天线。图 7.1 描述了斜置天线改变雷达回波方向降低雷达天线 RCS 的原理。设计宽频带的低 RCS 天线存在许多技术困难,要求天线 RCS 的模式项和结构项都在宽频带全匹配是十分困难的,需要采用隐身天线罩技术来压低天线带外的 RCS,见图 7.1。

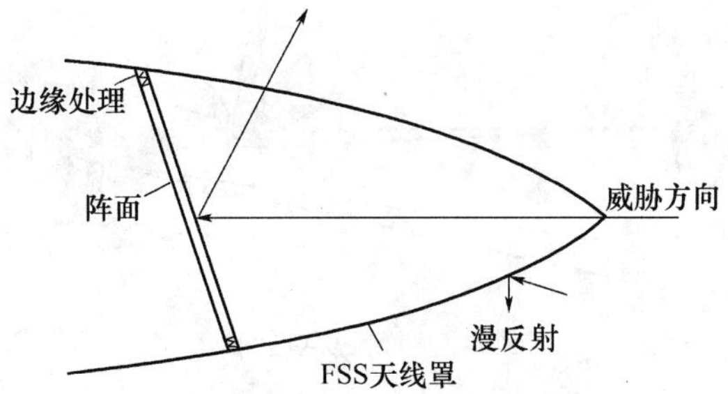

图 7.1　天线与雷达天线罩的散射

隐身天线罩工作原理如图 7.2 和图 7.3 所示,在雷达前加一个频率选择天线罩,天线罩在雷达频段内透过,在雷达频段外反射。加 FSS 天线罩后,雷达频段外天线的镜像反射被避免了,而雷达天线罩的外表面仅产生漫反射。降低了来波方向上的散射。具有隐身能力的雷达天线罩是一种能对信号作出响应的功能系统或结构,它能根据外部探测雷达的频率变化表现出特别的性能。对敌方地面对空雷达或预警机的工作频段,在敌方雷达的探测方向上表现出很低的反射截面,散射能量仅出现在少数个别离散方向上,使得敌方的多站雷达也很难截获,起到了隐身材料和结构所不能起到的作用。国外研究结果表明,隐身雷达天线罩能使机头方向的散射截面降低 10～20dB。

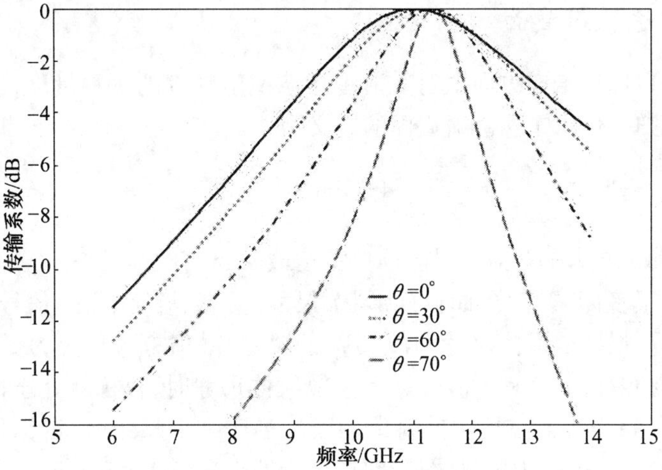

图 7.2　FSS 透过曲线

具有隐身能力的机载雷达天线罩已成为新一代战机的特征,直接关系到战机的生存能力。目前,带有这种隐身能力的机载雷达天线罩已经交付使用。据报道,为降低相控阵天线的雷达散射截面,F22 的雷达天线罩和联合攻击机(JSF)雷达天线罩均采用了频率选择表面技术,降低了被对方雷达截获的概率。

图 7.3 FSS 散射特性

最引人注目的为 APG－77 宽带有源雷达，据报道，该雷达波束偏轴时的 RCS（平均值）小于 0.005m^2。这些技术的运用使机载电子设备隐身性能与其载体相适应，最终使 F－22 获得优良的隐身性能，其 RCS 仅为普通战斗机的 1%。与此同时，俄罗斯和欧洲的隐身飞机也都已经完成试飞，俄罗斯出于自身安全考虑，开始研制接替苏－27 和米格－29 的第四代战斗机，用来抗衡 F－22 和 F－35。

在各国竞相研制隐身机的同时，美国和俄罗斯对正在服役的战斗机进行了隐身改造，据报道，美国已经完成了对 F－16 的隐身改性，改性后的 F－16 的被发现概率从 0.83 下降到 0.026。

7.2 FSS 隐身天线罩的评估

7.2.1 雷达散射截面

RCS 是目标在给定方向上对入射雷达波散射功率的一种量度，它对入射波的功率密度归一化。雷达散射截面的定义为

$$\sigma = 4\pi \lim_{R\to\infty} R^2 \left|\frac{\boldsymbol{E}^{\mathrm{s}}}{\boldsymbol{E}^{\mathrm{i}}}\right|^2 \tag{7.2}$$

式中：$\boldsymbol{E}^{\mathrm{s}}$ 为散射电场；$\boldsymbol{E}^{\mathrm{i}}$ 为入射电场。雷达截面 σ 与距离无关。

RCS 与很多因素有关，如目标形状、尺寸、材料、姿态、雷达信号波长、电波传播环境等。根据散射体尺寸和波长 λ 的关系，散射方式可分为低频散射、谐振散射和高频散射。当入射波长远大于散射体尺寸时，目标就处于低频散射区（又称瑞利区）；当入射波长和散射体的尺寸处于一个量级时，目标处于谐振散射区；当入射波长远小于散射体长度时，目标处于高频散射区（又称光学区）。

7.2.2 金属天线罩的 RCS

设天线工作在 X 波段，在 L 和 S 波段 FSS 天线罩传输系数很小而反射很大（几乎全部反射），因此将天线罩简化等效为金属罩，研究金属化天线罩在 L 和 S 波段的隐身效果。

不同于常规的天线罩，隐身机头罩外形比较复杂，具有非旋转对称性、边缘

曲率变化不连续性以及尖锐的顶端。天线罩及天线的模型如图7.4所示,天线罩水平宽1.3m、长2.9m。天线倾斜放置在天线罩内,仰角为20°,天线倾斜放置是为了降低雷达频段内迎头方向的散射截面。

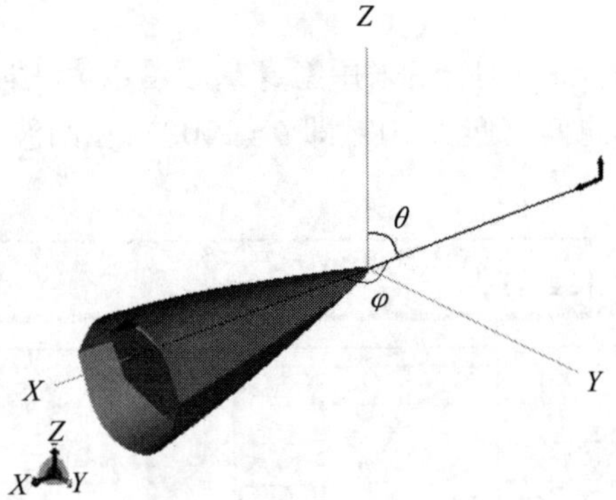

图7.4 鼻锥形天线罩及天线的仿真模型

假设平面电磁波从天线罩迎头方向($\theta = 90°$,$\varphi = 180°$)入射到罩体,电场方向与 XOY 平面垂直时称为垂直极化,电场方向与 XOY 平面平行时称为平行极化,频率为1GHz(模拟L波段雷达频段),设 φ 不变,分别计算入射角90°、100°两种情况下,天线罩在俯仰面(XOZ 平面)的双站RCS。

对于金属天线罩,在L波段采用矩量法计算其RCS。当入射电磁场频率为1GHz时,金属天线罩的双站RCS如图7.5~图7.8所示。

(1) 电场极化为垂直方向迎头入射时($\theta = 90°$),如无金属化天线罩,天线的散射截面最大达到15dBsm,加金属化天线罩后,散射截面小于-5dBsm,降低

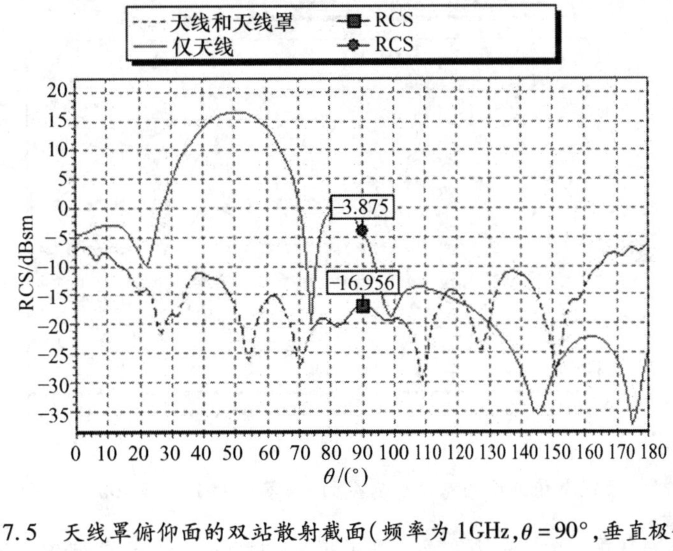

图7.5 天线罩俯仰面的双站散射截面(频率为1GHz,$\theta = 90°$,垂直极化)

了 20dB，在迎头方向上，降低了 13dB。

(2) 电场极化为水平方向迎头入射时，天线的散射截面最大达到 15dBsm，加金属化天线罩后，散射截面小于 -15dBsm，降低了 30dB，在迎头方向上，降低了近 15dB。

对于 L 波段水平极化的雷达，采用隐身罩后可以大大降低被 L 波段雷达检测概率。如果来波方向偏离迎头 10°(即 $\theta=100°$)，在回波方向上仍可以保持较低的散射截面。

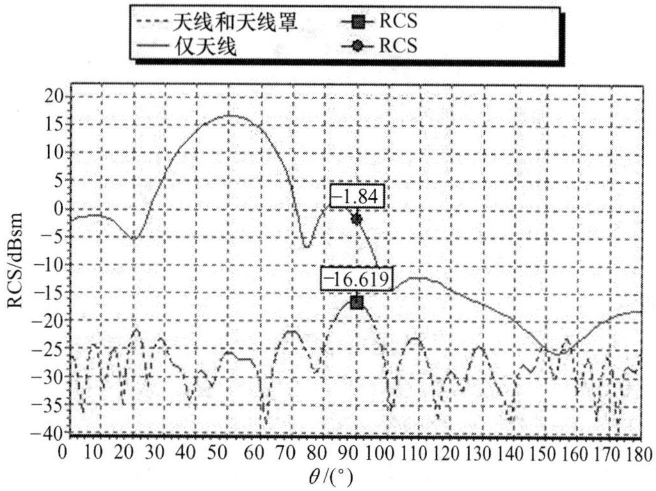

图 7.6 天线罩俯仰面的双站散射截面(频率为 1GHz，$\theta=90°$，平行极化)

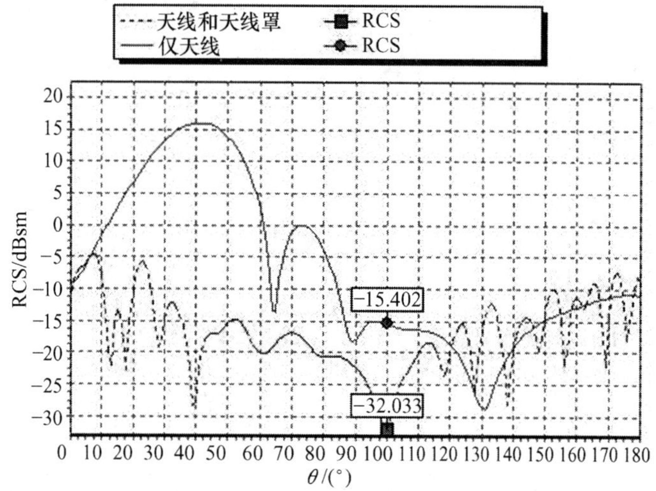

图 7.7 天线罩俯仰面的双站散射截面(频率为 1GHz，$\theta=100°$，垂直极化)

可见金属化的天线罩为隐身提供了可靠的解决方法。具有频率选择特性的

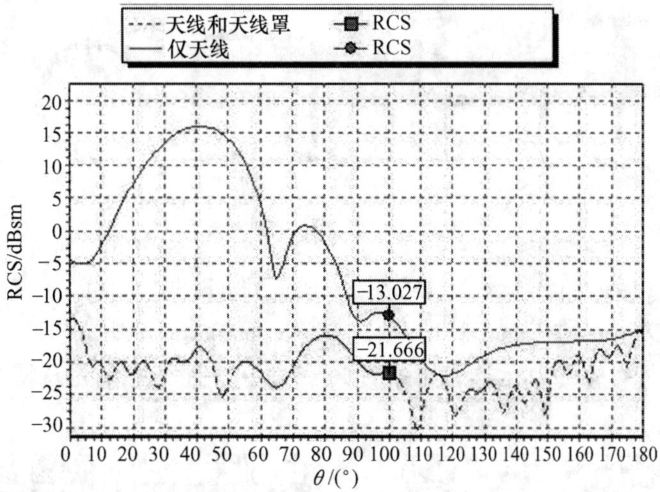

图 7.8　天线罩俯仰面的双站散射截面(频率为 1GHz,$\theta=100°$,平行极化)

天线罩能够有效地降低雷达天线的散射截面,从而减小飞机被预警机雷达检测的概率,这对于现代战争争夺制空权是非常重要的。然而,频率选择特性的天线罩必须与一定的曲面相结合才能发挥作用,且隐身不能破坏雷达的性能,所以要采用带通型的频率选择特性的结构以及合适的外形,使得雷达系统同时具有探测和隐身的能力。

7.3　无限周期阵列 FSS 基本概念

FSS 是一种由谐振单元按二维周期性排列构成的单层或多层平面或立体结构,它对电磁波具有频率选择特性,其单元分为周期性金属贴片和周期性孔径两种类型,如图 7.9 所示。

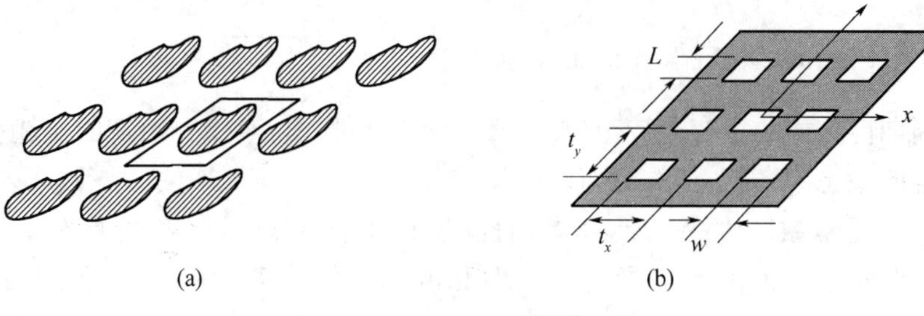

图 7.9　FSS 的类型

(a) 贴片型 FSS;(b) 孔径型 FSS。

FSS 基本单元形状有偶极子、耶路撒冷、十字、方环、圆环、Y 形等,图 7.10 给出一些常见的 FSS 单元。

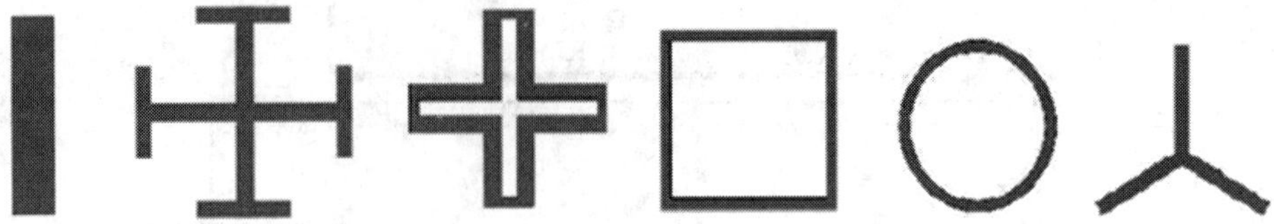

图 7.10　常见的 FSS 单元

FSS 跟滤波器的特性类似,有高通、低通、带通、带阻之分。一般而言,孔径型单元周期表面对应于高通特性,贴片型单元周期表面则对应于低通特性,以上滤波特性及其对应的单元类别如图 7.11 所示。各种基本单元及特点将在后面陆续介绍。

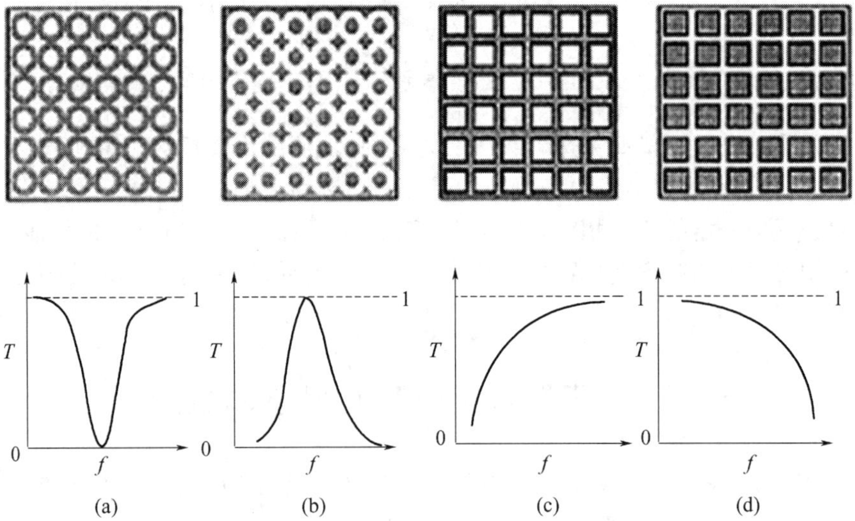

图 7.11　FSS 对应的滤波特性[7]

(a) 带阻;(b) 带通;(c) 高通;(d) 低通。

7.3.1　Floquet 定理和 Floquet 模

周期性结构的场存在特殊规律,Floquet 定理指出:对于一给定的传输模式,在给定的稳态频率下,任一截面内的场与相距一定空间周期的另一截面内的场只相差一复常数。因为场具有周期性,所以电流或磁流分布也具有周期性。FSS 的周期性是由 FSS 本身的周期性和电磁波的波动性所决定的,下面利用 Floquet 定理结合波动方程,来研究 FSS 场分布的周期性。

如图 7.12 所示,在直角坐标系下,FSS 周期阵列的波函数满足波动方程:

$$(\nabla^2 + k^2)\psi(x,y,z) = 0 \tag{7.3}$$

式中

$$\nabla^2 = \frac{\partial^2}{\partial x^2} + \frac{\partial^2}{\partial y^2} + \frac{\partial^2}{\partial z^2}$$

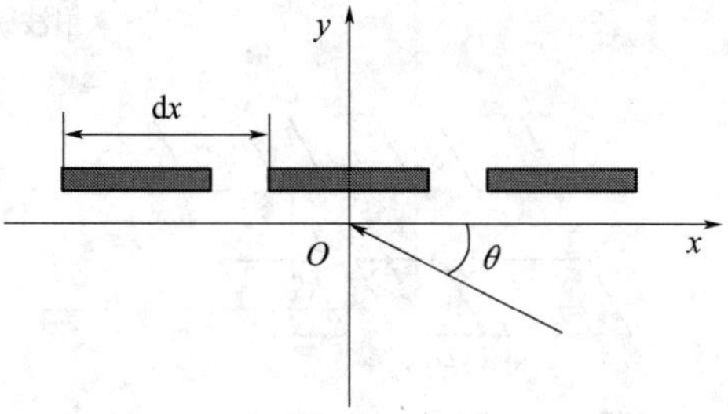

图 7.12　一维周期结构

对于图 7.12 所示的一维周期结构,一维波动方程的解为

$$\psi_x = \mathrm{e}^{-\mathrm{j}\boldsymbol{k}\cdot\hat{x}x}$$

因为在 x 方向为无限周期函数,在 $-\frac{\mathrm{d}x}{2} \leqslant x \leqslant \frac{\mathrm{d}x}{2}$ 区间,任意周期函数可以展开为无穷级数 $\mathrm{e}^{-\mathrm{j}\frac{2\pi m}{\mathrm{d}x}x}$ 的和,一维周期结构的波函数可以用

$$\psi_x = \mathrm{e}^{-\mathrm{j}\boldsymbol{k}\cdot\hat{x}x-\mathrm{j}\frac{2\pi m}{\mathrm{d}x}x}$$

表示,同理

$$\psi_y = \mathrm{e}^{-\mathrm{j}\boldsymbol{k}\cdot\hat{y}y-\mathrm{j}\frac{2\pi n}{\mathrm{d}y}y}$$

对于任意方向的二维周期阵列,如图 7.13 所示轴系,阵列单元沿(S_1,S_2,)均匀排列,周期为 $\mathrm{d}s_1$、$\mathrm{d}s_2$。为叙述方便计,设 S_1 为 x 轴,x 轴方向的周期为 $\mathrm{d}x$,S_2 轴方向的周期为 e,基本单元如图中虚线框所示。

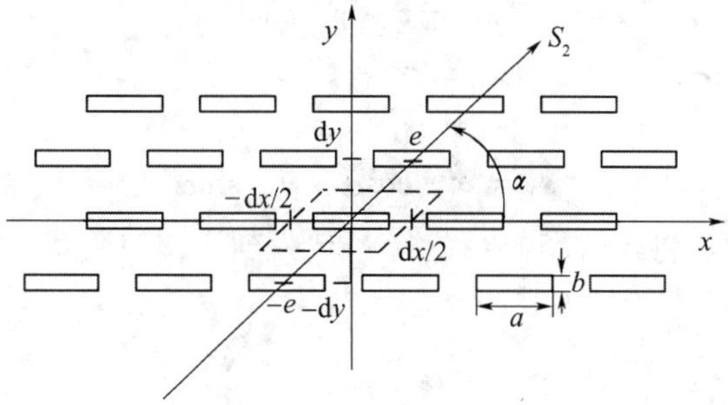

图 7.13　斜坐标和单元结构图

为了分析 FSS 对于入射波激励下的场分布,寻求与入射平面波相关的周期波函数,在图 7.14 所示球坐标系中,设入射波的波数

$$\boldsymbol{k} = k\hat{\boldsymbol{k}} = \omega\sqrt{\mu\varepsilon}\hat{\boldsymbol{k}} = \frac{2\pi}{\lambda}\hat{\boldsymbol{k}}$$

入射波方向单位矢量为 $\hat{\boldsymbol{k}}$,$\hat{\boldsymbol{k}}$ 与 z 轴的夹角为 θ,入射波方向在 xy 平面的投

影与 x 轴夹角为 ϕ。

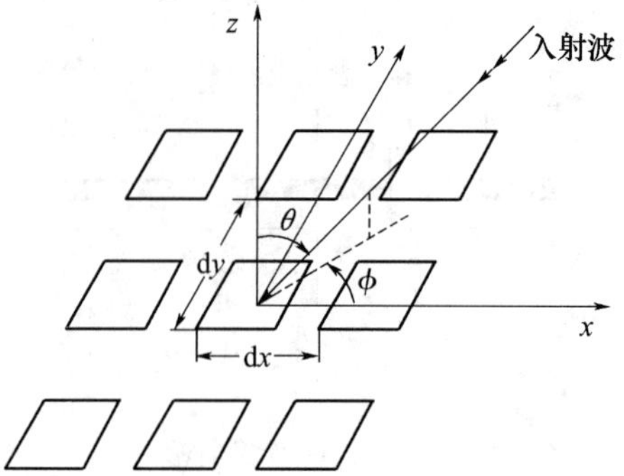

图 7.14　平面波入射周期缝隙阵列坐标和尺寸示意图

假设阵列无限大，满足波动方程(7.3)的解可以用式(7.4)形式的周期函数表示：

$$\psi_{mn} = \exp\left[-\mathrm{j}\left(\boldsymbol{k}\cdot\hat{\boldsymbol{s}}_1+\frac{2\pi m}{\mathrm{d}x}\right)s_1\right]\exp\left[-\mathrm{j}\left(\boldsymbol{k}\cdot\hat{\boldsymbol{s}}_2+\frac{2\pi n}{e}\right)s_2\right]\exp[-(\pm \mathrm{j}\gamma_{mn}z)] \tag{7.4}$$

式中：$m,n=-\infty,\cdots,-1,0,1,\cdots,+\infty$；$\mathrm{j}=\sqrt{-1}$。

$\hat{\boldsymbol{k}}$ 在 S_1 上的投影为 $\hat{\boldsymbol{k}}\cdot\hat{\boldsymbol{S}}_1$，在 $\boldsymbol{S}_2$ 上的投影为 $\hat{\boldsymbol{k}}\cdot\hat{\boldsymbol{S}}_2$，将斜坐标($S_1$,$S_2$)转换为直角坐标($x$,$y$)，如图 7.15 所示，对于任意一点 P，从 S_1、S_2 到(x,y)的转换公式为

$$s_1 = x - y\cdot\cot\alpha \tag{7.5}$$

$$s_2 = y/\sin\alpha \tag{7.6}$$

$$\hat{\boldsymbol{s}}_1 = \hat{\boldsymbol{x}} \tag{7.7}$$

$$\hat{\boldsymbol{s}}_2 = \hat{\boldsymbol{x}}\cdot\cos\alpha + \hat{\boldsymbol{y}}\cdot\sin\alpha \tag{7.8}$$

式中：α 为阵列角。将式(7.5)～式(7.8)代入到式(7.4)，得

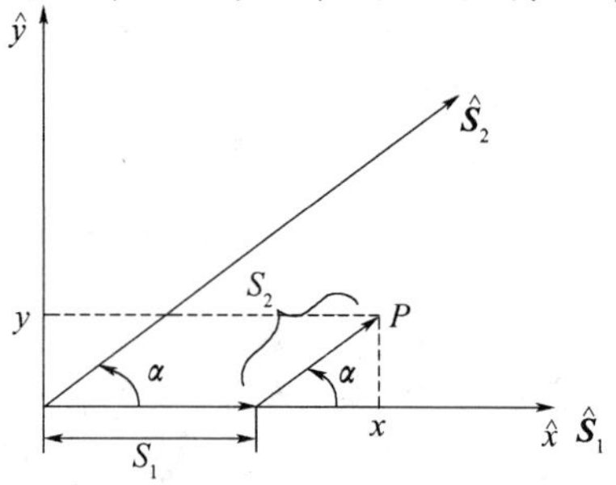

图 7.15　斜坐标和直角坐标转换关系

$$\psi_{mn} = \exp\left[-\mathrm{j}\left(\hat{\boldsymbol{k}}\cdot\hat{\boldsymbol{x}} + \frac{2\pi m}{\mathrm{d}x}\right)x\right]\exp$$

$$\left[-\mathrm{j}\left(\hat{\boldsymbol{k}}\cdot\hat{\boldsymbol{y}} + \frac{2\pi n}{\mathrm{d}y} - \frac{2\pi m}{\mathrm{d}x\cdot\tan\alpha}\right)y\right]\exp[-(\pm \mathrm{j}\gamma_{mn}z)]$$

简写为

$$\psi_{\pm mn} = \exp[-\mathrm{j}(k_{xm}x + k_{ymn}y \pm \gamma_{mn}z)] \tag{7.9}$$

定义

$$k_{xm} = k\sin\theta\cos\phi + \frac{2\pi m}{\mathrm{d}x} \tag{7.10}$$

$$k_{ymn} = k\sin\theta\sin\phi + \frac{2\pi n}{\mathrm{d}y} - \frac{2\pi m}{\mathrm{d}x\cdot\tan\alpha} \tag{7.11}$$

式中:dy 为在 y 方向的周期间隔。

再代入(7.3),得

$$k_{xm}^2 + k_{ymn}^2 + \gamma_{mn}^2 = k^2$$

和

$$\gamma_{mn} = \begin{cases} \sqrt{k^2 - k_{xm}^2 - k_{ymn}^2}, & k^2 \geqslant k_{xm}^2 + k_{ymn}^2 \\ -\mathrm{j}\sqrt{k_{xm}^2 + k_{ymn}^2 - k^2}, & k^2 < k_{xm}^2 + k_{ymn}^2 \end{cases}$$

可以看到,对于不同的(m,n),传播模式不一样,在平面周期边界存在传播、衰减、凋落波三种基本模式。在平面周期边界情况下,任何横向场都可以用基本的模式场展开,与分析波导模式场一样,知道标量波函数后可求得(相对于 z 轴的)TE 模式和 TM 模式横向矢量场[19]。求解过程如下:

对于 TE 模,有

$$\boldsymbol{e}_{\pm mn}^{\mathrm{TE}} = -\nabla\times(\hat{\boldsymbol{z}}\psi_{\pm mn}) = \mathrm{j}(k_{ymn}\hat{\boldsymbol{x}} - k_{xm}\hat{\boldsymbol{y}})\psi_{\pm mn}$$

由 $-\mathrm{j}\omega\mu\boldsymbol{H} = \nabla\times\boldsymbol{E}$,得到 TE 模式的横向磁场为

$$\boldsymbol{h}_{\pm mn}^{\mathrm{TE}} = \frac{\pm\gamma_{mn}}{\omega\mu}\mathrm{j}(k_{xm}\hat{\boldsymbol{x}} + k_{ymn}\hat{\boldsymbol{y}})\psi_{\pm mn}$$

$$= \frac{\pm\gamma_{mn}}{\omega\mu}\hat{\boldsymbol{z}}\times\boldsymbol{e}_{\pm mn}^{\mathrm{TE}} = \frac{\pm\omega\sqrt{\varepsilon\mu}\gamma_{mn}}{k\omega\mu}\hat{\boldsymbol{z}}\times\boldsymbol{e}_{\pm mn}^{\mathrm{TE}}$$

$$= \frac{\pm\gamma_{mn}}{k\eta}\hat{\boldsymbol{z}}\times\boldsymbol{e}_{\pm mn}^{\mathrm{TE}} = \pm\frac{1}{\eta_{mn}^{TE}}\hat{\boldsymbol{z}}\times\boldsymbol{e}_{\pm mn}^{\mathrm{TE}}$$

对于 TM 模,有

$$\boldsymbol{h}_{\pm mn}^{\mathrm{TM}} = \nabla\times(\hat{\boldsymbol{z}}\psi_{\pm mn}) = \mathrm{j}(-k_{ymn}\hat{\boldsymbol{x}} + k_{xm}\hat{\boldsymbol{y}})\psi_{\pm mn}$$

由 $\mathrm{j}\omega\varepsilon\boldsymbol{E} = \nabla\times\boldsymbol{H}$,得到 TM 模式的横向电场为

$$\boldsymbol{e}_{\pm mn}^{\mathrm{TM}} = \pm \frac{\gamma_{mn}}{\omega\varepsilon}\mathrm{j}(k_{xm}\hat{\boldsymbol{x}} + k_{ymn}\hat{\boldsymbol{y}})\psi_{\pm mn}$$

$$\hat{z} \times \boldsymbol{e}_{\pm mn}^{\mathrm{TM}} = \pm \frac{\gamma_{mn}}{\omega\varepsilon}\hat{z} \times (k_{xm}\hat{\boldsymbol{x}} + k_{ymn}\hat{\boldsymbol{y}}) = \pm \frac{k\gamma_{mn}}{k\omega\varepsilon}(\mathrm{j}k_{xm}\hat{\boldsymbol{y}} - \mathrm{j}k_{ymn}\hat{\boldsymbol{x}})\psi_{\pm mn}$$

$$= \pm \frac{\omega\sqrt{\varepsilon\mu}\gamma_{mn}}{k\omega\varepsilon}\boldsymbol{h}_{\pm mn}^{\mathrm{TM}} = \pm \frac{\eta\gamma_{mn}}{k}\boldsymbol{h}_{\pm mn}^{\mathrm{TM}} = \pm \eta_{mn}^{\mathrm{TM}}\boldsymbol{h}_{\pm mn}^{\mathrm{TM}}$$

定义一组正交归一的基函数,满足

$$\int \boldsymbol{f}_{mn} \cdot \boldsymbol{f}_{m'n'}^{*}\mathrm{d}s = \delta_{mn,m'n'} = \begin{cases}1, & m = m', n = n' \\ 0, & m \neq m', n \neq n'\end{cases} \tag{7.12}$$

式中:“ * ”是复共轭。

将 $\boldsymbol{e}_{\pm mn}^{\mathrm{TE}}$、$\boldsymbol{e}_{\pm mn}^{\mathrm{TM}}$代入,求得归一化系数,整理得到归一化的矢量基函数 $\bar{\boldsymbol{e}}_{\pm lmn}$,引入下标 l,$l=1$ 表示 TE 模,$l=2$ 表示模 TM 模:

$$\bar{\boldsymbol{e}}_{\pm lmn} = \frac{1}{k_{mn}\sqrt{A}}(k_{ymn}\hat{\boldsymbol{x}} - k_{xm}\hat{\boldsymbol{y}})\psi_{\pm mn},\ \mathrm{TE}(l = 1) \tag{7.13}$$

$$\bar{\boldsymbol{e}}_{\pm lmn} = \frac{1}{k_{mn}\sqrt{A}}(k_{xm}\hat{\boldsymbol{x}} + k_{ymn}\hat{\boldsymbol{y}})\psi_{\pm mn},\ \mathrm{TM}(l = 2) \tag{7.14}$$

相应的磁场为

$$\bar{\boldsymbol{h}}_{\pm lmn} = \pm \frac{1}{\eta_{lmn}}\hat{z} \times \bar{\boldsymbol{e}}_{\pm lmn} = \pm \xi_{lmn}\hat{z} \times \bar{\boldsymbol{e}}_{\pm mn}^{\mathrm{TE}}$$

$$= \pm \frac{\xi_{lmn}}{k_{mn}\sqrt{A}}(k_{xm}\hat{\boldsymbol{x}} + k_{ymn}\hat{\boldsymbol{y}})\psi_{\pm mn},\ \mathrm{TE}(l = 1) \tag{7.15}$$

$$\bar{\boldsymbol{h}}_{\pm lmn} = \pm \frac{1}{\eta_{mn}^{\mathrm{TM}}}\hat{z} \times \bar{\boldsymbol{e}}_{\pm mn}^{\mathrm{TM}} = \pm \xi_{lmn}\hat{z} \times \bar{\boldsymbol{e}}_{\pm mn}^{\mathrm{TM}}$$

$$= \pm \frac{\xi_{lmn}}{k_{mn}\sqrt{A}}(-k_{ymn}\hat{\boldsymbol{x}} + k_{xm}\hat{\boldsymbol{y}})\psi_{\pm mn},\ \mathrm{TM}(l = 2) \tag{7.16}$$

式中

$$k_{mn} = \sqrt{k_{xm}^2 + k_{ymn}^2}, A = \mathrm{d}x\mathrm{d}y\sin\alpha$$

模阻抗 η_{lmn}定义为

$$\eta_{lmn} = \begin{cases}\dfrac{k}{\gamma_{mn}}\sqrt{\dfrac{\mu}{\varepsilon}} = \dfrac{k\eta}{\gamma_{mn}}, & \mathrm{TE}(l = 1) \\[2ex] \dfrac{\gamma_{mn}}{k}\sqrt{\dfrac{\mu}{\varepsilon}} = \dfrac{\gamma_{mn}\eta}{k}, & \mathrm{TM}(l = 2)\end{cases} \tag{7.17}$$

模导纳 ξ_{lmn}为

$$\xi_{lmn}=\frac{1}{\eta_{lmn}}=\begin{cases}\dfrac{\gamma_{mn}}{k}\sqrt{\dfrac{\varepsilon}{\mu}}=\dfrac{\gamma_{mn}}{k\eta}, & \mathrm{TE}(l=1)\\ \dfrac{k}{\gamma_{mn}}\sqrt{\dfrac{\varepsilon}{\mu}}=\dfrac{k}{\gamma_{mn}\eta}, & \mathrm{TM}(l=2)\end{cases}\tag{7.18}$$

式中：η 为介质中的波阻抗；k 为电磁波在介质中传播的波数。ε、μ 分别为所在介质的介电常数和磁导率。

有时也用χ_{mn}表示标量波函数，此时有

$$\chi_{mn}=\frac{-\mathrm{j}}{\sqrt{A}}\exp[-\mathrm{j}(k_{xm}x+k_{ymn}y)]\tag{7.19}$$

$$\bar{\boldsymbol{e}}_{\pm lmn}=-\frac{\nabla_{\mathrm{T}}\chi_{mn}}{k_{mn}}\exp[-\mathrm{j}(\pm\gamma_{mn}z)]\times\hat{z},\ \mathrm{TE}(l=1)\tag{7.20}$$

$$\bar{\boldsymbol{h}}_{\pm lmn}=-\frac{\nabla_{\mathrm{T}}\chi_{mn}}{k_{mn}}\exp[-\mathrm{j}(\pm\gamma_{mn}z)],\ \mathrm{TE}(l=1)\tag{7.21}$$

$$\bar{\boldsymbol{e}}_{\pm lmn}=-\frac{\nabla_{\mathrm{T}}\chi_{mn}}{k_{mn}}\exp[-\mathrm{j}(\pm\gamma_{mn}z)],\ \mathrm{TM}(l=2)\tag{7.22}$$

$$\bar{\boldsymbol{h}}_{\pm lmn}=-\hat{z}\times\frac{\nabla_{\mathrm{T}}\chi_{mn}}{k_{mn}}\exp[-\mathrm{j}(\pm\gamma_{mn}z)],\ \mathrm{TM}(l=2)\tag{7.23}$$

以上的周期模式场称为 Floquet 模。在平面周期边界的特殊情况下，各个界面的反射场和透过场都可以用 Floquet 模展开，当 $m=n=0$ 时，即为沿入射方向传播的平面波，在周期边界会激励起多种 Floquet 模，传输方向不同于入射波的方向，传输方式由传播常量 γ_{mn}决定：当 γ_{mn}是实数时，表现为沿 z 轴传播，称为传播模；当(m,n)充分大时，γ_{mn}为虚数，为沿 z 轴衰减传播，称为衰减模。

需要说明的是：在 FSS 天线罩分析中，入射波都是从自由空间入射到 FSS 表面的，所以入射波的波数 $k_0=\dfrac{2\pi}{\lambda_0}$，在多层介质中，对于相同的$(m,n)$，$k_{xm}$、$k_{ymn}$都是相同的，与介质的介电常数无关，$\gamma_{mn}$、$k$ 与介质的介电常数有关。

7.3.2 FSS 的栅瓣和布喇格瓣

FSS 是一个周期结构，当它的间距较大时，会出现栅瓣现象，如图 7.16 所示。平面波斜入射到含有周期阵列的 FSS 上，设入射角为 θ_{i}，在介质中的折射角为 θ_{r}，当平面波激励周期阵列时，在观察角 θ_{c} 方向，相邻单元的辐射相位差为

$$\phi_1+\phi_2=k_0 \mathrm{d}x\sin\theta_{\mathrm{i}}+k_0 \mathrm{d}x\sin\theta_{\mathrm{c}}$$

在 $\theta_{\mathrm{c}}\subseteq\left(0,\dfrac{\pi}{2}\right)$范围内出现栅瓣的条件是

$$k_0 \mathrm{d}x\sin\theta_{\mathrm{i}}+k_0 \mathrm{d}x\geqslant 2\pi$$

即当 $\mathrm{d}x\geqslant\dfrac{\lambda}{1+\sin\theta_{\mathrm{i}}}$时会出现栅瓣现象，这个结果与介质无关。

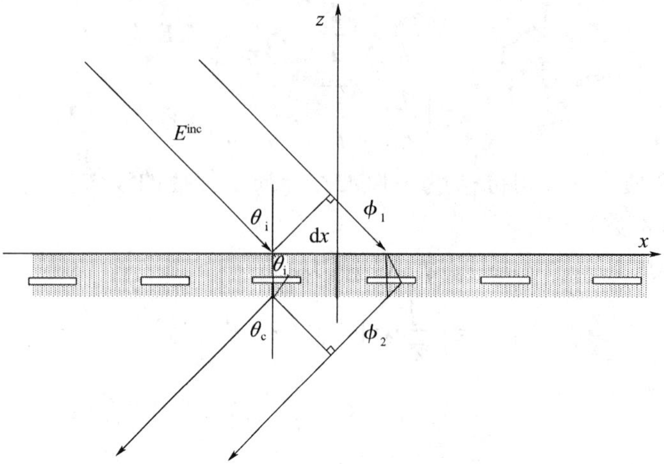

图 7.16 FSS 的栅瓣问题

对于不同阵列角的 FSS 不出现栅瓣的条件见表 7.1 所列。

表 7.1 最大无栅瓣周期间距

单元排列角/(°)	最小间距
90	$dx \leqslant \frac{\lambda}{1+\sin\theta}, dy \leqslant \frac{\lambda}{1+\sin\theta}$
60	$dx \leqslant \frac{1.15\lambda}{1+\sin\theta}, dy \leqslant \frac{1.15\lambda}{1+\sin\theta}$
45	$dx \leqslant \frac{1.12\lambda}{1+\sin\theta}, dy \leqslant \frac{1.12\lambda}{1+\sin\theta}$
注:θ 为最大入射角	

除了栅瓣以外,FSS 周期阵列还有特殊的现象,在一定条件下还会出现布喇格瓣,布喇格瓣的成因如图 7.17 所示。

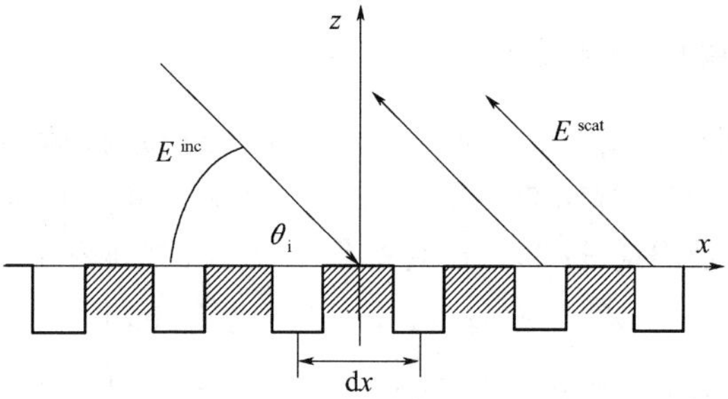

图 7.17 布喇格瓣

假设有一平面无限周期阵列如图 7.17 所示, x 方向的周期为 dx, y 方向的周期为 dy,单位幅度的平面波的入射波矢量方向为 $-\hat{\boldsymbol{k}}_0$,在此平面波激励下 FSS

的后向散射场：

$$\boldsymbol{E}^{s} \propto \hat{\boldsymbol{u}} \sum \mathrm{e}^{-\mathrm{j}(-\boldsymbol{k}_0 \cdot \boldsymbol{r}')} \mathrm{e}^{\mathrm{j}(\boldsymbol{k}_0 \cdot \boldsymbol{r}')} = \hat{\boldsymbol{u}} \sum \mathrm{e}^{2\mathrm{j}\boldsymbol{k}_0 \cdot \boldsymbol{r}'} = \hat{\boldsymbol{u}} \sum \mathrm{e}^{2\mathrm{j}k_0(\sin\theta\cos\varphi x' + \sin\theta\sin\varphi y' + \cos\theta z')}$$

设 $\varphi = 0, z' = 0, x' = m\mathrm{d}x$，可以看到

$$\boldsymbol{E}^{s} \propto \hat{\boldsymbol{u}} \sum_{m=-\infty,+\infty} \mathrm{e}^{2\mathrm{j}k_0\sin\theta m\mathrm{d}x} = 2\hat{\boldsymbol{u}} \sum_{m=1,+\infty} \mathrm{e}^{2\mathrm{j}k_0\sin\theta m\mathrm{d}x} = 2\hat{\boldsymbol{u}}\lim_{m\to\infty} \frac{(1 - \mathrm{e}^{2\mathrm{j}k_0\sin\theta(m-1)\mathrm{d}x})}{1 - \mathrm{e}^{2\mathrm{j}k_0\sin\theta\mathrm{d}x}}$$

当 $1 - \mathrm{e}^{2\mathrm{j}k_0\sin\theta\mathrm{d}x} = 0$ 时，即 $2k_0\sin\theta \cdot \mathrm{d}x = 2n\pi$，当 $\mathrm{d}x = \frac{n\lambda}{2\sin\theta}$ 时，会出现很强的散射。

避免出现布喇格瓣的办法是：

$$\mathrm{d}x < \frac{\lambda}{2\sin\theta}$$

7.3.3 FSS 的分析方法

在设计 FSS 天线罩前，首先要找到多层介质多屏 FSS 的平面结构传输和反射性能的计算方法，分析多层介质多屏 FSS 的基本方法分为数值方法和等效网络方法（即广义散射矩阵方法（GSM））两类。数值方法是指根据每层的连续性边界条件建立积分方程，求解在平面波激励下的多层 FSS 结构中场的分布，求得整个结构的散射矩阵；而等效网络方法将用数值方法得到的单个等效网络相互级联，求得整个结构的广义散射矩阵，广义散射矩阵包括 Floquet 高次模的散射参数。在层数不多的情况下，如 2～3 层结构，可用数值方法；当层数很多时，可以采用广义散射矩阵方法。对于多层介质多屏 FSS 天线罩，需要将数值方法和广义散射矩阵方法结合起来，数值方法是广义散射矩阵方法分析的基础。

分析 FSS 的主要的数值方法有模式匹配法[5,6]、谱域法[7]和周期矩量法[8]。最常用的是模式匹配法和谱域法。

模式匹配法分析 FSS 的基本思路如下：

（1）根据周期性将每个 FSS 单元的均匀媒质部分的场用 Floquet 矢量模式场展开，激励场展开为基模（$m = n = 0$）的 Floquet 矢量模式场。

（2）将孔径上的磁流（或电场分布）用全域基或子域基函数展开。

（3）在 FSS 平面单元的界面上，根据电场和磁场的横向场分量的连续性条件和理想导体的边界条件，建立各部分场之间的联系，得到一组积分方程。

（4）介质的边界条件采用传输线模式场分布和模式导纳或阻抗来等效，对于背后端接介质基板的边界条件用模式反射导纳或阻抗来等效，对于前方覆盖的介质中的场用传输线模式场分布表示。将这些关系代入积分方程中。

（5）用一组 Floquet 矢量模式场依次对积分方程两边相乘，并求内积，得到矩阵方程。

（6）求解矩阵方程，求得 Floquet 矢量模式展开系数和孔径场的展开系数。

(7) 由 $m=n=0$ 的 Floquet 基模的展开系数,利用传输线理论,求得反射场和透过场,推得 S 参数,即为 FSS 结构的反射系数和传输系数。

(8) 与广义散射矩阵结合分析任意多层 FSS 级联情况时,还要求出一组 (m,n) 模式的 S 参数,用于多层级联计算。

谱域法分析 FSS 复合结构的基本思路如下:

(1) 假设孔径场的磁流分布,由电矢位方程得到在 FSS 孔径部分的边界条件方程,得到磁场积分方程。

(2) 对方程两边做谱域积分变换,将偏微分运算转换为乘法运算。

(3) 运用等效传输线的转移函数求得孔径所在平面的激励场。

(4) 将孔径场的磁流分布用全域基或子域基函数展开。

(5) 采用谱域矩量法选取一组测试函数,依次对方程两边相乘求内积,得到矩阵方程。

(6) 根据孔径所在平面的场,采用等效传输线的转移函数求入射界面和输出端口的场,得到 S 参数。

(7) 与广义散射矩阵结合分析任意多层 FSS 级联情况时,再求出一组 (m,n) 模式的 S 参数,用于多层级联计算。

需要指出的是:在谱域法中,孔径型的电磁边值问题如图 7.18 所示,原问题等效为介质中无孔径的理想导体 + 介质中表面磁流的边值问题。所以在求反射场时,还要加上介质中无孔径的理想导体时的反射场,由于镜像作用,积分方程中的表面磁流要乘 2。

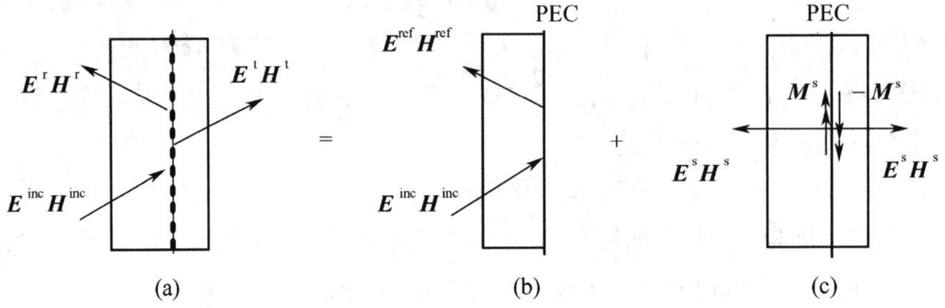

图 7.18 孔径型 FSS 的等效问题

(a) 原问题;(b) 问题 1:入射场;(c) 问题 2:散射场。

在 7.4 节用模式匹配法分析含有介质层的 FSS,在 7.7 节介绍谱域法分析 FSS 的基本要点。

7.4 模式匹配法

用模式匹配法分析 FSS 结构时,要将 FSS 单元中的场用适当的方式展开,主要有如下三种方法:

(1) 脉冲基函数法，如窄条一字形单元、十字形单元、Y 形单元，适用条件是假定单元内的场在宽度方向是均匀分布的，不适用于宽缝。

(2) 用与单元截面相同的无限长的波导本征函数，矩形单元内场用矩形波导的本征模式展开，圆环单元内的场用同轴波导的本征模式展开，圆形单元的场用圆波导的本征模式展开。但是只有规则的截面才有现成的波导本征函数。

(3) 适于任何形式的边界元－本征模式（BI－RME）展开，在规则波导本征模的基础上加一个沿单元边界积分的修正量。

本节首先以脉冲基函数法展开分析零厚度的窄缝 FSS；然后用波导本征函数分析有厚度宽缝 FSS；最后用 BI－RME 方法分析任意厚度任意形状 FSS。

7.4.1 基于脉冲基函数的模式匹配法

设平面波入射到 FSS 周期表面上，如图 7.19 所示，平面波的入射方向为(θ, φ)，其中 θ 为入射角（传播方向和平面法向 z 的夹角），φ 为传播方向在 xy 平面上的投影与 x 坐标轴的夹角。

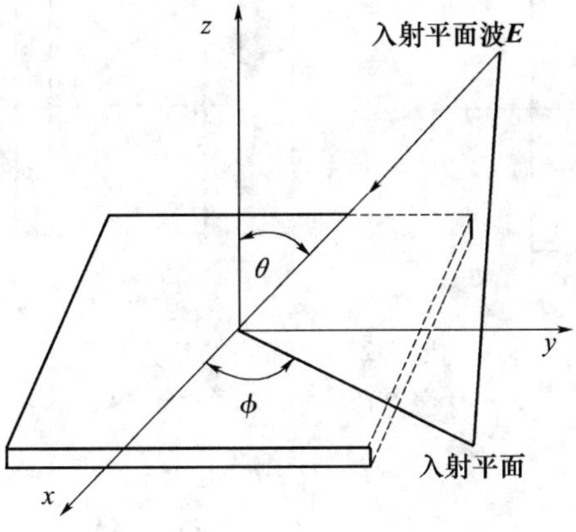

图 7.19　平面波入射到 FSS 周期表面

无限大单屏 FSS 和介质层复合结构如图 7.20 所示，一字形和十字形 FSS 孔径单元排布结构如图 7.20 所示，夹层截面如图 7.21 所示。

1. 介质加载单屏 FSS

将各个介质层中的电场和磁场用 Floquet 模函数展开，在各层之间的分界面上利用电磁场的连续性及边界条件建立方程。

在 $z<-t_1$ 的自由空间，平面入射波和反射波只有 $m=n=0$ 的 TE 和 TM 模的组合。设 l 表示不同的模式，$l=1$ 表示 TE 模，$l=2$ 表示 TM 模，下标 00 表示 $m=n=0$ 的沿 z 方向传播的($e^{-j\gamma_{00}z}$) Floquet 模式，下标 -00 表示 $m=n=0$ 的沿 $-z$ 方向传播的($e^{j\gamma_{00}z}$) Floquet 模式，入射平面波的横向场分量 $\boldsymbol{E}_l^{\mathrm{i}}$、$\boldsymbol{H}_l^{\mathrm{i}}$ 和反射波的横向场分量 $\boldsymbol{E}_l^{\mathrm{re}}$、$\boldsymbol{H}_l^{\mathrm{re}}$ 表示为

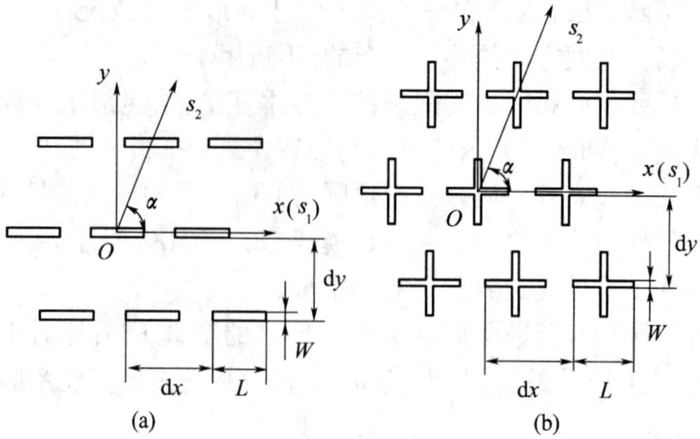

图 7.20　FSS 孔径单元排布结构

（a）一字形孔径；（b）十字形孔径。

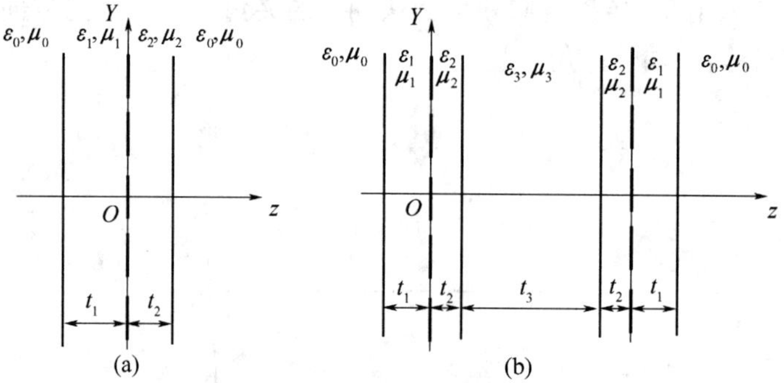

图 7.21　FSS 夹层结构

（a）单屏 FSS；（b）对称双屏 FSS。

$$\boldsymbol{E}_l^{\mathrm{i}} = A_l \bar{\boldsymbol{e}}_{l00} \tag{7.24}$$

$$\boldsymbol{H}_l^{\mathrm{i}} = \frac{A_l}{\eta_{l00}} \hat{z} \times \bar{\boldsymbol{e}}_{l00} \tag{7.25}$$

$$\boldsymbol{E}_l^{\mathrm{r}} = R_l \bar{\boldsymbol{e}}_{-l00} \tag{7.26}$$

$$\boldsymbol{H}_l^{\mathrm{i}} = -\frac{R_l}{\eta_{l00}} \hat{z} \times \bar{\boldsymbol{e}}_{-l00} \tag{7.27}$$

式中：A_l 为已知入射平面波的模系数，取决于入射波的振幅和极化；R_l 为待定的反射平面波的模系数。

设在 $-t_1<z<0$ 的介质区域(1)的平面入射波为 $\boldsymbol{E}_l^{(1)\mathrm{i}}$、$\boldsymbol{H}_l^{(1)\mathrm{i}}$ 和反射波 $\boldsymbol{E}_l^{(1)\mathrm{r}}$、$\boldsymbol{H}_l^{(1)\mathrm{r}}$，$z=0$ 处的反射为 ρ_l，有

$$\boldsymbol{E}_l^{(1)\mathrm{i}} = A'_l \bar{\boldsymbol{e}}_{l00}^{(1)} \tag{7.28}$$

$$\boldsymbol{H}_l^{(1)\mathrm{i}} = \frac{A_l^{(1)}}{\eta_{l00}^{(1)}} \hat{z} \times \bar{\boldsymbol{e}}_{l00}^{(1)} \tag{7.29}$$

$$\boldsymbol{E}_l^{(1)\mathrm{r}} = \rho_l \bar{\boldsymbol{e}}_{-l00}^{(1)} \tag{7.30}$$

$$\boldsymbol{H}_l^{(1)\mathrm{r}} = -\frac{\rho_l}{\eta_{l00}^{(1)}}\hat{z} \times \bar{\boldsymbol{e}}_{-l00}^{(1)} \tag{7.31}$$

式中：参量上标(1)表示在1区的参量，与自由空间的参量不同。

根据在 $z=-t_1$ 处，电磁场的连续性条件：

$$\boldsymbol{E}_l^{\mathrm{i}} + \boldsymbol{E}_l^{\mathrm{r}} = \boldsymbol{E}_l^{(1)\mathrm{i}} + \boldsymbol{E}_l^{(1)\mathrm{r}},\ z = -t_1 \tag{7.32}$$

$$\boldsymbol{H}_l^{\mathrm{i}} + \boldsymbol{H}_l^{\mathrm{r}} = \boldsymbol{H}_l^{(1)\mathrm{i}} + \boldsymbol{H}_l^{(1)r},\ z = -t_1 \tag{7.33}$$

将式(7.24)～式(7.31)代入式(7.32)和式(7.33)，解出 A'_l 和 R_l：

$$A'_l = A_l \frac{2\eta_{l00}^{(1)}}{\eta_{l00}^{(1)} + \eta_{l00}} \mathrm{e}^{-\mathrm{j}(\gamma_{00}^{(1)} - \gamma_{00})t_1} - \rho_l \frac{\eta_{l00}^{(1)} - \eta_{l00}}{\eta_{l00}^{(1)} + \eta_{l00}} \mathrm{e}^{-2\mathrm{j}\gamma_{00}^{(1)}t_1} \tag{7.34}$$

$$R_l = A_l \frac{\eta_{l00}^{(1)} - \eta_{l00}}{\eta_{l00}^{(1)} + \eta_{l00}} \mathrm{e}^{2\mathrm{j}\gamma_{00}t_1} + \rho_l \frac{2\eta_{l00}^{(1)}}{\eta_{l00}^{(1)} + \eta_{l00}} \mathrm{e}^{-\mathrm{j}(\gamma_{00}^{(1)} - \gamma_{00})t_1} \tag{7.35}$$

在 $z=0^-$，任意阶 Floquet 模的电场是连续的，设 $0<z<t_2$ 区域(2)的模式场用上标(2)表示，则有

$$\bar{\boldsymbol{e}}_{lmn}^{(2)} = \bar{\boldsymbol{e}}_{lmn}^{(1)},\ z = 0 \tag{7.36}$$

但是磁场是不连续的，在 $z=0^-$ 参考面向输入端口看，(m,n) 阶 Floquet 模的等效模阻抗为

$$Z_{lmn}^{(1)} = \eta_{lmn}^{(1)} \frac{\eta_{lmn} + \mathrm{j}\eta_{lmn}^{(1)}\tan(\gamma_{mn}^{(1)}t_1)}{\eta_{lmn}^{(1)} + \mathrm{j}\eta_{lmn}\tan(\gamma_{mn}^{(1)}t_1)} \tag{7.37}$$

$-t_1<z<0$ 的介质区域(1)的 Floquet 模的磁场为

$$\bar{\boldsymbol{h}}_{lmn}^{(1)} = \begin{cases} \dfrac{1}{\eta_{l00}^{(1)}}(\hat{z} \times \boldsymbol{e}_{l00}^{(1)}), & m = n = 0 \\ \dfrac{1}{\eta_{lmn}^{(1)}}(\hat{z} \times \bar{\boldsymbol{e}}_{lmn}^{(1)}), & \text{其他} \end{cases} \tag{7.38}$$

$0<z<t_2$ 区域(2)，在 $z=0^+$ 向输出端口看，(m,n) 阶 Floquet 模的等效模阻抗为

$$Z_{lmn}^{(2)} = \eta_{lmn}^{(2)} \frac{\eta_{lmn} + \mathrm{j}\eta_{lmn}^{(2)}\tan(\gamma_{mn}^{(2)}t_2)}{\eta_{lmn}^{(2)} + \mathrm{j}\eta_{lmn}\tan(\gamma_{mn}^{(2)}t_2)} \tag{7.39}$$

$0<z<t_2$ 区域(2)的 Floquet 模的磁场为

$$\bar{\boldsymbol{h}}_{lmn}^{(2)} = \frac{1}{\eta_{lmn}^{(2)}}(\hat{z} \times \bar{\boldsymbol{e}}_{lmn}^{(2)}) \tag{7.40}$$

考虑到在 $-t_1<z<0$ 的驻波场分布，引入如下参量：

$$a_{l1} = A_l \frac{2\eta_{l00}^{(1)}}{\eta_{l00}^{(1)} + \eta_{l00}} \mathrm{e}^{-\mathrm{j}(\gamma_{00}^{(1)} - \gamma_{00})t_1} \tag{7.41}$$

$$DF_l = \frac{\eta_{l00}^{(1)} - \eta_{l00}}{\eta_{l00}^{(1)} + \eta_{l00}} \mathrm{e}^{-2\mathrm{j}\gamma_{00}^{(1)}t_1} \tag{7.42}$$

区域(1)的激励电场包括两部分:一部分是经过界面 $z = -t_1$ 的透过场;另一部分是 $z=0_-$ 反射场。$z=0_-$ 处的横向电场和磁场等于区域(1)的激励场和 Floquet 模式场叠加,即

$$\begin{aligned} \boldsymbol{E}|_{z=0_-} &= \sum_{l=1}^{2}[a_{l1} - \rho_l DF_l + \rho_l]\bar{\boldsymbol{e}}_{l00}^{(1)} + \sum_{l=1}^{2}\sum_{m,n}^{\infty} a_{lmn}\bar{\boldsymbol{e}}_{lmn}^{(1)} \\ &= \sum_{l=1}^{2}[a_{l1} + \rho_l(1 - DF_l)]\bar{\boldsymbol{e}}_{l00}^{(1)} + \sum_{l=1}^{2}\sum_{m,n}^{\infty} a_{lmn}\bar{\boldsymbol{e}}_{lmn}^{(1)} \end{aligned} \tag{7.43}$$

$$\begin{aligned} \boldsymbol{H}|_{z=0_-} &= \sum_{l=1}^{2}[a_{l1} - \rho_l DF_l - \rho_l]\bar{\boldsymbol{h}}_{l00}^{(1)} - \sum_{l=1}^{2}\sum_{m,n}^{\infty} a_{lmn}\bar{\boldsymbol{h}}_{lmn}^{(1)} \\ &= \sum_{l=1}^{2}[a_{l1} - \rho_l(1 + DF_l)]\bar{\boldsymbol{h}}_{l00}^{(1)} - \sum_{l=1}^{2}\sum_{m,n}^{\infty} a_{lmn}\bar{\boldsymbol{h}}_{lmn}^{(1)} \end{aligned} \tag{7.44}$$

周期表面 $z=0^+$ 上的横向电场和磁场可表示为

$$\boldsymbol{E}\big|_{z=0_+} = \sum_{l=1}^{2}\sum_{m,n}^{\infty} b_{lmn}\bar{\boldsymbol{e}}_{lmn}^{(2)} \tag{7.45}$$

$$\boldsymbol{H}\big|_{z=0_+} = \sum_{l=1}^{2}\sum_{m,n}^{\infty} b_{lmn}\bar{\boldsymbol{h}}_{lmn}^{(2)} \tag{7.46}$$

式中:ρ_l、a_{lmn}、b_{lmn}为待求的模系数。

Floquet 模是周期函数,在周期阵列的中心单元上应用横向场的边界条件:孔径 Ω 上横向电磁场连续,导体表面横向电磁场为零。

$$\sum_{l=1}^{2}[a_{l1} + \rho_l(1 - DF_l)]\bar{\boldsymbol{e}}_{l00}^{(1)} + \sum_{l=1}^{2}\sum_{m,n}^{\infty} a_{lmn}\bar{\boldsymbol{e}}_{lmn}^{(1)} = \sum_{l=1}^{2}\sum_{m,n}^{\infty} b_{lmn}\bar{\boldsymbol{e}}_{lmn}^{(2)} = \begin{cases} \boldsymbol{E}^{\mathrm{t}}, & \Omega \\ 0, & \text{其他} \end{cases} \tag{7.47}$$

将 FSS 中心单元孔径上的未知电场 $\boldsymbol{E}^{\mathrm{t}}$ 用适当的基函数展开:

$$\boldsymbol{E}^{\mathrm{t}} = \sum_{j=1} c_j f_j \tag{7.48}$$

式中:c_j 为展开系数;f_j 为基函数,不同形状的孔径具有不同的基函数。然后利用矩量法求解方程(7.47)。

对于一字形孔径单元,选取如下基函数:

$$f_j = \hat{\boldsymbol{y}}\sin\left(\frac{\mathrm{j}\pi}{L}\left(x + \frac{L}{2}\right)\right)P_x(0,L)P_x(0,w) \tag{7.49}$$

对于十字形孔径单元,选取基函数:

$$f_{xj} = \hat{\boldsymbol{x}}\left\{c_{xj}\sin\left(\frac{\mathrm{j}\pi}{L}\left(y + \frac{L}{2}\right)\right) + \mathrm{sgn}(x)B\cos\left(\frac{\pi}{L}x\right)\right\}P_x(0,w)P_y(0,L) \tag{7.50}$$

$$f_{yj} = \hat{x}\left\{c_{yj}\sin\left(\frac{j\pi}{L}\left(x + \frac{L}{2}\right)\right) - \mathrm{sgn}(x)B\cos\left(\frac{\pi}{L}y\right)\right\}P_x(0,L)P_y(0,w) \tag{7.51}$$

式中

$$P_x(0,L) = \begin{cases}1, & -L \leqslant x \leqslant L \\ 0, & \text{其他}\end{cases}$$

$$P_y(0,w) = \begin{cases}1, & -\frac{w}{2}L \leqslant y \leqslant \frac{w}{2} \\ 0, & \text{其他}\end{cases}$$

$$\mathrm{sgn}(x) = \begin{cases}1, & x > 0 \\ 0, & x = 0 \\ -1, & x < 0\end{cases}$$

系数 c_j 求得以后,便可求出 b_{lmn} 和 ρ_l:

$$b_{lmn} = \sum_j c_j \int f_j \times (z \times \bar{e}^*_{lmn}) \cdot \hat{z}\mathrm{d}s = \sum_j c_j \int f_j \cdot \bar{e}^*_{lmn}\mathrm{d}s \tag{7.52}$$

$$\rho_l = \frac{b_{l00} - a'_{l1}}{1 - DF_l} \tag{7.53}$$

设输出端口的场为 E_l^{tr}、H_l^{tr},在 $z=t_2$ 表面上应用边界条件,有

$$E_l^{(2)\mathrm{in}} + E_l^{(2)\mathrm{re}} = E_l^{\mathrm{tr}},\ z = t_2$$

$$H_l^{(2)\mathrm{in}} + H_l^{(2)\mathrm{re}} = H_l^{\mathrm{tr}},\ z = t_2$$

并用式(7.38),$z=t_2$ 处边界条件方程变为

$$b_{l00}\mathrm{e}^{-\mathrm{j}\gamma_{00}^{(2)}t_2} + \rho_l^{(2)}\mathrm{e}^{\mathrm{j}\gamma_{00}^{(2)}t_2} = T_l\mathrm{e}^{-\mathrm{j}\gamma_{00}t_2}$$

$$\frac{b_{l00}}{z_{l00}^{(2)}}\mathrm{e}^{-\mathrm{j}\gamma_{00}^{(2)}t_2} - \frac{\rho_l^{(2)}}{\eta_{l00}^{(2)}}\mathrm{e}^{\mathrm{j}\gamma_{00}^{(2)}t_2} = \frac{T_l}{\eta_{l00}}\mathrm{e}^{-\mathrm{j}\gamma_{00}t_2}$$

求出 T_l:

$$T_l = b_{l00}\frac{1 + \mathrm{j}\tan(\gamma_{00}^{(2)}t_2)}{1 + \mathrm{j}\dfrac{\eta_{l00}^{(2)}}{\eta_{l00}}\tan(\gamma_{00}^{(2)}t_2)}\mathrm{e}^{-\mathrm{j}(\gamma_{00}^{(2)} - \gamma_{00})t_2} \tag{7.54}$$

2. 对称双屏 FSS

无限大对称双屏 FSS 平板及介质层截面结构如图 7.21 所示,电磁波沿 $+Z$ 方向入射到 FSS 上。

如上所述,首先在 $z=-t_1$ 上应用电磁场边界条件,联立方程求解,再将 $z=0^+$ 表面上磁场模函数表示出来。由于两个 FSS 屏之间有模式耦合,根据结构的对称性,采用对称激励和反对称激励的方法。对称激励时,FSS 结构中心平面($z=t_2+0.5t_3$)上等效为开路状态;反对称激励时,FSS 结构中心平面上等效为

短路状态。设 $t_2 < z < t_3$ 区域(3)的模式场参量用上标(3)表示，根据传输线理论，首先求出 $z = t_2$ 平面上的模阻抗：

$$Z_{lmn}^{(3)} = \begin{cases} \eta_{lmn}^{(3)} \operatorname{cth}\left(j\gamma_{mn}^{(3)} \dfrac{t_3}{2}\right), & \text{对称激励} \\ \eta_{lmn}^{(3)} \operatorname{th}\left(j\gamma_{mn}^{(3)} \dfrac{t_3}{2}\right), & \text{反称激励} \end{cases} \tag{7.55}$$

模阻抗 $Z_{lmn}^{(2)}$ 为

$$Z_{lmn}^{(2)} = \eta_{lmn}^{(2)} \frac{Z_{lmn}^{(3)} + j\eta_{lmn}^{(2)} \tan(\gamma_{mn}^{(2)} t_2)}{\eta_{lmn}^{(2)} + jZ_{lmn}^{(3)} \tan(\gamma_{mn}^{(2)} t_2)} \tag{7.56}$$

对对称激励和反对称激励分别求解系数，记为 c_j^{sym} 和 c_j^{asym}，应用 $z = 0$ 平面的边界条件，同前述方法求出 c_j^{sym} 和 c_j^{asym}，再求得 b_{lmn} 和 ρ_l：

$$b_{lmn} = \sum_j \left[\frac{c_j^{\text{sym}} - c_j^{\text{asym}}}{2}\right] \iint \boldsymbol{f}_j \times (\boldsymbol{z} \times \bar{\boldsymbol{e}}_{lmn}^{*}) \cdot \hat{\boldsymbol{z}} \mathrm{d}s = \sum_j \left[\frac{c_j^{\text{sym}} - c_j^{\text{asym}}}{2}\right] \iint \boldsymbol{f}_j \cdot \bar{\boldsymbol{e}}_{lmn}^{*} \mathrm{d}s \tag{7.57}$$

$$\rho_l = \frac{1}{1 - \mathrm{DF}_l} \sum_j \left[\frac{c_j^{\text{sym}} + c_j^{\text{asym}}}{2}\right] \iint \boldsymbol{f}_j \cdot \bar{\boldsymbol{e}}_{mn}^{r*} \mathrm{d}s - \frac{a_{l1}}{1 - \mathrm{DF}_l} \tag{7.58}$$

得到 b_{l00} 后，整个 FSS 结构的反射系数由式(7.35)和式(7.58)求得。而传输系数则由 $z = 2t_2 + t_3$ 处的 Floquet 基模的模系数求得。在 $z = 2t_2 + t_3$ 处 Floquet 基模的模系数，与 $z = 0$ 处 Floguet 基模的模系数大小相等、符号相反。在 $z = 2t_2 + t_3$ 到 $z = 2t_2 + t_3 + t_1$ 区域，再次应用边界连续性条件求得基模的传输系数，即由

$$(-b_{l00}) e^{-j\gamma_{00}^{(1)} z} + \rho_l'' e^{j\gamma_{00}^{(1)} z} = T_l e^{-j\gamma_{00} z}, \quad z = 2t_2 + t_3 + t_1$$

$$\frac{-b_{l00}}{z_{l00}^{(1)}} e^{-j\gamma_{00}^{(1)} z} - \frac{\rho_l''}{\eta_{l00}^{(1)}} e^{j\gamma_{00}^{(1)} z} = \frac{T_l}{\eta_{l00}} e^{-j\gamma_{00} z}, \quad z = 2t_2 + t_3 + t_1$$

最终得到

$$T_l = -b_{l00} \frac{1 + j\tan(\gamma_{00}^{(1)} t_1)}{1 + j\dfrac{\eta_{l00}^{(1)}}{\eta_{l00}} \tan(\gamma_{00}^{(1)} t_1)} e^{-j(\gamma_{00}^{(1)} - \gamma_{00})(2t_2 + t_3 + t_1)} \tag{7.59}$$

3. 计算结果

利用上述分析方法，以一字形和十字形孔径周期性结构为例，研究了单屏 FSS 和对称双屏 FSS 介质复合结构的传输特性。如图 7.20 所示单屏 FSS 的参数为，$\mathrm{d}x = 11\text{mm}$，$\mathrm{d}y = 11\text{mm}$，$W = 1.5\text{mm}$，$L = 10\text{mm}$，$\varepsilon_{r1} = \varepsilon_{r2} = 2$，$t_1 = t_2 = 1\text{mm}$，$\alpha = 90°$，$\varphi = 1°$。

由图 7.22 可见，单屏 FSS 的传输性能受入射角的影响很大。当入射角为 70°时，传输系数下降，谐振频点处的传输损耗达到 −3.8dB。

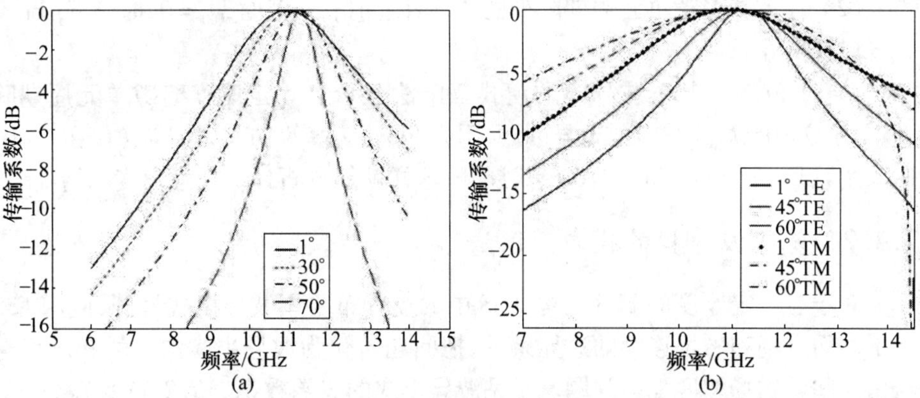

(a) (b)

图 7.22 单屏 FSS 的传输系数

(a) 一字形孔径(TE 极化);(b) 十字形孔径。

进一步研究对称双屏 FSS 的传输性能。通过调整各项参数,如振子长度、宽度、单元间距、介质层厚度、介电常数等,进行多次优化,使得双屏 FSS 介质复合结构的传输性能相对单屏 FSS 大大提高。双屏 FSS 的参数取为,$dx=12.9\text{mm}$,$dy=4\text{mm}$,$W=1.2\text{mm}$,$L=12.8\text{mm}$,TE 模,$\varepsilon_{r1}=1.1$,$\varepsilon_{r2}=4.0$,$\varepsilon_{r3}=1.1$,$t_1=0.8\text{mm}$,$t_2=0.9\text{mm}$,$t_3=15\text{mm}$。由图 7.23 可见,在 8 ~ 10GHz 的频率范围内,传输系数基本保持一致,凹口深度小于 1dB。这个带通双屏 FSS 带宽比单屏 FSS 展宽 1GHz 以上,而且随入射角变化,功率传输系数的变化很小。

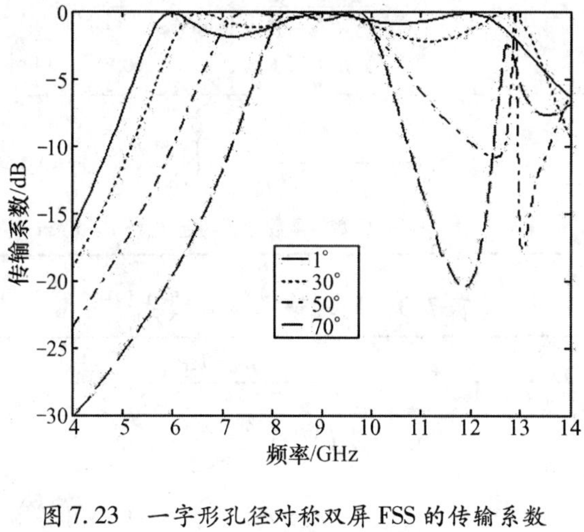

图 7.23 一字形孔径对称双屏 FSS 的传输系数

通过本节的对 FSS 的初步研究,还存在两个问题:

(1) 一般缝隙单元是有一定厚度的,单元厚度对 FSS 性能影响还需要进一步分析。

(2) 在计算缝隙单元周期阵列的传输性能时,$\theta=0°$时 $k_{00}=0$,时,Floquet 模式场出现奇异。

7.4.2 节将用基于波导模的模式匹配法分析有一定厚度缝隙单元周期阵列;对于 $\theta=0°$,$k_{00}=0$ 时的奇异问题,引入 Floquet 模的 TEM 模式项(仅在 $\theta=0°$ 时采用),用 Floquet 模的 TEM 模式展开,这样就能分析计算任意角度的情况。

7.4.2 基于波导模的模式匹配法

对于有一定厚度的 FSS 结构,FSS 中的场分布要用波导模式展开,应用 FSS 上下表面电场和磁场连续的边界条件,把问题转化为波导中横向电场和磁场与自由空间电磁场相匹配的问题。常见波导模式的波函数见表 7.2 和表 7.3。

表 7.2 矩形波导和圆波导模式本征波函数[9]

类型	模式	本征波函数
矩形波导	TM Φ_{mn}	$\dfrac{2}{\pi\sqrt{m^2\dfrac{b}{a}+n^2\dfrac{a}{b}}}\sin\left(\dfrac{m\pi x}{a}\right)\sin\left(\dfrac{n\pi y}{b}\right)$, $m,n=1,2,\cdots$
	TE Ψ_{mn}	$\dfrac{\sqrt{c_mc_n}}{\pi\sqrt{m^2\dfrac{b}{a}+n^2\dfrac{a}{b}}}\cos\left(\dfrac{m\pi x}{a}\right)\cos\left(\dfrac{n\pi y}{b}\right)$, $c_m=\begin{cases}1, & m=0\\2, & m\neq 0\end{cases}$ $m,n=0,1,2\cdots$。m,n 不同时为 0
圆波导	TM Φ_{mi}	$\sqrt{\dfrac{\varepsilon_m}{\pi}}\dfrac{J_m\left(\dfrac{\chi_i\rho}{a}\right)}{\chi_iJ_{m+1}(\chi_i)}\begin{cases}\cos(m\varphi)\\\sin(m\varphi)\end{cases}$, $m=0,1,2,\cdots$ χ_i是贝塞尔函数 $J_m(x)=0$ 第 i 个根
	TE Ψ_{mi}	$\sqrt{\dfrac{\varepsilon_m}{\pi}}\dfrac{J_m\left(\dfrac{\chi_i'\rho}{a}\right)}{\sqrt{\chi_i'^2-m^2}J_m(\chi_i')}\begin{cases}\cos(m\varphi)\\\sin(m\varphi)\end{cases}$, $m=0,1,2,\cdots$ χ_i'是贝塞尔函数导数函数 $J_m'(x)=0$ 第 i 个根

表 7.3 同轴波导本征模式[9]

类型	模式	本征波函数
同轴波导	TM Φ_{mi}	$Z_m\left(\dfrac{\chi_i\rho}{b}\right)\begin{cases}\cos(m\varphi)\\\sin(m\varphi)\end{cases}$, $m=0,1,2,\cdots$ $Z_m\left(\dfrac{\chi_i\rho}{b}\right)=\dfrac{\dfrac{\sqrt{\pi\varepsilon_m}}{2}J_m\left(\dfrac{\chi_i\rho}{b}\right)N_m(\chi_i)-N_m\left(\dfrac{\chi_i\rho}{b}\right)J_m(\chi_i)}{\sqrt{\dfrac{J_m^2(\chi_i)}{J_m^2(c\chi_i)}-1}}$ χ_i 是方程 $Z_m\left(\dfrac{ax}{b}\right)=0$ 第 i 个根, $c=\dfrac{a}{b}$,b、a 为同轴线的内、外半径

（续）

类型	模式	本征波函数
同轴波导	TE Ψ_{mi}	$Z_m\left(\frac{\chi'_i\rho}{b}\right)\begin{cases}\cos(m\varphi)\\ \sin(m\varphi)\end{cases}, m=0,1,2,\cdots$ $Z_m\left(\frac{\chi'_i\rho}{b}\right)=\frac{\sqrt{\pi\varepsilon_m}}{2}\frac{J_m\left(\frac{\chi'_i\rho}{b}\right)N'_m(\chi'_i)-N_m\left(\frac{\chi'_i\rho}{b}\right)J'_m(\chi'_i)}{\sqrt{\left[\frac{J'_m(\chi'_i)}{J'_m(c\chi'_i)}\right]^2\left[1-\left(\frac{m}{c\chi'_i}\right)^2\right]-\left[1-\left(\frac{m}{\chi'_i}\right)^2\right]}}$ χ'_i 是方程 $Z'_m\left(\frac{ax}{b}\right)=0$ 第 i 个根
	TEM Φ_{00}	$\frac{\ln\rho}{\sqrt{2\pi\ln\frac{b}{a}}}$

设有一定厚度的 FSS 结构如图 7.24 所示，频率选择表面的厚度为 d，其上、下表面位置 $z=\frac{d}{2}$，$z=-\frac{d}{2}$，FSS 单元所在的区域定义为 Ω，分为 Ω_1、Ω_2，Ω_1 为孔径所在的区域，Ω_2 为理想导体部分。

为简化计，暂不考虑有介质情况，将激励推广至一般情况，设任意模式激励 $\bar{e}^{\mathrm{i}}_{lmn}$ 从下半空间入射到 $z=-\frac{d}{2}$。

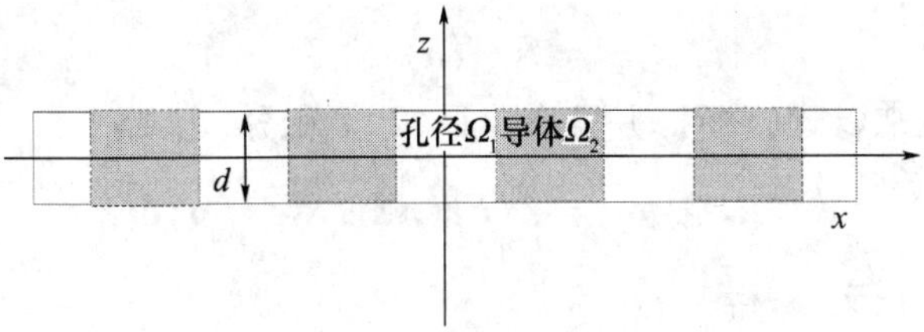

图 7.24　一定厚度的 FSS 问题

将厚度为 d 的孔径中的场用波导模式展开，设波导模式横向场为 $\boldsymbol{E}_p^{\mathrm{T}}$、$\boldsymbol{H}_p^{\mathrm{T}}$，下标 p 为波导模式序号，$p=(l,n)$，l 和 n 用来区别波导模式的类别，$l=0$ 表示 TEM 模，$l=1$ 表示 TE 模，$l=2$ 表示 TM 模。孔径中的场 $\boldsymbol{E}_p^{\mathrm{T}}$ 展开为

$$\boldsymbol{E}^{\mathrm{T}} = \sum_p \left[C_p \mathrm{e}^{-\mathrm{j}k_{zp}z} + D_p \mathrm{e}^{\mathrm{j}k_{zp}z}\right]\boldsymbol{E}_p^{\mathrm{T}} \tag{7.60}$$

$$\boldsymbol{H}^{\mathrm{T}} = \sum_p \left[\frac{C_p}{\eta_p}\mathrm{e}^{-\mathrm{j}k_{zp}z} - \frac{D_p}{\eta_p}\mathrm{e}^{\mathrm{j}k_{zp}z}\right]\boldsymbol{z}\times\boldsymbol{E}_p^{\mathrm{T}} \tag{7.61}$$

由 $z=-\frac{d}{2}$ 处的边界条件，结合式(7.43)~式(7.46)，得

$$\boldsymbol{E}\big|_{z=-\frac{d}{2}} = \sum_{l=0}^{2}\bar{\boldsymbol{e}}^{i}_{lmn} + \sum_{l=0}^{2}\sum_{m,n}^{\infty} a_{lmn}\bar{\boldsymbol{e}}_{lmn}$$

$$= \sum_{p} (C_p e^{jk_{zp}d/2} + D_p e^{-jk_{zp}d/2}) \boldsymbol{E}_p^{\mathrm{T}}, \rho \in \Omega_1 \tag{7.62}$$

$$\boldsymbol{H}\Big|_{z=-\frac{d}{2}} = \sum_{l=0}^{2} \frac{1}{\eta_{lmn}} \hat{z} \times \bar{\boldsymbol{e}}_{lmn}^{\mathrm{i}} - \sum_{l=0}^{2} \sum_{m,n}^{\infty} \frac{1}{\eta_{lmn}} a_{lmn} \hat{z} \times \bar{\boldsymbol{e}}_{lmn}$$

$$= \sum_{p} \frac{1}{\eta_p} (C_p e^{jk_{zp}d/2} - D_p e^{-jk_{zp}d/2}) \hat{z} \times \boldsymbol{E}_p^{\mathrm{T}}, \rho \in \Omega_1 \tag{7.63}$$

式中：a_{lmn}为 $z = -\dfrac{d}{2}$处存在的 Floquet 模的模系数；$l=0$ 表示 TEM 模，$l=1$ 表示 TE 模，$l=2$ 表示 TM 模；η_p 为波导模式的阻抗；k_{zp}为波导中的模式传输常数。

由 $z=d/2$ 处的边界条件，可得

$$\sum_{p} [C_p e^{-jk_{zp}d/2} + D_p e^{jk_{zp}d/2}] \boldsymbol{E}_p^{\mathrm{T}} = \sum_{l=0}^{2} \sum_{m,n}^{\infty} b_{lmn} \bar{\boldsymbol{e}}_{lmn}, \rho \in \Omega_1 \tag{7.64}$$

$$\sum_{p} \left[\frac{C_p}{\eta_p} e^{-jk_{zp}d/2} - \frac{D_p}{\eta_p} e^{jk_{zp}d/2} \right] \hat{z} \times \boldsymbol{E}_p^{\mathrm{T}} = \sum_{l=0}^{2} \sum_{m,n}^{\infty} \frac{1}{\eta_{lmn}} b_{lmn} \hat{z} \times \bar{\boldsymbol{e}}_{lmn}, \rho \in \Omega_1 \tag{7.65}$$

式中：b_{lmn}为 $z=\dfrac{d}{2}$处存在的 Floquet 模的模系数。

为求解模系数，引入一个与 z 无关的辅助函数 $\boldsymbol{R}_{lmn}(\rho)$，与 Floquet 模式场关系为

$$\boldsymbol{e}_{lmn} = \boldsymbol{R}_{lmn}(\rho) e^{-j(\pm\gamma_{mn}z)}$$

用 $\boldsymbol{R}_{l'm'n'}^{*}$点乘以式(7.64)并且在口径 Ω_1 上积分，定义：

$$\left\langle \boldsymbol{E}_p^{\mathrm{T}}, \boldsymbol{R}_{l'm'n'} \right\rangle = \int_{\Omega_1} \boldsymbol{E}_p^{\mathrm{T}}(\boldsymbol{\rho}) \cdot \boldsymbol{R}_{l'm'n'}^{*}(\boldsymbol{\rho}) \mathrm{d}\Omega_1 \tag{7.66}$$

由 Floquet 模的正交性，得

$$b_{l'm'n'} = \sum_{p} (C_p e^{-jk_{zp}d/2} + D_p e^{jk_{zp}d/2}) \left\langle \boldsymbol{E}_p^{\mathrm{T}}, \boldsymbol{R}_{l'm'n'} \right\rangle \tag{7.67}$$

同样，对式(7.62) 两边点乘 $\boldsymbol{R}_{l'm'n'}^{*}$，并且在口径 Ω_1 上积分，可得

$$a_{l'm'n'} = \sum_{p} (C_p e^{jk_{zp}d/2} + D_p e^{-jk_{zp}d/2}) \left\langle \boldsymbol{E}_p^{\mathrm{T}}, \boldsymbol{R}_{l'm'n'} \right\rangle - 1 \tag{7.68}$$

先将式(7.65)两边叉乘 $\hat{z}$，再用 $\boldsymbol{E}_{p'}^{\mathrm{T}}$点乘方程，对方程两边在 Ω_1 求积分，得

$$\frac{C_{p'}}{\eta_{p'}} e^{-jk_{zp'}d/2} - \frac{D_{p'}}{\eta_{p'}} e^{jk_{zp'}d/2} = \sum_{l=0}^{2} \sum_{m,n}^{\infty} \frac{1}{\eta_{lmn}} b_{lmn} \left\langle \bar{\boldsymbol{e}}_{lmn}, \boldsymbol{E}_{p'}^{\mathrm{T}*} \right\rangle$$

$$= \sum_{l=0}^{2} \sum_{m,n}^{\infty} \frac{1}{\eta_{lmn}} b_{lmn} \left\langle \boldsymbol{E}_{p'}^{\mathrm{T}}, \bar{\boldsymbol{e}}_{lmn}^{*} \right\rangle$$

$$\frac{C_{p'}}{\eta_{p'}} e^{-jk_{zp'}d/2} - \frac{D_{p'}}{\eta_{p'}} e^{jk_{zp'}d/2} = \sum_{l=0}^{2} \sum_{m,n}^{\infty} \frac{1}{\eta_{lmn}} b_{lmn} \left\langle \boldsymbol{E}_{p'}^{\mathrm{T}}, \boldsymbol{R}_{lmn}^{*} \right\rangle \tag{7.69}$$

同样，对式(7.63) 两边叉乘 $\hat{z}$，再用 $\boldsymbol{E}_{p'}^{\mathrm{T}}$点乘方程两边求积分，有

$$\sum_{l=0}^{2}\frac{1}{\eta_{lmn}}\left\langle \bar{\boldsymbol{e}}_{lmn}^{i},\boldsymbol{E}_{p'}^{T*}\right\rangle-\sum_{l=0}^{2}\sum_{m,n}^{\infty}\frac{1}{\eta_{lmn}}a_{lmn}\left\langle \bar{\boldsymbol{e}}_{lmn},\boldsymbol{E}_{p'}^{T*}\right\rangle=\frac{1}{\eta_{p'}}(C_{p'}e^{jk_{zp'}d/2}-D_{p'}e^{-jk_{zp'}d/2})$$

$$\sum_{l=0}^{2}\frac{1}{\eta_{lmn}}\left\langle \boldsymbol{E}_{p'}^{T},\boldsymbol{R}_{lmn}^{*}\right\rangle-\sum_{l=0}^{2}\sum_{m,n}^{\infty}\frac{1}{\eta_{lmn}}a_{lmn}\left\langle \boldsymbol{E}_{p'}^{T},\boldsymbol{R}_{lmn}^{*}\right\rangle=\frac{1}{\eta_{p'}}(C_{p'}e^{jk_{zp'}d/2}-D_{p'}e^{-jk_{zp'}d/2})$$

(7.70)

由式(7.67)代入式(7.69)消去系数 b_{lmn}，得

$$\left(\frac{C_{p'}}{\eta_{p'}}e^{-jk_{zp'}d/2}-\frac{D_{p'}}{\eta_{p'}}e^{jk_{zp'}d/2}\right)=\sum_{l=0}^{2}\sum_{m,n}^{\infty}\frac{1}{\eta_{lmn}}\sum_{p}$$

$$(C_pe^{-jk_{zp}d/2}+D_pe^{jk_{zp}d/2})\left\langle \boldsymbol{E}_{p}^{T},\boldsymbol{R}_{l'm'n'}\right\rangle\left\langle \boldsymbol{E}_{p'}^{T},\boldsymbol{R}_{lmn}^{*}\right\rangle$$

$$\sum_{p}(C_pe^{-jk_{zp}d/2}+D_pe^{jk_{zp}d/2})\sum_{l=0}^{2}\sum_{m,n}^{\infty}\frac{1}{\eta_{lmn}}\left\langle \boldsymbol{E}_{p}^{T},\boldsymbol{R}_{l'm'n'}\right\rangle\left\langle \boldsymbol{E}_{p'}^{T},\boldsymbol{R}_{l'm'n'}\right\rangle-$$

$$\left(\frac{C_{p'}}{\eta_{p'}}e^{-jk_{zp'}d/2}-\frac{D_{p'}}{\eta_{p'}}e^{jk_{zp'}d/2}\right)=0$$

得

$$\sum_{p}(C_pe^{-jk_{zp}d/2}+D_pe^{jk_{zp}d/2})S_{pp'}-\left(\frac{C_{p'}}{\eta_{p'}}e^{-jk_{zp'}d/2}-\frac{D_{p'}}{\eta_{p'}}e^{jk_{zp'}d/2}\right)=0 \quad (7.71)$$

式中

$$S_{pp'}=\sum_{l=0}^{2}\sum_{m,n}^{\infty}\frac{1}{\eta_{lmn}}\left\langle \boldsymbol{E}_{p}^{T},\boldsymbol{R}_{l'm'n'}\right\rangle\left\langle \boldsymbol{E}_{p'}^{T},\boldsymbol{R}_{l'm'n'}^{*}\right\rangle$$

同理，将式(7.68) 代入式(7.70)消去系数 a_{lmn}，得

$$\sum_{p}(C_pe^{jk_{zp}d/2}+D_pe^{-jk_{zp}d/2})S_{pp'}+\frac{1}{\eta'_{p}}(C_{p'}e^{jk_{zp'}d/2}-D_{p'}e^{-jk_{zp'}d/2})$$

$$=\sum_{l=0}^{2}\frac{2}{\eta_{lmn}}\left\langle \boldsymbol{E}_{p}^{T},\boldsymbol{R}_{lmn}^{*}\right\rangle\left\langle \boldsymbol{E}_{p'}^{T},\boldsymbol{R}_{l'm'n'}^{*}\right\rangle$$

得

$$\sum_{p}(C_pe^{jk_{zp}d/2}+D_pe^{-jk_{zp}d/2})S_{pp'}+\frac{1}{\eta_{p'}}(C_{p'}e^{jk_{zp'}d/2}-D_{p'}e^{-jk_{zp'}d/2})=2T_{p'}$$

(7.72)

式中

$$T_{p'}=\sum_{l=0}^{2}\frac{1}{\eta_{lmn}}\left\langle \boldsymbol{E}_{p}^{T},\boldsymbol{R}_{lmn}^{*}\right\rangle\left\langle \boldsymbol{E}_{p'}^{T},\boldsymbol{R}_{l'm'n'}^{*}\right\rangle$$

设

$$A_p=j(D_p-C_p),B_p=(C_p+D_p)$$

即

$$D_p=\frac{1}{2}(B_p-jA_p),C_p=\frac{1}{2}(B_p+jA_p)$$

代入式(7.71)和式(7.72),得

$$\sum_{p} B_p \cos(k_{zp} d/2) S_{pp'} + \frac{1}{\eta_{p'}} \mathrm{j} B_{p'} \sin k_{zp'} d$$
$$= -\sum_{p} A_p \sin(k_{zp} d/2) S_{pp'} + \frac{1}{\eta_{p'}} \mathrm{j} A_{p'} (\cos k_{zp'} d/2) \tag{7.73}$$

$$\sum_{p} (B_p \cos(k_{zp} d/2) - A_p \sin(k_{zp} d/2)) S_{pp'} +$$
$$\frac{1}{\eta_{p'}} \mathrm{j} (B_{p'} \sin(k_{zp'} d/2) + A_{p'} \cos(k_{zp'} d/2)) = 2T_{p'} \tag{7.74}$$

整理后,得

$$\sum_{p} A_p \sin(k_{zp} d/2) S_{pp'} - \frac{1}{\eta_{p'}} \mathrm{j} A_{p'} \cos(k_{zp'} d/2) = -T_{p'} \tag{7.75}$$

$$\sum_{p} B_p \cos(k_{zp} d/2) S_{pp'} + \frac{1}{\eta_{p'}} \mathrm{j} B_{p'} \sin(k_{zp'} d/2) = T_{p'} \tag{7.76}$$

可以看出,式(7.75) 和式(7.76)是关于系数 A_p 和 B_p 的两个独立方程,涉及内积计算问题,下面开始推导各个模式之间的内积。

下面以圆环 FSS 单元为例说明基于波导模的 FSS 模式匹配法,设圆环的外环半径为 ρ_a,内环半径为 ρ_b,$c=\rho_a/\rho_b$,周期单元的面积为 A(注意不是孔径的面积),圆环内的场可以用同轴波导模式展开。根据表 7.3 可以得到同轴波导模式。

对于 TEM 模:

$$\boldsymbol{E}_{00}^{\mathrm{T}}(\rho,\varphi) = \frac{1}{\sqrt{2\pi \ln c}} \frac{\hat{\boldsymbol{\rho}}}{\rho} \tag{7.77}$$

对于 TE 模:

当在 x 轴上没有 ρ 分量时,有

$$\boldsymbol{E}_{1mn1}^{\mathrm{T}}(\rho,\varphi) = \frac{m}{\rho} I_m\left(\frac{\chi'_{mn}\rho}{\rho_b}\right) \sin(m\varphi) \hat{\boldsymbol{\rho}} + \frac{\chi'_{mn}}{\rho_b} I'_m\left(\frac{\chi'_{mn}\rho}{\rho_b}\right) \cos(m\varphi) \hat{\boldsymbol{\varphi}} \tag{7.78}$$

当在 x 轴上没有 φ 分量时,有

$$\boldsymbol{E}_{1mn2}^{\mathrm{T}}(\rho,\varphi) = -\frac{m}{\rho} I_m\left(\frac{\chi'_{mn}\rho}{\rho_b}\right) \cos(m\varphi) \hat{\boldsymbol{\rho}} + \frac{\chi'_{mn}}{\rho_b} I'_m\left(\frac{\chi'_{mn}\rho}{\rho_b}\right) \sin(m\varphi) \hat{\boldsymbol{\varphi}} \tag{7.79}$$

对于 TM 模:

当在 x 轴上没有 ρ 分量时,有

$$\boldsymbol{E}_{2mn1}^{\mathrm{T}}(\rho,\varphi) = -\frac{\chi_{mn}}{\rho_b} Z'_m\left(\frac{\chi_{mn}\rho}{\rho_b}\right) \sin(m\varphi) \hat{\boldsymbol{\rho}} - \frac{m}{\rho} Z_m\left(\frac{\chi_{mn}\rho}{\rho_b}\right) \cos(m\varphi) \hat{\boldsymbol{\varphi}} \tag{7.80}$$

当在 x 轴上没有 φ 分量时,有

$$\boldsymbol{E}^{\mathrm{T}}_{2mn2}(\rho,\varphi) = -\frac{\chi_{mn}}{\rho_b}Z'_m\left(\frac{\chi_{mn}\rho}{\rho_b}\right)\cos(m\varphi)\hat{\boldsymbol{\rho}} + \frac{m}{\rho}Z_m\left(\frac{\chi_{mn}\rho}{\rho_b}\right)\sin(m\varphi)\hat{\boldsymbol{\varphi}} \tag{7.81}$$

在圆柱坐标系下，由圆柱坐标与直角坐标系的转换关系：

$$\begin{cases}\hat{\boldsymbol{\rho}} = \cos\varphi\hat{\boldsymbol{x}} + \sin\varphi\,\hat{\boldsymbol{y}} \\ \hat{\varphi} = -\sin\varphi\hat{\boldsymbol{x}} + \cos\varphi\hat{\boldsymbol{y}}\end{cases}$$

设

$$\begin{cases}k_{xm} = k_{mn}\cos\varphi_{mn} \\ k_{ymn} = k_{mn}\sin\varphi_{mn}\end{cases}$$

得到

$$\hat{\boldsymbol{x}} = \hat{\boldsymbol{x}}\cdot\hat{\boldsymbol{\rho}}\hat{\boldsymbol{\rho}} + \hat{\boldsymbol{x}}\cdot\hat{\varphi}\hat{\varphi} = \cos\varphi\hat{\boldsymbol{\rho}} - \sin\varphi\hat{\boldsymbol{\varphi}},\hat{\boldsymbol{y}} = \hat{\boldsymbol{y}}\cdot\hat{\boldsymbol{\rho}}\hat{\boldsymbol{\rho}} + \hat{\boldsymbol{y}}\cdot\hat{\varphi}\hat{\varphi} = \sin\varphi\hat{\boldsymbol{\rho}} + \cos\varphi\hat{\boldsymbol{\varphi}}$$

$$\begin{aligned}(k_{xm}x + k_{ymn}y) &= k_{mn}\rho\cos\varphi_{mn}\cos\varphi + k_{mn}\rho\sin\varphi_{mn}\sin\varphi \\ &= k_{mn}\rho\cos(\varphi - \varphi_{mn})\end{aligned}$$

代入式(7.13)和式(7.14)，得到圆柱坐标表示的 Floquet 模为

$$\bar{\boldsymbol{e}}^{\mathrm{TE}}_{\pm mn} = -\frac{1}{\sqrt{A}}(\sin(\varphi - \varphi_{mn})\hat{\boldsymbol{\rho}} + \cos(\varphi - \varphi_{mn})\hat{\boldsymbol{\varphi}})\mathrm{e}^{-\mathrm{j}k_{mn}\rho\cos(\varphi-\varphi_{mn})}\mathrm{e}^{-\mathrm{j}[\pm\gamma_{mn}]z}$$

$$\bar{\boldsymbol{e}}^{\mathrm{TM}}_{\pm mn} = \frac{1}{\sqrt{A}}(\cos(\varphi - \varphi_{mn})\hat{\boldsymbol{\rho}} - \sin(\varphi - \varphi_{mn})\hat{\boldsymbol{\varphi}})\mathrm{e}^{-\mathrm{j}k_{mn}\rho\cos(\varphi-\varphi_{mn})}\mathrm{e}^{-\mathrm{j}[\pm\gamma_{mn}]z}$$

为了消除当 $\theta=0°,m=0,n=0$ 时的奇异，在模式匹配、自由空间的场展开时，还要考虑 Floquet 模的 TEM 模，设 Floquet 模波函数

$$\psi_{\pm mn} = \chi_{mn}\exp[-\mathrm{j}(\pm\gamma_{mn}z)]$$

代入波动方程，χ_{mn} 满足：

$$(\nabla^2_T + k^2_{mn})\chi_{mn}(x,y) = 0$$

当 $\theta=0°,m=0,n=0$ 时，$\nabla^2_T\chi_{00}(x,y)=0$ 存在两个归一化的解：

$$\chi_{00,1}(x,y) = -\frac{x}{\sqrt{A}},\ \chi_{00,2}(x,y) = -\frac{y}{\sqrt{A}}$$

对应的 TEM 模式的磁场和电场为

$$\boldsymbol{H}_{000,1} = -\frac{1}{\eta_{00}}\boldsymbol{u}_z\times\nabla_T\chi_{00,1} = \frac{\hat{\boldsymbol{y}}}{\eta_{00}\sqrt{A}} \tag{7.82}$$

$$\boldsymbol{H}_{000,2} = -\frac{1}{\eta_{00}}\boldsymbol{u}_z\times\nabla_T\chi_{00,2} = -\frac{\hat{\boldsymbol{x}}}{\eta_{00}\sqrt{A}} \tag{7.83}$$

$$\boldsymbol{E}_{000,1} = -u_z\times\nabla_T\chi_{00,1} = \frac{\hat{\boldsymbol{x}}}{\sqrt{A}} \tag{7.84}$$

$$E_{000,2} = -u_z\times\nabla_T\chi_{00,2} = \frac{\hat{\boldsymbol{y}}}{\sqrt{A}} \tag{7.85}$$

$\boldsymbol{R}_{lmn}(\rho)$表达式为

$$\boldsymbol{R}_{1mn}(\rho,\varphi) = \frac{-\hat{\boldsymbol{\rho}}\sin(\varphi - \varphi_{mn}) + \hat{\boldsymbol{\varphi}}\cos(\varphi - \varphi_{mn})}{\sqrt{A}}\mathrm{e}^{-\mathrm{j}\rho k_{mn}\cos(\varphi-\varphi_{mn})} \tag{7.86}$$

$$\boldsymbol{R}_{2mn}(\rho,\varphi) = \frac{\hat{\boldsymbol{\rho}}\cos(\varphi - \varphi_{mn}) - \hat{\boldsymbol{\varphi}}\sin(\varphi - \varphi_{mn})}{\sqrt{A}}\mathrm{e}^{-\mathrm{j}\rho k_{mn}\cos(\varphi-\varphi_{mn})} \tag{7.87}$$

波导模 $\boldsymbol{E}_{lmn}^{\mathrm{T}}$与 Floquet 模 $\boldsymbol{R}_{l'm'n'}$之间的内积定义为

$$\left\langle \boldsymbol{E}_{lmn}^{\mathrm{T}},\boldsymbol{R}_{l'm'n'} \right\rangle = \int_{\rho_b}^{\rho_a}\rho\mathrm{d}\rho\int_0^{2\pi}\boldsymbol{E}_{lmn}^{\mathrm{T}}(\rho,\varphi)\cdot\boldsymbol{R}_{l'm'n'}^{*}(\rho,\varphi)\,\mathrm{d}\varphi \tag{7.88}$$

(1) TEM 模:

首先考虑 TEM 模和 Floquet 波的内积,注意到:

$$\rho\boldsymbol{E}_{00}^{\mathrm{T}}(\rho,\varphi) = \frac{\hat{\boldsymbol{\rho}}}{\sqrt{2\pi\ln c}} \tag{7.89}$$

式中:$c = \dfrac{\rho_a}{\rho_b}$。

有

$$\left\langle \boldsymbol{E}_{00}^{\mathrm{T}},\boldsymbol{R}_{1mn}^{*} \right\rangle = -\int_{\rho_b}^{\rho_a}\int_0^{2\pi}\frac{\sin(\varphi-\varphi_{mn})}{\sqrt{2\pi A\ln c}}\mathrm{e}^{-\mathrm{j}\rho k_{mn}\cos(\varphi-\varphi_{mn})}\,\mathrm{d}\varphi\mathrm{d}\rho \tag{7.90}$$

$$\left\langle \boldsymbol{E}_{00}^{\mathrm{T}},\boldsymbol{R}_{2mn}^{*} \right\rangle = \int_{\rho_b}^{\rho_a}\int_0^{2\pi}\frac{\cos(\varphi-\varphi_{mn})}{\sqrt{2\pi A\ln c}}\mathrm{e}^{-\mathrm{j}\rho k_{mn}\cos(\varphi-\varphi_{mn})}\,\mathrm{d}\varphi\mathrm{d}\rho \tag{7.91}$$

对 ρ 积分,并将 $\varphi-\varphi_{mn}$ 换成 φ,得

$$\left\langle \boldsymbol{E}_{00}^{\mathrm{T}},\boldsymbol{R}_{1mn}^{*} \right\rangle = \frac{\mathrm{j}}{k_{mn}\sqrt{2\pi A\ln c}}\int_0^{2\pi}\tan\varphi(\mathrm{e}^{-\mathrm{j}\rho_a k_{mn}\cos\varphi} - \mathrm{e}^{-\mathrm{j}\rho_b k_{mn}\cos\varphi})\mathrm{d}\varphi \tag{7.92}$$

$$\left\langle \boldsymbol{E}_{00}^{\mathrm{T}},\boldsymbol{R}_{2mn}^{*} \right\rangle = \frac{-\mathrm{j}}{k_{mn}\sqrt{2\pi A\ln c}}\int_0^{2\pi}(\mathrm{e}^{-\mathrm{j}\rho_a k_{mn}\cos\varphi} - \mathrm{e}^{-\mathrm{j}\rho_b k_{mn}\cos\varphi})\mathrm{d}\varphi \tag{7.93}$$

因为积分限是整个周期的,而且积分函数是奇数,第一个项积分为 0,由于

$$\int_0^{2\pi}\mathrm{e}^{\mathrm{j}\xi\cos\varphi}\mathrm{d}\varphi = \int_0^{2\pi}\cos(\xi\cos\varphi)\mathrm{d}\varphi = 2\pi J_0(\xi) \tag{7.94}$$

可得

$$\left\langle \boldsymbol{E}_{00}^{\mathrm{T}},\boldsymbol{R}_{1mn}^{*} \right\rangle = 0 \tag{7.95}$$

$$\left\langle \boldsymbol{E}_{00}^{\mathrm{T}},\boldsymbol{R}_{2mn}^{*} \right\rangle = \mathrm{j}\sqrt{\frac{2\pi}{A\ln c}}\frac{J_0(k_{mn}\rho_a) - J_0(k_{mn}\rho_b)}{k_{mn}} \tag{7.96}$$

$\theta = 0°, m' = n' = 0$ 时,有

$$\left\langle \boldsymbol{E}_{00}^{\mathrm{T}},\boldsymbol{R}_{000,1}^{*} \right\rangle = \int_{\rho_b}^{\rho_a}\int_0^{2\pi}\frac{\cos\varphi}{\sqrt{2\pi A\ln c}}\mathrm{d}\varphi\mathrm{d}\rho = 0 \tag{7.97}$$

$$\left\langle \boldsymbol{E}_{00}^{\mathrm{T}}, \boldsymbol{R}_{000,2}^{*} \right\rangle = \int_{\rho_b}^{\rho_a} \int_{0}^{2\pi} \frac{\sin\varphi}{\sqrt{2\pi A \ln c}} \mathrm{d}\varphi \mathrm{d}\rho = 0 \tag{7.98}$$

(2) TE 模：

① TE 模和 Floquet 模 $\boldsymbol{R}_{l'm'n'}^{*}$之间的内积。

当在 x 轴上没有 ρ 分量时，对于 $\boldsymbol{E}_{1mn}^{\mathrm{T}}(\rho)$，有

$$\begin{aligned}\left\langle \boldsymbol{E}_{1mn1}^{\mathrm{T}}, \boldsymbol{R}_{1m'n'}^{*} \right\rangle = & -\frac{1}{\sqrt{A}} \int_{\rho_b}^{\rho_a} \int_{0}^{2\pi} \left[m I_m\left(\frac{\chi'_{mn}\rho}{\rho_b}\right) \sin(m\varphi) \sin(\varphi - \varphi_{m'n'}) \right. \\ & \left. + \frac{\chi'_{mn}\rho}{\rho_b} I'_m\left(\frac{\chi'_{mn}\rho}{\rho_b}\right) \cos(m\varphi) \cos(\varphi - \varphi_{m'n'}) \right] \\ & \mathrm{e}^{-\mathrm{j}\rho k_{m'n'} \cos(\varphi - \varphi_{m'n'})} \mathrm{d}\varphi \mathrm{d}\rho \end{aligned} \tag{7.99}$$

式中：$\boldsymbol{E}_{1mn1}^{\mathrm{T}}$为简并模式中垂直极化模式；$\boldsymbol{E}_{1mn2}^{\mathrm{t}}$为简并模式中水平极化模式。

将变量 $\varphi - \varphi_{m'n'}$ 替换成 φ 可得

$$\begin{aligned}\left\langle \boldsymbol{E}_{1mn1}^{\mathrm{T}}, \boldsymbol{R}_{1m'n'}^{*} \right\rangle = & -\frac{1}{\sqrt{A}} \int_{\rho_b}^{\rho_a} \int_{-\varphi_{m'n'}}^{2\pi - \varphi_{m'n'}} \left\{ m I_m\left(\frac{\chi'_{mn}\rho}{\rho_b}\right) \sin[m(\varphi + \varphi_{m'n'})] \sin\varphi \right. \\ & \left. + \frac{\chi'_{mn}\rho}{\rho_b} I'_m\left(\frac{\chi'_{mn}\rho}{\rho_b}\right) \cos[m(\varphi + \varphi_{m'n'})] \cos\varphi \right\} \mathrm{e}^{-\mathrm{j}\rho k_{m'n'} \cos\varphi} \mathrm{d}\varphi \mathrm{d}\rho \end{aligned} \tag{7.100}$$

因为

$$\begin{cases} \cos[m(\varphi + \varphi_{m'n'})] = \cos(m\varphi)\cos(m\varphi_{m'n'}) - \sin(m\varphi)\sin(m\varphi_{m'n'}) \\ \sin[m(\varphi + \varphi_{m'n'})] = \sin(m\varphi)\cos(m\varphi_{m'n'}) + \sin(m\varphi)\cos(m\varphi_{m'n'}) \end{cases} \tag{7.101}$$

积分中的奇函数项的积分为 0，则有

$$\begin{aligned}\left\langle \boldsymbol{E}_{1mn1}^{\mathrm{T}}, \boldsymbol{R}_{1m'n'}^{*} \right\rangle = & -\frac{1}{\sqrt{A}} \cos(m\varphi_{m'n'}) \int_{\rho_b}^{\rho_a} \int_{0}^{2\pi} \left\{ m I_m\left(\frac{\chi'_{mn}\rho}{\rho_b}\right) \sin(m\varphi) \sin\varphi \right. \\ & \left. + \frac{\chi'_{mn}\rho}{\rho_b} I'_m\left(\frac{\chi'_{mn}\rho}{\rho_b}\right) \cos(m\varphi) \cos\varphi \right\} \mathrm{e}^{-\mathrm{j}\rho k_{m'n'} \cos\varphi} \mathrm{d}\varphi \mathrm{d}\rho \end{aligned} \tag{7.102}$$

积分限变为 $0 \leqslant \varphi \leqslant 2\pi$，又因为

$$\begin{cases} \cos(m\varphi)\cos\varphi = \dfrac{1}{2}[\cos(m-1)\varphi + \cos(m+1)\varphi] \\ \sin(m\varphi)\sin\varphi = \dfrac{1}{2}[\cos(m-1)\varphi - \cos(m+1)\varphi] \end{cases} \tag{7.103}$$

得

$$\left\langle \boldsymbol{E}_{1mn1}^{\mathrm{T}}, \boldsymbol{R}_{1m'n'}^{*} \right\rangle = -\frac{1}{\sqrt{A}} \cos(m\varphi_{m'n'}) \int_{\rho_b}^{\rho_a} \int_{0}^{2\pi}$$

$$\left\{mI_m\left(\frac{\chi'_{mn}\rho}{\rho_b}\right)[\cos(m-1)\varphi - \cos(m+1)\varphi]\right.$$

$$\left.+\frac{\chi'_{mn}\rho}{\rho_b}I'_m\left(\frac{\chi'_{mn}\rho}{\rho_b}\right)[\cos(m-1)\varphi + \cos(m+1)\varphi]\right\}e^{j\rho k_{m'n'}\cos\varphi}d\varphi d\rho \tag{7.104}$$

由文献[10]中式(9.1.21)可得

$$\frac{j^{-n}}{\pi}\int e^{jz\cos\varphi}\cos(n\varphi)d\varphi = J_n(z) \tag{7.105}$$

应用于(7.104),对 φ 积分,得到

$$\left\langle \boldsymbol{E}^{\mathrm{T}}_{1mn1}, \boldsymbol{R}^{*}_{1m'n'} \right\rangle = -\frac{\pi}{\sqrt{A}}\cos(m\varphi_{m'n'})(-j)^{m-1} \times \int_{\rho_b}^{\rho_a}\left\{mI_m\left(\frac{\chi'_{mn}\rho}{\rho_b}\right)\right.$$
$$[J_{m-1}(\rho k_{m'n'}) + J_{m+1}(\rho k_{m'n'})]$$
$$\left.+\frac{\chi'_{mn}\rho}{\rho_b}I'_m\left(\frac{\chi'_{mn}\rho}{\rho_b}\right)[J_{m-1}(\rho k_{m'n'}) - J_{m+1}(\rho k_{m'n'})]\right\}d\rho \tag{7.106}$$

根据贝塞尔函数的性质:

$$[J_{m-1}(\rho k_{m'n'}) + J_{m+1}(\rho k_{m'n'})] = \frac{2m}{\rho k_{m'n'}}J_m(\rho k_{m'n'})$$
$$[J_{m-1}(\rho k_{m'n'}) - J_{m+1}(\rho k_{m'n'})] = 2J'_m(\rho k_{m'n'})$$

对上式简化,得

$$\left\langle \boldsymbol{E}^{\mathrm{T}}_{1mn1}, \boldsymbol{R}^{*}_{1m'n'} \right\rangle = -\frac{2\pi}{\sqrt{A}}\cos(m\varphi_{m'n'})(-j)^{m-1}$$
$$\times \int_{\rho_b}^{\rho_a}\left\{\frac{m^2}{\rho k_{m'n'}}I_m\left(\frac{\chi'_{mn}\rho}{\rho_b}\right)J_m(\rho k_{m'n'}) + \frac{\chi'_{mn}\rho}{\rho_b}I'_m\left(\frac{\chi'_{mn}\rho}{\rho_b}\right)J'_m(\rho k_{m'n'})\right\}d\rho \tag{7.107}$$

对于下列形式的积分

$$I = \int_{\rho_b}^{\rho_a}\left\{\frac{m^2}{\rho^2}Z_m(\beta_s\rho)J_m(\rho k_r) + \beta_s k_r Z'_m(\beta_s\rho)J'_m(\rho k_r)\right\}\rho d\rho$$

有

$$I = \left[\frac{\rho k_r^2\beta_s J_m(k_r\rho)Z'_m(\beta_s\rho) - \beta_s^2 k_r Z_m(\beta_s\rho)J'_m(k_r\rho)}{k_r^2 - \beta_s^2}\right]_{\rho_b}^{\rho_a}$$

最终有

$$\left\langle \boldsymbol{E}^{\mathrm{T}}_{1mn1}, \boldsymbol{R}^{*}_{1m'n'} \right\rangle = -\frac{2\pi}{\sqrt{A}}(\chi'_{mn})^2\rho_b(-j)^{m-1}\cos(m\varphi_{m'n'})$$

$$\times \frac{I_m(\chi'_{mn})J'_m(\rho_b k_{m'n'}) - cI_m(c\chi'_{mn})J'_m(\rho_a k_{m'n'})}{\rho_b^2 k_{m'n'}^2 - (\chi'_{mn})^2} \tag{7.108}$$

当在 x 轴上没有 ρ 分量时，有

$$\left\langle \boldsymbol{E}_{1mn2}^{\mathrm{T}}, \boldsymbol{R}_{1m'n'}^{*} \right\rangle = \tan(m\varphi_{m'n'}) \left\langle \boldsymbol{E}_{1mn1}^{\mathrm{T}}, \boldsymbol{R}_{1m'n'}^{*} \right\rangle \tag{7.109}$$

$\theta = 0°, m' = n' = 0$ 时，有

$$\left\langle \boldsymbol{E}_{1mn1}^{\mathrm{T}}, \boldsymbol{R}_{000,1}^{*} \right\rangle = \frac{1}{\sqrt{A}} \int_{\rho_b}^{\rho_a} \int_0^{2\pi} \left[mI_m\left(\frac{\chi'_{mn}\rho}{\rho_b}\right) \sin(m\varphi)\cos\varphi - \frac{\chi'_{mn}\rho}{\rho_b} I'_m\left(\frac{\chi'_{mn}\rho}{\rho_b}\right)\cos(m\varphi)\sin\varphi \right] \mathrm{d}\varphi \mathrm{d}\rho = 0 \tag{7.110}$$

$$\left\langle \boldsymbol{E}_{1mn1}^{\mathrm{T}}, \boldsymbol{R}_{000,2}^{*} \right\rangle = \frac{1}{\sqrt{A}} \int_{\rho_b}^{\rho_a} \int_0^{2\pi} \left[mI_m\left(\frac{\chi'_{mn}\rho}{\rho_b}\right) \sin(m\varphi)\sin\varphi + \frac{\chi'_{mn}\rho}{\rho_b} I'_m\left(\frac{\chi'_{mn}\rho}{\rho_b}\right)\cos(m\varphi)\cos\varphi \right] \mathrm{d}\varphi \mathrm{d}\rho$$

$$\left\langle \boldsymbol{E}_{1mn1}^{\mathrm{T}}, \boldsymbol{R}_{000,2}^{*} \right\rangle = \frac{\pi}{\sqrt{A}} \begin{cases} \displaystyle\int_{\rho_b}^{\rho_a} \left[mI_m\left(\frac{\chi'_{mn}\rho}{\rho_b}\right) + \frac{\chi'_{mn}\rho}{\rho_b} I'_m\left(\frac{\chi'_{mn}\rho}{\rho_b}\right) \right] \mathrm{d}\rho, & m = 1 \\ 0, & m \neq 1 \end{cases} \tag{7.111}$$

因为 $Z'_0(x) = -Z_1(x)$，所以 $\int Z_1(x)\,\mathrm{d}x = -Z_0(x)$，又因为

$$\int xZ'_1(x)\,\mathrm{d}x = \int x\mathrm{d}Z_1(x) = xZ_1(x) - \int Z_1(x)\,\mathrm{d}x = xZ_1(x) + Z_0(x)$$

式(7.111)的积分结果为

$$\left\langle \boldsymbol{E}_{1mn1}^{\mathrm{T}}, \boldsymbol{R}_{000,2}^{*} \right\rangle = \begin{cases} \displaystyle\frac{\pi}{\sqrt{A}} \frac{\rho_b}{\chi'_{1n}} \left[\frac{\chi'_{1n}\rho}{\rho_b} I_1\left(\frac{\chi'_{1n}\rho}{\rho_b}\right) \right]_{\rho_b}^{\rho_a} = \frac{\pi}{\sqrt{A}} \left[\rho_a I_1\left(\frac{\chi'_{1n}\rho_a}{\rho_b}\right) - \rho_b I_1(\chi'_{1n}) \right], & m = 1 \\ 0, & m \neq 1 \end{cases} \tag{7.112}$$

$$\left\langle \boldsymbol{E}_{1mn2}^{\mathrm{T}}, \boldsymbol{R}_{000,1}^{*} \right\rangle = \frac{1}{\sqrt{A}} \int_{\rho_b}^{\rho_a} \int_0^{2\pi} \left[-mI_m\left(\frac{\chi'_{mn}\rho}{\rho_b}\right) \cos(m\varphi)\cos\varphi - \frac{\chi'_{mn}\rho}{\rho_b} I'_m\left(\frac{\chi'_{mn}\rho}{\rho_b}\right)\sin(m\varphi)\sin\varphi \right] \mathrm{d}\varphi \mathrm{d}\rho \tag{7.113}$$

$$\left\langle \boldsymbol{E}_{1mn2}^{\mathrm{T}}, \boldsymbol{R}_{000,1}^{*} \right\rangle = \frac{\pi}{\sqrt{A}} \begin{cases} \displaystyle\int_{\rho_b}^{\rho_a} \left[-mI_m\left(\frac{\chi'_{mn}\rho}{\rho_b}\right) - \frac{\chi'_{mn}\rho}{\rho_b} I'_m\left(\frac{\chi'_{mn}\rho}{\rho_b}\right) \right] \mathrm{d}\rho, & m = 1 \\ 0, & m \neq 1 \end{cases}$$

$$\left\langle \boldsymbol{E}_{1mn2}^{\mathrm{T}}, \boldsymbol{R}_{000,1}^{*} \right\rangle = -\left\langle E_{1mn2}^{\mathrm{T}}, \boldsymbol{R}_{000,2}^{*} \right\rangle$$

$$\left\langle \boldsymbol{E}_{1mn2}^{\mathrm{T}}, \boldsymbol{R}_{000,2}^{*} \right\rangle = \frac{1}{\sqrt{A}} \int_{\rho_b}^{\rho_a} \int_0^{2\pi} \left[-mI_m\left(\frac{\chi'_{mn}\rho}{\rho_b}\right)\cos(m\varphi)\sin\varphi + \frac{\chi'_{mn}\rho}{\rho_b} I'_m\left(\frac{\chi'_{mn}\rho}{\rho_b}\right)\sin(m\varphi)\cos\varphi \right] \mathrm{d}\varphi\mathrm{d}\rho = 0 \tag{7.114}$$

② $\boldsymbol{E}_{1mn}^{\mathrm{T}}$和$\boldsymbol{R}_{2m'n'}^{*}$之间的内积：

$$\left\langle \boldsymbol{E}_{1mn1}^{\mathrm{T}}, \boldsymbol{R}_{2m'n'}^{*} \right\rangle = \frac{1}{\sqrt{A}} \int_{\rho_b}^{\rho_a} \int_0^{2\pi} \left[mI_m\left(\frac{\chi'_{mn}\rho}{\rho_b}\right)\sin(m\varphi)\cos(\varphi-\varphi_{m'n'}) - \frac{\chi'_{mn}\rho}{\rho_b} I'_m\left(\frac{\chi'_{mn}\rho}{\rho_b}\right)\cos(m\varphi)\sin(\varphi-\varphi_{m'n'}) \right] \mathrm{e}^{\mathrm{j}\rho k_{m'n'}\cos(\varphi-\varphi_{m'n'})} \mathrm{d}\varphi\mathrm{d}\rho \tag{7.115}$$

将变量$\varphi-\varphi_{m'n'}$换成φ，得

$$\left\langle \boldsymbol{E}_{1mn1}^{\mathrm{T}}, \boldsymbol{R}_{2m'n'}^{*} \right\rangle = \frac{1}{\sqrt{A}} \int_{\rho_b}^{\rho_a} \int_{-\varphi_{m'n'}}^{2\pi-\varphi_{m'n'}} \left\{ mI_m\left(\frac{\chi'_{mn}\rho}{\rho_b}\right)\sin[m(\varphi+\varphi_{m'n'})]\cos\varphi - \frac{\chi'_{mn}\rho}{\rho_b} I'_m\left(\frac{\chi'_{mn}\rho}{\rho_b}\right)\cos[m(\varphi+\varphi_{m'n'})]\sin\varphi \right\} \mathrm{e}^{\mathrm{j}\rho k_{m'n'}\cos\varphi} \mathrm{d}\varphi\mathrm{d}\rho \tag{7.116}$$

积分式中奇函数项的积分为0，即

$$\left\langle \boldsymbol{E}_{1mn1}^{\mathrm{T}}, \boldsymbol{R}_{2m'n'}^{*} \right\rangle = \frac{1}{\sqrt{A}} \sin(m\varphi_{m'n'}) \int_{\rho_b}^{\rho_a} \int_0^{2\pi} \left\{ mI_m\left(\frac{\chi'_{mn}\rho}{\rho_b}\right) \times \cos(m\varphi)\cos\varphi + \frac{\chi'_{mn}\rho}{\rho_b} I'_m\left(\frac{\chi'_{mn}\rho}{\rho_b}\right)\sin(m\varphi)\sin\varphi \right\} \mathrm{e}^{\mathrm{j}\rho k_{m'n'}\cos\varphi} \mathrm{d}\varphi\mathrm{d}\rho \tag{7.117}$$

同样，可得

$$\left\langle \boldsymbol{E}_{1mn1}^{\mathrm{T}}, \boldsymbol{R}_{2m'n'}^{*} \right\rangle = \frac{1}{\sqrt{A}} \sin(m\varphi_{m'n'}) \int_{\rho_b}^{\rho_a} \int_0^{\pi} \left\{ mI_m\left(\frac{\chi'_{mn}\rho}{\rho_b}\right) [\cos(m-1)\varphi + \cos(m+1)\varphi] + \frac{\chi'_{mn}\rho}{\rho_b} I'_m\left(\frac{\chi'_{mn}\rho}{\rho_b}\right)[\cos(m-1)\varphi + \cos(m+1)\varphi] \right\} \mathrm{e}^{\mathrm{j}\rho k_{m'n'}\cos\varphi} \mathrm{d}\varphi\mathrm{d}\rho \tag{7.118}$$

依据式(7.105)对φ积分可得[10]

$$\left\langle \boldsymbol{E}_{1mn1}^{\mathrm{T}}, \boldsymbol{R}_{2m'n'}^{*} \right\rangle = \frac{1}{\sqrt{A}} \sin(m\varphi_{m'n'})(-\mathrm{j})^{m-1} \times \int_{\rho_b}^{\rho_a} \left\{ mI_m\left(\frac{\chi'_{mn}\rho}{\rho_b}\right) [J_{m-1}(\rho k_{m'n'}) - J_{m+1}(\rho k_{m'n'})] + \frac{\chi'_{mn}\rho}{\rho_b} I'_m\left(\frac{\chi'_{mn}\rho}{\rho_b}\right)[J_{m-1}(\rho k_{m'n'}) - J_{m+1}(\rho k_{m'n'})] \right\} \mathrm{d}\rho \tag{7.119}$$

将上式简化,得

$$\left\langle \boldsymbol{E}_{1mn1}^{\mathrm{T}}, \boldsymbol{R}_{2m'n'}^{*} \right\rangle = \frac{2\pi}{\sqrt{A}} \sin(m\varphi_{m'n'}) m(-\mathrm{j})^{m-1}$$

$$\times \int_{\rho_b}^{\rho_a} \left\{ I_m\left(\frac{\chi'_{mn}\rho}{\rho_b}\right) J'_m(\rho k_{m'n'}) + \frac{\chi'_{mn}}{k_{m'n'}\rho_b} I'_m\left(\frac{\chi'_{mn}\rho}{\rho_b}\right) J_m(\rho k_{m'n'}) \right\} \mathrm{d}\rho \tag{7.120}$$

可以将积分函数写成$\frac{1}{k_{m'n'}}\frac{\partial}{\partial\rho}\left[I_m\left(\frac{\chi'_{mn}\rho}{\rho_b}\right)J_m(\rho k_{m'n'})\right]$,最终可以得到

$$\left\langle \boldsymbol{E}_{1mn1}^{\mathrm{T}}, \boldsymbol{R}_{2m'n'}^{*} \right\rangle = \frac{2\pi}{\sqrt{A}} \sin(m\varphi_{m'n'}) m(-j)^{m-1}$$

$$\times \frac{I_m(c\chi'_{mn}) J_m(\rho_a k_{m'n'}) - I_m(\chi'_{mn}) J_m(\rho_b k_{m'n'})}{k_{m'n'}} \tag{7.121}$$

当在 x 轴上没有 φ 分量时,有

$$\left\langle \boldsymbol{E}_{1mn2}^{\mathrm{T}}, \boldsymbol{R}_{2m'n'} \right\rangle = -\cot(m\varphi_{m'n'}) \left\langle \boldsymbol{E}_{1mn1}^{\mathrm{T}}, \boldsymbol{R}_{2m'n'} \right\rangle \tag{7.122}$$

(3) TM 模:

① TM 模 $\boldsymbol{E}_{2mn1}^{\mathrm{T}}$和 Floquet 波 $\boldsymbol{R}_{1m'n'}$之间的内积:

$$\left\langle \boldsymbol{E}_{2mn1}^{\mathrm{T}}, \boldsymbol{R}_{1m'n'}^{*} \right\rangle = \frac{1}{\sqrt{A}} \int_{\rho_b}^{\rho_a} \int_0^{2\pi} \left\{ mZ_m\left(\frac{\chi_{mn}\rho}{\rho_b}\right) \cos m\varphi \cos(\varphi - \varphi_{m'n'}) \right.$$

$$\left. + \frac{\chi_{mn}\rho}{\rho_b} Z'_m\left(\frac{\chi_{mn}\rho}{\rho_b}\right) \sin m\varphi \sin(\varphi - \varphi_{m'n'}) \right\} \mathrm{e}^{-\mathrm{j}\rho k_{m'n'}\cos(\varphi-\varphi_{m'n'})} \mathrm{d}\varphi \mathrm{d}\rho \tag{7.123}$$

将 $\varphi - \varphi_{m'n'}$换成 φ,得

$$\left\langle \boldsymbol{E}_{2mn1}^{\mathrm{T}}, \boldsymbol{R}_{1m'n'}^{*} \right\rangle = \frac{1}{\sqrt{A}} \int_{\rho_b}^{\rho_a} \int_{-\varphi_{m'n'}}^{2\pi-\varphi_{m'n'}} \left\{ mZ_m\left(\frac{\chi_{mn}\rho}{\rho_b}\right) \cos[m(\varphi + \varphi_{m'n'})] \cos\varphi \right.$$

$$\left. + \frac{\chi_{mn}\rho}{\rho_b} Z'_m\left(\frac{\chi_{mn}\rho}{\rho_b}\right) \sin[m(\varphi + \varphi_{m'n'})] \sin\varphi \right\} \mathrm{e}^{-\mathrm{j}\rho k_{m'n'}\cos\varphi} \mathrm{d}\varphi \mathrm{d}\rho \tag{7.124}$$

则有

$$\left\langle \boldsymbol{E}_{2mn1}^{\mathrm{T}}, \boldsymbol{R}_{1m'n'}^{*} \right\rangle = \frac{1}{\sqrt{A}} \cos(m\varphi_{m'n'}) \int_{\rho_b}^{\rho_a} \int_0^{2\pi} \left\{ mZ_m\left(\frac{\chi_{mn}\rho}{\rho_b}\right) \cos(m\varphi) \cos\varphi \right.$$

$$\left. + \frac{\chi_{mn}\rho}{\rho_b} Z'_m\left(\frac{\chi_{mn}\rho}{\rho_b}\right) \sin(m\varphi) \sin\varphi \right\} \mathrm{e}^{-\mathrm{j}\rho k_{m'n'}\cos\varphi} \mathrm{d}\varphi \mathrm{d}\rho \tag{7.125}$$

$$\left\langle \boldsymbol{E}_{2mn1}^{\mathrm{T}}, \boldsymbol{R}_{1m'n'}^{*} \right\rangle = \frac{1}{\sqrt{A}} \cos(m\varphi_{m'n'}) \int_{\rho_b}^{\rho_a} \int_0^{2\pi} \left\{ mZ_m\left(\frac{\chi_{mn}\rho}{\rho_b}\right) [\cos(m-1)\varphi + \cos(m+1)\varphi] \right.$$

$$+\frac{\chi_{mn}\rho}{\rho_b}Z'_m\left(\frac{\chi_{mn}\rho}{\rho_b}\right)\left[\cos(m-1)\varphi-\cos(m+1)\varphi\right]\Bigg\}e^{-j\rho k_{m'n'}\cos\varphi}\mathrm{d}\varphi\mathrm{d}\rho \tag{7.126}$$

对 φ 积分得[10]

$$\left\langle \boldsymbol{E}_{2mn1}^{\mathrm{T}},\boldsymbol{R}_{1m'n'}^{*}\right\rangle=\frac{\pi}{\sqrt{A}}\cos(m\varphi_{m'n'})(-\mathrm{j})^{m-1}\int_{\rho_b}^{\rho_a}\left\{mZ_m\left(\frac{\chi_{mn}\rho}{\rho_b}\right)\left[J_{m-1}(\rho k_{m'n'})-J_{m+1}(\rho k_{m'n'})\right]\right.$$

$$\left.+\frac{\chi_{mn}\rho}{\rho_b}Z'_m\left(\frac{\chi_{mn}\rho}{\rho_b}\right)\left[J_{m-1}(\rho k_{m'n'})+J_{m+1}(\rho k_{m'n'})\right]\right\}\mathrm{d}\rho \tag{7.127}$$

将上式简化，得

$$\left\langle \boldsymbol{E}_{2mn1}^{\mathrm{T}},\boldsymbol{R}_{1m'n'}^{*}\right\rangle=\frac{2\pi}{\sqrt{A}}\cos(m\varphi_{m'n'})m(-\mathrm{j})^{m-1}\int_{\rho_b}^{\rho_a}\left\{Z_m\left(\frac{\chi_{mn}\rho}{\rho_b}\right)J'_m(\rho k_{m'n'})\right)$$

$$\left.+\frac{\chi_{mn}}{k_{m'n'}\rho_b}Z'_m\left(\frac{\chi_{mn}\rho}{\rho_b}\right)J_m(\rho k_{m'n'})\right\}\mathrm{d}\rho \tag{7.128}$$

其中积分表达式可以写成 $\frac{1}{k_{m'n'}}\frac{\partial}{\partial\rho}\left\{Z_m\left(\frac{\chi_{mn}\rho}{\rho_b}\right)J_m(\rho k_{m'n'})\right\}$，最终得到

$$\left\langle \boldsymbol{E}_{2mn1}^{\mathrm{T}},\boldsymbol{R}_{1m'n'}^{*}\right\rangle=\frac{2\pi}{\sqrt{A}}\cos(m\varphi_{m'n'})m(-\mathrm{j})^{m-1}$$

$$\times\frac{Z_m(c\chi_{mn})J_m(\rho_a k_{m'n'})-Z_m(\chi_{mn})J_m(\rho_b k_{m'n'})}{k_{m'n'}} \tag{7.129}$$

当在 x 轴上没有 φ 分量时，有

$$\left\langle \boldsymbol{E}_{2mn2}^{\mathrm{T}},\boldsymbol{R}_{1m'n'}^{*}\right\rangle=\cot(m\varphi_{m'n'})\left\langle \boldsymbol{E}_{2mn1}^{\mathrm{T}},\boldsymbol{R}_{1m'n'}^{*}\right\rangle \tag{7.130}$$

② TM 模 $\boldsymbol{E}_{2mn1}^{\mathrm{T}}$ 和 Floquet 波 $\boldsymbol{R}_{2m'n'}^{*}$ 之间的内积：

$$\left\langle \boldsymbol{E}_{2mn1}^{\mathrm{T}},\boldsymbol{R}_{2m'n'}^{*}\right\rangle=\frac{1}{\sqrt{A}}\int_{\rho_b}^{\rho_a}\int_0^{2\pi}\left\{mZ_m\left(\frac{\chi_{mn}\rho}{\rho_b}\right)\cos m\varphi\sin(\varphi-\varphi_{m'n'})\right.$$

$$\left.-\frac{\chi_{mn}\rho}{\rho_b}Z'_m\left(\frac{\chi_{mn}\rho}{\rho_b}\right)\sin m\varphi\cos(\varphi-\varphi_{m'n'})\right\}e^{-j\rho k_{m'n'}\cos(\varphi-\varphi_{m'n'})}\mathrm{d}\varphi\mathrm{d}\rho \tag{7.131}$$

将 $\varphi-\varphi_{m'n'}$ 换成 φ，得

$$\left\langle \boldsymbol{E}_{2mn1}^{\mathrm{T}},\boldsymbol{R}_{2m'n'}^{*}\right\rangle=\frac{1}{\sqrt{A}}\int_{\rho_b}^{\rho_a}\int_{-\varphi_{m'n'}}^{2\pi-\varphi_{m'n'}}\left\{mZ_m\left(\frac{\chi_{mn}\rho}{\rho_b}\right)\cos[m(\varphi+\varphi_{m'n'})]\sin\varphi\right.$$

$$\left.-\frac{\chi_{mn}\rho}{\rho_b}Z'_m\left(\frac{\chi_{mn}\rho}{\rho_b}\right)\sin[m(\varphi+\varphi_{m'n'})]\cos\varphi\right\}e^{-j\rho k_{m'n'}\cos\varphi}\mathrm{d}\varphi\mathrm{d}\rho \tag{7.132}$$

则有

$$\left\langle \boldsymbol{E}_{2mn1}^{\mathrm{T}},\boldsymbol{R}_{2m'n'}^{*}\right\rangle = -\frac{1}{\sqrt{A}}\sin(m\varphi_{m'n'})\int_{\rho_b}^{\rho_a}\int_{0}^{2\pi}\left\{mZ_m\left(\frac{\chi_{mn}\rho}{\rho_b}\right)\sin(m\varphi)\sin\varphi + \frac{\chi_{mn}\rho}{\rho_b}Z'_m\left(\frac{\chi_{mn}\rho}{\rho_b}\right)\cos(m\varphi)\cos\varphi\right\}\mathrm{e}^{-\mathrm{j}\rho k_{m'n'}\cos\varphi}\mathrm{d}\varphi\mathrm{d}\rho \quad (7.133)$$

$$\left\langle \boldsymbol{E}_{2mn1}^{\mathrm{T}},\boldsymbol{R}_{2m'n'}^{*}\right\rangle = -\frac{1}{\sqrt{A}}\sin(m\varphi_{m'n'})\int_{\rho_b}^{\rho_a}\int_{0}^{2\pi}\left\{mZ_m\left(\frac{\chi_{mn}\rho}{\rho_b}\right)[\cos(m-1)\varphi-\cos(m+1)\varphi] + \frac{\chi_{mn}\rho}{\rho_b}Z'_m\left(\frac{\chi_{mn}\rho}{\rho_b}\right)[\cos(m-1)\varphi+\cos(m+1)\varphi]\right\}\mathrm{e}^{-\mathrm{j}\rho k_{m'n'}\cos\varphi}\mathrm{d}\varphi\mathrm{d}\rho \quad (7.134)$$

对 φ 积分,得[10]

$$\left\langle \boldsymbol{E}_{2mn1}^{\mathrm{T}},\boldsymbol{R}_{2m'n'}^{*}\right\rangle = -\frac{\pi}{\sqrt{A}}\sin(m\varphi_{m'n'})(-\mathrm{j})^{m-1}\int_{\rho_b}^{\rho_a}\left\{mZ_m\left(\frac{\chi_{mn}\rho}{\rho_b}\right)[J_{m-1}(\rho k_{m'n'})+J_{m+1}(\rho k_{m'n'})] + \frac{\chi_{mn}\rho}{\rho_b}Z'_m\left(\frac{\chi_{mn}\rho}{\rho_b}\right)[J_{m-1}(\rho k_{m'n'})-J_{m+1}(\rho k_{m'n'})]\right\}\mathrm{d}\rho \quad (7.135)$$

将上式简化,得

$$\left\langle \boldsymbol{E}_{2mn1}^{\mathrm{T}},\boldsymbol{R}_{2m'n'}^{*}\right\rangle = -\frac{2\pi}{\sqrt{A}}\sin(m\varphi_{m'n'})(-\mathrm{j})^{m-1}\int_{\rho_b}^{\rho_a}\left\{\frac{m^2}{\rho k_{m'n'}}Z_m\left(\frac{\chi_{mn}\rho}{\rho_b}\right)J_m(\rho k_{m'n'}) + \frac{\chi_{mn}\rho}{\rho_b}Z'_m\left(\frac{\chi_{mn}\rho}{\rho_b}\right)J'_m(\rho k_{m'n'})\right\}\mathrm{d}\rho \quad (7.136)$$

最终得到

$$\left\langle \boldsymbol{E}_{2mn1}^{\mathrm{T}},\boldsymbol{R}_{2m'n'}^{*}\right\rangle = -\frac{2\pi}{\sqrt{A}}\chi_{mn}\rho_b^2 k_{m'n'}\sin(m\varphi_{m''n'})(-\mathrm{j})^{m-1} \times \frac{cZ'_m(c\chi_{mn})J_m(\rho_a k_{m'n'})-Z'_m(\chi_{mn})J_m(\rho_b k_{m'n'})}{\rho_b^2 k_{m'n'}^2-\chi_{mn}^2} \quad (7.137)$$

当在 x 轴上没有 φ 分量时,有

$$\left\langle \boldsymbol{E}_{2mn2}^{\mathrm{T}},\boldsymbol{R}_{2m'n'}^{*}\right\rangle = \cot(m\varphi_{m'n'})\left\langle \boldsymbol{E}_{2mn1}^{\mathrm{T}},\boldsymbol{R}_{2m'n'}^{*}\right\rangle \quad (7.138)$$

$\theta=0°, m'=n'=0$ 时,有

$$\left\langle \boldsymbol{E}_{2mn1}^{\mathrm{T}},\boldsymbol{R}_{000,1}^{*}\right\rangle = \frac{1}{\sqrt{A}}\int_{\rho_b}^{\rho_a}\int_{0}^{2\pi}\left\{-mZ_m\left(\frac{\chi_{mn}\rho}{\rho_b}\right)\cos m\varphi\sin\varphi\right.$$

$$-\frac{\chi_{mn}\rho}{\rho_b}Z'_m\left(\frac{\chi_{mn}\rho}{\rho_b}\right)\sin m\varphi\cos\varphi\Big\}\mathrm{d}\varphi\mathrm{d}\rho = 0 \tag{7.139}$$

$$\left\langle \boldsymbol{E}_{2mn1}^{\mathrm{T}},\boldsymbol{R}_{000,2}^{*}\right\rangle = \frac{1}{\sqrt{A}}\int_{\rho_b}^{\rho_a}\int_0^{2\pi}\Big\{-mZ_m\left(\frac{\chi_{mn}\rho}{\rho_b}\right)\cos m\varphi\cos\varphi$$

$$-\frac{\chi_{mn}\rho}{\rho_b}Z'_m\left(\frac{\chi_{mn}\rho}{\rho_b}\right)\sin m\varphi\sin\varphi\Big\}\mathrm{d}\varphi\mathrm{d}\rho \tag{7.140}$$

$$\left\langle \boldsymbol{E}_{2mn1}^{\mathrm{T}},\boldsymbol{R}_{000,2}^{*}\right\rangle = \frac{\pi}{\sqrt{A}}\begin{cases}\int_{\rho_b}^{\rho_a}\left[-mZ_m\left(\frac{\chi_{mn}\rho}{\rho_b}\right)-\frac{\chi_{mn}\rho}{\rho_b}Z'_m\left(\frac{\chi_{mn}\rho}{\rho_b}\right)\right]\mathrm{d}\rho, & m=1\\ 0, & m\neq 1\end{cases} \tag{7.141}$$

式(7.141)的直接积分结果为

$$\left\langle \boldsymbol{E}_{2mn1}^{\mathrm{T}},\boldsymbol{R}_{000,2}^{*}\right\rangle = \begin{cases}-\frac{\pi}{\sqrt{A}}\left[\rho_a Z_1\left(\frac{\chi_{1n}\rho_a}{\rho_b}\right)-\rho_b Z_1(\chi_{1n})\right], & m=1\\ 0, & m\neq 1\end{cases} \tag{7.142}$$

$$\left\langle \boldsymbol{E}_{2mn2}^{\mathrm{T}},\boldsymbol{R}_{000,1}^{*}\right\rangle = \frac{1}{\sqrt{A}}\int_{\rho_b}^{\rho_a}\int_0^{2\pi}\Big\{-mZ_m\left(\frac{\chi_{mn}\rho}{\rho_b}\right)\sin m\varphi\sin\varphi$$

$$-\frac{\chi_{mn}\rho}{\rho_b}Z'_m\left(\frac{\chi_{mn}\rho}{\rho_b}\right)\cos m\varphi\cos\varphi\Big\}\mathrm{d}\varphi\mathrm{d}\rho = 0$$

$$\left\langle \boldsymbol{E}_{2mn2}^{\mathrm{T}},\boldsymbol{R}_{000,1}^{*}\right\rangle = \left\langle \boldsymbol{E}_{2mn1}^{\mathrm{T}},\boldsymbol{R}_{000,2}^{*}\right\rangle \tag{7.143}$$

$$\left\langle \boldsymbol{E}_{2mn2}^{\mathrm{T}},\boldsymbol{R}_{000,2}^{*}\right\rangle = \frac{1}{\sqrt{A}}\int_{\rho_b}^{\rho_a}\int_0^{2\pi}\Big\{mZ_m\left(\frac{\chi_{mn}\rho}{\rho_b}\right)\sin m\varphi\cos\varphi$$

$$-\frac{\chi_{mn}\rho}{\rho_b}Z'_m\left(\frac{\chi_{mn}\rho}{\rho_b}\right)\cos m\varphi\sin\varphi\Big\}\mathrm{d}\varphi\mathrm{d}\rho = 0 \tag{7.144}$$

完成内积计算后，入射场可以假设为 Floquet 的任何模式，求出 $T_{p'}$，然后求解(7.75)和(7.76)方程组，所以可以直接求出广义散射矩阵，对于级联 FSS 单元散射矩阵很有用。

关于反射场和透过场的相位，定义入射波为

$$\bar{\boldsymbol{e}}_{lmn}^{\mathrm{i}} = \mathrm{e}^{\mathrm{j}\gamma_{mn}d/2}\boldsymbol{R}_{lmn} \tag{7.145}$$

用上述计算公式，编程计算得出系数 A_p 和 B_p，通过与 C_p 和 D_p 的联系，代入式(7.68)就可以得出反射波的模系数为

$$a_{lmn} = -1 + \sum_p\left[-A_p\sin(k_{zp}d/2) + B_p\cos(k_{zp}d/2)\right]\left\langle \boldsymbol{E}_p^{\mathrm{T}},\boldsymbol{R}_{lmn}\right\rangle \tag{7.146}$$

反射波的横向场为

$$E_{xy}^{\mathrm{r}} = \sum_{lmn} a_{lmn}\boldsymbol{R}_{lmn} = \sum_{lmn} \bar{\boldsymbol{e}}_{lmn}^{\mathrm{i}} \mathrm{e}^{\mathrm{j}\gamma_{mn}d/2} \cdot a_{lmn}\mathrm{e}^{-\mathrm{j}\gamma_{mn}d/2} \tag{7.147}$$

反射系数为 $a_{lmn}\mathrm{e}^{-\mathrm{j}\gamma_{mn}d/2}$。同理,将 A_p 和 B_p 代入式(7.67)可以求出传输系数为

$$b_{lmn} = \sum_{p} [A_p\sin(k_{zp}d/2) + B_p\cos(k_{zp}d/2)] \left\langle \boldsymbol{E}_p^{\mathrm{T}}, \boldsymbol{R}_{lmn} \right\rangle \tag{7.148}$$

则透过场为

$$\boldsymbol{E}_{xy}^{\mathrm{t}} = \sum_{lmn} b_{lmn}\boldsymbol{R}_{lmn} = \sum_{lmn} \bar{\boldsymbol{e}}_{lmn}^{\mathrm{i}} \mathrm{e}^{\mathrm{j}\gamma_{mn}d/2} \cdot b_{lmn}\mathrm{e}^{-\mathrm{j}\gamma_{mn}d/2} \tag{7.149}$$

传输系数为 $b_{lmn}\mathrm{e}^{-\mathrm{j}\gamma_{mn}d/2}$。

Floquet 模的数目根据 $N=2(2m_{\max}+1)(2n_{\max}+1)$ 确定,其中 $m_{\max}$、$n_{\max}$ 分别表示 m 和 n 的绝对最大值。对不同的 FSS 单元,保证其结果收敛的 Floquet 模的数目不相同。在单元基函数确定的情况下,存在一个 Floquet 模的数目的下限,当 Floquet 模的数目小于此值时,求解结果将不收敛,而 Floquet 模的数目大于此值时,再增加 Floquet 模的数目,结果差异很小。因为求解模式系数的矩阵方程的大小主要取决于单元基函数的数目而并不依赖 Floquet 模的数目,为了保证结果收敛,Floquet 模的数目与单元基函数的比应该保持大的比值。

图 7.25 给出了当入射波为 TE 平面波时, Floquet 模数目 N 改变时,圆环 FSS 单元的传输系数。

图 7.26 给出了当入射波为 TE 平面波时,不同波导模个数 W_m、W_n 时圆环 FSS 单元的传输系数。

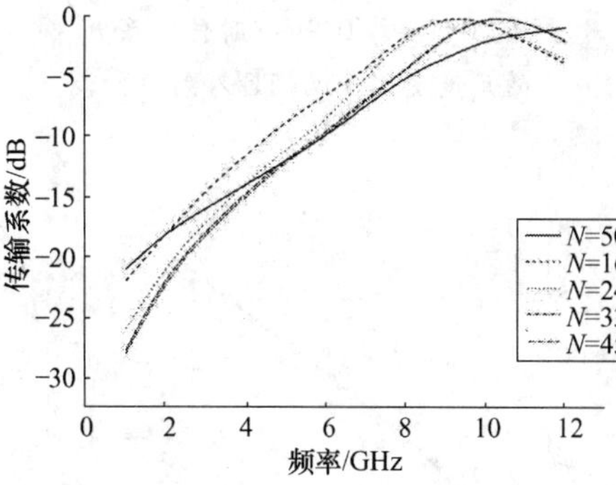

图 7.25 不同 Floquet 模数目时圆环 FSS 单元的传输系数

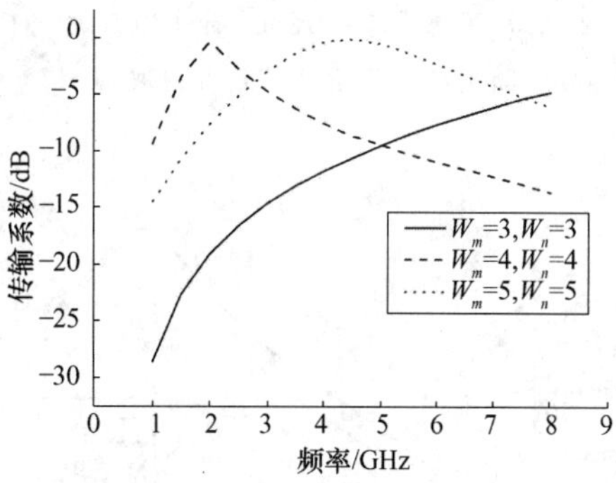

图 7.26 不同波导模个数时圆环 FSS 单元的传输系数

计算实例——圆环单元。取单元基函数的数目为 10,$m_{\max}=n_{\max}=7$,FSS 单元的尺寸为 $a=24.4\mathrm{mm}$,$b=17.25\mathrm{mm}$,阵列角度 $\alpha=45°$,外环半径 $\rho_a=6\mathrm{mm}$,内环半径 $\rho_b=5\mathrm{mm}$,计算结果图 7.27 ~ 图 7.36 所示。

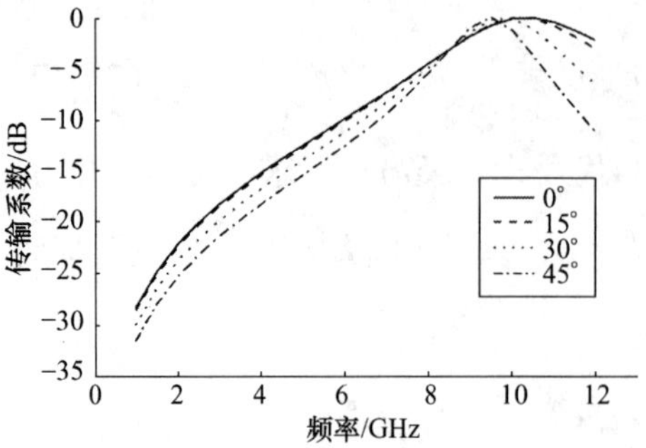

图 7.27 屏厚 18μm 时传输系数随角度变化情况(TE 入射波)

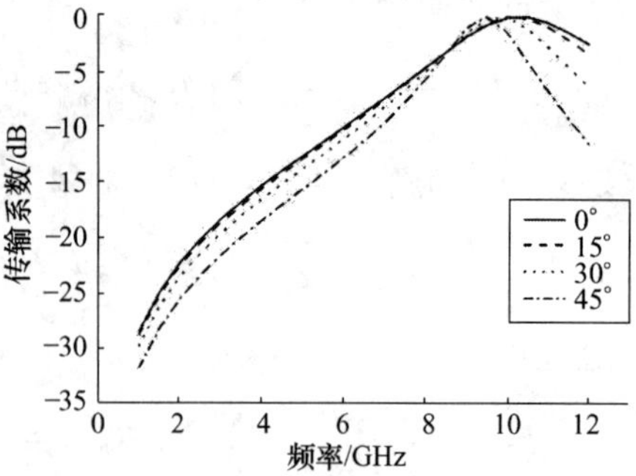

图 7.28 屏厚 90μm 时传输系数随角度变化情况(TE 入射波)

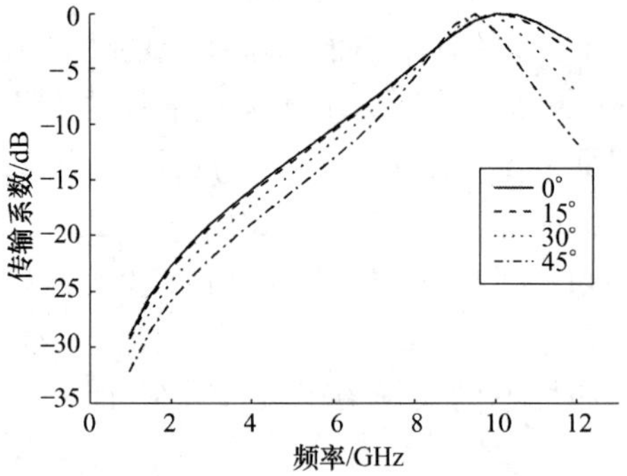

图 7.29 屏厚 0.18mm 时传输系数随角度变化情况(TE 入射波)

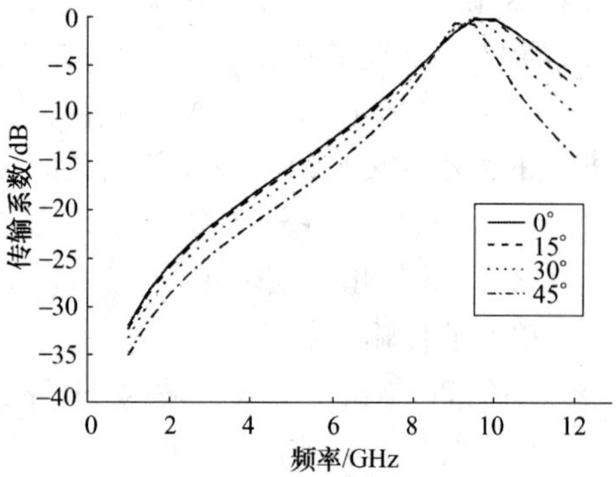

图 7.30 屏厚 0.9mm 时传输系数随角度变化情况(TE 入射波)

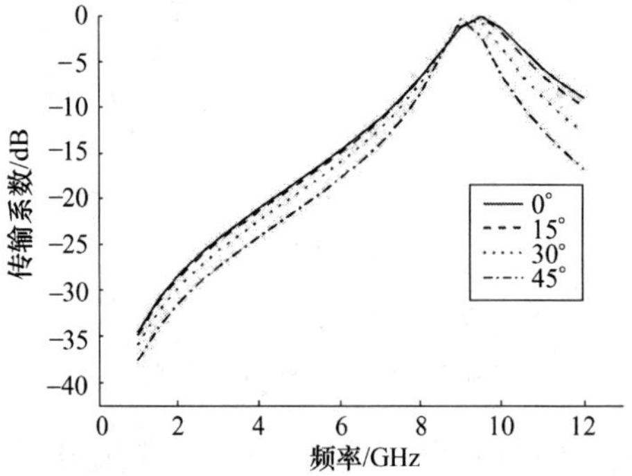

图 7.31 屏厚 1.8mm 时传输系数随角度变化情况(TE 入射波)

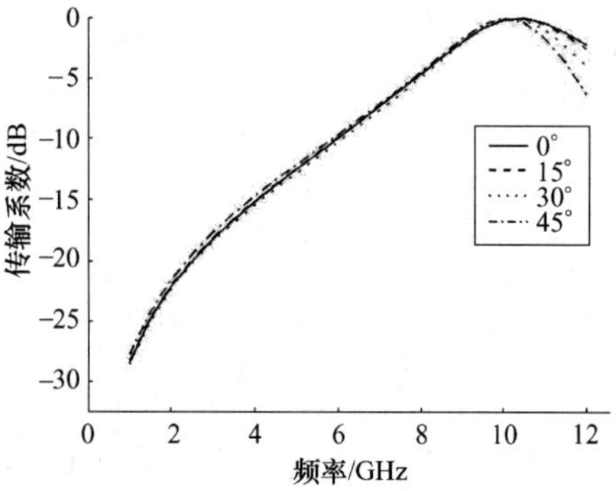

图 7.32 屏厚 18μm 时传输系数随角度变化情况(TM 入射波)

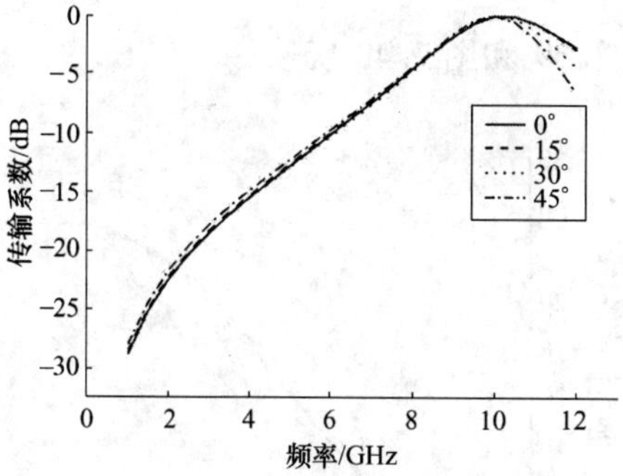

图 7.33　屏厚 90μm 时传输系数随角度变化情况(TM 入射波)

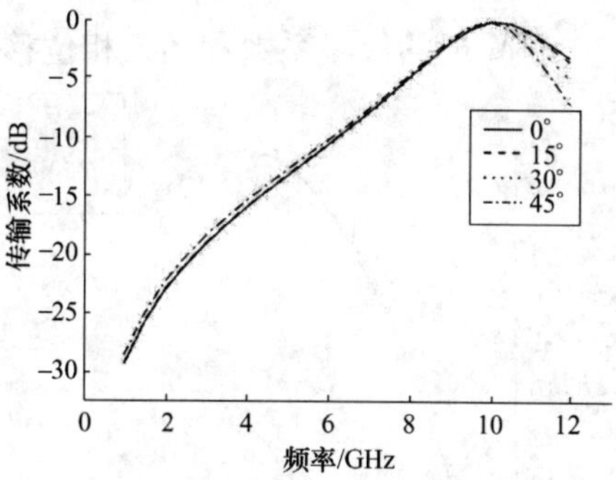

图 7.34　屏厚 0.18mm 时传输系数随角度变化情况(TM 入射波)

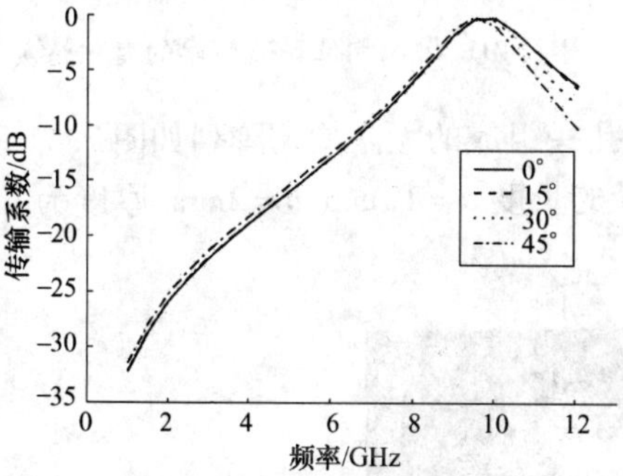

图 7.35　屏厚 0.9mm 时传输系数随角度变化情况(TM 入射波)

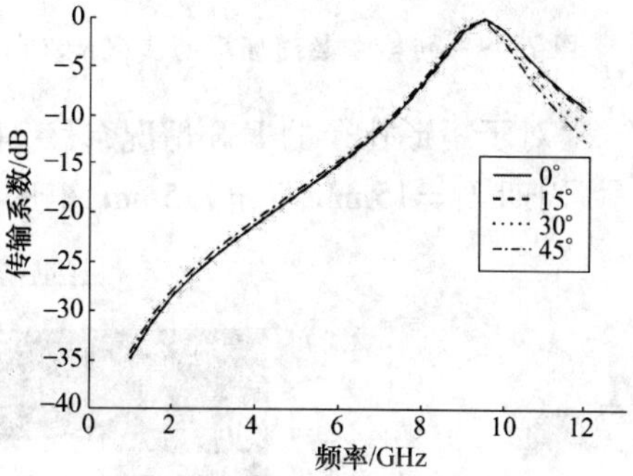

图 7.36　屏厚 1.8mm 时传输系数随角度变化情况(TM 入射波)

从图 7.32 ~ 图 7.36 可以看出,圆环 FSS 单元对 TM 模有着很好的稳定性,这也是圆环单元在频率响应上的优点之一。

对圆环 FSS 单元在 3 ~ 4GHz 频段的传输特性进行重点分析,阵列角度 $\alpha = 90°$,外环半径 $\rho_a = 10.8\text{mm}$,内环半径 $\rho_b = 9.8\text{mm}$。

TE 模的传输系数和插入相位移如图 7.37 和图 7.38 所示。

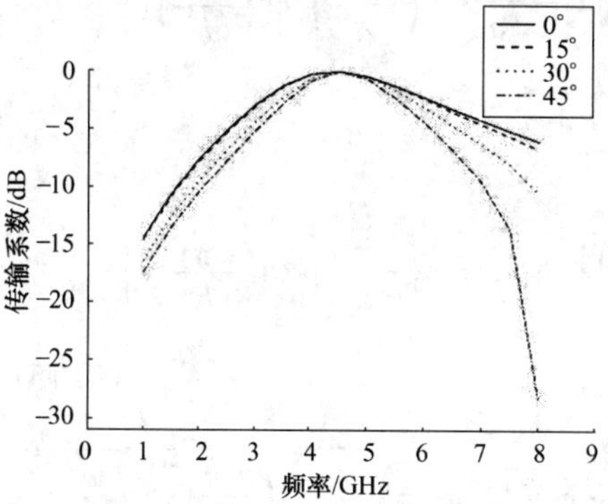

图 7.37　传输系数随频率的变化情况

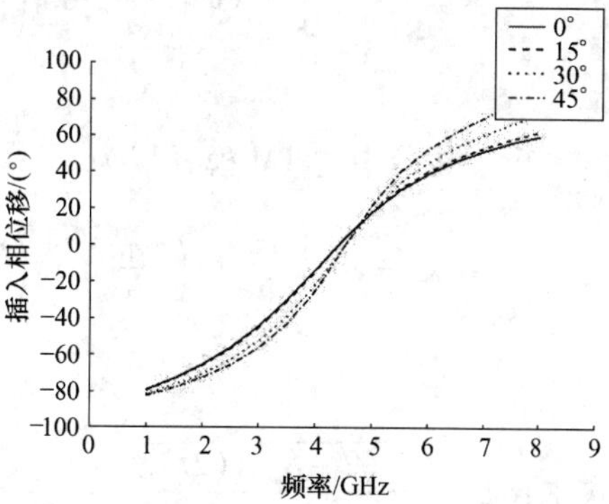

图 7.38　插入相位移随频率的变化情况

TM 模的传输系数和插入相位移如图 7.39 和图 7.40 所示。

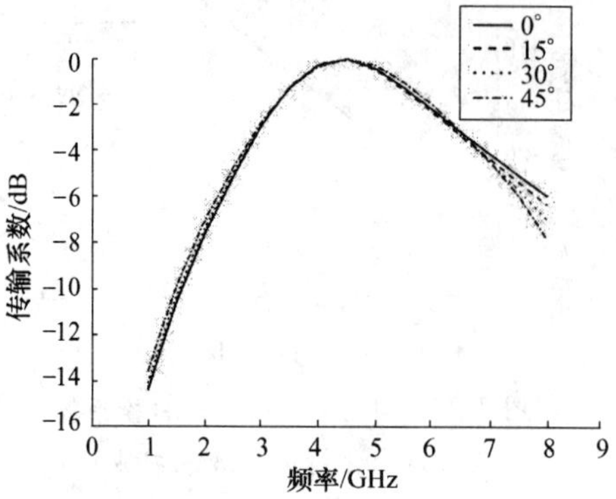

图 7.39　传输系数随频率的变化情况

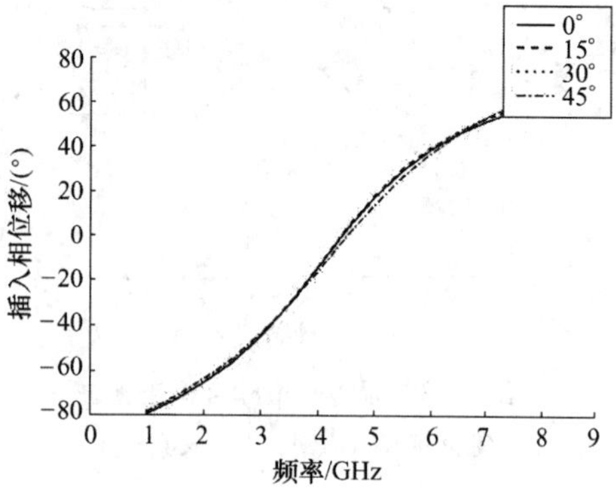

图 7.40　插入相位移随频率的变化情况

对于矩形孔径的 FSS 情况，设一矩形孔径组成的无限周期阵列如图 7.41 所示，周期 $T_x=15\mathrm{mm}$，$T_y=7.5\mathrm{mm}$，矩形孔径的长度 $a=12\mathrm{mm}$，$b=2\mathrm{mm}$，厚度为 d。

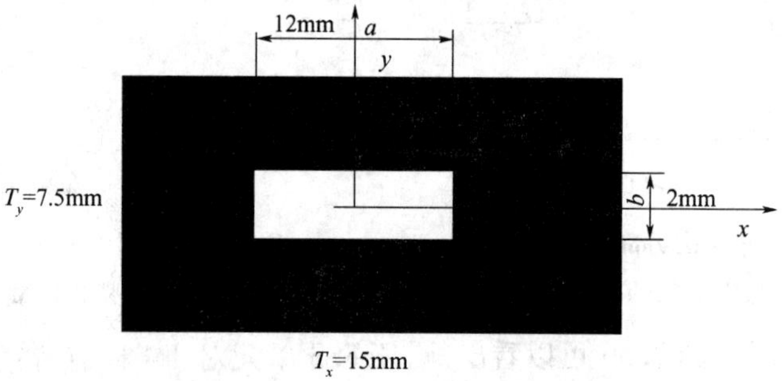

图 7.41　矩形单元

矩形孔径中的 TE 模式场为

$$\boldsymbol{E}_{1mn}^{\mathrm{T}}=c_{mn}\left[\frac{n\pi}{b}\cos\left(\frac{m\pi x}{a}\right)\sin\left(\frac{n\pi y}{b}\right)\hat{\boldsymbol{x}}-\frac{m\pi}{a}\sin\left(\frac{m\pi x}{a}\right)\cos\left(\frac{n\pi y}{b}\right)\hat{\boldsymbol{y}}\right] \tag{7.150}$$

矩形孔径中的 TM 模式场为

$$\boldsymbol{E}_{2mn}^{\mathrm{T}}=c_{mn}\left[\frac{n\pi}{a}\cos\left(\frac{m\pi x}{a}\right)\sin\left(\frac{n\pi y}{b}\right)\hat{\boldsymbol{x}}+\frac{m\pi}{b}\sin\left(\frac{m\pi x}{a}\right)\cos\left(\frac{n\pi y}{b}\right)\hat{\boldsymbol{y}}\right] \tag{7.151}$$

式中：$c_{mn}=\sqrt{\dfrac{(2-\delta_{m0})(2-\delta_{n0})}{ab\left[\left(\dfrac{m\pi}{a}\right)^2+\left(\dfrac{n\pi}{b}\right)^2\right]}}$；$k_{zp}$ 为传播波数，$k_{zp}=\sqrt{k^2-\left(\dfrac{m\pi}{a}\right)^2-\left(\dfrac{n\pi}{b}\right)^2}$。

切向电场模式场满足正交归一性：

$$\int_{\Omega}\boldsymbol{E}_{lmn}^{\mathrm{T}}(\rho)\cdot\boldsymbol{E}_{l'm'n'}^{\mathrm{T}}(\rho)\,\mathrm{d}x\mathrm{d}y=\delta_{ll'}\delta_{mm'}\delta_{nn'}$$

式中：Ω 表示矩形波导的横截面，$\Omega=\{0\leqslant x\leqslant a,0\leqslant y\leqslant b\}$。

在直角坐标系中，矢量 Floquet 模切向分量为

$$\boldsymbol{R}_{1mn}(x,y)=\frac{\hat{\boldsymbol{x}}\sin\varphi_{mn}-\hat{\boldsymbol{y}}\cos\varphi_{mn}}{\sqrt{A}}\mathrm{e}^{-\mathrm{j}(k_{xm}x+k_{ymn}y)}\tag{7.152}$$

$$\boldsymbol{R}_{2mn}(x,y)=\frac{\hat{\boldsymbol{x}}\cos\varphi_{mn}+\hat{\boldsymbol{y}}\sin\varphi_{mn}}{\sqrt{A}}\mathrm{e}^{-\mathrm{j}(k_{xm}x+k_{ymn}y)}\tag{7.153}$$

矩形波导模式(m,n)与 Floquet 模(m',n')之间的内积，有

$$\left\langle\boldsymbol{E}_{1mn1}^{\mathrm{T}},\boldsymbol{R}_{1m'n'}^{*}\right\rangle=\frac{c_{mn}}{\sqrt{A}}\int_0^a\int_0^b\left[\frac{n\pi}{b}\cos\left(\frac{m\pi x}{a}\right)\sin\left(\frac{n\pi y}{b}\right)\sin\varphi_{m'n'}+\frac{m\pi}{a}\sin\left(\frac{m\pi x}{a}\right)\cos\left(\frac{n\pi y}{b}\right)\cos\varphi_{m'n'}\right]\mathrm{e}^{-\mathrm{j}(k_{xm'}x+k_{ym'n'}y)}\,\mathrm{d}x\mathrm{d}y$$

即

$$\left\langle\boldsymbol{E}_{1mn1}^{\mathrm{T}},\boldsymbol{R}_{1m'n'}^{*}\right\rangle=\frac{c_{mn}}{\sqrt{A}}\left[\int_0^a\frac{n\pi}{b}\cos\left(\frac{m\pi x}{a}\right)\mathrm{e}^{-\mathrm{j}k_{xm'}x}\mathrm{d}x\int_0^b\sin\left(\frac{n\pi y}{b}\right)\sin\varphi_{m'n'}\mathrm{e}^{-\mathrm{j}k_{ym'n'}y}\mathrm{d}y+\int_0^a\frac{m\pi}{a}\sin\left(\frac{m\pi x}{a}\right)\mathrm{e}^{-\mathrm{j}k_{xm'}x}\mathrm{d}x\int_0^b\cos\left(\frac{n\pi y}{b}\right)\cos\varphi_{m'n'}\mathrm{e}^{-\mathrm{j}k_{ym'n'}y}\mathrm{d}y\right]$$

因为

$$\Gamma_m^{(1)}(\alpha,c)=\int_0^c\cos\left(\frac{m\pi\xi}{c}\right)\mathrm{e}^{-\mathrm{j}\alpha\xi}=\frac{\mathrm{j}c^2\alpha(1-(-1)^m\mathrm{e}^{-\mathrm{j}\alpha c})}{m^2\pi^2-\alpha^2c^2}\tag{7.154}$$

$$\Gamma_m^{(2)}(\alpha,c)=\int_0^c\sin\left(\frac{m\pi\xi}{c}\right)\mathrm{e}^{-\mathrm{j}\alpha\xi}=\frac{cm\pi(1-(-1)^m\mathrm{e}^{-\mathrm{j}\alpha c})}{m^2\pi^2-\alpha^2c^2}\tag{7.155}$$

所以有

$$\left\langle\boldsymbol{E}_{1mn}^{\mathrm{T}},\boldsymbol{R}_{1m'n'}^{*}\right\rangle=\frac{c_{mn}}{\sqrt{A}}\left[\frac{n\pi}{b}\Gamma_m^{(1)}(k_{xm'},a)\Gamma_m^{(2)}(k_{ym'n'},b)\sin\varphi_{m'n'}+\frac{m\pi}{a}\Gamma_m^{(2)}(k_{xm'},a)\Gamma_m^{(1)}(k_{ym'n'},b)\cos\varphi_{m'n'}\right]\tag{7.156}$$

计算了 d 为 0、0.6mm、0.9mm、1.8mm 四种情况下该结构的传输系数，结果如图 7.42～图 7.47 所示。当厚度很小时，采用波导模式匹配技术的计算结果与传统的模式匹配技术的计算结果比较接近，厚度不同，谐振频率有一定差异。矩形孔径对角度的稳定性很差，与入射波的极化状态关系很大，也就是有强的极化选择性，对于垂直极化（TE 模）透过较高，对于水平极化（TM 模）透过很低。

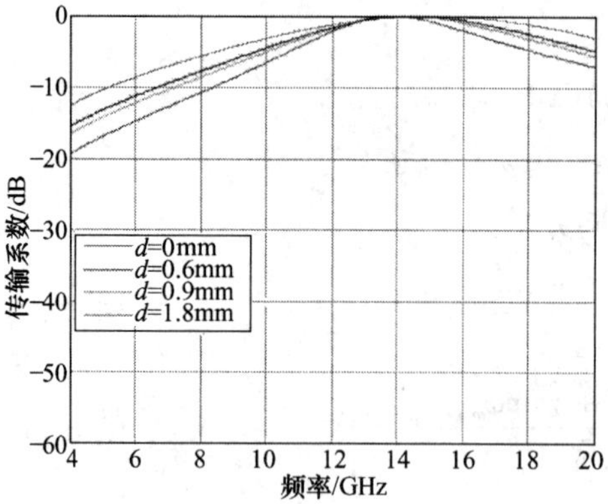

图 7.42 入射角为 0°时矩形孔径周期阵列的传输系数(TE 模式)

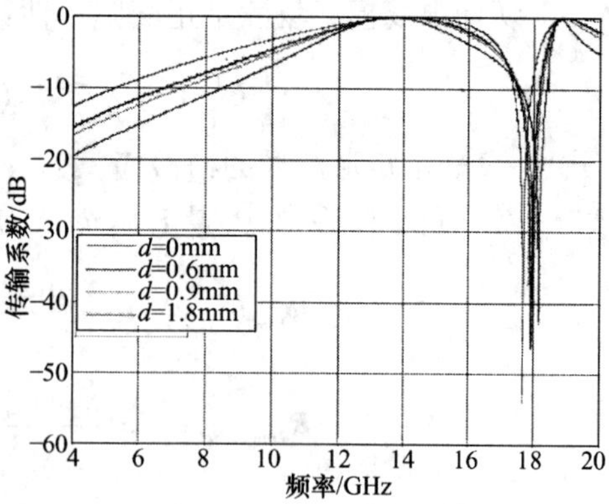

图 7.43 入射角为 15°时矩形孔径周期阵列的传输系数(TE 模式)

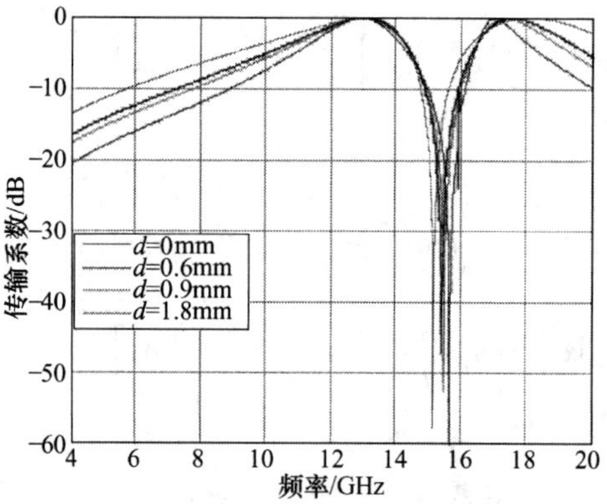

图 7.44 入射角为 30°时矩形孔径周期阵列的传输系数(TE 模式)

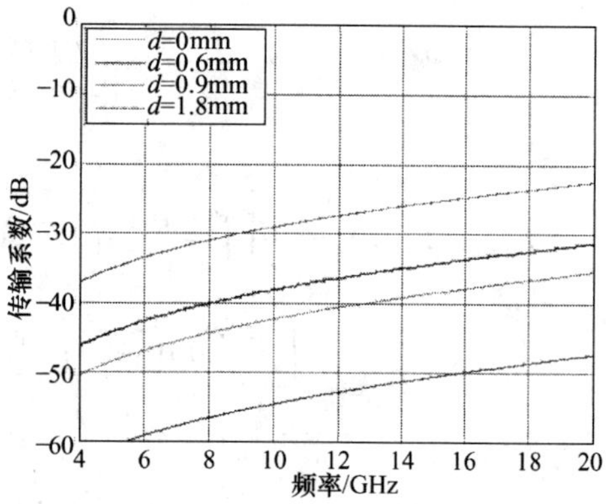

图 7.45 入射角为 0°时矩形孔径周期阵列的传输系数(TM 模式)

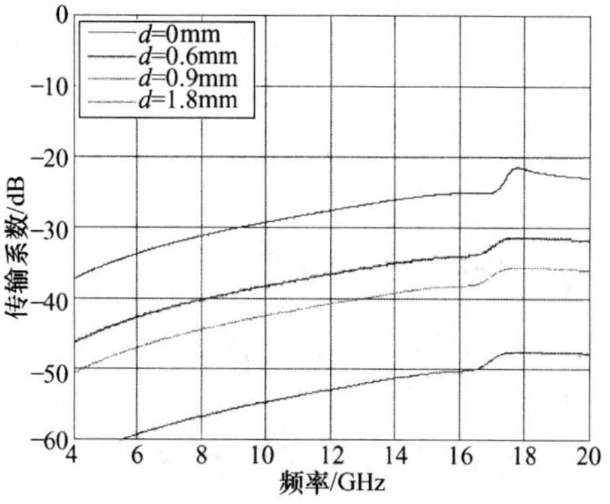

图 7.46 入射角为 15°时矩形孔径周期阵列的传输系数(TM 模式)

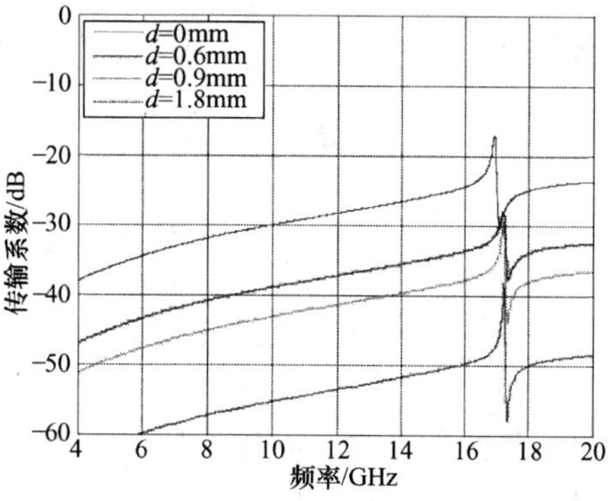

图 7.47 入射角为 30°时矩形孔径周期阵列的传输系数(TM 模式)

7.4.3 基于边界积分－谐振模展开法

对于任意形状单元的 FSS 波导模式匹配，边界积分－谐振模展开(BI－RME)提供了一种新方法[11,12]。理论上讲,用 BI－RME 法可以得到任意形状的单元的孔径的谐振模(即本征模),按照 7.4.2 节的办法,将孔径中的场用谐振模展开,建立关于 FSS 单元的边界积分方程,采用矩量法,选取谐振模(即本征模)为试函数,对算子方程两边求内积,得到矩阵方程。在求内积时将面积分简化为沿边界的线积分,简化计算过程,因为谐振模是正交完备基,收敛速度很快。

本节重点是如何求得任意形状的单元内的谐振模。为便于阅读,首先介绍要点:①任意形状的单元内的谐振模等价于同截面的无限长波导中的本征模;②任意形状波导内的本征模应满足本征方程和波导壁的边界条件;③一般任意形状波导边界与均匀规则波导边界有重合的部分,所以以均匀波导本征模为基础加上不规则边界的积分构造一个连续的函数,这个函数展开为均匀波导本征模和不规则边界电磁流线积分的线性组合,将此构造函数代入本征方程,取均匀波导本征模为试函数,对本征方程两边求内积,求得展开系数。

在 7.4.3.1 节和 7.4.3.2 节,介绍 TM 本征模式函数的构造及求解过程,在 7.4.3.3 节和 7.4.3.4 节介绍 TE 本征模式函数的构造及求解过程,在 7.4.3.5 节具体给出求解本征函数的实例。在 7.4.3.6 节～7.4.3.8 节利用谐振模分析任意单元的 FSS 的场分布、传输和反射。

7.4.3.1 任意形状波导 TM 本征模式

对于均匀波导,其内部 TM 模式波函数的解由二维本征值方程确定,对于 TM 模式,有

$$\begin{aligned}\nabla^2\phi+\chi^2\phi&=0,\ \boldsymbol{r}\subseteq S\\ \phi&=0,\ \boldsymbol{r}\subseteq\alpha S\end{aligned}\tag{7.157}$$

式中:S 为波导截面;αS 为波导边界。

选取归一化条件:

$$\int_S\phi^2\mathrm{d}S=1\tag{7.158}$$

电磁本征矢量(TM 模式)定义为

$$\boldsymbol{e}=-\nabla\phi/\chi,\ \boldsymbol{h}=\hat{\boldsymbol{u}}_z\times\boldsymbol{e}\tag{7.159}$$

式中:$\hat{\boldsymbol{u}}_z$ 为 z 方向的单位矢量。

本征值为正实数且包含 $\chi=0$。设均匀波导中 TM 模的本征函数为 Φ,在 S 内部本征函数连续可微,由 Neumann 边界条件确定:

$$\int_S\Phi\mathrm{d}S=\chi^{-2}\int_S\nabla^2\Phi\mathrm{d}S=\chi^{-2}\int_{\partial S}\frac{\partial\Phi}{\partial n}\mathrm{d}l=0\tag{7.160}$$

即本征函数 Φ 均值为零：

$$\int_S \Phi \mathrm{d}S = 0 \tag{7.161}$$

在 BI－RME 方法中，本征函数的定义域从任意形状的 S 变换到规则的矩形或圆形扩展域 Ω（图 7.48）。因此，扩大后的波函数问题（TM 模式）为

$$\begin{cases} \nabla^2\phi + \chi^2\phi = 0 & \boldsymbol{r} \subseteq \Omega - \sigma \\ \phi = 0 & \boldsymbol{r} \subseteq \partial\Omega \cup \sigma \end{cases} \tag{7.162}$$

式中：σ 定义为不与扩展边界 $\partial\Omega$ 重合的内部边界 ∂S。

扩展后的本征解在 $\Omega - \sigma$ 上具有任意阶连续可微性，满足归一化条件：

$$\| \phi \|^2 = \int_\Omega \phi^2 \mathrm{d}\Omega = 1 \tag{7.163}$$

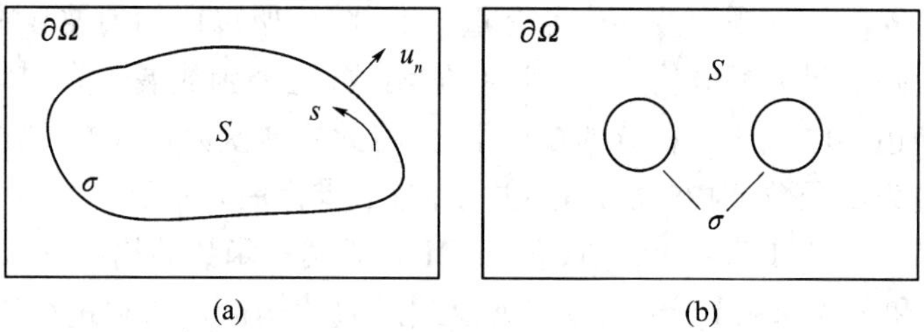

图 7.48　S 域到 Ω 域的扩展

注：边界 S 可以部分与扩展边界 $\partial\Omega$ 重合（如图(b)）；二者不重合的部分记为 σ，可以为单条曲线（如图(a)）也可以是单独的多条曲线（如图(b)）。

扩展域上的 ϕ 用均匀波导中的本征函数基构成的 $\tilde{\phi}$ 和扩展边界积分来表示，即

$$\phi = \tilde{\phi}(\boldsymbol{r}) + \int_\sigma g(\boldsymbol{r}, \boldsymbol{s}') f(\boldsymbol{s}') \mathrm{d}s' \tag{7.164}$$

r 是 Ω 上源点，$\boldsymbol{s}'$ 是 σ 上一点，g 是区域 Ω 上满足泊松（Poisson）方程的格林函数：

$$\nabla^2 g(\boldsymbol{r}, \boldsymbol{r}') = -\delta(\boldsymbol{r} - \boldsymbol{r}')(\boldsymbol{r}, \boldsymbol{r}' \in \Omega) \tag{7.165}$$

$$g(\boldsymbol{r}, \boldsymbol{r}') = 0,\ \boldsymbol{r} \in \partial\Omega \tag{7.166}$$

在圆环和矩形这两种规则形状模型中，格林函数 g 可以表示为闭合的级数形式。在圆环域中，g 的简明代数式由镜像理论得到；矩形域中，g 形式略显复杂，但也能够得到具有收敛性的一维级数序列（见 7.4.3.5 节）。

根据本征函数和格林函数的性质，有

$$\tilde{\phi} = 0,\ \boldsymbol{r} \in \partial\Omega \tag{7.167}$$

在 $s \in \sigma$ 边界上应满足：

$$\tilde{\phi}(s) + \int_{\sigma} g(\boldsymbol{s},\boldsymbol{s}')f(\boldsymbol{s}')\mathrm{d}s' = 0, \boldsymbol{s} \in \boldsymbol{\sigma} \tag{7.168}$$

式(7.168)是求解任意形状波导TM本征模式(7.169)的基础。

$$\begin{cases} \nabla^2\phi + k'^2\phi = 0, & \boldsymbol{r} \subseteq \Omega \\ \phi = 0, & \boldsymbol{r} \subseteq \partial\Omega' \cup \sigma \end{cases} \tag{7.169}$$

式中:$\partial\Omega' \cup \sigma$ 是任意形状波导的边界; $\partial\Omega'$是除 σ 以外的 $\partial\Omega$ 边界。

7.4.3.2 任意形状FSS单元场的TM本征模式展开

设本征函数 $\Phi_1, \Phi_2, \cdots, \Phi_i, \cdots$ 为均匀波导中的本征函数,是组成希尔伯特(Hilbert)空间 $L_2(\Omega)$ 上的正交基,满足:

$$\int_{\Omega} \Phi_i \Phi_j \mathrm{d}\Omega = \delta_{ij} \tag{7.170}$$

常见规则波导的本征函数(也称谐振模式)和本征值(也称谐振波数)详见7.4.3.5节。$\tilde{\phi}$ 和$\nabla^2\tilde{\phi}$ 用谐振模式展开为

$$\tilde{\phi} = \sum_{i=1}^{M} k_i'^{-2} x_i \Phi_i \tag{7.171}$$

$$\nabla^2\tilde{\phi} = -\sum_{i=1}^{M} x_i \Phi_i \tag{7.172}$$

式中:展开系数 x_i 待定;$\tilde{\phi}$、$\nabla^2\tilde{\phi}$ 用矩阵形式表示为

$$\tilde{\phi} = \boldsymbol{\Phi}^{\mathrm{T}}\boldsymbol{K}'^{-1}\boldsymbol{x} \tag{7.173}$$

$$\nabla^2\tilde{\phi} = -\boldsymbol{\Phi}^{\mathrm{T}}\boldsymbol{x} \tag{7.174}$$

式中:$\boldsymbol{\Phi}$ 和 $\boldsymbol{x}$ 为 M 维列矢量, 上标 T 表示转置;$\boldsymbol{K}'$是谐振波数为对角元素的对角矩阵。

$$\boldsymbol{x}_M = \begin{bmatrix} x_1 \\ x_2 \\ \cdots \\ x_{M-1} \\ x_M \end{bmatrix}, \boldsymbol{\Phi}_M = \begin{bmatrix} \Phi_1 \\ \Phi_2 \\ \cdots \\ \Phi_{M-1} \\ \Phi_M \end{bmatrix}, \boldsymbol{K}'_{M\times M} = \begin{bmatrix} k_1^{-2} & 0 & 0 & 0 & 0 \\ 0 & k_2^{-2} & 0 & 0 & 0 \\ 0 & 0 & \cdots & 0 & 0 \\ 0 & 0 & 0 & k_{M-1}^{-2} & 0 \\ 0 & 0 & 0 & 0 & k_M^{-2} \end{bmatrix} \tag{7.175}$$

引入定义在 $\boldsymbol{\sigma}$ 上的一系列基函数 $u_1(s), u_2(s), \cdots, u_N(s)$,将 f 展开为

$$f(s) = \sum_{i=1}^{N} u_i(s) b_i = \boldsymbol{u}(s)^{\mathrm{T}}\boldsymbol{b} \tag{7.176}$$

式中:$\boldsymbol{u}(s)$ 和 $\boldsymbol{b}$ 为 N 维列矢量。

将式(7.171)和式(7.176)代入式(7.168),得

$$\sum_{i=1}^{M} k_i'^2 x_i \Phi_i + \int_\sigma g(\boldsymbol{s},\boldsymbol{s}') \sum_{i=1}^{N} u_i(s') b_i \mathrm{d}s' = 0,\ s \in \sigma \tag{7.177}$$

采用伽略金法，选取 $u_1(s), u_2(s), \cdots, u_N(s)$ 作为测试函数，乘以方程(7.177)两边，在边界上 σ 积分，得

$$\sum_{i=1}^{M} k_i'^2 x_i \int_\sigma \Phi_i u_j(s) \mathrm{d}s + \int_\sigma \int_\sigma g(\boldsymbol{s},\boldsymbol{s}') u_j(s) \sum_{i=1}^{N} u_i(s') b_i \mathrm{d}s' \mathrm{d}s = 0,\ s \in \sigma \tag{7.178}$$

写成矩阵形式为

$$\boldsymbol{L}'_{N\times N} \boldsymbol{b}_N = -\boldsymbol{Q}_{N\times M} \boldsymbol{K}'_{M\times M} \boldsymbol{x}_M \tag{7.179}$$

式中

$$\boldsymbol{L}'_{N\times N} = \iint_\sigma g(\boldsymbol{s},\boldsymbol{s}') \boldsymbol{u}(s) \boldsymbol{u}(s')^{\mathrm{T}} \mathrm{d}s \mathrm{d}s' \tag{7.180}$$

$$\boldsymbol{Q}_{N\times M} = \int_\sigma \boldsymbol{u}(s) \boldsymbol{\Phi}(s)^{\mathrm{T}} \mathrm{d}s \tag{7.181}$$

$\boldsymbol{b}_N$ 与 $\boldsymbol{x}_M$ 的关系为

$$\boldsymbol{b} = -\boldsymbol{L}'^{-1} \boldsymbol{Q} \boldsymbol{K}' \boldsymbol{x} \tag{7.182}$$

伽略金法的近似求解影响积分方程的计算精度。一般情况下，可以通过增加基函数的个数来保证计算精度，因为算子 L 的非负性能够保证计算收敛。

在 $r \in \partial\Omega$，由 ϕ 的本征方程

$$\nabla^2 \phi + k'^2 \phi = 0$$

得

$$\nabla^2 [\tilde{\phi}(\boldsymbol{r}) + \int_\sigma g(\boldsymbol{r},\boldsymbol{s}') f(\boldsymbol{s}') \mathrm{d}s'] + k'^2 [\tilde{\phi}(\boldsymbol{r}) + \int_\sigma g(\boldsymbol{r},\boldsymbol{s}') f(\boldsymbol{s}') \mathrm{d}s'] = 0$$

由式(7.165)可得

$$\nabla^2 \tilde{\phi}(\boldsymbol{r}) + k'^2 [\tilde{\phi}(\boldsymbol{r}) + \int_\sigma g(\boldsymbol{r},\boldsymbol{s}') f(\boldsymbol{s}') \mathrm{d}s'] = 0$$

将式(7.171)和式(7.172)代入上式，得

$$-\sum_{i=1}^{M} x_i \Phi_i + \chi'^2 \left(\sum_{i=1}^{M} k_i'^{-2} x_i \Phi_i + \int_\sigma g(\boldsymbol{r},\boldsymbol{s}') \sum_{i=1}^{N} u_i(\boldsymbol{s}') b_i \mathrm{d}s' \right) = 0$$

对方程两边再乘 Φ_j，在 $r \in \Omega$ 积分，利用正交归一性和式(7.165)，得

$$-\sum_{i=1}^{M} k_i'^2 x_i \int_S \Phi_i \Phi_j \mathrm{d}\Omega + \chi'^2 \left[k'^{-2} \sum_{i=1}^{M} x_i \int_S \Phi_i \Phi_j \mathrm{d}\Omega + \int_\sigma \int_S \Phi_j g(s,s') \mathrm{d}\Omega \sum_{i=1}^{N} u_i(s') b_i \mathrm{d}s' \right] = 0$$

$$-\sum_{i=1}^{M} k_i'^2 x_i \delta_{ij} + \chi'^2 \left[\sum_{i=1}^{M} x_i \delta_{ij} + \frac{1}{k_i'^2} \int_\sigma \Phi_j(s) \sum_{i=1}^{N} u_i(s') b_i \mathrm{d}s' \right] = 0$$

写成矩阵形式为

$$Ax = \chi'^{-2}x \tag{7.183}$$

式中

$$A_{M\times M} = K' - K'Q^{\mathrm{T}}L'^{-1}QK' \tag{7.184}$$

式(7.183)的解有 M 个本征值 $\chi'_1,\chi'_2,\cdots,\chi'_M$ 和 M 个本征函数 $x_1,x_2,\cdots,x_m$。

$$\phi_j = \sum_{i=1}^{M}\Phi_i(r)\frac{x_{ij}}{k'^2_i} + \sum_{n=1}^{N}\xi_n(r)b_{nj} \tag{7.185}$$

式中：x_{ij}、b_{nj} 为矩阵 x_j 和 b_j 的元素，并且

$$b_j = -L'^{-1}QK'x_j \tag{7.186}$$

$$\xi_n(r) = \int_\sigma g(r,s')u_n(s')\mathrm{d}s' \tag{7.187}$$

7.4.3.3 任意形状波导 TE 本征模式

采用 7.4.3.1 节和 7.4.3.2 节的方法还可以推出任意形状波导 TE 本征模式，区别在于要使用不同形式的构造函数。设均匀波导 TE 模式波函数的归一化解 ψ 满足：

$$\begin{cases}\nabla^2\psi + \chi^2\psi = 0, & r \subseteq S(\chi \neq 0)\\ \dfrac{\partial\psi}{\partial n} = 0, & r \subseteq \partial S\end{cases} \tag{7.188}$$

$$\int_S \psi^2\mathrm{d}S = 1 \tag{7.189}$$

电磁本征矢量（TE 模式）定义为

$$h = -\nabla\psi/\chi,\ e = h \times \hat{u}_z \tag{7.190}$$

扩大后的本征解问题为

$$\begin{gathered}\nabla^2\psi + \chi^2\psi = 0,\ r \subseteq \Omega - \sigma(\chi \neq 0)\\ \frac{\partial\psi}{\partial n} = 0,\ r \subseteq \partial\Omega \cup \sigma\end{gathered} \tag{7.191}$$

式中：σ 定义为不与扩展边界 $\partial\Omega$ 重合的内部边界 ∂S。

扩展后的本征解在 $\Omega - \sigma$ 上具有任意阶连续可微性，满足归一化条件：

$$\|\psi\|^2 = \int_\Omega \psi^2\mathrm{d}\Omega = 1 \tag{7.192}$$

在扩张域内本征函数为零，上式适用于各种类型扩展域。因此在扩展域内，归一化条件与式(7.163)所示归一化条件等价。而且，本征函数 ψ 在相应的扩展域内具有零均值，满足：

$$\int_\Omega \psi\mathrm{d}S = 0 \tag{7.193}$$

TE 模式的波函数要求满足 $\dfrac{\partial\psi}{\partial n}=0$ 条件，首先构造两类满足边界法向导数为零的

格林函数 F_0、F_1：

$$\nabla^2 F_0(\boldsymbol{r},\boldsymbol{r}') = -\delta(\boldsymbol{r}-\boldsymbol{r}') + 1/\Omega \ (\boldsymbol{r},\boldsymbol{r}' \in \Omega) \tag{7.194}$$

$$\frac{\partial F_0}{\partial n} = 0,\ \boldsymbol{r} \subseteq \partial\Omega \tag{7.195}$$

$$\int_\Omega F_0 \mathrm{d}\Omega = 0 \tag{7.196}$$

$$\nabla^2 F_1(\boldsymbol{r},\boldsymbol{r}') = -F_0(\boldsymbol{r},\boldsymbol{r}') \ (\boldsymbol{r},\boldsymbol{r}' \in \Omega) \tag{7.197}$$

$$\frac{\partial F_1}{\partial n} = 0,\ \boldsymbol{r} \subseteq \partial\Omega \tag{7.198}$$

$$\int_\Omega F_1 \mathrm{d}\Omega = 0 \tag{7.199}$$

本征函数在 σ 上不连续，这种不连续性由未知函数 $h=h(s)=h=\psi^- - \psi^+$ 决定。与TM模式分析类似的是，在TE分析模式时，扩展后波函数可以用辅助函数（可展开为均匀波导的本征函数）和沿扩展边界积分之和来表达。该积分既要满足在原有均匀波导边界的导数为零的边界条件，也要满足在扩展边界的导数为零的边界条件。设：

$$U_0 = \int_\sigma \frac{\partial F_0(\boldsymbol{r},\boldsymbol{s}')}{\partial n} h(s')\mathrm{d}s',\ U_1 = \int_\sigma \frac{\partial F_1(\boldsymbol{r},\boldsymbol{s}')}{\partial n} h(s')\mathrm{d}s'$$

U_1 和 U_0 在均匀波导边界上都满足 $\frac{\partial \psi}{\partial n}=0$ 边界条件且具有零均值性质；U_1 和 U_0 的关系为

$$\nabla^2 U_1 = -U_0 \tag{7.200}$$

构造如下形式的波函数：

$$\psi(\boldsymbol{r}) = \chi^2(\tilde{\psi} - U_1) - U_0 \tag{7.201}$$

式中：$\tilde{\psi}$ 是用规则波导本征函数展开。

ψ 已经满足 $\partial\Omega - \sigma$ 上的边界条件，同时还要满足 σ 上的边界条件：

$$\frac{\partial \psi}{\partial n} = \chi^2\left(\frac{\partial \tilde{\psi}}{\partial n} - \frac{\partial U_1}{\partial n}\right) - \frac{\partial U_0}{\partial n} \tag{7.202}$$

对任意函数：

$$\frac{\partial f}{\partial n} = \hat{\boldsymbol{u}}_n \cdot \nabla f$$

利用关系式（推导见7.4.3.5节）

$$\nabla U_0 = -\hat{\boldsymbol{u}}_z \times \nabla \int_\sigma g(\boldsymbol{r},\boldsymbol{s}')\dot{h}(s')\mathrm{d}s'$$

可得

$$\nabla \psi = \hat{\boldsymbol{u}}_z \times \nabla \int_\sigma g(\boldsymbol{r},\boldsymbol{s}')\dot{h}(s')\mathrm{d}s' + \chi^2\left(\nabla^2 \tilde{\psi}(r) - \int_\sigma \overline{\boldsymbol{G}}(\boldsymbol{r},\boldsymbol{s}') \cdot \hat{\boldsymbol{u}}_n(s')h(s')\mathrm{d}s'\right) \tag{7.203}$$

其中格林函数 g 由式(7.165)和式(7.166)定义，$\dot{h} = \mathrm{d}h/\mathrm{d}s$ 和 $\bar{\boldsymbol{G}}$ 为并矢格林函数满足：

$$G(\boldsymbol{r},\boldsymbol{r}') = \nabla\nabla' F_1(\boldsymbol{r},\boldsymbol{r}') \tag{7.204}$$

将式(7.203)应用到式(7.202)，推导出边界条件方程：

$$\frac{\mathrm{d}}{\mathrm{d}s}\int_\sigma g(\boldsymbol{s},\boldsymbol{s}')\dot{h}(s')\mathrm{d}s' + \chi^2\int_\sigma G_{nn'}(\boldsymbol{s},\boldsymbol{s}')h(\boldsymbol{s}')\mathrm{d}s' = \chi^2\frac{\partial\tilde{\psi}}{\partial n}(s\in\sigma) \tag{7.205}$$

其中 $s\in\boldsymbol{\sigma}$，并且

$$G_{nn'}(\boldsymbol{s},\boldsymbol{s}') = \hat{\boldsymbol{u}}_n(s)\cdot\bar{\boldsymbol{G}}(\boldsymbol{s},\boldsymbol{s}')\cdot\hat{\boldsymbol{u}}_n(s') \tag{7.206}$$

将式(7.201)代入方程(7.191)，得

$$\chi^2(\nabla^2\tilde{\psi} - \nabla^2 U_1) - \nabla^2 U_0 - \chi^2[\chi^2(\tilde{\psi} - U_1) - U_0] = 0$$

因为

$$\nabla^2 U_1 = -U_0,\ \nabla^2 U_0 = 0$$

所以

$$\nabla^2\tilde{\psi}(r) + \chi^2\left(\tilde{\psi}(r) - \int_\sigma \frac{\partial F_1(\boldsymbol{r},\boldsymbol{s})}{\partial n'}h(s')\mathrm{d}s'\right) = 0,\ r\subseteq\Omega$$

整理得本征方程为

$$\psi = -\int_\sigma \nabla' F_0(\boldsymbol{r},\boldsymbol{s}')\cdot\hat{\boldsymbol{u}}_n(s')h(s')\mathrm{d}s' - \nabla^2\tilde{\psi}(r) \tag{7.207}$$

格林函数的表达式在7.4.3.5节中给出，当 Ω 域为规则形状，如圆形或矩形时，格林函数可以用闭合的一维收敛序列表达；此时函数的奇点需要精确考虑，它们对序列近似的精度有显著影响。

7.4.3.4 任意形状FSS单元场的TE本征模式展开

上节得到边界方程(7.205)和本征方程(7.206)，$\tilde{\psi}$ 用规则波导 Ω 上的TE模的本征函数 $\Psi_1,\Psi_2,\cdots,\Psi_i,\cdots$ 展开，闭合形式(见7.4.3.5节)满足：

$$\begin{gathered}\nabla^2\Psi + k^2\Psi = 0\\ \frac{\partial\Psi}{\partial n} = 0,\ \boldsymbol{r}\subseteq\partial\Omega\end{gathered} \tag{7.208}$$

式中：$k\neq0$。

它们具有完备正交性：

$$\int_\Omega \Psi_i\Psi_j\mathrm{d}\Omega = \delta_{ij} \tag{7.209}$$

$\tilde{\psi}$ 和 $\nabla^2\tilde{\psi}$ 用谐振模式展开为

$$\tilde{\psi} = \sum_{i=1}^{M} k_i^{-2} y_i \boldsymbol{\Psi}_i \tag{7.210}$$

$$\nabla^2 \tilde{\psi} = -\sum_{i=1}^{M} y_i \boldsymbol{\Psi}_i \tag{7.211}$$

式中:展开系数 x_i 待定;$\tilde{\psi}$、$\nabla^2\tilde{\psi}$ 用矩阵形式表示为

$$\tilde{\psi} = \boldsymbol{\Psi}^{\mathrm{T}} \boldsymbol{K}'^{-1} \boldsymbol{y} \tag{7.212}$$

$$\nabla^2 \tilde{\psi} = -\boldsymbol{\Psi}^{\mathrm{T}} \boldsymbol{y} \tag{7.213}$$

其中:$\boldsymbol{\Psi}$、$\boldsymbol{y}$ 都为 M 维的矢量,分别代表相应的谐振模式和幅度;$\boldsymbol{K}$ 为 $M \times M$ 维对角矩阵。

同时,将 h 用一组基函数展开,将边界 σ 分割成 P 个独立的子域,$\sigma_1, \sigma_2, \cdots, \sigma_P$(图 7.49)。

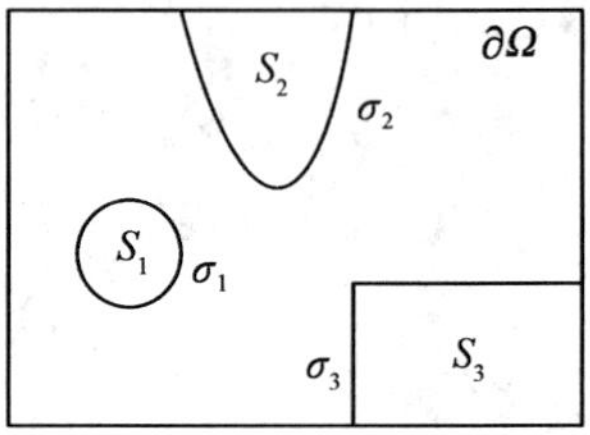

图 7.49 边界 σ 包含 3 条单独曲线(S_1 闭合,S_2 和 S_3 的部分边界和 $\partial\Omega$ 重合)

$$h = \sum_{p=1}^{P} c_p w_p(s) + \sum_{q=1}^{Q} z_q v_q(s) \tag{7.214}$$

式中:$\{w_p\}$ 为定义在边线 $\boldsymbol{\sigma}_p$ 上的窗口函数:

$$w_p = \begin{cases} 1 & \in \boldsymbol{\sigma}_p \\ 0 & \notin \boldsymbol{\sigma}_p \end{cases} \tag{7.215}$$

对于闭合边界部分用 $\{v_p\}$ 展开,$\{v_p\}$ 是定义在 $\boldsymbol{\sigma}_p$ 上的零均值函数,c_p 和 z_q 是未知系数。将上式写成矩阵形式为

$$h = \boldsymbol{w}(s)^{\mathrm{T}} \boldsymbol{c} + \boldsymbol{v}(s)^{\mathrm{T}} \boldsymbol{z} \tag{7.216}$$

将式(7.210)和式(7.214)代入边界条件方程(7.205),应用伽略金法,选择 w_p 和 v_q 为试验函数,得到以下方程:

$$\chi^2(\boldsymbol{S}^{\mathrm{T}}\boldsymbol{K}\boldsymbol{y} - \boldsymbol{T}^{\mathrm{T}}\boldsymbol{z} - \boldsymbol{L}^{\mathrm{T}}\boldsymbol{C}) = 0 \tag{7.217}$$

$$\boldsymbol{C}\boldsymbol{z} + \chi^2(\boldsymbol{R}^{\mathrm{T}}\boldsymbol{K}\boldsymbol{y} - \boldsymbol{V}\boldsymbol{z} - \boldsymbol{T}\boldsymbol{c}) = 0 \tag{7.218}$$

$$-\boldsymbol{y} + \chi^2\{\boldsymbol{K}\boldsymbol{y} - \boldsymbol{K}\boldsymbol{K}(\boldsymbol{R}\boldsymbol{z} + \boldsymbol{S}\boldsymbol{c})\} = 0 \tag{7.219}$$

式中:因为 $\{v_p\}$ 闭环积分为零,所以有

$$\begin{aligned} C_{pp'} &= -\int_\sigma \int_\sigma \frac{\mathrm{d}}{\mathrm{d}s} g(\boldsymbol{s}, \boldsymbol{s}') \dot{v}_p(s) v_{p'}(s') \mathrm{d}s \mathrm{d}s' \\ &= -\int_\sigma \left[g(\boldsymbol{s}, \boldsymbol{s}') \dot{v}_p(s) v_{p'}(s') \big|_\sigma - \int_\sigma g(\boldsymbol{s}, \boldsymbol{s}') \dot{v}_p(s) \dot{v}_{p'}(s') \mathrm{d}s \right] \mathrm{d}s' \\ &= \int_\sigma \int_\sigma g(\boldsymbol{s}, \boldsymbol{s}') \dot{v}_p(s) \dot{v}_{p'}(s') \mathrm{d}s \mathrm{d}s' \end{aligned}$$

$$\boldsymbol{C} = \int_\sigma \int_\sigma g(\boldsymbol{s}, \boldsymbol{s}') \dot{\boldsymbol{v}}(s) \dot{\boldsymbol{v}}(s')^{\mathrm{T}} \mathrm{d}s \mathrm{d}s' \tag{7.220}$$

$$\boldsymbol{V} = \int_{\sigma}\int_{\sigma} G_{nn'}(\boldsymbol{s},\boldsymbol{s}')\boldsymbol{v}(s)\boldsymbol{v}(s')^{\mathrm{T}}\mathrm{d}s\mathrm{d}s' \tag{7.221}$$

$$\boldsymbol{T} = \int_{\sigma}\int_{\sigma} G_{nn'}(\boldsymbol{s},\boldsymbol{s}')\boldsymbol{w}(s)\boldsymbol{v}(s')^{\mathrm{T}}\mathrm{d}s\mathrm{d}s' \tag{7.222}$$

$$\boldsymbol{L} = \int_{\sigma}\int_{\sigma} G_{nn'}(\boldsymbol{s},\boldsymbol{s}')\boldsymbol{w}(s)\boldsymbol{w}(s')^{\mathrm{T}}\mathrm{d}s\mathrm{d}s' \tag{7.223}$$

$$\boldsymbol{R} = \int_{\sigma}\boldsymbol{v}\frac{\partial \boldsymbol{\Psi}^{\mathrm{T}}}{\partial n}\mathrm{d}s \tag{7.224}$$

$$\boldsymbol{S} = \int_{\sigma}\boldsymbol{w}\frac{\partial \boldsymbol{\Psi}^{\mathrm{T}}}{\partial n}\mathrm{d}s \tag{7.225}$$

$$\boldsymbol{y}_M = \begin{bmatrix} y_1 \\ y_2 \\ \cdots \\ y_{M-1} \\ y_M \end{bmatrix}, \boldsymbol{c}_P = \begin{bmatrix} c_1 \\ c_2 \\ \cdots \\ c_{P-1} \\ c_P \end{bmatrix}, z_Q = \begin{bmatrix} z_1 \\ z_2 \\ \cdots \\ z_{Q-1} \\ z_Q \end{bmatrix}, \boldsymbol{K}_{M\times M} = \begin{bmatrix} k_1^{-2} & 0 & 0 & 0 & 0 \\ 0 & k_2^{-2} & 0 & 0 & 0 \\ 0 & 0 & \cdots & 0 & 0 \\ 0 & 0 & 0 & k_{M-1}^{-2} & 0 \\ 0 & 0 & 0 & 0 & k_M^{-2} \end{bmatrix} \tag{7.226}$$

当$\chi \neq 0$时,有

$$\boldsymbol{c} = \boldsymbol{L}^{-1}(\boldsymbol{SKy} - \boldsymbol{T}^{\mathrm{T}}\boldsymbol{z}) \tag{7.227}$$

$$\{\boldsymbol{L}^{-1}\}_{pp'} = \frac{\delta_{pp'}}{S_P} + \frac{1}{S} \tag{7.228}$$

式中:S_1、S_2、S_3、…、S_P是各个子域的面积;S为波导的面积,$S = S_\Omega - \sum_{i=1}^{P} S_p$($S_\Omega$为规则波导的截面积)。

再将本征值方程(7.227),应用伽略金法,选择$\boldsymbol{\Psi}_i$、w_p和v_q为试验函数,得到矩阵方程为

$$\begin{bmatrix} \boldsymbol{E} & \boldsymbol{D}^{\mathrm{T}} \\ \boldsymbol{D} & \boldsymbol{B} \end{bmatrix}_{(M+Q)(M+Q)} \begin{bmatrix} \boldsymbol{y} \\ \boldsymbol{z} \end{bmatrix}_{M+Q} = \chi^2 \begin{bmatrix} \boldsymbol{K} & \boldsymbol{0} \\ \boldsymbol{0} & \boldsymbol{C} \end{bmatrix}_{(M+Q)(M+Q)} \begin{bmatrix} \boldsymbol{y} \\ \boldsymbol{z} \end{bmatrix}_{M+Q} \tag{7.229}$$

其中

$$\boldsymbol{E} = \boldsymbol{I} - \boldsymbol{KS}^{\mathrm{T}}\boldsymbol{L}^{-1}\boldsymbol{SK} \tag{7.230}$$

$$\boldsymbol{B} = \boldsymbol{V} - \boldsymbol{T}^{\mathrm{T}}\boldsymbol{L}^{-1}\boldsymbol{T} \tag{7.231}$$

$$\boldsymbol{D} = (\boldsymbol{T}^{\mathrm{T}}\boldsymbol{L}^{-1}\boldsymbol{S} - \boldsymbol{R})\boldsymbol{K} \tag{7.232}$$

式(7.229)的解有M个本征值$\chi'_1, \chi'_2, \cdots, \chi'_M$和$M$个本征函数$y_1, y_2, \cdots, y_M$。

$$\psi_j = \sum_{i=1}^{M}\psi_i(r)y_{ij} - \sum_{q=1}^{Q}v_q(r)z_{qj} - \sum_{p=1}^{P}v_p^0(r)c_{pj} \tag{7.233}$$

式中:y_{ij}、z_{qj}、c_{pj}为矢量$\boldsymbol{y}_j$、$\boldsymbol{z}_j$、$\boldsymbol{c}_j$的元素,并且

$$v_p(\boldsymbol{r}) = \int_\sigma \nabla' F_0(\boldsymbol{r},\boldsymbol{s}') \cdot \hat{\boldsymbol{u}}_n(s') v_q(s') \mathrm{d}s' \tag{7.234}$$

$$v_p^0(\boldsymbol{r}) = \int_\sigma \nabla' F_0(\boldsymbol{r},\boldsymbol{s}') \cdot \hat{\boldsymbol{u}}_n(s') \mathrm{d}s' \tag{7.235}$$

上式左右两边的矩阵都具有对称性,因此本征值个数为 $M+Q$,本征矢量则为 $\boldsymbol{y}_1,\boldsymbol{y}_2,\cdots,\boldsymbol{y}_{M+Q}$和 $\boldsymbol{z}_1,\boldsymbol{z}_2,\cdots,\boldsymbol{z}_{M+Q}$。

7.4.3.5 几个重要的函数表达式

本章讨论主要包含以下两种 BI-RME 主要技术:

(1) 定义域扩展。任意单元形状都可以扩展到包含单元所有边界在内矩形或圆形区域,这种转化依据于扩展前后不改变波函数的边界条件属性。于是,问题就摆脱了对具体边界的束缚,分离出规则边界和非规则边界,进而能够快速实现单元波导内部谐振模式的表达。

(2) 非规则边界场的处理。边界上的非规则性用基函数表达,非规则边界奇异场则用格林函数表达。这两种处理方法的优势在于,前者能在保证逼近精度的前提下快速而且简捷地得到不同边界的函数表达式;后者能够应用收敛级数、对称性等技术提高运算速度。

在实际求解过程中,还需要了解一些基本关系式、上几节重要公式的由来以及一些重要函数的表示形式,以便进行计算。

(1) 格林函数 $g(r,r')$与 TM 模本征函数 $\boldsymbol{\Phi}_{mn}$和 TE 模本征函数 $\boldsymbol{\Psi}_{mn}$的关系。

对于 TM 模本征函数 $\boldsymbol{\Phi}_{mn}$,满足下列方程:

$$\begin{cases} \nabla^2 \boldsymbol{\Phi}_{mn} + \chi^2 \boldsymbol{\Phi}_{mn} = 0, & r \subseteq S(x \neq 0) \\ \boldsymbol{\Phi}_{mn} = 0, & r \subseteq \partial S \end{cases}$$

令

$$g(\boldsymbol{r},\boldsymbol{r}') = \sum_{m,n} C_{mn} \boldsymbol{\Phi}_{mn}$$

代入

$$\nabla^2 g(\boldsymbol{r},\boldsymbol{r}') = -\delta(\boldsymbol{r}-\boldsymbol{r}') \quad (r,r' \in \Omega)$$

得

$$\sum_{m,n} C_{mn} \nabla^2 \boldsymbol{\Phi}_{mn} = -\sum_{m,n} C_{mn} k'^2_{mn} \boldsymbol{\Phi}_{mn} = -\delta(\boldsymbol{r},\boldsymbol{r}')$$

对上式两边用 $\boldsymbol{\Phi}_{m'n'}$作为试函数,求内积,考虑到 $\boldsymbol{\Phi}_{mn}$的归一正交性,得

$$-\sum_{m,n} C_{mn} k'^2_{mn} \int \boldsymbol{\Phi}_{mn} \cdot \boldsymbol{\Phi}'_{m'n'} \mathrm{d}\Omega = -\int \delta(\boldsymbol{r},\boldsymbol{r}') \cdot \boldsymbol{\Phi}'_{m'n} \mathrm{d}\Omega$$

$$k'^2_{mn} C_{mn} = \boldsymbol{\Phi}_{mn}(\boldsymbol{r}')$$

$$C_{mn} = \frac{\boldsymbol{\Phi}_{mn}(\boldsymbol{r}')}{k'^2_{mn}}$$

$$g(r,r') = \sum_{m,n} \frac{\Phi_{mn}(\boldsymbol{r}')\Phi_{mn}(\boldsymbol{r})}{k'^2_{mn}} \tag{7.236}$$

同理,可得

$$F_0(\boldsymbol{r},\boldsymbol{r}) = \sum_{m,n} \frac{\Psi_{mn}(\boldsymbol{r}')\Psi_{mn}(\boldsymbol{r})}{k''^2_{mn}} \tag{7.237}$$

对于 TE 模本征函数 Ψ_{mn},应满足下列方程:

$$\nabla^2\psi + \chi^2\psi = 0,\ r \subseteq S \text{ 内} (\chi \neq 0)$$

$$\frac{\partial\psi}{\partial n} = 0,\ r \subseteq \partial S$$

令

$$F_1(\boldsymbol{r},\boldsymbol{r}') = \sum_{m,n} D_{mn}\Psi_{mn}$$

代入

$$\nabla^2 F_1(\boldsymbol{r},\boldsymbol{r}') = -F_0(\boldsymbol{r},\boldsymbol{r}')\ (\boldsymbol{r},\boldsymbol{r}' \in \Omega)$$

得

$$-\sum_{m,n} D_{mn}k''^2_{mn}\Psi_{mn} = -\sum_{m,n} \frac{\Psi_{mn}(\boldsymbol{r}')\Psi_{mn}(\boldsymbol{r})}{k''^2_{mn}}$$

对上式两边用 $\Psi_{m'n'}$ 作为试函数,求内积,考虑到 Ψ_{mn} 的归一正交性,得

$$D_{mn}k''^2_{mn} = \frac{\Psi_{mn}(\boldsymbol{r}')}{k''^2_{mn}}$$

$$D_{mn} = \frac{\Psi_{mn}(\boldsymbol{r}')}{k''^4_{mn}}$$

最后得

$$k'^2_{mn}C_{mn} = \Phi_{mn}(\boldsymbol{r}')$$

$$F_1(\boldsymbol{r},\boldsymbol{r}') = \sum_{m,n} \frac{\Psi_{mn}(\boldsymbol{r}')\Psi_{mn}(\boldsymbol{r})}{k''^4_{mn}} \tag{7.238}$$

矩形波导中的本征波函数为

$$\frac{2}{\pi\sqrt{m^2\dfrac{b}{a} + n^2\dfrac{a}{b}}}\sin\left(\frac{m\pi x}{a}\right)\sin\left(\frac{n\pi y}{b}\right) \tag{7.239}$$

$$\frac{\sqrt{c_m c_n}}{\pi\sqrt{m^2\dfrac{b}{a} + n^2\dfrac{a}{b}}}\cos\left(\frac{m\pi x}{a}\right)\cos\left(\frac{n\pi y}{b}\right) \tag{7.240}$$

式中:c_m、c_n 定义见表 7.2。

(2) 基本关系证明。

本征函数的面积分等于0,即

$$\int \Psi_{mn} \mathrm{d}\Omega = \frac{1}{k''^2_{mn}} \int \nabla^2 \Psi_{mn} \mathrm{d}\Omega = \frac{1}{k''^2_{mn}} \int \frac{\partial \Psi_{mn}}{\partial n} \mathrm{d}l = 0 \tag{7.241}$$

$\nabla U_0 = -\boldsymbol{u}_z \times \nabla \int_\sigma g(\boldsymbol{r},\boldsymbol{s}') \dot{h}(\boldsymbol{s}') \mathrm{d}s'$ 的证明:

由完备性定理:

$$\sum_{mn} \boldsymbol{e}^{\mathrm{TE}}_{mn}(\boldsymbol{r}) \boldsymbol{e}^{\mathrm{TE}}_{mn}(\boldsymbol{r}') + \sum_{mn} \boldsymbol{e}^{\mathrm{TM}}_{mn}(\boldsymbol{r}) \boldsymbol{e}^{\mathrm{TM}}_{mn}(\boldsymbol{r}') = \bar{\bar{\boldsymbol{I}}} \delta(\boldsymbol{r} - \boldsymbol{r}') \tag{7.242}$$

式中:$\bar{\bar{\boldsymbol{I}}}$ 为单位并矢。

当 $\boldsymbol{r} \neq \boldsymbol{r}'$ 时,有:

TE 模,电场为

$$\boldsymbol{e}^{\mathrm{TE}}_{mn} = \frac{\hat{\boldsymbol{u}}_z \times \nabla \Psi_{mn}}{k''_{mn}}$$

TM 模,电场为

$$\boldsymbol{e}^{\mathrm{TM}}_{mn} = -\frac{\nabla \Phi_{mn}}{k'_{mn}}$$

代入式(7.242),得

$$\sum_{mn} \frac{\hat{\boldsymbol{u}}_z \times \nabla \Psi_{mn}(\boldsymbol{r})}{k''_{mn}} \frac{\hat{\boldsymbol{u}}_z \times \nabla \Psi_{mn}(\boldsymbol{r}')}{k''_{mn}} + \sum_{mn} \frac{\nabla \Phi_{mn}(\boldsymbol{r})}{k'_{mn}} \frac{\nabla \Phi_{mn}(\boldsymbol{r}')}{k'_{mn}} = 0$$

$$-\hat{\boldsymbol{u}}_z \times \nabla \nabla' \sum_{mn} \frac{\Psi_{mn}(\boldsymbol{r}) \Psi_{mn}(\boldsymbol{r}')}{k''^2_{mn}} \times \hat{\boldsymbol{u}}_z + \nabla \nabla' \sum_{mn} \frac{\Phi_{mn}(\boldsymbol{r}) \nabla \Phi_{mn}(\boldsymbol{r}')}{k'^2_{mn}} = 0$$

$$-\hat{\boldsymbol{u}}_z \times \nabla \nabla' g \times \hat{\boldsymbol{u}}_z + \nabla \nabla' F_0 = 0$$

$$\nabla \nabla' F_0 = \hat{\boldsymbol{u}}_z \times \nabla \nabla' g \times \hat{\boldsymbol{u}}_z$$

取上式中的 $\boldsymbol{n}'$ 方向的梯度分量,得

$$\nabla \frac{\partial F_0(\boldsymbol{r},\boldsymbol{s}')}{\partial n'} = \hat{\boldsymbol{u}}_z \times \nabla \nabla' g(\boldsymbol{r},\boldsymbol{s}') \cdot \hat{\boldsymbol{u}}_z \times \hat{\boldsymbol{n}}' = \hat{\boldsymbol{u}}_z \times \nabla \nabla' g(\boldsymbol{r},\boldsymbol{s}') \cdot \hat{\boldsymbol{s}}'$$

$$= \hat{\boldsymbol{u}}_z \times \nabla \frac{\partial g(\boldsymbol{r},\boldsymbol{s}')}{\partial s'}$$

根据 U_0 的定义:

$$U_0 = \int_\sigma \frac{\partial F_0(\boldsymbol{r},\boldsymbol{s}')}{\partial n'} f(\boldsymbol{s}') \mathrm{d}s'$$

$$\nabla U_0 = \nabla \int_\sigma \frac{\partial F_0(\boldsymbol{r},\boldsymbol{s}')}{\partial n'} f(\boldsymbol{s}') \mathrm{d}s' = \nabla \int_\sigma \hat{\boldsymbol{u}}_z \times \frac{\partial g(\boldsymbol{r},\boldsymbol{s}')}{\partial s'} f(\boldsymbol{s}') \mathrm{d}s'$$

$$= \hat{\boldsymbol{u}}_z \times \nabla \int_\sigma \frac{\partial g(\boldsymbol{r},\boldsymbol{s}')}{\partial s'} f(\boldsymbol{s}') \mathrm{d}s'$$

$$= \hat{\boldsymbol{u}}_z \times \nabla\left[[g(\boldsymbol{r},\boldsymbol{s}')f(\boldsymbol{s}')] \mid_\sigma^\sigma - \int_\sigma g(\boldsymbol{r},\boldsymbol{s}') \frac{\partial f(\boldsymbol{s}')}{\partial s'} \mathrm{d}s' \right]$$

$$= - \hat{\boldsymbol{u}}_z \times \nabla \int_\sigma g(\boldsymbol{r},\boldsymbol{s}') \frac{\partial f(\boldsymbol{s}')}{\partial s'} \mathrm{d}s' \tag{7.243}$$

7.4.3.6 本征模与 Floquet 模的内积

考虑如图 7.50 所示周期孔径阵列，厚度为 T，按照 7.4.2 节的方法将波导中的场用 BI–RME 本征模式展开，需要计算式(7.244)形式的内积：

$$\left\langle \boldsymbol{E}_{lq}, \boldsymbol{R}_{lmn}^* \right\rangle = \int_S \boldsymbol{E}_{lq} \cdot \boldsymbol{R}_{lmn} \mathrm{d}s \tag{7.244}$$

式(7.244)的内积面积分可转换为周线积分，根据格林变换：

$$\int_S \boldsymbol{A} \cdot \nabla_{\mathrm{T}} B \mathrm{d}S = \int_{\partial S} B \hat{\boldsymbol{n}} \cdot \boldsymbol{A} \mathrm{d}l - \int_S B\, \nabla_{\mathrm{T}} \cdot \boldsymbol{A} \mathrm{d}s \tag{7.245}$$

式中：$\hat{\boldsymbol{n}}$ 是周线积分路径上的外法向的单位矢量。下面应用式(7.19)～式(7.23)定义的 Floquet 模式，计算其与本征模的内积：

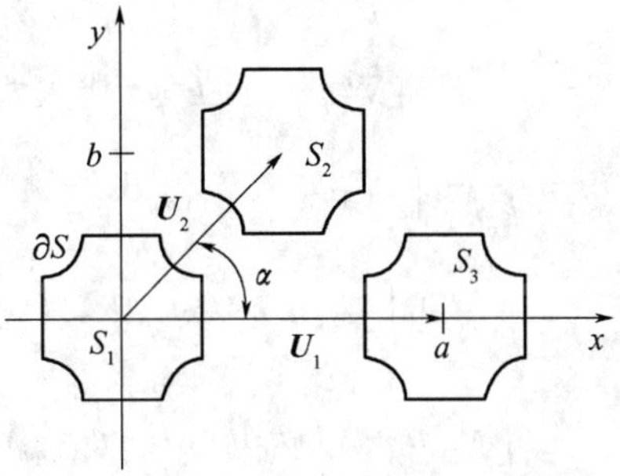

图 7.50 周期结构示意图

$\boldsymbol{U}_1 = a\boldsymbol{u}_x, \boldsymbol{U}_2 = b/\tan\alpha \boldsymbol{u}_x + b\boldsymbol{u}_y$

(1) TE 波导模式($l=1$)和 Floquet 模式 TE 模($l=1$)间的内积：

$$\int_S \boldsymbol{e}_{1q} \cdot \boldsymbol{R}_{1mn} \mathrm{d}S = \frac{1}{k_q k_{mn}} \int_S \hat{\boldsymbol{u}}_z \times \nabla_{\mathrm{T}} \psi_q \cdot \nabla_{\mathrm{T}} \chi_{mn} \mathrm{d}s \tag{7.246}$$

应用式(7.245)，设 $\boldsymbol{A} = \hat{\boldsymbol{u}}_z \times \nabla_{\mathrm{T}} \psi_q$ 和 $B = \chi_{mn}$，则有

$$\int_S \boldsymbol{e}_{1q} \cdot \boldsymbol{R}_{1mn} \mathrm{d}S = \frac{1}{k_q k_{mn}} \int_{\partial S} \chi_{mn} \hat{\boldsymbol{n}} \cdot \hat{\boldsymbol{u}}_z \times \nabla_{\mathrm{T}} \psi_q \mathrm{d}l - \frac{1}{k_q k_{mn}} \int_S \chi_{mn}\, \nabla_{\mathrm{T}} \cdot (\hat{\boldsymbol{u}}_z \times \nabla_{\mathrm{T}} \psi_q) \mathrm{d}s \tag{7.247}$$

因为

$$\nabla_{\mathrm{T}} \cdot (\hat{\boldsymbol{u}}_z \times \nabla_{\mathrm{T}} F) = 0 \tag{7.248}$$

式中：F 为任意标量函数。

$$\hat{\boldsymbol{n}} \cdot \hat{\boldsymbol{u}}_z \times \nabla_{\mathrm{T}} \psi_q = - \frac{\partial \psi_q}{\partial t} \tag{7.249}$$

可得

$$\int_S \boldsymbol{e}_{1q} \cdot \boldsymbol{R}_{1mn} \mathrm{d}s = -\frac{1}{k_q k_{mn}} \int_{\partial S} \chi_{mn} \frac{\partial \psi_q}{\partial t} \mathrm{d}l \tag{7.250}$$

（2）TE 波导模式（$l=1$）和 Floquet 模式 TM 模（$l=2$）间的内积：

$$\int_S \boldsymbol{e}_{1q} \cdot \boldsymbol{R}_{2mn} \mathrm{d}s = \frac{1}{k_q k_{mn}} \int_S \hat{\boldsymbol{u}}_z \times \nabla_{\mathrm{T}} \psi_q \cdot \hat{\boldsymbol{u}}_z \nabla_{\mathrm{T}} \chi_{mn} \mathrm{d}s$$

$$= \frac{1}{k_q k_{mn}} \int_S \nabla_{\mathrm{T}} \chi_{mn} \cdot \nabla_{\mathrm{T}} \psi_q \mathrm{d}s \tag{7.251}$$

将式(7.245)用于式(7.251)中，令 $\boldsymbol{A} = \nabla_{\mathrm{T}} \chi_{mn}, B = \psi_q$，并将 $\nabla_{\mathrm{T}}^2 \chi_{mn} = -k_{mn}^2 \chi_{mn}$ 代入式(7.251)，得

$$\int_S \boldsymbol{e}_{1q} \cdot \boldsymbol{R}_{2mn} \mathrm{d}s = \frac{1}{k_q k_{mn}} \left[\int_{\partial S} \psi_q \hat{\boldsymbol{n}} \cdot \nabla_{\mathrm{T}} \chi_{mn} \mathrm{d}l - \int_S \psi_q \nabla_{\mathrm{T}}^2 \chi_{mn} \mathrm{d}s \right]$$

$$= \frac{\int_{\partial S} \psi_q \hat{\boldsymbol{n}} \cdot \nabla_{\mathrm{T}} \chi_{mn} \mathrm{d}l}{k_q k_{mn}} + \frac{k_{mn} \int_S \psi_q \chi_{mn} \mathrm{d}s}{k_q} \tag{7.252}$$

然后再选择 $\boldsymbol{A} = \nabla_{\mathrm{T}} \psi_q, B = \chi_{mn}$，并将 $\nabla_{\mathrm{T}}^2 \psi_q = -k_q^2 \psi_q$ 代入式(7.252)，得

$$\int_S \boldsymbol{e}_{1q} \cdot \boldsymbol{R}_{2mn} \mathrm{d}s = \frac{1}{k_q k_{mn}} \int_S \nabla_{\mathrm{T}} \psi_q \cdot \nabla_{\mathrm{T}} \chi_{mn} \mathrm{d}s$$

$$= \frac{1}{k_q k_{mn}} \left[\int_{\partial S} \chi_{mn} \hat{\boldsymbol{n}} \cdot \nabla_{\mathrm{T}} \psi_q \mathrm{d}l - \int_S \chi_{mn} \nabla_{\mathrm{T}}^2 \psi_q \mathrm{d}s \right]$$

$$= \frac{\int_{\partial S} \chi_{mn} \hat{\boldsymbol{n}} \cdot \nabla_{\mathrm{T}} \psi_q \mathrm{d}l}{k_q k_{mn}} + \frac{k_q \int_S \psi_q \chi_{mn} \mathrm{d}s}{k_{mn}} \tag{7.253}$$

式(7.252)和式(7.253)右边相等，在边界 ∂S 上有

$$\hat{\boldsymbol{n}} \cdot \nabla_{\mathrm{T}} \psi_q = \frac{\partial \psi_q}{\partial n} = 0$$

在 $k_q^2 \neq k_{mn}^2$ 时，得

$$\frac{\int_{\partial S} \psi_q \hat{\boldsymbol{n}} \cdot \nabla_{\mathrm{T}} \chi_{mn} \mathrm{d}l}{k_q k_{mn}} + \frac{k_{mn} \int_S \psi_q \chi_{mn} \mathrm{d}s}{k_q} = \frac{\int_{\partial S} \chi_{mn} \hat{\boldsymbol{n}} \cdot \nabla_{\mathrm{T}} \psi_q \mathrm{d}l}{k_q k_{mn}} + \frac{k_q \int_S \psi_q \chi_{mn} \mathrm{d}s}{k_{mn}} \tag{7.254}$$

$$\int_S \psi_q \chi_{mn} \mathrm{d}s = -\frac{\int_{\partial S} \psi_q \hat{\boldsymbol{n}} \cdot \nabla_{\mathrm{T}} \chi_{mn} \mathrm{d}l}{k_{mn}^2 - k_q^2} = -\frac{1}{k_{mn}^2 - k_q^2} \int_{\partial S} \psi_q \frac{\partial \chi_{mn}}{\partial \boldsymbol{n}} \mathrm{d}l \tag{7.255}$$

最后得

$$\int_S \boldsymbol{e}_{1q} \cdot \boldsymbol{R}_{2mn} \mathrm{d}s = -\frac{k_q}{k_{mn}(k_{mn}^2 - k_q^2)} \int_{\partial S} \psi_q \frac{\partial \chi_{mn}}{\partial \boldsymbol{n}} \mathrm{d}l \tag{7.256}$$

（3）TM 波导模式（$l=2$）和 Floquet 模 TE（$l=1$）模式间的内积：

$$\int_S \boldsymbol{e}_{2q} \cdot \boldsymbol{R}_{1mn} \mathrm{d}s = \int_S -\frac{\nabla_{\mathrm{T}}\phi_q}{k_q} \cdot \left(\hat{\boldsymbol{u}}_z \times \frac{\nabla_{\mathrm{T}}\chi_{mn}}{k_{mn}}\right)\mathrm{d}s$$

$$= -\frac{1}{k_q k_{mn}}\int_S \nabla_{\mathrm{T}}\phi_q \cdot \hat{\boldsymbol{u}}_z \times \nabla_{\mathrm{T}}\chi_{mn}\mathrm{d}s \tag{7.257}$$

将式(7.245)应用到式(7.257)，令 $\boldsymbol{A}=\hat{\boldsymbol{u}}_z \times \nabla_{\mathrm{T}}\chi_{mn}$，$B=\phi_q$，得

$$\int_S \boldsymbol{e}_{2q} \cdot \boldsymbol{R}_{1mn} \mathrm{d}s = -\frac{1}{k_q k_{mn}}\int_{\partial S}\phi_q \hat{\boldsymbol{n}} \cdot \hat{\boldsymbol{u}}_z \times \nabla_{\mathrm{T}}\chi_{mn}\mathrm{d}l + \frac{1}{k_q k_{mn}}\int_S \phi_q \nabla_{\mathrm{T}} \cdot (\hat{\boldsymbol{u}}_z \times \nabla_{\mathrm{T}}\chi_{mn})\mathrm{d}s \tag{7.258}$$

上式等式右边，当满足边界 ∂S 上 $\phi_q=0$ 时，线积分部分为零，而且

$$\nabla_{\mathrm{T}} \cdot (\hat{\boldsymbol{u}}_z \times \nabla_{\mathrm{T}}F) = 0 \tag{7.259}$$

式中：F 为任意标量函数。

于是得

$$\int_S \boldsymbol{e}_{2q} \cdot \boldsymbol{R}_{1mn} \mathrm{d}s = 0 \tag{7.260}$$

（4）TM 波导模式（$l=2$）和 Floquet 模 TM 模式（$l=2$）之间的内积：

$$\int_S \boldsymbol{e}_{2q} \cdot \boldsymbol{R}_{2mn} \mathrm{d}s = \int_S \left(-\frac{\nabla_{\mathrm{T}}\phi_q}{k_q}\right) \cdot \left(-\frac{\nabla_{\mathrm{T}}\chi_{mn}}{k_{mn}}\right)\mathrm{d}s$$

$$= \frac{1}{k_q k_{mn}}\int_S \nabla_{\mathrm{T}}\chi_{mn} \cdot \nabla_{\mathrm{T}}\phi_q \mathrm{d}s \tag{7.261}$$

式中：χ_{mn} 定义见式(7.19)。

将式(7.245)用于式(7.261)中，令 $\boldsymbol{A}=\nabla_{\mathrm{T}}\chi_{mn}$，$B=\phi_q$，并将 $\nabla_{\mathrm{T}}^2\chi_{mn} = -k_{mn}^2 \chi_{mn}$ 代入式(7.261)，得

$$\int_S \boldsymbol{e}_{2q} \cdot \boldsymbol{R}_{2mn} \mathrm{d}s = \frac{1}{k_q k_{mn}}\left[\int_{\partial S}\phi_q \hat{\boldsymbol{n}} \cdot \nabla_{\mathrm{T}}\chi_{mn}\mathrm{d}l - \int_S \phi_q \nabla_{\mathrm{T}}^2\chi_{mn}\mathrm{d}s\right]$$

$$= \frac{\int_{\partial S}\phi_q \hat{\boldsymbol{n}} \cdot \nabla_{\mathrm{T}}\chi_{mn}\mathrm{d}l}{k_q k_{mn}} + \frac{k_{mn}\int_S \phi_q \chi_{mn}\mathrm{d}s}{k_q} \tag{7.262}$$

然后再选择 $\boldsymbol{A}=\nabla_{\mathrm{T}}\phi_q$，$B=\chi_{mn}$，并将 $\nabla_{\mathrm{T}}^2\phi_q = -k_q^2\phi_q$ 代入式(7.245)，得

$$\int_S \boldsymbol{e}_{2q} \cdot \boldsymbol{R}_{2mn} \mathrm{d}s = \frac{1}{k_q k_{mn}}\int_S \nabla_{\mathrm{T}}\phi_q \cdot \nabla_{\mathrm{T}}\chi_{mn}\mathrm{d}s$$

$$= \frac{1}{k_q k_{mn}}\left[\int_{\partial S}\chi_{mn}\hat{\boldsymbol{n}} \cdot \nabla_{\mathrm{T}}\phi_q \mathrm{d}l - \int_S \chi_{mn} \nabla_{\mathrm{T}}^2\phi_q \mathrm{d}s\right]$$

$$= \frac{\int_{\partial S}\chi_{mn}\hat{\boldsymbol{n}} \cdot \nabla_{\mathrm{T}}\phi_q \mathrm{d}l}{k_q k_{mn}} + \frac{k_q\int_S \phi_q \chi_{mn}\mathrm{d}s}{k_{mn}} \tag{7.263}$$

式(7.262)和式(7.263)右边相等,在边界∂S上$\phi_q=0$,在$k_q^2 \neq k_{mn}^2$时,得

$$\frac{\int_{\partial S}\phi_q \hat{\boldsymbol{n}}\cdot\nabla_T\chi_{mn}\mathrm{d}l}{k_q k_{mn}}+\frac{k_{mn}\int_S \phi_q\chi_{mn}\mathrm{d}s}{k_q}=\frac{\int_{\partial S}\chi_{mn}\hat{\boldsymbol{n}}\cdot\nabla_T\phi_q\mathrm{d}l}{k_q k_{mn}}+\frac{k_q\int_S \phi_q\chi_{mn}\mathrm{d}s}{k_{mn}} \tag{7.264}$$

$$\int_S \phi_q\chi_{mn}\mathrm{d}s=\frac{\int_{\partial S}\chi_{mn}\hat{\boldsymbol{n}}\cdot\nabla_T\phi_q\mathrm{d}l}{k_{mn}^2-k_q^2}=\frac{1}{k_{mn}^2-k_q^2}\int_{\partial S}\chi_{mn}\frac{\partial\phi_q}{\partial\boldsymbol{n}}\mathrm{d}l \tag{7.265}$$

最后得

$$\int_S \boldsymbol{e}_{2q}\cdot\boldsymbol{R}_{2mn}\mathrm{d}s=\frac{k_{mn}}{k_q(k_{mn}^2-k_q^2)}\int_{\partial S}\frac{\partial\phi_q}{\partial\boldsymbol{n}}\chi_{mn}\mathrm{d}l \tag{7.266}$$

当$\theta=0°, m=n=0$时,有

$$\int_S \boldsymbol{e}_{1q}\cdot\boldsymbol{R}_{000,1}\mathrm{d}s=-\frac{1}{k_q}\int_{\partial S}\psi_q\frac{\partial\chi_{00,1}}{\partial t}\mathrm{d}l \tag{7.267}$$

$$\int_S \boldsymbol{e}_{1q}\cdot\boldsymbol{R}_{000,2}\mathrm{d}s=-\frac{1}{k_q}\int_{\partial S}\psi_q\frac{\partial\chi_{00,2}}{\partial t}\mathrm{d}l \tag{7.268}$$

$$\int_S \boldsymbol{e}_{2q}\cdot\boldsymbol{R}_{000,1}\mathrm{d}s=0 \tag{7.269}$$

$$\int_S \boldsymbol{e}_{2q}\cdot\boldsymbol{R}_{000,2}\mathrm{d}s=0 \tag{7.270}$$

式中:$\hat{\boldsymbol{t}}$和$\hat{\boldsymbol{n}}$的切向矢量的定义如图7.51所示。

需要注意,当$k_q^2=k_{mn}^2$时就不能用以上公式,需要做面积分。

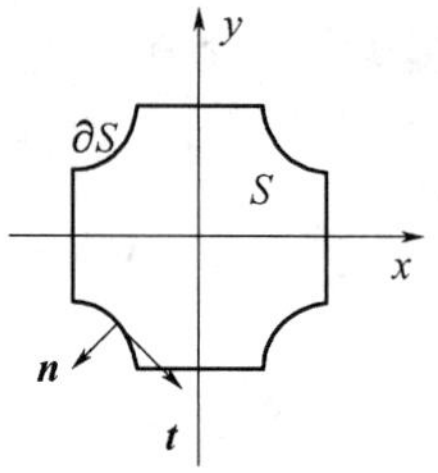

图7.51 边界∂S上切向$\boldsymbol{n}$和法向$\boldsymbol{t}$矢量

7.4.3.7 计算实例

例1: 考虑如图7.52(a)所示的矩形孔径单元,尺寸$a=7.612$mm,$b=7.792$mm,$c=2.266$mm,$d=1.277$mm,$e=5.026$mm,波导厚度$h=9.963$mm,入射角$\theta=30°$,$\phi=0°$。图7.53中实线为使用电磁仿真软件对单元建模仿真的结果。在计算中共使用36个基函数和338个Floquet模式,应用MoM/BI-RME方法计算结果与文献[12]数据符合较好。

例2: 求解一种H形单元周期阵列的传输系数,H形单元孔径如图7.52(b)

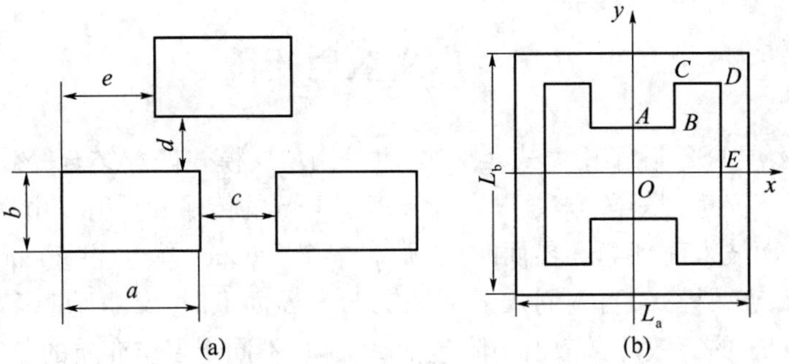

图 7.52　矩形和 H 形孔径单元

(a) 矩形孔径；(b) H 形孔径。

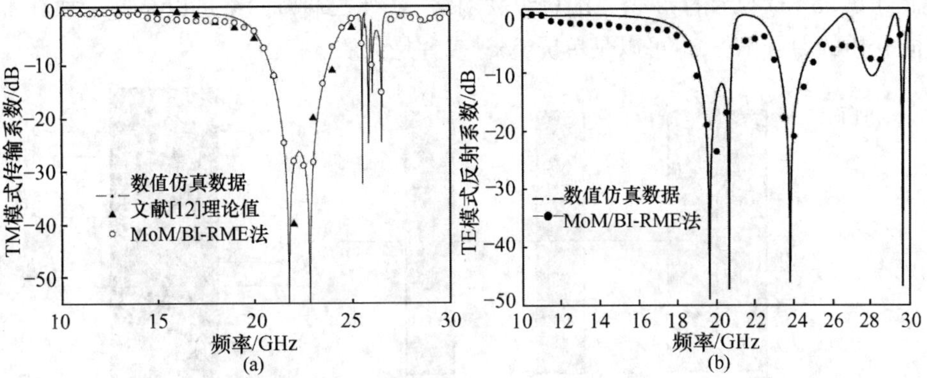

图 7.53　矩形单元 TM 和 TE 模式传输特性曲线

所示，周期 $L_a = L_b = 10\text{mm}$，边界长度 $OA = AB = BC = CD$，$DE = 3\text{mm}$，阵列角 $= 90°$，入射角 $\theta = 30°$，$\phi = 0°$，采用了 15 个波导基函数和 338 个 Floquet 模式。计算结果如图 7.54 所示，图 7.54(a)中边界 OA 长度为 1.5mm，图 7.54 (b)中边界 OA 长度为 2mm，MoM/BI－RME 法计算结果与软件仿真结果吻合较好。

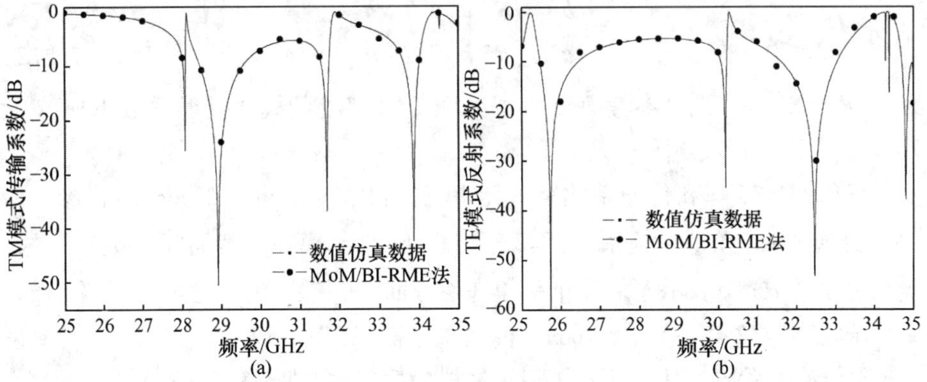

图 7.54　H 形单元传输特性曲线

7.5 广义散射矩阵

对于多层 FSS,除了用模式匹配法,也可用单层模式匹配结合等效级联网络方法(又称广义散射矩阵方法[14]),计算多层 FSS 的传输和反射。由 7.4 节分析可知,当平面波入射到 FSS 界面时,激励起多个 Floquet 模,这些 Floquet 模包括传播模式和衰减模式,当它们入射下一层 FSS 界面上时,又激励起多个 Floquet 模。多层 FSS 的等效广义散射矩阵包括高次模,不同于多层介质的散射矩阵,在多层介质的等效二端口级联网络中,只包含主模,不包含高次模。

设用于构成多屏 FSS 的子 FSS 屏具有完全相同的周期结构与多层介质,组成如 7.55(a)所示的 M 个二端口级联网络,每级二端口网络可以是前后加载不同介质的单屏 FSS,也可以是单屏 FSS,或者是介质。

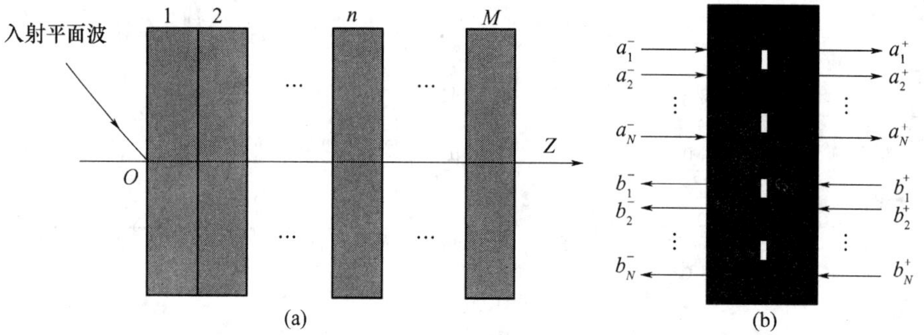

图 7.55 广义散射矩阵

要考虑多个 Floquet 模在图 7.55(a)所示的二端口级联网络的传输,首先设网络中有 N 个 Floquet 模式,每个周期结构用图 7.55(b)所示的 $2N$ 端口来等效,各个模式的入射电压波和反射电压波模系数之间的关系用广义散射矩阵表示为

$$\boldsymbol{b}^- = \boldsymbol{R}^- \boldsymbol{a}^- + \boldsymbol{T}^+ \boldsymbol{b}^+ \tag{7.271}$$

$$\boldsymbol{a}^+ = \boldsymbol{R}^+ \boldsymbol{b}^+ + \boldsymbol{T}^- \boldsymbol{a}^- \tag{7.272}$$

式中:$\boldsymbol{R}^+$、$\boldsymbol{R}^-$ 为分别为参考面正“+”处和负“-”处的模式反射系数矩阵;$\boldsymbol{T}^+$、$\boldsymbol{T}^-$ 为模式传输系数矩阵。

反射系数矩阵和传输系数矩阵元素意义:R_{ij}^- 表示 j 阶 Floquet 模在参考面“-”处输入时 i 阶反射模系数,R_{ij}^+ 表示 j 阶 Floquet 模在参考面“+”处产生的 i 阶反射模系数;T_{ij}^- 表示 j 阶 Floquet 模在参考面“-”输入时参考面“+”输出的 i 阶传输模系数,T_{ij}^+ 表示 j 阶 Floquet 模在参考面“+”输入时在参考面“-”输出的 i 阶传输模系数。其中,i,j 为 Floquet 模的序号,取值为 $1,2,\cdots,N$。

为了便于矩阵级联,采用 T 矩阵形式:

$$\begin{bmatrix} \boldsymbol{a}^- \\ \boldsymbol{b}^- \end{bmatrix} = \boldsymbol{T}_a \begin{bmatrix} \boldsymbol{a}^+ \\ \boldsymbol{b}^+ \end{bmatrix} = \begin{bmatrix} (\boldsymbol{T}^-)^{-1} & -(\boldsymbol{T}^-)^{-1}\boldsymbol{R}^+ \\ \boldsymbol{R}^-(\boldsymbol{T}^-)^{-1} & \boldsymbol{T}^+ - \boldsymbol{R}^-(\boldsymbol{T}^-)^{-1}\boldsymbol{R}^+ \end{bmatrix} \begin{bmatrix} \boldsymbol{a}^+ \\ \boldsymbol{b}^+ \end{bmatrix} \tag{7.273}$$

对于 FSS 结构的 $\boldsymbol{T}_a$ 矩阵，可以按照 7.4 节办法逐项求解单屏的反射系数和传输系数。

对于介质层的矩阵分：不同介质界面的转换矩阵 $\boldsymbol{T}_{\mathrm{d}}$ 和一定厚度介质的传输矩阵 $\boldsymbol{T}_l$ 两种情况讨论。

设区域"－"的模式阻抗矩阵 $\boldsymbol{\eta}_i^-$，区域"＋"的模式阻抗矩阵 $\boldsymbol{\eta}_i^+$，$i=1,2,\cdots,N$，在均匀介质层中不会产生电场模式之间的耦合。因此，在同一介质层中，反射系数和传输系数关系为

$$R_{ij}^- = R_{ij}^+ = T_{ij}^- = T_{ij}^+ = 0,\ i \neq j \tag{7.274}$$

而

$$T_{ii}^- = \frac{2\eta_i^+}{\eta_i^+ + \eta_i^-} \tag{7.275}$$

$$T_{ii}^+ = \frac{2\eta_i^-}{\eta_i^+ + \eta_i^-} \tag{7.276}$$

$$R_{ii}^- = \frac{\eta_i^+ - \eta_i^-}{\eta_i^+ + \eta_i^-} \tag{7.277}$$

$$R_{ii}^+ = -\frac{\eta_i^+ - \eta_i^-}{\eta_i^+ + \eta_i^-} \tag{7.278}$$

代入式(7.273)，得

$$\begin{bmatrix} \boldsymbol{a}^- \\ \boldsymbol{b}^- \end{bmatrix} = \boldsymbol{T}_{\mathrm{d}} \begin{bmatrix} \boldsymbol{a}^+ \\ \boldsymbol{b}^+ \end{bmatrix} = \begin{bmatrix} \dfrac{\eta_i^+ + \eta_i^-}{2\eta_i^+} & \dfrac{\eta_i^+ - \eta_i^-}{2\eta_i^+} \\ \dfrac{\eta_i^+ - \eta_i^-}{2\eta_i^+} & \dfrac{\eta_i^+ + \eta_i^-}{2\eta_i^+} \end{bmatrix} \begin{bmatrix} \boldsymbol{a}^+ \\ \boldsymbol{b}^+ \end{bmatrix} \tag{7.279}$$

在界面上的转换矩阵为

$$\boldsymbol{T}_{\mathrm{d}} = \begin{bmatrix} \cdots & 0 & 0 & 0 & \cdots \\ 0 & \dfrac{\eta_i^+ + \eta_i^-}{2\eta_i^+} & 0 & \dfrac{\eta_i^+ - \eta_i^-}{2\eta_i^+} & 0 \\ 0 & 0 & \cdots & 0 & 0 \\ 0 & \dfrac{\eta_i^+ - \eta_i^-}{2\eta_i^+} & 0 & \dfrac{\eta_i^+ + \eta_i^-}{2\eta_i^+} & 0 \\ \cdots & 0 & 0 & 0 & \cdots \end{bmatrix} \tag{7.280}$$

对于长度为 l 的传输线矩阵，由式(7.274)得到对角矩阵为

$$
\boldsymbol{T}_l = \begin{bmatrix} \cdots & 0 & 0 & 0 & 0 \\ 0 & e^{j\gamma_i l} & 0 & 0 & 0 \\ 0 & 0 & \cdots & 0 & 0 \\ 0 & 0 & 0 & e^{-j\gamma_i l} & 0 \\ 0 & 0 & 0 & 0 & \cdots \end{bmatrix} \tag{7.281}
$$

式中：$\gamma_i(i=1,2,3,\cdots,N)$为介质层中的模传输系数。

求出每级网络的传输系数后，总的级联网络的传输系数可表示为

$$
\boldsymbol{T}_{\sum} = \prod_{k=1}^{M} \boldsymbol{T}_k \tag{7.282}
$$

式中：$\boldsymbol{T}_i$ 为第 k 个子单元的传输矩阵。

设输入端口的波矩阵为$\begin{bmatrix} \boldsymbol{a}^i \\ \boldsymbol{b}^i \end{bmatrix}$，输出端口的波矩阵为$\begin{bmatrix} \boldsymbol{a} \\ \boldsymbol{0} \end{bmatrix}$，则：

$$
\begin{bmatrix} \boldsymbol{a}^i \\ \boldsymbol{b}^i \end{bmatrix} = \begin{bmatrix} \boldsymbol{T}_{11} & \boldsymbol{T}_{12} \\ \boldsymbol{T}_{21} & \boldsymbol{T}_{22} \end{bmatrix} \begin{bmatrix} \boldsymbol{a} \\ \boldsymbol{0} \end{bmatrix} \tag{7.283}
$$

$$
\boldsymbol{a} = \boldsymbol{T}_{11}{}^{-1} \boldsymbol{a}^i \tag{7.284}
$$

$$
\boldsymbol{b}^i = \boldsymbol{T}_{21} \boldsymbol{a} = \boldsymbol{T}_{21} \boldsymbol{T}_{11}{}^{-1} \boldsymbol{a}^i \tag{7.285}
$$

至此，便可得到广义级联网络的输出波矩阵和反射波矩阵。

从计算原理上讲，广义波矩阵方法可以用来分析任意多屏 FSS 级联结构的频率特性，在 FSS 设计过程中具有很大的灵活性，整个结构中某一层结构的改变仅仅影响其自身的传输矩阵，而对其他层的传输矩阵并无影响。当各个 FSS 屏之间的间距较大或耦合较弱时，前面一个 FSS 屏所激励的高阶 Floquet 模在到达后面 FSS 屏时可能已经得到充分的衰减，那么在分析时仅取 Floquet 模的主模和少数高阶模进行计算即可。然而对于很多的实际结构，分析中必须考虑足够多的高阶 Floquet 模的影响。

采用矩阵方法能够反映这些模式之间的关系，广义散射矩阵法要考虑传播模和非传播模之间的关系，同时还要考虑 TE 模和 TM 模之间的交叉极化关系，并把这些关系用散射矩阵表示出来。散射矩阵反映了入射波的幅值和由它激励起的散射谐波幅值之间的线性关系。

当两层 FSS 之间隔较大时，高次模在传播到下一层时幅值衰减几乎为零。所以在计算级联时，只需考虑少数几个低次模，用来进行级联运算的广义散射矩阵规模可以很小；当两层 FSS 之间的介质较薄时，必须考虑多个模，此时的广义散射矩阵规模就很大[15]。

文献[15]详细研究并计算了多层 FSS 传输系数的收敛性与广义散射矩阵高次模截取数的关系。

（1）当 FSS 所在的介质基板的厚度大于 0.15λ 时（λ 为介质中的波长）取

10 个 Floquet 模(如 5 个 TE + 5 个 TM 模),这时用广义散射矩阵计算的结果与全波法精确基本吻合。

(2) 当 FSS 所在的介质基板的厚度接近 0.05λ 时(λ 为介质中的波长),就需要取 30 个 Floquet 模(如 15 个 *TE* + 15 个 TM 模),用广义散射矩阵计算的结果才能收敛。

(3) 当 FSS 所在的介质基板的厚度很薄,为 0.005λ 时(λ 为介质中的波长),就需要取 300 个 Floquet 模(150 个 TE + 150 个 TM 模),用广义散射矩阵计算的结果才能收敛。

(4) 当介质基板相对于波长很薄时,可以用 7.4.1 节介绍的方法求得包括介质基板在内单屏 FSS 的广义散射矩阵,再与其他含 FSS 的介质层级联,研究表明只要取 5 个模式即可。

7.6 互导纳法

互导纳法(也称栅瓣级数法)也是一种分析 FSS 的数值方法[12],互导纳法先假定单元周期电流的分布,推导 FSS 结构的阵中单元的自阻抗,得到一种严格的解析形式(没有近似)计算传输系数的级数求和公式,既可以用于求周期电流的分布,也可以用等效网络得到 FSS 结构的传输系数与相邻单元之间互导纳的关系,运用级数求和公式可以研究 FSS 的奇异性,揭示 FFS 的内在规律,得到 FSS 的设计准则的重要结论。

7.6.1 二维无限大周期结构单元上的散射场

设一无限周期结构位于 xoy 平面,激励平面波传播方向为

$$\hat{\boldsymbol{s}} = s_x\hat{\boldsymbol{x}} + s_y\hat{\boldsymbol{y}} + s_z\hat{\boldsymbol{z}}$$

周期单元的间距为 dx、dy,设第 p 列第 q 行单元上电流为

$$\boldsymbol{J}_{pq} = I_{00}\mathrm{e}^{-\mathrm{j}kp\mathrm{d}xs_x}\mathrm{e}^{-\mathrm{j}kq\mathrm{d}ys_y}\hat{\boldsymbol{l}}$$

式中:$\hat{\boldsymbol{l}}$ 为单元振子的单位矢量;k 为均匀媒质中的传播波数,$k = \dfrac{2\pi}{\lambda}$。

将单元上电流分为若干小段,在每段微分长度 dl 上电流近似相等,FSS 阵列中单元的微分长度 dl 在任意观察点(x,y,z)处产生的场磁矢位为

$$\mathrm{d}\boldsymbol{A}_p = \hat{\boldsymbol{l}}\frac{\mu I_{00}\mathrm{d}l}{4\pi}\sum_{p=-\infty}^{\infty}\mathrm{e}^{-\mathrm{j}kp\mathrm{d}xs_x}\sum_{q=-\infty}^{\infty}\mathrm{e}^{-\mathrm{j}kq\mathrm{d}ys_y}\frac{\mathrm{e}^{-\mathrm{j}kR_{pq}}}{R_{pq}} \tag{7.286}$$

式中:R_{pq} 为场点到(p,q)所在单元源点的距离。

利用泊松求和公式两次求和,得

$$\mathrm{d}\boldsymbol{A}_p = \hat{\boldsymbol{l}}\frac{\mu I_{00}\mathrm{d}l}{2\mathrm{j}k\mathrm{d}x\mathrm{d}y}\sum_{-\infty}^{\infty}\sum_{-\infty}^{\infty}\frac{\mathrm{e}^{-\mathrm{j}\boldsymbol{k}\cdot\hat{\boldsymbol{r}}_\pm}}{r_z} \tag{7.287}$$

式中

$$\hat{\boldsymbol{r}}_\pm = \hat{\boldsymbol{x}}r_x + \hat{\boldsymbol{y}}r_y \pm \hat{\boldsymbol{z}}r_z = \hat{\boldsymbol{x}}\left(s_x + m\frac{\lambda}{\mathrm{d}x}\right) + \hat{\boldsymbol{y}}\left(s_y + n\frac{\lambda}{\mathrm{d}y}\right) \pm \hat{\boldsymbol{z}}r_z\text{(对于矩形阵列)} \tag{7.288}$$

$$\hat{\boldsymbol{r}}_\pm = \hat{\boldsymbol{x}}\left(s_x + m\frac{\lambda}{\mathrm{d}x} - n\frac{\lambda tg\alpha}{\mathrm{d}y}\right) + \hat{\boldsymbol{y}}\left(s_y + n\frac{\lambda}{\mathrm{d}y}\right) \pm \hat{\boldsymbol{z}}r_z\text{(对于平行四边形阵列)} \tag{7.289}$$

$$r_z = \sqrt{1 - r_x^2 - r_y^2} \tag{7.290}$$

式(7.286)求和的详细推导:

设$f(t)$傅里叶变换为$F(\omega)$,周期函数$f(t)$的周期$T=\frac{2\pi}{\omega_0}$,有求和公式:

$$\sum_{m=-\infty}^{\infty}\mathrm{e}^{-\mathrm{j}m\omega_0 t}F(m\omega_0) = T\sum_{n=-\infty}^{\infty}f(t+nT) \tag{7.291}$$

式(7.291)称为泊松求和公式。它是将频域的求和转化为时域的求和,或者是对无限周期中空域中的求和转化为在谱域中的求和。借助于以下变换恒等式,设法找到$\frac{\mathrm{e}^{-\mathrm{j}kR_{pq}}}{R_{pq}}$的反变换。

$$F\left[\frac{1}{2\mathrm{j}}H_0^{(2)}\left(a\sqrt{k^2-t^2}\right)\right] = \frac{\mathrm{e}^{-\mathrm{j}k\sqrt{a^2+\omega^2}}}{\sqrt{a^2+\omega^2}},\ -\infty < t < \infty \tag{7.292}$$

及$F(\omega-\omega_1)=F[\mathrm{e}^{-\mathrm{j}\omega_1 t}f(t)]$

$$\frac{\mathrm{e}^{-\mathrm{j}k\sqrt{a^2+(\omega-\omega_1)^2}}}{\sqrt{a^2+(\omega-\omega_1)^2}} = F\left[\frac{\mathrm{e}^{-\mathrm{j}\omega_1 t}}{2\mathrm{j}}H_0^{(2)}\left(a\sqrt{k^2-t^2}\right)\right] \tag{7.293}$$

比较式(7.292)与式(7.293):

设$\omega_0\Rightarrow\mathrm{d}y,\omega\Rightarrow m\omega_0,\omega_1\rightarrow y,T=\frac{2\pi}{\omega_0}\rightarrow\frac{2\pi}{\mathrm{d}y},nT\rightarrow\frac{2\pi n}{\mathrm{d}y},t\rightarrow ks_y$,考虑到

$$R_{pq}^2 = (p\mathrm{d}x - x)^2 + (q\mathrm{d}y - y)^2 + z^2 = a^2 + (q\mathrm{d}y - y)^2 \tag{7.294}$$

得

$$f(t+nT) = \frac{\mathrm{e}^{-\mathrm{j}\omega_1(t+nT)}}{2\mathrm{j}}H_0^{(2)}\left[a\sqrt{k^2-(t+nT)^2}\right] \tag{7.295}$$

先对q求和,式(7.286)在空域中的求和式为

$$\sum_{m=-\infty}^{\infty}\mathrm{e}^{-\mathrm{j}m\mathrm{d}yks_y}\frac{\mathrm{e}^{-\mathrm{j}kR_{pq}}}{R_{pq}} = \sum_{m=-\infty}^{\infty}\mathrm{e}^{-\mathrm{j}m\mathrm{d}yks_y}\frac{\mathrm{e}^{-\mathrm{j}k\sqrt{a^2+(m\omega_0-\omega_1)^2}}}{\sqrt{a^2+(m\omega_0-\omega_1)^2}}$$

$$= T\sum_{-\infty}^{\infty} f(t+nT) = \frac{2\pi}{\omega_0}\sum_{n=-\infty}^{\infty}\frac{e^{-j\omega_1(t+nT)}}{2j}H_0^{(2)}\left[a\sqrt{k^2-(t+nT)^2}\right]$$

$$= \frac{2\pi}{\omega_0}\sum_{n=-\infty}^{\infty}\frac{e^{-jky\left(s_y+\frac{n\lambda}{dy}\right)}}{2j}H_0^{(2)}\left[a\sqrt{k^2-k^2\left(s_y+\frac{n\lambda}{dy}\right)^2}\right]$$

同理,再对 p 项求和,应用泊松公式,整理得

$$dA_p = \hat{l}\frac{\mu I_{00}dl}{4jdy}\sum_{n=-\infty}^{\infty}e^{-jky\left(s_y+\frac{n\lambda}{dy}\right)}\sum_{p=-\infty}^{\infty}e^{-jkpdxs_x}H_0^{(2)}(kr_pa) \tag{7.296}$$

$$r_p = \sqrt{1-\left(s_y+\frac{n\lambda}{dy}\right)^2}$$

再设,$\omega_0\to dx,\omega\to m\omega_0,\omega_1\to x,T=\frac{2\pi}{\omega_0}\to\frac{2\pi}{dx},nT\to\frac{2\pi n}{dx},t\to ks_x$,借助于

$$H_0^{(2)}\left(kr_p\sqrt{y^2+\omega^2}\right) = F\left[\frac{e^{-jy\sqrt{(kr_p)^2-t^2}}}{\pi\sqrt{(kr_p)^2-t^2}}\right]$$

设法找到 $H_0^{(2)}(kar_p)$ 的反变换。

应用移位性质:

$$H_0^{(2)}\left(kr_p\sqrt{y^2+(\omega-\omega_1)^2}\right) = F\left[e^{-j\omega_1 t}\frac{e^{-jy\sqrt{(kr_p)^2-t^2}}}{\pi\sqrt{(kr_p)^2-t^2}}\right]$$

$$dA = \sum dA_p = \hat{l}\frac{\mu I_{00}dl}{4jdy}\sum_{n=-\infty}^{\infty}e^{-jky\left(s_y+\frac{n\lambda}{dy}\right)}\sum_{p=-\infty}^{n}e^{-jkpdxs_x}H_0^{(2)}(akr_p)$$

因为 a 中包含 x 变量,$a=\sqrt{z^2+(pdx-x)^2}$,$\omega_1=x$ 故

$$\sum_{-\infty}^{\infty}e^{-jm\omega_0 t}F(m\omega_0) = \sum_{-\infty}^{\infty}e^{-jmdxks_x}H_0^{(2)}\left(kr_p\sqrt{z^2+(m\omega_0-\omega_1)^2}\right)$$

$$= T\sum_{-\infty}^{\infty}f(t+nT) = \frac{2\pi}{dx}\sum_{-\infty}^{\infty}e^{-j\omega_1(t+nT)}\frac{e^{-jz\sqrt{(kr_p)^2-(t+nT)^2}}}{\pi\sqrt{(kr_p)^2-(t+nT)^2}}$$

$$= \frac{2\pi}{dx}\sum_{-\infty}^{\infty}e^{-jxk\left(s_x+\frac{m\lambda}{dx}\right)}\frac{e^{-jkz\sqrt{1-\left(s_x+\frac{m\lambda}{dx}\right)^2-\left(s_y+\frac{n\lambda}{dy}\right)^2}}}{\pi\sqrt{1-\left(s_x+\frac{m\lambda}{dx}\right)^2-\left(s_y+\frac{n\lambda}{dy}\right)^2}}$$

最后得到

$$dA = \hat{l}\frac{\mu I_{00}dl}{2jkdxdy}\sum_{m=-\infty}^{\infty}\sum_{n=-\infty}^{\infty}\frac{e^{-jk\boldsymbol{R}\cdot\boldsymbol{r}_\pm}}{r_z} \tag{7.297}$$

式中:$\boldsymbol{R}$ 为单元上的场点到源点的矢量。

得到磁矢位后,再求出磁场和电场:

$$d\boldsymbol{H} = \frac{1}{\mu}\nabla\times d\boldsymbol{A} = \frac{1}{\mu}\nabla\times(\phi\hat{l}) = \frac{1}{\mu}[\phi\nabla\times\hat{l}-\hat{l}\times\nabla\phi] \tag{7.298}$$

$$\nabla \times \hat{\boldsymbol{l}} = 0 \tag{7.299}$$

$$\nabla \phi = -\mathrm{j}k\phi \hat{\boldsymbol{r}}_{\pm} \tag{7.300}$$

所以

$$\mathrm{d}\boldsymbol{H} = \frac{I_{00}\mathrm{d}l}{2\mathrm{d}x\mathrm{d}y}\sum_{-\infty}^{\infty}\sum_{-\infty}^{\infty}\frac{\mathrm{e}^{-\mathrm{j}k\boldsymbol{R}\cdot\boldsymbol{r}_{\pm}}}{r_z}\hat{\boldsymbol{l}} \times \hat{\boldsymbol{r}}_{\pm} \tag{7.301}$$

$$\begin{aligned}\mathrm{d}\boldsymbol{E} &= \frac{1}{\mathrm{j}\omega\varepsilon}\nabla \times \mathrm{d}\boldsymbol{H} = I_{00}\mathrm{d}l\frac{1}{2\mathrm{d}x\mathrm{d}y}\sqrt{\frac{\mu}{\varepsilon}}\sum_{-\infty}^{\infty}\sum_{-\infty}^{\infty}\frac{\mathrm{e}^{-\mathrm{j}k\boldsymbol{R}\cdot\boldsymbol{r}_{\pm}}}{r_z}\hat{\boldsymbol{e}}_{\pm} \\ &= ZI_{00}\mathrm{d}l\frac{1}{2\mathrm{d}x\mathrm{d}y}\sum_{-\infty}^{\infty}\sum_{-\infty}^{\infty}\frac{\mathrm{e}^{-\mathrm{j}k\boldsymbol{R}\cdot\boldsymbol{r}_{\pm}}}{r_z}\hat{\boldsymbol{e}}_{\pm}\end{aligned} \tag{7.302}$$

式中:$\boldsymbol{e}_{\pm} = [\hat{\boldsymbol{l}} \times \hat{\boldsymbol{r}}_{\pm}] \times \hat{\boldsymbol{r}}_{\pm}$,这是平面波的右手定则的数学表式。$\boldsymbol{Z}$ 为媒质中的波阻抗。

以上公式为求单元的阻抗提供了计算手段,对 $\mathrm{d}l$ 积分求和能得到阻抗计算公式,设 $\boldsymbol{R}'$ 为场点的位置矢量,$\boldsymbol{R}''$ 为源点的位置矢量,$\boldsymbol{R} = \boldsymbol{R}' - \boldsymbol{R}''$,对单元沿长度方向做面积分,得

$$\boldsymbol{E}(\boldsymbol{R}) = \frac{Z}{2\mathrm{d}x\mathrm{d}y}\sum_{-\infty}^{\infty}\sum_{-\infty}^{\infty}\int\frac{\mathrm{e}^{-\mathrm{j}k(\boldsymbol{R}'-\boldsymbol{R}'')\cdot\hat{\boldsymbol{r}}_{\pm}}}{r_y}I_{00}(\boldsymbol{R}'')\mathrm{d}\sigma\hat{\boldsymbol{e}}_{\pm} \tag{7.303}$$

$$\boldsymbol{R}'' = \boldsymbol{R}^{(1)} + \hat{\boldsymbol{l}}^{(1)}l \tag{7.304}$$

$$E(\boldsymbol{R}) = \frac{I(\boldsymbol{R}'')Z}{2\mathrm{d}x\mathrm{d}y}\sum_{-\infty}^{\infty}\sum_{-\infty}^{\infty}\frac{\mathrm{e}^{-\mathrm{j}k(\boldsymbol{R}-\boldsymbol{R}^{(1)})\cdot\hat{\boldsymbol{r}}_{\pm}}}{r_y}\hat{\boldsymbol{e}}_{\pm}P^{(1)} \tag{7.305}$$

$$P^{(1)} = \frac{1}{I^{(1)}(\boldsymbol{R}^{(1)})}\int I(l)\mathrm{e}^{\mathrm{j}k\hat{\boldsymbol{l}}\cdot\hat{\boldsymbol{r}}_{\pm}}\mathrm{d}\sigma \tag{7.306}$$

式中:$I^{(1)}(\boldsymbol{R}^{(1)})$ 为单元中心的电流;$I(l)$ 为单元上电流分布函数;$P^{(1)}$ 为单元的方向图;$E(\boldsymbol{R})$ 为无限大周期阵列的散射场;考虑到单元的各种形式,积分元用 $\mathrm{d}\sigma$ 而不是用 $\mathrm{d}l$。

7.6.2 二维无限大周期结构单元的自阻抗

在 $E(\boldsymbol{R})$ 激励下,阵列单元上的感应电压为 V、感应电流为 I、电流分布为 $I(l)$,$\hat{\boldsymbol{l}}$ 为矢量,则

$$V = \frac{1}{I}\int \boldsymbol{E}(\boldsymbol{R}) \cdot \hat{\boldsymbol{l}}I(l)\mathrm{d}\sigma \tag{7.307}$$

上式中积分项内实际上波矢量为 $\hat{\boldsymbol{r}}_{\pm}$ 的平面波激励模式电压,考虑 $\boldsymbol{E}(\boldsymbol{R})$ 为入射矢量为 $\boldsymbol{S}$ 的平面波,即

$$\boldsymbol{E}(\boldsymbol{R}) = \boldsymbol{E}^i\mathrm{e}^{-\mathrm{j}k\boldsymbol{R}\cdot\boldsymbol{S}}$$

式中:$\boldsymbol{R}$ 为单元上场点的位置矢量,写成 $\boldsymbol{R} = \boldsymbol{R}^{(1)} + \hat{\boldsymbol{l}}^{(1)}l$,则:

$$V = \frac{1}{I}\int_l \boldsymbol{E}(\boldsymbol{R}')'\mathrm{e}^{-\mathrm{j}(\boldsymbol{R}(1)+\hat{\boldsymbol{l}}l)\cdot\hat{\boldsymbol{s}}} \cdot I(l)\hat{\boldsymbol{l}}\mathrm{d}\sigma = \boldsymbol{E}(\boldsymbol{R}^{(1)})\hat{\boldsymbol{l}} \cdot P^{\mathrm{t}} \tag{7.308}$$

$$P^{t} = \frac{1}{I(\boldsymbol{R}^{(1)})}\int_{l} e^{-jk\hat{l}l\cdot\hat{s}} \cdot I(l)\,d\sigma \tag{7.309}$$

将式中各个模式感应场激励的电压相加，为区别场点与源点，凡与源点有关系的量均加“′”，每个模式场在 $\hat{\boldsymbol{l}}'$ 上感应电压为

$$V^{(1)} = I^{(1)}(\boldsymbol{R}^{(1)}{}') \frac{Z}{2\mathrm{d}x\mathrm{d}y}\sum_{m=-\infty}^{\infty}\sum_{n=-\infty}^{\infty} \frac{e^{-jk(\boldsymbol{R}(1)-\boldsymbol{R}(1)')\cdot\hat{\boldsymbol{r}}_{\pm}}}{r_z}\hat{\boldsymbol{l}}\cdot\hat{\boldsymbol{e}}_{\pm}\, P'\cdot P^{t} \tag{7.310}$$

定义互阻抗为

$$Z^{1,1'} = -\frac{V^{(1)}{}'}{I^{(1)}(R^{(1)}{}')} = -\frac{Z}{2\mathrm{d}x\mathrm{d}y}\sum_{m=-\infty}^{\infty}\sum_{n=-\infty}^{\infty} \frac{e^{-jk(R(1)-R(1)')\cdot\hat{r}'_{\pm}}}{r'_z}\hat{\boldsymbol{l}}\cdot\hat{\boldsymbol{e}}'_{\pm}\, P^{(1)}{}'\cdot P^{t} \tag{7.311}$$

注意，P'是源点单元的辐射方向图函数，$\boldsymbol{P}^{t}$ 是对 $\boldsymbol{r}'_{\pm}$ 方向平面波的响应函数，场点与源点的位置关系如图 7.56 所示。

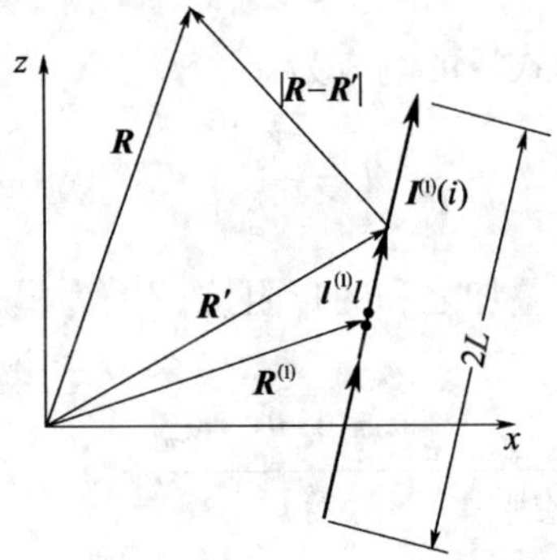

图 7.56　场点和源点位置矢量

在天线周期阵列中，相邻单元的互阻抗可以用上式计算。实际上，单元是在一个平面上，设平面的法向为 $\hat{\boldsymbol{n}}$(垂直于 xoy 平面)$\hat{\boldsymbol{n}} = -\hat{z}$，$\hat{\boldsymbol{r}}'_{\pm}$ 为入射矢量，构成一个入射面，设入射面的法向矢量为 $\hat{\boldsymbol{n}}_{\perp}$，则：

$$\hat{\boldsymbol{n}}_{\perp} = \frac{\hat{\boldsymbol{n}}\times\boldsymbol{r}}{|\hat{\boldsymbol{n}}\times\boldsymbol{r}|} = \begin{vmatrix} \hat{\boldsymbol{x}} & \hat{\boldsymbol{y}} & \hat{\boldsymbol{z}} \\ 0 & 0 & -1 \\ r_x & r_y & r_z \end{vmatrix} = \frac{-\hat{\boldsymbol{x}}r_y + \hat{\boldsymbol{y}}r_x}{\sqrt{r_x^2 + r_y^2}}$$

$$\hat{\boldsymbol{n}}_{/\!/} = \hat{\boldsymbol{n}}_{\perp}\times r = \frac{1}{\sqrt{r_x^2 + r_y^2}}[\hat{\boldsymbol{x}}r_x r_z + \hat{\boldsymbol{y}}r_y r_z - \hat{\boldsymbol{z}}(r_x^2 + r_y^2)] \tag{7.312}$$

将 $\hat{\boldsymbol{e}}$ 分解为 $\hat{\boldsymbol{n}}_{/\!/}$和 $\hat{\boldsymbol{n}}_{\perp}$两个分量，$\hat{\boldsymbol{e}} = [\hat{\boldsymbol{l}}'\times\hat{\boldsymbol{r}}]\times\hat{\boldsymbol{r}}_{\pm}$，利用$[\boldsymbol{A}\times\boldsymbol{B}]\times\boldsymbol{C} = [\boldsymbol{A}\cdot\boldsymbol{C}]\boldsymbol{B} - [\boldsymbol{B}\cdot\boldsymbol{C}]\boldsymbol{A}$，有

$$\hat{\boldsymbol{e}} = [\hat{\boldsymbol{l}}'\cdot\hat{\boldsymbol{r}}]\hat{\boldsymbol{r}} - \hat{\boldsymbol{r}}\cdot\hat{\boldsymbol{r}}\hat{\boldsymbol{l}}' = [\hat{\boldsymbol{l}}'\cdot\hat{\boldsymbol{r}}]\hat{\boldsymbol{r}} - \hat{\boldsymbol{l}}'$$

$$\hat{\boldsymbol{e}}_{\perp} = \hat{\boldsymbol{n}}_{\perp}[(\hat{\boldsymbol{l}}'\cdot\hat{\boldsymbol{r}})(\hat{\boldsymbol{r}}\cdot\hat{\boldsymbol{n}}_{\perp}) - \hat{\boldsymbol{l}}'\cdot\hat{\boldsymbol{n}}_{\perp}] = -\hat{\boldsymbol{n}}_{\perp}(\hat{\boldsymbol{l}}'\cdot\hat{\boldsymbol{n}}_{\perp})$$

$$\hat{\boldsymbol{e}}_{/\!/} = \hat{\boldsymbol{n}}_{/\!/}\left[(\hat{\boldsymbol{l}}' \cdot \hat{\boldsymbol{r}})(\hat{\boldsymbol{r}} \cdot \hat{\boldsymbol{n}}_{/\!/}) - \hat{\boldsymbol{l}}' \cdot \hat{\boldsymbol{n}}_{/\!/}\right] = -\hat{\boldsymbol{n}}_{/\!/}(\hat{\boldsymbol{l}}' \cdot \hat{\boldsymbol{n}}_{/\!/})$$

因为$\hat{\boldsymbol{r}} \cdot \hat{\boldsymbol{n}}_{/\!/} = 0$，$\hat{\boldsymbol{r}} \cdot \hat{\boldsymbol{n}}_{\perp} = 0$代入式(7.311)中，得

$$Z^{1,1'} = \frac{Z}{2\mathrm{d}x\mathrm{d}y}\sum_{m=-\infty}^{\infty}\sum_{n=-\infty}^{\infty}\frac{\mathrm{e}^{-\mathrm{j}k(\boldsymbol{R}^{(1)}-\boldsymbol{R}^{(1)\prime})\cdot \boldsymbol{r}'_{\pm}}}{r'_z}\left[\boldsymbol{P}'_{\perp} \cdot \boldsymbol{P}^t_{\perp} + \boldsymbol{P}'_{/\!/} \cdot \boldsymbol{P}^t_{/\!/}\right] \quad (7.313)$$

$$P'_{/\!/} = \hat{\boldsymbol{l}}' \cdot \hat{\boldsymbol{n}}_{/\!/} P'$$
$$P'_{\perp} = \hat{\boldsymbol{l}}' \cdot \hat{\boldsymbol{n}}_{\perp} P'$$
$$P^{\mathrm{t}}_{/\!/} = \hat{\boldsymbol{l}}' \cdot \hat{\boldsymbol{n}}_{/\!/} P^{\mathrm{t}}$$
$$P^{\mathrm{t}}_{\perp} = \hat{\boldsymbol{l}}' \cdot \hat{\boldsymbol{n}}_{\perp} P^{\mathrm{t}}$$

7.6.3 二维无限大周期结构的传输系数和反射系数

设入射平面波在振子端口上的激励电压(振子接收模式函数的积分)为

$$V = E_{\mathrm{inc}} \cdot \hat{\boldsymbol{y}} P^{\mathrm{t}} \quad (7.314)$$

在FSS振子上产生任意模式场的响应为

$$I = \frac{Z^{1,1}_{mn}}{Z^{1,1}_{\mathrm{all}}} V \quad (7.315)$$

式中：$Z^{1,1}_{\mathrm{all}}$为包括所有模式叠加之和的自阻抗；$Z^{1,1}_{mn}$为模式对激励电压的阻抗，可表示成

$$Z^{1,1}_{mn} = -\frac{Z}{2\mathrm{d}x\mathrm{d}y}\frac{\mathrm{e}^{-\mathrm{j}k(\boldsymbol{R}^{(1)}-\boldsymbol{R}^{(1)\prime})\cdot \hat{\boldsymbol{s}}'_{mn}}}{r'_{zmn}}\hat{\boldsymbol{l}} \cdot \hat{\boldsymbol{e}}'_{mn\pm}\boldsymbol{P}^{(1)\prime} \cdot \boldsymbol{P}^{\mathrm{t}} \quad (7.316)$$

对于主模，在反射方向的响应(只计入主模，不计入高次模)为

$$E_{\mathrm{r}} = -\frac{V}{Z^{1,1}_{\mathrm{all}}}\frac{Z}{2\mathrm{d}x\mathrm{d}y}\frac{\mathrm{e}^{-\mathrm{j}k\boldsymbol{R}\cdot\hat{\boldsymbol{s}}'}}{r'_{zmn}}\left[n_{\perp} P_{\perp} + n_{/\!/} P_{/\!/}\right] \quad (7.317)$$

对于TE模，电场垂直于入射面$V = E_{\mathrm{inc}}\hat{\boldsymbol{y}} \cdot \hat{\boldsymbol{y}} P^{\mathrm{t}}_{\perp} = E_{\mathrm{inc}} P^{\mathrm{t}}_{\perp}$；对于TM模，电场平行于入射面$V = E_{\mathrm{inc}} P^{\mathrm{t}}_{/\!/}$，反射系数为

$$\varGamma_{00} = \frac{E_{\mathrm{r}}}{E_{\mathrm{inc}}} = -\frac{V}{Z^{1,1}_{\mathrm{all}}}\frac{Z}{2\mathrm{d}x\mathrm{d}y}\frac{1}{r'_{z00}}\begin{cases} n_{\perp} P_{\perp}, & \mathrm{TE} \\ n_{/\!/} P_{/\!/}, & \mathrm{TM}\end{cases} \quad (7.318)$$

$$\varGamma_{00} = -\frac{R_{00}}{R^{1,1}_{\mathrm{all}} + \mathrm{j}X^{1,1}_{\mathrm{all}}} = -\frac{1}{R^{1,1}_{\mathrm{all}}/R_{00} + \mathrm{j}X^{1,1}_{\mathrm{all}}/R_{00}} = \frac{\dfrac{2R_{00}(\mathrm{j}X^{1,1}_{\mathrm{all}})}{2R^{1,1}_{\mathrm{all}} + \mathrm{j}X^{1,1}_{\mathrm{all}}} - 2R_{00}}{\dfrac{2R_{00}(\mathrm{j}X^{1,1}_{\mathrm{all}})}{2R^{1,1}_{\mathrm{all}} + \mathrm{j}X^{1,1}_{\mathrm{all}}} + 2R_{00}}$$

(7.319)

$$T_{00} = 1 - \varGamma_{00} \quad (7.320)$$

得到等效电路如图7.57所示。

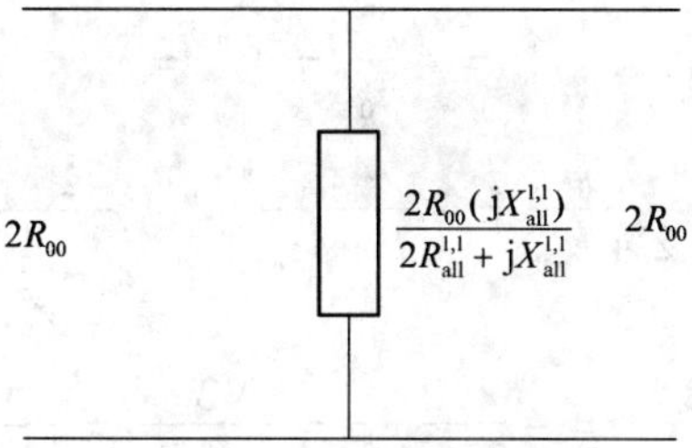

图 7.57 FSS 的等效电路

7.6.4 FSS 单元缝与振子单元的对偶关系

FSS 单元缝与振子单元的对偶关系如图 7.58 所示。

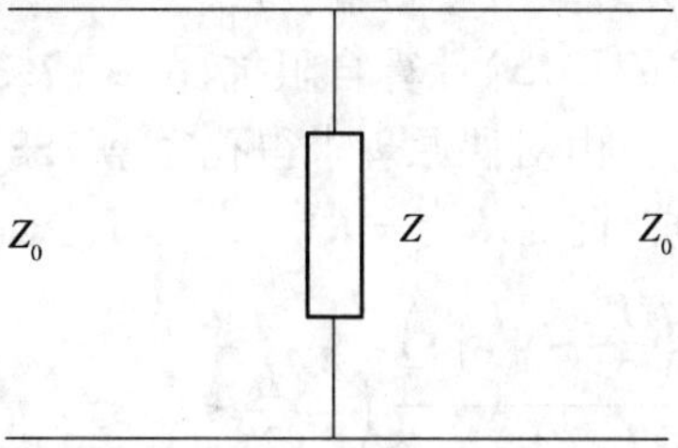

图 7.58 FSS 单元缝与振子单元的对偶关系

已知 FSS 的并联阻抗为 Z_A,归一化阻抗为$\frac{Z_A}{Z_0}$,$\bar{y}=\frac{y_A}{y_0}=\frac{Z_0}{Z_A}$,传输系数为

$$T=\frac{2}{2+\bar{y}}=\frac{2}{2+\frac{Z_0}{Z_A}}=\frac{2Z_A}{2Z_A+Z_0} \tag{7.321}$$

反射系数为

$$\Gamma=-\frac{\bar{y}}{2+\bar{y}}=-\frac{\frac{Z_0}{Z_A}}{2+\frac{Z_0}{Z_A}}=-\frac{Z_0}{2Z_A+Z_0} \tag{7.322}$$

FSS 单元缝与振子单元的关系通过对偶性得到,设缝的归一化等效导纳为 $\bar{y}_{\mathrm{eff}}^{\mathrm{s}}$,振子归一化阻抗为 $\bar{z}_{\mathrm{eff}}^{\mathrm{d}}$。因为

$$y_{\mathrm{eff}}^{\mathrm{s}}=\frac{z_{\mathrm{eff}}^{d}}{\left(\frac{z_0}{2}\right)^2}=4\,\frac{z_{\mathrm{ef}}^{d}}{z_0^2} \tag{7.323}$$

所以

$$z_0 y_{\text{eff}}^{\text{s}} = 4\frac{z_{\text{ef}}^{\text{d}}}{z_0} = 4\bar{z}_{\text{ef}}^{\text{d}} = \bar{y}_{\text{eff}}^{\text{s}} \tag{7.324}$$

$$\Gamma^{\text{s}} = -\frac{\bar{y}_{\text{eff}}^{\text{s}}}{2+\bar{y}_{\text{eff}}^{\text{s}}} = -\frac{4\bar{z}_{\text{eff}}^{\text{d}}}{2+4\bar{z}_{\text{eff}}^{\text{d}}} = -\frac{2}{2+\dfrac{1}{\bar{z}_{\text{eff}}^{\text{d}}}} = -T^{\text{d}} \tag{7.325}$$

$$T^{\text{s}} = -\frac{2}{2+\bar{y}_{\text{eff}}^{\text{s}}} = -\frac{2}{2+4\bar{z}_{\text{ef}}^{\text{d}}} = \frac{2}{2+\dfrac{4}{\bar{y}_{\text{ef}}^{\text{d}}}} = \frac{\bar{y}_{\text{ef}}^{\text{d}}}{\bar{y}_{\text{ef}}^{\text{d}}+2} = -\Gamma^{\text{d}} \tag{7.326}$$

7.6.5 计算实例

设一无限周期表面,单元形式为一字缝,缝长 $L=16\text{mm}$,宽度 $w=1\text{mm}$,周期间距 $\mathrm{d}x=\mathrm{d}y=17\text{mm}$,试计算其频率传输特性。

基本思路:首先由式(7.313)计算自阻抗,由式(7.319)和式(7.320)计算阵子型 FSS 的传输和反射,再由对偶原理求得孔径型 FSS 的传输和反射。

先计算振子的自阻抗,此时 $\boldsymbol{R}^{(1)}=\boldsymbol{R}^{(1)\prime}$, $\hat{\boldsymbol{l}}'=\hat{\boldsymbol{l}}$,选定坐标系使 $\hat{\boldsymbol{l}}=\hat{\boldsymbol{x}}$,假定

$$I(l) = I_0\frac{\sin\left(k\left(\dfrac{L}{2}-|x|\right)\right)}{w\sin\left(k\left(\dfrac{L}{2}\right)\right)}\left(-\frac{L}{2}\leqslant l\leqslant\frac{L}{2},\ -\frac{w}{2}\leqslant y\leqslant\frac{w}{2}\right)$$

$$Z^{1,1'} = \frac{Z}{2\mathrm{d}x\mathrm{d}y}\sum_{m=-\infty}^{\infty}\sum_{n=-\infty}^{\infty}\frac{1}{r_z'}[\hat{\boldsymbol{l}}'\cdot\hat{\boldsymbol{n}}_{\perp}P'\hat{\boldsymbol{l}}\cdot\hat{n}_{\perp}P^{\text{t}}+\hat{l}'\cdot\hat{n}_{/\!/}P'\hat{\boldsymbol{l}}\cdot\hat{\boldsymbol{n}}_{/\!/}P^{\text{t}}] \tag{7.327}$$

$$\hat{\boldsymbol{l}}'\cdot\hat{\boldsymbol{n}}_{\perp} = \hat{\boldsymbol{l}}\cdot\hat{\boldsymbol{n}}_{\perp} = \frac{-r_y}{\sqrt{r_x^2+r_y^2}}$$

$$\hat{\boldsymbol{l}}'\cdot\hat{\boldsymbol{n}}_{/\!/} = \hat{\boldsymbol{l}}\cdot\hat{\boldsymbol{n}}_{/\!/} = \frac{r_x r_z}{\sqrt{r_x^2+r_y^2}}$$

模式函数的积分:

$$\begin{aligned}P' &= \frac{1}{I_0}\int_l \mathrm{e}^{-\mathrm{j}kx\hat{\boldsymbol{l}}\cdot\hat{r}}\cdot I(x)\,\mathrm{d}\sigma\\ &= \frac{1}{I_0}\int_l \mathrm{e}^{-\mathrm{j}k(\hat{\boldsymbol{x}}x+\hat{\boldsymbol{y}}y)\cdot(r_x\hat{\boldsymbol{x}}+r_y\hat{\boldsymbol{y}})}\cdot I(x)\,\mathrm{d}x\mathrm{d}y\\ &= \frac{1}{I_0}\int_l \mathrm{e}^{-\mathrm{j}kr_x x}\cdot I(x)\,\mathrm{d}x\frac{2\sin\left(\dfrac{1}{2}kr_y w\right)}{kr_y}\end{aligned}$$

$$P^{\text{t}} = \frac{1}{I_0}\int_l \mathrm{e}^{-\mathrm{j}kx\hat{\boldsymbol{x}}\cdot\hat{\boldsymbol{r}}}I(x)\,\mathrm{d}\sigma = P'^{*}$$

令

$$c_y = \frac{2\sin(\frac{1}{2}kr_y w)}{kr_y}$$

式中:w 为贴片或缝隙的宽度。

$$P' = \frac{1}{I_0}\int_l c_y e^{-jkxr_x} I_0 \frac{\sin\left(k\left(\frac{L}{2} - |x|\right)\right)}{w\sin\left(k\frac{L}{2}\right)} d\sigma$$

$$= \frac{I_0 c_y}{I_0 w\sin\left(k\frac{L}{2}\right)}\int_l \frac{1}{2j} e^{-jkxr_x}\left[e^{jk\left(\frac{L}{2}-|x|\right)} - e^{-jk\left(\frac{L}{2}-|x|\right)}\right] d\sigma$$

$$= \frac{c_y}{2jw\sin\left(k\frac{L}{2}\right)}\int_{-\frac{L}{2}}^{\frac{L}{2}}\left[e^{j\left(-kr_x x+k\left(\frac{L}{2}-|x|\right)\right)} - e^{j\left(-kr_x x-k\left(\frac{L}{2}-|x|\right)\right)}\right] dx$$

$$= \frac{c_y}{2jw\sin\left(k\frac{L}{2}\right)}\left[e^{jk\frac{L}{2}}\int_{-\frac{L}{2}}^{\frac{L}{2}} e^{j(-kr_x x-k|x|)} dx - e^{-jk\frac{L}{2}}\int_{-\frac{L}{2}}^{\frac{L}{2}} e^{j(-kr_x x+k|x|)} dx\right]$$

$$= \frac{c_y}{2jw\sin\left(k\frac{L}{2}\right)}\left\{e^{jk\frac{L}{2}}\left[\frac{e^{j(-kr_x x+kx)}}{j(-kr_x+k)}\Bigg|_{-\frac{L}{2}}^{0} + \frac{e^{j(-kr_x x-kx)}}{j(-kr_x-k)}\Bigg|_{0}^{\frac{L}{2}}\right]\right.$$

$$\left. - e^{-jk\frac{L}{2}}\left[\frac{e^{j(-kr_x x-kx)}}{j(-kr_x-k)}\Bigg|_{-\frac{L}{2}}^{0} + \frac{e^{j(-kr_x x+kx)}}{j(-kr_x+k)}\Bigg|_{0}^{\frac{L}{2}}\right]\right\}$$

$$= \frac{c_y}{2jw\sin\left(k\frac{L}{2}\right)}\left\{e^{jk\frac{L}{2}}\left[\frac{1-e^{j\left(kr_x\frac{L}{2}-k\frac{L}{2}\right)}}{j(-kr_x+k)} + \frac{e^{j\left(-kr_x\frac{L}{2}-k\frac{L}{2}\right)}-1}{j(-kr_x-k)}\right]\right.$$

$$\left. - e^{-jk\frac{L}{2}}\left[\frac{1-e^{j\left(kr_x\frac{L}{2}+k\frac{L}{2}\right)}}{j(-kr_x-k)} + \frac{e^{j\left(-kr_x\frac{L}{2}+k\frac{L}{2}\right)}-1}{j(-kr_x+k)}\right]\right\}$$

$$= -\frac{c_y}{2w\sin\left(k\frac{L}{2}\right)}\left[\frac{(k+kr_x)\left(e^{jk\frac{L}{2}} - e^{jkr_x\frac{L}{2}}\right) - (k-kr_x)\left(e^{-jkr_x\frac{L}{2}} - e^{jk\frac{L}{2}}\right)}{k^2-k^2r_x^2}\right.$$

$$\left. - \frac{-\left(e^{-jk\frac{L}{2}} - e^{jkr_x\frac{L}{2}}\right)(k-kr_x) + \left(e^{-jkr_x\frac{L}{2}} - e^{-jk\frac{L}{2}}\right)(kr_x+k)}{k^2-k^2r_x^2}\right]$$

$$= -\frac{c_y}{2w\sin\left(k\frac{L}{2}\right)}$$

$$\left[\frac{(k+kr_x)\left(e^{jk\frac{L}{2}} - e^{jkr_x\frac{L}{2}} - e^{-jkr_x\frac{L}{2}} + e^{-jk\frac{L}{2}}\right) + (k-kr_x)\left(-e^{-jkr_x\frac{L}{2}} + e^{jk\frac{L}{2}} + e^{-jk\frac{L}{2}} - e^{jkr_x\frac{L}{2}}\right)}{k^2-k^2r_x^2}\right]$$

$$= \frac{\lambda\left[\cos\left(kr_x\frac{L}{2}\right)-\cos\left(k\frac{L}{2}\right)\right]}{w\pi\sin\left(k\frac{L}{2}\right)(1-r_x^2)}\frac{\sin\left(\frac{1}{2}kr_yw\right)}{\frac{1}{2}kr_y}$$

$$Z_{\mathrm{TE}}^{1,1} = \frac{Z}{2\mathrm{d}x\mathrm{d}y}\sum\sum\frac{1}{r_z}\frac{r_y^2+r_x^2r_z^2}{r_x^2+r_y^2}\left\{\frac{\lambda\left[\cos\left(kr_x\frac{L}{2}\right)-\cos\left(k\frac{L}{2}\right)\right]}{\pi\sin\left(k\frac{L}{2}\right)(1-r_x^2)}\frac{\sin\left(\frac{1}{2}kr_yw\right)}{\frac{1}{2}kr_yw}\right\}^2$$

$$Z_{\mathrm{TE}}^{1,1} = \frac{Z}{2\mathrm{d}x\mathrm{d}y}\sum\sum\frac{1-r_x^2}{r_z}\left\{\frac{\lambda\left[\cos\left(kr_x\frac{L}{2}\right)-\cos\left(k\frac{L}{2}\right)\right]}{\pi\sin\left(k\frac{L}{2}\right)(1-r_x^2)}\frac{\sin\left(\frac{1}{2}kr_yw\right)}{\frac{1}{2}kr_yw}\right\}^2$$

(7.328)

式中：$Z=\sqrt{\dfrac{\mu}{\varepsilon}}$为介质空间的波阻抗。

阵子自阻抗随频率变化曲线如图 7.59 所示，知道了自阻抗，即可计算 FSS 的传输和反射系数。

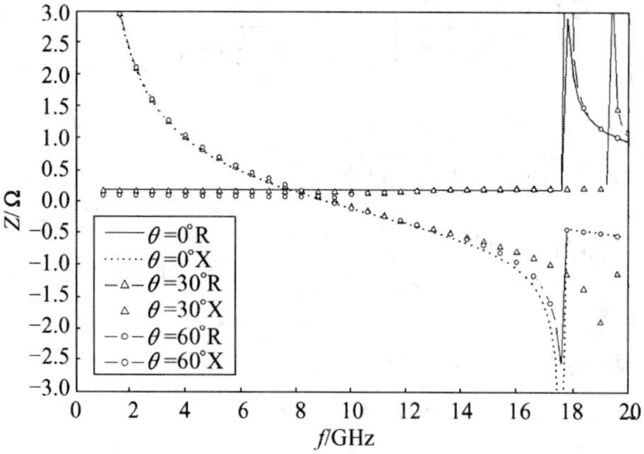

图 7.59　阵中自阻抗随频率变化曲线（入射角 0°、30°、60°情况）

由图 7.59 可见，在不出现栅瓣（在高频端出现栅瓣）的情况下，自阻抗的实部 R 是个实常数，与频率无关；自阻抗的虚部 X 随频率增大由电感变化到电容。在 9GHz 时，$X=0$，FSS 呈现为纯电阻，透过最大。当入射角变化时，R 和 X 相应变化，频选曲线发生改变，如图 7.60 所示。在计算中假设了振子的电流分布，实际上振子的电流分布与入射角有关，计算不同入射角的传输系数变化时，应该用准确的电流分布计算。如果有介质层，则还需要计入介质的影响，一般用有效介电常数代入到自阻抗计算公式中。互导纳法不是一个精确的求解方法，互导纳法的最大贡献在于深刻地揭示了 FSS 的内在规律，是研究 FSS 的重要工具。

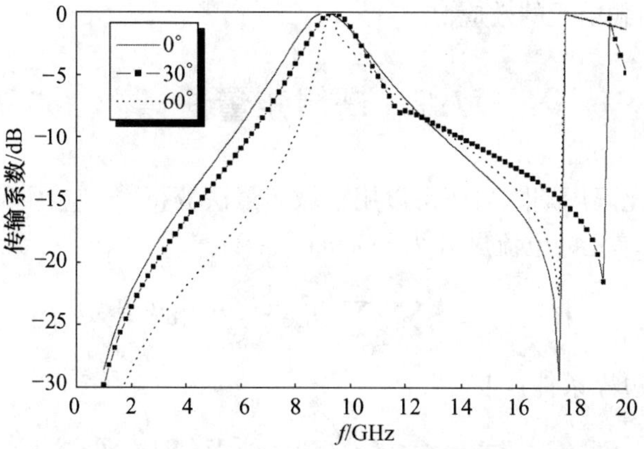

图 7.60　一字缝 FSS 功率传输系数随频率变化曲线(入射角 0°、30°、60°情况)

7.6.6　几个重要的结论

通过 FSS 单元的自阻抗分析,有以下几点结论:

(1) 由式(7.313),令 $k=0,n=0$,这时,Z 为一个纯电阻,其物理意义是:空间波谱中的基模的自阻抗是一个纯电阻,辐射场是传输模式,而 $k\neq0,n\neq0$ 时,空间波谱中高次模的自阻抗是一个纯电抗,辐射场是凋落模式,随距离增大迅速衰减;当 dx、dy 足够大,$k=0,n=-1$,或 $k=-1,n=0$ 时,自阻抗为实数,在某些方向上出现可见的传输的波模式,表现为空间出现栅瓣。

(2) 由式(7.313),令分母为 0,这时,Z 为开路,其物理意义是,当分母为 0 条件成立时,空间出现栅瓣,对于给定的单元电流分布,出现强辐射,克服的办法是减小 dx、dy 避免出现栅瓣。

(3) 无限周期阵列的自阻抗的分析原理上与等效电路方法有本质的区别,等效电路方法完全是近似的,而自阻抗是由无限级数求和(谱展开)的精确解,利用式(7.310)~式(7.313),可以建立关于单元电流分布的边界条件方程,用矩量法求得电流的数值解,再由式(7.319)、式(7.320)采用等效网络级联求出无限周期阵列的传输和反射系数。Munk 把这种方法称为 PMM(周期矩量法),国内学者称为互导纳法,如果单元上的电流分布不采用 PMM 方法计算,而是采用近似分布代入分析,就会影响计算精度,谐振频率误差较大,与等效电路法一样,在法向入射时精度尚可,斜入射时误差加大,因为不同入射角激励下的阵列单元的电流分布是不同的。

(4) 互导纳法不仅可以分析振子型单元的 FSS,而且也可以分析环形的单元,对于环形的单元只要将阻抗计算公式中的积分限变为环路积分即可,其物理意义是单元的辐射方向图和接收方向图函数。

(5) 互导纳法还可以分析加载单元的 FSS,在用周期矩量法计算单元场分布时,要考虑加载单元的效应。

7.7 谱域矩量法

对于平面无限周期阵列还可以用谱域矩量法分析[18],应用 Floquet 原理,对于贴片型 FSS,单元的电流展开为 Floquet 模:

$$\boldsymbol{J}(x,y) = \sum_{m=-\infty}^{\infty}\sum_{n=-\infty}^{\infty}\tilde{\boldsymbol{J}}_m \mathrm{e}^{\mathrm{j}\left(\frac{2m\pi}{\alpha}+k_x^{\mathrm{i}}\right)x}\mathrm{e}^{\mathrm{j}\left(\frac{2n\pi}{b}+k_y^{\mathrm{i}}\right)y} \tag{7.329}$$

在边界上建立边界条件:

$$\boldsymbol{E}_{\mathrm{t}}^{\mathrm{inc}}(r) = \mathrm{j}\omega\mu\cdot\boldsymbol{A}_{\mathrm{t}}(r) - \frac{1}{\mathrm{j}\omega\varepsilon_0}[\nabla(\nabla\cdot\boldsymbol{A}(r))]_{\mathrm{t}}$$

电矢量位函数为

$$\begin{bmatrix} E_x^{\mathrm{inc}} \\ E_y^{\mathrm{inc}} \end{bmatrix} = \frac{\mathrm{j}\omega\mu}{k_0^2}\begin{bmatrix} k_0^2+\dfrac{\partial^2}{\partial x^2} & \dfrac{\partial^2}{\partial x\partial y} \\ \dfrac{\partial^2}{\partial x\partial y} & k_0^2+\dfrac{\partial^2}{\partial y^2} \end{bmatrix}\begin{bmatrix} A_x \\ A_y \end{bmatrix} \tag{7.330}$$

其中,电矢量位函数可以用谱域格林函数的积分表示[19],即

$$\boldsymbol{A}(x,y) = \frac{1}{(2\pi)^2}\int_{-\infty}^{\infty}\int_{-\infty}^{\infty}\bar{\boldsymbol{G}}\boldsymbol{J}\mathrm{e}^{\mathrm{j}\alpha x}\mathrm{e}^{\mathrm{j}\beta y}\mathrm{d}\alpha\mathrm{d}\beta$$

谱域格林函数和空域格林函数的关系为

$$\boldsymbol{G}(\alpha,\beta) = \int_{-\infty}^{\infty}\int_{-\infty}^{\infty}\boldsymbol{G}(x,y)\mathrm{e}^{-\mathrm{j}\alpha x}\mathrm{e}^{-\mathrm{j}\beta y}\mathrm{d}x\mathrm{d}y$$

式中:$\boldsymbol{G}(x,y)$为自由空间的并矢格林函数(因为 FSS 的 z 恒定,所以表示为二维形式)。

对于自由空间,$\boldsymbol{G}(\alpha,\beta)$可表示为[16]

$$\boldsymbol{G} = \begin{cases} \dfrac{-\mathrm{j}}{2(2\pi)^2\sqrt{k_0^2-\alpha^2-\beta^2}}\bar{\boldsymbol{I}}, & k_0^2 \geqslant \alpha^2+\beta^2 \\ \dfrac{1}{2(2\pi)^2\sqrt{\alpha^2+\beta^2-k_0^2}}\bar{\boldsymbol{I}}, & k_0^2 < \alpha^2+\beta^2 \end{cases}$$

考虑到:

$$\frac{\partial^2 A}{\partial x^2}\rightarrow(\mathrm{j}\alpha)^2 A,\ \frac{\partial^2 A}{\partial y^2}\rightarrow(\mathrm{j}\beta)^2 A,\ \frac{\partial^2 A}{\partial x\partial y}\rightarrow -\alpha\beta A$$

得到谱域积分方程为

$$\begin{bmatrix} \boldsymbol{E}_x^{\mathrm{inc}} \\ \boldsymbol{E}_y^{\mathrm{inc}} \end{bmatrix} = \frac{\mathrm{j}\omega\mu}{k_0^2}\frac{1}{(2\pi)^2}\int_{-\infty}^{+\infty}\int_{-\infty}^{+\infty}\begin{bmatrix} k_0^2-\alpha^2 & -\alpha\beta \\ -\alpha\beta & k_0^2-\beta^2 \end{bmatrix}\bar{\boldsymbol{G}}\begin{bmatrix} \tilde{\boldsymbol{J}}_x \\ \tilde{\boldsymbol{J}}_y \end{bmatrix}\mathrm{e}^{\mathrm{j}\alpha x}\mathrm{e}^{\mathrm{j}\beta y}\mathrm{d}\alpha\mathrm{d}\beta$$

$$\alpha_m = \frac{2m\pi}{a} + k_x^i,\ \beta_n = \frac{2n\pi}{b} + k_y^i$$

对于平行四边形排列：

$$\alpha_{mn} = \frac{2m\pi}{a} + k_x^{\mathrm{i}}, \beta_{mn} = \frac{2n\pi}{b\sin\Omega} - \frac{2m\pi}{a}\cot\Omega + k_y^{\mathrm{i}}, \Omega = 90°$$

$$\mathrm{d}\alpha\mathrm{d}\beta = \Delta\alpha\Delta\beta = \frac{2\pi}{a}\frac{2\pi}{b} = \frac{(2\pi)^2}{ab} \tag{7.331}$$

$$\begin{bmatrix} \boldsymbol{E}_x^{\mathrm{inc}} \\ \boldsymbol{E}_y^{\mathrm{inc}} \end{bmatrix} = -\frac{1}{\mathrm{j}\omega\varepsilon_0 ab}\sum_{-\infty}^{\infty}\sum_{-\infty}^{\infty}\begin{bmatrix} k_0^2 - \alpha_m^2 & -\alpha_m\beta_n \\ -\alpha_m\beta_n & k_0^2 - \beta_n^2 \end{bmatrix}\boldsymbol{G}(\alpha_m, \beta_n)\begin{bmatrix} \tilde{\boldsymbol{J}}_x(\alpha_m, \beta_n) \\ \tilde{\boldsymbol{J}}_y(\alpha_m, \beta_m) \end{bmatrix}\mathrm{e}^{\mathrm{j}\alpha_m x}\mathrm{e}^{\mathrm{j}\beta_n y} \tag{7.332}$$

对于孔径型 FSS，利用对偶原理和等效原理，得

$$\begin{bmatrix} \boldsymbol{H}_x^{\mathrm{inc}} \\ H_y^{\mathrm{inc}} \end{bmatrix} = -\frac{2}{\mathrm{j}\omega\mu_0 ab}\sum_{-\infty}^{\infty}\sum_{-\infty}^{\infty}\begin{bmatrix} k_0^2 - \alpha_m^2 & -\alpha_m\beta_n \\ -\alpha_m\beta_n & k_0^2 - \beta_n^2 \end{bmatrix}\boldsymbol{G}(\alpha_m, \beta_n)\begin{bmatrix} \widetilde{\boldsymbol{M}}_x \\ \widetilde{\boldsymbol{M}}_y \end{bmatrix}\mathrm{e}^{\mathrm{j}\alpha_m x}\mathrm{e}^{\mathrm{j}\beta_n y} \tag{7.333}$$

因为对于孔径型 FSS，问题等效为理想金属边界 + 等效磁流的求解问题，由于金属边界的镜像作用，所以等效磁流的散射场要乘 2。

对上述积分方程，采用谱域矩量法求方程的解：

$$Lu = g \tag{7.334}$$

$$\begin{bmatrix} L_{xx} & L_{xy} \\ L_{yx} & L_{yy} \end{bmatrix}\begin{bmatrix} u_x \\ u_y \end{bmatrix} = \begin{bmatrix} g_x \\ g_y \end{bmatrix} \tag{7.335}$$

令

$$u = \sum_{i=1}^{N} c_i f_i = \sum_{i=1}^{N}(\hat{\boldsymbol{x}}c_{xi}f_{xi} + \hat{\boldsymbol{x}}c_{yi}f_{yi})$$

$$\begin{bmatrix} \left\langle f_{xi}, L_{xx}\sum f_{xj}\right\rangle & \left\langle f_{xi}, L_{xy}\sum f_{yj}\right\rangle \\ \left\langle f_{yi}, L_{yx}\sum f_{xj}\right\rangle & \left\langle f_{yi}, L_{yy}\sum f_{yj}\right\rangle \end{bmatrix}\begin{bmatrix} c_{xj} \\ c_{yj} \end{bmatrix} = \begin{bmatrix} \left\langle f_{xi}, g_x\right\rangle \\ \left\langle f_{yi}, g_y\right\rangle \end{bmatrix} \tag{7.336}$$

用谱域法分析 FSS 时需要注意如下问题：

（1）同频域矩量法一样，谱域矩量法在求解算子方程时方程的激励场应是在孔径或贴片处的激励；对于多层介质中的孔径或贴片，应该用网络级联的方法求出无孔径或贴片时孔径或贴片处的激励场。

（2）在求得介质内孔径或贴片场的情况下，用传输线级联网络的转移函数求出反射场和透过场。

（3）谱域法分析 FSS 与介质的边界并不发生直接的联系，不需要用多层介质的谱域格林函数。

(4) 展开函数要满足场端点的边界条件,展开函数适于进行傅里叶变换,简化计算过程。

(5) 如果未知数过多,则采用共轭梯度类迭代法而不采用消元法。

(6) 采用全域基函数,减少未知数数量,缩减矩阵方程的规模。

频域矩量法分析 FSS 典型算例可参考文献[7]

7.8 等效电路法

电磁计算方法包括模式匹配法、谱域法、有限元法、时域有限差分法等,当要求设计出较为精确的频率选择表面时,这些方法便显示出了它们的优越性——精确,但它们的计算量相当大。等效电路法虽然精确度不高[20,21],但其计算量很小,运用非常灵活,在 FSS 计算中也能发挥一定的指导作用。

等效电路有助于对 FSS 的直观理解,但由于标量分析法得不到 FSS 散射的极化信息,因此该方法仅适用于单元结构有明显的电能、磁能集中区域的特殊 FSS,包括单元为"耶路撒冷十字架"、双重方环、带栅方环等结构的 FSS。又因该方法中的等效电路参量随入射波的投影方向而变化,且仅限于对平面波垂直入射情况下的散射分析。

等效电路法是根据无限长导带的电感量计算公式,以及相邻导带间的电容量计算公式近似计算 FSS 的单元等效电容和电感,按照 LC 等效谐振回路计算频响特性。

7.8.1 单方环 FSS 等效电路法分析

设单方环 FSS 单元几何形状如图 7.61 所示,方环 FSS 单元周期间距为 p,方环 FSS 单元长度为 d,方环宽为 w,方环间距为 g。单方环 FSS 单元等效电路如图 7.62 所示。在等效电路中,单方环 FSS 单元等效为 LC 电路并联在特性阻抗为 Z_0 的传输线中,Z_0 为自由空间的特性阻抗。

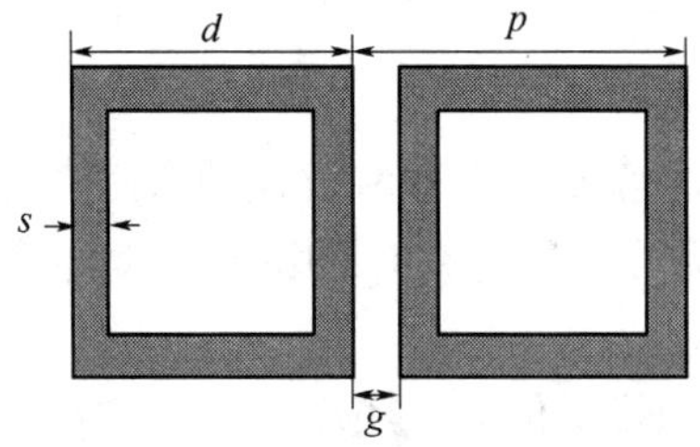

图 7.61 单方环 FSS 单元

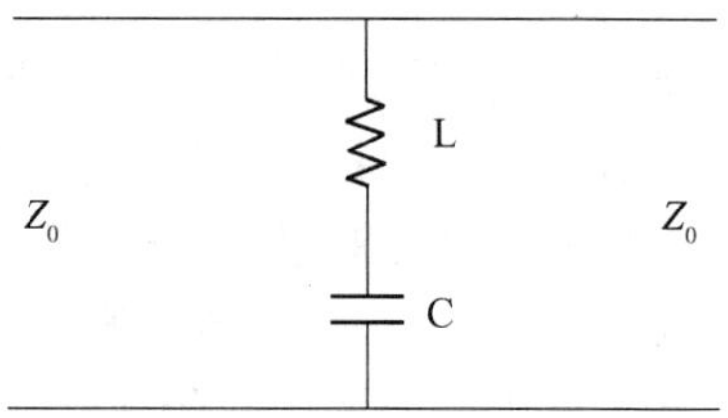

图 7.62 单方环 FSS 单元等效电路模型

电场平行于无限长窄条带阵列的等效电抗[9]为

$$\frac{X}{Z_0} = F(p,w,\lambda) = \frac{p\cos\theta}{\lambda}\left[\ln\left(\csc\frac{\pi w}{2p}\right) + G(p,w,\lambda,\theta)\right]$$

$$G(p,w,\lambda,\theta) = \frac{0.5(1-\beta^2)^2\left[\left(1-\frac{\beta^2}{4}\right)(A_{1+}+A_{1-}) + 4\beta^2 A_{1+}A_{1-}\right]}{1-\frac{\beta^2}{4}+\beta^2\left(1+\frac{\beta^2}{2}-\frac{\beta^4}{8}\right)(A_{1+}+A_{1-}) + 2\beta^6 A_{1+}A_{1-}}$$

$$A_{1\pm} = \frac{1}{\sqrt{\left(\frac{p\sin\theta}{\lambda}\pm 1\right)^2 - \left(\frac{p}{\lambda}\right)^2}} - 1$$

$$\beta = \sin\frac{\pi\omega}{2p}$$

磁场平行于无限长窄条带阵列的等效电抗[9]为

$$\frac{B}{Z_0} = 4F(p,g,\lambda)$$

$$\beta = \sin\left(\frac{\pi g}{2p}\right)$$

式中:λ 为自由空间的波长;θ 为入射角。

对于图 7.61 所示的方环阵列,其等效归一化感抗为

$$\frac{X_{\mathrm{L}}}{Z_0} = \frac{d}{p}F(p,2w,\lambda) \tag{7.337}$$

由于 FSS 方环是不连续的,因此引入一个对应因子$\frac{d}{p}$,这个因子的引入使相应的容纳变小。

等效电容 C 的容纳可表示为

$$\frac{B_{\mathrm{C}}}{Z_0} = 4\frac{d}{p}F(p,g,\lambda) \tag{7.338}$$

求出 FSS 方环单元的等效 LC 值后,运用传输线理论得出单方环 FSS 阵列的传输系数。

(1) 单方环 FSS 单元各参数取值:$p=5.1\mathrm{mm}$,$w=0.3\mathrm{mm}$,$d=4.6\mathrm{mm}$,$g=0.5\mathrm{mm}$,0°入射时,等效电路和全波分析法结果比较如图 7.63 所示。

(2) 单方环 FSS 单元各参数取值:$p=5.5\mathrm{mm}$,$w=0.3\mathrm{mm}$,$d=5.0\mathrm{mm}$,$g=0.5\mathrm{mm}$,0°入射时,等效电路和全波分析结果比较如图 7.64 所示。

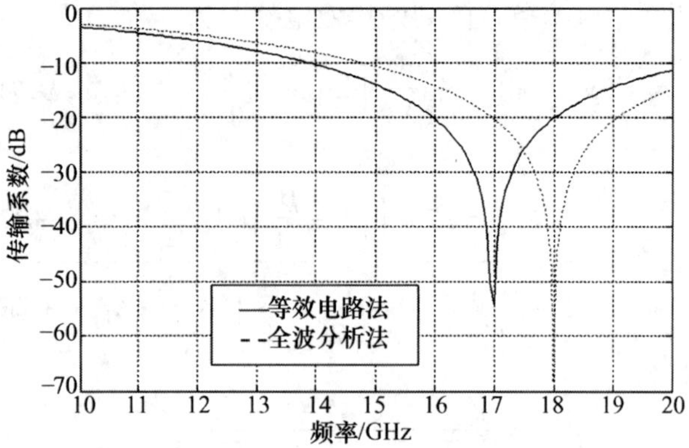

图 7.63 单方环 FSS 的传输系数随频率的变化曲线(一)

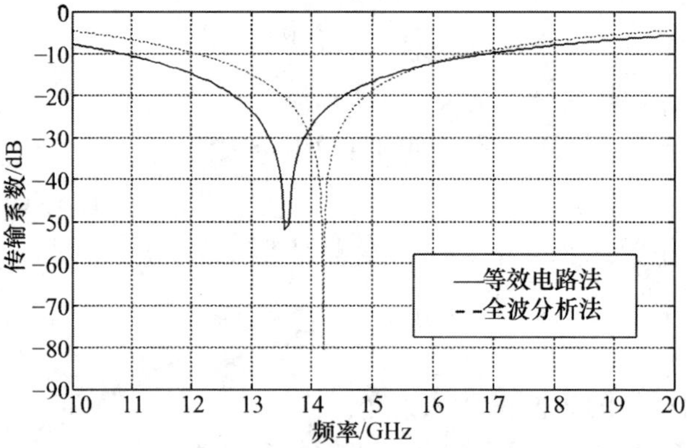

图 7.64 单方环 FSS 的传输系数随频率的变化曲线(二)

(3) 单方环 FSS 单元各参数取值：$p=5.1\mathrm{mm}$，$w=0.25\mathrm{mm}$，$d=5\mathrm{mm}$，$g=0.1\mathrm{mm}$，0°入射时，等效电路和全波分析结果比较如图 7.65 所示。

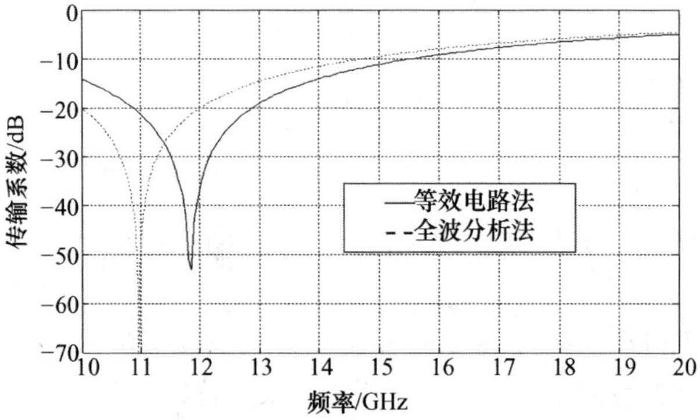

图 7.65 单方环 FSS 的传输系数随频率的变化曲线(三)

由上分析可知，等效电路法与全波分析存在一定误差。单方环 FSS 的传输系数等效电路法计算与全波分析法所用时间比较见表 7.4。

表 7.4　单方环 FSS 的传输系数等效电路法计算与全波分析法所用时间比较

序列	几何尺寸/mm				CPU 运行时间/s	
	p	w	d	s	等效电路法计算时间	全波分析仿真时间
1	5.1	0.3	4.6	0.5	7	1260
2	5.5	0.3	5.0	0.5	8	1380
3	5.1	0.25	5	0.1	7	1200

由表 7.4 可见，等效电路法计算所用时间比全波分析法所用时间要少得多。

7.8.2　双方环 FSS 等效电路法分析

设双方环 FSS 单元几何形状如图 7.66 所示，双方环 FSS 单元周期间距为 p，外环单元长度为 d_1、内环单元长度为 d_2，外环宽为 w_1、内环宽为 w_2，双方环外环间间距为 g_1、内外环间间距为 g_2。双方环 FSS 单元等效电路如图 7.67 所示，双方环 FSS 单元等效为 LC 电路串联后再并联在特性阻抗为 Z_0 的传输线中，Z_0 为自由空间的特性阻抗。

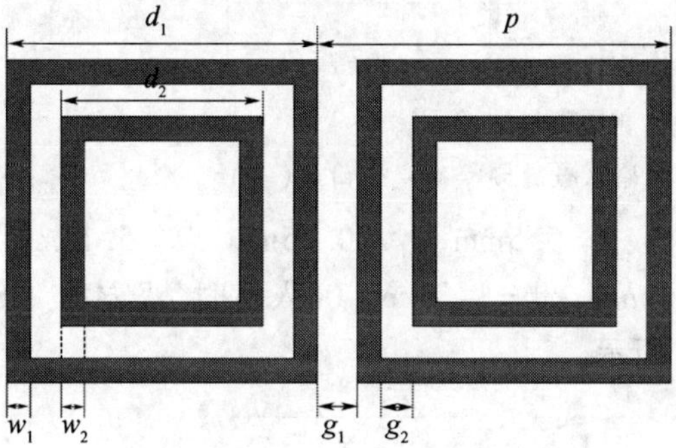

图 7.66　双方环 FSS 单元几何形状

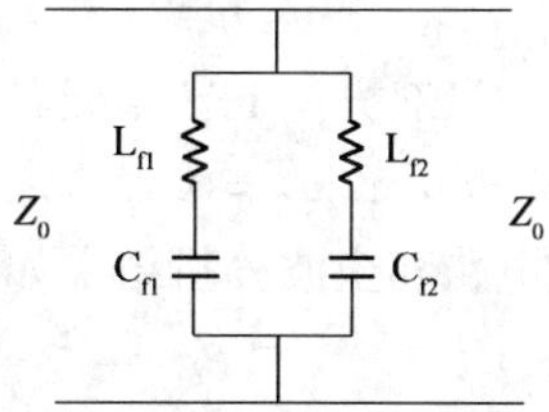

图 7.67　双方环 FSS 的等效电路模型

双方环 FSS 的归一化感抗：

$$\frac{X}{Z_0} = F(p,w,\lambda) \tag{7.339}$$

归一化容抗：

$$\frac{B}{Y_0} = 4F(p,g,\lambda) \tag{7.340}$$

图 7.67 中的电路元素 L_{f1}、C_{f1}、L_{f2}、C_{f2} 由下式计算：

$$L_{f1} = 2\left(\frac{L_1 L_2}{L_1 + L_2}\right)\frac{d_1}{p} \tag{7.341}$$

式中

$\omega L_1 = F(p, w_1, \lambda)$, $\omega L_2 = F(p, w_2, \lambda)$, $C_{f1} = 0.75C_1 \dfrac{d_1}{p}$, $\omega C_1 = 4F(p, g_1, \lambda)$,

$L_{f2} = L_3 \dfrac{d_2}{p}$, $\omega L_3 = F(p, 2w_2, \lambda)$, $C_{f2} = \left(\dfrac{C_1 C_2}{C_1 + C_2}\right)\dfrac{d_2}{p}$, $\omega C_2 = 4F(p, g_2, \lambda)$

求出 FSS 双方环单元的等效 LC 值后，运用传输线理论得出双方环阵列的传输系数和反射系数。

（1）双方环 FSS 单元各参数取值：$p = 5.2\text{mm}$，$w_1 = 0.4\text{mm}$，$d_1 = 4.85\text{mm}$，$g_1 = 0.35\text{mm}$，$w_2 = 0.3\text{mm}$，$d_2 = 3.15\text{mm}$，$g_2 = 0.45\text{mm}$。0°入射时，等效电路方法计算与全波分析法结果比较如图 7.68 所示。

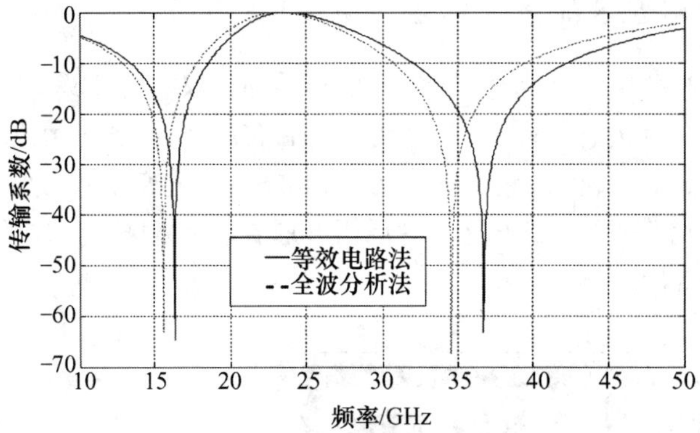

图 7.68　双方环 FSS 的传输系数随频率的变化曲线（一）

（2）双方环 FSS 单元各参数取值：$p = 5.5\text{mm}$，$w_1 = 0.25\text{mm}$，$d_1 = 5.12\text{mm}$，$g_1 = 0.38\text{mm}$，$w_2 = 0.25\text{mm}$，$d_2 = 2.62\text{mm}$，$g_2 = 1.0\text{mm}$。0°入射时，双方环 FSS 等效电路和全波分析结果如图 7.69 所示。

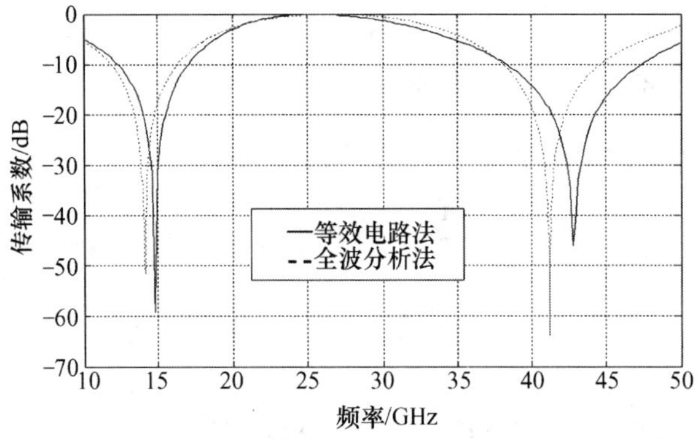

图 7.69　双方环 FSS 的传输系数随频率的变化曲线（二）

（3）双方环 FSS 单元各参数取值：$p=5.0\text{mm}$，$w_1=0.17\text{mm}$，$d_1=4.57\text{mm}$，$g_1=0.343\text{mm}$，$w_2=0.17\text{mm}$，$d_2=3.35\text{mm}$，$g_2=0.44\text{mm}$。0°入射时，双方环 FSS 等效电路和全波分析结果如图 7.70 所示。

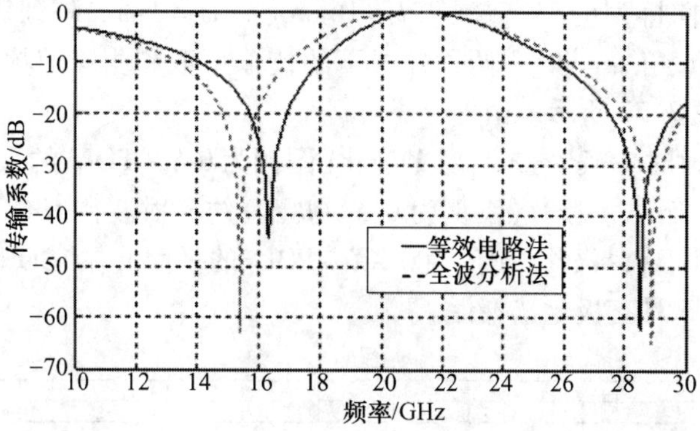

图 7.70　双方环 FSS 的传输系数随频率的变化曲线(三)

双方环 FSS 的传输系数等效电路法与全波分析法所用时间比较见表 7.5。

表 7.5　双方环 FSS 的传输系数等效电路法计算与全波分析法所用时间比较

序列	几何尺寸/mm							CPU 运行时间/s	
	p	w_1	d_1	g_1	w_2	d_2	g_2	等效电路法计算时间	全波分析仿真时间
1	5.2	0.4	4.85	0.35	0.3	3.15	0.45	8	1800
2	5.5	0.25	5.12	0.38	0.25	2.62	1.0	9	1920
3	5.0	0.17	4.57	0.343	0.17	3.35	0.44	7	1740

7.9　FSS 天线罩设计基础

通常的天线罩由多层介质组成，如果在多层介质中嵌入 FSS 周期阵列，就构成了 FSS 天线罩[22,23]。FSS 与蒙皮、夹芯组成复合材料结构，与介质天线罩有很大不同，除频率选择性外，在曲面空间分布上存在非均匀性。另外，还存在有限尺寸的边缘效应。一般情况下，天线罩尺寸远大于波长时，边缘效应对透过影响不大，但对散射截面有较大的影响。

本节给出无介质存在情况下不同单元形式单层 FSS 屏的频率选择特性和不同罩壁结构 FSS 罩的频率选择特性，为 FSS 天线罩设计提供技术基础。

7.9.1　不同单元 FSS 的性能

假设一厚为 18μm 的无限大金属平板，上面均匀开有周期的单元，在 x、y 方向的周期分别为 dx、dy，α 为阵列排列角。如图 7.19 所示平面波入射到 FSS 上，

入射面与 X 轴夹角为 0°,分别研究 TE 模和 TM 模入射时,不同单元形式的 FSS 的传输系数和插入相位移。

1. 一字缝 FSS 的传输特性

设沿 X 方向排列的一字缝长 $2l = 16\text{mm}$、宽 $w = 1\text{mm}$,阵列周期 $dx = dy = 17\text{mm}$,阵列排列角 $\alpha = 90°$。两种模式下的传输系数和相移随频率变化的曲线如图 7.71 和图 7.72 所示。由图可见:

(1) 0°入射时,一字缝 FSS 对 Y 极化(图例为 0 Y - POL)的入射波在 10GHz 传输系数很高,而对 X 极化(图例为 0 X - POL)的入射波在 10GHz 传输系数很小几乎隔离,对于 45°极化(图例为 0 XX - POL)的平面波在 10GHz 衰减约 6dB,说明一字缝 FSS 具有极化选择性。

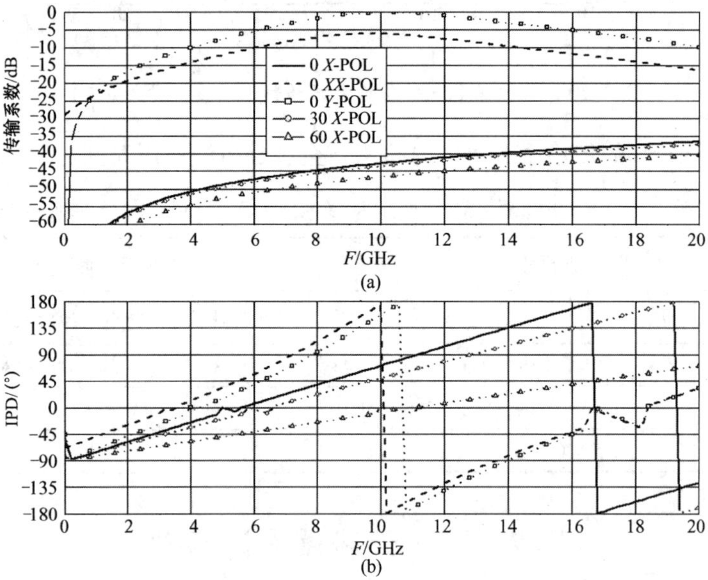

图 7.71 一字缝 FSS 的传输系数和相移随频率变化的曲线(TM 模)
(a) 传输系数; (b) 相移。

(2) 一字缝 FSS 对于 Y 极化的平面波透过高,适于 TE 模式工作情况。另外,虽然金属层厚度很薄,在 10GHz,插入相位移并不是 0°。

2. 十字缝 FSS 的传输特性

设沿 X 方向排列的十字缝的周期阵列的缝长 $2l = 16\text{mm}$,宽 $w = 1\text{mm}$,$dx = 18\text{mm}$,$dy = 17\text{mm}$,阵列排列角 $\alpha = 45°$。十字缝 FSS 的传输特性和相移随频率变化的曲线如图 7.73 和图 7.74 所示。由图可见:

(1) 与一字缝 FSS 相比,十字缝 FSS 对于 X 极化、Y 极化入射波都有较高的传输系数,即对于 TE 模式和 TM 模式都有较高的透过。TM 模式传输频带较宽,而 TE 模式传输频带较窄,在 8.8GHz 附近还有较大的衰减。

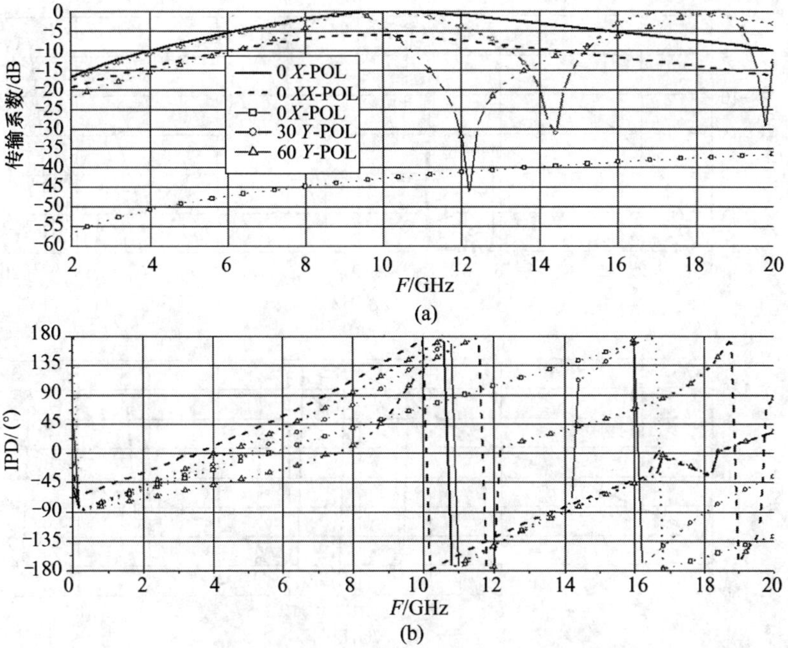

图 7.72　一字缝 FSS 的传输系数和相移随频率变化的曲线(TE 模)
(a) 传输系数；(b) 相移。

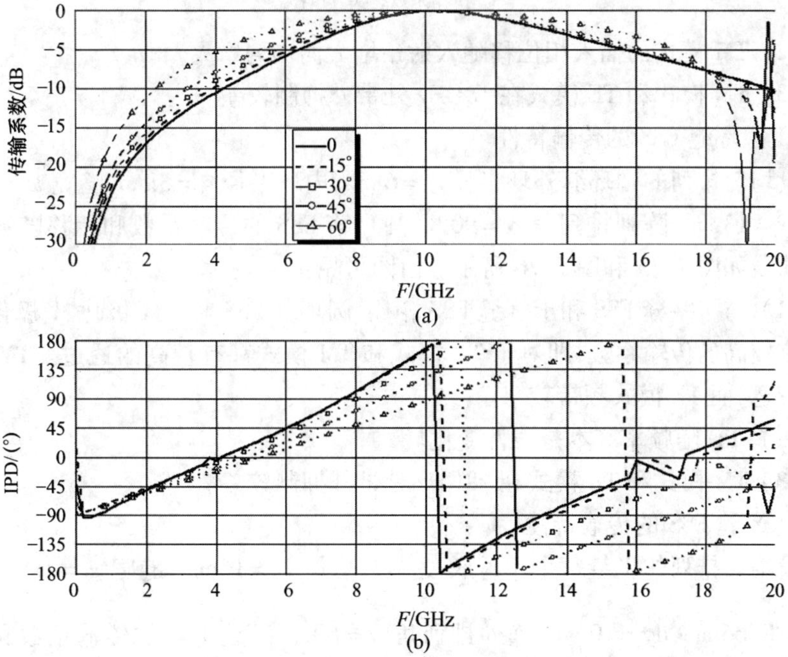

图 7.73　十字缝 FSS 的传输系数和相移随频率变化的曲线(TM 模)
(a) 传输系数；(b) 相移。

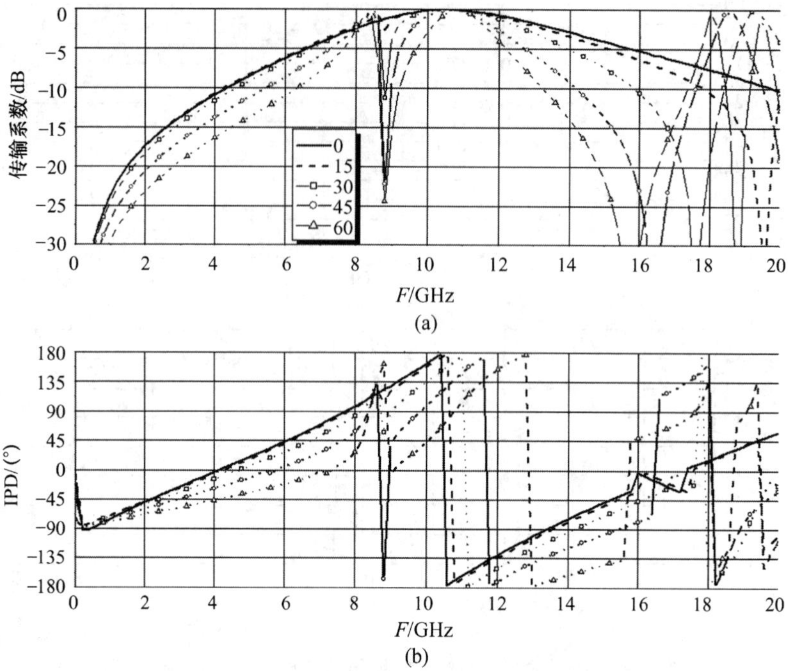

图 7.74　十字缝 FSS 的传输系数和相移随频率变化的曲线(TE 模)
(a) 传输系数；(b) 相移。

(2) TM 模式的插入相位移随入射角增大而均匀增大。

(3) TM 模式和 TE 模式在 18GHz 处带外抑制较差。

3. 圆环缝 FSS 的传输特性

设均匀排列的圆环缝外环半径 $r_o = 6\text{mm}$,内环半径 $r_i = 5\text{mm}$,缝宽 $w = 1\text{mm}$, $dx = dy = 13\text{mm}$,阵列排列角 $\alpha = 90°$。圆环缝 FSS 的传输系数和相移随频率变化的曲线如图 7.75 和图 7.76 所示。由图可见:

(1) 与一字缝 FSS 和十字缝 FSS 相比,圆环缝 FSS 对于 X 极化、Y 极化入射波都有较高的传输系数,即对于 TE 模式和 TM 模式都有较高的透过。TM 模式频带较宽,而 TE 模式频带较窄。

(2) IPD 随频率基本是线性变化。

(3) TM 模式和 TE 模式在 18GHz 处带外抑制较差。

4. Y 缝 FSS 的传输特性

设均匀排列的 Y 缝每个单臂长度为 l,总长 $2l = 16\text{mm}$,缝宽 $w = 1\text{mm}$, $dx = \frac{\sqrt{3}}{2}dy = 8.66\text{mm}$, $dy = 10\text{mm}$,阵列排列角 $\alpha = 60°$。Y 缝 FSS 的传输系数和相移随频率变化的曲线如图 7.77 和图 7.78 所示。由图可见:

(1) 与圆环缝 FSS 相比,TM 模式频带较宽,而 TE 模式频带较窄,在

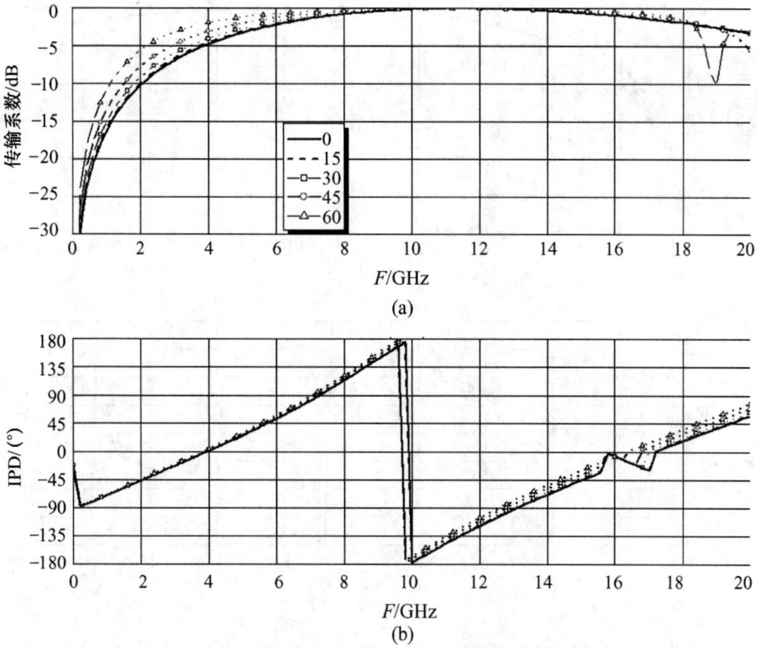

图 7.75　圆环缝 FSS 的传输系数和相移随频率变化的曲线(TM 模)
(a) 传输系数; (b) 相移。

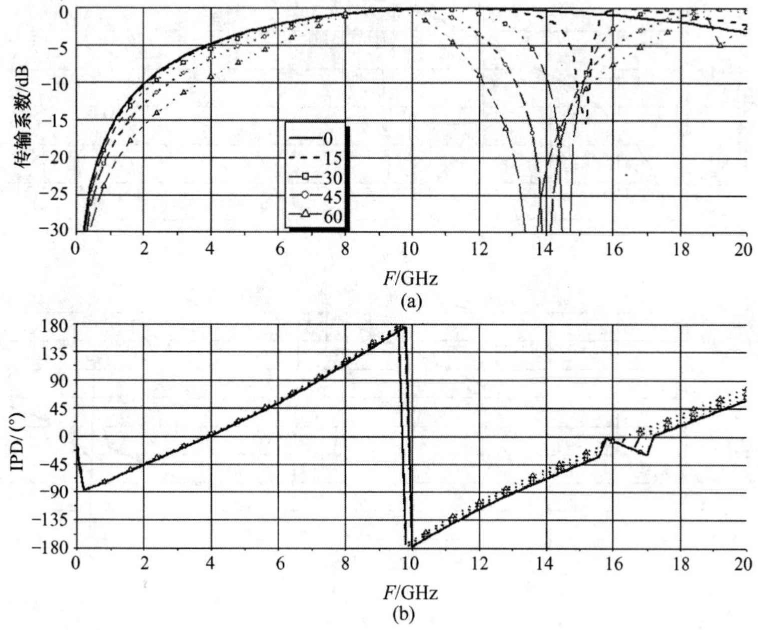

图 7.76　圆环缝 FSS 的传输系数和相移随频率变化的曲线(TE 模)
(a) 传输系数; (b) 相移。

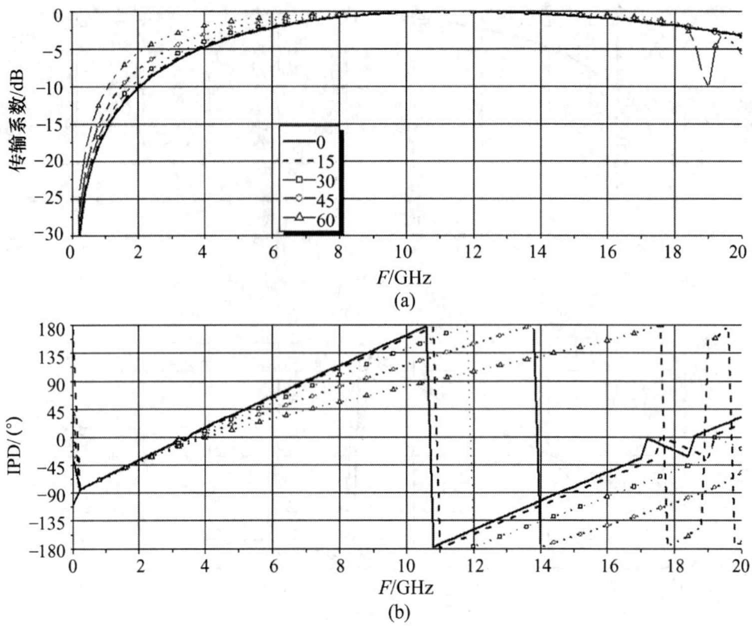

图 7.77　Y 缝 FSS 的传输系数和相移随频率变化的曲线(TM 模)
(a) 传输系数；(b) 相移。

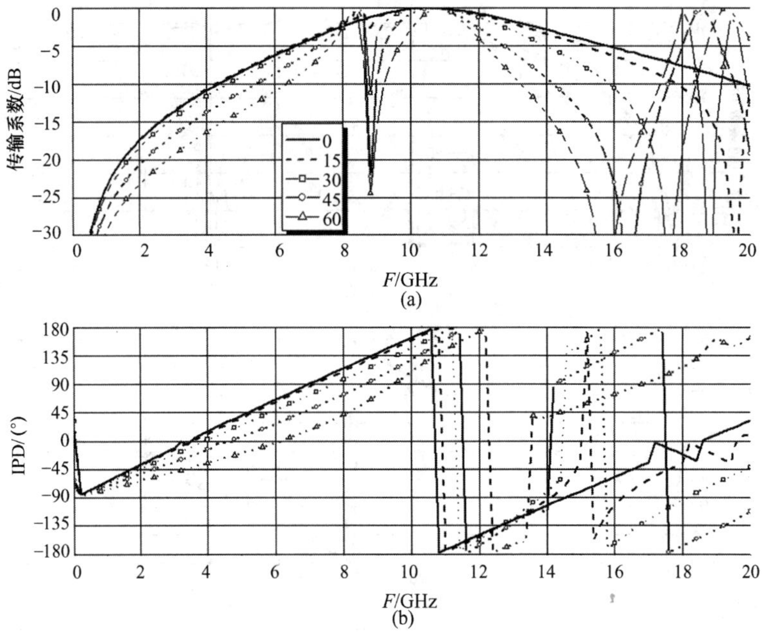

图 7.78　Y 缝 FSS 的传输系数和相移随频率变化的曲线(TE 模)
(a) 传输系数；(b) 相移。

8.8GHz 附近还有较大的衰减。

(2) 与圆环缝相比,Y 缝单元组成的 FSS 的 IPD 与入射角关系较大,同一频点不同入射角 IPD 的变化较大。

(3) TM 高端的带外抑制下降速度慢,TE 模式的带外抑制下降速度较快,在 18GHz 附近会出现二次谐振峰。

7.9.2 不同夹层 FSS 的性能

FSS 天线罩需要介质基板支撑。在不同夹层中嵌入 FSS 后的性能更为重要,下面分别研究在单层、A 夹层、C 夹层中加入同一参数 Y 形 FSS 缝隙阵列后的传输性能。Y 缝的周期阵列参数保持不变,缝隙的总长度 $2l=16\text{mm}$,缝宽 $w=1\text{mm}$, 周期间隔 $\mathrm{d}x=\frac{\sqrt{3}}{2}$, $\mathrm{d}y=8.66\text{mm}$, $\mathrm{d}y=10\text{mm}$, 阵列排列角 $\alpha=60°$。FSS 均位于介质中央,介质的相对介电常数 $\varepsilon=4.0$。

嵌入 Y 缝 FSS 的单层介质板的传输系数和相移随频率变化的曲线如图 7.79 和图 7.80 所示。

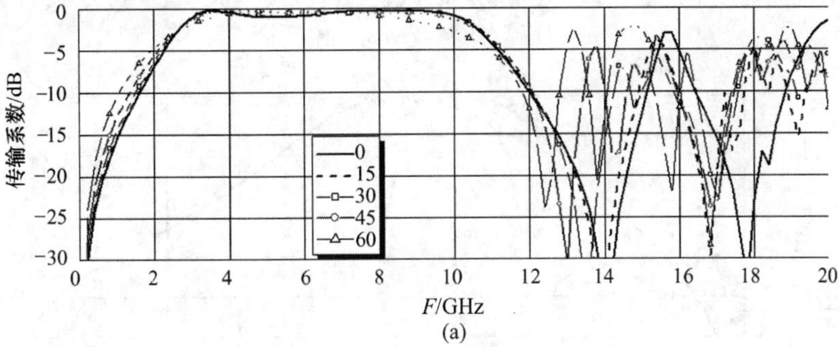

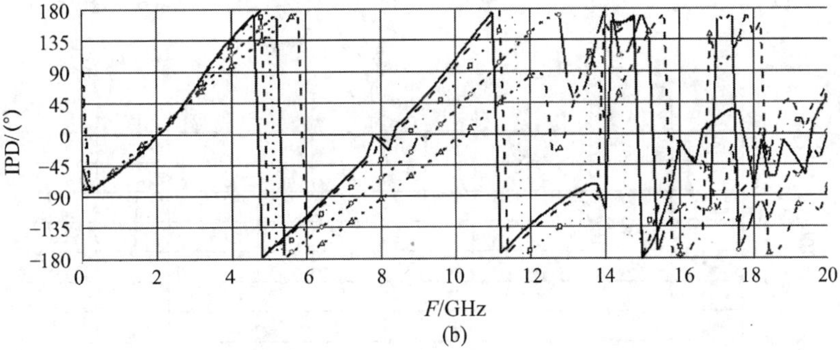

图 7.79 嵌入 Y 缝 FSS 的单层介质板的传输系数和相移随频率变化的曲线(TM 模)
(a) 传输系数; (b) 相移。

2 层 Y 缝 FSS 组成的 A 夹层的传输系数和相移随频率变化的曲线如图 7.81 和图 7.82 所示。

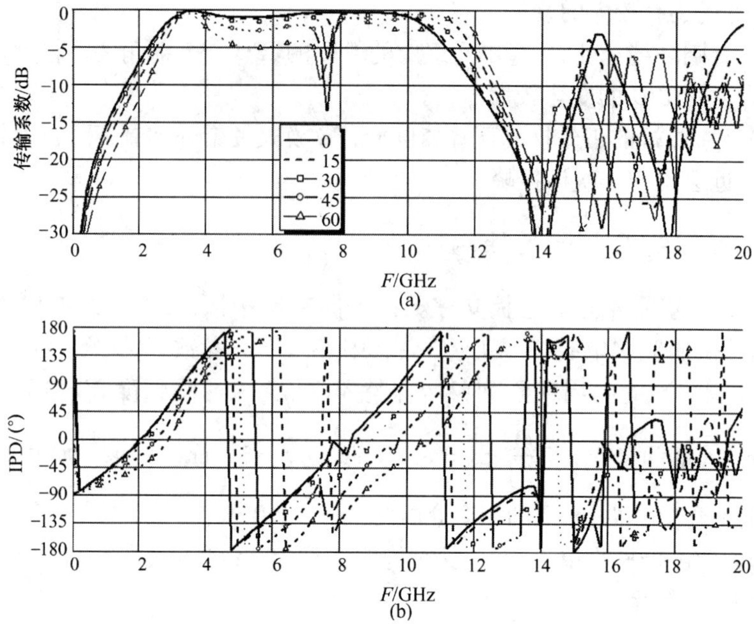

图 7.80　嵌入 Y 缝 FSS 的单层介质板的传输系数和相移随频率变化的曲线(TE 模)
(a) 传输系数；(b) 相移。

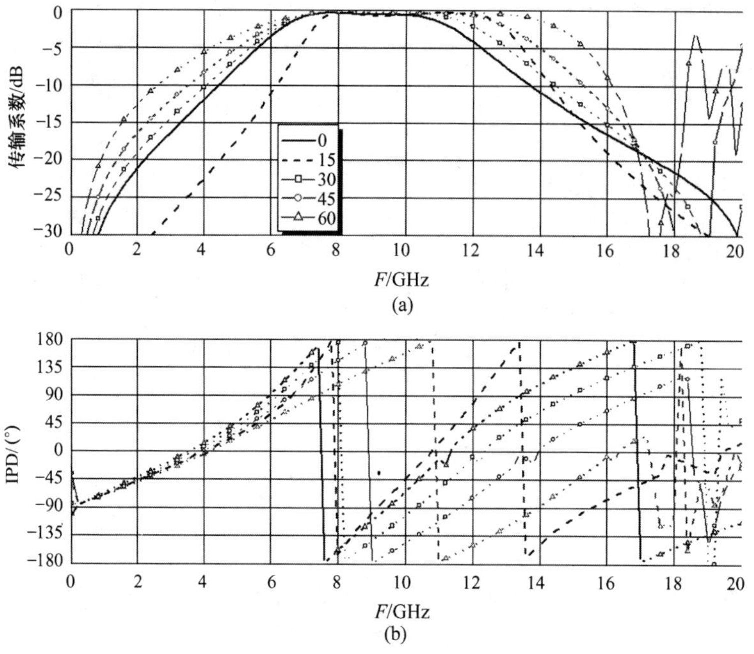

图 7.81　2 层 Y 缝 FSS 组成的 A 夹层的传输系数和相移随频率变化的曲线(TM 模)
(a) 传输系数；(b) 相移。

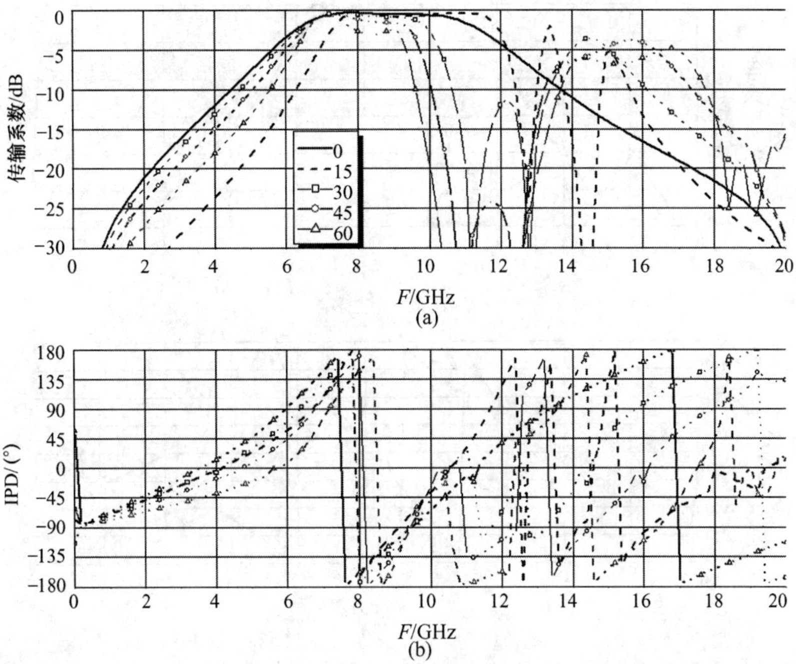

图 7.82　2 层 Y 缝 FSS 组成的 A 夹层的传输系数和相移随频率变化的曲线(TE 模)
(a) 传输系数;(b) 相移。

3 层 Y 缝 FSS 组成的 C 夹层的传输系数和相移随频率变化的曲线如图 7.83 和图 7.84 所示。

介质对 FSS 传输性能的影响表现如下:

(1) 与无介质同尺寸的 FSS 相比,加介质的 FSS 谐振频率下降,下降的程度与介质的厚度和位置有关。一般来说,可以用有效介电常数近似估算谐振频率:设介质的介电常数为 ε,有效介电常数 $\varepsilon_e \approx \dfrac{1+\varepsilon}{2}$,谐振频率 $f_0(\varepsilon_e) = \dfrac{f}{\sqrt{\varepsilon_e}}$。

(2) 在有介质情况下,孔径的谐振长度缩短,有利于抑制栅瓣。

(3) 与无介质同尺寸的 FSS 相比,加介质(适当厚度)的 FSS 提高了对入射角的适应性,能够拓展天线罩的工作带宽。

IPD 是天线罩设计中的重要因素,为了深刻认识 FSS 夹层结构的 IPD 特点,特别把无 FSS 时同夹层截面的平板的 IPD 计算结果列于图 7.85 ~ 图 7.88,很方便地将有 FSS 的夹层结构的 IPD(图 7.79 ~ 图 7.84)进行比较。FSS 天线罩的 IPD 随入射角变化比介质天线罩的变化要大,这是 FSS 天线罩设计时要考虑的。

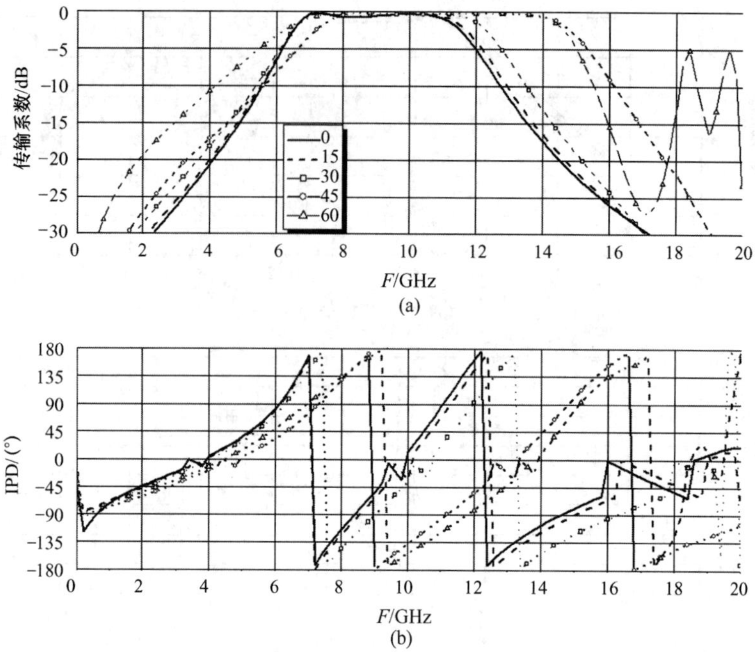

图 7.83　3 层 Y 缝 FSS 组成的 C 夹层的传输系数和相移随频率变化的曲线(TM 模)

(a) 传输系数; (b) 相移。

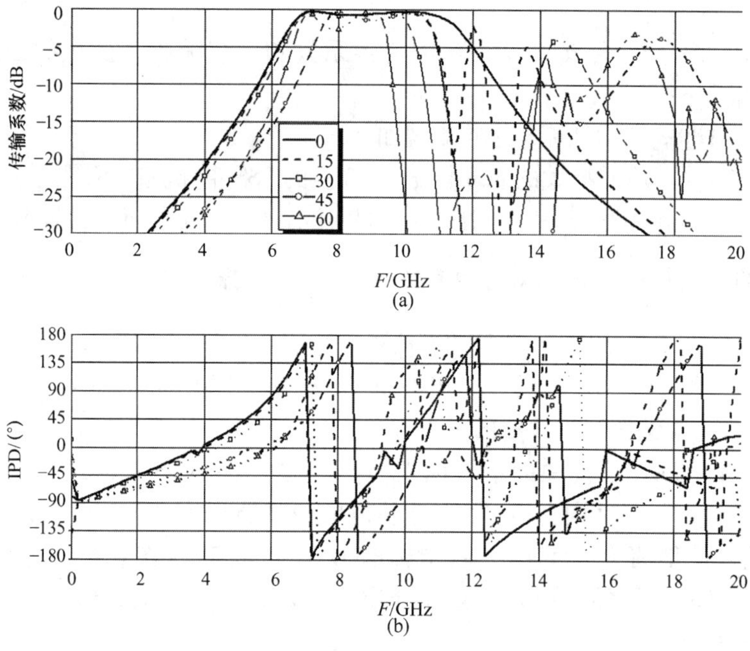

图 7.84　3 层 Y 缝 FSS 组成的 C 夹层的传输系数和相移随频率变化的曲线(TE 模)

(a) 传输系数; (b) 相移。

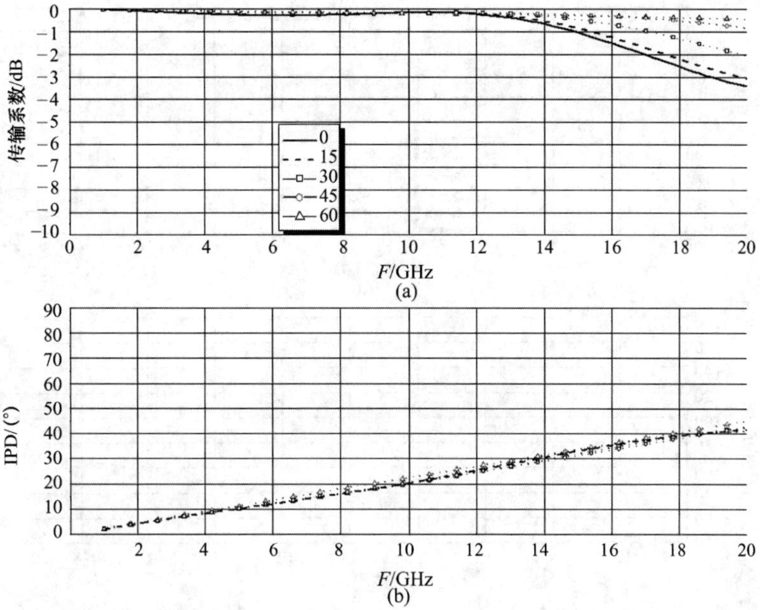

图 7.85　A 夹层无 FSS 时传输系数和相移随频率变化的曲线(TM 模)
(a) 传输系数；(b) 相移。

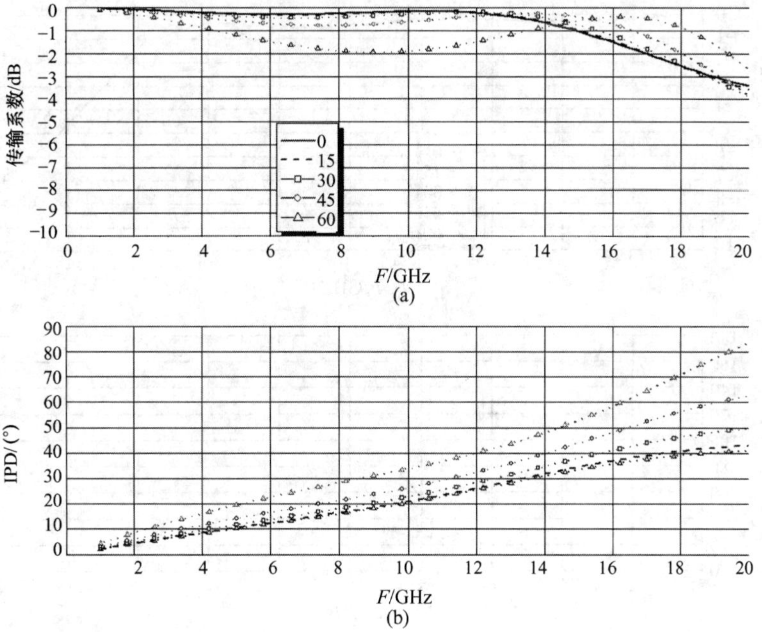

图 7.86　A 夹层无 FSS 时的传输系数和相移随频率变化的曲线(TE 模)
(a) 传输系数；(b) 相移。

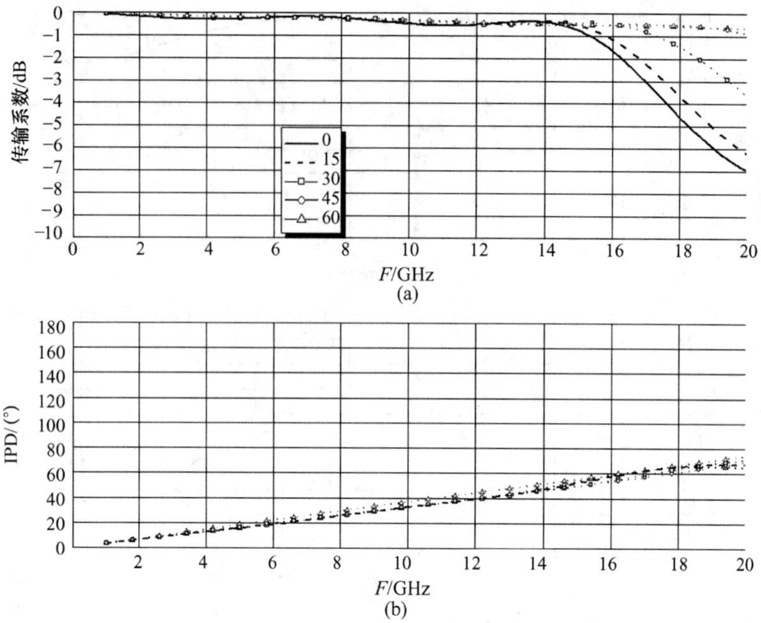

图 7.87　C 夹层无 FSS 时的传输系数和相移随频率变化的曲线(TM 模)
(a) 传输系数；(b) 相移。

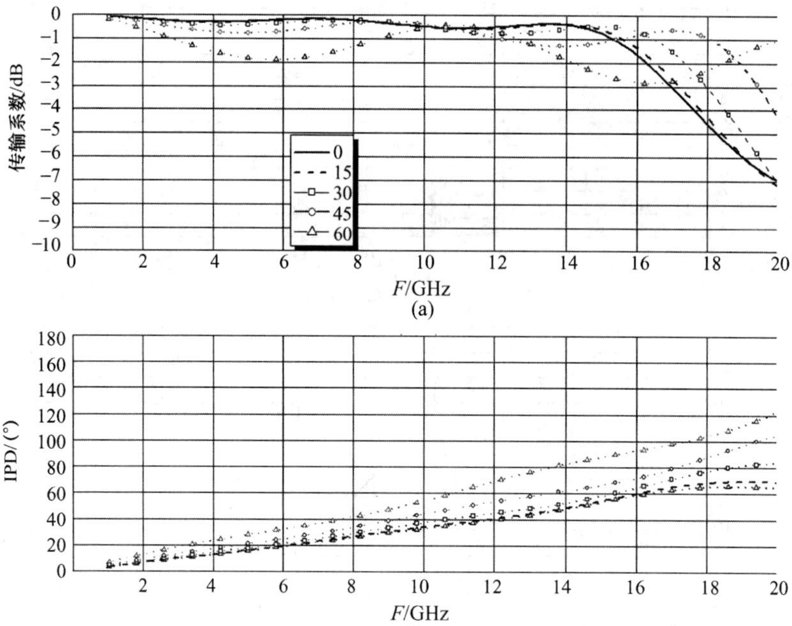

图 7.88　C 夹层无 FSS 时的传输系数和相移随频率变化的曲线(TE 模)
(a) 传输系数；(b) 相移。

7.9.3 FSS 天线罩电性能分析方法

知道 FSS 天线罩的传输特性,对于电大尺寸的 FSS 天线罩曲率小且变化平缓的区域,原理上可以用 GO 方法计算天线罩的带内性能,FSS 天线罩可以用二端口网络等效,借助于计算介质天线罩的方法近似评估 FSS 天线罩的性能。但是对于曲率半径变化激烈的区域,需要用全波方法分析。

FSS 隐身天线罩的带内性能列于表 7.6。

表 7.6 FSS 隐身天线罩的带内性能

项目	性能	项目	性能
功率传输系数/%	≥80	副瓣抬高/dB	≤2.5(对于 -35dB 副瓣)
主瓣宽度变化/%	≤10	瞄准误差/mrad	≤5

7.10 FSS 天线罩的 RCS

为了缩减飞机机头方向的 RCS,既要分析天线、天线罩以及机身各个部分独立存在时的 RCS,又要研究它们同时存在时整体的 RCS。本节分别论述天线罩独立存在时的 RCS、天线罩与天线同时存在时的 RCS、天线罩安装在飞机机身时的 RCS。

7.10.1 天线罩 RCS 概述

天线罩的散射场可以表示为

$$E(\theta,\varphi) = -\frac{\mathrm{j}k}{4\pi R}\exp(-\mathrm{j}kR)\hat{\boldsymbol{r}} \times \iint\left(-M-\sqrt{\frac{\mu_0}{\varepsilon_0}}\hat{\boldsymbol{r}}\times J\right)\exp(\mathrm{j}k\boldsymbol{r}'\cdot\hat{\boldsymbol{r}})\,\mathrm{d}s \tag{7.342}$$

式中:$\boldsymbol{r}$、$\boldsymbol{r}'$分别为场点和源点的位置矢量;$k_0=\omega\sqrt{\mu_0\varepsilon_0}$,为自由空间中波数。

安装在飞机机身上天线前面天线罩的散射场可以分解为三部分,即

$$\boldsymbol{E}^{\mathrm{s}} = \boldsymbol{E}^{\mathrm{s}}_{\mathrm{radome}} + \boldsymbol{E}^{\mathrm{s}}_{\mathrm{ant}} + \boldsymbol{E}^{\mathrm{s}}_{\mathrm{craft}} \tag{7.343}$$

散射截面包括天线罩、天线和机身三部分的贡献,即

$$\sigma = \lim 4\pi r^2\left|\frac{\boldsymbol{E}^{\mathrm{s}}_{\mathrm{radome}} + \boldsymbol{E}^{\mathrm{s}}_{\mathrm{ant}} + \boldsymbol{E}^{\mathrm{s}}_{\mathrm{craft}}}{\boldsymbol{E}^{\mathrm{i}}}\right|^2 \tag{7.344}$$

由上式可见:

(1) 总的散射场是各个部分散射场的矢量叠加,而散射截面是标量,一般总的散射截面不是各个部分散射截面的简单叠加。

(2) 各个部分独立存在时的感应电流和磁流,不同于各个部分同时存在时

的感应电流和磁流[24,25]。

对于天线罩这种特殊情况，加罩后各个部分的贡献有如下近似估算公式：

$$\sigma = \sigma_{craft} + \sigma_{ant}|T|^2|T|^2$$

式中：$|T|^2$ 为天线罩的功率传输系数。

上式中入射激励场经过天线罩两次衰减，降低了天线的散射的贡献。而 $\sigma_{craft} = \sigma_{radome} + \sigma_{craft}$ 并不成立，后面可以看到，在一定条件下 $\sigma_{craft} \leqslant \sigma_{radome} + \sigma_{craft}$

7.10.2 频选天线罩 RCS 的特性

FSS 天线罩带内隐身也是很重要的，假设 FSS 天线罩在带内等效为一个常规的介质天线罩，天线罩的外形为常规的天线罩的蛋卵型。为了说明问题，仅以蛋卵型介质单层罩为例给出其在 X 波段的 RCS，蛋卵型天线罩长度为 1m，根部直径 1m，壁厚 0.0086m，如图 7.89 所示。

图 7.90 ~ 图 7.93 为介质罩在不同频点时的单站 RCS，对 0° ~ 45° 入射角的单站 RCS 绝对值求和取平均，将平均 RCS 列入表 7.7 中，由表中数据可得介质天线罩的单站散射清晰的图像。

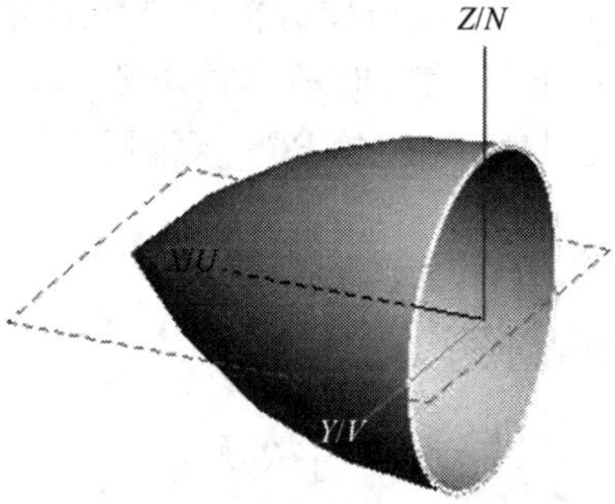

图 7.89 天线罩的散射($L = 1$m, $d = 1$m)

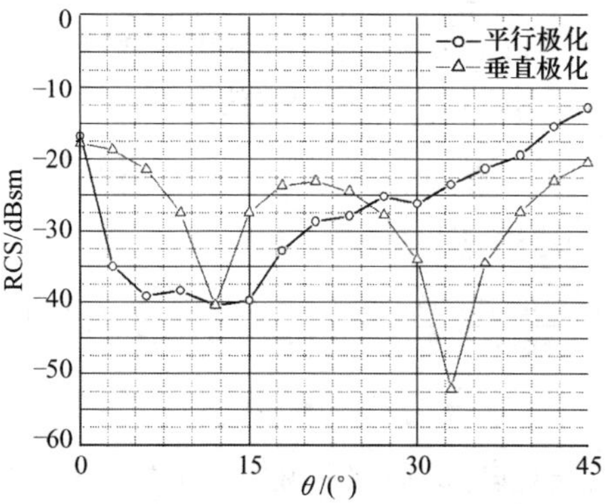

图 7.90 介质天线罩单站 RCS($F = 500$MHz)

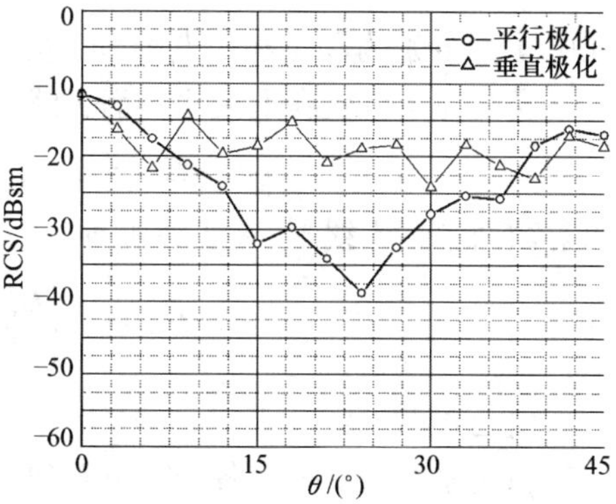

图 7.91 介质天线罩单站 RCS($F = 1000$MHz)

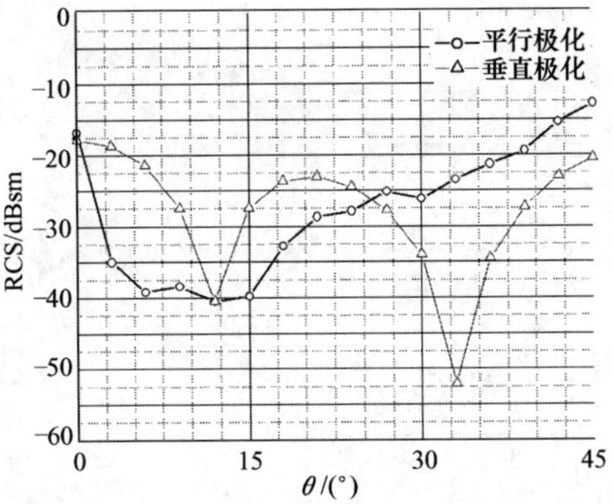

图 7.92 介质天线罩单站 RCS($F=3000$MHz)

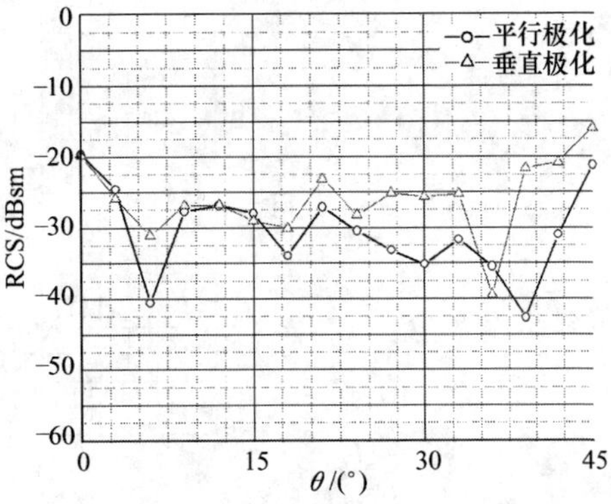

图 7.93 介质天线罩单站 RCS($F=8300$MHz)

表 7.7 介质天线罩的平均单站 RCS(dBsm)

频率/MHz	平行极化	垂直极化	频率/MHz	平行极化	垂直极化
500	-6.9	-6.6	3000	-20.7	-23.7
1000	-18.7	-17.4	8300	-26.8	-23.3

带外用金属天线罩近似求得金属化天线罩的 RCS,如图 7.94 ~ 图 7.96 所示。

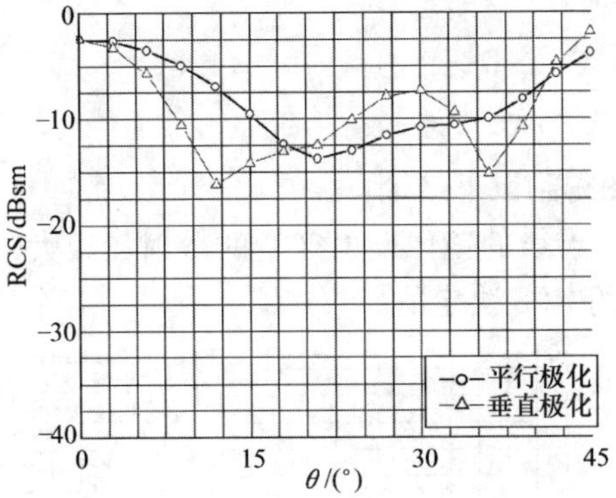

图 7.94 金属化的天线罩单站 RCS
($F=500$MHz)

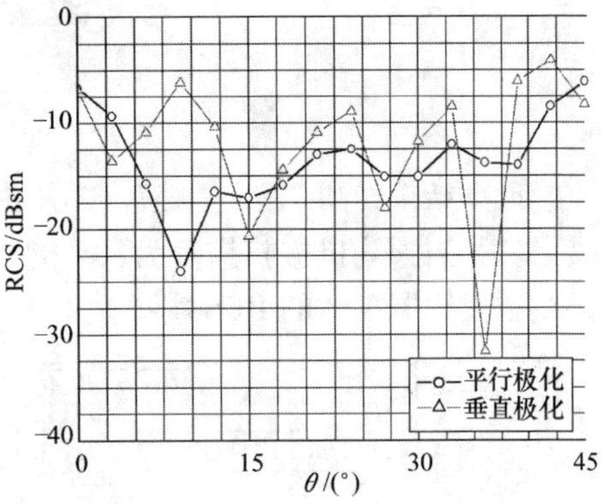

图 7.95 金属化的天线罩单站 RCS
($F=1000$MHz)

7.10.3 天线罩内置天线时的 RCS

罩内安装天线后,天线在天线罩通带内收发电磁波,在雷达工作频带内,研究影响天线和天线罩一体的 RCS 的因素。如图 7.97,以一个长度 1m、根部直径 1m、壁厚 0.0086m 的蛋卵型天线罩介质罩和内置金属反射面来分析天线与天线罩一体的散射。

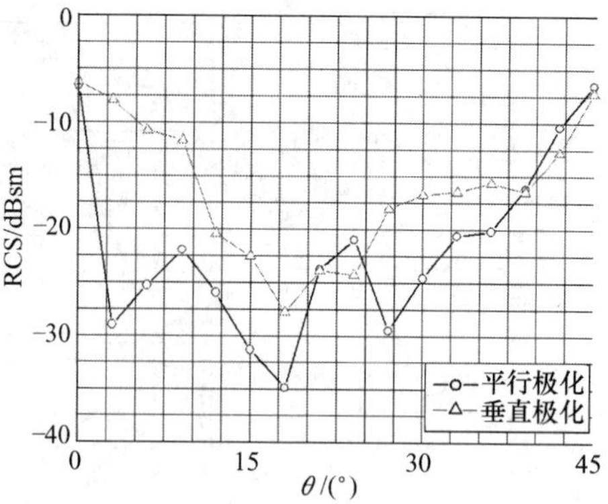

图 7.96 金属化的天线罩单站 RCS($F=3000$MHz)

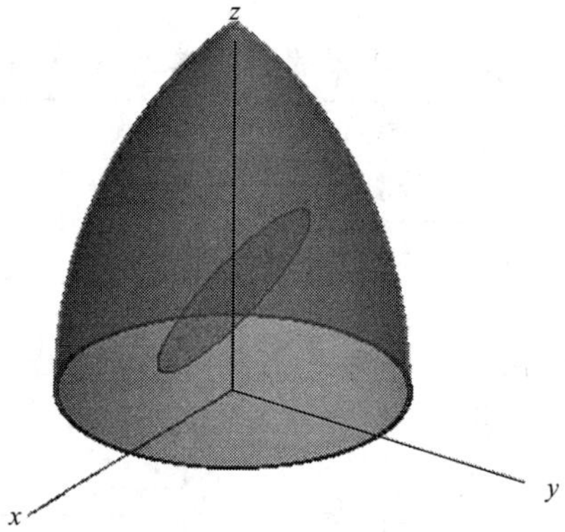

图 7.97 天线罩及其内置天线

计算结果如图 7.98 ~ 图 7.100。由图得到以下结论:

(1) 当天线机械扫描角为(0°,0°)时,天线的镜像反射产生的散射场很大,天线和天线罩一体的 RCS 主要是由天线的 RCS 决定的。

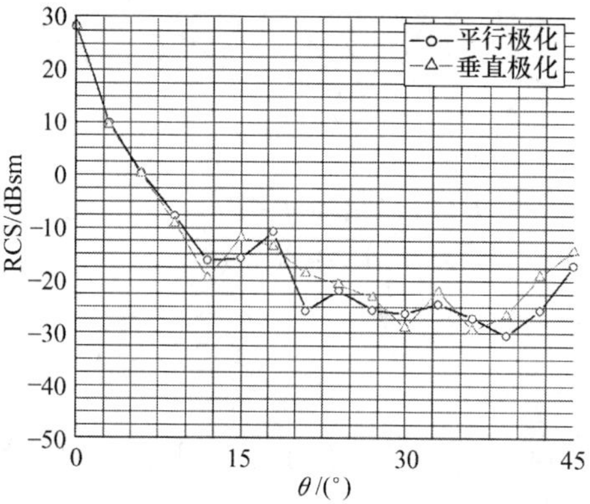

图 7.98 天线罩内置天线时的 RCS(天线扫描角为 0°,0°)

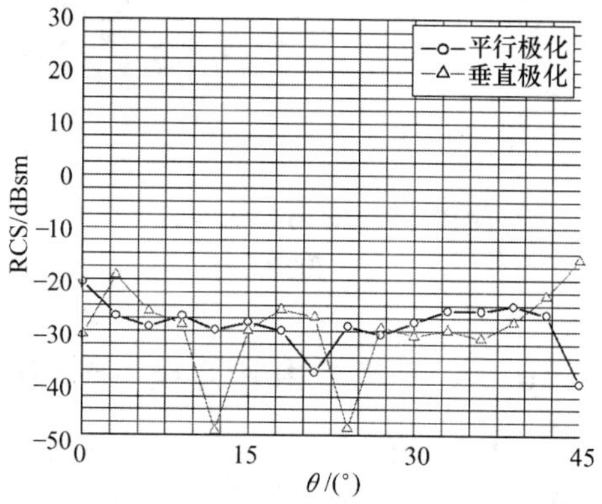

图 7.99 天线罩内置天线时的 RCS(天线扫描角为 0°,20°)

(2) 当天线机械扫描角为到(0°,20°)时,机头方向的 RCS 迅速下降,当天线机械扫描角到(0°,40°)时,机头方向的 RCS 略有增大,但是比不扫描时平均要低 50dB。天线的和天线罩的 RCS 平均值(对角度的平均)基本相当。

(3) 如果天线采取隐身措施后 RCS 很小,则天线罩的 RCS 将是主要的。

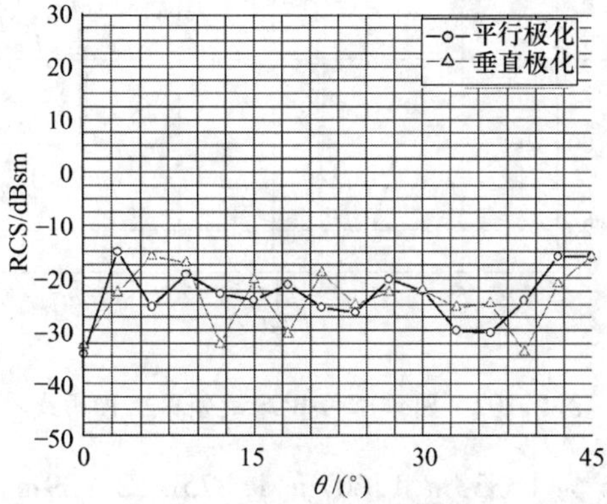

图 7.100　天线罩内置天线时的 RCS(天线扫描角为 0°,40°)

7.10.4　天线罩与机身连接时的 RCS

天线罩与机身连接时其带外的 RCS 与独立情况下是有区别的,独立的金属化的天线罩(通常外形和尺寸)的 RCS 证明比与低 RCS 的机身连接天线罩的 RCS 要高,这一点可以通过圆锥球的组合体的散射来说明。

如图 7.101 所示的锥球组合体,其 RCS 可以用下式计算:

$$\sigma = \frac{\lambda^2 \left| \tan^2\alpha + (2jk(h\tan^2\alpha - z) - \sec^2\alpha)e^{2jkh} + e^{2jk(z+h)} \right|^2}{16\pi} \quad (7.345)$$

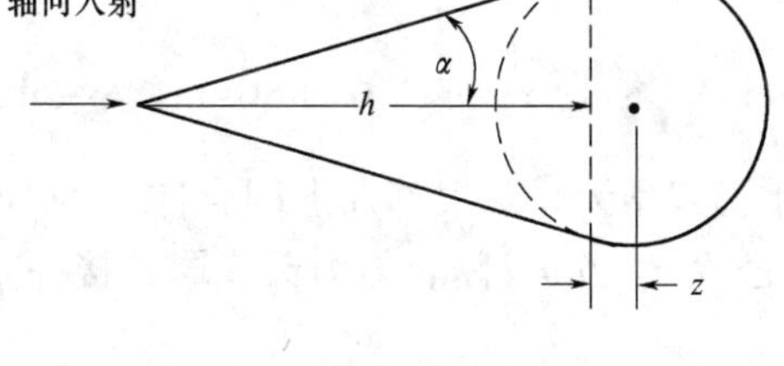

图 7.101　金属圆锥球的轴向 RCS

公式中各变量如图 7.101 所示。设圆锥球的半径 $a = 60$mm,圆心到锥顶的距离 $L = 300$mm,计算得到 $\alpha = 11.53°$,$z = 12$mm,$h = 288$mm。金属圆锥球的 RCS 随频率变化曲线如图 7.102 所示。

增大圆锥球的半径至 $a = 0.5$m,圆心到锥顶的 L 分别取 1.5m、1.75m、2m、2.25m,计算得到 α 为 19.47°、16.60°、14.48°、12.87°,z 为 0.1667m、0.1429m、

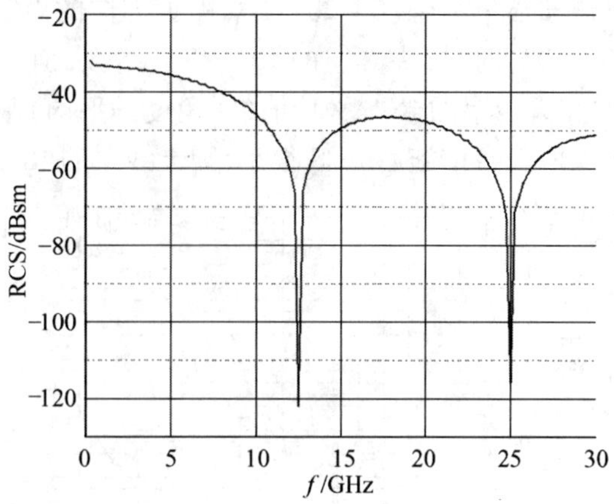

图 7.102　圆锥球的 RCS 随频率变化曲线

0.1255m、0.1111m，h 为 1.333m、1.607m、1.875m、2.139m，由此计算得到不同长细比的圆锥球 0°入射时的单站 RCS 随频率变化曲线，如图 7.103 所示。

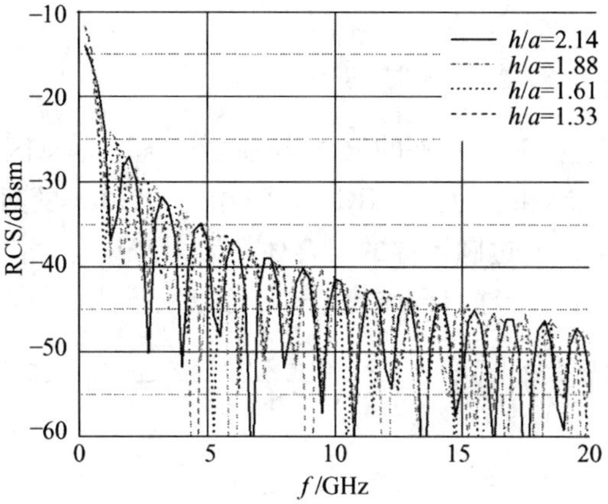

图 7.103　不同长细比圆锥球的 RCS 随频率变化曲线

再来研究金属化蛋卵型天线罩根部加上闭合体后的 RCS，设天线罩的尺寸长度 $L=1\mathrm{m}$，根部半径 $R=0.5\mathrm{m}$。闭合体为天线罩端接一直径为 $2R$ 的半球，如图 7.104 所示。

图 7.105 ~ 图 7.107 给出了当平面电磁波从 Z 方向入射，入射角从 0° ~ 45°时金属天线罩闭合体的 RCS。对 0° ~ 45°入射角的单站 RCS 取平均，将平均 RCS 列入中表 7.8 和表 7.9，由表中数据可以清楚地比较金属天线罩在有端接半球和没有端接半球的单站 RCS 的变化。

金属天线罩及其闭合体的散射与天线罩外形尺寸有无端接体有很大关系。例如在迎头方向，有端接体时 RCS 明显低于无端接体的 RCS。

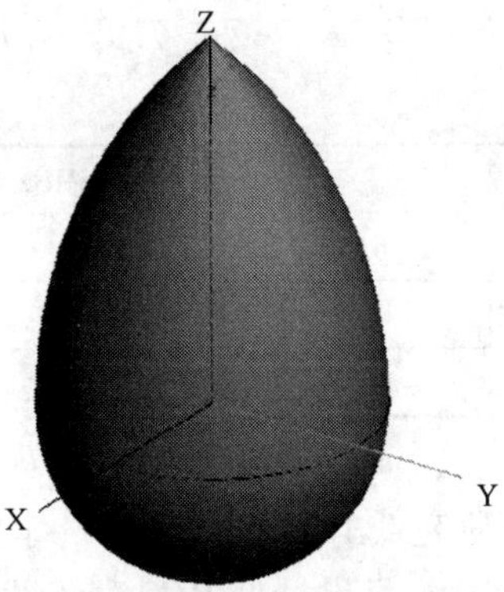

图 7.104　金属天线罩端接半球的闭合体

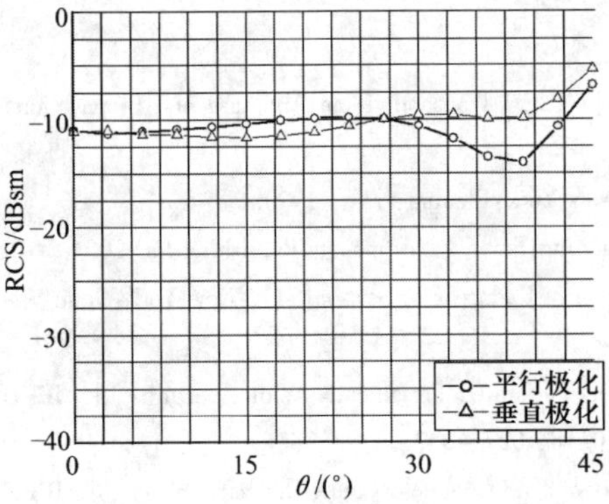

图 7.105　金属天线罩端接半球的单站 RCS($F=500$ MHz)

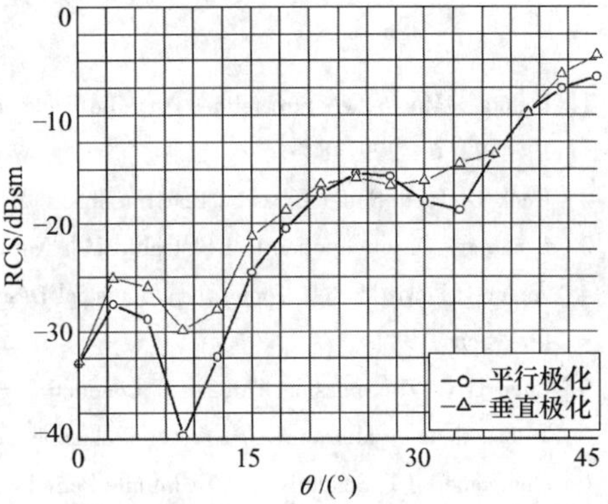

图 7.106　金属天线罩端接半球的单站 RCS($F=1000$ MHz)

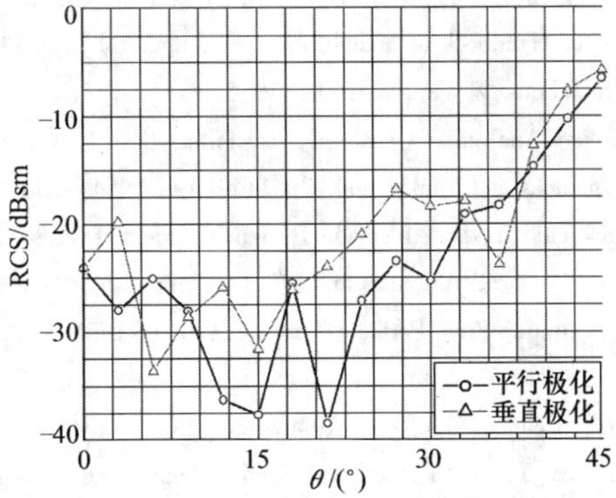

图 7.107　金属天线罩端接半球的单站 RCS($F=3000$ MHz)

表 7.8 金属天线罩的平均单站 RCS (dBsm)

频率/MHz	平行极化	垂直极化
500	-6.7	-6.5
1000	-9.2	-11.5
3000	-12.4	-14.2

表 7.9 金属天线罩端接半球的平均单站 RCS(dBsm)

频率/MHz	平行极化	垂直极化
500	-9.9	-10.5
1000	-12.5	-13.8
3000	-14.4	-16.0

研究圆锥球 RCS 对于研究低 RCS 天线罩有一定的指导意义,这部分工作早在 20 世纪 80 年代就已经完成,是设计低 RCS 的天线罩的理论基础。

参考文献

[1] Pelton E, Munk B. A Streamlined Metallic Radome[J]. IEEE Transactions on Antennas and Propagation, 1974, 22(6):799 - 803.

[2] Ruck G H, ed. Radar Cross Section Handbook[M]. New York: Plenum Press, 1970.

[3] Lynch Jr. D. Introduction to RF stealth[M]. North Catolina: Science Technology Publishing Inc, 2004.

[4] Anderew Lewis Maffett. Topics for a Statistcal Description of Radar Cross Section[M]. New York: John Wiley &Sons, 1989.

[5] Chen C C. Transmission Through a Conducting Screen Perforated Periodically With Aperture[J]. IEEE Transactions on Microwave Theory & Technology, 1970, 18: 627 - 632.

[6] Montgomery J P. Scattering by An Infinite Periodic Array of Thin Conductors on A Dielectric Sheet[J]. IEEE Transactions on Antennas and Propagation, 1975, 23:70 - 75.

[7] Mittra R, Chan C, Cwik H T. Techniques for Analyzing Frequency Selective Surfaces - A Review[J]. Proceedings of the IEEE, 1988, 76(12): 1593 - 1615.

[8] Munk B A. Frequency Selective Surfaces Theory and Design[M]. New York: John Wiley &Sons Inc, 2000.

[9] Marcuvitz X. Waveguide Handbook[M]. New York: McGraw - Hill, 1951.

[10] Abramowitz M Stegum I A. Handbook of Mathematical Functions[M]. Applied Mathematics. Series No. 55. National Bureau of Standards, Washington D. C., 1970.

[11] Bozzi Maurizzi. etc, Efficient Analysis of Quasi - Optical Filters By A Hybrid MoM/BI - RME Method[J]. IEEE Transactions on Antennas and Propagation. 2001, 49(7): 1054 - 1064.

[12] Bozzi M, Manara G, Monorchio A, etc. Atuomatic Design of Inductive FSSs Using Genetic Algorithm and MoM/BI - RME Analysis[J]. IEEE Antennas and Wireless Propagation Letters, 2002: 1536 - 1225.

[13] Pelton E L, Munk B A. Scattering From Periodic Arrays of Crossed Dipoles[J]. IEEE Transactions on Antennas and Propagation, 1978, 27(3):323 - 330.

[14] Richard C Hall, Raj Mitra, Kenneth M Mitzner. Analysis of Multilayered Periodic Structures Using Generalized Scattering Matrix Theory[J]. IEEE Transactions on Antennas and Propagation, 1988, 36: 511 - 517.

[15] Wan Changhua, Encinar Jose A. Efficient Computation of Generalized Scattering Matrix for Analyzing Multilayered Periodica Structures[J]. IEEE Transactions on Antennas and Propagation, 1995, 43:1233 - 1242.

[16] Kraus J. D. Antennas. New York: Mc Graw - Hill, 1988: 413 - 422.

[17] Schellkunoff S A, Friis H T. Antenna Theory and Practice[M]. NewYork :Wiley,1952.
[18] Taso C H A . Spectral – iteration Approach for Analyzing Scattering From Frequency Selective Surfaces[J]. IEEE Transactions on Antennas and Propagation, 1982,30: 303 – 308.
[19] 哈林顿 R F. 正弦电磁场[M]. 孟侃,译.上海:上海科学技术出版社,1964.
[20] Handy S M A. Comparison of Modal Analysis and Equivalent Circuit Representation of Z – plane of The Jerusalem Cross[J]. Electronic Letters. 1982,18(2): 94 –95.
[21] Parker E A. An improved Empirical Model for The Jerusalem Cross[J]. IEE Proc. H. Microwave opt. & Antennas,1982,129 (1):1 –6.
[22] Huang J, Wu Te – Kao, Lee Shung – Wu. Tri – band Frequency Selective Surface With Circular Ring Elements[J] . IEEE Transactions on Antennas and Propagation,1994 ,42(2): 166 –175.
[23] Wahid M. The Development of A Conical Frequency Selective Selective Radome[J] . GEC – Journal of Research,1995,12(2):93 –95.
[24] Rao S M,Wilton D R, Glisson A W. Electromagnetic Scattering by Surfaces of Arbitrary Shape[J]. IEEE Transactions on Antennas and Propagation, 1982,30: 409 –417.
[25] Huddleston PL,Medgyesi – Mitschang L N, Putnam J M. Combined Field Integral Equation Formulation for Scattering by Dielectrically Coated Conducting Bodies[J]. IEEE Transactions on Antennas and Propagation, 1986,34(4):510 –520.
[26] Yu Chun, Lu Cai – Cheng. Analysis of Finite and Curved Frequency – Selective Surfaces Using the Hybrid Volume – Surface Integral Equation Approach[J]. Microwave and Optical Technology Letters, 2005,45 (2): 107 –112.

第 8 章　吸收及可控频率选择表面

从第 7 章看到,FSS 可以设计为对某些频率带内的带通滤波器,如果将 FSS 和金属导电底板结合在一起,适当调整 FSS 和金属导电底板的间距,使得 FSS 反射波与导电板反射波相消,可以用作吸收表面。如果再在 FSS 单元中加载集中电控元件,便可以实现频率可调,例如,在 FSS 结构上加载变容管或 PIN 管等器件,通过调节偏置电压或偏置电流,使 FSS 的谐振频率和带宽能够电控调谐,根据需要在复杂多变电磁环境中灵活地改变频率,达到隐身目的。另外,容性 FSS 结构还能有效减小多层吸波材料的厚度,可以制造出薄型吸波材料。相比之下,传统的微波吸波材料的工作带宽、谐振特性等电磁特性是不可调的,在低频段的吸收效果差,截面厚、质量大。因此,频率选择吸收表面为提高军用飞行器等武器装备良好隐身性能、减小系统间电磁干扰、提高复杂武器平台良好的电磁兼容性,开辟了新的技术途径。

8.1　概　　述

电控 FSS 的研究始于 20 世纪 80 年代,1988 年英国 Kent 大学的研究小组提出电控 FSS 的概念,1996 年英国 Kent 大学的 E. A. Park 教授对由 PIN 管控制的方环阵列进行了研究。2003—2005 年英国 Warwick 大学的 C. Mias 教授使用电容、电感加载 FSS 单元,在较宽频带内实现了 FSS 谐振特性的调整,设计出兼顾垂直极化和水平极化的频率选择表面,由低耗变容二极管调谐的偶极子组成,这些变容二极管通过多层栅格加偏置电压[1-4]。2004 年 A. Tennant 和 B. Chambers 进行了有关单层电控微波吸收表面的试验,提出一种基于 Salisbury 屏的吸收表面结构。Salisbury 屏中的电阻层由电控的频率选择表面代替,将 PIN 管加载到频率选择表面的单元上实现电调控制[5,6]。这种结构不仅吸收频带宽,而且结构厚度薄,在 9 ~ 13GHz 频段上吸收表面的反射系数低于 - 25dB。2005 年墨西哥学者 A. E. Martynyuk 等人[7]研究了周期性环形缝隙的 PIN 管加载的吸收频率表面,仿真分析和试验测试证明该结构可以实现较大频率范围的调谐。

本章首先讨论经典的 Salisbury 屏,在 Salisbury 屏基础上衍生出 FSS 吸收表面,接着对 FSS 单元进行加载,研究电控吸收型频率选择表面和透过型频率选择表面的基本特性,电控透过型频率选择表面是一种潜在的新型天线罩形式,有望在电磁兼容和降低雷达散射截面得到应用。

8.2 电阻贴片型吸收体

8.2.1 Salisbury 屏

Salisbury 屏[8]是第二次世界大战期间发明的一种吸收结构，由电阻片、低介电常数介质层和金属底板组成，如图 8.1 所示。

Salisbury 屏(图 8.2)的特征：电阻片的表面电阻 $R = Z_0 = 120\pi = 377(\Omega)$，介质层的厚度 d 为介质波长的1/4，电阻片的厚度 δ 远远小于波长，屏的尺寸远远大于波长。

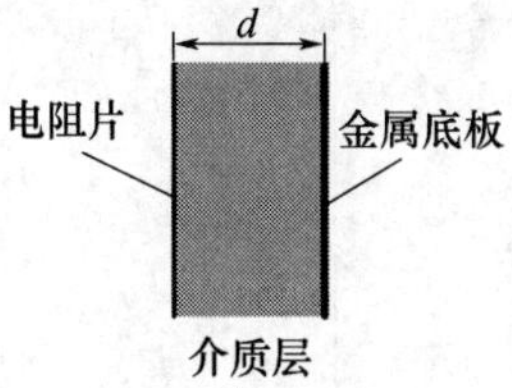

图 8.1 Salisbury 屏

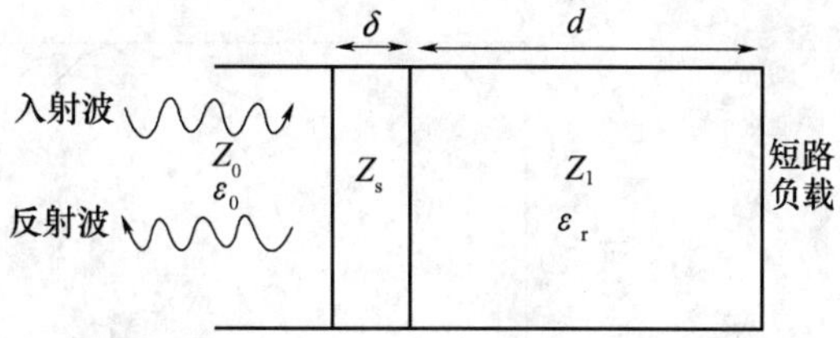

图 8.2 Salisbury 屏的二端口等效电路

设自由空间的特性阻抗为 Z_0，电阻片的表面阻抗为 Z_s(单位面积电阻，单位为 Ω/□)，介质的特性阻抗为 Z_1，考虑0°入射情况，此时介质中的复传输常数为

$$\gamma_1 = \frac{2\pi}{\lambda_0}\sqrt{\varepsilon_1}$$

式中：ε_1 为介质的介电常数。

设介质的损耗角正切很小忽略不计，且电阻片的厚度 $\delta \to 0$，从电阻片向金属底板方向看去的输入阻抗为

$$Z_{in} = \frac{jZ_S Z_1 \tan(k,d)}{Z_S + jZ_1 \tan(k,d)} \tag{8.1}$$

式中

$$k_1 = \frac{2\pi}{\lambda_1} = \frac{2\pi}{\lambda_0}\sqrt{\varepsilon_1}, \lambda_1 = \frac{\lambda_0}{\sqrt{\varepsilon_1}}$$

ε_1 为介质的相对介电常数。电压反射系数为

$$\Gamma_{in} = \frac{Z_{in} - Z_0}{Z_{in} + Z_0}$$

整理，得

$$\Gamma_{in} = \frac{j\left(1 - \dfrac{Z_0}{Z_S}\right)\sin(k_1 d) - \dfrac{Z_0}{Z_1}\cos(kd)}{j\left(1 + \dfrac{Z_0}{Z_S}\right)\sin(k_1 d) + \dfrac{Z_0}{Z_1}\cos(kd)} \tag{8.2}$$

由(8.2)可知：当 $Z_S = Z_0$，$k_1 d = \frac{\pi}{2} + n\pi\left(或\ d = \frac{\lambda_1}{4} + \frac{n\lambda_1}{2}\right)$时，反射最小。功率反射系数(或称反射率)为

$$R = 10\lg|\Gamma|^2 \tag{8.3}$$

图 8.3 为 Salisbury 屏的反射系数对于不同介质厚度随频率的变化曲线。Salisbury 屏是一种窄带的吸收结构，最小厚度为介质波长的 1/4。图 8.4 给出了介质的相对介电常数为 1，$Z_S = Z_0$ 时 Salisbury 屏的反射系数。当介质层厚度为 4.75mm 时，吸收谐振频率点为 15.7GHz；当介质层厚度为 6mm，吸收谐振频率点为 12.5GHz。

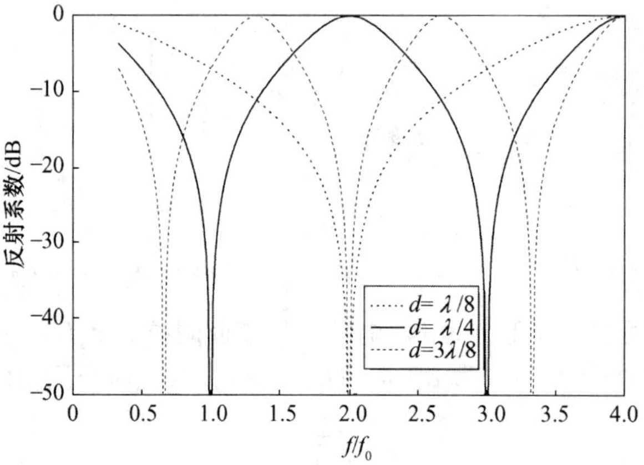

图 8.3 Salisbury 屏反射系数的频率特性

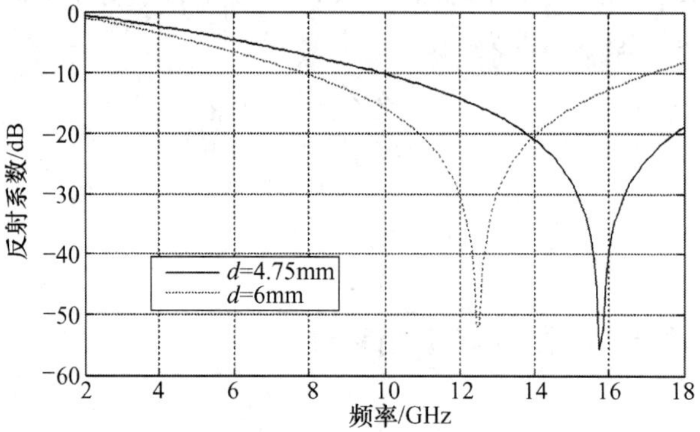

图 8.4 Salisbury 屏的反射特性

固定介质厚度不变，设介质层厚度为 6mm，改变电阻片电阻，Salisbury 屏的反射特性如图 8.5 所示。

当 $Z_S = Z_0$ 时，在 12.5GHz 频点上最小反射系数低于 −50dB；$Z_S = 0.8Z_0 = 300(\Omega)$，最小反射系数为 −18dB；$Z_S = 0.53Z_0 = 200(\Omega)$基本失去谐振吸收的性

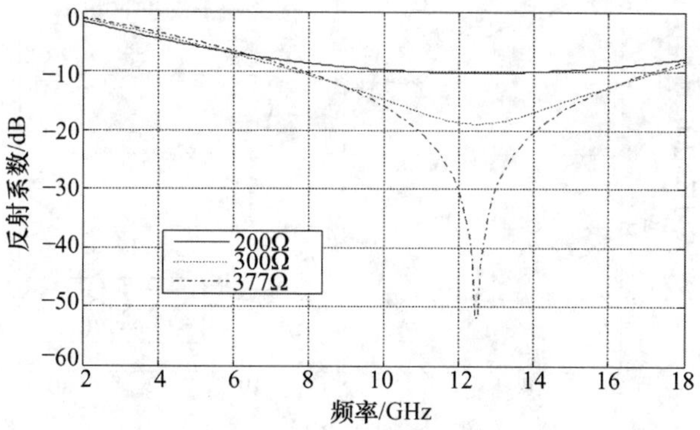

图 8.5　Salisbury 屏反射特性随电阻片电阻的变化曲线(介质层厚度为 6mm)

能,最小反射系数仅 -10dB。

8.2.2　贴片型 FSS 吸收表面

将如图 8.1 所示外表面的均匀连续的电阻片用周期的电阻性贴片阵列(即 FSS)来代替,FSS 单元为十字形贴片如图 8.6 所示,贴片的表面电阻为 R,单元周期间距 $d=23\text{mm}$,十字长度 $L=15\text{mm}$,十字宽度 $W=5\text{mm}$,阵列角 $\alpha=45^\circ$,介质的介电常数为 1,厚度 $h=4.75\text{mm}$,使用平面波激励,入射角为 0°,入射电场极化平行于水平臂方向。

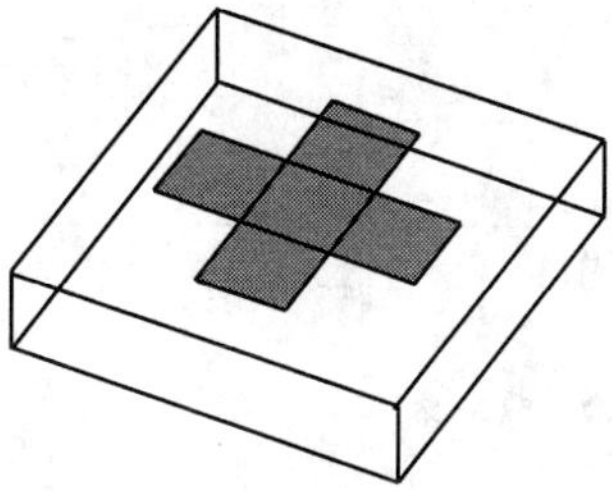

图 8.6　十字形电阻贴片单元

1. 贴片型 FSS 吸收表面反射系数与贴片表面电阻的关系

表面电阻 R 分别取 40Ω/□、80Ω/□、377Ω/□,贴片型 FSS 吸收表面反射系数如图 8.7 所示。由图 8.7 可知,与电阻型 Salisbury 屏吸收体相比,贴片型 FSS 吸收表面最小反射的条件发生变化,贴片型 FSS 吸收表面由于 FSS 单元之间引入了并联的电容,使得谐振频率降低,最小反射系数的频率下降到 8GHz,相对吸收带宽增加。

2. 贴片型 FSS 吸收表面反射系数与贴片宽度的关系

贴片型 FSS 吸收表面随着 W 由 2.5mm 变化到 7.5mm 时,谐振长度增加,最

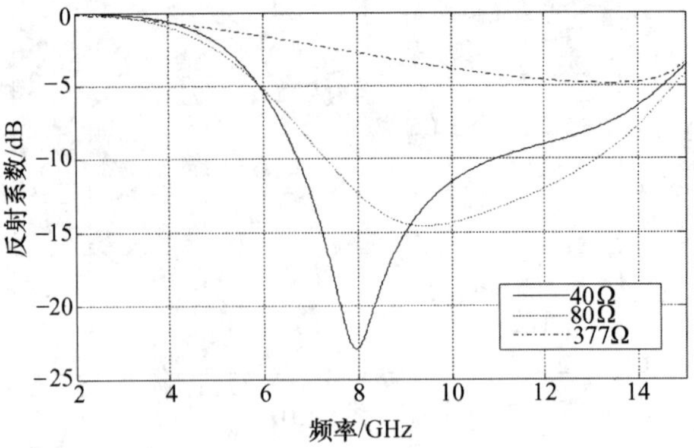

图 8.7　贴片型 FSS 吸收表面的反射系数与表面电阻关系

小反射频率向低频移动，如图 8.8 所示。当 $W = 5\text{mm}$ 时，反射系数最小。反射系数随入射角变化曲线如图 8.9 所示，在 0°～30°范围内，反射系数的频率特性随着入射角 θ 的增大，吸收峰值向低频移动，反射系数降低，带宽变窄。

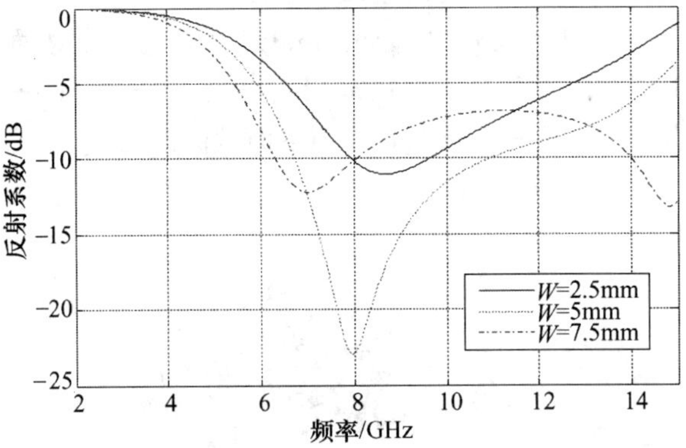

图 8.8　贴片型 FSS 吸收表面的反射系数与单元宽度 W 的关系

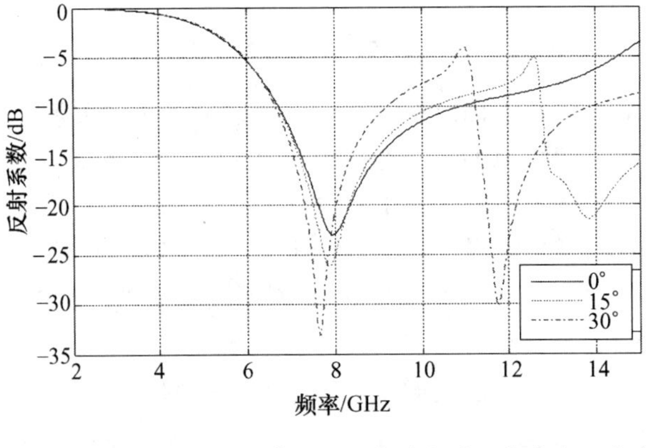

图 8.9　贴片型 FSS 吸收表面的反射系数随入射角变化曲线

贴片型 FSS 吸收表面在 8GHz 频点达到最小反射时的最佳厚度 $h = 4.75$mm，而 Salisbury 屏要在 8GHz 频点达到最小反射时的最佳厚度 $h = 9.375$mm，贴片型 FSS 吸收表面的厚度仅为 Salisbury 屏的 1/2。

8.3 电控频率选择吸收表面

8.3.1 电控 FSS 吸收表面原理

在贴片型 FSS 吸收表面基础上，将电阻片改为金属贴片，在金属贴片上加载集中电阻元件如二极管，集总电阻元件由偏置电压或偏置电流控制，通过控制偏置电压或偏置电流，改变加载电阻的阻值，等效电路如图 8.10 所示。

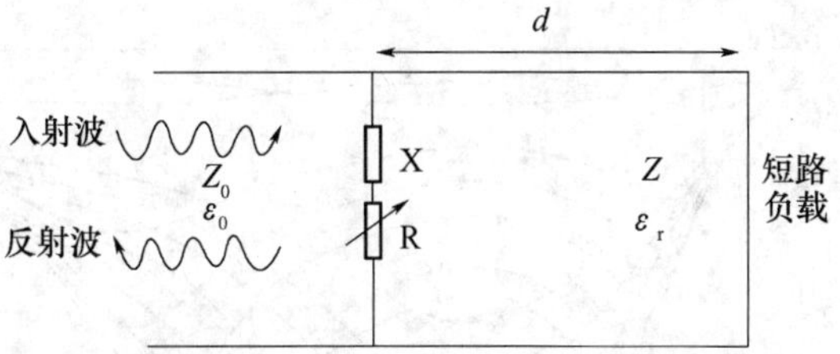

图 8.10 电控电阻加载 FSS 等效电路

电阻加载 FSS 的等效阻抗为

$$Z = R + j\omega L + \frac{1}{j\omega C} = R + jX \tag{8.4}$$

式中：R 为 FSS 的等效电阻；L 为电感；C 为电容。

L、C 由 FSS 中单元的形状和排布方式所决定，等效电阻、加载电阻由加载电阻决定。

8.3.2 由电阻加载的振子构成的电控频率吸收表面

A. Tennant, B. Chambers[6] 报道了一种含 PIN 管的 FSS 结构如图 8.11 所示，可以通过改变偏置电流来改变 FSS 电阻 R 从而实现 Z 动态可调，并可在 9GHz ~ 13GHz频段实现频率特性可调。

为了拓展带宽，采用了两个弓形相联的偶极子，PIN 管封贴至每个偶极子的中心处，通过偏置电流来改变阻抗。FSS 面与厚 4.0mm 低损耗的泡沫介质材料（$\varepsilon_r = 1.05$）及金属背板组成电控 FSS 吸收表面，FSS 阵列及 PIN 二极管紧贴泡沫，阵列尺寸为 185mm × 235mm，共包含 180 个偶极子单元。在不同偏置电流情况下的反射系数如图 8.12 所示。

从图 8.12 可见，加载电阻型 FSS 吸收表面，改变加载电阻时反射系数变化

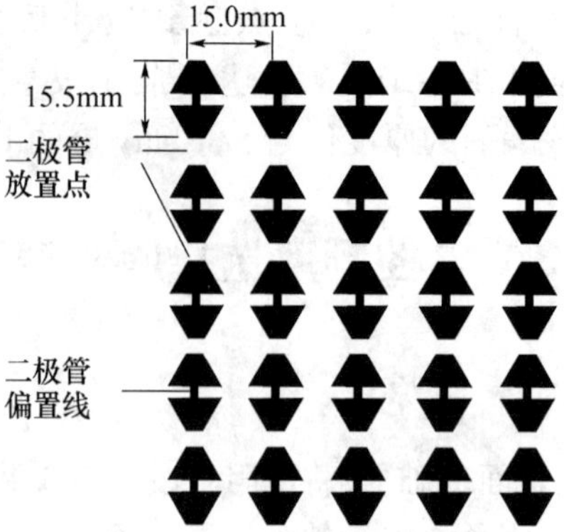

图 8.11　偶极子型电控 FSS 结构

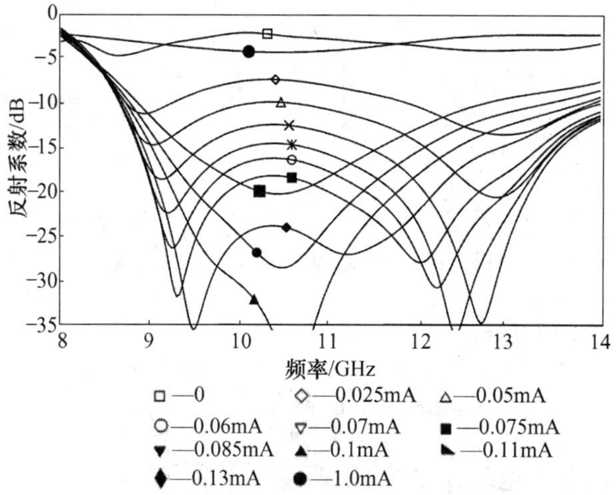

图 8.12　电控电阻加载 FSS 吸收表面在不同偏置电流下的反射系数

很大,不加偏置电流时,反射很强;随偏置电流增大,反射系数降低,出现两个吸收峰;当偏置电流为 0.085mA 时,在 8.5～12.5GHz 内反射系数均低于 -20dB;进一步增大偏置电流,吸收双峰变为吸收单峰;当偏置电流继续增大达到饱和值大于 1mA 时,反射很大,吸收效果很差。

图 8.12 所示的电阻加载型 FSS 吸收表面的吸收带宽比 Salisbury 屏要宽,-20dB 最大吸收带宽达到 40%,而 Salisbury 屏的最大吸收带宽不到 30%。

8.3.3　由电阻加载的方环构成的电控频率吸收表面

Salisbury 屏的吸收带宽不能调节,电阻加载的 FSS 吸收表面可以进行电控,为提高调节范围,使得吸收表面根据需要在指定的频带内吸收,本节研究了几种基于方环单元的电阻加载型 FSS 吸收表面,这些结构的吸收频带会随着加载电阻的改变而平移,在 45°入射角范围内,反射系数低于 -20dB 的可调带宽达到 6GHz[8]。

电阻加载型 FSS 吸收表面由金属贴片 FSS、加载电阻支撑泡沫（$\varepsilon_r \approx 1$）和金属底板组成。入射波的方向如图 8.13 所示，入射角 θ 为入射波方向与 z 轴的夹角，φ 为入射线在 xy 平面内投影与 x 轴的夹角。

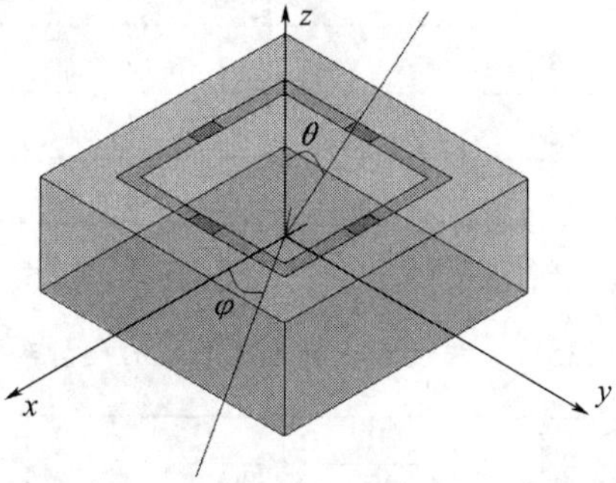

图 8.13　电阻加载型 FSS 及入射波

1. 两边加载电阻的方环电控 FSS 吸收表面

设 FSS 单元形式为方环如图 8.14 所示，在方环的两侧加载电阻。图中 a 为方环的周期间距；$a = 20.42\text{mm}$；b 为方环的外环边长，$b = 14.11\text{mm}$；c 为内环边长，$c = 12.06\text{mm}$。阵列角 $\alpha = 90°$，介质厚度为 8.1mm，入射波沿 $\varphi = 0°$ 入射，电场极化方向平行于 y 轴（TE 模式）。

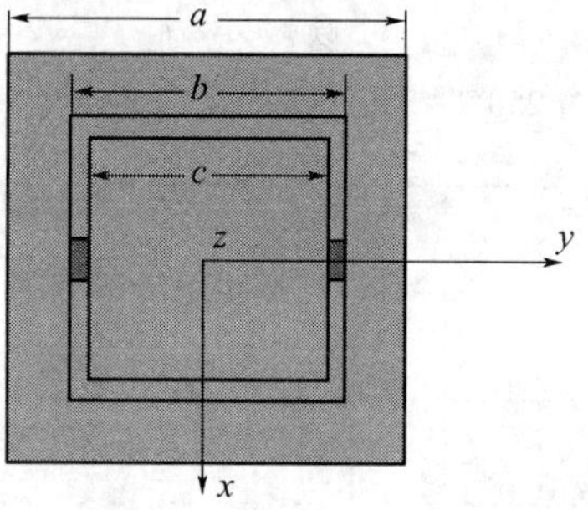

图 8.14　两边加载电阻的方环单元

入射波垂直入射，当方环没有加载集总器件时，反射很大，几乎全反射（图 8.15）。将电阻加载到方环上，反射系数发生了显著变化，图 8.16 是加载电阻 R 分别为 250Ω、300Ω 及 350Ω 时，电阻加载型 FSS 的反射特性，FSS 单元的谐振频率在特定的频带内会随着加载电阻的改变而发生移动，反射系数低于 −20dB 的总带宽约为 5GHz。

平面波斜入射（入射角由 0°变化到 30°），不同加载电阻的反射曲线如图 8.17 ~ 图 8.19 所示。从图中可见，可调电阻加载的 FSS 的反射系数随入射波变化不大，0°（法向）入射低于 −20dB 的反射系数带宽的动态范围接近 5GHz。

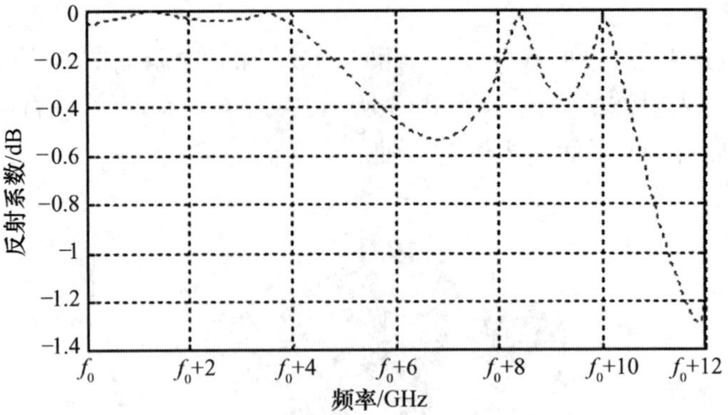

图 8.15　无阻抗加载时方环 FSS 的反射系数

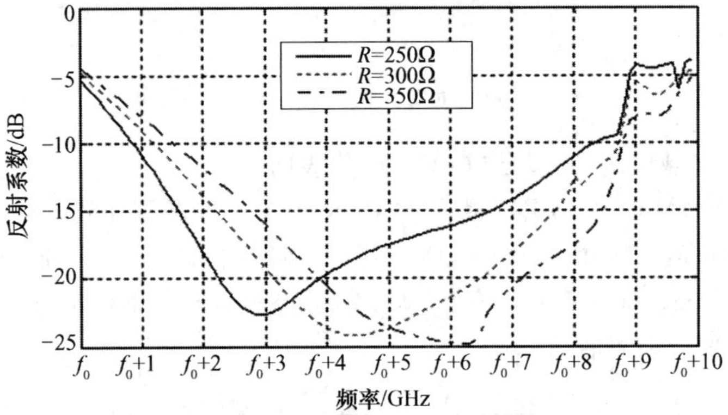

图 8.16　加载电阻 R 为 250Ω ~ 350Ω 变化时，电阻加载的方环 FSS 的反射系数

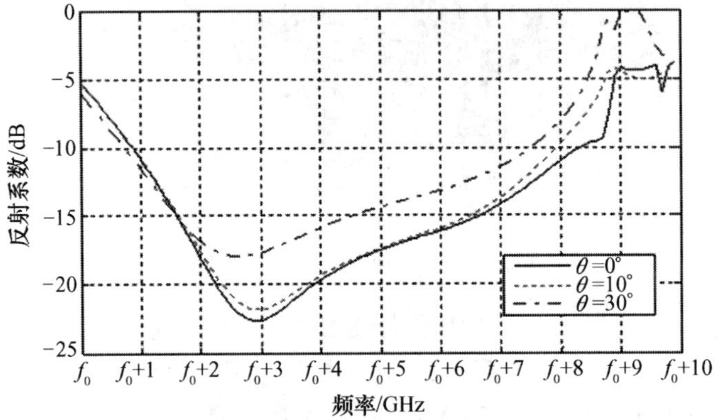

图 8.17　电阻加载的方环 FSS 的反射系数（入射角 $\theta = 0° \sim 20°$，$R = 250\Omega$，TE 模式）

2. 四边对称加载电阻的方环电控 FSS 吸收表面

设 FSS 单元形式为方环如图 8.20 所示，在方环的四边都加载电阻。图中 a 为方环的周期间距，$a = 18.6$mm；b 为方环的外环边长，$b = 13.85$mm；c 为内环边长，$c = 11.85$mm。阵列角 $\alpha = 90°$，介质厚度改为 7.85mm，入射波沿 $\varphi = 0°$ 入射，

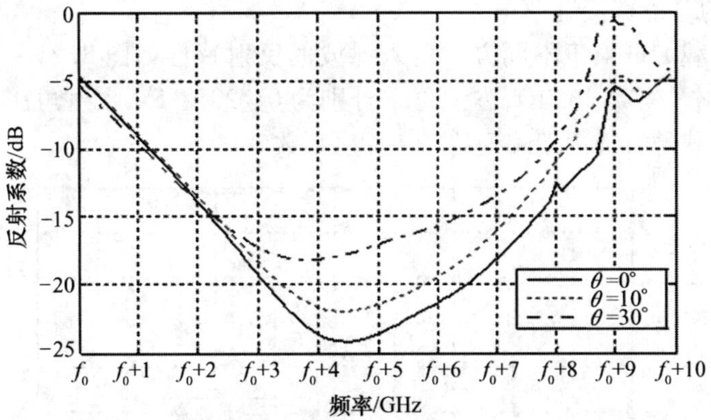

图 8.18 电阻加载的方环 FSS 的反射系数(入射角 $\theta=0°\sim30°$,$R=300\Omega$,TE 模式)

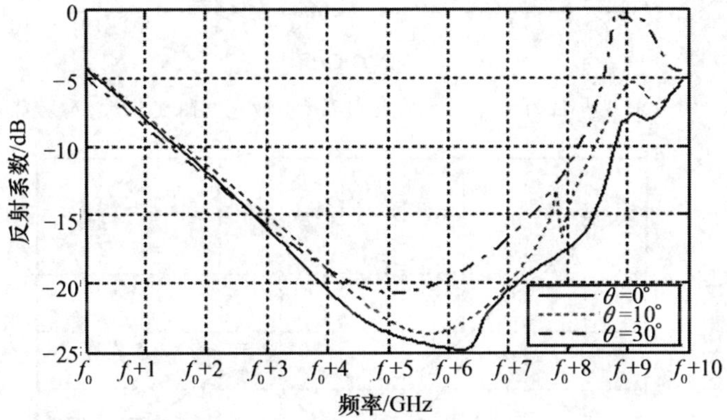

图 8.19 电阻加载的方环 FSS 的反射系数(入射角 $\theta=0°\sim30°$,$R=350\Omega$,TE 模式)

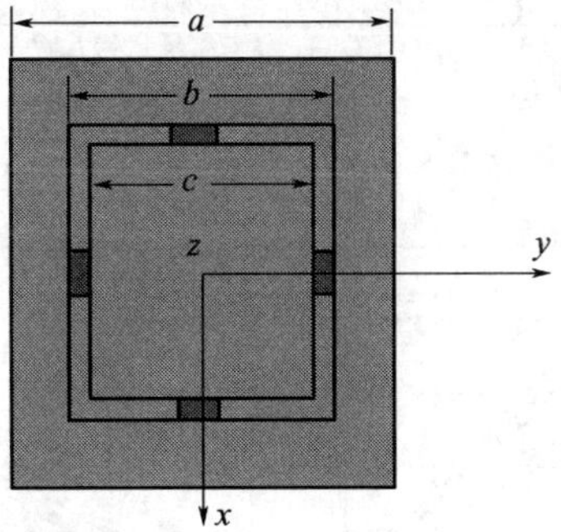

图 8.20 四边加载电阻的方环单元

电场方向平行于 x 轴(TE 模式)。

四边加载与两边加载的情况基本类似,垂直入射时,由于加载电阻的作用,加载前后的反射变化很大,如图 8.21 所示。加载情况下,对于一定入射角范围内(如 0°~30°),反射系数变化不大,电控加载电阻 FSS 对法向入射反射系数低

于 -20dB 的总带宽接近 6GHz。

四边加载 FSS 对于不同方位角入射波的反射特性如图 8.21 ~ 图 8.24 所示,图中给出了当 $R=350\Omega$,方位角 φ 分别为 0°、20°、45°,入射角 0° ~ 30°范围内的电阻加载的方环周期阵列的功率反射系数。

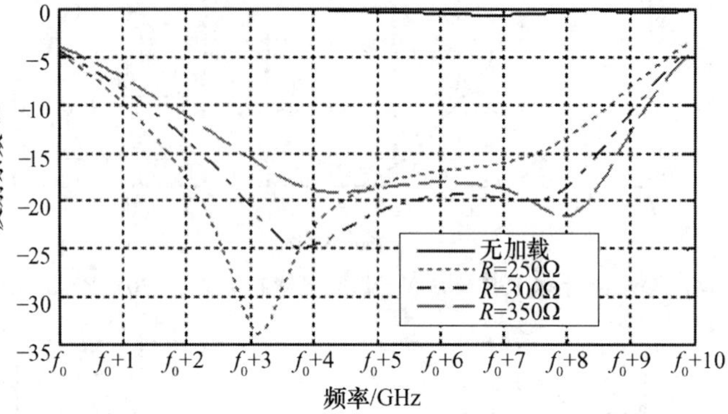

图 8.21　四边加载电阻的方环 FSS 的反射系数(加载电阻变化时,入射角 $\theta=0°$)

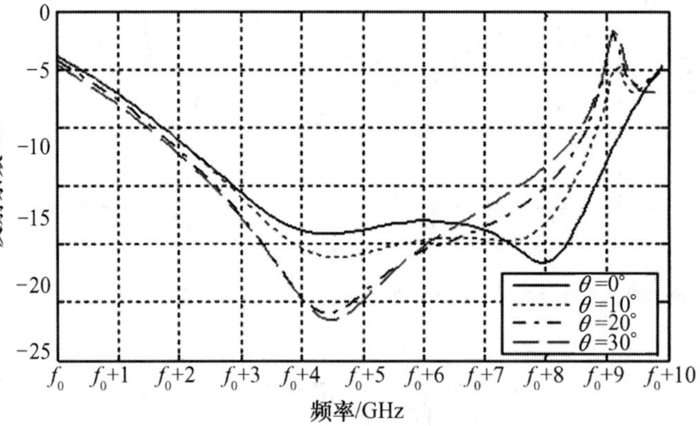

图 8.22　四边加载电阻的方环 FSS 的反射系数(入射角 $\theta=0°\sim30°$,$\varphi=0°$,$R=350\Omega$)

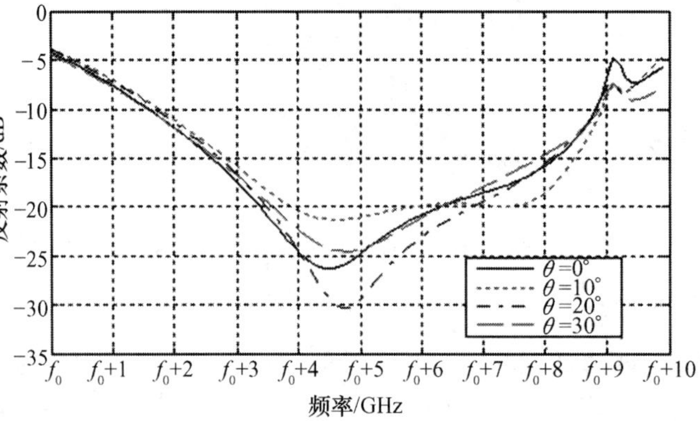

图 8.23　四边加载电阻的方环 FSS 的反射系数(入射角 $\theta=0°\sim30°$,$\varphi=20°$,$R=350\Omega$)

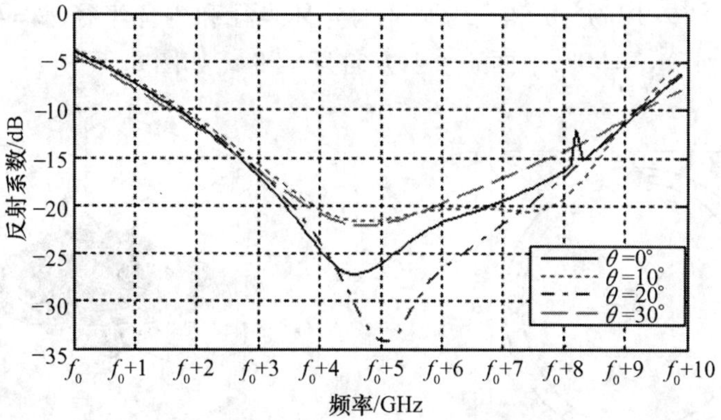

图 8.24 四边加载电阻的方环 FSS 的反射系数(入射角 $\theta=0°\sim30°$,$\varphi=45°$,$R=350\Omega$)

8.4 透过型电控频率选择表面

透过型电控频率选择表面是指在电控的方式下,一种状态下为透过,另一种状态下为截止。一般在缝隙型 FSS 单元中或单元间加入 PIN 管或变容二极管等器件,通过调节二极管的偏置电压或电流改变二极管的电抗,从而主动地改变 FSS 的谐振特性。

本节分别介绍圆环、Y 形、十字形、方环等缝隙单元加载电控开关型表面,并给出了它们的频率选择性和传输特性[10]。

8.4.1 单层电控频率选择表面

孔径型 FSS 可等效为并联等效电路(图 8.25),当使用电容加载时(并联),相当于增加了电路的总电容,因而谐振频率减小;当使用电感加载时(并联),相当于减小了电路的总电感,因而谐振频率增加;当使用小电阻加载时,入射端口被短路,呈现出全反射的特性。

通过控制加载电抗达到改变孔径型 FSS 透过频带,达到在指定频带开关切换的目的。

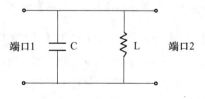

图 8.25 孔径型 FSS 的等效电路

1. 圆环孔径型单元

圆环孔径 FSS 单元和电抗加载的方式如图 8.26 所示。图中,a、b 为圆环的周期间距，$a=b=10\text{mm}$；d 和 c 为圆环的外环半径和内环半径，$d=4.4\text{mm}$，$c=3.9\text{mm}$。阵列角 $\alpha=90°$，平面波入射方向为 θ 和 φ，如图 8.27 所示。

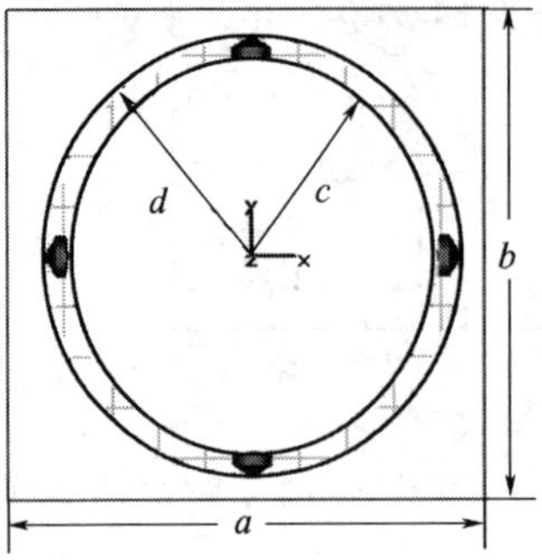

图 8.26　圆环孔径型单元

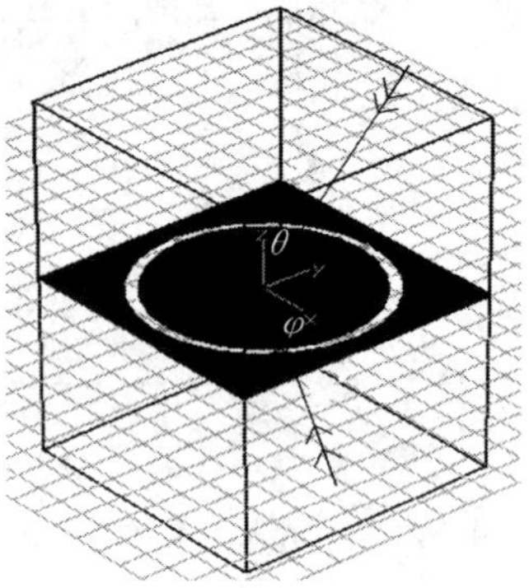

图 8.27　圆环孔径型 FSS 周期单元立体图

在 $f_0 \sim f_0+18$(GHz)频带研究单层 FSS 圆环单元加载电抗时的反射和传输特性。假设平面波垂直入射($\theta=0°$)，电场极化方向平行于 x 轴($\varphi=0°$)时，FSS 反射和传输特性与加载电抗的关系如图 8.28 和图 8.29 所示。电场极化方向平行于 y 轴($\varphi=90°$)时，FSS 反射、传输特性与加载电抗的关系如图 8.30 和图 8.31 所示。

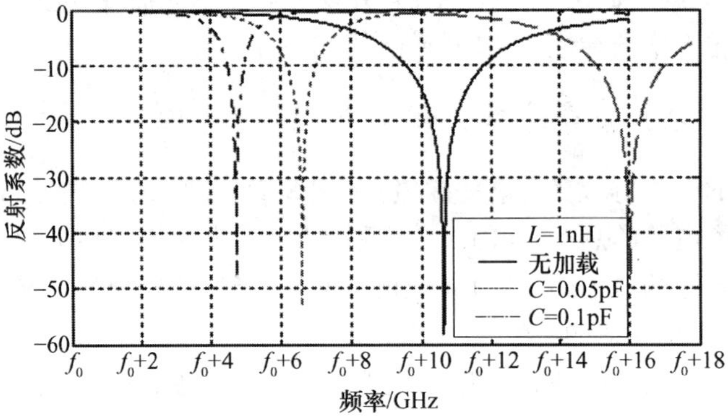

图 8.28　电抗加载的单层圆环孔径型无限周期阵列的反射系数($\varphi=0°$)

无加载时，FSS 谐振频率为 $f_0+10.5$(GHz)，当加载电容 $C=0.05\text{pF}$ 时，FSS 的谐振频率向左移动，减小到 $f_0+6.5$(GHz)，带宽变窄；当加载电容 $C=0.10\text{pF}$ 时，FSS 的谐振频率继续向左移动，减小为 $f_0+4.5$(GHz)，带宽继续变窄；当加载电感 $L=1\text{nH}$ 时，谐振频率增大到 f_0+16(GHz)。由以上可知，当加载电容时，谐振频率降低，并且随着电容值的增大，谐振频率不断降低，带宽不断变窄；当加载电感时，谐振频率增大，并且随着电感值的增大，谐振频率不断升高，带宽保持不变，与理论分析符合。

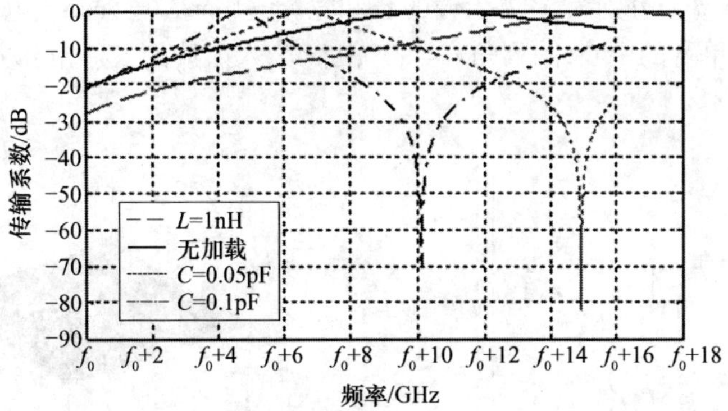

图 8.29　电抗加载的单层圆环孔径型无限周期阵列的传输系数($\varphi=0°$)

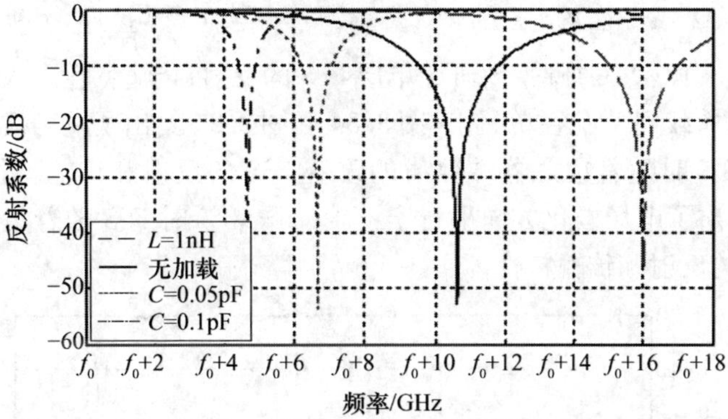

图 8.30　电抗加载的单层圆环孔径型无限周期阵列的反射系数($\varphi=90°$)

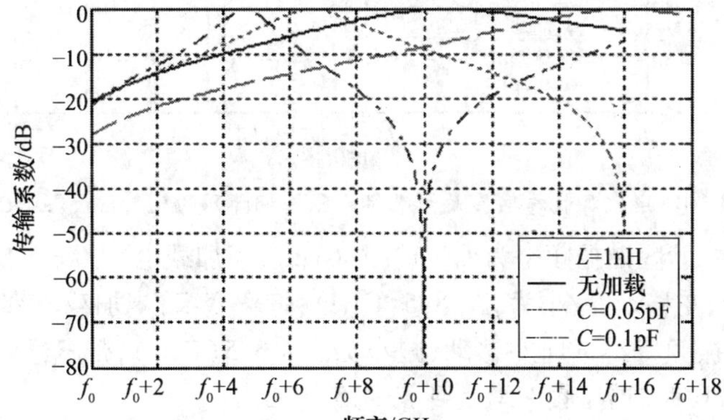

图 8.31　电抗加载的单层圆环孔径型无限周期阵列的传输系数($\varphi=90°$)

2. Y 形孔径单元

设 Y 形孔径周期单元如图 8.32 所示。图中,a、b 分别为 Y 单元的周期,

$a=b=15\text{mm}$;d、c 分别为 Y 单元臂的长和宽,$c=1\text{mm}$,$d=5\text{mm}$。电抗加载的位置位于 Y 形单臂的中心,阵列角 $\alpha=90°$,θ、φ 为入射波的入射角和方位角,如图 8.33 所示。

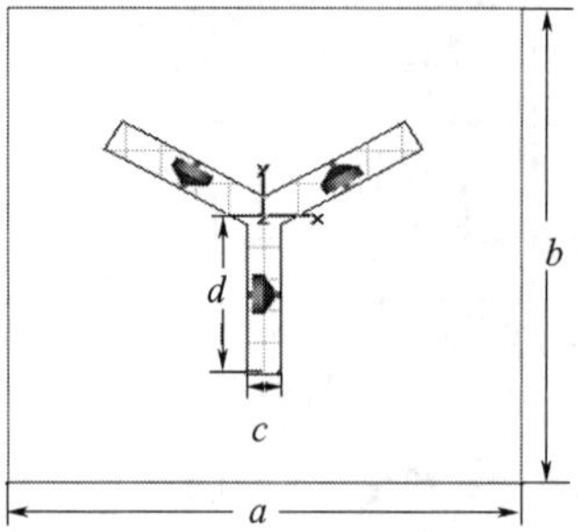

图 8.32 Y 形孔径单元

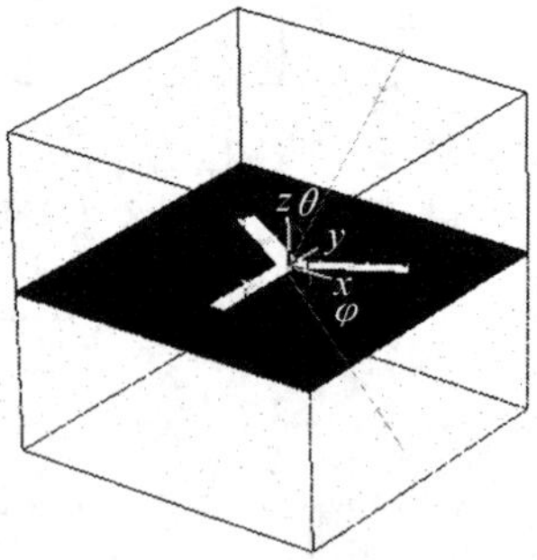

图 8.33 Y 形孔径 FSS 周期单元立体图

在 $f_0 \sim f_0+18$(GHz)频带内研究单层 FSS 的反射、传输特性。入射波垂直入射,集总器件加载到 Y 孔径单元上,图 8.34 和图 8.35 给出了电场极化方向平行于 x 轴($\varphi=0°$)时随着集总器件数值的改变 FSS 的反射和传输特性。图 8.36 和图 8.37 给出了电场极化方向平行于 y 轴($\varphi=90°$)时 FSS 随着集总器件数值的改变 FSS 的反射和传输特性。

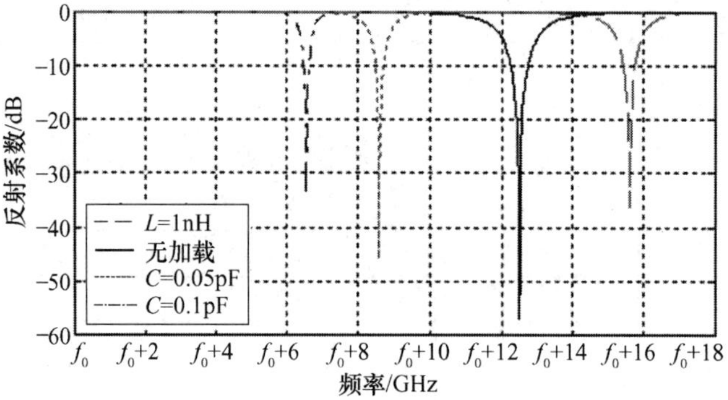

图 8.34 电抗加载的单层 Y 形孔径无限周期阵列的反射系数($\varphi=0°$)

无加载时,FSS 谐振频率为 $f_0+12.5$(GHz),当加载电容 $C=0.05\text{pF}$ 时,FSS 的谐振频率向左移动,减小为 $f_0+8.5$(GHz),带宽变窄;当加载电容 $C=0.10\text{pF}$ 时,FSS 的谐振频率继续向左移动,减小为 $f_0+6.5$(GHz),带宽继续变窄;当加载电感 $L=1\text{nH}$ 时,谐振频率增大到 $f_0+15.5$(GHz)。

3. 十字形孔径单元

十字形孔径周期单元如图 8.38 所示。图中,a、b 分别为十字单元的周期,$a=b=16\text{mm}$;d、c 分别为十字单元臂的长和宽,各参数值为:$c=1\text{mm}$,$d=6.5\text{mm}$。阵列角 $\alpha=90°$,电抗加载位置位于十字单元各臂的中心,平面波的入射角为 θ、方位角 φ 为如图 8.39 所示。

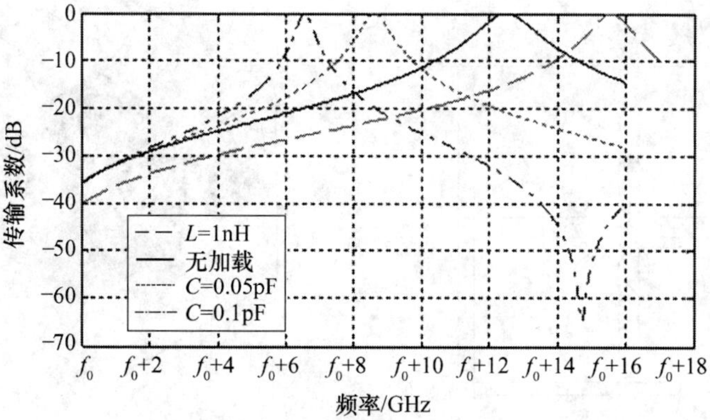

图 8.35　电抗加载的单层 Y 形孔径无限周期阵列的传输系数($\varphi=0°$)

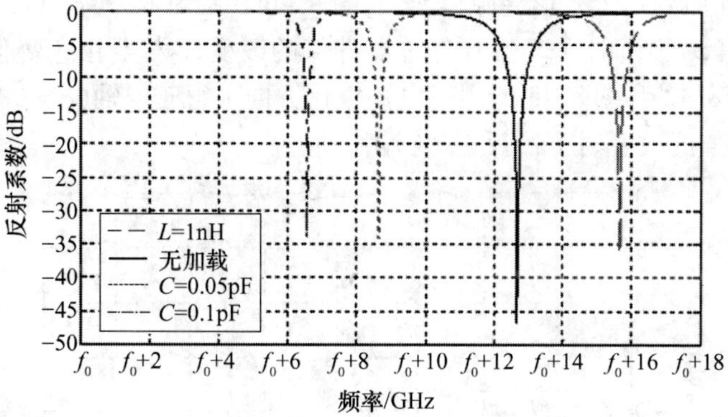

图 8.36　电抗加载的单层 Y 形孔径无限周期阵列的反射系数($\varphi=90°$)

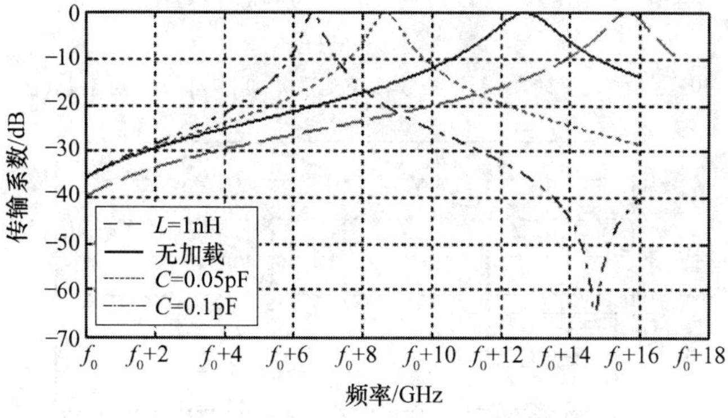

图 8.37　电抗加载的单层 Y 形孔径无限周期阵列的传输系数($\varphi=90°$)

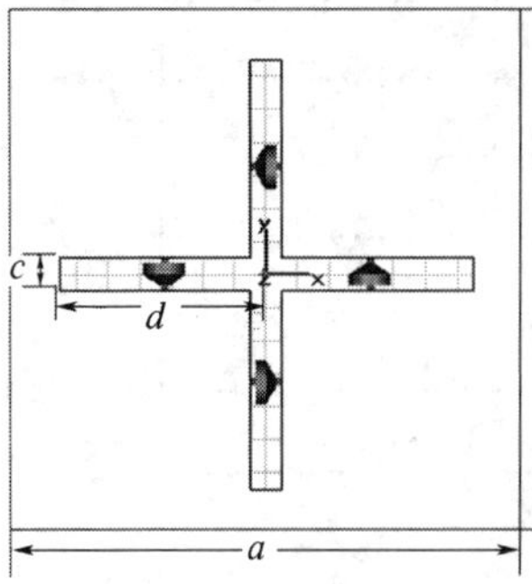

图 8.38　十字形孔径 FSS 单元

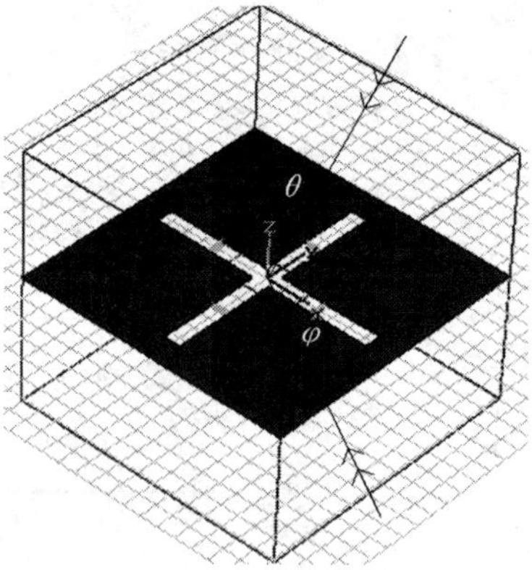

图 8.39　十字形孔径 FSS 周期单元立体图

在 $f_0 \sim f_0+16$(GHz)频带内研究单层 FSS 的反射、传输特性。入射波垂直入射，集总器件加载到十字形缝隙单元上，图 8.40 和图 8.41 给出了电场极化方向平行于 x 轴($\varphi=0°$)时 FSS 随着集总器件值的改变而发生相应变化的反射、传输特性。图 8.42 和图 8.43 给出了电场极化方向平行于 y 轴($\varphi=90°$)时 FSS 随着集总器件值的改变时 FSS 反射、传输特性。

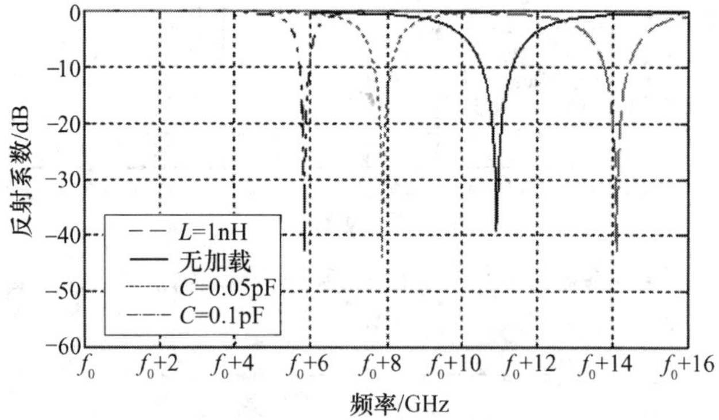

图 8.40　电抗加载的单层十字形孔径无限周期阵列的反射系数($\varphi=0°$)

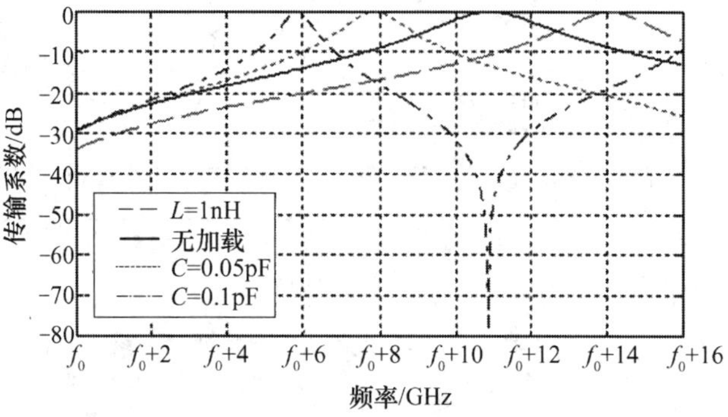

图 8.41　电抗加载的单层十字形孔径无限周期阵列的传输系数($\varphi=0°$)

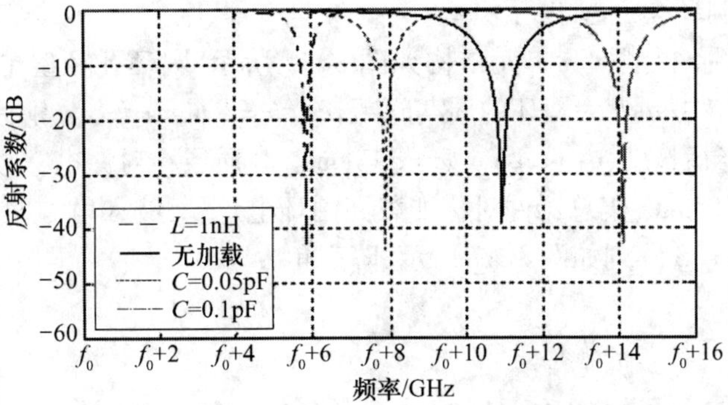

图 8.42　电抗加载的单层十字形孔径无限周期阵列的反射系数($\varphi=90°$)

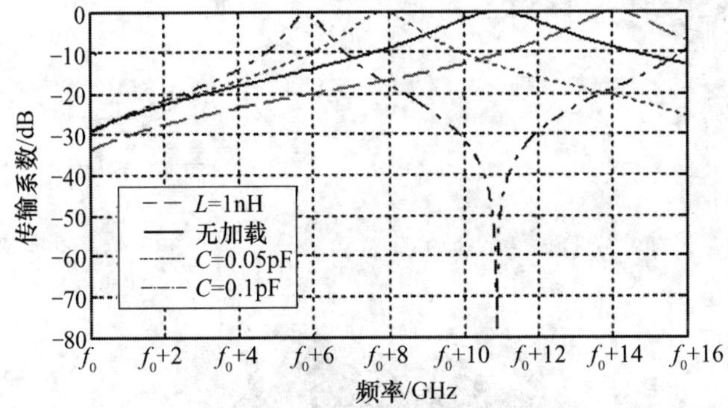

图 8.43　电抗加载的单层十字形孔径无限周期阵列的传输系数($\varphi=90°$)

无加载时,FSS 谐振频率为f_0+11(GHz),当加载电容 $C=0.05$pF 时,FSS 的谐振频率向左移动,减小为f_0+8(GHz),带宽变窄;当加载电容 $C=0.10$pF 时,FSS 的谐振频率继续向左移动,减小为f_0+6(GHz),带宽继续变窄;当加载电感 $L=1$nH 时,谐振频率增大到f_0+14(GHz)。

8.4.2　双层电控频率选择表面

双层有源 FSS 结构如图 8.44 所示,层与层之间采用介质支撑,有源 FSS 的衬底介质紧贴支撑介质。

通过两层 FSS 间的耦合来展宽 FSS 的频带,本节给出了双层圆环孔径型单元和双层方环孔径型单元电控频率选择开关型表面结构及其性能。

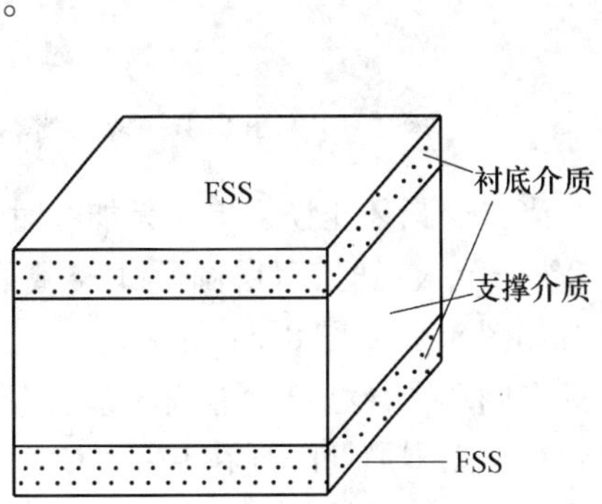

图 8.44　双层有源 FSS 结构

1. 双层圆环孔径型单元

双层圆环孔径型 FSS 单元结构如图 8.45 所示，圆环孔径型单元如图 8.46 所示。图 8.46 中 a、b 为圆环的周期间距，$a = b = 10$mm；d、c 分别为圆环的外环半径和内环半径长度，$d = 4.2$mm，$c = 3.7$mm。介质层相对介电常数 $\varepsilon_r = 1.1$，介质层厚度为 4.5mm，集总器件对称加载到圆环上，平面波入射方向如图 8.45 所示，双层圆环 FSS 阵列如图 8.47 所示，阵列角 $\alpha = 90°$。

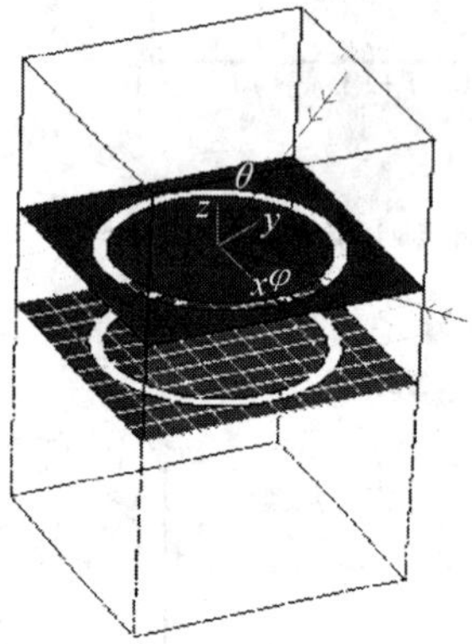

图 8.45　双层圆环孔径 FSS 单元结构

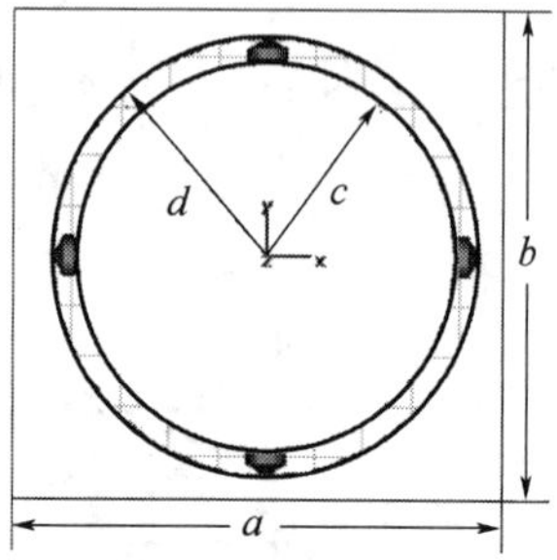

图 8.46　圆环孔径型单元

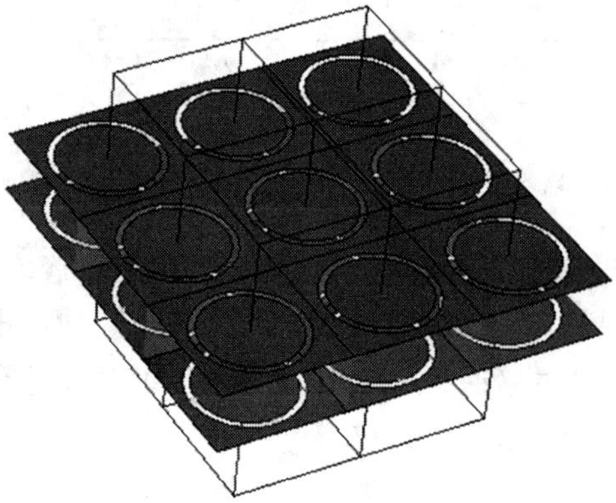

图 8.47　双层圆环孔径型单元 FSS 阵列图

当双层圆环孔径型单元无加载时，在 $f_c \sim f_c + 10$(GHz)频带内，TE 模、TM 模以 0° ~ 30° 入射时，双层圆环孔径型单元无限周期阵列的反射特性与传输特性曲线如图 8.48 ~ 图 8.51 所示。

在圆环孔径型单元加载集总器件，并改变集总器件的电容值，电抗加载的双层圆环形无限周期阵列在 $f_c - 6$(GHz) ~ $f_c + 6$(GHz)频带内(平面波垂直入射)的反射和传输特性如图 8.52 ~ 图 8.55 所示。

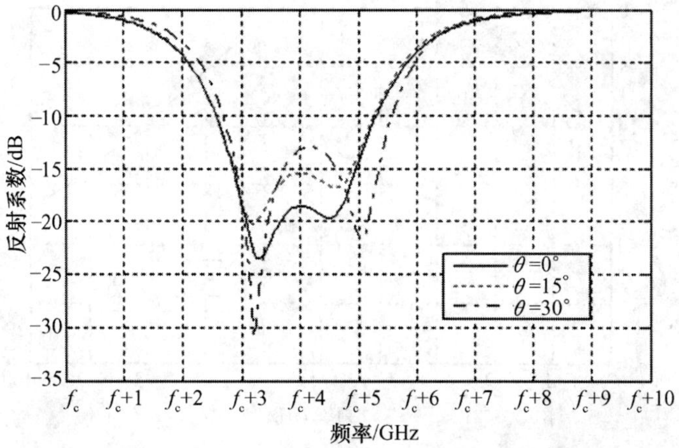

图 8.48　双层圆环孔径型单元无限周期阵列的反射系数(TE 模)

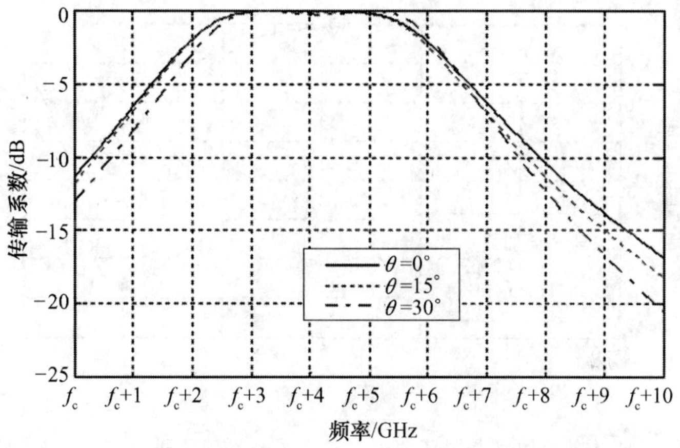

图 8.49　双层圆环孔径型单元无限周期阵列的传输系数(TE 模)

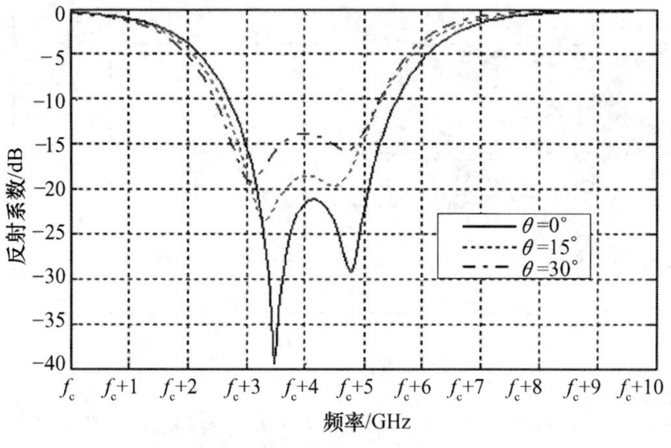

图 8.50　双层圆环孔径型单元无限周期阵列的反射系数(TM 模)

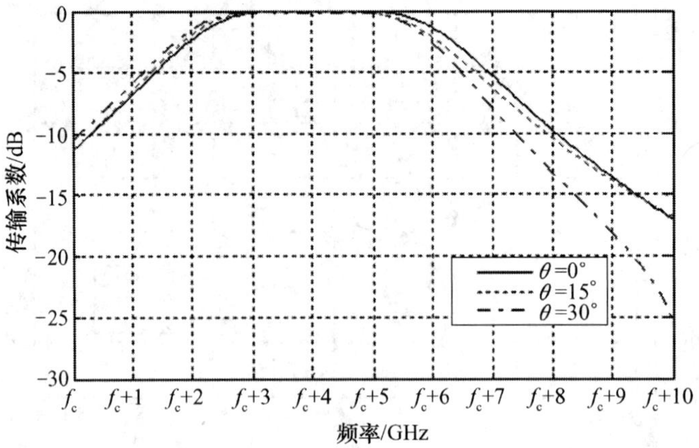

图 8.51　双层圆环孔径型单元无限周期阵列的传输系数(TM 模)

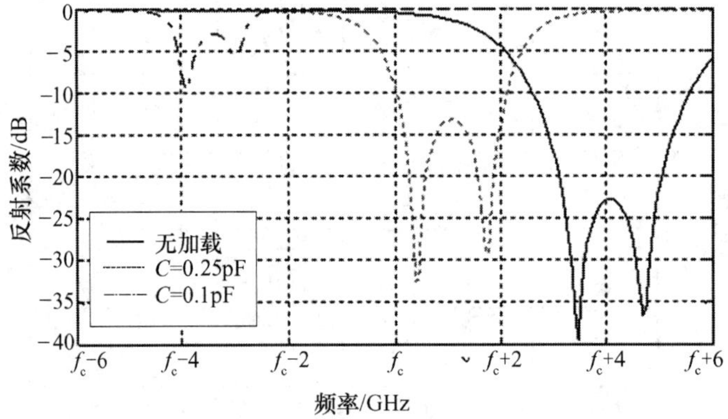

图 8.52　电抗加载的双层圆环孔径型单元无限周期阵列的反射系数(TE 模)

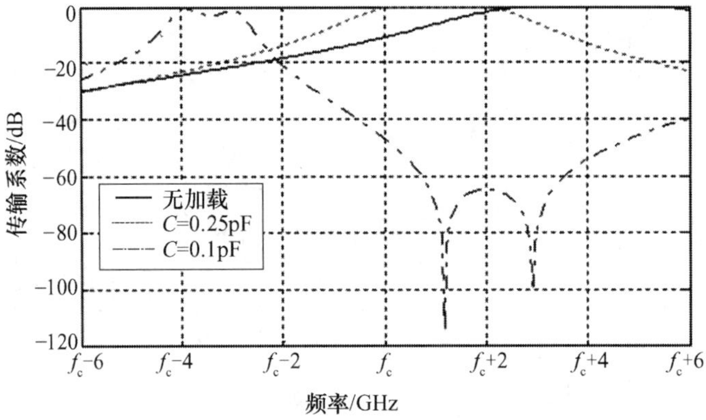

图 8.53　电抗加载的双层圆环孔径型单元无限周期阵列的传输系数(TE 模)

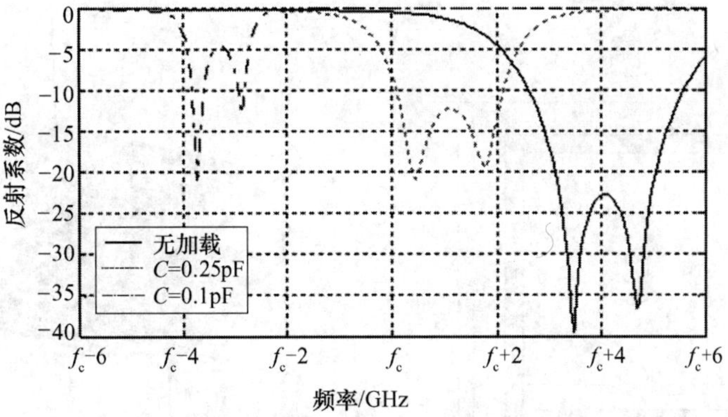

图 8.54　电抗加载的双层圆环孔径型单元无限周期阵列的反射系数(TM 模)

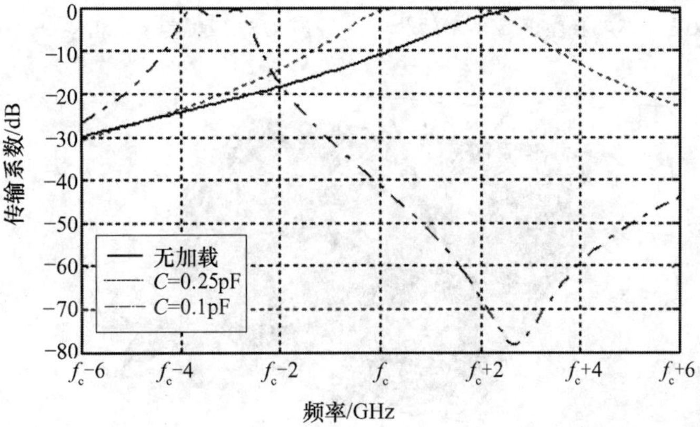

图 8.55　电抗加载的双层圆环孔径型单元无限周期阵列的反射系数(TM 模)

由图 8.48 ~ 图 8.55 可见,无加载时,无限周期阵列的通频带处于$f_c+2.5\sim f_c+5$(GHz),带宽大约 2.5GHz,加载电容 $C=0.025\text{pF}$ 时,无限周期阵列的通频带向左移至$f_c\sim f_c+2$(GHz),带宽为2GHz,带宽变窄;加载电容 $C=0.1\text{pF}$ 时,无限周期阵列的通频带移至$f_c-4\sim f_c-2.5$(GHz),带宽更加变窄。综上所述,无加载时,无限周期阵列的通频带处于$f_c+2.5\sim f_c+5$(GHz),传输系数接近 1,当加载电容 $C=0.1\text{pF}$ 时,原通带$f_c+2.5\sim f_c+5$(GHz)范围内的传输系数低于 0.0001(衰减大于 40dB),FSS 处于截止状态,达到了电控的目的。

2. 方环孔径型单元

双层方环孔径型单元加载电抗也能实现电控开关的目的,双层方环孔径单元如图 8.56 所示。图中,a、b 为方环的周期间距,$a=b=10\text{mm}$;d、c 分别为圆环的外边和内边长度,$d=4\text{mm}$,$c=3.5\text{mm}$。双层方环孔径之间介质层的相对介电常数 $\varepsilon_r=1.1$,介质层厚度为5mm,集总器件对称加载到方环上,θ、φ 分别为入射波的入射角和方位角(图 8.57),双层方环 FSS 阵列如图 8.58 所示,阵列角 $\alpha=90°$。

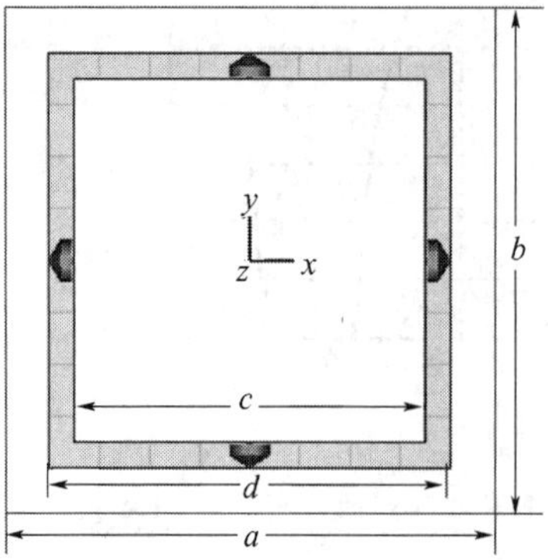

图 8.56 双层方环孔径型 FSS 单元结构

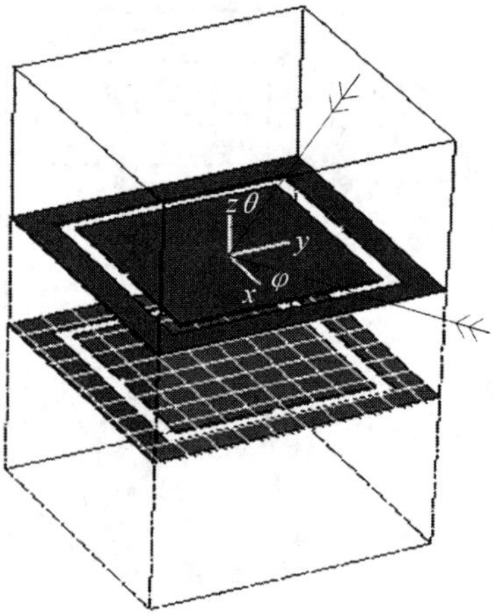

图 8.57 双层方环孔径型 FSS 单元结构

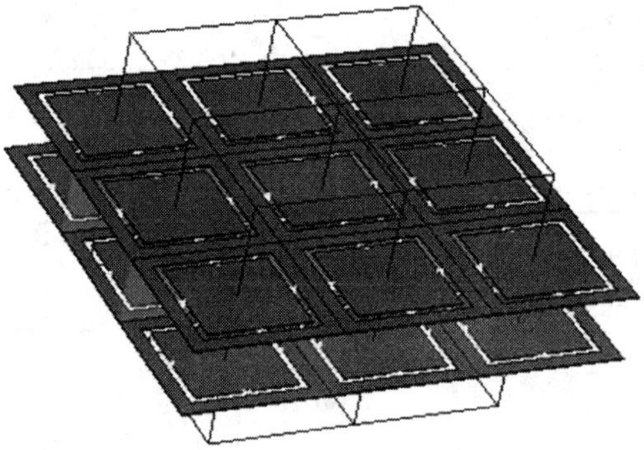

图 8.58 双层方环孔径型 FSS 阵列图

当 FSS 谐振单元无加载时,TE 模和 TM 模以 0°~30°入射,双层方环孔径型单元无限周期阵列的反射特性与传输特性曲线如图 8.59~图 8.62 所示。

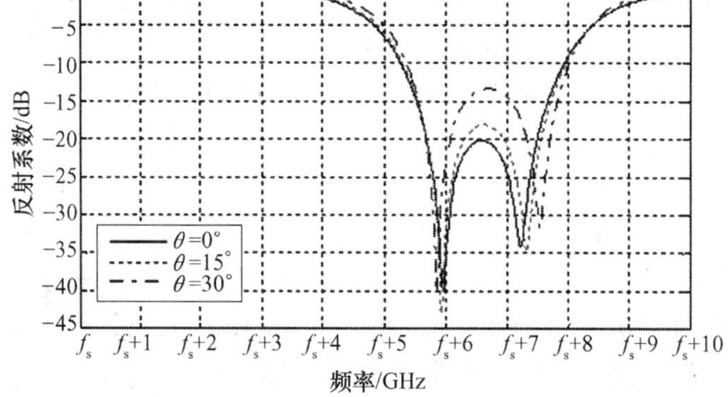

图 8.59 双层方环孔径型单元无限周期阵列的反射系数(TE 模)

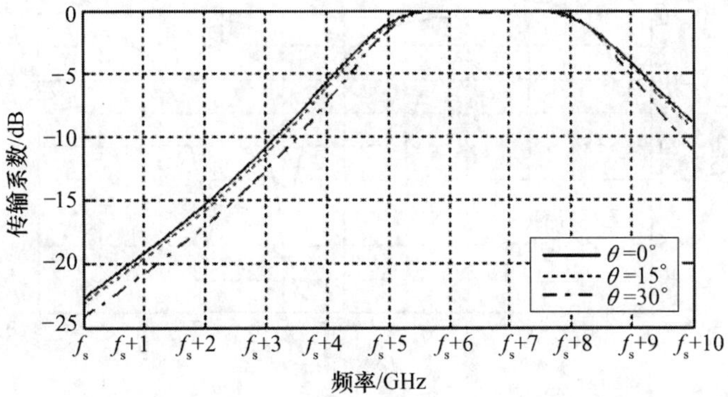

图 8.60　双层方环孔径型单元无限周期阵列的传输系数(TE 模)

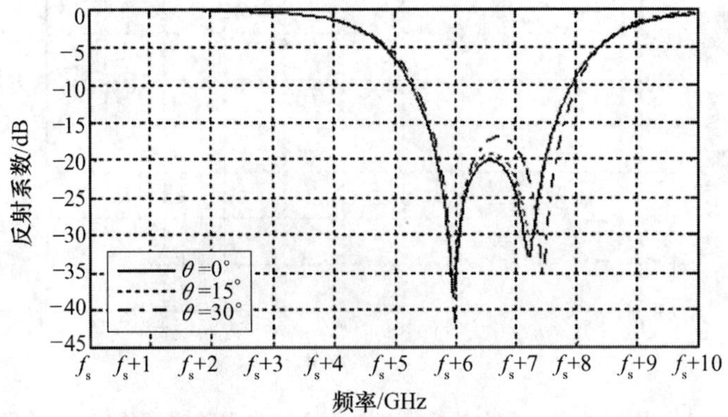

图 8.61　双层方环孔径型单元无限周期阵列的反射系数(TM 模)

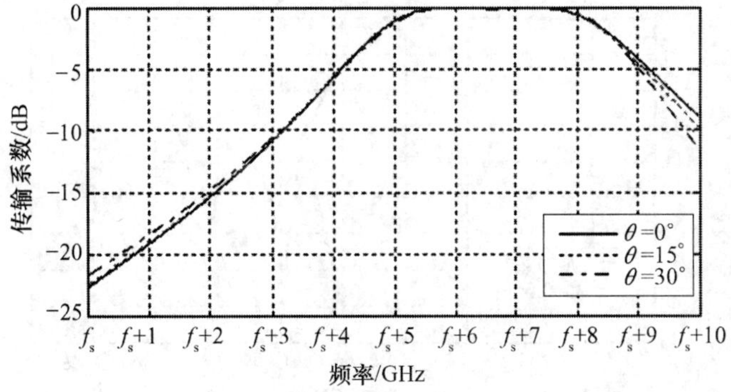

图 8.62　双层方环孔径型单元无限周期阵列的传输系数(TM 模)

在方环形缝隙单元加载集总器件情况下,TE 模垂直入射,双层方环形无限周期阵列随着集总器件的电容值的改变时反射、传输特性变化如图 8.63 和图 8.64 所示。

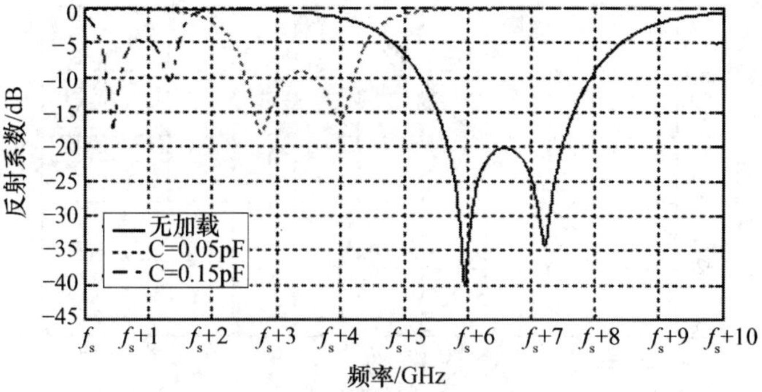

图 8.63　电抗加载的双层方环孔径型单元无限周期阵列的反射系数(TE 模)

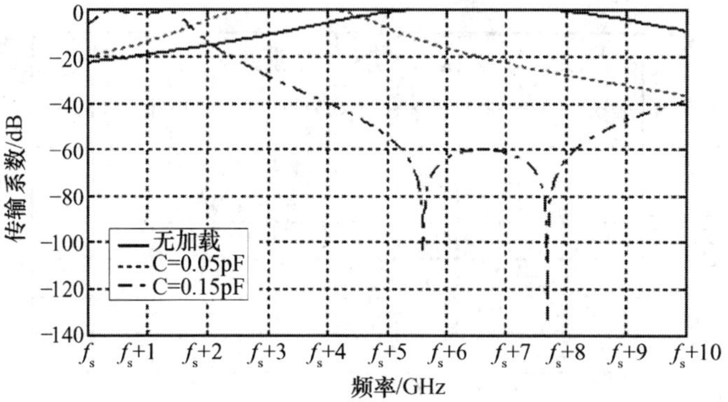

图 8.64　电抗加载的双层方环孔径型单元无限周期阵列的传输系数(TE 模)

TM 模垂直入射时的情况如图 8.65 和图 8.66 所示。

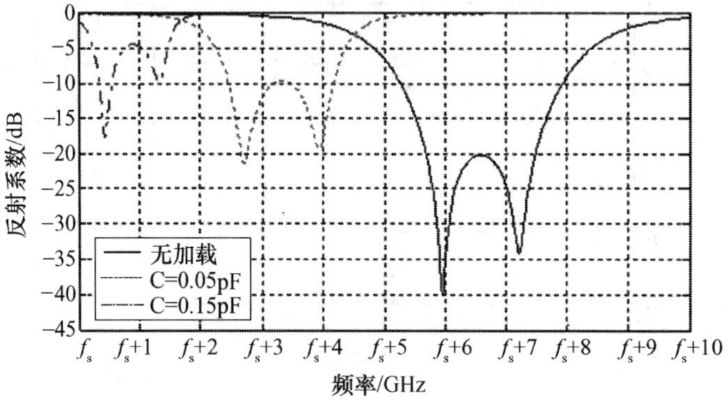

图 8.65　电抗加载的双层方环孔径型单元无限周期阵列的反射系数(TM 模)

无加载时,无限周期阵列的通频带处于 $f_S+5.5\sim f_S+7.5$(GHz),带宽大约 2GHz,加载电容 $C=0.05$pF 时,无限周期阵列的通频带向左移至 $f_S+2.5\sim f_S+4$(GHz),带宽为 1.5GHz,带宽变窄;加载电容 $C=0.150$pF 时,无限周期阵列的通

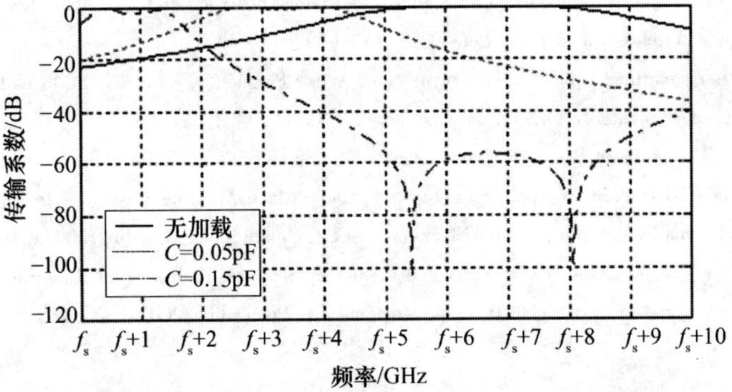

图 8.66　电抗加载的双层方环孔径型单元无限周期阵列的传输系数(TM 模)

频带移至 $f_S+0.5 \sim f_S+1.5$(GHz),带宽更加变窄;当 TE、TM 模波以 0°～30°入射,双层方环孔径型单元无限周期阵列的传输系数在通频带内基本保持不变,在通频带内传输损耗基本为零。

综上所述:

(1) 双层电抗加载的电控频率选择表面在透过状态时,传输系数接近 1;在截止状态时,传输系数低于 0.00001(传输衰减大于 -50dB),接近于理想的开关。而单层电抗加载的电控频率选择表面在截止状态时,传输系数低于 0.01(传输衰减大于 -20dB),近似为开关型选择表面。

(2) 双层可调无限周期阵列低于 -20dB 的反射系数带宽比单层无限周期阵列有大幅度的改善。

(3) 单层无限周期阵列和双层无限周期阵列的透过窗口的动态可调范围均可以达到 10GHz,在可调动态范围内,对于电磁波都表现为透过状态,电控频率选择表面可以根据需要设定为指定频带的窗口。

参考文献

[1] Mias C. Frequency Selective Surfaces Loaded With Surface – Mount Reactive Opponents[J]. IEE Electronics Letters. ,2003,39(9):724 – 726.

[2] Mias C. Varactor Tunable Frequency Selective Absorber[J]. IEE Electronics Letters, 2003,39(14): 1060 – 1062.

[3] Mias C. Varactor – Tunable Frequency Selective Surface With Resistive – Lumped – Element Biasing Grids [J]. IEEE Micro. and Wireless Components Lett, 2005. 15(9): 570 – 572 .

[4] Mias C. Tunable Multi – Band Frequency Selective Structure[C]. Radar Conference, European, Oct. 2005: 299 – 302.

[5] Tennant A, Chambers B. Optimised Design of Jaumann Radar Absorbing Materials Using A Genetic Algorithm [J]. IEE Proc. – Radar, Sonar Nuvig, 1996,143(1).

[6] Tennant A, Chambers B. A Single - Layer Tuneable Microwave Absorber Using An Active FSS[J]. IEEE Microwave and Wireless Components Letters, 2004, 14(1): 46 - 47.
[7] Martynyuk A E, Martinez Lopez J I, Martynyuk N A. Active Frequency - Selective Surfaces Based on Loaded Ring Slot Resonators[J]. IEE Electronics Letters, 2003, 41(1): 2 - 4.
[8] Salisbury W W. Absorbent Body for Electromagnetic Waves U. S. Patent 2 599 944, June 10, 1952.
[9] Zhang Cheng - Gang, Zhang Qiang. Frequency Selective Surface Absorber Loaded With Lumped - Element [C]. 2007 International Symposium on Electromagnetic Compatibility Proceeding, 2007: 539 - 542.
[10] Zhang Cheng - Gang, Zhang Qiang. Adaptable Frequency Selective Surface With Ring Slot Units[C]. 2007 International Symposium on Electromagnetic Compatibility Proceeding, 2007: 536 - 538.

第 9 章　天线罩测试技术

天线罩测试与天线测试有较强的相关性,但也有其独立性,相关性表现在:①与天线性能变化有关的指标的测试,如方向图、驻波、交叉极化的测试,都采用天线的测试方法和测试标准;②天线罩的性能要用罩内工作天线来测试,不能用频率范围、天线极化方式、口径、扫描体制不同的天线代替;③某些大型天线罩的性能如传输效率的测试精度,与天线口径幅度、相位的稳定性有关。

天线罩测试的独立性表现在:①在天线罩的过程设计中,要进行等效平板、材料介电常数、感应电流率、天线罩机械厚度和电厚度等测试;②某些情况下为避免出现颠覆性问题,要进行缩比天线罩的测试,如大型天线罩的缩比模型测试;③因测试天线在天线罩内的多种扫描状态,需要多轴转台或测试支架。

本章主要论述天线罩有关的一些特殊测试方法、天线罩和天线联合测试方法。

9.1　等效平板测试

9.1.1　存在空间驻波时的真值求解方法

等效平板是指按设计方案,用与产品相同的材料、工艺、罩壁结构制造的平板。等效平板试验用于验证设计,检验材料工艺制造水平。等效平板尺寸边长一般不小于 12λ。

测试系统由收发喇叭、网络分析仪(或信号源、频谱仪)、测试支架、控制器、计算机组成,测试框图如图 9.1 所示。为消除环境的多路径效应,平板测试在微波暗室内进行。

测试分两步:①测试并记录无平板情况下接收信号的幅度 p_0(dB)和相位 φ_0(°),作为参考基准;②插入平板,测试有平板情况下接收信号的幅度 p(dB)和相位 φ(°),对幅度和相移分别与参考基准相减得到平板的插入损耗($p - p_0$)和插入相位移($\varphi - \varphi_0$)。

考虑到当平板垂直或接近垂直测试喇叭连线时(即入射角等于 0°或接近于 0°),平板沿喇叭连线前后位置移动,测试结果会出现高低起伏的变化。这是因为,喇叭与待测平板之间存在多次反射,在两个喇叭之间形成了一个驻波分布。对于大入射角如大于 15°时,二次以上的反射不进入接收喇叭和发射喇叭,这种

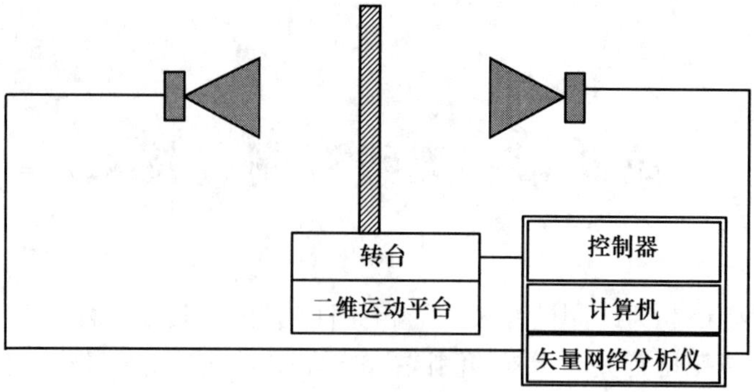

图 9.1　等效平板测试框图

情况就不会出现。

从小角度情况下的测试数据中求平板的插入损耗和插入相位移的真值。等效平板测试的等效网络如图 9.2 所示，假设平板离发射喇叭距离为 x，离接收喇叭距离为 y，平板的 S 参数为 S_{11}、S_{12}、S_{21}、S_{22}，从发射喇叭端口参考面向发射喇叭看去的反射系数为 Γ_S，从接收喇叭端口参考面向接收喇叭看去的反射系数为 Γ_L。

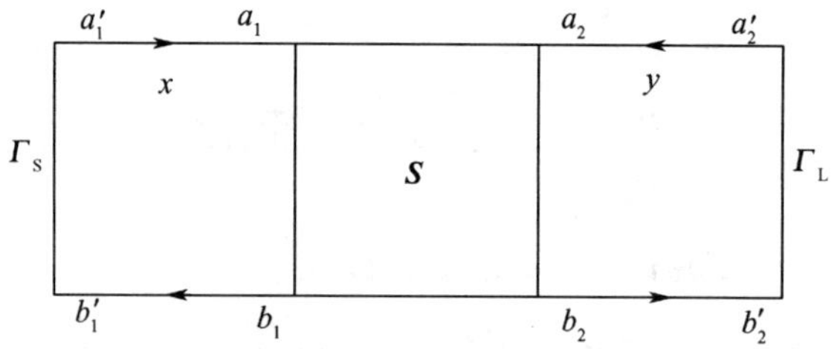

图 9.2　等效平板测试系统的等效网络

接收端口的电压入射波 b'_2 和反射波 a'_2 与发射端口的电压入射波 b'_1 和反射波 a'_1 的关系分别为

$$\begin{cases} b'_1 e^{jkx} = b_1 = S_{11}a_1 + S_{12}a_2 = S_{11}a'_1 e^{-jkx} + S_{12}a'_2 e^{-jky} \\ b'_2 e^{jky} = b_2 = S_{21}a_1 + S_{22}a_2 = S_{21}a'_1 e^{-jkx} + S_{22}a'_2 e^{-jky} \end{cases} \tag{9.1}$$

将 $b'_1 = \dfrac{a'_1}{\Gamma_S}$，$b'_2 = \dfrac{a'_2}{\Gamma_L}$，代入消去 b'_1、b'_2，得

$$\frac{a'_2}{\Gamma_L} e^{jky} = S_{21}a'_1 e^{-jkx} + S_{22}a'_2 e^{-jky} \tag{9.2}$$

$$a'_2 e^{jky} = F_L S_{21} a'_1 e^{-jkx} + \Gamma_L S_{22} a'_2 e^{-jky} \tag{9.3}$$

$$\frac{a'_2}{a'_1} = \frac{\Gamma_L S_{21} e^{-jkx}}{e^{jky} - \Gamma_L e^{-jky} S_{22}} \tag{9.4}$$

$$V'_2 = a'_2 + b'_2 = a'_2\left(1 + \frac{1}{\Gamma_L}\right) \tag{9.5}$$

$$V'_1 = a'_1 + b'_1 = a'_1\left(1 + \frac{1}{\Gamma_S}\right) \tag{9.6}$$

$$\frac{V'_2}{V'_1} = \frac{a'_2}{a'_1}\frac{\Gamma_S(\Gamma_L + 1)}{\Gamma_L(\Gamma_S + 1)} = \frac{\Gamma_L S_{21} e^{-jkx}}{e^{jky} - \Gamma_L e^{-jky} S_{22}} \frac{\Gamma_S(\Gamma_L + 1)}{\Gamma_L(\Gamma_S + 1)}$$

$$= \frac{\Gamma_S(\Gamma_L + 1)}{\Gamma_S + 1} \frac{S_{21} e^{-jkx}}{e^{jky} - \Gamma_L e^{-jky} S_{22}} \tag{9.7}$$

$$\frac{V'_2}{V'_1} = \frac{\Gamma_S(\Gamma_L + 1) e^{-jkx} e^{-jky}}{\Gamma_S + 1} \frac{S_{21}}{1 - \Gamma_L e^{-j2ky} S_{22}} = A \frac{S_{21}}{1 - |\Gamma_L S_{22}| e^{-j2ky - j\psi}} \tag{9.8}$$

$$\frac{V'_2}{V'_1} = A \frac{S_{21}}{1 - |\Gamma_L S_{22}|(\cos(2ky + \psi) - j\sin(2ky + \psi))}$$

$$= A \frac{S_{21}}{1 - |\Gamma_L S_{22}|\cos(2ky + \psi) + j|\Gamma_L S_{22}|\sin(2ky + \psi)} \tag{9.9}$$

$$\left|\frac{V'_2}{V'_1}\right| = \frac{|AS_{21}|}{\sqrt{(1 - |\Gamma_L S_{22}|\cos(2ky + \psi))^2 + (|\Gamma_L S_{22}|\sin(2ky + \psi))^2}} \tag{9.10}$$

当

$$\sin(2ky + \psi) = 0, \cos(2ky + \psi) = 1$$

时，$\left|\frac{V'_2}{V'_1}\right|$最大（设为$|T|_{max}$），当

$$\sin(2ky + \psi) = 0, \cos(2ky + \psi) = -1$$

时，$\left|\frac{V'_2}{V'_1}\right|$最小（设为$|T|_{min}$）。没有加平板时，自由空间的 $S_{21} = 1, S_{22} = 0$，$|T|_{max} = |T|_{min} = |T|_0 = A$。

加平板后，除以自由空间的基准后，得

$$|T|_{max} = \frac{|S_{21}|}{1 - |\Gamma_L S_{22}|} \tag{9.11}$$

$$|T|_{min} = \frac{|S_{21}|}{1 + |\Gamma_L S_{22}|} \tag{9.12}$$

求得

$$|\Gamma_L S_{22}| = \frac{|T|_{max} - |T|_{min}}{|T|_{max} + |T|_{min}} \tag{9.13}$$

$$|S_{21}| = \frac{2|T|_{max}|T|_{min}}{|T|_{max} + |T|_{min}} \tag{9.14}$$

得到功率传输系数为

$$|T|^2 = \left[\frac{2|T|_{\max}|T|_{\min}}{|T|_{\max}+|T|_{\min}}\right]^2 = \left[\frac{4|T|^2_{\max}|T|^2_{\min}}{|T|^2_{\max}+|T|^2_{\min}+2\sqrt{|T|^2_{\min}|T|^2_{\min}}}\right] \tag{9.15}$$

式中:$|T|$为平板电压的传输系数;$|T|^2$ 为平板功率传输系数。

举例:某等效平板在0°时,测得的最大功率传输系数$|T|^2_{\max}=0.98$,最小功率传输系数$|T|^2_{\min}=0.86$,则功率传输系数的真值$|T|^2=0.917$。

对于插入相位移,由式(9.9)和式(9.13),归一化的复电压传输系数为

$$\frac{V'_2}{V'_1} = |S_{21}|\mathrm{e}^{-\mathrm{j}(\varphi-\varphi_0)}\mathrm{e}^{-\mathrm{j}\varphi'} \tag{9.16}$$

式中:$\varphi-\varphi_0$ 为等效平板插入相位移的真值;φ'为因空间驻波引起的附加相移,可表示成

$$\varphi' = \arctan\left[\frac{|\Gamma_{\mathrm{L}}S_{22}|\sin(2ky+\psi)}{1-|\Gamma_{\mathrm{L}}S_{22}|\cos(2ky+\psi)}\right] \tag{9.17}$$

φ'的最大值和最小值分别为

$$\varphi'_1 = \arctan[\,|\Gamma_{\mathrm{L}}S_{22}|\,] = \arctan\left[\frac{|T|_{\max}-|T|_{\min}}{|T|_{\max}+|T|_{\min}}\right] \tag{9.18}$$

$$\varphi'_2 = \arctan[-|\Gamma_{\mathrm{L}}S_{22}|\,] = -\arctan\left[\frac{|T|_{\max}-|T|_{\min}}{|T|_{\max}+|T|_{\min}}\right] \tag{9.19}$$

测得的最大插入相位移 $\varphi_{\max}=\varphi-\varphi_0+\varphi'_1$,最小相位移 $\varphi_{\min}=\varphi-\varphi_0+\varphi'_2$,插入相位移的真值为

$$\varphi-\varphi_0 = \frac{1}{2}(\varphi_{\max}+\varphi_{\min}) \tag{9.20}$$

9.1.2 背景对消技术

在等效平板测试中,存在地面夹具等背景的多路径反射,为消除背景的多路径反射,可采用设置时域门的方法。平板时域测试的框图如图 9.3 所示。其原理是:等效平板的频域响应是时域响应的傅里叶变换,而时域响应则是频域响应的反变换,平板测试路径和背景多次反射的路径不同,时域脉冲到达接收端口的时间不同,采取设置时域门的方法消除背景杂散脉冲信号,仅对目标回波进行快速傅里叶变换(FFT),得到平板的传输系数和插入相位移。

设激励信号为$f(t)$,平板的响应函数为$h(t)$,杂散干扰响应函数为$w(t)$,接收信号为$g(t)$,则

$$g(t) = h(t)*f(t)+w(t)*f(t) \tag{9.21}$$

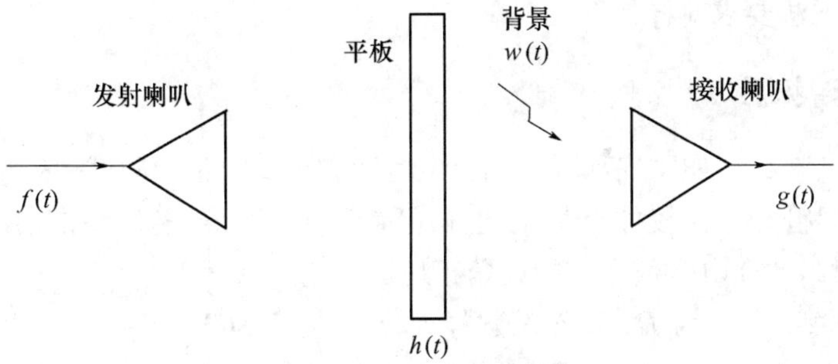

图 9.3　时域测试框图

$$g(t) = g_{\mathrm{T}}(t) + g_{\mathrm{w}}(t) \tag{9.22}$$

式中：* 为卷积。

因为 $g_{\mathrm{T}}(t)$、$g_{\mathrm{w}}(t)$ 在时间上是可分离的，设置时域门滤除 $g_{\mathrm{w}}(t)$，对 $g_{\mathrm{T}}(t)$ 做傅里叶变换可得到平板在频域的传输特性为

$$H(\omega) = \frac{\mathrm{FFT}(g_{\mathrm{T}}(t))}{\mathrm{FFT}(f(t))} \tag{9.23}$$

需要注意以下两点：

(1) 时域脉冲的间隔 T 应大于最长的传输路径，即 $T \geqslant \frac{2R_{\max}}{c}$；

(2) 采样间隔应小于最高频率的奈奎斯特间距，即 $\Delta t \leqslant 0.707\frac{c}{f_{\max}}$。

9.2　材料介电参数测试

材料介电常数和损耗角正切是材料的基本属性，是天线罩设计的基本参量。材料分为高耗材料和低耗材料。损耗角正切大于 0.1 的定义为高耗材料，如抗静电涂层；损耗角正切小于 0.02 的定义为低耗材料。本节介绍各向同性材料的相对介电常数和损耗角正切的测试方法。

在微波频段，天线罩材料相对介电常数的测试方法[1]有谐振腔法、波导法、同轴线法、开腔法、自由空间法。最常用的是谐振腔法，谐振腔法适于低耗材料，灵敏度高、重复性好、测试准确；波导法借助于矢量网络分析仪，可以测试低耗材料，也可以测试高耗材料；同轴线法与波导法相似，还可以用于开放式情况非损坏测试，包含液体测试，但是测试误差较大；开腔法适于毫米波段范围；自由空间法常用于高温如高于 1000℃ 情况下材料的测试。

谐振腔法和开腔腔体比较灵活，对样件要求不高；但系统设计复杂，加工要求高。波导法和自由空间法比较简单。

样品要求平整，与测试边界吻合，自由空间法对材料的尺寸要求要大于

12λ,同轴线法要求对样件穿孔。

9.2.1 谐振腔法

对于低耗材料如蒙皮和蜂窝的介电常数和损耗角正切测试一般采用谐振腔法,采用微扰原理,比较加材料试验样品前后谐振腔谐振频率和品质因数的变化,求得材料的介电常数和和损耗角正切。

设谐振腔直径为 D,未置入试样时空腔长度为 L,TE_{0mn} 模的谐振频率为 $f_{0,0mn}$,无载品质因数为 Q_{00};未置入试样的厚度为 d,介电常数的实部为 ε' 损耗角正切为 $\tan\delta$,加载品质因数为 $Q_{0\varepsilon}$。

首先测试空腔的谐振频率和品质因数,然后测试介质样片加载后腔体的加载谐振频率和品质因数,求解超越方程,得到样品的介电常数和损耗角正切。

在空腔情况下,有

$$(f_0D)^2 = \left(\frac{c}{\pi}X_{0m}\right)^2 + \left(\frac{cn}{2}\right)^2\left(\frac{D}{L}\right)^2 \tag{9.24}$$

在加载情况下,有

$$\beta_\varepsilon^2 = \left[\left(\frac{2\pi f_{0\varepsilon}}{c}\right)^2\varepsilon' - \left(\frac{2X_{0m}}{D}\right)^2\right] \tag{9.25}$$

$$\beta_0^2 = \left[\left(\frac{2\pi f_{0\varepsilon}}{c}\right)^2 - \left(\frac{2X_{0m}}{D}\right)^2\right] \tag{9.26}$$

$$\frac{\tan\beta_\varepsilon d}{\beta_\varepsilon} + \frac{\tan\beta_0(L-d)}{\beta_0} = 0 \tag{9.27}$$

式中:X_{0m}为 0 阶贝塞尔函数的第 m 个根。其中,D、n、X_{0m}及 c 为已知,测得 f_0 即可求得 L,测得 $f_{0\varepsilon}$即可求得 β_0,解超越方程(9.27)可求得 β_ε,从而求得 ε'。

在加样品情况下,根据场的储能和耗能的关系可得

$$\tan\delta = \left(1 + \frac{u}{pv\varepsilon'}\right)\left[\frac{1}{Q_{0\varepsilon}} - \frac{1}{Q'_{00}}\right] \tag{9.28}$$

式中

$$\frac{1}{Q'_{00}} = \frac{1}{Q_{00}}\left(\frac{f_0}{f_{0\varepsilon}}\right)^{\frac{5}{2}} \frac{\left[\left(\frac{2X_{0m}}{D}\right)^2(pv+u) + D(p\beta_\varepsilon^2+\beta_0^2)\right]}{(pv\varepsilon'+u)\left[\left(\frac{2X_{0m}}{D}\right)^2\left(1-\frac{D}{L}\right)+\left(\frac{2\pi f_0}{c}\right)^2\frac{D}{L}\right]} \tag{9.29}$$

$$p = \left[\frac{\sin\beta_0(L-d)}{\sin\beta_\varepsilon d}\right]^2 \tag{9.30}$$

$$u = 2(L-d) - \frac{\sin2\beta_0(L-d)}{\beta_0} \tag{9.31}$$

$$v = 2d - \frac{\sin 2\beta_\varepsilon d}{\beta_\varepsilon} \tag{9.32}$$

测得空腔无载品质因数 Q_{00} 和置入试样后腔的无载品质因数 $Q_{0\varepsilon}$，代入上述方程组即可求得 $\tan\delta$。

谐振腔法测试框图如图 9.4 所示，测试步骤可参见 GB 5597“固体电介质复介电常数的测试方法”。

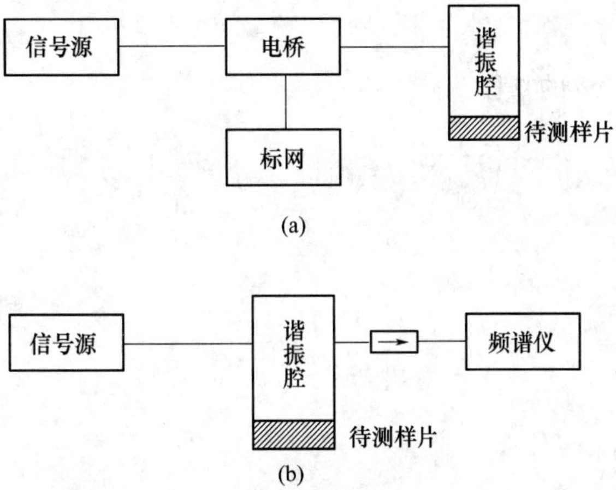

图 9.4　谐振腔法测试框图

9.2.2　波导法和自由空间法

波导法测试材料的介电常数的框图如图 9.5 所示，假定波导的宽度为 a、高度为 b，波导中的截止波长为 λ_c，样品厚度为 d 的介质中主模特性阻抗为 Z_c，自由空间的波长为 λ_0，待测材料的等效为二端口网络，传输矩阵为

$$\overline{\boldsymbol{A}} = \begin{bmatrix} \mathrm{ch}(\mathrm{j}\gamma d) & Z_c \mathrm{sh}(\mathrm{j}\gamma d) \\ \frac{1}{Z_c}\mathrm{sh}(\mathrm{j}\gamma d) & \mathrm{ch}(\mathrm{j}\gamma d) \end{bmatrix} \tag{9.33}$$

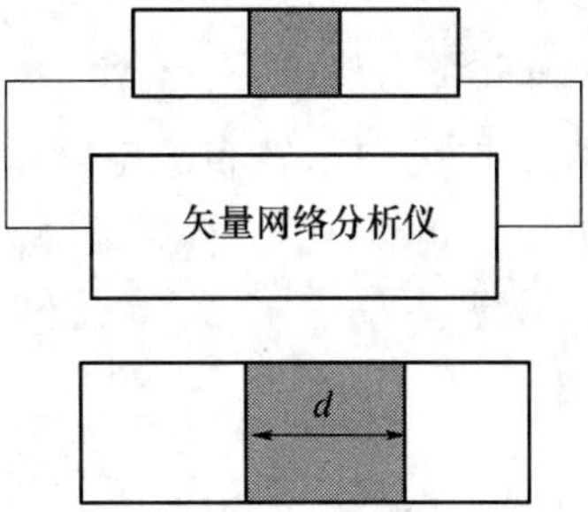

图 9.5　波导法测试框图

式中

$$\gamma = \frac{2\pi}{\lambda}\sqrt{\ddot{\varepsilon} - \left(\frac{\lambda}{\lambda_c}\right)^2} \tag{9.34}$$

式中：$\ddot{\varepsilon} = \varepsilon(1 - \mathrm{j}\tan\delta)$，为复介电常数。

当 $\boldsymbol{S}$ 参数测得后，求得到 $\overline{\boldsymbol{A}}$ 矩阵的元素，即

$$\begin{cases}\overline{\boldsymbol{A}} = \dfrac{1}{2S_{21}}(1 - |S| + S_{11} - S_{22}) \\ \overline{\boldsymbol{B}} = \dfrac{1}{2S_{21}}(1 + |S| + S_{11} + S_{22}) \\ \overline{\boldsymbol{C}} = \dfrac{1}{2S_{21}}(1 + |S| - S_{11} - S_{22}) \\ \overline{\boldsymbol{D}} = \dfrac{1}{2S_{21}}(1 - |S| - S_{11} + S_{22})\end{cases} \tag{9.35}$$

建立求解 ε 和 $\tan\delta$ 的方程：

$$\overline{A} = \mathrm{chj}\gamma d = \frac{1}{2}\left[\exp\left(\mathrm{j}\frac{2\pi d}{\lambda}\sqrt{\ddot{\varepsilon} - \left(\frac{\lambda}{\lambda_c}\right)^2}\right) + \exp\left(-\mathrm{j}\frac{2\pi d}{\lambda}\sqrt{\ddot{\varepsilon} - \left(\frac{\lambda}{\lambda_c}\right)^2}\right)\right] \tag{9.36}$$

令

$$x = \exp\left(\mathrm{j}\frac{2\pi d}{\lambda}\sqrt{\ddot{\varepsilon} - \left(\frac{\lambda}{\lambda_c}\right)^2}\right)$$

得到关于 x 的方程为

$$x^2 - 2\overline{\boldsymbol{A}}x + 1 = 0 \tag{9.37}$$

$$x = \overline{\boldsymbol{A}} \pm \sqrt{\overline{\boldsymbol{A}}^2 - 1} \tag{9.38}$$

令 φ_x 为 x 的幅角，得

$$\ddot{\varepsilon} = -\left(\frac{\lambda}{2\pi d}\right)^2\left[(\ln|x|)^2 + 2\mathrm{j}\varphi_x\ln|x| - \varphi_x^2\right] + \left(\frac{\lambda}{\lambda_c}\right)^2 \tag{9.39}$$

在矩形波导中，基模 TE_{10} 模的截止波长 $\lambda_c = 2a$。上述公式也适用于自由空间情况平板试样，在自由空间情况下，$\lambda_c = \infty$。自由空间法测试框图如图 9.6 所示。

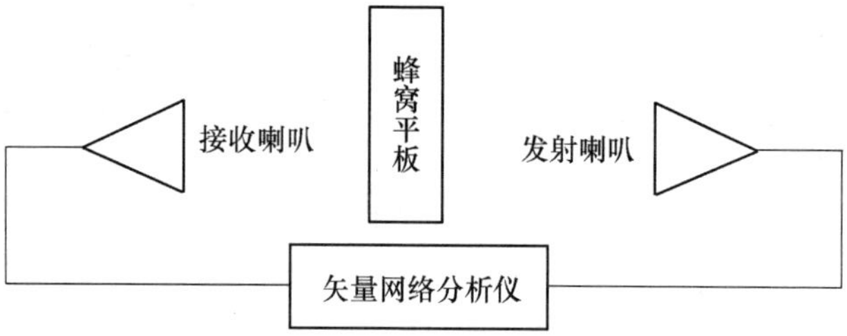

图 9.6　自由空间法测试框图

蜂窝材料的介电常数低和损耗角正切小，其 S_{11}、S_{12}，很小，在数据处理中可忽略，所以保证测试精度的关键在于 S_{12} 的测试精度。一般采取如下措施：

（1）以空气或自由空间的[S]参数为基准，消去空波导和自由空间的损耗。

（2）适当选取试样平板的厚度及测试频率，使得 S_{12} 有一定的幅度和相移，并且落在仪表的可测范围内。在自由空间中，相移近似为$\frac{2\pi d}{\lambda_0}$；在波导中，相移近似为$\frac{2\pi d}{\lambda_0}\sqrt{1-\left(\frac{\lambda}{\lambda_c}\right)^2}$，波导波长变大使得相移减小，因而要适当增加试样的厚度。

（3）自由空间法要在微波暗室中进行，以克服场地多路径效应带来的测试误差。自由空间法的优点在于，可以测试蜂窝整块平板的工艺均匀性，如传输系数、插入相位移随位置的变化，这是波导法所不能胜任的。

（4）波导法中经常采用在波导样品端接短路块，这种方法称为波导短路法，测试原理与波导传输法相似。在端接短路块的情况下，有

$$S_{11}=\frac{Z_0\text{th}(\text{j}\gamma d)-Z_0}{Z_0\text{th}(\text{j}\gamma d)+Z_0}=\frac{\text{th}(\text{j}\gamma d)-1}{\text{th}(\text{j}\gamma d)+1}$$

$$\text{th}(\text{j}\gamma d)=\frac{x-\frac{1}{x}}{x+\frac{1}{x}}=\frac{1+S_{11}}{1-S_{11}}$$

$$x=\pm\sqrt{\frac{-1}{S_{11}}}$$

代入式(9.39)即可求得样品的复介电常数。

9.2.3 开腔法

开腔是一种准光微波波段的法布利－皮诺特谐振腔（图9.7），很久以前就开始用于测试材料介电常数。20世纪80年代开始用于毫米波频段各向同性低耗材料特性的测量[2,3]，双凹或平凹的组合开放腔灵敏度最高，腔中场在纵向是TEM模驻波，横向场为高斯波束分布，谐振场在轴线最强，偏离轴向迅速衰落，实际场分布的直径小于1/6λ。开腔一般用于20～300GHz，灵敏度高，在35GHz时Q值能达到15×10^4，材料试样损耗角测试精度可以达到±0.00005，介电常数测试误差在±0.002以内。

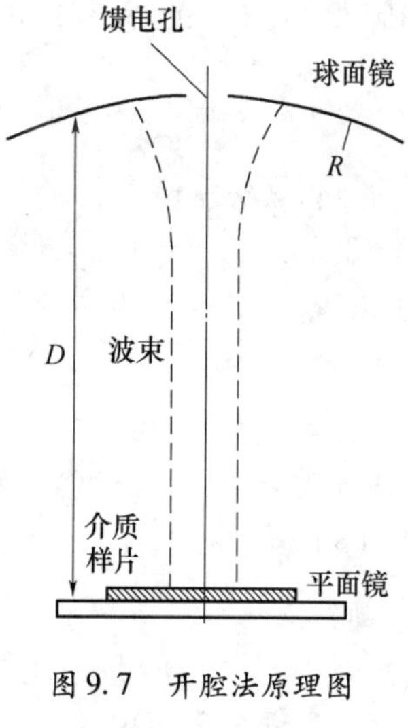

图9.7　开腔法原理图

设开腔的球面镜半径为R、口面半径为A、耦合小孔直径为d、耦合孔壁厚为t、腔距为D。开

腔应满足以下三个条件：

（1）频谱约束：尽可能只出现基模 TEM_{00q} 模。

（2）品质因数约束：尽可能高的 Q 值。

（3）能量约束：耦合进入腔体的功率尽可能大。

为了满足上述条件，开腔各部分的尺寸不小于 5 倍的工作波长；否则，绕射损失将加大。基于同样原因，要求平面镜的直径应不小于波束半径 W_0 的 5 倍。

$$W_0 = \left(\frac{\lambda}{\pi}\right)^{1/2}\left[D(R-D)\right]^{1/4} \tag{9.40}$$

在满足 TEM_{00q} 激励条件下，TEM_{00q} 模式的谐振频率为

$$f_{00q} = \frac{c}{4D}\left[q + 1 + \frac{1}{\pi}\arccos\left(1 - \frac{D}{2R}\right) - \frac{1}{2\pi kR}\right] \tag{9.41}$$

式中：c 为光速。

研究表明，当球面镜口径与波束宽度之比为 2.2 时，TEM_{10q} 模的功率为基模 TEM_{00q} 模的 1/10。高次模式越高，功率越小，镜面口径越大，腔体的加工的对称性越好，主模越占优。

开腔的 Q 值由以下三部分组成：

（1）绕射：

$$Q_s = \frac{4\pi D}{\lambda \varsigma}\frac{1}{1 - \dfrac{1}{2k\sqrt{D(R-D)}}} \tag{9.42}$$

式中：ς 为热损耗，可表示成

$$\varsigma = e^{2A^2/W_s^2} \tag{9.43}$$

其中：W_s 为镜面波束半径，即

$$W_s = \left(\frac{\lambda D}{2\pi}\right)^{1/2}\left[\frac{2R}{2D(R-2D)}\right]^{1/4} \tag{9.44}$$

（2）导体损耗：

$$Q_c = \frac{D}{4\delta}\frac{1 - \dfrac{1}{4k^2 RD}}{1 - \dfrac{1}{2k\sqrt{D(r-D)}}} \tag{9.45}$$

式中：δ 为导体趋肤深度。

（3）耦合孔损耗：

$$Q_h = \frac{s\lambda_g D W_s^2}{16P_m^2}|Y_{12}|^2 \tag{9.46}$$

式中：s 为耦合孔面积

$$\lambda_{\mathrm{g}} = \lambda / \sqrt{1 - (\lambda/2d)^2}$$

$$P_{\mathrm{m}} = \frac{1}{6}d^3 \frac{\tan\left(\frac{\pi}{2}\frac{1.71d}{\lambda}\right)}{\frac{\pi}{2}\frac{1.71d}{\lambda}}$$

$$Y_{12} = \left[G^a + G^2 - \mathrm{j}\left(1 - \frac{\lambda_{\mathrm{g}}}{2dB}\right)\right]\mathrm{ch}(\alpha t)$$

$$-\mathrm{j}\left[X - \frac{\left(G^a G^c - \frac{1 - \frac{\lambda_{\mathrm{g}}}{2dB}}{4}\right) - \mathrm{j}\Big/2\left(G^a\left(1 - \frac{\lambda_{\mathrm{g}}}{dB}\right) + G^c\right)}{X}\right]\mathrm{sh}(\alpha t) \quad (9.47)$$

其中

$$G^a = \frac{k^3 P_m}{3\pi} \quad (9.48)$$

$$G^c = \frac{4\pi P_m}{s\lambda_{\mathrm{g}}} \quad (9.49)$$

$$B = \frac{s\lambda_{\mathrm{g}}}{4\pi P_m} \quad (9.50)$$

$$X = 1.63715\sqrt{1 - \left(\frac{1.706d}{\lambda}\right)^2} \quad (9.51)$$

$$\alpha = \frac{10.92}{d}\sqrt{1 - \left(\frac{1.706d}{\lambda}\right)^2} \quad (9.52)$$

总的 Q 值为

$$\frac{1}{Q} = \frac{1}{Q_{\mathrm{s}}} + \frac{1}{Q_{\mathrm{c}}} + \frac{1}{Q_{\mathrm{h}}} \quad (9.53)$$

耦合到腔体内的功率为

$$P = \frac{32\pi f \varepsilon P_{\mathrm{m}}^2}{s\lambda_{\mathrm{g}} W_{\mathrm{s}}^2 \mid Y_{12}^2 \mid} \quad (9.54)$$

开腔介质测量:将被测样品放置在平面镜上,介质的加载改变了腔体的谐振频率。设介质样品的厚度为 h,这样,通过对样品表面场的匹配可得

$$\frac{1}{n}\tan(nkh - \Phi_h) = -\tan(kh - \Phi_D) \quad (9.55)$$

式中

$$\Phi_h = \Phi_1(h) - \xi_1(h)$$

$$\Phi_1(h) = \arctan\frac{h}{nz_0}$$

$$\xi_1(h) = \arctan\frac{1}{nkR_1(h)}$$

$$R_1(h) = h + n^2 z_0^2/h$$

$$\Phi_D = \Phi_2(h+d) - \Phi_2(h) - \xi_2(h+d) + \xi_2(h)$$

$$\Phi_2(h) = \arctan\frac{h-h'}{z_0}$$

$$\xi_2(h) = \arctan\frac{1}{nkR_2(h)}$$

$$R_2(h) = h - h' + z_0^2/(h-h')$$

$$h' = h\left(1-\frac{1}{n}\right)$$

$$z_0 = \sqrt{\left(d+\frac{h}{n}\right)\left(R_0 - d - \frac{h}{n}\right)}$$

$$d = D - h$$

$$k = \frac{2\pi}{\lambda}$$

由测得的谐振频率可以由上式求出样品的介电常数 $\varepsilon_r = n^2$。

设 Q_o、Q_L 分别是开腔加载前后的 Q 值,则

$$\frac{1}{Q_L} = \frac{1}{Q_d} + \frac{1}{Q_o} \tag{9.56}$$

$$Q_d = \frac{\omega W}{P} \tag{9.57}$$

式中:W 为加载腔中的储能;P 为介质中一个周期内的平均损耗功率。

这样,可以测量材料的介电常数。根据空腔的 Q 值,可以计算得到损耗角正切为

$$\tan\delta = \frac{2nkh(d+h\Delta)}{Q_e[2nkh\Delta - \Delta\sin 2(nkh - \Phi_h)]} \tag{9.58}$$

式中

$$\Delta = \frac{n^2}{n^2\cos^2(nkh-\Phi_h) + \sin^2(nkh-\Phi_h)}$$

$$\frac{1}{Q_e} = \frac{1}{Q_L} - \frac{1}{Q_0}$$

$$Q = \frac{f}{\Delta f_{3dB}}$$

其中:f 为谐振频率;Δf_{3dB} 为半功率点带宽。

9.3 电厚度测试

机载超低副瓣雷达天线罩的性能不仅要靠优化的设计方案,而且还要靠严格控制产品的制造公差,副瓣越低,对制造公差的要求越严格。天线罩的制造公差包括尺寸公差和介电常数的误差。电厚度是指天线罩在微波频段的等效相移,单位为度(°)。电厚度可以用传输法测试也可以用短路反射法测试。传输法是指直接测试天线罩壁的传输相位移;短路反射法是指天线罩的某一表面贴附导电反射面,在另一表面测得的天线罩样件的复反射系数的相位移。

天线罩电厚度测试在超低副瓣天线罩是十分重要的,根据天线罩的特点需要采取不同的测试方法,可以采用双喇叭传输法、短路反射法测试电厚度,对于机械厚度也可以用双探头法或单探头测试机械厚度。图 9.8 为天线罩电厚度测试。

图 9.8　天线罩电厚度测试

大型夹层天线罩尺寸较大,很难用一般量具进行检测,为了解决机载天线罩厚度的测试问题,20 世纪 70 年代,美国在 $E-3A$ 雷达天线罩研制中专门研究过检测手段,采用振荡腔式介质测试仪(OCD)和电极式介质测试仪(OED)进行检测。其原理是:用两个探头,在天线罩的一侧用一个探头激励一定频率的磁场,在天线罩的另一侧用一个探头耦合接收,根据电磁感应磁通量的变化,用于测试天线罩的机械厚度,但是这些装置不能检测电气的均匀性。对于大型机载超低副瓣雷达天线罩电气均匀性的一种检测方法是对雷达天线罩成品某一表面(如内表面)贴附金属薄膜,用小型化微波辐射喇叭作为检测器,喇叭与矢量网络分析仪相连,或使用反射相位测试仪在某一频率点检测天线罩成品部位的反射相位,根据天线罩成品各个部位反射相位的变化推算在工作频率上雷达天线罩能否满足电气均匀性要求。

用缠绕工艺制造的雷达天线罩在金属阳模上缠绕成形后,不脱模状态下进行电信均匀性检查,采取单喇叭短路反射法测试天线罩的电厚度。用 RTM 工艺成形的雷达天线罩脱模后用双喇叭双通道微波相位电桥的方法测试天线罩的电厚度。

9.3.1 基于布儒斯特角的双喇叭测试法

平行极化波从自由空间入射到介质分界面上时,如果入射角等于布儒斯特角时,反射为零,由式(2.43)可得

$$\theta_B = \arctan\sqrt{\varepsilon} \tag{9.59}$$

实芯半波壁结构的天线罩在布儒斯特角时反射最小(接近于0但不为0),因为相对介电常数为复数,而且一般天线罩表面都有涂层,而其他结构的夹层天线罩在布儒斯特角时反射较小,存在一定的反射。利用这一特性,检测实芯半波壁结构天线罩的电气均匀性,并进行修正。对于 RTM 工艺的天线罩可以进行补偿校准,对缠绕成形的天线罩可以采用磨削方法修正天线罩的壁厚。

利用矢量网络分析仪的测试框图如图9.9所示。

在测试系统中,天线罩的检测采样点间隔要小于0.7λ,测试点很多,需要提高测试效率。解决的办法是:固定检测支路的喇叭,将天线罩安装在多维调整的工装支架上,天线罩可以在 XYZ 三个方向上移动,也可以进行横滚转动。

测试天线罩电厚度时,将天线罩安装在测试平台上(图9.10),然后设法求出在天线罩内测试支路的发射喇叭的指向。为简化,假设测试支路的发射喇叭的位置在 yoz 平面上,发射喇叭口中心坐标 $p(0,y_0,z_0)$,指向单位矢量为 $\boldsymbol{a}$,射线方程的斜率为

$$\boldsymbol{a} = \left(\frac{1}{\sqrt{1+k_0^2}}, \frac{k_0}{\sqrt{1+k_0^2}}\right) \tag{9.60}$$

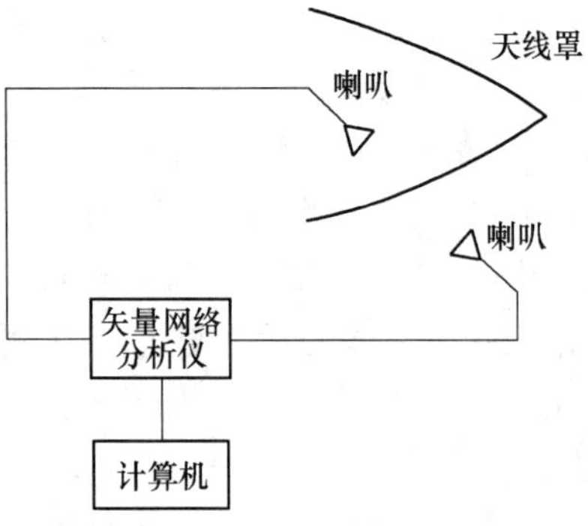

图9.9 电厚度测试框图

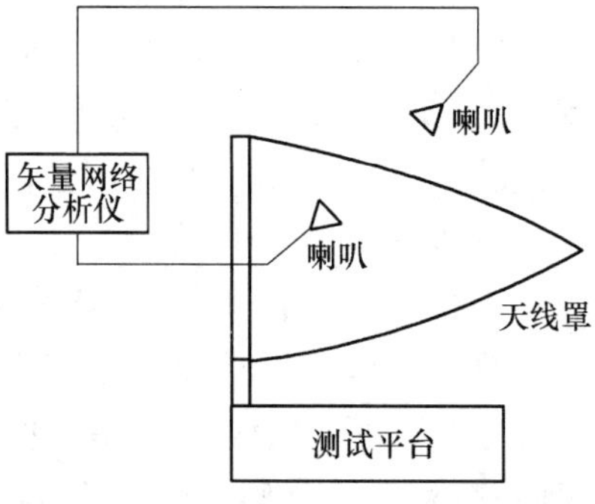

图9.10 双喇叭电厚度测试框图

天线罩为旋转对称体时,满足方程:

$$y = f(z) \tag{9.61}$$

求解图 9.11 中的交点,联立射线和天线罩外形的方程组:

$$y - y_0 = k(z - z_0) \tag{9.62}$$

$$y = f(z) \tag{9.63}$$

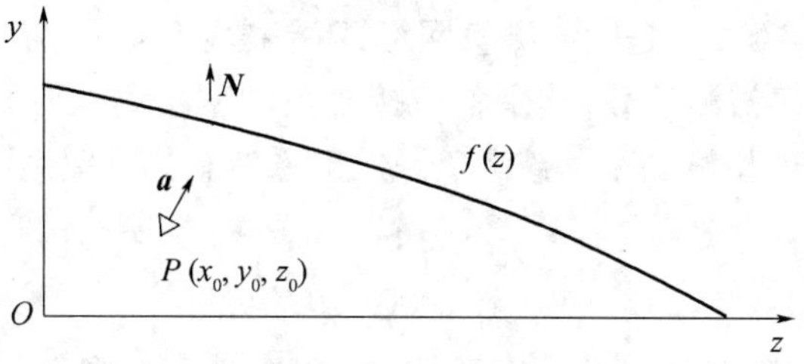

图 9.11 确定天线罩的位置

由上式求出交点,得到交点法线矢量为

$$\boldsymbol{N} = \left(\frac{1}{\sqrt{1 + f'^2}}, \frac{f'}{\sqrt{1 + f'^2}}\right) \tag{9.64}$$

则有

$$\boldsymbol{a} \cdot \boldsymbol{N} = \frac{1 + k_0 f'}{\sqrt{1 + f'^2}\ \sqrt{1 + k_0^2}} = \cos\theta_{\mathrm{B}} \tag{9.65}$$

由以上三个方程联立可以求出三个未知量,即交点坐标和 $\boldsymbol{a}$。得到发射喇叭的指向 $\boldsymbol{a}$ 后,便可以方便地得到天线罩和固定发射喇叭的指向 $\boldsymbol{a}$ 的相对关系,可以作为初始位置。当需要改变检测点位置时,在 Z 方向运动,此时喇叭中心的坐标变为 $(0, y_0, z_0 + d)$ 代入上面三个方程,得到 $\boldsymbol{a}'$:

$$\boldsymbol{a}' \cdot \boldsymbol{a} = \cos\alpha \tag{9.66}$$

将天线罩在 yOz 平面反方向转 α,反复迭代后就可以将入射角变为布儒斯特角。

测试时要求喇叭极化始终与入射面平行,使得入射波相对于天线罩检测局部为平行极化波,以布儒斯特角入射的优点在于,避免了天线罩壁的多次反射。

实际天线罩的插入相移存在误差,检测这些相移的不一致性,并且采取喷涂或磨削等措施,使相移控制在公差要求范围内。

9.3.2 单喇叭反射法

单喇叭反射法是指通过测试天线罩的反射相移,得到天线罩的电厚度。测量 S 参数最常用的仪表是矢量网络分析仪,矢量网络分析仪测试 S 参数需要专门的稳相电缆,电缆长度有限,在天线罩尺寸大的情况下,增加电缆长度会产生长线效应,降低测试精度,不能满足电厚度测试的需要。解决的办法是采用微波多端口反射计来测量天线罩的反射相移,采用微波多端口反射计能够克服矢量网络分析仪测试 S_{11} 时存在的长线效应,测试数据稳定,测量精度高,结构简单,已经用于天线罩电厚度的测试[4]。

1. 多端口测量的基本原理

多端口测量技术用于测试微波网络矢量参数的基本原理框图如图 9.12 所示。其中,S 是信号源;W 是微波测量网络;D 是被测负载;W 有 6 个端口(其中 4 口接信号源,5 口接被测负载,其余各口接微波功率检测探头)。设第 0 口检测的功率 p_0,第 j 口的检测功率和被测负载反射系数有如下关系:

$$\frac{p_j}{p_0} = X_j\left(\frac{1 - A_j\Gamma}{1 - B\Gamma}\right)^2 \tag{9.67}$$

式中:p_j 为检测功率,Γ 为负载反射系数;A_j、B、X_j 为网络参数,由校准过程确定。

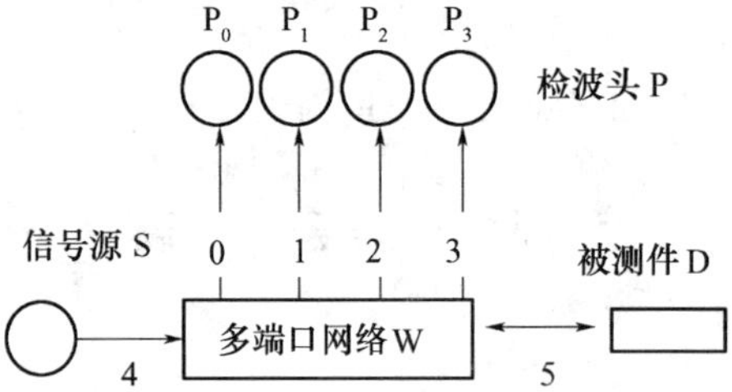

图 9.12 多端口网络

当 A_j、B、X_j 一定时,设 j 口的测量功率为 p_j,从式(9.67)看到,负载反射系数在复反射系数平面上是一个圆,其半径为

$$r = R_j/(|A|^2 + R_j|B|^2) + X_0^2 + Y_0^2 \tag{9.68}$$

式中,

$$X_0 = \frac{a_0 - R_j b_0}{|A|^2 - R_j|B|^2}$$

$$R_j = \frac{P_j}{P_0 X_j}$$

圆心在:

$$Y_0 = \frac{a_j - R_j b_j}{|A|^2 - R_j|B|^2} \tag{9.69}$$

对于一个负载,不同的功率检测口可以确定不同的测量圆,若干个不同的测量圆可以唯一地确定负载的反射系数,如图 9.13 所示。

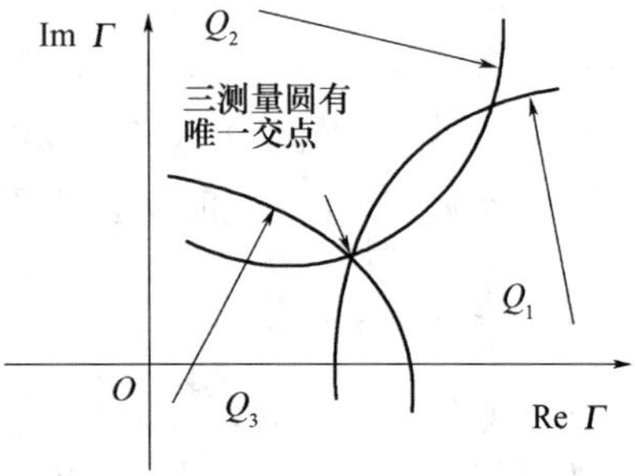

图 9.13 反射系数测量

2. 六端口反射计测量系统校准

如前所述,A_j、B、X_j 为待定系数,只与测量网络有关,用校准的方法来确定这些系数,一般用已知负载来进行校准。首先接入匹配负载,其反射系数为 0,由式(9.67),此时有

$$X_j = \frac{P_j}{P_0} \tag{9.70}$$

这样就确定了 X_j。再接入短路活塞,取 4 个短路位置 $\Gamma_k = 1\angle\Phi_k$,此时有

$$R_j(1 - B\Gamma_k)^2 = (1 - A_j\Gamma_k)^2 \tag{9.71}$$

$k = 1 \sim 4$,代表 4 个短路活塞位置,$j = 0 \sim 3$,代表 4 个功率检波探头,Φ_k 可由短路活塞的机械位置求出,解以上方程组即可得到复数 A_j、B 的解。这样就完成了网络参数 A_j、B、X_j 的校准。

根据多端口的基本原理,理论上任意的网络都可以得到精确的测量结果。实际上,由于各种误差的存在,使得测量误差对于不同的网络有很大的不同。由于功率检测的非线性误差、A/D 变换的舍入误差等使得测量圆的半径有了变化,这样几个测量圆不可能交于一点,同样的误差范围对于不同的测量圆的分布,最后测得的反射系数的误差是不同的。研究表明,最佳的测量圆圆心分布是对称的分布在复反射系数平面上,距原点 0.8 ~ 1.5 的范围内。

另外,从前面分析可以看出,测量结果和网络参数的准确程度关系极大,网络参数的变化会使测量圆圆心位置改变。由于各测量口的信号是由反射和入射波叠加而来的,如果各口的距离不一样,则随着频率的改变,测量圆圆心将绕原点旋转,距离差别越大旋转得越快,当频率有些微误差时,产生的测量误差越大。综上所述,要想减少误差,多端口网络的结构必须对称,且测量圆圆心应对称地分布在距原点 0.8 ~ 1.5 的范围内。满足这些要求的测量网络,有可能达到较高的测量精度。

3. 宽带测量系统

六端口反射计测量系统的基本构成如图 9.14 所示。图中,S 是信号源;W 是五端口测量网络;I 是隔离器,用以减少反射波对信号源的影响;A 是检波器低噪声放大器,采样器内置于计算机中,其采样信号为低噪声放大器输出;T 为被测负载,测量数据通过数据采集卡采入计算机,由计算机计算后给出相应的测量结果。

图 9.14 所示的六端口网络由一个定向耦合器和一个对称五端口网络组成。在定向耦合器的端口上接的是提供参考功率的检波器,由于五端口的对称性,使得由它构成的网络的三个测量圆的圆心相隔 120°对称分布在距原点为 1 的地方,满足高精度宽频带测量的要求。

微波多端口测量网络与测量口直接相连,不需要附加测量电缆,与测量网络

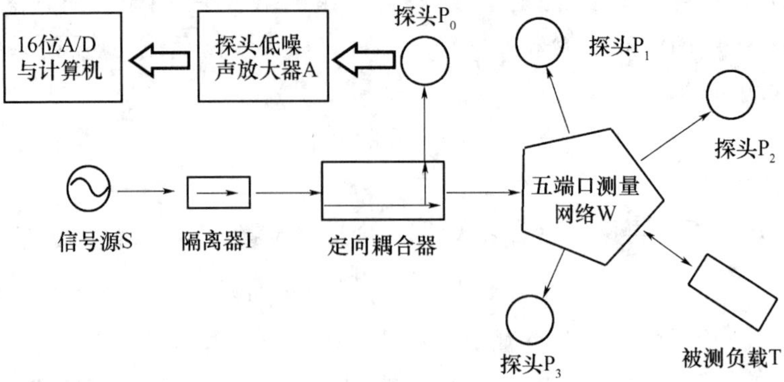

图 9.14　六端口反射计测量系统

相连的电缆除信号源输出线外均为检波后的直流信号，不存在附加相移误差问题。多端口测量网络为无源器件，其精度主要取决于机械加工误差，因此稳定性与精度较高，且结构简单、体积小，便于手持测量。微波多端口测量系统自身的特点，决定了它更适合用于对天线罩进行点频反射式电厚度测量。天线罩微波电厚度多端口点频反射测量系统结构如图 9.15 所示。多端口测量网络与测量探头为一体结构，便于手持测量，天线罩内表面为金属模具或金属共形短路层（如金属不干胶带）。该测量系统由于测量复反射系数相位，故对测量频率稳定度较为敏感，一般要求信号源频率稳定度较高，宜采用频率综合信号源。

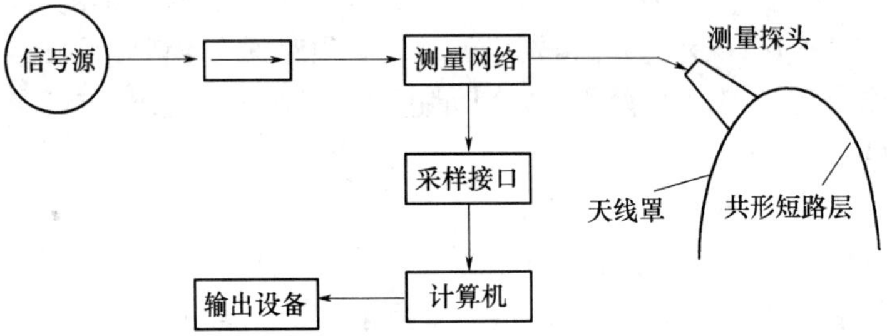

图 9.15　天线罩微波电厚度多端口反射测量系统示意图

综上所述，双喇叭测试法设备复杂，要在微波暗室进行，还与天线罩结构有关，仅适于单层实芯半波壁结构；六端口测试法与夹层的结构无关，可以在现场进行，对于以金属模具成形的天线罩可在脱模前测试，现场进行检测，对其他天线罩可以在天线罩的表面贴金属膜，适用于多种天线罩电气均匀性的检测；电磁感应测试法，可以测试机械厚度，不能检测电厚度的均匀性。

9.4 天线罩厚度测试

天线罩厚度测试是指总壁厚的测试，对于总壁厚的测试可以采用机械测厚法，采用测试架架设在天线罩两侧，一端作为用参考基点，另一端安装测微计，如图9.16所示。

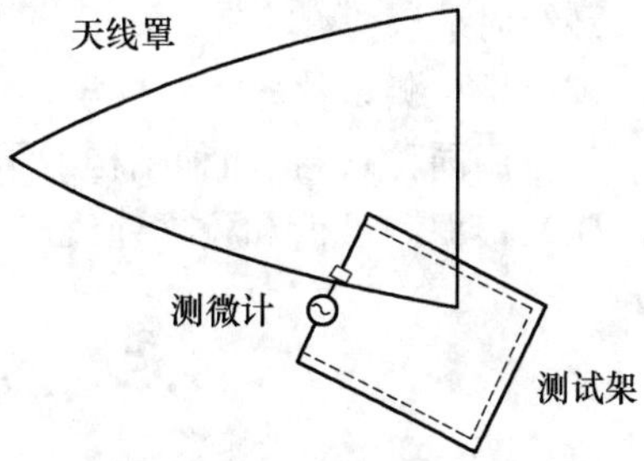

图 9.16　机械测厚法

在许多情况下，天线罩曲面尺寸过大使得机械测厚法受到限制，不能灵活地测试任意部位的天线罩厚度，为此需要采用电磁测厚方法。

电磁测厚仪和测试框图分别如图9.17和图9.18所示。电磁测厚仪原理是：采用两个探头，在每个探头内置同轴线圈 L_1、L_2，设 L_1 为激励线圈，L_2 为接收线圈，在 L_1 端口输入一定频率的等幅 V_1 正弦波，在 L_2 接收线圈感应电压 V_2 为距离 X 和 V_1 的函数，即 $V_2 = F(V_1, x)$，在天线罩等厚区，变化很小，$F(V_1, x)$ 接近于线性关系，$V_2 = KV_1 x$ 或

$$x = \frac{V_2}{KV_1} \tag{9.72}$$

式中：K 为比例因子。

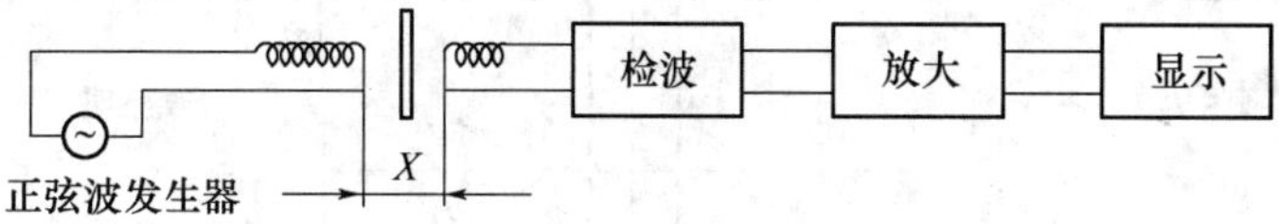

图 9.17　电磁测厚仪

电磁侧厚仪包括振荡器、放大器、鉴相检波器、输出均衡器、输出放大器、数字式显示表等；

测试频率：使用频率在10kHz较好，在频率过高，如用150kHz手握探头有接触电容效应；如果频率过低，在1kHz检测的灵敏度低。

灵敏度：探头的线圈匝数约几百圈，在线圈中间插入铁氧体磁芯，根据厚度测试精度要求，选用激励电压幅度，对于涂层几丝厚度测试，可取1V，此时测距的灵敏度可以达到0.16V/mil（1mil = 25.4μm，满刻度为50μV时）。

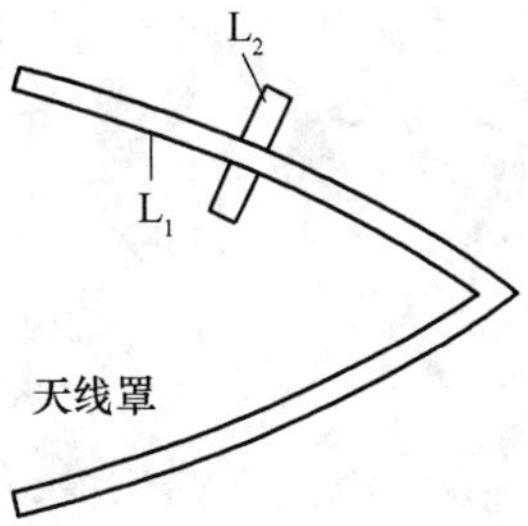

图 9.18　电磁测厚测试框图

需要注意的是:需要预热,待系统稳定后再进行测试。

测量方法如下:

(1) 两探头分别紧贴在天线监测点罩壁的两侧,以数字表最大指示确定两探头已经对准;

(2) 记录测试值;

(3) 用同种材料、同种结构的不同标准厚度试件定标,绘制校准曲线;

(4) 根据测试值和校准曲线确定天线罩壁的厚度。

9.5 感应电流率测试

骨架天线罩中肋的感应电流率是地面雷达天线罩设计的重要参数,也是地面天线罩单元性能测试的重要内容。感应电流率是复数,不仅要测试其幅度还要测试其相位,感应电流率测试(图9.19)在微波暗室内进行。假设样件截面为任意形状的柱,忽略柱顶端和底部的电流,则柱的散射场为[5]

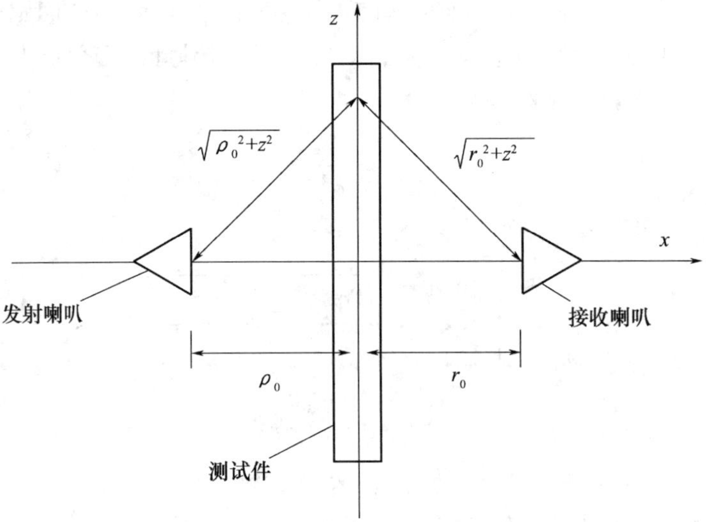

图9.19 感应电流率测试

$$E_{\text{scat}}(x,y,z) = -\frac{\mathrm{j}\omega\mu}{4\pi}\int_{-\frac{L}{2}}^{\frac{L}{2}}\oint_s \frac{\mathrm{e}^{-\mathrm{j}k|\boldsymbol{r}-\boldsymbol{r}'|}}{|\boldsymbol{r}-\boldsymbol{r}'|} J_{sz}\boldsymbol{a}_z\,\mathrm{d}\sigma\mathrm{d}z \tag{9.73}$$

式中:L 为测试件的长度;J_{sz}为电流密度;s 为环路积分路径,$\boldsymbol{a}_z$ 为 z 方向的单位矢量。

$$\frac{\mathrm{e}^{-\mathrm{j}k|\boldsymbol{r}-\boldsymbol{r}'|}}{|\boldsymbol{r}-\boldsymbol{r}'|}J_{sz}\boldsymbol{a}_z = (\boldsymbol{G}'\cdot J_{sz})\frac{\mathrm{e}^{-\mathrm{j}kr_1}}{r_1}\frac{\mathrm{e}^{-\mathrm{j}kr_2}}{r_2} \tag{9.74}$$

式中:$\boldsymbol{G}'$ 为二维并矢格林函数;r_1 为发射喇叭中心到积分点的距离,r_1 =

$\sqrt{\rho_0^2+z^2}$;ρ_0 为样件和发射喇叭之间的距离;r_2 为接收喇叭中心到积分点的距离,$r_2=\sqrt{r_0^2+z^2}$(r_0 为样件和接收喇叭之间的距离)。

式(9.74)的物理含义是:发射喇叭的激励产生在试件上的电流的三维积分可以简化为先对 z 方向的积分,再对试件周线积分。假设柱长度远大于波长,并且喇叭的末端照射强度较低,试件上的电流在 z 方向相位变化缓慢可以先积分(鞍点积分法)。

用鞍点积分法[6]求(9.74)的近似结果,原积分写成

$$\begin{aligned}A(k) &= \int_{-\infty}^{\infty}(\boldsymbol{G}'\cdot J_{sz})\cdot \boldsymbol{a}_z\frac{\mathrm{e}^{-\mathrm{j}kr_1}}{r_1}\frac{\mathrm{e}^{-\mathrm{j}kr_2}}{r_2}\mathrm{d}z\\ &= \int_{-\infty}^{\infty}\frac{(\boldsymbol{G}'\cdot J_{sz})}{r_1r_2}\cdot\boldsymbol{a}_z\mathrm{e}^{-\mathrm{j}k(r_1+r_2)}\mathrm{d}z = \int_{-\infty}^{\infty}f(z)\,\mathrm{e}^{k\psi(z)}\mathrm{d}z\end{aligned}\tag{9.75}$$

先求满足 $\frac{\mathrm{d}\psi(z)}{\mathrm{d}z}=0$ 的驻点 z_s,然后在 $z=z_s$ 将 $\psi(z)$ 展开为

$$\psi(z)=\psi(z_s)+\frac{1}{2}\psi''(z_s)(z-z_s)^2$$

令

$$u^2=-\frac{1}{2}\psi''(z_s)(z-z_s)^2,z-z_s=\pm u\sqrt{\frac{-2}{\psi''(z_s)}},\mathrm{d}z=\pm\sqrt{\frac{-2}{\psi''(z_s)}}\mathrm{d}u$$

$$\begin{aligned}A(k) &= \int_{-\infty}^{\infty}f(z)\,\mathrm{e}^{k\psi(z)}\mathrm{d}z=\int_{-\infty}^{\infty}f(z)\,\mathrm{e}^{k[\psi(z_s)+\frac{1}{2}\psi''(z_s)(z-z_s)^2]}\mathrm{d}z\\ &\approx \int_{-\infty}^{\infty}f(z_s)\,\mathrm{e}^{k\psi(z_s)}\mathrm{e}^{\frac{1}{2}k\psi''(z_s)(z-z_s)^2}\mathrm{d}z\\ &= f(z_s)\mathrm{e}^{k\psi(z_s)}\int_{-\infty}^{\infty}\mathrm{e}^{-ku^2}\mathrm{d}u=\pm f(z_s)\mathrm{e}^{k\psi(z_s)}\sqrt{\frac{-2}{\psi''(z_s)}}\int_{-\infty}^{\infty}\mathrm{e}^{-ku^2}\mathrm{d}u\end{aligned}$$

因为

$$\int_{-\infty}^{\infty}f(u)\,\mathrm{e}^{-\xi u^2}\mathrm{d}u=\sqrt{\frac{\pi}{\xi}}$$

$A(k)$取正号,则

$$A(k)=f(z_s)\mathrm{e}^{k\psi(z_s)}\sqrt{\frac{-2}{\psi''(z_s)}}\sqrt{\frac{\pi}{k}}=f(z_s)\mathrm{e}^{k\psi(z_s)}\sqrt{\frac{-2\pi}{k\psi''(z_s)}}\tag{9.76}$$

因为被积函数相位项:

$$\psi(z)=-\mathrm{j}(\sqrt{\rho_0^2+z^2}+\sqrt{r_0^2+z^2})\tag{9.77}$$

一阶导数的零点:

$$\frac{\mathrm{d}\psi}{\mathrm{d}z}=-\mathrm{j}\left(\frac{z}{\sqrt{\rho_0^2+z^2}}+\frac{z}{\sqrt{r_0^2+z^2}}\right)=0\Rightarrow z_s=0\tag{9.78}$$

$z=z_s$ 点的二阶导数：

$$\frac{\mathrm{d}^2\psi}{\mathrm{d}^2 z}\bigg|_{z=z_s}=-\mathrm{j}\Big[\frac{1}{\sqrt{\rho_0^2+z^2}}+z\frac{\mathrm{d}}{\mathrm{d}z}\frac{1}{\sqrt{\rho_0^2+z^2}}+\frac{1}{\sqrt{r_0^2+z^2}}+z\frac{\mathrm{d}}{\mathrm{d}z}\frac{1}{\sqrt{r_0^2+z^2}}\Big]$$
$$=-\mathrm{j}\Big[\frac{1}{\rho_0}+\frac{1}{r_0}\Big] \qquad (9.79)$$

对 z 的积分结果为

$$\int_{-L/2}^{L/2}(\boldsymbol{G}'\cdot\boldsymbol{J}_{sz})\cdot\boldsymbol{a}_z\frac{\mathrm{e}^{-\mathrm{j}kr_1}}{r_1}\frac{\mathrm{e}^{-\mathrm{j}kr_2}}{r_2}\mathrm{d}z$$
$$=(\boldsymbol{G}'\cdot\boldsymbol{J}_{sz})_0\cdot\boldsymbol{a}_z\frac{\mathrm{e}^{-\mathrm{j}k\rho_0}}{\rho_0}\frac{\mathrm{e}^{-\mathrm{j}kr_0}}{r_0}\sqrt{\frac{-2\pi}{(-\mathrm{j}k)\left(\frac{1}{\rho_0}+\frac{1}{r_0}\right)}}$$
$$=(\boldsymbol{G}'\cdot\boldsymbol{J}_{sz})_0\cdot\boldsymbol{a}_z\mathrm{e}^{-\mathrm{j}\frac{\pi}{4}}\sqrt{\frac{2\pi}{k}}\frac{\mathrm{e}^{-\mathrm{j}k(\rho_0+r_0)}}{\sqrt{\rho_0 r_0(\rho_0+r_0)}} \qquad (9.80)$$

设 E'_0 为照射到试件上的平面波幅度，w 为试件的宽度，Z_0 为自由空间的波阻抗，等值宽度的感应电流为 $\dfrac{2E'_0}{Z_0}w$，E^{s} 为待测件的散射场，E_0^{s} 为等值宽度电流（等于 $2(\boldsymbol{n}\times\boldsymbol{H})=\dfrac{2\boldsymbol{E}}{Z_0}$）条的散射场，从 ICR 的定义和二维格林函数的特性推得

$$\mathrm{ICR}=\frac{E^{\mathrm{s}}}{E_0^{\mathrm{s}}}=-\frac{1}{\frac{2E'_0}{Z_0}w}\oint_s(J_{sz}\mathrm{e}^{\mathrm{j}k\rho'\cos\varphi'})_0\mathrm{d}\varphi'=-\frac{1}{\frac{2E'_0}{Z_0}w}\oint_s(\boldsymbol{G}'\cdot\boldsymbol{J}_{sz})_0\cdot\boldsymbol{a}_z\mathrm{d}\sigma$$

得到

$$\oint_s(\boldsymbol{G}'\cdot\boldsymbol{J}_{sz})_0\cdot\boldsymbol{a}_z\mathrm{d}\sigma=-\frac{2E'_0}{Z_0}w\cdot\mathrm{ICR} \qquad (9.81)$$

$$\boldsymbol{E}_{\mathrm{scat}}(0,r_0,0)=-\frac{2E'_0}{Z_0}w\mathrm{ICR}\left(-\frac{\mathrm{j}\omega\mu}{4\pi}\right)\sqrt{\frac{2\pi}{k}}\frac{\mathrm{j}wE'_0\mathrm{e}^{-\mathrm{j}k(\rho_0+r_0)}}{\lambda\sqrt{\rho_0 r_0(\rho_0+r_0)}}\mathrm{e}^{-\mathrm{j}\frac{\pi}{4}}\boldsymbol{a}_z$$
$$=2E'_0\mathrm{ICR}\sqrt{\frac{\varepsilon}{\mu}}w\left(\frac{2\pi\mu}{4\pi f}\right)\sqrt{\frac{2\pi\lambda}{2\pi}}\frac{\mathrm{e}^{-\mathrm{j}k(\rho_0+r_0)}}{\sqrt{\rho_0 r_0(\rho_0+r_0)}}\mathrm{e}^{\mathrm{j}\frac{\pi}{4}}\boldsymbol{a}_z$$
$$=\frac{wE'_0\mathrm{e}^{-\mathrm{j}k(\rho_0+r_0)}\cdot\mathrm{ICR}}{\sqrt{\lambda\rho_0 r_0(\rho_0+r_0)}}\mathrm{e}^{\mathrm{j}\frac{\pi}{4}}\boldsymbol{a}_z \qquad (9.82)$$

没有试件时接收喇叭的入射场为

$$E_{\mathrm{inc}}(0,r_0,0)=\frac{E'_0\mathrm{e}^{-\mathrm{j}k(\rho_0+r_0)}}{\rho_0+r_0}\boldsymbol{a}_z$$

存在柱时，接收喇叭的总场为

$$\boldsymbol{E}_{\text{total}}(0,r_0,0) = E_{\text{inc}}(0,r_0,0)\left[1 + w\mathrm{e}^{\mathrm{j}\frac{\pi}{4}}\sqrt{\frac{\rho_0 + r_0}{\lambda\rho_0 r_0}}\text{ICR}\right] \tag{9.83}$$

设在发射喇叭和接收喇叭插入试件前后,接收喇叭处场的幅度变化为 $\Delta\alpha$(dB),相位变化为 $\Delta\varphi$。因此,$E_{\text{total}} = 10^{0.05\Delta\alpha}\mathrm{e}^{\mathrm{j}\Delta\varphi}E_{\text{inc}}$ 表示总场 E_{total},代入式(9.83)可以求得

$$\text{ICR} = (10^{0.05\Delta\alpha}\mathrm{e}^{\mathrm{j}\varphi} - 1)\frac{\mathrm{e}^{-\mathrm{j}\frac{\pi}{4}}}{w}\sqrt{\frac{\lambda\rho_0 r_0}{\rho_0 + r_0}} \tag{9.84}$$

式(9.84)对于平行极化和垂直极化感应电流率都适用。

9.6 天线罩性能测试

9.6.1 远场测试方法

天线罩性能指标的测试方法不是唯一的,有远场测试、近场测试和压缩场(又称紧缩场)测试三种主要的方法。文献[7-9]对常规天线参数特性的测量进行了详细描述。

远场测试和天线罩远场测试分别如图9.20和图9.21所示。远场测试特点如下:

(1)相对于近场测试,天线罩的传输效率、瞄准误差、交叉极化电平、对方向图影响等指标可以很快得到。

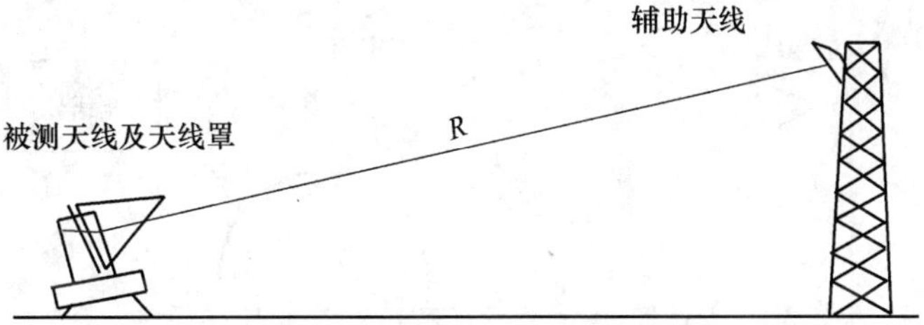

图9.20 远场测试

(2)远场测试需要一定的条件,即要有开阔的场地,为了降低地面的反射,还要在高塔上进行,同时存在多路径效应、保密性差、受天气影响、不能全天时和全天候测试的缺点。

(3)发射点和测试点之间的距离要满足远场的条件,即

$$r \geqslant k\frac{D^2}{\lambda}$$

式中:k 一般取 3~4;D 为天线的对角线最大尺度。

(4) 需要多轴转台支持,雷达天线在罩内有相当的扫描范围,例如火控雷达在方位和俯仰面上都要有 ±60°的扫描范围,对机械扫描天线,天线测试的状态是单一的,而天线罩的测试状态是多种组合,如双方位双俯仰转台,即上俯仰 - 上方位 - 下俯仰 - 下方位的轴系。

一般远场测试项目为天线罩的传输效率、最大副瓣抬高、平均副瓣抬高、瞄准误差、差波瓣零深抬高、交叉极化电平等。

测试频率点一般要求覆盖天线罩工作频带范围;扫描角应覆盖天线的扫描范围。

图 9.21 天线罩远场测试

天线罩电性能远场测试框图如图 9.22 所示,该系统由发射、监测、测量三部分组成。发射端采用工作性能稳定的综合源;监测端天线用于监视发射信号的变化情况;测量采用由计算机控制的转台和数据采集卡组成的天线波瓣测试仪,通过菜单选择测试方式,如方向图测试、差波瓣零深测试、主瓣峰值电平测试等。除波瓣同步测试外,还可以用等时间间隔采样的方法,在一次测量中记录主瓣峰值电平,取平均值消除周围电磁干扰引起的随机误差。从方向图中可经过数据处理得到主瓣宽度、波束指向、最大副瓣电平及位置、差波瓣零深及位主瓣峰值等主要参数。

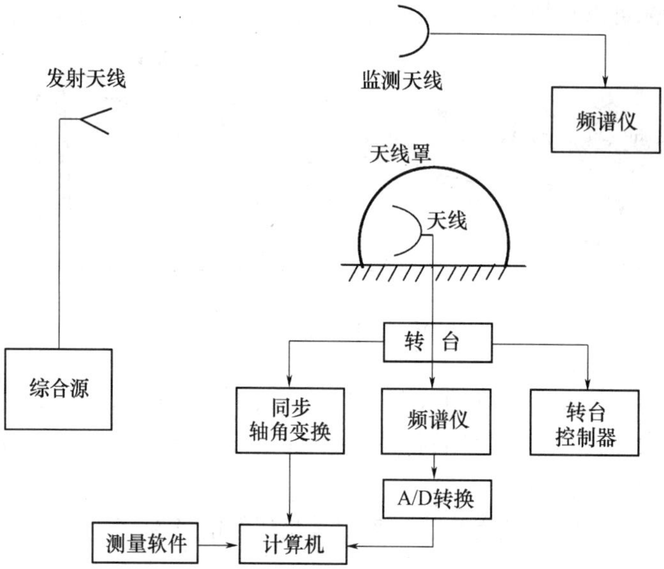

图 9.22 地面天线罩的远场测试框图

测试要点如下：

(1) 为了测试天线罩不同部位的性能,有时需要旋转天线罩进行测量,例如地面骨架天线罩。

(2) 在测量传输效率时,同时记录监测信号值,以便监测被测信号的变化量。每个频率测量5次以上,获取3个以上有效数据。在测天线罩的传输效率时,波瓣测试系统可以工作于时间采样方式,显示器扫描一次可记录5个以上主瓣峰值。用光标读出波峰最大电平,去除干扰引起的无效数据。

外场瞄准误差的测试如图9.23所示。

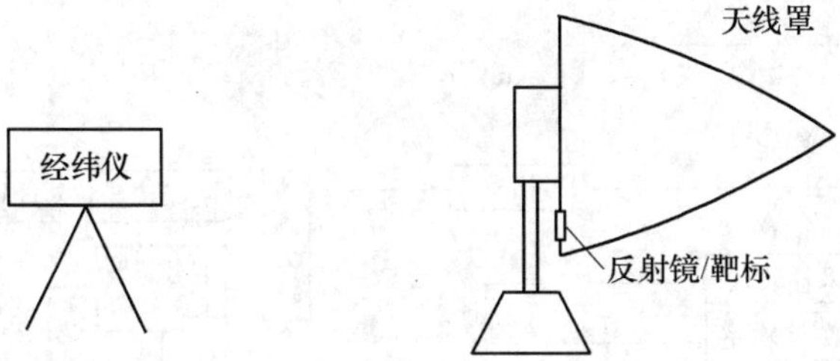

图9.23 外场瞄准误差的测试

在天线罩内架设经纬仪,在待测天线的背部设定反射镜/靶标,辅助的发射天线发射信号,记录加罩前待测天线的差波瓣零点指向,再测量加罩后天线差波瓣零点指向,两值相减得到加罩后的指向偏移(或瞄准误差)。

9.6.2 近场测试方法

暗室测试避免了天气的影响,可以进行全天时、全天候测试,暗室测试场分近场和压缩场两种。近场测试是测量天线口径场,推算远场的一种测量方法,根据探头扫描的方式分为平面近场、柱面近场和球面近场三种。加上天线罩后,近场扫描探头采样场介于天线的近场和中场之间。

近场测试优点如下：

(1) 可以得到二维方向图及任意剖面的方向图,还可以计算全空间平均副瓣,这是远场测试不能比拟的;远场测试一般只能得到某个剖面的方向图。

(2) 可以比较天线罩不同部分,例如对称部位的幅度相位分布,分析制造缺陷的影响;远场测试结果则很难清楚地判断天线罩出现问题的部位。

(3) 在暗室天线罩的安装比外场条件好。

(4) 测试不受外界天气因素的影响。

测试步骤:采用比较法测试天线罩的性能参数,即先测试仅天线的近场幅度和相位分布(推算远场方向图),然后安装天线罩,测试天线加罩后的近场幅度和相位分布(推算远场方向图),比较性能参数(如主瓣宽度、峰值电平、副瓣电平、零深、零深位置等)的变化,得到天线罩的性能(主瓣宽度变化、功率传输效率、副瓣抬高、零深抬高、指向误差等)。

一般相控阵雷达天线近场测试框图如图 9.24 所示,典型相控阵雷达天线罩近场测试框图如图 9.25 所示。

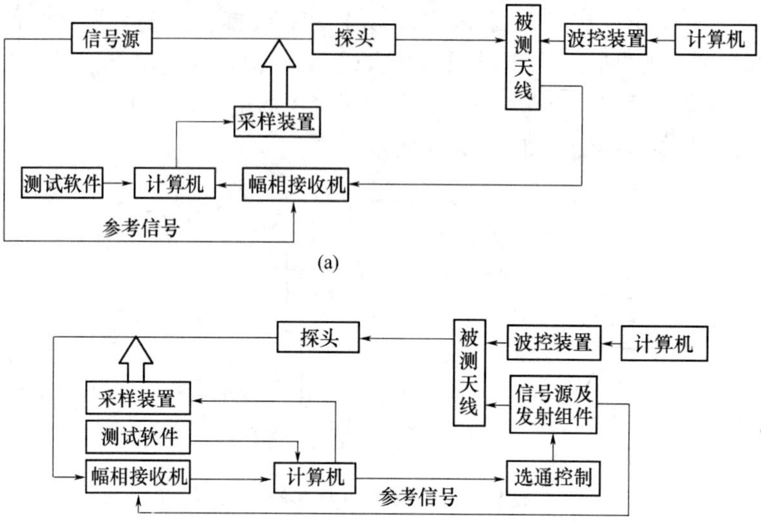

图 9.24 相控阵雷达天线近场测试框图

(a) 接收方向图测试框图;(b) 发射方向图测试框图。

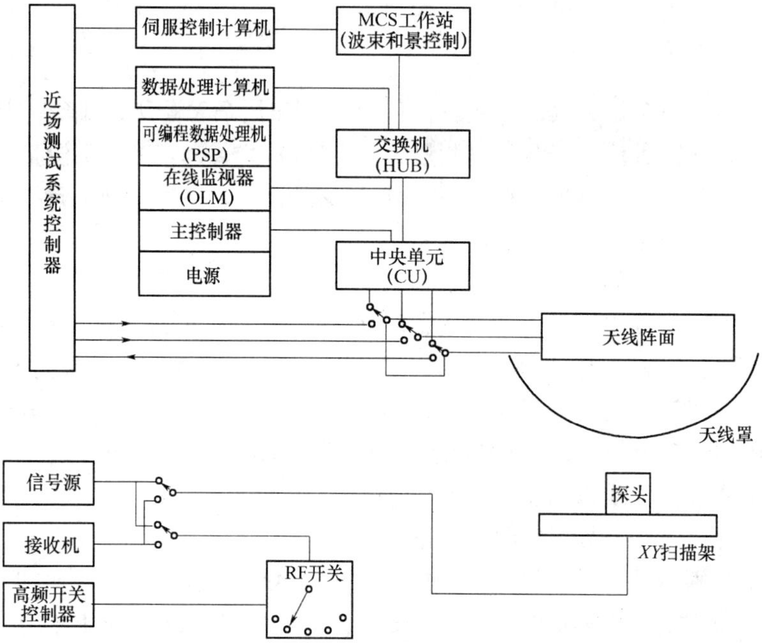

图 9.25 相控阵雷达天线罩近场测试框图

9.6.3 压缩场测试方法

20 世纪 70 年代以后,压缩场技术为天线罩暗室测试提供了强有力的支持,压缩场主要通过精密反射面天线将点源产生的球面波在近距离变换为准平面波,以满足天线测量所需要的远场条件。压缩场的测试原理如图 9.26 所示。

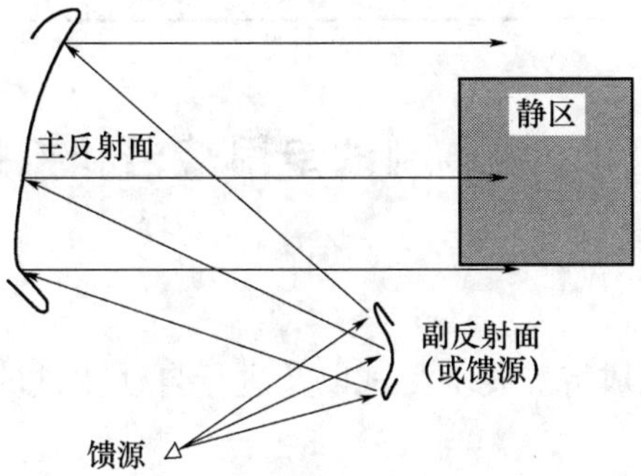

图 9.26 压缩场的测试原理

与外场测试比较,它具有测量精度高、测量效率高、保密性好、频率范围极宽(1~110GHz)等优点。压缩场的典型性能见表 9.1。

表 9.1 压缩场的典型性能

波段	边缘幅度/dB	幅度波纹/dB	相位起伏/(°)
C	0.5~1.0	0.2~0.4	5~10
X	0.5~1.0	0.3~0.5	≤10
Ku	0.5~1.0	0.3~0.7	≤10

在压缩场测试天线罩的要求如下:

(1) 静区的尺寸。和仅天线测试不同的是,静区的尺寸比测试天线的要大得多,如果还包括空速管在内,静区的尺寸则更大。

(2) 交叉极化电平。天线罩的交叉极化一般要求低于 -30dB,所以对静区的交叉极化电平还有较高的要求。天线罩压缩场测试精度见表 9.2。

(3) 转台设计。在压缩场,测试天线罩的支架设计需要考虑极化、俯仰、滑动、方位等机构,以保证相控阵扫描波束经过测试主面,滑动机构能够调整方位的转动中心与待测天线的相位中心重合,安装旋转环容许机载天线罩沿轴向旋转等。

表 9.2　天线罩压缩场测试精度

测试项目	测试精度/dB	备注
副瓣电平	±1.0	对于 -30dB 副瓣
	±2.5	对于 -40dB 副瓣
交叉极化	≤ -30	对于线极化
轴比	≤2	对于圆极化

9.7　天线罩测试专用转台和扫描架

9.7.1　转台

转台是天线罩完成特殊要求测试以及进行自动测试的重要条件,转台的特殊作用如下:

(1) 当罩内天线主瓣在水平面扫描,偏离发射喇叭来波方向时,使用方位轴反方向转动天线和天线罩联合体,将天线主瓣指向发射喇叭方向,再使用方位轴测试经过主瓣峰值主平面或指定剖面的方向图,测量加罩后主平面或指定剖面的方向图的变化。

(2) 当罩内天线主瓣在俯仰面扫描偏离发射喇叭来波方向时,使用俯仰轴反方向转动天线和天线罩联合体,将天线主瓣指向发射喇叭方向,再使用方位轴旋转测试经过主瓣峰值主平面或指定剖面的方向图,测量加罩后切面方向图的变化。

(3) 对于具有旋转对称的火控机载雷达天线罩,通过旋转横滚轴,可以测试天线罩不同部位对天线方向图的影响。另外,旋转横滚轴改变天线的极化,很方便地测试加罩后的交叉极化方向图,得到交叉极化电平。

(4) 通过线性轴(前后移动的轴),改变天线天线罩联合体的位置,测试环境对测试误差的影响,方便天线罩的安装和拆卸。

(5) 通过软件控制,程控测试多个俯仰剖面的方向图,合成得到天线加罩前后的立体方向图。

(6) 自动对准指定剖面的主瓣峰值位置。

(7) 固定天线转动天线罩,一次连续测试多扫描角的功率传输效率。

常用专用转台的轴系如下:

(1) 下方位轴—下俯仰轴—上极化轴,如图 9.27(a)所示。

(2) 下线性轴—下方位轴—下俯仰轴—上极化轴—天线自带的方位轴—俯仰轴,如图 9.27(b)所示。

(a)

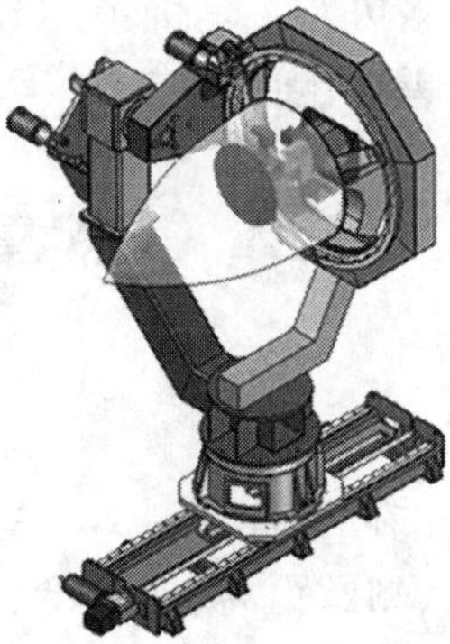
(b)

图 9.27　方位-俯仰-横滚三轴转台

9.7.2　扫描架

导弹天线罩电尺寸小,其性能参数可在微波暗室测试。导弹天线罩的瞄准误差测试工作量大,为了提高测试效率,可采用寻零法。寻零法的原理(图9.28)是,导弹寻的天线保持不动,在天线的远区设置一个 $X-Y$ 矩形扫描架,发射天线安装在扫描架上,天线的视轴方向对准发射天线时,寻的天线差通道接收的电平最小。以此为基准,将天线罩安装在三维(方位、俯仰、极化三轴)转台上,转动导弹天线罩模拟天线的扫描状态,微调发射天线的位置。根据差通道接收信号的差分,控制发射天线的位移直到差通道接收的电平最小。

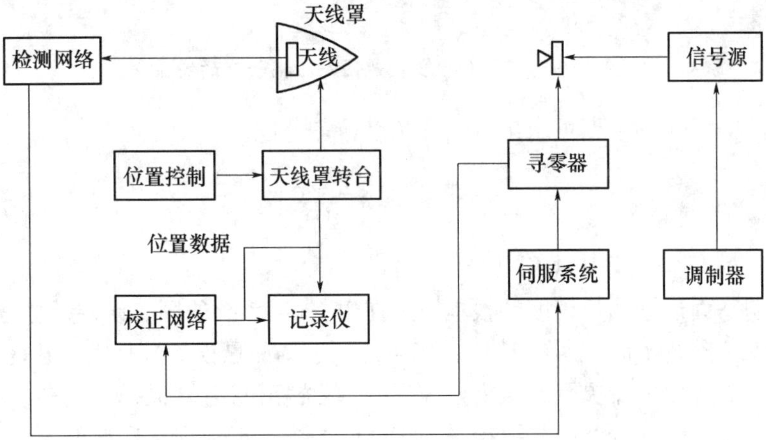

图 9.28　寻零法测试框图

寻零法实际是采用比幅测向原理,只不过寻零是通过改变发射喇叭位置,而不是转动接收天线来实现的。寻零法测试效率高、重复性好,是测试导弹天线罩瞄准误差的有效办法。借助于太阳灯等加热设备,还可以进行高温情况下导弹天线罩瞄准误差的测试。

9.8 天线罩性能测试误差分析

9.8.1 概述

天线罩测试存在各种测试误差,分为系统误差和随机误差两大类。系统误差与测试场地、测试距离、探头、仪表测试精度有关;随机误差则与机械装配误差、采样读数误差、信号漂移等因素有关。

9.8.2 近场测量误差

就平面近场测量而言,有限平面近场测量区域和探头与被测天线之间的距离确定了由近场到远场变换得到波瓣图截断误差,远场波瓣图可信的角度覆盖范围如图 9.29 所示,图中,L 为 xz 平面内测量口径的长度,D 为探头与被测天线之间的距离,A 为 xz 平面内被测天线的口径长度。

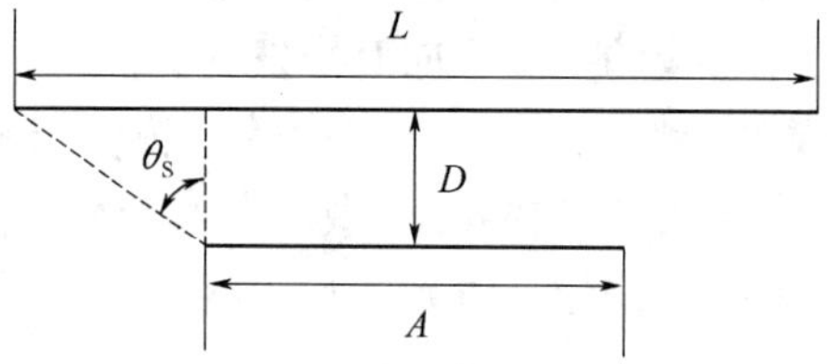

图 9.29 可信角度覆盖范围与扫描长度的关系

由图中几何关系即可求出可信的角度覆盖范围为

$$\theta_{\mathrm{S}} = \arctan\left[\frac{L - A}{2D}\right]$$

对于 yz 平面同样可作出类似估计。

影响平面近场测量精度的根本原因在于,测试系统的固有误差及测量误差。美国国家标准技术研究所(NIST)曾经给出了近场测量误差预估[10],见表 9.3。

表 9.3 各项中所提及的探头校准误差、系统相位误差、取样架及转台等机械位置误差、取样面的截断误差、探头与天线间的多次反射误差和散射误差是主要误差。同时,接收机的非线性、收发机的噪声电平对弱信号的干扰叠加和计算引入的误差等对超低副瓣天线的测量精度也有一定的影响。其他有关近场测量精度和各种误差的分析与讨论参见文献[11-13]。

表 9.3 近场测量误差预估

误差源	测量误差		误差源	测量误差	
	-55dB 旁瓣/dB	-30dB 旁瓣/dB		-55dB 旁瓣/dB	-30dB 旁瓣/dB
截断误差	±1.5	0.15	探头极化率		0.00
混叠误差	±0.5	0.05	探头增益测量		0.00
多次反射	±1.5	0.30	探头校准误差		0.20
暗室散射	±0.2	0.05	阻抗失配		0.00
位置误差	±0.3	0.20	待测天线校准误差		0.00
幅度误差	±1.5	0.07	功率测量误差		0.00
相位误差	±1.5	0.23	接收机动态范围		0.20
随机误差	±0.4		泄漏误差		0.05
探头方向图	±0.5	0.10	组合误差	±3.1	0.55

9.8.3 天线罩传输效率测试误差

在天线罩传输效率测试中[14,15]，天线罩传输效率较高，一般要求测试误差控制在2%以内。减少误差的措施如下：

(1) 一般在外场测试时，尽可能地缩短装罩和拆罩的时间，在安装天线罩时不要改变天线的指向和天线的状态，如天线电缆的连接方式。

(2) 对于有源相控阵系统要改用无源馈线网络替换有源部分，消除因有源组件非线性漂移产生的误差。

(3) 在外场设立监测支路，记录幅度电平，补偿因发射喇叭幅度变化引起的系统误差。

9.8.4 天线罩瞄准误差的精确测试

在天线罩瞄准误差测试时，要求测试精度要优于0.1mrad。对转台回差必须进行校准，一般需采用光学经纬仪或激光瞄准仪测定基准，并进行校准[16]。下面以机载火控雷达天线指向误差测试为例说明误差校准方法。

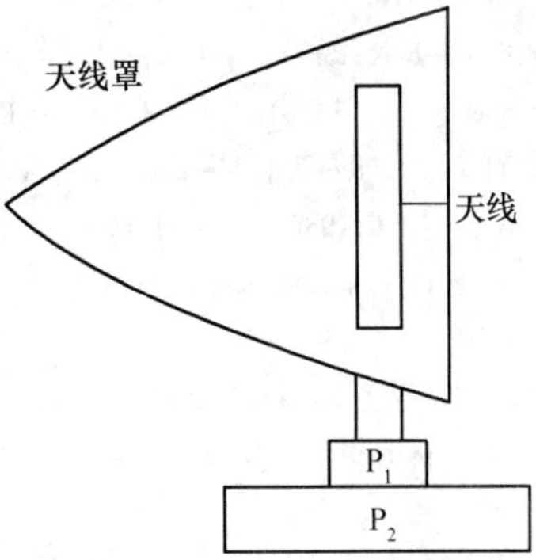

图 9.30 天线罩瞄准误差校准

假设 P_1 是天线罩转台（用于改变天线指向），P_2 是测试转台，如图 9.30 所示。天线罩转台的作用是转动天线罩等效于天线在罩内的扫描状态，测试转台是闭环跟踪天线差通道零深的转动机构，首先记录无罩时天线电轴的指向，然后测试加罩情况下天线电轴的指向，两者相减得到天线罩的瞄准误差。在实际测试时，两个转台的旋转平面（转轴的法向）之间并非理想的平行，而且在加罩以后，两个旋转平面的夹角还会变化，所以要进行校准。

任意平面在三维空间的位置可以用在大地坐标系（图9.31）中的欧拉角（α,β,γ）表示，校准是指测试加罩前后 P_1、P_2 转台欧拉角之间微小变化。消除测试误差方法是：在 P_1 上贴参考镜或靶标，用激光瞄准仪或双电子经纬仪测定两转台旋转平面之间的欧拉角。

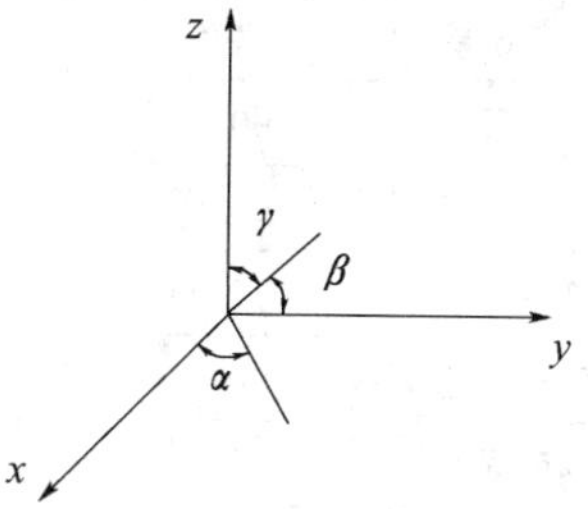

图9.31 激光测角坐标系

测试步骤如下：

（1）在大地坐标系中测定激光入射方向 θ_1、ϕ_1。

（2）测试不加罩时大地坐标系中 P_1 参考镜法向的方向 θ_2、ϕ_2。

（3）计算加罩时天线罩坐标系中 P_1 参考镜法向的方向 θ'_2、ϕ'_2。

（4）测量加罩后大地坐标系中 P_1 参考镜法向的方向 θ_3、ϕ_3。

（5）根据（2）~（4）的测量数据，计算 P_1 和 P_2 旋转面之间的欧拉角。

（6）按照 P_1 和 P_2 旋转面之间的欧拉角的坐标变换关系，将 P_2 测试的瞄准误差换算到天线罩坐标系中相对于天线参考面的电轴的变化。

另外，超低副瓣天线罩的测试要求天线工作稳定，尤其是有源相控阵列天线，在近场测试时，扫描时间较长，保持天线幅度、相位稳定是需要重点关注的。

参考文献

[1] Afsar Mohammed Nurul. The Measurement of The Properties of Materials[J]. Proceedings of the IEEE, 1986, 74(1): 183 - 199.

[2] Clarke R N, Rosenberg C B. Fabry - Perot and Open Resonantors at Microwave and Millimeter Wave Frequencies 2 - 300GHz [J]. J. Physics E. Science Instrument, 1982, 15: 9 - 24.

[3] Yu P K, Cullen A L. Measurement of Permittivity by Means of An Open Resonator 1 : Theoretical[J]. Proc. R Soc Lond, 1982, A (380): 49 - 71.

[4] 韦高，许家栋，吴昌英，等. 天线罩电厚度与材料电参数六端口测量系统设计[J]. 强激光与粒子束，2007, 19(8): 347 - 1351.

[5] Rush W V T, Hansen J A, Klein C A, etc. Forward Scattering from Square Cylinders in the Resonance Region with Application to Aperture Blockage. IEEE Transactions on Antennas and Propagations, 1976, 24(2): 182 - 189.

[6] 方大纲. 电磁理论中的谱域方法[M]. 合肥：安徽出版社，2004.

[7] Evans Gary E. Antenna Measurement Techniques[M]. Boston: Artech House, Inc. 1990.

[8] Johnson Richard C. Antenna Engineering Handbook[M]. McGraw - Hill Book Company, 1984.

[9] IEEE Standard Test Procedures for Antennas. The Institute of Electrical and Electronics Engineers[S]. Inc. ANSI IEEE Std, 1979:149 – 1979.

[10] Newell A C. Planar Near – Field Measurement of Low – Sidelobe Antennas[J]. Journal of Research of the NIST,1994,99(3).

[11] Newell A C. Error Analysis Techniques for Planar Near – Field Measurement[J]. IEEE Transactions on Antennas and Propagation,1988,AP – 36(6):754 – 768.

[12] Joy E B. Near – Field Range Qualification Methodology[J]. IEEE Transactions on Antennas and Propagation. 1988,AP – 36(6):836 – 844.

[13] Yaghjian A D. An Overview of Near – Field Antenna Measurement[J]. IEEE Transactions on Antennas and Propagation, 1986,34(1):30 – 45.

[14] Audone B,Delogu A,Moriondo P. Radome Design and Measurements[J]. IEEE Transactions on Instrumentation and measurement,1988,37(2): 292 – 295.

[15] Aeropace Industries Association of Ameriacal Incorporated. Electrical Test Procedures for Radomes and Radome Materials[S]. July,1960.

[16] Luis L OH. Accurate Boresight Measurements of Large Antennas and Radome[J]. IEEE Transactions on Antennas and Propagation. 1973,21(4): 567 – 569.

第10章　天线罩力学和材料工艺基础

天线罩的设计需要同时考虑电、力学和材料工艺的要求,只考虑电性能而不考虑力学和材料工艺的现状的设计,很可能是片面的或是不能实现的。为了设计满足工程需要的天线罩,应该学习并掌握必要的力学和材料工艺知识。

本章分三个部分,第一部分介绍材料的电和力学的基本属性,天线罩力学性能的基本概念、力学分析的主要方法,为设计天线罩提供材料力学的基础;

第二部分介绍有机和无机复合材料天线罩两大材料体系及其成形工艺,着重介绍增强纤维、树脂基体、夹芯材料的基本特性。

第三部分介绍金属骨架天线罩的材料和一些特殊涂层材料。

10.1　天线罩力学性能

10.1.1　天线罩力学性能分析、设计和试验

天线罩常用结构形式如下:

(1) 介质骨架连接的夹层窗体的截球型纤维增强聚合物基复合材料结构;

(2) 金属骨架支撑的薄膜窗体的截球型钢膜复合材料结构;

(3) 无骨架的纤维增强聚合物基复合材料壳体结构;

(4) 陶瓷基复合材料壳体结构。

作用于天线罩上的力称为载荷,有不随时间变化的静载荷,有瞬时突然变化的冲击载荷,还有振动引起的交变载荷。对于上述形式的天线罩,力学性能是指天线罩在所受载荷(气动载荷、惯性载荷、交变载荷、冲击载荷等)作用下,能否保持稳定的、完整的状态,不发生有害变形和破坏,机载天线罩的结构强度能否保证飞机的飞行安全,地面雷达天线罩的结构强度能否保证地面雷达的安全,在强烈自然灾害(如台风)来临时天线罩不应损坏。

在设计天线罩结构时,要进行必要的分析试验,图10.1给出了天线罩结构设计的典型流程图。按照电初步设计方案和材料的力学参数建立静力分析模型,进行有限元应力分析(即载荷作用下单位面积上内力的分布),按照安全系数(一般机载天线罩1.5~2.0,地面天线罩2.5~3)确定材料性能指标,设计并进行典型结构试验,典型结构试验通过后再进行天线罩成品试验。

天线罩力学性能分析包括:

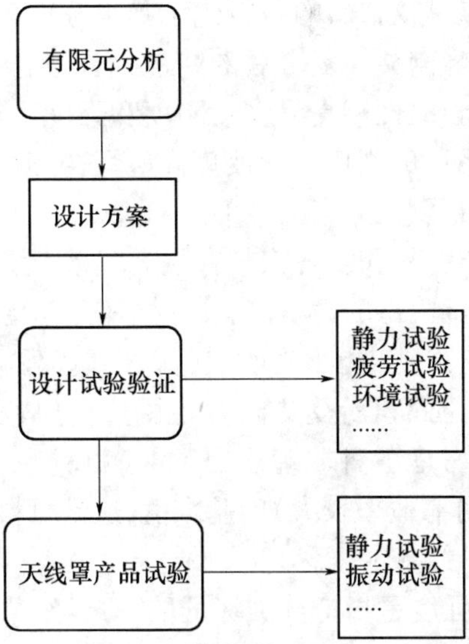

图 10.1　天线罩力学分析和设计典型流程图

(1) 静力分析：用于分析在静力载荷(静力分布、强制位移、惯性力)作用下的应力、位移、约束反力等。

(2) 屈曲分析：计算在特定载荷下的稳定性以及确定天线罩结构失稳的临界载荷。

(3) 动力学分析：分析时变载荷作用下天线罩的频率响应，如随机振动分析、冲击响应、振动模态分析(固有频率)等。

(4) 疲劳分析：复合材料的疲劳分析、损伤容限分析等。

(5) 鸟撞分析：分析在飞鸟撞击情况下结构的变化情况。

天线罩力学设计包括：

(1) 接口设计；

(2) 铺层设计；

(3) 典型试验件设计；

(4) 环境试验件设计等。

天线罩力学试验包括：

(1) 静力试验；

(2) 疲劳试验；

(3) 振动和冲击试验；

(4) 环境试验等。

10.1.2　材料力学基础

天线罩是由不同单相材料通过化学或物理方法形成的多相复合材料结构。

复合材料的最大的特点是复合后的材料优于其组分材料性能,如两层玻璃布增强纤维、聚合物树脂和蜂窝夹层复合后的结构,能得到比玻璃布增强纤维、聚合物树脂、蜂窝天线罩单独的性能高得多的刚度和强度。复合材料相对于金属材料,其比强度高(单位密度的强度)、比刚度高(单位密度的强度),在达到同样强度和刚度的情况下,质量要比原来的轻 1/3 ~ 1/2。

天线罩结构性能与材料和复合工艺有很大关系[1],为了达到天线罩的结构力学性能,要进行典型试验件的力学试验,考核其力学性能。描述结构力学性能外在特性的主要参数有强度(能承受的载荷)、刚度(发生的位移和变形),反映内在特性的有应力(单位面积所受的内力)、模量(材料承受的最大应力与应变的比值)、稳定性,反映考虑各种非理想因素的(材料和工艺离散性、湿热效应、损伤等)可用于设计(可靠概率较大)的基准值,这是材料力学的重要基础。

描述材料力学性能的基本概念有:

(1) 强度和应力:强度是指抵抗破坏的能力,天线罩应具有足够的强度,保证它在载荷作用下不被破坏。当天线罩受到外力作用时,形状和尺寸就将发生变化(量级很小,如毫米量级),天线罩内部产生反作用力,这是天线罩内部的力,单位面积上的内力称为应力。实际上,在没有外力(重力总是有的)物体保持自身形状也需要力,人们所说的应力,都是加载荷以后附加应力。单位常用单位为帕(Pa)($1\text{Pa} = 1\text{N/m}^2$)或 1 个大气压(1atm = 0.1 MPa)。

(2) 刚度和变形:刚度是抵抗变形的能力,天线罩在载荷作用下会产生形状和尺寸的变化;刚度大,变形小;刚度小,变形大。天线罩可以发生变形,但不能出现有害变形,有害变形不但会影响结构性能还会影响电性能。

(3) 模量:弹性模量是材料承受的最大应力与应变的比值。它包括压缩模量和拉伸模量。模量越大,材料的弹性就越好,能承受的应力大而变形小。刚性模量是材料承受的最大剪切或弯曲应力与应变的比值。它包括分剪切模量和弯曲模量。

(4) 稳定性:当载荷增加时,出现突然失去了初始平衡状态的现象称为失稳。失稳与结构的内部与载荷有关,在天线罩工作时,内部应力在外部交变载荷作用下形成交变应力,虽然外加力没有超过最大载荷,内部应力低于材料的强度极限或屈服极限,经过多次应力循环,突然发生断裂。这是由于内部在交变载荷发生的一种失稳现象。大体过程是:当交变应力超过一定数值时,且多次反复作用后,在压力最大处或材料薄弱处产生细微裂纹性损伤,损伤逐渐扩展,交替变化,形成断面分离区,承载外力的实际截面积逐渐减少,应力随之增大,当实际截面积应力超过承受极限时,发生脆性破坏。

(5) 安全系数:是指天线罩各部位不同材料的极限应力与该材料的许用应力之比。对于塑性的天线罩复合材料,安全系数一般取 1.5 ~ 2.0;对于脆性的钢结构螺栓等,安全系数一般取 2.0 ~ 3.5。

（6）基准值：对某种材料的力学性能的一组测试样品进行测试必然有最大值、最小值和平均值，在给定安全系数后，可以确定材料的许用值。按照概率理论，可以确定材料力学性能的门限，在95%的置信度下，90%的性能数值群的值高于此值，该数值定义为B基准值；在95%的置信度下，99%的性能数值群的值高于此值，该数值定义为A基准值。一般用B基准值作为材料的门限。

（7）泊松比：材料在一个方向的受力会产生正交方向的应变，一般用泊松比来描述，泊松比的定义为在材料的比例极限内均布轴向应力所引起横向应变与其相应轴向应变的比值，是一个无量纲的绝对值。

10.2 聚合物复合材料及工艺

天线罩的电性能和力学性能要求决定了天线罩需要采用复合材料结构。聚合物复合材料和陶瓷基复合材料是天线罩的两种基本材料。聚合物基复合材料本身是以碳氢结构为基础[3]，其本身受到使用温度的限制，一般用于500℃以下；陶瓷基复合材料是以硅为基础的陶瓷[4]，它能够减重并具有抗高温和抗氧化的性能，能够耐500℃以上的高温。

纤维增强聚合物基复合材料结构是一种增强塑料[1]，塑料的基体用聚合物基（树脂），纤维改善了树脂的部分性能，在聚合物基复合材料中，强度与增强纤维关系较大，在高温情况下，复合材料的强度和刚度主要取决于基体。刚度和强度取决于原子间与分子间强弱键合和工艺方法，复合材料各要素之间的关系如图10.2所示。纤维增强复合材料通过纤维和基体两种材料的结合，其强度高于基体自身，而且复合材料较其任何组分本身有更高的应变能力和更低的密度。夹层就是一种以最小的重量获得高弯曲刚度的结构。

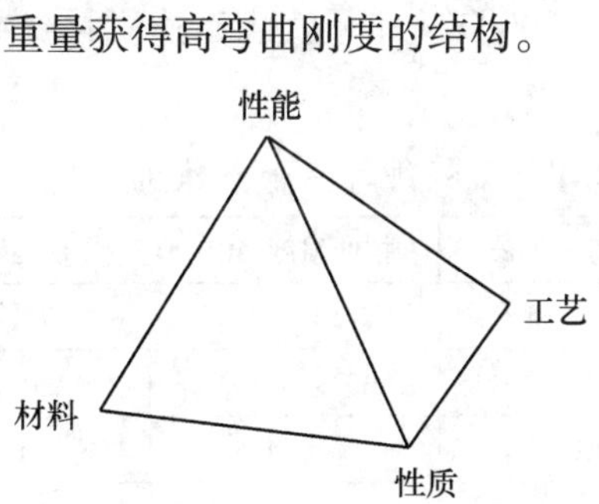

图10.2　描述复合材料性质—材料—工艺—性能之间关系的四面体

对于聚合物复合材料，吸湿是一个不可忽视的问题，吸湿降低了压缩和剪切情况下的层压板的强度，玻璃纤维的吸湿小可以忽略不计，而芳纶纤维在高湿热环境下吸湿比较严重。另外，复合材料在高温性能有所下降，变化程度主要取决于基体的温度特性，树脂基的复合材料高温一般不超过330℃，最高瞬时工作温度约500℃，而陶瓷基的复合材料工作温度可达到1200～2500℃。

10.2.1 复合材料的介电常数

设复合材料是均匀和各向同性的，复合材料相对介电常数、损耗角正切与组分材料的相对介电常数、损耗角正切的关系分别为

$$\lg\varepsilon_{m} = \frac{V_{R}\lg\varepsilon_{R} + V_{F}\lg\varepsilon_{F}}{V_{R} + V_{F}} \tag{10.1}$$

$$\lg\tan\delta_{m} = \frac{V_{R}\lg\tan\delta_{R} + V_{F}\lg\tan\delta_{F}}{V_{R} + V_{F}} \tag{10.2}$$

式中：ε_m 为混合材料的相对介电常数；ε_R 为树脂的相对介电常数；ε_F 为增强纤维的相对介电常数；V_R 为树脂的体积；V_F 为增强纤维的体积；$\tan\delta_m$ 为混合材料的损耗角正切，$\tan\delta_F$ 为树脂的损耗角正切；$\tan\delta_R$ 为增强纤维的损耗角正切。

10.2.2 增强纤维

常用的复合材料增强纤维有碳纤维、芳纶纤维、玻璃纤维、硼纤维、氧化铝纤维；纤维的主要参数有介电常数、损耗角正切、密度、拉伸强度、模量、拉伸、剪切、伸长率[2]等。

1. 碳纤维

通常用三种不同的前驱体材料制造碳纤维：人造纤维或聚丙烯腈及各向同性和液晶沥青在高温下分解，然后放入一种惰性气体中，在1300℃炭化。成品碳纤维含有93%～95%的碳。

碳纤维结构强度高、密度低，在天线罩制造应用时，应注意两点：①碳纤维电导率相对较高，$0.60\times10^{3}\sim1.43\times10^{3}\Omega^{-1}\cdot cm^{-1}$，铜的电导率为$570\times10^{3}\Omega^{-1}\cdot cm^{-1}$；②碳纤维在高于500℃条件下就会迅速氧化。纤维与其他纤维的性能比较见表10.1。

表10.1 碳纤维与其他纤维的性能比较[2]

	拉伸模量/GPa	拉伸强度/MPa	密度/(g·cm⁻³)	纤维直径/μm
碳(PAN)纤维	207～345	2414～6896	1.75～1.90	4～8
碳(沥青)纤维	172～758	1379～3103	1.90～2.15	8～11
碳(人造丝)纤维	41	1034	1.6	8～9
玻璃纤维	69～86	3034～4620	2.48～2.62	30
硼纤维	400	5034～6896	2.3～2.6	100～200

2. 芳纶纤维

20世纪70年代初，杜邦公司推出Kevlar芳纶，这是一种具有高比拉伸模量和强度的有机纤维。它是在先进复合材料中用作增强材料的第一种有机纤维。芳纶纤维具有低密度、高拉伸强度、高拉伸刚度、低压缩性能（非线性的）和优良

的韧性特性。芳纶的密度为 1.44g/cm^3，比玻璃纤维约低 40%，比常用碳纤维约低 20%。芳纶不会融熔，而约在 500℃下分解。芳纶纤维的吸湿性高，限制了它在天线罩中的应用。

3. 玻璃纤维

典型玻璃组成：对电气/E 玻璃，成分是碱含量小于 2% 的钙铝硼硅酸盐；对耐化学的 C 玻璃，由钠钙－硼硅酸盐组成；对高强度 S－2 玻璃，成分是低碱镁铝硅酸盐；E 玻璃为电气方面专用，该类型或等级的玻璃有多种标准的直径，其范围为 3.5μm ~13μm。多年以来，玻璃纤维复合材料有显著的强度与重量比的优势，如密度轻、耐化学试剂或电化腐蚀、电气性能好，性能见表 10.2。与碳纤维复合材料相比，热膨胀系数和模量性能相对较差；与芳纶复合材料相比时，玻璃纤维复合材料的拉伸性能不如芳纶复合材料，但极限压缩、剪切和吸湿性能优于芳纶复合材料。

表 10.2　典型的玻璃纤维电性能[2]

	E	S－2		E	S－2
密度/(g·cm^3)	2.59	2.46	极限伸长率/%	4.8	5.4
拉伸强度/MPa	34450	45818	介电常数(23℃，频率 1MHz)	6.3 ~6.7	4.9 ~5.3
弹性模量/GPa	72.35	86.81			

4. 硼纤维

元素硼纤维是在炽热钨丝上沉积反应形成的，炽热钨丝通过一个含有 BCl_3 与 H_2 的反应装置中连续拉出。硼纤维的强度、刚度和密度的综合性能是优异的。硼纤维的拉伸模量为 40GPa，强度为 3600 MPa。导热性和热膨胀均较低，其热膨胀系数为(4.5 ~5.4) ×10^{-6}/℃$^{-1}$，硼纤维是陶瓷天线罩的增强材料。典型的最终使用性能示于表 10.3。硼纤维的成本比标准碳纤维约高 1 个数量级。

表 10.3　单向硼/环氧层压板最终使用的典型性能 $V_f=0.5$[2]

性　能		数值	性　能		数值
拉伸模量/GPa	纵向	207	拉伸强度/MPa	纵向	1323
				横向	72
	横向	19	压缩强度/MPa	横向	2432
注：$V_f=0.5$					

5. 氧化铝纤维

氧化铝纤维是适合于陶瓷天线罩的理想增强材料，容易处理且能够按要求方向控制纤维的取向，能进行长丝缠绕等。纯度超过 99% 的氧化铝纤维具有极好的耐化学性，并且比含二氧化硅的陶瓷纤维具有更高的模量和温度容限，其380 GPa的高模量可与硼纤维和碳纤维相比，其平均长丝拉伸强度最低为1.4GPa。氧化铝复合材料的典型性能列于表10.4。

表10.4　氧化铝复合材料的典型性能[2]

性能		数值
拉伸模量/GPa	轴向	210～220
	横向	140～150
剪切强度/MPa	轴向	600
	横向	130～210
剪切强度/GPa		85～120
疲劳-轴向持久极限		在75%极限静强度下107次（拉—拉，$R=0.1$，旋转弯曲）
密度/($g\cdot cm^{-3}$)		3.3

6. 石英纤维

石英纤维是非常纯的(98.95%)熔凝硅石玻璃纤维，具有低的介电常数和介电损耗角正切。长丝拉伸强度为5900MPa的石英纤维具有最高的强度与质量比，几乎超过所有其他的高温材料，石英纤维的性能列于表10.5，石英纤维与环氧树脂复合材料的性能列于表10.6。石英纤维比“E”玻璃或“S”玻璃纤维能在高得多的温度条件下使用，其工作温度高达1050℃。只要温度不超过1650℃，石英纤维是不会熔融或蒸发，有可能用作烧蚀材料。但是石英纤维不能用于存在高浓度强碱的环境。与“E”或“S-2”玻璃产品相比，石英产品价格很贵。

表10.5　石英纤维的性能[2]

密度/(g/cm^3)	2.20	伸长率/%	8.7
单丝拉伸强度/GPa	6.0	相对介电常数(10GHz,24℃)	3.78
无捻粗纱拉伸强度/GPa	3.6	介电损耗角正切(10GHz,24℃)	0.0001
模量/GPa	72.0		

表10.6　石英纤维与环氧树脂复合材料性能[2]

	室温	在180℃下 1/2h		室温	在180℃下 1/2h
拉伸强度/MPa	516～717	451～636	压缩强度/MPa	458～499	294～344
拉伸模量/GPa	21.7～28.2	18.5～25.3	压缩模量/GPa	23.6～25.9	21.4～23.4
弯曲强度/MPa	658～682	372～523	层压板树脂含量/%	33.5～32.0	
弯曲模量/GPa	22.5～23.8	18.2～21.2	密度/($g\cdot cm^{-3}$)	1.73～1.77	

10.2.3 树脂基体

加热后固化的材料称为热固性材料，树脂在常温下一般为有一定黏性的液态，加热后在一定温度和压力下固化，所以树脂是一种热固性材料，是天线罩最常用的基体。加热后变形的固体或颗粒称为热塑性材料，早期的雷达天线罩使用过有机玻璃（聚甲基丙烯酸甲酯）、丙烯酸、聚苯乙烯等热塑性材料，热塑性在制造厚度精度要求高的天线罩时难以控制，有机玻璃在低温下容易龟裂。泡沫就是一种热塑性材料，作为天线罩夹芯使用。

1. 环氧树脂

环氧树脂的特点是：强度和模量高，挥发份低，粘合性好，收缩率低，耐化学性好，易于加工成形；主要用作预浸料树脂和结构胶粘剂，固化温度室温至180℃；成品的固化温度高，其使用温度也高；玻璃化温度通常低于260℃。

2. 聚酯树脂

聚酯树脂一般是由不饱和二元酸二元醇或者饱和二元酸不饱和二元醇缩聚而成的具有酯键和不饱和双键的线型高分子化合物。不饱和聚酯树脂是最早用于天线罩的一种树脂，价格便宜，工艺性能好，可以在室温下固化，常压下成形，适于手糊成形工艺，固化后树脂综合性能好，力学性能指标略低于环氧树脂，但优于酚醛树脂，耐腐蚀性，电性能和阻燃性可以通过选择适当牌号的树脂来满足要求，树脂颜色浅；缺点是固化时收缩率较大，贮存期限短，含苯乙烯，有刺激性气体有害健康。

3. 酚醛树脂

这种树脂成本低，与聚酯相比，能快速成形，韧性高；缺点是难成形且脆。

4. 聚酰亚胺树脂（Polyimides，PMI）

大多数聚酰亚胺单体是粉末状，添加溶剂成胶液，增强纤维材料经过聚酰亚胺胶液成为预浸料，聚酰亚胺需要很高的固化温度（约290℃）；还有一种树脂叫双马来酰胺（Bismaleimide，BMI），双马来酰胺是聚酰亚胺的一个分支，高温玻璃化温度通常低于260℃～320℃，韧性高。

5. 氰酸脂树脂（Triazine A resin，TA resin，Cyanate resin，CE）

氰酸酯树脂是一类含有两个或两个以上的氰酸酯官能团（—O—C≡N）的新型热固性树脂，氰酸酯树脂具有优良的力学性能、加工工艺性能、耐热/耐湿热性能、极低的介电损耗和低而稳定的介电常数，并且介电性能随温度和电磁波频率的变化小在宽频带范围内稳定。吸湿性低小于1.5，介电常数为2.7～3.2，玻璃化转变温度为355℃，可以代替BMI和聚酰亚胺，损耗小，适于RTM树脂传递模塑。

复合材料在高温性能有所下降，变化程度主要取决于基体的温度特性，虽然陶瓷基的复合材料工作温度可以达到1800℃～2500℃，但是只能制造实芯结构的天线罩，氰酸脂和聚酰亚胺树脂的瞬时工作温度可高达500℃，为制造高温的宽带的夹层天线罩提供了有力的技术支持，研究更高温度的树脂是今后的发展趋势。

10.2.4 夹芯材料

夹层天线罩大量使用夹芯材料，蜂窝夹芯与蒙皮固化复合结构如图10.3所示。天线罩用的夹芯材料有蜂窝、泡沫，如图10.4所示；天线罩用蜂窝芯按照制造的材料来分有玻璃布蜂窝、纸蜂窝（如Nomex芳纶纸蜂窝），按照孔格分有正六边形、菱形、长方形（过拉伸）、扁六边形（欠拉伸）、正弦曲线形。六边形蜂窝是一种使用材料最少、强度最高的一种形状。蜂窝的相对介电常数为1.04～1.15，损耗角正切为0.003～0.008高密度蜂窝的相对介电常数可以达到1.2。

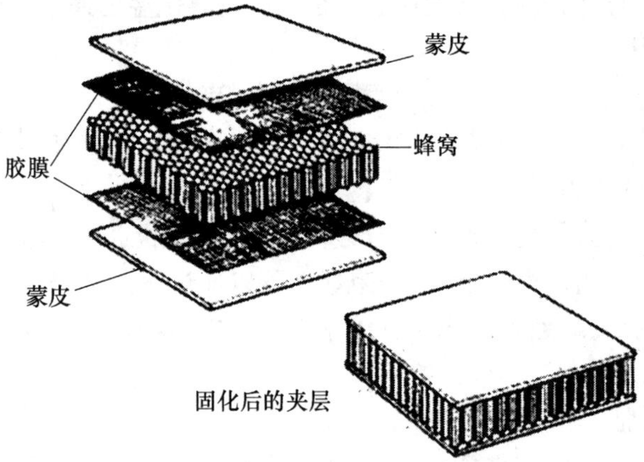

图10.3 夹层中的蜂窝

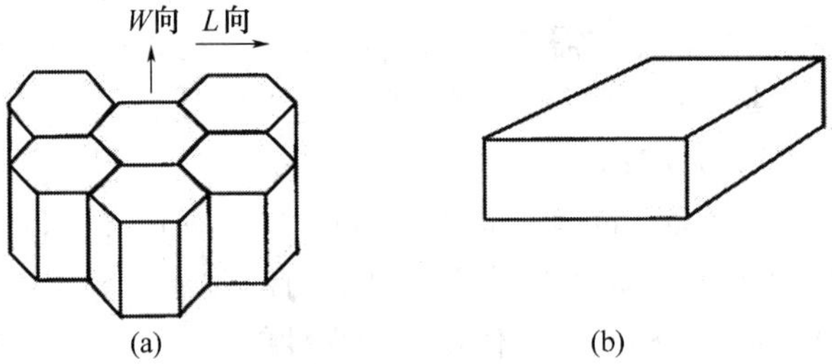

图10.4 蜂窝和泡沫
(a) 蜂窝；(b) 泡沫。

泡沫是一种有无数微孔的塑料，它是以连续树脂和分散气体组成的两相材料的物体，所以介电常数接近于空气。内部气孔互相连通的称为开孔泡沫，不连通的称为闭孔泡沫。泡沫的密度一般为20～200kg/cm^3，适于天线罩的泡沫原材料有聚氨酯（PUR）、聚苯乙烯（PS）、聚乙烯（PVC）。通常泡沫的相对介电常数为1.02~1.30,损耗角正切为0.0002~0.001,泡沫的力学和电性能(典型值)列于表10.7。为比较,蜂窝的力学和电性能(典型值)列于表10.8。

表10.7 泡沫的力学和电性能(典型值)

压缩强度/MPa	1.5
压缩模量/MPa	92
剪切强度/MPa	2.4
剪切模量/MPa	29
泊松比	0.37
相对介电常数	1.1
损耗角正切	0.003
密度/(g·cm^{-3})	0.075

表10.8 蜂窝的力学和电性能(典型值)

压缩强度/MPa	3.5
压缩模量/MPa	210
W向剪切强度/MPa	1.1
L向剪切强度/MPa	2.1
W向剪切模量/MPa	30
L向剪切模量/MPa	60
泊松比	0.3
相对介电常数	1.08
损耗角正切	0.005
密度/(g·cm^{-3})	0.064

性能比较好的闭孔泡沫材料有Rohacell PMI,其强度与重量比高,易于机械加工,可以加热成形,不含氟利昂和卤素。

10.2.5 成形工艺

用平面织物生产规定形状的天线罩,要求各增强纤维织物与适合固化的树脂基体复合,并于适当的温度和压力下在模具上固化成形。要求基体的流动性小,防止树脂流进蜂窝孔格中蜂窝芯,黏性好易于铺层。

固化是指聚合物(树脂)通过化学添加剂(如固化剂、催化剂)在一定的加热、加压条件下交联形成固体物质的过程。按照聚合物(树脂)的化学性质选择不同的固化温度,分为常温(室温)固化、中温固化(80~150℃)、高温固化(150℃以上)。除温度外,还要控制好压力和时间,温度、压力、时间是固化的三个重要参数。固化时间还与胶粘剂和预浸料的黏度曲线有关,应该在挥发物逸出、蜂窝芯排气后进行。

热固性材料成形过程中会发生复杂的化学反应和物理状态的变化,有许多是同时发生的,有些可以直接控制,有些只能间接控制。树脂的流动、蒙皮材料的位移挥发分的运动产生的空隙等,使得固化后的天线罩各部分的性能有较明显的变化。

热塑性材料固化时不经历化学变化,固化时会出现挥发物和不完全结晶等问题,也会引起材料力学和机构性能的变化。成形速度快,不发生化学固化,但是预浸料比较僵硬,不具有热固性材料预浸料的黏性和铺覆性。固化过程分分步固化和共固化(同时固化)。

热固性材料成形方法有[3]真空袋烘箱模压法、预浸料热压罐方法、压机固化、树脂传递模塑(Resin Transfer Molding,RTM)、树脂膜熔渗(Resin Film Infusion,RFI)等方法。

(1) 真空袋烘箱模压法是一种低成本的工艺(图10.5),可以使用低成本的模具,生产过程短,但是要用高流动性树脂,以便排除挥发分。真空袋中可以施加的最大压力是1atm,真空袋密闭往往无法全部排除挥发分,所以成品易出现纤维的体积含量较低而空隙率较高的问题。

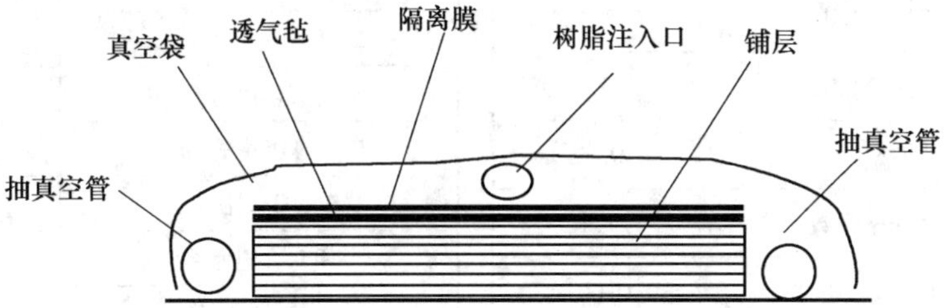

图10.5 真空辅助树脂注入/转移成形

(2) 热压罐固化是在较高的温度和压力下固化的工艺(图10.6)。热压罐内的加压可以到2atm,温度可达370℃,热固性的材料成形的压力一般在0.7MPa以下;热塑性的材料成形的压力和温度更高,在加热时空气要进行去氧,充以惰性气体防止高温材料发生燃烧。成形模具包括用于铺贴材料的阴模/阳模,定位工装、脱模工装、在真空袋和待成形预浸料之间铺设透气的材料。真空袋和模具的边缘密封,在真空袋的出气口嘴抽出袋内的空气,真空袋的压力均匀加在天线罩表面法线方向上。热压罐加热后,预浸料的黏度开始下降呈现流体状态,夹层的各层之间的气体在真空袋膜的压力下被排出,在真空袋内侧的贴附疏松的材料和透气的膜使空气得以逸出。为了改善靠模具表面的光洁度,可以在模具表面贴附表面模或涂层。

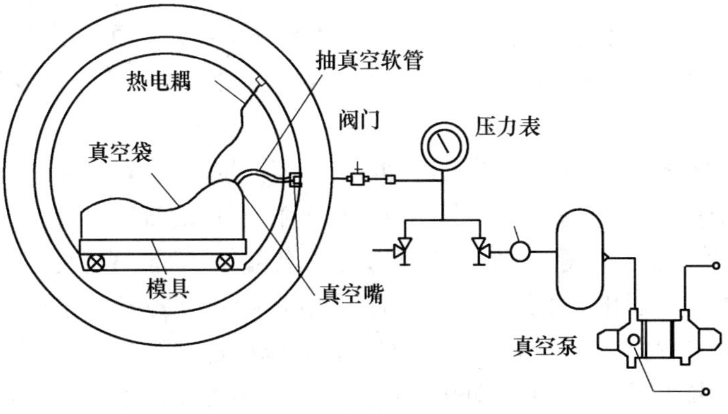

图10.6 热压罐成形法

(3) 压机固化如图 10.7 所示，一般在压力 0.14 ~ 7MPa、320℃的高温下固化匹配模成形。

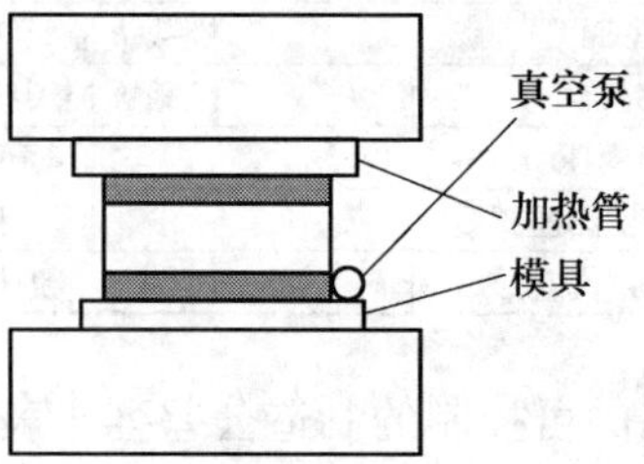

图 10.7　模压成形法

(4) RTM(如图 10.8)是一种模压成形工艺，把纤维织物和树脂结合在一起固化制造三维产品。纤维织物可以编织，也可以直接铺贴导模具上。

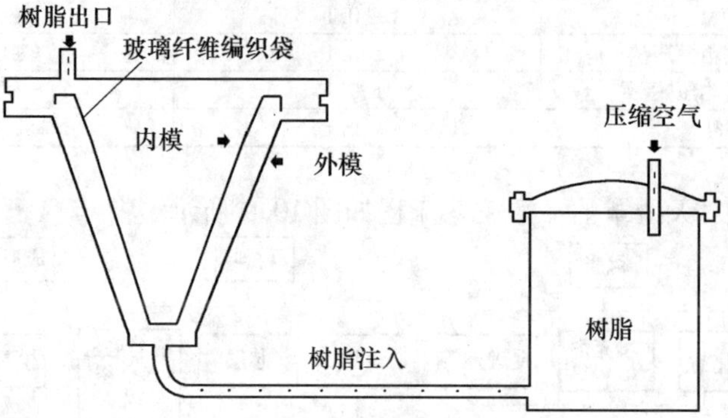

图 10.8　树脂转移成形

(5) RFI 把干态的纤维织物预成形件和树脂复合在一起。预成形件是指将纤维织物缝合在一起，加温、加压在模具上先成形。RFI 是 RTM 的一种，把树脂紧靠预成形件，一般在模具的上端设置出气口，下方加热后树脂向上流熔预浸料干态的预成形件。可以用阳模外套真空袋加热，它是一种低成本的生产技术。RFI 与其他 RTM 技术相比，不需要对模，成本降低，树脂传递距离短(等于罩壁的厚度)，能够生产大型制件，不需要有太高的树脂流动性。

而热塑性材料成形方法有如下两种。

(1) 固相成形(Solidphase Forming, SPF)，是在材料的开始结晶和熔点以下的温度进行加热成形，适于平坦形的制件。例如，泡沫的热成形，利用热塑性材料的快速加工的特性，将烘箱中材料加热到成形温度，将加热的材料转移到模具上，对材料加压成曲面层板。

(2) 熔相成形(Melt - Phase Forming, MPF)，是在材料的熔点进行加热成形，要求施加足够的压力，适于曲率变化大的情况。

不同类型的天线罩对应的成形工艺列于表 10.9。

表 10.9 不同类型的天线罩对应的成形工艺

天线罩类型	制造技术	适用范围
实芯结构	RTM	机载火控天线罩,亚声速导弹天线罩
	缠绕	机载火控天线罩,亚声速导弹天线罩
	双模压	亚声速导弹天线罩
夹层结构	预浸料/热压罐	机载天线罩
	预浸料/真空袋	地面雷达天线罩

不同工艺天线罩成品的可控制的制造公差列于表 10.10。

表 10.10 不同工艺天线罩成品的可控制的制造公差

工艺方法	蒙皮厚度公差	蒙皮介电常数公差
手工湿法成形	± 0.2	±0.25
缠绕	± 0.1	±0.1
RTM	± 0.1	±0.15
真空袋烘箱模压法	± 0.1	±0.12
预浸料热压罐	± 0.1	±0.12
RFI	± 0.1	±0.12

综合起来,天线罩的一般工艺流程如图 10.9 所示。

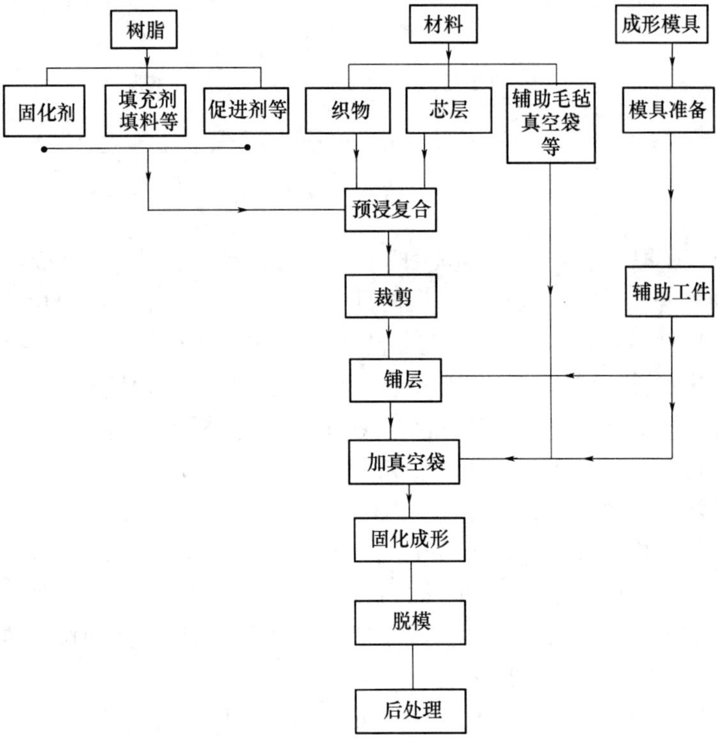

图 10.9 天线罩的一般工艺流程

10.3 陶瓷基复合材料及工艺

陶瓷基复合材料(Ceramic Matrix Composite,CMC)分成非连续增强的和连续纤维增强的两类。与脆性陶瓷不同的是,陶瓷复合材料能经受住局部损伤和非弹性变形,而不发生灾难性破坏。单相陶瓷对于小裂纹敏感并导致脆断,在陶瓷基体中添加另外的组分,增加强度、韧性和硬度。简单地说,它们比单相陶瓷有更高的应变能力。陶瓷复合材料具有独特性能(高温强度、低密度、化学稳定性、抗磨蚀性),其在军事及航空航天领域得到了广泛应用。

10.3.1 陶瓷基复合材料

陶瓷基复合材料反应工艺或反应成形特点是组成复合材料基体几个不同的相,在处理过程中产生反应生成一个新相。通常,预成形件包括增强体(如纤维织物或短纤维)和包围增强体的一种(或者多种)致密的基体前体压块;然后压块和气体、熔融材料或者与其自身进行反应。反应物要能够制成浆料或粉体,有低或适度的熔化温度(约1000℃),比传统的烧结温度(3000℃左右)要低得多,因而收缩率小,不发生升华或分解,复合物致密性好,孔隙率低。在陶瓷基复合材料的反应工艺中,需要考虑的重要因素包括最终的密度和增强体是否遭到损伤。密实的基体在反应工艺中出现体积膨胀,反应工艺通常导致其产物的密度低于初始材料。增强纤维可能由于在高温下曝露或由于成形反应而受到损伤。为了避免损伤纤维,考虑采用反应温度足够低及化学亲和力低的纤维体系。在反应物可能对纤维产生化学浸蚀的情况下,可以使用界面层。界面层(很薄0.5 μm)在化学上和微结构上是稳定的。界面层在CMC中还有第二个作用,复合材料的制造条件及基体前驱体可能对于反应性化学物质如卤化物、自由基等具有化学侵蚀性。界面层可以作为陶瓷纤维的反应和扩散阻挡层,防止化学腐蚀和纤维损伤[4]。

综合分析,陶瓷天线罩是通过将高强度、高模量的纤维引入低强度、低模量的基体,提高了复合材料的强度,将载荷转移到高强度的纤维上,载荷转移的有效性取决于纤维与基体的模量差、纤维体积含量与纤维织构/分布、纤维长度以及纤维与基体之间的界面结合。

10.3.2 陶瓷基增强材料

在导弹天线罩的陶瓷复合材料中,采用的增强纤维种类有氧化铝纤维、硼纤维、石英纤维、微晶玻璃纤维等。氧化物纤维是陶瓷纤维的一种,其制备过程不同于玻璃纤维的热融拉丝。其过程是:氧化物加入有机和无机改性剂,经过溶胶—凝胶过程成为高黏度液体,合成得到反应前体;然后过滤,纤维纺丝,热解,结晶烧结成为纤维。

氧化铝陶瓷:以氧化铝纤维为增强材料(氧化铝含量可达55%),强度高、硬度好、耐雨蚀。缺点是弹性模量和膨胀系数大，抗热冲击性能差；只适于马赫数低于3的导弹天线罩，如“麻雀”Ⅲ导弹和“响尾蛇”导弹。

氮化硼陶瓷：在惰性气体或含氮气体下将坯体纤维缓慢加热到1200℃，使其转化为陶瓷纤维，氮化硼（BN）陶瓷比氧化物陶瓷韧性好，改善了脆性。

氮化硅陶瓷：按要求的形状将硅颗粒压塑成形，再将该多孔的压块放入氮气环境中，起始温度约为1200℃，终止温度约为1400℃，硅和氮气反应生成氮化硅。因为孔洞内生成氮化硅，该反应约增重60%，密度增加80%～85%，致密性好，而尺寸变化小于1%。

还可以用微晶玻璃如9606代替氧化铝陶瓷，用于马赫数为3～4的导弹天线罩，如“白舌鸟”导弹。M7微晶玻璃的膨胀系数比9606微晶玻璃低78%，已经用于马赫数为5导弹天线罩。

除结构尺寸高温的稳定性，陶瓷的介电常数及其温度稳定性也是很重要的，石英陶瓷是损耗最低且介电常数稳定的一种高温材料，一般陶瓷材料能耐850～1500℃高温，抗雨蚀，$\varepsilon=3\sim9$，$\tan\delta\approx10^{-3}$。例如Pyroceram9606，密度$2.6g/cm^3$，常温下，$\varepsilon=5.6\sim5.8$，$\tan\delta=0.0003$，温度上升后损耗增大，到850 ℃时，$\tan\delta=0.01$。

10.4 钢膜结构材料

金属骨架罩的蒙皮采用薄膜材料，薄膜材料的损耗是影响天线罩的传输效率的重要因素，特别是在高频端，如在毫米波频段，薄膜材料（简称膜材）的损耗达到1dB，如图10.10所示，金属骨架天线罩的蒙皮还有拉伸强度高、性能稳定等要求。膜材根据表面的聚合物涂层和基材不同一般分为A种膜（玻璃纤维基材，PTFE涂层）、B种膜（玻璃纤维基材，硅酮涂层）、C种膜（聚酯长丝基材，PVC涂层）三类。

最常用的是A种膜、C种膜，B种膜已经很少使用。PTFE膜材料是指在用直径3μm的玻璃纤维编织成的基布上涂敷PTFE即聚四氟乙烯树脂而形成的复合材料。聚四氟乙烯（Polytetrafluoroethylene，PTFE）最初合成于1938年，1941年美国开始试验，1950年生产。PTFE是氟塑料中综合性能最突出的一种，它应用最广、产量最大，约占氟塑料总产量的85%～90%。PTFE最突出的特点是具有优异的化学稳定性，它几乎能耐所有化学药品的腐蚀，而且不溶于任何溶剂，因此有“塑料王”之称。缺点是受热膨胀和遇冷收缩性比大多数塑料和金属要大。因为PTFE极为特殊的自身性能，PTFE膜材料具有高透光性、高强度、耐久性、防火性、耐腐蚀性、抗紫外线、自洁性等特点。由于PTFE树脂具有斥水、斥油、非粘着性等特性，所以不容易附着脏物，而且PTFE的表面摩擦力很小，附着的脏物会被雨水自动冲掉，所以PTFE膜材料具有较强的自洁性，一般使用多年不需要清洗仍可保持清洁；同时由于PTFE膜材的基布采用的是玻璃纤维织物，所

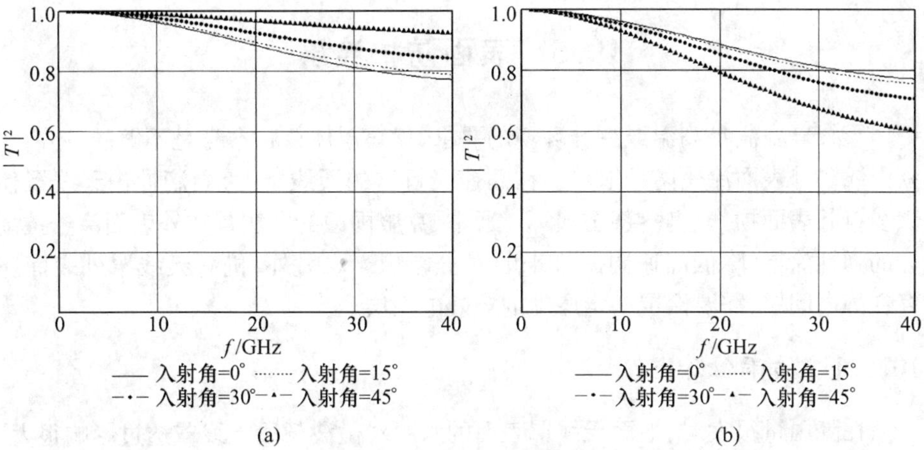

图 10.10　厚度 1mm 聚四氟乙烯的膜材的传输曲线

(a) 平行极化；(b) 垂直极化。

以其具有很好的防火性能。聚四氟乙烯涂覆玻璃纤维基材用于充气天线罩，聚四氟乙烯的介电常数为 2.0～2.1，损耗角正切为 0.002；玻璃纤维布的损耗很小；复合膜材的介电常数为 2.3～3.0，损耗角正切 0.005～0.01。

PVC 膜材料是指在聚酯纤维编织成的基布上涂敷 PVC 即聚氯乙烯树脂而形成的复合材料。膜材表面涂覆聚偏二氟乙烯(PVDF)可以抵抗由于紫外线引起的降解、颜色变化，失去光泽；抵抗腐蚀、脏污、发霉等。PVC 树脂的配方中添加了抗紫外线剂和阻燃剂；与 PTFE 膜材料相比，PVC 膜材料在耐久性、防火性和自洁性上相对差一些，但是 PVC 膜材具有易加工、价格便宜的优点。PVC 膜材料可用作金属骨架天线罩的蒙皮，其介电常数为 3.0～3.4，损耗角正切约为 0.01。厚度 1mm 的 PVC 膜传输曲线如图 10.11 所示。

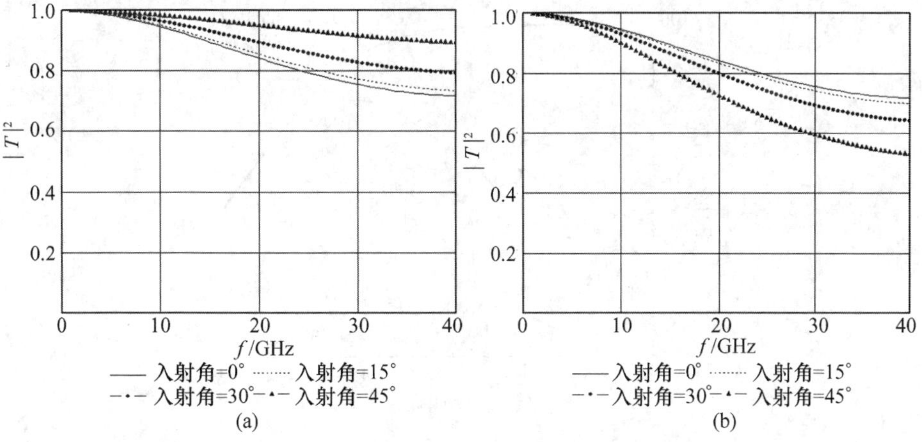

图 10.11　厚度 1mmPVC 的膜材的传输曲线

(a) 平行极化；(b) 垂直极化。

10.5 表面防护涂层

天线罩要满足高温或特殊环境的要求,仅靠罩体材料本身是不够的,还需要在天线罩外表面涂覆防护涂层。在高速飞行器的天线罩上,雨滴冲击天线罩使天线罩外表面损伤、剥落甚至损坏。通常,克服雨蚀的办法是在外表面涂上抗雨蚀的弹性涂层,降低高速雨滴带来的冲击影响[5]。另外,机载天线罩外表面还存在静电问题,需要涂覆一定厚度的抗静电涂层。

10.5.1 防雨蚀涂层

在降雨量很大时,地面天线罩表面的水膜对微波频段天线罩透过影响很大,图 10.12 为水的介电常数和损耗角正切随频率的关系曲线,在 3cm 和 8mm 波段,影响还大,因为对于 8mm 波长的电磁波在水中的波长为仅为 1.3mm 左右,厚度 0.2mm 的水膜相当于 0.15λ,而水的损耗角正切又很高(达 0.55)。水的相对介电常数列于表 10.11。

表 10.11 水的相对介电常数

状态	f/GHz	ε	$\tan\delta$
液态水	1	82	0.06
	5	72	0.30
	10	60	0.55
雪	10	1.3	0.0005
冰	10	3.2	0.0008

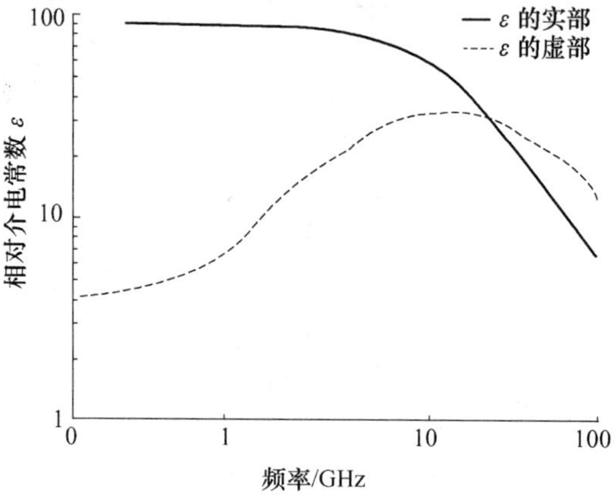

图 10.12 水的介电常数及损耗

图 10.13 为水膜对不同频率电磁波的衰减曲线(图中 1mil = 0.001 英寸 = 0.0254mm)。由图可见,厚度 8mil 的水膜,对 8mm 频段的电磁波的衰减达到 8dB。

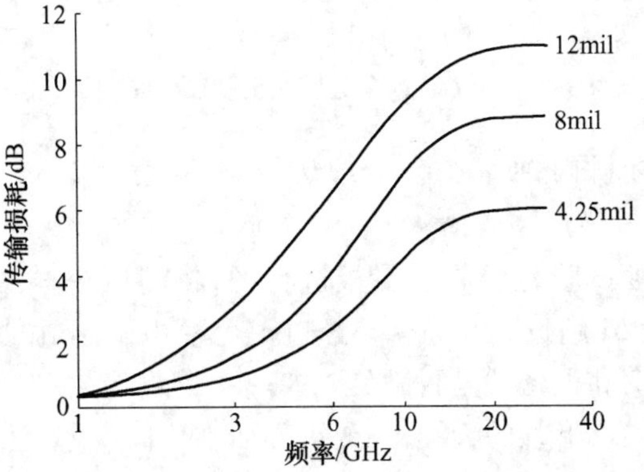

图 10.13 不同厚度水膜的传输系数

对于地面天线罩,在天线罩的外表面贴附疏水(或称憎水)材料,疏水材料与亲水材料的区别在于降低表面的分子的自由能。憎水薄膜的分子附着力小于水滴的张力,使得水在自身的张力作用下成为水滴,不形成水膜。Tedlar 薄膜是一种疏水膜,广泛用于地面骨架天线罩、充气罩。图 10.14 给出了一种憎水膜与非憎水膜的比较,表面贴附疏水膜后衰减明显降低。

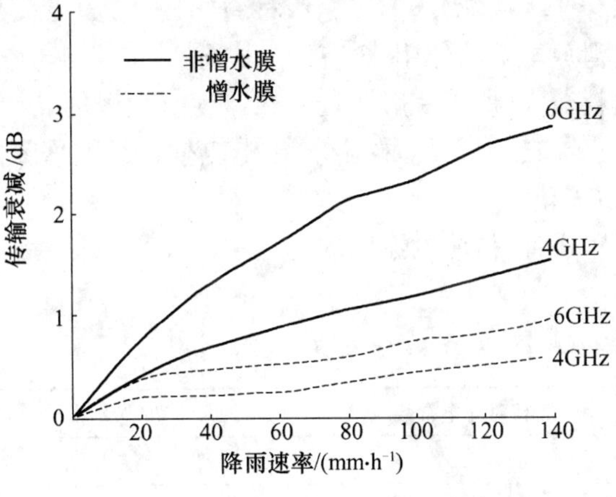

图 10.14 4/6GHz 不同水膜引起的衰减

机载天线罩面临雨冲击的问题[5],由于飞机速度快,雨滴的冲击能量大,尤其沿天线罩法线方向的冲击对复合材料夹层蒙皮的影响更为严重 ,为此,在机载天线罩的外表面涂覆防雨蚀涂料。防雨蚀涂料通常用树脂型材料,如聚胺酯弹性体,吸收冲击能量,涂层的厚度约为 0.2mm,其相对介电常数为 3 ~5,损耗小于 0.04。

描述天线罩材料抗雨蚀的参数是材料雨蚀率 dT_k/dt,含义是单位时间内厚度的变化,单位是 μm/s。材料雨蚀率与雨冲击角 γ_r(相对天线罩表面)及雨滴的速度 v 有关。例如,溶镉硅(SCFS)可以用经验公式来计算 SCFS 材料的雨蚀率:

$$\frac{dT_k}{dt} = 10^{-9}(3.67 - 6.78D_r + 3.94D_r^2)C_r v^{6.3}(\sin\gamma_r)^{5.3} \tag{10.3}$$

式中:dT_k/dt 为材料雨蚀率(μm/s);D_r 为雨滴直径(mm);C_r 为雨的密度(g/cm^3)。

天线罩的雨蚀试验是用高速滑板进行的,将测试小样品放在一个"雪橇"上,最高马赫数为5(超过1.6km/s),经过一个模拟雨场,雨蚀试验用于检验雨冲击下材料空隙率和稠密性是否满足要求。

对于头部呈尖端形状的天线罩,或头部面临法向(或近法向)雨冲击的天线罩,有时要在天线罩的头部加一个雨蚀帽,雨蚀帽可由金属或氮化硅等材料制作,这样可以有效地避免这些部位在雨冲击下引起的损坏。

10.5.2 抗静电涂层

机载雷达天线罩表面因高速气流摩擦会产生静电荷,外表面电荷积累到一定程度会对边框和天线造成电位差,严重时放电,击穿罩壁。另外,表面电荷层对电磁波产生振荡性吸收,表面电荷层量的变化干扰信号的传输。抗静电涂层是一层表面电阻介于1~25MΩ的半绝缘材料,介电常数要求在10以下。由于表面具有一定的泄放电荷的作用,含有导电成分,损耗角正切较大(0.2~0.4),对高频电磁波损耗较大,所以一般要控制在厚度5丝以内。抗静电涂层分为树脂基涂料和橡胶型涂料两大类。树脂基涂料工艺性好,耐磨耗性能适中;橡胶型涂料耐磨,工艺性较差。

为方便天线罩设计,抗静电涂层的介电常数和其他常用天线罩材料介电常数列于表10.12。

表10.12 常用天线罩材料相对介电常数

材料	相对介电常数	损耗角正切	密度/($g\cdot cm^{-3}$)
抗静电涂层	7.2	0.27	
抗雨蚀涂层	3.1	0.031	
蜂窝	1.06(*L*向)	0.003(*L*向)	0.072~0.076
	1.10(*W*向)	0.002(*W*向)	0.072~0.076
PMI泡沫	1.05	0.00088	0.031
	1.07	0.00156	0.051
	1.107	0.00256	0.072~0.076

（续）

材料	相对介电常数	损耗角正切	密度/($g \cdot cm^{-3}$)
E 玻璃纤维	6.10	0.006	
S 玻璃纤维	5.3	0.007	
D 玻璃纤维	4.0	0.003	
石英玻璃纤维	3.8	0.0002	
环氧树脂	2.44	0.014	
双马树脂	2.93	0.013	
聚脂树脂	2.70	0.012	
石英陶瓷	3.42	0.0004	2
微晶玻璃	5.5	0.001	2.6
氧化铝陶瓷	9	0.003	
聚苯乙烯	2.54	0.0004	
四氟乙烯	2.08	0.0004	
胶膜	2.7~3.3	0.025	
	2.8~3.5	0.025	
注:(1)参数为典型值,实际值会在一定范围内变动; (2)频率:X 波段			

参 考 文 献

[1] 陈绍杰. 复合材料设计手册[M]. 北京:国防工业出版社,1995.

[2] Departments and Agencies of the USA Department of Defense. MIL – HdBK – 17, Composite Materials Handbook[M], vol. 3 Polymer Matrix Compsites Materials Usage, Design And Analysis, 2002.

[3] 陈祥宝. 先进树脂基复合材料的发展[J]. 航空材料学报,2000,21(1):47 – 51.

[4] Departments and Agencies of the USA Department of Defense. MIL – HdBK – 17, Composite Materials Handbook[M], vol. 5 Ceramic Matrix Compsites, 2002.

[5] Effenberger J E, Strickland R R. The Effects of Rain on A Radome's Performance[J]. Microwave Journal, 1986: 261 – 272.

缩 略 语

AI - SI	Aperture Integration-surface Integration	口径积分 - 表面积分
AG	Adaptive Grid	自适应网格
AWACS	Airborne Warning And Control System	机载预警和控制系统
BI-RME	Boundary-Integration and Resonant-Mode Expansion	边界积分 - 谐振模展开法
BOR	Body of Revolution	旋转对称体
CDM	Conjugated Direction Method	共扼方向法
CGM	Conjugated Gradient Method	共扼梯度法
CMC	Ceramic Matrix Composite	陶瓷基复合材料
DOD	Department of Defense	(美国)国防部
ESM	Electronic Support Measures	电子支援侦察
FAFFA	Fast Far-Field Approximation	快速远场近似
FEM	Finite Element Method	有限元法
FDTD	Finite Difference Time Domain	有限时域差分
FFT	Fast Fourier Transform	快速傅里叶变换
FMM	Fast Multipole Method	快速多极子方法
FSS	Frequency Selective Surface	频率选择表面
GO	Geometrical Optics	几何光学
GA	Genetic Algorithm	遗传算法
GTD	Geometrical Theory of Diffraction	几何绕射理论
HFSS	High Frequency Structure Simulator	高频结构仿真
HPRF	High Pulse Repetition Frequency	高重复频率
ICR	Induced Current Ratio	感应电流率
IPD	Insertion Phase Delay	插入相位移
IFF	Identification friend or foe	敌我识别
MLFMM	Multilevel Fast Multipole Method	多级快速多极子方法
MPF	Melt-phase Forming	熔相成形
MoM	Method of Moment	矩量法
MSF	Metal Space Frame	金属骨架
NIST	National Institute of Standard Technology	美国国家标准技术研究所
OCD	Oscillator Cavity Dielectrics	振荡腔式介质测试仪
OED	Oscillator Electrode Dielectrics	电极式介质测试仪
PD	Pulse Doppler	脉冲多卜勒
PIN	PIN Junction Diode	PIN 结二极管

PO	Physical Optics	物理光学
PWS	Planar Wave Spectrum	平面波谱
RCS	Radar Cross Section	雷达散射截面
RFI	Resin Film Infusion	树脂膜熔
RPFMA	Ray_ Propagation Fast Multipole Algorithm	射线传输快速多极子算法
RMS	Root Mean Square	均方根
RTM	Resin Transfer Molding	树脂传递模塑
SLL	Side Lobe Level	副瓣电平
SPF	Solid phase Forming	固相成形
SSR	Secondary Survillance Radar	二次雷达
TE	Transverse E Field mode	横电场模
TM	Transverse M Field mode	横磁场模
TEM	Transverse E and H Field mode	横电磁模
TWT	Travelling Wave Tube	行波管
VLSI	Very Large Scale Integration	超大规模集成

内容简介

本书主要阐述天线罩的基本原理、用途、分析技术、设计方法以及国内外天线罩的发展动态和最新技术，旨在推广天线罩的新技术，提高自主创新能力。各章节对天线罩电信、结构、仿真设计、测试验证、材料、工艺制造等方面具有很强的指导性。

本书技术先进、叙述严谨、层次清晰、实用性强，适合从事天线罩研究与使用的技术人员及相关专业的大专院校师生阅读。

This book mainly presents radome fundamental priciple, its appication, analysis techniques, design methods as well as development tendency and updated techniques in the world. It is intended to propagate new techniques of radome and to enhance creative ability of engineers. Each chapter is a clear system and content description is rigorous and comprehensive, which has a strong guidance on radomeelectrical, structure, simulation design, testing and validation, materials, manufacturing process.

This book illustrates advanced techniques with rigorous and clear description of much pracical value. It is hoped that it will provide radome designer and interested people as well as students major in relative fields with a reliable reference.